轻量级框架应用实战

SSM 框架（Spring MVC + Spring + MyBatis）

石　毅　主编

電子工業出版社
Publishing House of Electronics Industry
北京 · BEIJING

内 容 简 介

本书详细讲解 Java EE 中使用最多的 Spring MVC、Spring 和 MyBatis（SSM）三大框架的基本知识和应用。随着互联网的迅猛发展，SSM 框架被越来越多地应用于企业级开发中，其发展势头已经超过大部分 Java Web 框架，稳居榜首。本书以实用性为原则，在重点讲解 SSM 框架在企业开发中常用的核心技术的同时，分别讲解了 Spring MVC、Spring 和 MyBatis 三大框架的精髓内容，以课堂实录的方式，采用理论结合实践边讲边练。为保证学习效果，使用 SSM 框架技术改造经典项目，通过项目的实现加深读者对该技术的理解和掌握程度。

本书提供配套完善的学习资源和支持服务，包括电子教案（PPT）、案例素材、源代码、各章上机练习与课后作业参考答案、教学设计、教学大纲等，为读者带来全方位的学习体验，读者可在华信教育资源网（www.hxedu.com.cn）上免费下载。

本书既可作为高等院校本、专科计算机相关专业的程序设计教材，也可作为 Java 技术的培训图书，适合广大编程爱好者阅读与使用。

图书在版编目（CIP）数据

Java EE 轻量级框架应用实战：SSM 框架（Spring MVC+Spring+MyBatis） / 石毅主编.
—北京：电子工业出版社，2020.7
ISBN 978-7-121-39108-8

Ⅰ. ①J… Ⅱ. ①石… Ⅲ. ①JAVA 语言－程序设计②数据库－基本知识 Ⅳ. ①TP312.8②TP311.138

中国版本图书馆 CIP 数据核字（2020）第 100700 号

责任编辑：牛晓丽
文字编辑：底　波
印　　刷：三河市鑫金马印装有限公司
装　　订：三河市鑫金马印装有限公司
出版发行：电子工业出版社
　　　　　北京市海淀区万寿路 173 信箱　　　　邮编：100036
开　　本：787×1092　1/16　　印张：27.5　　字数：814 千字
版　　次：2020 年 7 月第 1 版
印　　次：2023 年 2 月第 7 次印刷
定　　价：75.00 元

凡所购买电子工业出版社图书有缺损问题，请向购买书店调换。若书店售缺，请与本社发行部联系，联系及邮购电话：（010）88254888，88258888。

质量投诉请发邮件至 zlts@phei.com.cn，盗版侵权举报请发邮件至 dbqq@phei.com.cn。

本书咨询联系方式：QQ 9616328。

前言

集成应用开发框架和基于框架技术开发的 Web 应用，已是软件业界和软件复用研究领域的流行技术。目前轻量级 Java EE（Java 企业版）应用开发通常会采用两种组合方式：一种是以 SSH（Struts+Spring+Hibernate）框架为核心的组合方式；另一种是以 SSM（Spring MVC+Spring+MyBatis）框架为核心的组合方式。使用这两种组合方式的项目都能使 Java EE 架构具有高度的可维护性和可扩展性，实现高内聚、低耦合的软件开发，同时可极大地提高项目的开发效率，降低开发和维护的成本，因此，这两种组合方式已成为各个企业项目开发的首选。

相对于 SSH 框架的组合方式，SSM 框架更注重注解式开发，且 ORM 实现更加灵活，SOL 优化更简便，学习也更容易入门。目前传统企业项目的开发使用 SSH 框架比较多，而对性能要求较高的互联网项目通常会选用 SSM 框架。因此，对于想从事互联网项目开发的技术人员来说，学好 SSM 框架就显得比较重要了。

本书针对百货中心供应链管理系统，结合实例介绍 MyBatis、Spring、Spring MVC 这三大框架的应用，最终搭建 SSM 框架，并熟练掌握在该框架上进行项目开发的技巧。

通过学习，读者将掌握如何使用 SSM 框架技术来开发结构合理、性能优异、代码健壮的应用程序，并且通过对相关知识的学习和运用，理解框架原理、熟练掌握应用技巧，为实际工作奠定扎实的技术基础。这是非常关键的。本书共有四部分，具体内容如下。

第一部分（第 1~5 章）：讲解 MyBatis 框架技术，包括 ORM 持久化技术、MyBatis 核心对象、核心配置文件，SQL 映射文件等概念，以及如何在项目中搭建 MyBatis 框架开发环境、使用 MyBatis 框架完成“增删改查”操作、熟练使用动态 SQL、处理表之间的关联映射、数据分页、事务处理、缓存机制、注解开发等实用技能，并且使用 MyBatis 框架实现 DAO 层。

第二部分（第 6~10 章）：讲解 Spring 框架技术，了解 Spring 框架的概念及发展历程，学习并掌握 Spring 的核心机制——IoC 与 AOP，这些技术使 Spring 在框架集成开发领域扮演着重要的角色。在项目中完成 Spring 对 MyBatis 的集成。

第三部分（第 11~14 章）：讲解 Spring MVC 框架技术，包括 MVC 设计模式、基于注解的控制器、视图解析器、数据绑定，以及静态资源的处理等。读者通过学习将逐步熟悉 Spring MVC 框架的请求处理流程及体系结构，掌握 Spring MVC 框架的配置、JSON 数据的处理、文件上传与下载处理，以及请求拦截器的使用。

第四部分（第 15 章）：对前面章节所讲的 SSM 框架技能将起到检查、巩固和提高的作用。通过对 Spring MVC + Spring + MyBatis 的框架集成完成一个 SSM 架构的企业级项目。学完本部分内容，读者将能够开发基于 MVC 设计模式、高复用性、高扩展性、松耦合的 Web 应用程序。

本书案例“百货中心供应链管理系统”几乎贯穿每章内容，利用各章所学技能对该案例功能进行实现或优化，并且在学习技能的同时获取项目的开发经验，一举两得。这是一段从梦想到飞翔的旅程，请读者潜心修炼，期待石破天惊。在实际的网页开发中，会遇到各种各样的问题，只要把握问题的核心，耐心分析确定问题的解决步骤，并对应到程序的输入、处理和输出环节，再运用所学的知识和技能或通过上网学习新的知识就能给予实现。

在学习的过程中，读者一定要亲自实践书中的案例代码，如果不能完全理解书中所讲的知识点，可以通过互联网等途径寻求帮助。另外，如果在理解知识点的过程中遇到困难，建议不要纠结于某个地方，可以先往后学习。通常来讲，随着对后面知识的不断深入了解，前面看不懂的知识点就能理解了。如果在动手练习的过程中遇到问题，建议读者多思考，理清思路，认真分析问题发生的原因，并在解决问题后多总结。本书采用基础知识与案例相结合的编写方式，通过基础知识案例的讲解，可以快速掌握其技能点。千里之行，始于足下。让我们马上一起进入 Java EE 轻量级框架开发的精彩世界吧！

限于作者水平，书中难免会有不妥之处，欢迎各界专家和读者来函提出宝贵意见，我们将不胜感激。读者在阅读本书时，如果发现任何问题或有不认同之处可以通过电子邮件与我们联系。请发送电子邮件至：sem00000@163.com。

目录

第 1 章 初识 MyBatis 框架

本章目标

◎ 理解数据持久化概念和 ORM 原理

◎ 理解 MyBatis 框架的概念及特点

◎ 搭建 MyBatis 框架的环境

◎ 了解 MyBatis 框架与 JDBC 的区别和联系

◎ 熟悉 MyBatis 框架的工作原理

◎ 掌握 MyBatis 框架入门程序的编写

学习方法

要达到学以致用的目的，学习 MyBatis 框架的方法是做好预习、认真听课、完成作业和复习总结，同时还应注意：

（1）学习框架技术不仅在于会用，还要明白其所以然，这就需要多查看相关的官方文档（英文版），再结合源码进行理解。

（2）多思考，结合 Java 基础注重程序代码性能方面的调优。

（3）多动手，多敲代码才能熟能生巧，不能只看不练。

本章简介

掌握关系型数据库及 JDBC 标准后，从本章开始学习 DAO 层的 MyBatis 框架。使用 MyBatis 框架可以方便完成持久化的“增删改查”操作，其主要内容包括 MyBatis 框架的搭建、MyBatis 框架的系统全局配置文件、MyBatis 框架的 SQL 映射文件，以及使用 MyBatis 框架完成对数据库单表的简单查询操作，并理解 MyBatis 框架的核心类作用域和生命周期。

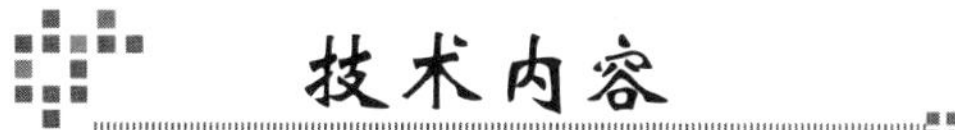

技术内容

1.1 企业级框架技术

1.1.1 为什么学习框架技术

如何制作一份具有专业水准的 PPT 文档呢？一个简单的方法就是使用 Microsoft PowerPoint

（PPT）的模板功能，如图 1.1 所示。

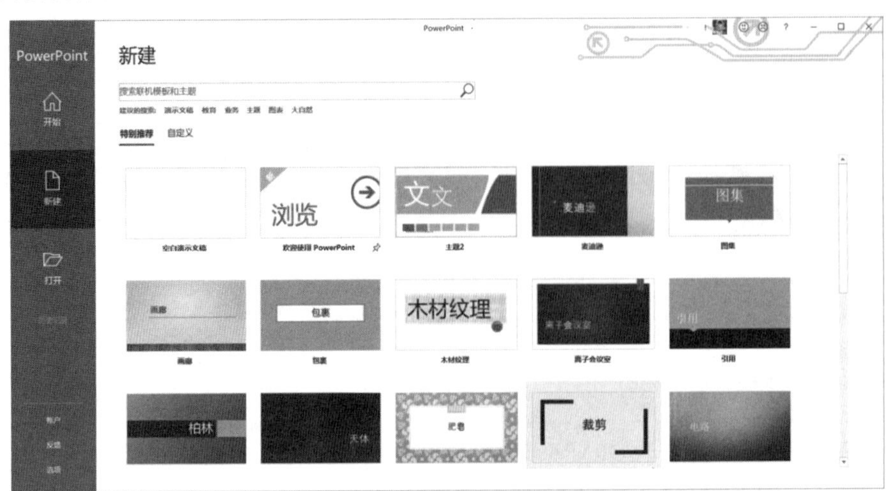

图 1.1　使用 PPT 模板

使用模板新建的文档已经有一个 PPT 的“架子”了，只需要填写必要的信息就可以了，如图 1.2 所示。

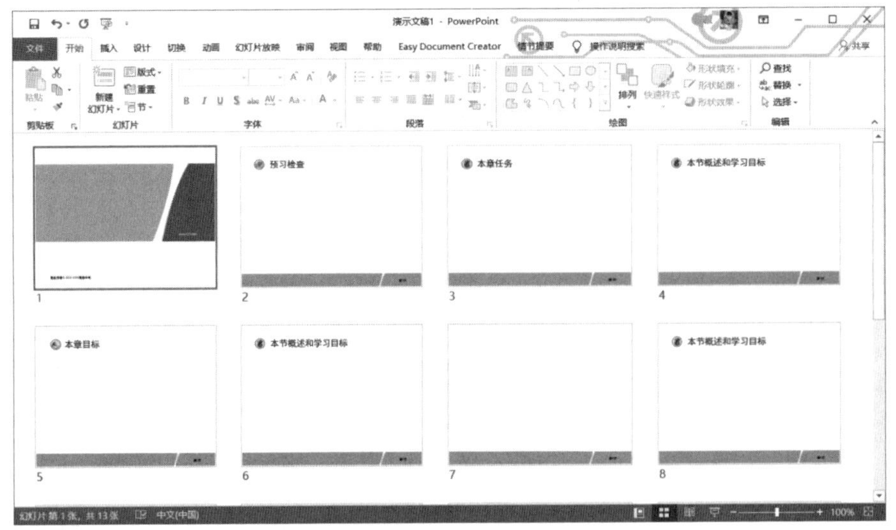

图 1.2　使用 PPT 模板创建的新文档

思考：使用 PPT 模板制作 PPT 有哪些好处?

（1）不用考虑布局、排版等问题，可提高制作效率。

（2）可以专心于 PPT 的内容，使演讲的“质量”更有保障。

（3）新手也可以制作很专业的幻灯片演讲稿。

使用框架构建项目也是基于这样的考虑。当确定使用哪个技术框架后，就已经有了一个“半成品”，然后再填上所需内容，工作就完成了。

使用框架技术的优势如下。

（1）不用考虑公共问题，框架已经完成。

（2）专心于业务逻辑，保证核心内容的开发质量。

（3）结构统一便于学习和维护。

（4）集成了前人的经验，可以帮助新手写出稳定、性能优良且结构优美的高质量程序。

1.1.2 框架的概念

框架（Framework）是一个提供了可重用的公共结构半成品。它为构建新的应用程序提供了极大的便利。“框架”这个词最早出现在建筑领域，指在建造房屋前期构建的建筑骨架，如图 1.3 所示。对于应用程序来说，“框架”就是应用程序的骨架，开发者可以在这个骨架上搭建符合自己需求的应用系统。它凝结着前人的经验和智慧，使用这些框架就等于站在了巨人的肩膀上。

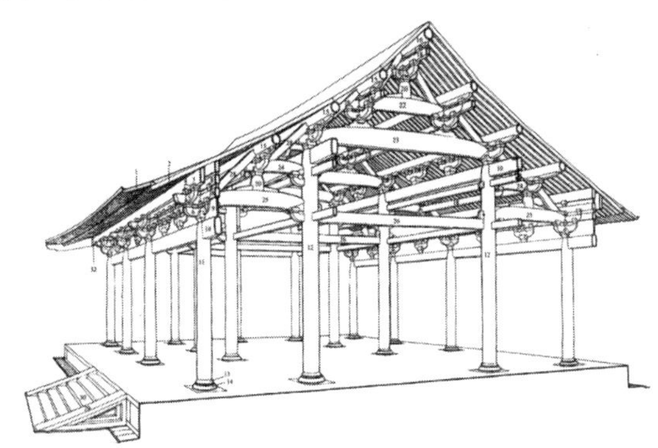

图 1.3 建筑“框架”

Rickard Oberg（WebWork 的开发者和 JBoss 的创始人之一）说过：“框架的强大之处不是源自它能让你做什么，而是它不能让你做什么。”Rickard 强调框架另一个层面的含义：框架能使混乱的内容变得结构化。如果没有框架，一千个人将写出一千种 Servlet+JavaBean+JSP 的代码，而框架保证了程序结构风格的统一。从企业的角度来说，框架也降低了人员培训和软件维护的成本。框架在结构统一和创造力之间维持着一个合适的平衡。

1.1.3 主流框架的介绍

1. Spring框架

Spring 框架是一个轻量级的框架，渗透了 Java EE 技术的方方面面。Spring 框架是由于软件开发的复杂性而创建的，是一个开源框架。Spring 框架的用途不仅限于服务器端的开发。从简单性、可测试性和松耦合性角度而言，绝大部分 Java 应用都可以从 Spring 框架中受益。

（1）目的：解决企业应用开发的复杂性。

（2）目标：Java EE 技术更容易使用，并促进良好编程习惯的养成。

（3）功能：使用基本的 JavaBean 代替 EJB，并提供更多的企业应用功能。

（4）范围：任何 Java 应用。

Spring 框架是一个轻量级控制反转（IoC）和面向切面（AOP）的容器框架。它主要作为依赖注入容器和 AOP 实现存在，还提供了声明式事务、对 DAO 层的支持等简化开发的功能。Spring 框架可以很方便地与 Spring MVC、Struts 2、MyBatis、Hibernate 等框架集成，其中大名鼎鼎的 SSM 集成框架指的就是基于 Spring MVC + Spring + MyBatis 的技术框架，使用这个集成框架能使应用程序更加健壮、稳固、轻巧和优雅，这也是当前流行的 Java 技术框架，其内容将在后续章节中介绍。

2. Spring MVC框架

Spring MVC 框架属于 SpringFrameWork 的后续产品，已经融合在 Spring Web Flow 中，是结构

清晰的 MVC Model 2 的实现。Spring 框架提供了构建 Web 应用程序的全功能 MVC 模块，并且拥有高度的可配置性，支持多种视图技术。它还可以进行定制化开发，使用相当灵活。此外，Spring 框架整合 Spring MVC 框架是无缝集成，这是一个高性能的架构模式，已越来越广泛地应用于互联网应用的开发中。当使用 Spring 框架进行 Web 开发时，可以选择 Spring MVC 框架或集成其他 MVC 的开发框架，如 Struts 1（现在一般不用）、Struts 2（一般老项目使用）等。

3. MyBatis 框架

MyBatis 框架是一个优秀的数据持久层框架，可在实体类和 SQL 语句之间建立映射关系，是一种半自动化的 ORM 实现。它的封装性要低于 Hibernate 框架，且性能优异、简单易学，因此应用较为广泛。

MyBatis 框架本是 Apache 的一个开源项目 iBatis，2010 年，这个项目由 Apache software foundation 迁移到 Google code，并且改名为“MyBatis”。2013 年 11 月它迁移到 Github。“iBatis”一词来源于“internet”和“abatis”的组合，它是一个基于 Java 的持久层框架，其框架包括 SQL Maps 和 Data Access Objects（DAOs）。

4. Hibernate框架

Hibernate 框架不仅是一个优秀的持久化框架，也是一个开放源代码的对象关系映射框架。它对 JDBC 进行了轻量级的对象封装，将 POJO 与数据库表建立映射关系，形成一个全自动的 ORM 框架。Hibernate 框架可以自动生成 SQL 语句，且自动执行，使 Java 程序员可以随心所欲地使用对象编程思维来操纵数据库。Hibernate 框架还可以应用在任何使用 JDBC 的场合，既可以在 Java 的客户端程序使用，也可以在 Servlet/JSP 的 Web 应用中使用，最具革命意义的是，Hibernate 框架可以在应用 EJB 的 Jave EE 架构中取代 CMP，以完成数据持久化的重任。Hibernate 框架已经成为当前主流的数据库持久化框架，并被广泛应用。

5. Struts 2 框架

Struts 2 框架以 WebWork 的优秀设计思想为核心，吸收 Struts 框架的部分优点，提供了一个更加简洁的基于 MVC 设计模式实现的 Web 应用程序框架，它本质上相当于一个 Servlet。在 MVC 设计模式中，Struts 2 框架作为控制器（Controller）来建立模型与视图的数据交互。Struts 2 框架是 Struts 的下一代产品，是在 Struts 1 和 WebWork 技术的基础上进行合并的创新。它采用拦截器的机制来处理用户的请求，可使业务逻辑控制器与 ServletAPI 完全脱离开，所以也可以理解是 WebWork 的更新产品。Struts 2 框架充分利用了其他 MVC 框架的经验和教训，使整个框架更加清晰和灵活。

1.2 MyBatis框架简介

1.2.1 数据持久化概念

数据持久化是将内存中的数据模型转换为存储模型，以及将存储模型转换为内存中的数据模型的统称，如文件的存储、数据的读取等。数据模型可以是任何数据结构或对象模型，而存储模型可以是关系模型、XML、二进制流等。

那么以前是否接触过数据持久化？是否做过数据持久化的操作呢？答案是肯定的。在数据库的课程学习中就编写过应用程序操作的数据表，并对数据表进行“增删改查”的操作，即数据持久化的操作。

那么 MyBatis 和数据持久化有什么关系呢？请带着这个问题继续学习下面的内容。

1.2.2　MyBatis框架

MyBatis 框架是一个开源的数据持久层框架。它内部封装了通过 JDBC 访问数据库的操作，支持普通的 SQL 查询、存储过程和高级映射，消除了所有的 JDBC 代码和参数的手工设置及结果集的检索。MyBatis 框架作为持久层框架，其主要思想是将程序中的大量 SQL 语句剥离出来，配置在文件中，以实现 SQL 的灵活配置。这样做的好处是将 SQL 与程序代码进行分离，可以在不修改程序代码的情况下，直接在配置文件中修改 SQL。

MyBatis 网址为 https://mybatis.org/mybatis-3/zh/index.html

Github 网址为 https://github.com/mybatis

1.2.3　ORM框架

MyBatis 框架也称 ORM（Object Relational Mapping，对象关系映射）框架。所谓的 ORM 框架就是一种为了解决面向对象与关系型数据库中数据类型不匹配的技术。它通过描述 Java 对象与数据库表之间的映射关系，自动将 Java 应用程序中的对象持久化到关系型数据库的表中。ORM 框架是一种数据持久化技术，即在对象模型和关系型数据库之间建立起对应关系，并且提供一种机制，可通过 JavaBean 对象操作数据库表中的数据，如图 1.4 所示。

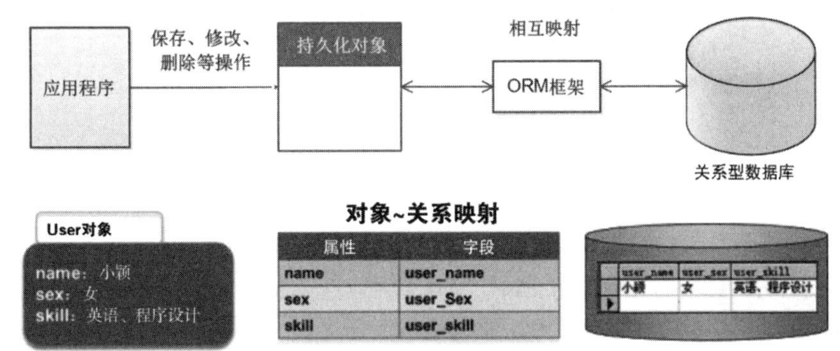

图 1.4　ORM 映射关系

在实际开发中，程序员使用面向对象的技术操作数据，而存储数据时，使用的却是关系型数据库，这样就造成了很多不便。ORM 可以在对象模型和关系型数据库的表之间建立一座桥梁，程序员使用 API 直接操作 JavaBean 对象就可以实现数据的存储、查询、更改和删除等操作。MyBatis 框架通过简单的 XML 或注解进行配置和原始映射，将实体类和 SQL 语句之间建立起映射关系，是一种半自动化的 ORM 实现。

MyBatis 框架是 ORM 解决方案。基于 ORM，MyBatis 框架在对象模型和关系型数据库的表之间建立了一座桥梁，并通过 MyBatis 框架建立 SQL 关系映射，以实现数据存储、查询、更改和删除等操作。

1.2.4　主流的ORM框架

当前 ORM 框架产品有很多，常见的框架有 Hibernate 和 MyBatis，其主要区别如下。

（1）Hibernate 框架是一个全表映射的框架。通常开发者只要定义好持久化对象到数据库表的映射关系，就可以通过 Hibernate 框架提供的方法完成持久层操作。开发者并不需要熟练地掌握 SQL 语句的编写，Hibernate 框架会根据编制的存储逻辑，自动生成对应的 SQL，并调用 JDBC 接口来执行，所以其开发效率会高于 MyBatis 框架。然而 Hibernate 框架自身也存在一些缺点，如多表关联时，对 SQL 查询的支持较差；更新数据时，需要发送所有字段；不支持存储过程；不能通过优化 SQL 来优化性能等。这些问题导致其只适合在场景不太复杂且对性能要求不高的项目中使用。

（2）MyBatis 框架是一个半自动映射的框架。这里所谓的“半自动”是相对于 Hibernate 框架全表映射而言的，MyBatis 框架需要手动匹配提供 POJO、SQL 和映射关系，而 Hibernate 框架只需提供 POJO 和映射关系即可。与 Hibernate 框架相比，虽然使用 MyBatis 框架手动编写 SQL 要比使用 Hibernate 框架的工作量大，但 MyBatis 框架可以配置动态 SQL 并优化 SQL、通过配置决定 SQL 的映射规则，以及支持存储过程等。对于一些复杂的和需要优化性能的项目来说，显然使用 MyBatis 框架更加合适。

MyBatis 框架可应用于需求多变的互联网项目，如电商项目；Hibernate 框架可应用于需求明确、业务固定的项目，如 OA 项目、ERP 项目等。

1.2.5 MyBatis框架的环境搭建

关于 Java EE 企业级应用的常规开发软件安装请参考附录 A。在 MyEclipse 中创建一个名为“Ch01_01”的 Java 项目后，要使用 MyBatis 框架，应做好以下准备工作，如图 1.5 所示。

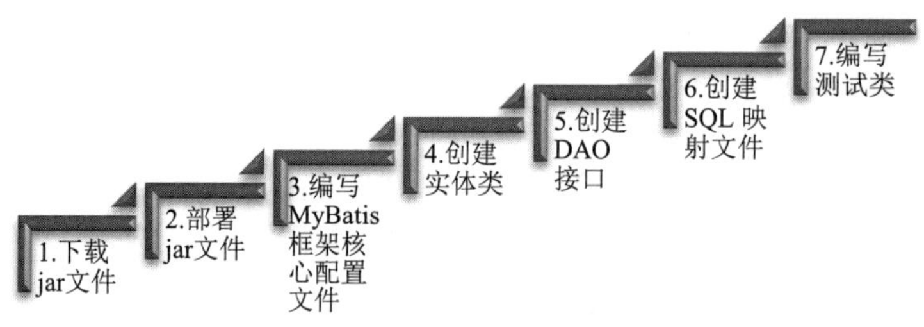

图 1.5 MyBatis 框架环境准备的步骤

1. 下载jar文件

MyBatis 的官方网站为 http://mybatis.org，可以下载最新 Release 版本的 MyBatis，其他 Release 版本的 MyBatis 的 jar 包都可从官方网站下载得到。

目前 MyBatis 官网在国内访问受限，若能访问到官网可将所有下载链接都引导到 github 上（https://github.com/mybatis/mybatis-3/releases），推荐下载 mybatis-3.5.1.zip 和 mybatis-3-mybatis-3.5.1.zip（通过相应版本的“Source Code(zip)”链接下载）。如果开发环境版本较低可以选择 mybatis-3.2.X.zip 的版本。

（1）mybatis-3.5.1.zip（MyBatis 的 jar 包）

mybatis-3.5.1.zip 解压后的目录结构如图 1.6 所示。注意查看根目录（mybatis-3.5.1）和 lib 目录。在根目录下存放的 mybatis-3.5.1.jar 为 MyBatis 的源文件，mybatis-3.5.1.pdf 为 MyBatis 的官方使用手册。lib 目录下存放着编译依赖包，如图 1.7 所示。这些依赖包中部分文件的说明如表 1-1 所示。

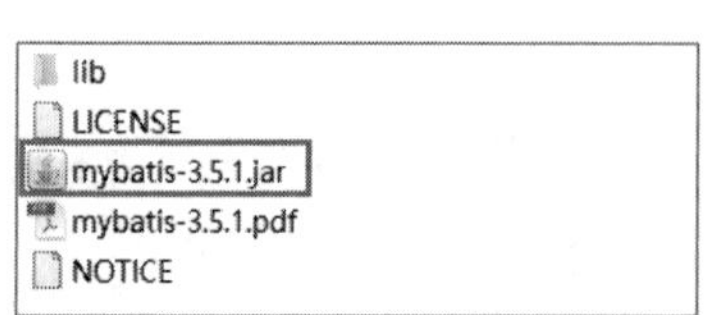

图 1.6 目录结构

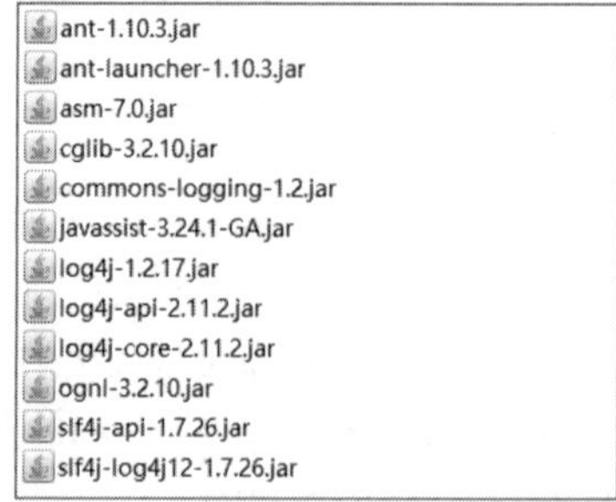

图 1.7 MyBatis 编译依赖包

表 1-1　依赖包中部分文件的说明

名　称	说　明
asm-7.0.jar	操作 Java 字节码的类库
cglib-3.2.10.jar	用来动态集成 Java 类或实现接口
commons-logging-1.2.jar	用于通用日志处理
javassist-3.24.1-GA.j ar	分析、编辑和创建 Java 字节码的类库
log4j-1.2.17.jar	日志系统
slf4j-api-1.7.26.jar	日志系统的封装，对外提供统一的 API 接口
slf4j-log4j12-1.7.26.jar	slf4j 对 log4j 的相应驱动，完成 slf4j 绑定 log4j

（2）mybatis-3-mybatis-3.5.1.zip（MyBatis 源码包）

mybatis-3-mybatis-3.5.1.zip 是 MyBatis 的源码包，里面包含 MyBatis 的所有源代码，解压后的目录结构如图 1.8 所示。

mybatis-3-mybatis-3.5.1.zip\mybatis-3-mybatis-3.5.1\src\main\java\org\apache\ibatis - 解包大小为 5.3 MB

名称	压缩前	压缩后	类型	修改日期
..(上级目录)			文件夹	
annotations			文件夹	2019-04-07 19:04
binding			文件夹	2019-04-07 19:04
builder			文件夹	2019-04-07 19:04
cache			文件夹	2019-04-07 19:04
cursor			文件夹	2019-04-07 19:04
datasource			文件夹	2019-04-07 19:04
exceptions			文件夹	2019-04-07 19:04
executor			文件夹	2019-04-07 19:04
io			文件夹	2019-04-07 19:04
jdbc			文件夹	2019-04-07 19:04
lang			文件夹	2019-04-07 19:04
logging			文件夹	2019-04-07 19:04
mapping			文件夹	2019-04-07 19:04
parsing			文件夹	2019-04-07 19:04
plugin			文件夹	2019-04-07 19:04
reflection			文件夹	2019-04-07 19:04
scripting			文件夹	2019-04-07 19:04

大小: 1.7 MB 共 1774 个文件和 290 个文件夹 压缩率 32.3% 已经选择 1 个文件夹

图 1.8　目录结构

2．部署jar文件

具体的操作步骤如下。

（1）将下载后的 mybatis-3.5.1.jar、MySQL-connector-java-5.1.0-bin.jar（MySQL 数据库驱动 jar 包）及 log4j-1.2.17.jar（负责日志输出的 jar 包）复制到工程 WEB-INF 的 lib 目录中。

（2）通过 MyEclipse 导入上述的包。在 MyEclipse 的工程上右击，选择“Build Path”→“Configure Build Path”选项，如图 1.9 所示。

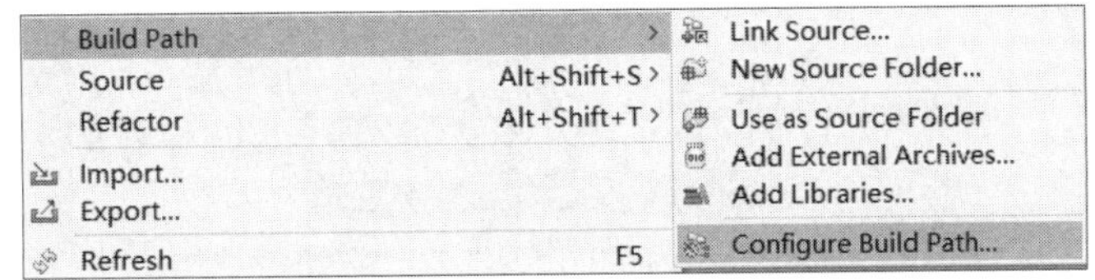

图 1.9　通过 MyEclipse 选择“Configure Build Path”选项

在弹出的窗口中单击“Add JARs”按钮，如图 1.10 所示。

在弹出的“JAR Selection”窗口中选择 lib 刚复制的 jar 文件，如图 1.11 所示。

单击“OK”按钮，这时就在工程中加入了所选的 jar 文件，如图 1.12 所示。

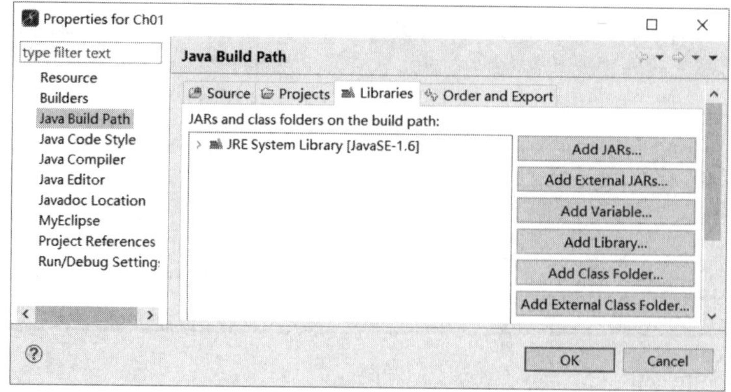

图 1.10　单击“Add JARs”按钮

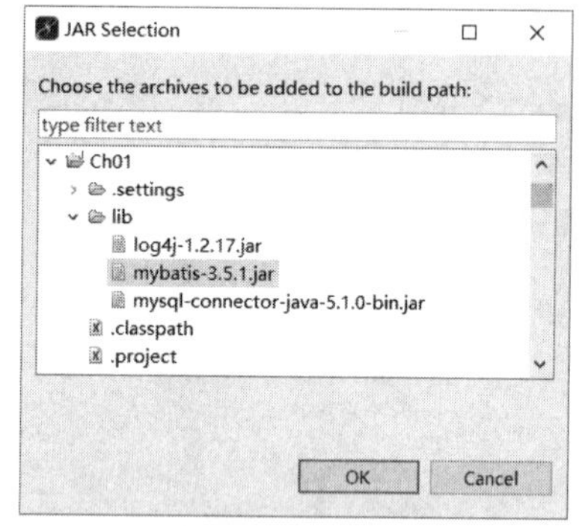

图 1.11　选择刚复制的 jar 文件

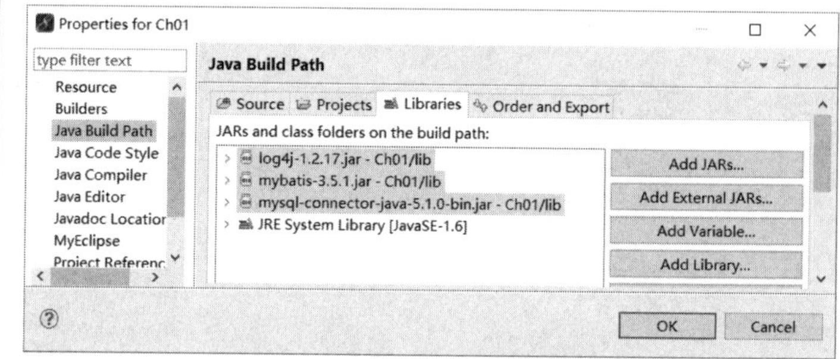

图 1.12　导入支持的 jar 文件

为了更方便地学习 MyBatis，可以在 MyEclipse 环境中设置当前工程中 mybatis-3.5.1.jar 的源码。右击选择“mybatis-3.5.1.jar”选项，弹出的快捷菜单如图 1.13 所示。

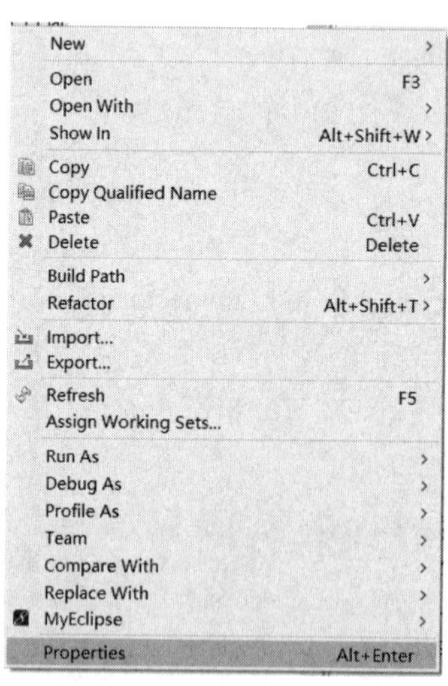

图 1.13　选择“mybatis-3.5.1.jar”选项弹出的快捷菜单

选择“Properties”选项，进入属性界面，并选择“Java Source Attachment”选项，如图 1.14 所示。

单击“External Folder”按钮，找到源码所在的目录，即 mybatis-3.5.1，如图 1.15 所示，选中目录，单击“确定”按钮即可。需要注意的是，若源码为 jar 文件，则单击“External File”按钮，找到源码所在的目录，选中并添加文件即可，此处不再赘述。

图 1.14　查看 mybatis-3.5.1.jar 的属性

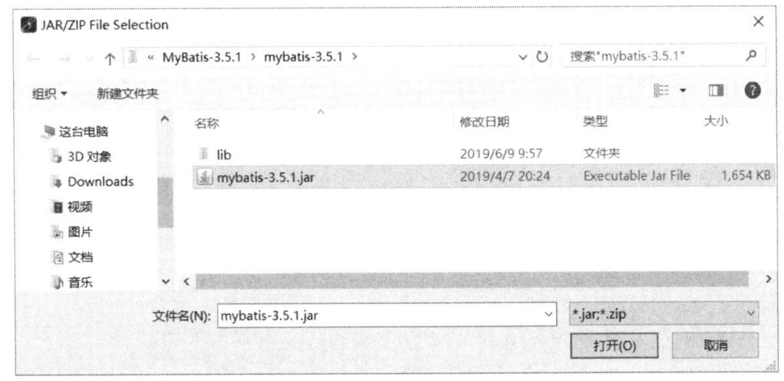

图 1.15　定位 MyBatis 源码所在的目录

3．编写MyBatis框架的核心配置文件

MyBatis 框架的核心配置文件主要用于配置数据库连接和 MyBatis 运行时所需的各种特性，包含设置和影响 MyBatis 行为的属性。

为了方便管理以后各框架集成所需的配置文件，故需在项目工程中新建 Source Folder 类型的 resources 目录，并在文件夹中创建 database.properties 文件存储数据库连接配置信息，内容如下。

```
driver=com.mysql.jdbc.Driver
url=jdbc:mysql://127.0.0.1:3306/dsscm?useUnicode=true&characterEncoding=utf-8
user=root
password=123456
```

注意

MyBatis 的示例和上机练习均使用百货中心供应链系统，相关内容请参考本书附录 A，该系统使用的数据库是 MySQL，在 root 用户下导入 SQL 脚本（dsscm.sql）后，数据库为 dsscm，其表包括用户表、角色表、供应商表、商品表、采购、销售订单表等。在后续内容中将有百货中心供应链系统的功能介绍。没有特别说明，MyBatis 的示例和上机练习都在测试类中运行，运行结果在控制台输出。

由于 MyBatis 默认使用 log4j 输出日志信息，所以要查看控制台的输出 SQL 语句，就需要在 classpath 路径下配置其日志文件。在项目的 resources 目录下创建 log4j.properties 文件，编辑后的内容如下所示。

```
# Global logging configuration
log4j.rootLogger=ERROR, stdout
# MyBatis logging configuration...
log4j.logger.cn.dsscm.dao=DEBUG
# Console output...
log4j.appender.stdout=org.apache.log4j.ConsoleAppender
log4j.appender.stdout.layout=org.apache.log4j.PatternLayout
log4j.appender.stdout.layout.ConversionPattern=%5p [%t] - %m%n
```

在日志配置中，包含了全局的日志配置、MyBatis 的日志配置和控制台输出，其中 MyBatis 的日志配置用于将 cn.dsscm 包中所有类的日志记录级别设置为 DEBUG。

由于 log4j 文件中的具体内容已经超出了本书范围，所以这里不进行讲解，读者可自行查找资料学习。上述配置文件代码也不需要全部手写，在 MyBatis 使用手册的 logging 小节中，可以找到如图 1.16 所示的配置信息，只要将其复制到项目的 log4j 配置文件中，并对 MyBatis 的日志配置信息进行简单修改即可使用。

在应用的类路径中创建一个名称为 log4j.properties 的文件，文件的具体内容如下：

```
# Global logging configuration
log4j.rootLogger=ERROR, stdout
# MyBatis logging configuration...
log4j.logger.org.mybatis.example.BlogMapper=TRACE
# Console output...
log4j.appender.stdout=org.apache.log4j.ConsoleAppender
log4j.appender.stdout.layout=org.apache.log4j.PatternLayout
log4j.appender.stdout.layout.ConversionPattern=%5p [%t] - %m%n
```

图 1.16　MyBatis 使用手册中的 logging 配置

在 resources 目录中添加 MyBatis 框架的核心配置文件，默认文件名为“configuration.xml”。需要注意，为了方便在框架集成时更好地区分各个配置文件，一般会将此文件命名为“mybatis-config.xml”。该文件需要配置数据库连接信息和 MyBatis 的参数，见示例 1。

【示例 1】　MyBatis 框架的核心配置文件 mybatis-configuration.xml

```xml
<?xml version="1.0" encoding="UTF-8" ?>
<!DOCTYPE configuration
PUBLIC "-//mybatis.org//DTD Config 3.0//EN"
"http://mybatis.org/dtd/MyBatis-3-config.dtd">

<!-- 通过这个配置文件完成 MyBatis 与数据库的连接 -->
<configuration>
    <!-- 引入 database.properties 文件-->
    <properties resource="database.properties"/>
    <settings>
        <!-- 配置 MyBatis 的 log 实现为 log4j -->
        <setting name="logImpl" value="log4j" />
    </settings>
    <environments default="development">
        <environment id="development">
            <!--配置事务管理，采用 JDBC 的事务管理 -->
            <transactionManager type="JDBC"></transactionManager>
            <!-- POOLED:MyBatis 自带的数据源，JNDI:基于 tomcat 的数据源 -->
            <dataSource type="POOLED">
                <property name="driver" value="${driver}"/>
                <property name="url" value="${url}"/>
                <property name="username" value="${user}"/>
                <property name="password" value="${password}"/>
            </dataSource>
        </environment>
    </environments>
    <!-- 将 mapper 加入配置文件中 -->
    <mappers>
        <mapper resource="cn/dsscm/dao/UserMapper.xml"/>
    </mappers>
</configuration>
```

在示例 1 中，第 2~3 行是 MyBatis 配置文件的约束信息，下面<configuration>元素中的内容就是开发人员需要编写的配置信息。这里按照<configuration>子元素的功能不同，将配置分为两个步骤：第 1 步配置环境；第 2 步配置 mapper 的位置。关于上述代码中各个元素的详细配置信息将在后续章节进行讲解，此案例中只要按照上述代码配置即可。mybatis-config.xml 文件中几个常用元素的作用如下。

（1）configuration：表示配置文件的根元素节点。

（2）properties：表示通过 resource 属性从外部指定 properties 属性文件（database.properties）。该属性文件描述数据库连接的相关配置（数据库驱动、连接数据库的 url、数据库用户名、数据库密码），位置也是在/resources 目录下。

（3）settings：表示设置 MyBatis 运行中的一些行为，如设置 MyBatis 的 log 日志实现为 Log4j，即使用 log4j 实现日志功能。

（4）environments：表示配置 MyBatis 的多套运行环境，将 SQL 映射到多个不同的数据库上。该元素节点下可以配置多个 environment 子元素节点，但是必须指定其中一个为默认运行环境（通过 default 指定）。

（5）environment：表示配置 MyBatis 的一套运行环境，需指定运行环境 id、事务管理、数据源配置等相关信息。

（6）mappers：作用是告诉 MyBatis 去哪里找到 SQL 映射文件（该文件内容是开发者定义的映射 SQL 语句），整个项目中可以有 1 个或多个 SQL 映射文件。

（7）mapper：表示 mappers 的子元素节点，具体指定 SQL 映射文件的路径，其中 resource 属性的值表述了 SQL 映射文件的路径（类资源路径）。

注意

必须注意的是，mybatis-config.xml 文件的元素节点是有一定顺序的，节点位置若不按顺序排位，那么 XML 文件就会报错。配置文件并不需要完全手动编写，在 MyBatis 使用手册中，已经给出了配置模板（包含约束信息），使用时只需要复制过来，依照自己的项目需求修改即可。

完成 MyBatis 的配置文件 mybatis-config.xml 后，就要创建持久化类和 SQL 映射文件了。

4．创建持久化类（POJO）和SQL映射文件

持久化类是指其实例状态需要被 MyBatis 持久化到数据库中的类。在应用的设计中，持久化类通常对应需求中的业务实体。MyBatis 一般采用 POJO 编程模型来实现持久化类，与 POJO 类配合完成持久化工作是 MyBatis 最常见的工作模式。

POJO（Plain Ordinary Java Object）类就是普通的 Java 对象。它可以简单地理解为符合 JavaBean 规范的实体类，不需要继承和实现任何特殊的 Java 基类或接口。JavaBean 对象的状态保存在属性中，访问属性必须通过对应的 getter 方法和 setter 方法。

下面先以用户表（tb_user）为例，定义用户 POJO 类，User.java 的代码见示例 2。

【示例 2】　User.java

```
import java.util.Date;

public class User {
    private Integer id; // id
    private String userCode; // 用户编码
    private String userName; // 用户名称
    private String userPassword; // 用户密码
    private Date birthday; // 出生日期
    private Integer gender; // 性别
    private String phone; // 电话
    private String email; // 电子邮箱
    private String address; // 地址
    private String userDesc; // 简介
    private Integer userRole; // 用户角色
    private Integer createdBy; // 创建者
    private String imgPath; // 证件照路径
    private Date creationDate; // 创建时间
```

```
    private Integer modifyBy; // 更新者
    private Date modifyDate; // 更新时间

    private Integer age;// 年龄
    private String userRoleName; // 用户角色名称
    public User() {
    }
    public User(String userCode, String userName, String userPassword,
            Integer gender, Integer userRole) {
        super();
        this.userCode = userCode;
        this.userName = userName;
        this.userPassword = userPassword;
        this.gender = gender;
        this.userRole = userRole;
    }
    public Integer getAge() {
        Date date = new Date();
        if (null != birthday) {
            Integer age = date.getYear() - birthday.getYear();
            return age;
        } else {
            return null;
        }
    }
    @Override
    public String toString() {
        return "User [id=" + id + ", userCode=" + userCode + ", userName="
                + userName + ", userPassword=" + userPassword + ", birthday="
                + birthday + ", gender=" + gender + ", phone=" + phone
                + ", email=" + email + ", address=" + address + ", userDesc="
                + userDesc + ", userRole=" + userRole + ", createdBy="
                + createdBy + ", imgPath=" + imgPath + ", creationDate="
                + creationDate + ", modifyBy=" + modifyBy + ", modifyDate="
                + modifyDate + ", age=" + age + ", userRoleName="
                + userRoleName + "]";
    }

    // 省略其他 getter 方法和 setter 方法
}
```

注意

在 MyBatis 中并不需要 POJO 类名与数据库表名一致，因为 MyBatis 是 POJO 与 SQL 语句之间的映射机制，一般情况下，保证 POJO 对象的属性与数据库表的字段名一致即可，本示例中的 age 字段是根据 birthday 字段计算得出的。建议在每个实体类中都为其提供无参与带参构造方法、toString()方法，以方便后续的测试与使用。

继续进行 SQL 映射文件的创建，完成与 POJO（实体类）的映射，创建包“cn.dsscm.dao”并在里面配置映射文件，该文件也是一个 XML 文件，命名为 UserMapper.xml，见示例 3。

【示例 3】 UserMapper.xml

```
<?xml version="1.0" encoding="UTF-8" ?>
<!DOCTYPE mapper
  PUBLIC "-//mybatis.org//DTD Mapper 3.0//EN"
  "http://mybatis.org/dtd/mybatis-3-mapper.dtd">
<mapper namespace="cn.dsscm.dao.UserMapper">
    <!-- 查询用户表记录数 -->
    <select id="count" resultType="int">
        SELECT count(1)
          FROM tb_user
    </select>
</mapper>
```

经验：SQL 映射文件都会对应于相应的 POJO，所以一般采用 POJO 的名称+mapper 的规则来进行命名。当然该 mapper 文件属于 DAO 层的操作，应该放置在 DAO 包下，并根据业务功能进行分包放置，如 cn.dsscm.dao.UserMapper.xml。

示例 3 中 UserMapper.xml 定义了 SQL 语句，其中各元素的含义如下。

（1）mapper：表示映射文件的根元素节点，只有一个属性 namespace。

（2）namespace：表示用于区分不同的 mapper，全局唯一。

（3）select：表示查询语句，是 MyBatis 最常用的元素之一，常用属性如下。

① id 属性：表示该命名空间中的唯一标识符。

② resultType 属性：表示 SQL 语句返回值类型，此处通过 SQL 语句返回的是 int 数据类型。

说明： 在 MyBatis 的映射文件中，包含了一些约束信息，初学者如果自己动手去编写，不但浪费时间还容易出错。其实，在 MyBatis 使用手册中就可以找到这些约束信息，具体的获取方法如下。

打开 MyBatis 的使用手册 mybatis-3.5.1.pdf，或者访问官网，在 Getting started（入门指南）的 2.1.5 节 Exploring Mapped SQL Statements 中，即可找到映射文件的约束信息，如图 1.17 所示。

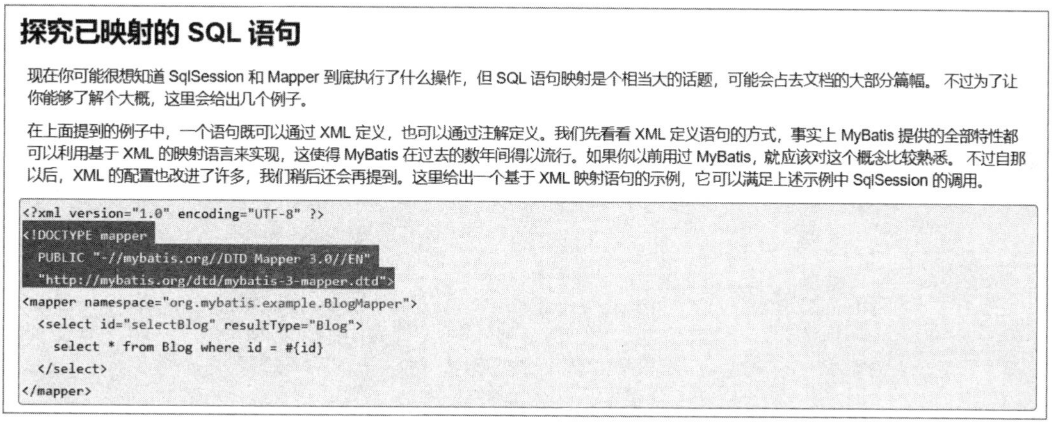

探究已映射的 SQL 语句

现在你可能很想知道 SqlSession 和 Mapper 到底执行了什么操作，但 SQL 语句映射是个相当大的话题，可能会占去文档的大部分篇幅。不过为了让你能够了解个大概，这里会给出几个例子。

在上面提到的例子中，一个语句既可以通过 XML 定义，也可以通过注解定义。我们先看看 XML 定义语句的方式，事实上 MyBatis 提供的全部特性都可以利用基于 XML 的映射语言来实现，这使得 MyBatis 在过去的数年间得以流行。如果你以前用过 MyBatis，就应该对这个概念比较熟悉。不过自那以后，XML 的配置也改进了许多，我们稍后还会再提到。这里给出一个基于 XML 映射语句的示例，它可以满足上述示例中 SqlSession 的调用。

```
<?xml version="1.0" encoding="UTF-8" ?>
<!DOCTYPE mapper
  PUBLIC "-//mybatis.org//DTD Mapper 3.0//EN"
  "http://mybatis.org/dtd/mybatis-3-mapper.dtd">
<mapper namespace="org.mybatis.example.BlogMapper">
  <select id="selectBlog" resultType="Blog">
    select * from Blog where id = #{id}
  </select>
</mapper>
```

图 1.17　映射文件的约束信息

可以看出，方框处标注的就是 MyBatis 映射文件的约束信息。初学者只需将信息复制到项目创建的 XML 文件中即可。

5．创建测试类

在工程中加入 JUnit4，创建包“cn.dsscm.test”并在其中新建测试类（UserMapperTest.java）进行功能测试，然后在后台打印出用户表的记录数，具体的实现步骤如下。

（1）读取全局配置文件：mybatis-config.xml，代码为：

```
String resource = "mybatis-config.xml";
//获取 mybatis-config.xml 的输入流
InputStream is = Resources.getResourceAsStream(resource);
```

（2）创建 SqlSessionFactory 对象，此对象可以完成对配置文件的读取，代码为：

```
SqlSessionFactory factory = new SqlSessionFactoryBuilder().build(is);
```

（3）创建 SqlSession 对象，此对象的作用是调用 mapper 文件进行数据操作，需要注意的是，必须先把 mapper 文件引入到 mybatis-config.xml 中才能起效，代码为：

```
int count = 0;
SqlSession sqlSession = null;
// 创建 SqlSession 对象
sqlSession = factory.openSession();
// 调用 mapper 文件对数据进行操作，必须先把 mapper 文件引入到 mybatis-config.xml 中
count = sqlSession.selectOne("cn.dsscm.dao.user.UserMapper.count");
logger.debug("UserMapperTest count---> " + count);
```

（4）关闭 SqlSession 对象，代码为：

```
sqlSession.close();
```

完整的测试类文件见示例 4。

【示例 4】 UserMapperTest.java

```
package cn.dsscm.test;

import java.io.IOException;
import java.io.InputStream;

import org.apache.ibatis.io.Resources;
import org.apache.ibatis.session.SqlSession;
import org.apache.ibatis.session.SqlSessionFactory;
import org.apache.ibatis.session.SqlSessionFactoryBuilder;
import org.apache.log4j.Logger;
import org.junit.Test;

public class UserMapperTest {
    private Logger logger = Logger.getLogger(UserMapperTest.class);
    @Test
    public void test1() {
        // 创建 SqlSession 对象
        SqlSession sqlSession = null;
        try {
            // 获取 mybatis-config.xml 的输入流
            InputStream is = Resources.getResourceAsStream("mybatis-config.xml");
            // 创建 SqlSessionFactory 对象，此对象可以完成对配置文件的读取，代码如下
            SqlSessionFactory factory = new SqlSessionFactoryBuilder().build(is);
            int count = 0;
            // 创建 SqlSession 对象
            sqlSession = factory.openSession();
            // 调用 mapper 文件对数据进行操作，必须先把 mapper 文件引入到 mybatis-config.xml 中
            count = sqlSession.selectOne("cn.dsscm.dao.UserMapper.count");
            logger.debug("UserMapperTest count---> " + count);
        } catch (IOException e) {
            e.printStackTrace();
        } finally {
            // 关闭 SqlSession 对象
            sqlSession.close();
        }
    }
}
```

运行 UserMapperTest 类的 test1()方法，控制台显示为：

```
[DEBUG] ... org.apache.ibatis.transaction.jdbc.JdbcTransaction - Opening JDBC Connection
...
[DEBUG] ... cn.dsscm.dao.UserMapper.count - ==>  Preparing: SELECT count(1) FROM
tb_user
[DEBUG] ... cn.dsscm.dao.UserMapper.count - ==> Parameters:
[DEBUG] ... cn.dsscm.test.UserMapperTest - UserMapperTest count---> 14
```

注意

本书所有的项目案例及上机练习，不再要求使用 System.out.print 进行后台日志的输出，一律使用 log4j 来实现日志的输出，需要在 resources 目录下加入 log4j.properties，并且在 MyBatis 框架的核心配置文件（mybatis-config.xml）中设置 MyBatis 的 Log 实现为 log4j。由于控制台输出内容太多，只在本书中显示需要的内容。

至此，我们对 MyBatis 框架有了一定的了解，并学习了如何搭建 MyBatis 环境，接下来就根据示例来对比 JDBC，介绍 MyBatis 框架的优、缺点。

1.2.6 MyBatis框架的优、缺点及其适用场合

回顾 DAO 层代码，以查询用户表记录数为例，直接使用 JDBC 和 MyBatis 进行查询的两种实现方式，如图 1.18 所示。

用 JDBC 查询返回的是 ResultSet 对象，ResultSet 对象不能直接使用，还需要转换成其他封装类型，通过 JDBC 查询并不能直接得到具体的业务对象。这样，在整个查询的过程中就需要做很多重复性的转换工作，而使用 MyBatis 可将这几行代码分解包装（见图 1.18）。

第 1、2 行：表示对数据库连接的管理，包括事务管理。

第 3~5 行：表示 MyBatis 通过配置文件管理 SQL，以及输入参数的映射。

第 6~9 行：表示 MyBatis 获取返回结果到 Java 对象的映射，也是通过配置文件进行管理的。

```
1  Class.forName("com.mysql.jdbc.Driver");
2  Connection connection =DriverManager.getConnection(url, user, password);
3  String sql = "select count(*) as count from user;
4  Statement st = connection.createStatement();
5  ResultSet rs = st.executeQuery(sql);
6  if(rs.next()){
7      int count = rs.getInt("count");
8      ...
9  }
10 /**=====================华丽丽的分隔线================**/
11 <mapper namespace="cn.dao.user.UserMapper">
12     <select id="count" resultType="int">
13         select count(1) as count from user
14     </select>
15 </mapper>
```

图 1.18　MyBatis 与 JDBC 的直观对比

1. MyBatis框架的优点

MyBatis 框架与 JDBC 相比，可减少 50%以上的代码量。

（1）MyBatis 框架是最简单的持久化框架之一，小巧且简单易学。

（2）MyBatis 框架相当灵活，不会对应用程序或数据库的现有设计强加任何影响。将 SQL 写在 XML 里，可从程序代码中彻底分离降低耦合度，便于统一管理和优化并可重用。

（3）提供 XML 标签，支持编写动态的 SQL 语句。

（4）提供映射标签，支持对象与数据库的 ORM 字段关系映射。

2. MyBatis框架的缺点

（1）编写工作量较大，对开发人员编写 SQL 语句的能力有一定要求。

（2）依赖于数据库，导致数据库移植性差，不能随意更换数据库。

3. MyBatis框架的适用场合

MyBatis 框架专注于 SQL 本身，是一个足够灵活的 DAO 层解决方案。它适用于性能要求很高或需求变化较多的项目，如互联网项目。

下面介绍百货中心供应链管理系统，并完成相应的上机练习。

1.2.7 技能训练

百货中心供应链管理系统是一个 B/S 架构的信息管理平台，该系统的主要业务需求是，记录并维护百货公司的供应商信息，以及该百货公司与供应商、顾客之间交易的订单信息。该系统主要包括系统管理员、经理、普通员工等角色，其具体内容请参考附录 A。

上机练习 1　查询供应商表的记录数

需求说明

为百货中心供应链管理系统搭建 MyBatis 框架环境，并实现供应商表（tb_provider）的总记录数查询。

提示

（1）在 MyEclipse 中创建工程 MyBatisDemo，导入 MyBatis 框架所需的 jar 文件。
（2）创建 MyBatis 框架的配置文件 mybatis-config.xml。
（3）创建供应商表对应的实体类 Provider 和 SQL 映射文件 ProviderMapper.xml。
（4）编写测试类 ProvideMapperTest.java，并在后台运行输出结果。

1.3 MyBatis框架的工作原理

首先了解一下 MyBatis 框架的执行流程，如图 1.19 所示。

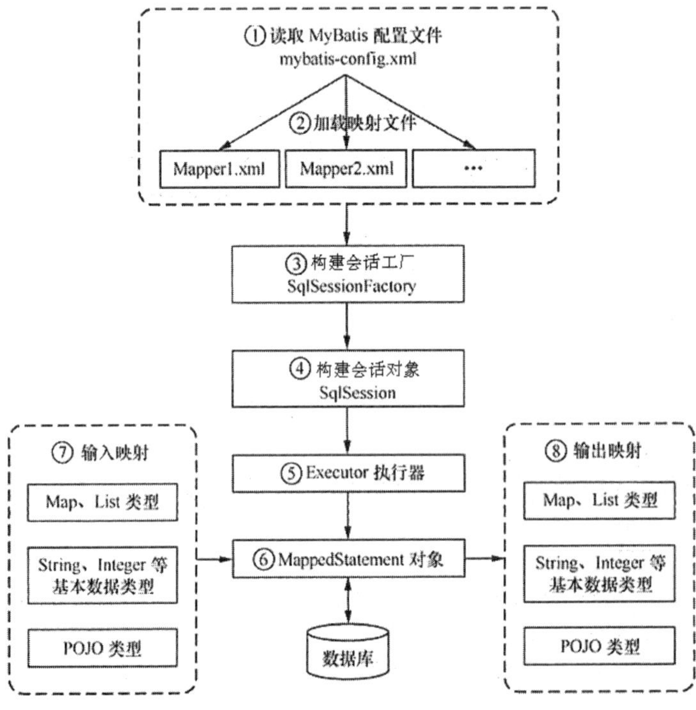

图 1.19　MyBatis 框架的执行流程

可以看出，MyBatis 框架在操作数据库时经过了 8 个步骤。下面就对每步流程进行详细讲解，具体如下。

（1）读取 MyBatis 配置文件 mybatis-config.xml。mybatis-config.xml 作为 MyBatis 的全局配置文件，配置了 MyBatis 的运行环境等信息，其中主要功能是获取数据库连接。

（2）加载映射文件 Mapper.xml。Mapper.xml 文件即 SQL 映射文件，该文件中配置了操作数据库的 SQL 语句，需要在 mybatis-config.xml 中加载才能执行。mybatis-config.xml 可以加载多个配置文件，每个配置文件都对应数据库中的一张表。

（3）构建会话工厂 SqlSessionFactory。通过 MyBatis 的环境等配置信息构建会话工厂 SqlSessionFactory。

（4）创建会话对象 SqlSession。由会话工厂创建 SqlSession 对象，该对象中包含执行 SQL 的所有方法。

（5）Executor 执行器。MyBatis 底层定义了一个 Executor 接口来操作数据库。它会根据 SqlSession 传递的参数，动态地生成需要执行的 SQL 语句，同时负责查询缓存的维护。

（6）MappedStatement 对象。在 Executor 接口的执行方法中，包含一个 MappedStatement 类型的参数。该参数是对映射信息的封装，用于存储要映射的 SQL 语句的 ID、参数等。Mapper.xml 文件中一个 SQL 对应一个 MappedStatement 对象，SQL 的 ID 即是 MappedStatement 的 ID。

（7）输入映射。在执行方法时，MappedStatement 对象会对用户执行 SQL 语句的输入参数进行定义（Map 类型、List 类型、基本类型和 POJO 类型），Executor 执行器通过 MappedStatement 对象在执行 SQL 前，将输入的 Java 对象映射到 SQL 语句中。这里对输入参数的映射过程就类似于 JDBC 编程中对 preparedStatement 对象设置参数的过程。

（8）输出映射。在数据库中执行完 SQL 语句后，MappedStatement 对象会对 SQL 执行输出的结果进行定义（Map 类型、List 类型、基本类型、POJO 类型），Executor 执行器通过 MappedStatement 对象在执行 SQL 语句后，将输出结果映射至 Java 对象中，这个过程就类似于 JDBC 编程中对结果的解析处理过程。

通过上面对 MyBatis 执行流程的讲解，读者对其有个初步了解即可。

1.4 MyBatis 框架的入门程序

通过学习，相信读者对 MyBatis 框架已经有了初步了解，现在就通过一个用户模块的入门案例来讲解 MyBatis 框架的基本使用方法。

1.4.1 查询用户

在实际开发中通常会涉及单条数据的精确查询，以及多条数据的模糊查询。那么怎样使用 MyBatis 框架进行这两种查询呢？下面讲解使用 MyBatis 框架根据用户编号查询信息，以及根据用户名模糊查询信息的方法。

1. 根据用户编号查询信息

根据用户编号查询信息主要是通过查询用户表中的主键（这里表示唯一的用户编号）来实现的，其具体实现步骤如下。

（1）在 MySQL 数据库中，利用已创建名为 dsscm 的数据库，并使用“tb_user”表。

（2）在 MyEclipse 中，创建一个名为“Ch01_02”的 Java 项目，将 MyBatis 的核心 jar 包、lib 目录的依赖 jar 包，以及 MySQL 数据库的驱动 jar 包都添加到项目的 lib 目录中，并发布到类路径中。

（3）MyBatis 默认使用 log4j 输出日志信息，故可在项目的 resources 目录中创建 log4j.properties 文件，并编辑其内容。

（4）在 src 目录中创建一个 cn.dsscm.pojo 包，并在该包下创建持久化类 User，且声明相关属性及其对应的 getter/setter 方法，如示例 2 所示。

（5）在 src 目录中创建一个 cn.dsscm.dao 包，并在该包中创建映射文件 UserMapper.xml，编辑后见示例 5。

【示例 5】 UserMapper.xml

```
<?xml version="1.0" encoding="UTF-8"?>
<!DOCTYPE mapperPUBLIC "-//mybatis.org//DTD Mapper 3.0//EN"
```

```
3 |    "http://mybatis.org/dtd/mybatis-3-mapper.dtd">
4 |    <mapper namespace="cn.dsscm.dao.UserMapper">
5 |    <!--根据用户 id 查询用户信息列表-->
6 |    <select id="getUserListById" parameterType="Integer" resultType="cn.dsscm.pojo.User">
7 |        SELECT * FROM tb_userWHERE id = #{id}
8 |    </select>
9 |    </mapper>
```

在示例 5 中，第 2~3 行是 MyBatis 的约束配置，第 4~9 行是需要开发人员编写的映射信息，其中<mapper>元素是配置文件的根元素，它包含一个 namespace 属性，通常设置成“包名+SQL 映射文件名”的形式。子元素<select>中的信息用于执行查询操作的配置，其 id 属性是<select>元素在映射文件中的唯一标识；parameterType 属性用于指定传入参数的类型，这里表示传递给执行 SQL 的是一个 Integer 类型的参数；resultType 属性用于指定返回结果的类型，这里表示返回的数据是 Customer 类型。在定义的查询 SQL 语句中，“#{}”表示一个占位符，相当于“?”，而“#{id}”则表示该占位符待接收参数的名称为 id。

（6）在 resources 目录中创建 MyBatis 框架的核心配置文件 mybatis-config.xml，编辑后如示例 1 所示。

（7）在 src 目录中创建一个 cn.dsscm.test 包，在该包中创建测试类 UserTest.java，并在类中编写测试方法 findUserByIdTest()，见示例 6。

【示例 6】 UserTest.java

```
@Test
public void findUserByIdTest() {
    String resource = "mybatis-config.xml";
    User user = null;
    SqlSession sqlSession = null;
    try {
        //1.获取 mybatis-config.xml 的输入流
        InputStream is = Resources.getResourceAsStream(resource);
        //2.创建 SqlSessionFactory 对象，完成对配置文件的读取
        SqlSessionFactory factory = new SqlSessionFactoryBuilder().build(is);
        //3.创建 SqlSession 对象
        sqlSession = factory.openSession();
        //4.调用 mapper 文件对数据进行操作，必须先将 mapper 文件引入 mybatis-config.xml 中
        user = sqlSession.selectOne("cn.dsscm.dao.UserMapper.getUserListById",1);
        logger.debug("UserTest user---> " + user);
    } catch (IOException e) {
        // TODO Auto-generated catch block
        e.printStackTrace();
    }finally{
        sqlSession.close();
    }
}
```

在示例 6 的 findUserByIdTest()方法中，通过输入流读取配置文件后，根据配置文件构建 SqlSessionFactory 对象，然后通过 SqlSessionFactory 对象创建 SqlSession 对象，并使用 SqlSession 对象的 selectOne()方法执行查询操作。selectOne()方法的第 1 个参数表示映射 SQL 的标识字符串，它由 CustomerMapper.xml 中<mapper>元素的 namespace 属性值+<select>元素的 id 属性值组成；第 2 个参数表示查询所需要的参数，这里查询的是用户表中 id 为 1 的用户，可使用输出语句查询结果信息。最后，程序执行完毕时关闭 SqlSession。

至此，整个项目完成，其项目结构如图 1.20 所示。

使用 JUnit4 测试执行 findUserByIdTest()方法后，控制台的输出结果如下所示。

```
    cn.dsscm.dao.UserMapper.getUserListById - ==>  Preparing: SELECT * FROM tb_user
WHERE id = ?
    cn.dsscm.dao.UserMapper.getUserListById - ==> Parameters: 1(Integer)
```

```
    cn.dsscm.test.UserMapperTest - UserTest user---> User [id=1, userCode=admin,
userName=系统管理员, userPassword=123456, birthday=Tue Oct 22 00:00:00 CST 1991,
gender=2, phone=13688889999, email=null, address=北京市海淀区, userDesc="I …",
userRole=1, createdBy=1, imgPath=null, creationDate=Thu Oct 24 13:01:49 CST 2019,
modifyBy=1, modifyDate=Sun Nov 03 16:40:25 CST 2019, age=null, userRoleName=null]
```

从运行结果可以看出，使用 MyBatis 框架已成功查询出 id 为 1 的用户信息。

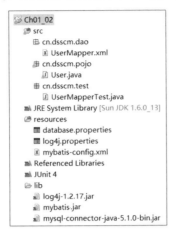

```
Ch01_02
  src
    cn.dsscm.dao
      UserMapper.xml
    cn.dsscm.pojo
      User.java
    cn.dsscm.test
      UserMapperTest.java
  JRE System Library [Sun JDK 1.6.0_13]
  resources
    database.properties
    log4j.properties
    mybatis-config.xml
  Referenced Libraries
  JUnit 4
  lib
    log4j-1.2.17.jar
    mybatis.jar
    mysql-connector-java-5.1.0-bin.jar
```

图 1.20　项目结构

2. 根据用户名模糊查询信息

了解使用 MyBatis 框架根据用户编号查询信息后，接着讲解根据用户名来模糊查询相关信息的方法。

模糊查询的实现非常简单，只需在映射文件中使用<select>元素编写相应的 SQL 语句，并通过 SqlSession 的查询方法执行该 SQL 即可，其具体实现步骤如下。

（1）在映射文件 UserMapper.xml 中，添加根据用户名模糊查询信息列表的 SQL 语句，具体实现代码见示例 7。

【示例 7】　UserMapper.xml

```
<!--根据用户名模糊查询用户信息列表-->
<select id="getUserListByName" parameterType="String" resultType="cn.dsscm.pojo.User">
        SELECT * FROM tb_user
         WHERE userName LIKE '%${value}%'
</select>
```

与根据用户编号查询相比，上述配置代码中的属性 id、parameterType 和 SQL 语句都发生了相应的变化，其中 SQL 语句中的“${}”表示拼接的是 SQL 字符串，即可不加解释原样输出。“${value}”表示拼接的是简单类型参数。

注意

在使用“${}”进行 SQL 字符串拼接时，无法防止 SQL 注入问题的发生，所以对上述映射文件 UserMapper.xml 中模糊查询的 select 语句进行修改，并使用 MySQL 的 concat()函数进行字符串拼接，就可以实现模糊查询，同时又能防止 SQL 注入修改，代码如下所示。

```
select * from tb_user where username like concat('%',#{value},'%')
```

（2）在测试类 MybatisTest 中，添加一个测试方法 findCustomerByNameTest()，其代码见示例 8。

【示例 8】　UserTest.java

```
@Test
public void findUserByNameTest() {
```

```
        String resource = "mybatis-config.xml";
        List<User> list = null;
        SqlSession sqlSession = null;
        try {
            //1.获取 mybatis-config.xml 的输入流
            InputStream is = Resources.getResourceAsStream(resource);
            //2.创建 SqlSessionFactory 对象，完成对配置文件的读取
            SqlSessionFactory factory = new SqlSessionFactoryBuilder().build(is);
            //3.创建 SqlSession 对象
            sqlSession = factory.openSession();
            //4.调用 mapper 文件对数据进行操作时，必须先将 mapper 文件引入 mybatis-config.xml 中
        list = sqlSession.selectList("cn.dsscm.dao.UserMapper.getUserListByName","张");
          for (User user : list) {
              logger.debug(user);
          }
        } catch (IOException e) {
            // TODO Auto-generated catch block
            e.printStackTrace();
        }finally{
            sqlSession.close();
        }
    }
```

从上述代码可以看出，findUserByNameTest()方法只是在第 4 步时与根据用户编号查询的测试方法有所不同，其他步骤都一致。在第 4 步时，由于查询出的是多条数据，所以调用 SqlSession 的 selectList()方法来查询返回结果的集合对象，并使用 for 循环输出结果集对象。使用 JUnit4 执行 findUserByNameTest()方法后，控制台输出的结果如下。

```
    cn.dsscm.dao.UserMapper.getUserListByName - ==>  Preparing: SELECT * FROM tb_user
WHERE userName LIKE '%张%'
    cn.dsscm.dao.UserMapper.getUserListByName - ==> Parameters:
    cn.dsscm.test.UserMapperTest - User [id=3, userCode=zhangwei, userName=张伟,
userPassword=0000000, birthday=Sun Jun 05 00:00:00 CST 1994, gender=2,
phone=18567542321, email=null, address=北京市朝阳区, userDesc=null, userRole=2,
createdBy=1, imgPath=null, creationDate=Thu Oct 24 13:01:51 CST 2019, modifyBy=null,
modifyDate=null, age=null, userRoleName=null]
    cn.dsscm.test.UserMapperTest - User [id=4, userCode=zhanghua, userName=张华,
userPassword=0000000, birthday=Tue Jun 15 00:00:00 CST 1993, gender=1,
phone=13544561111, email=null, address=北京市海淀区, userDesc=null, userRole=3,
createdBy=1, imgPath=null, creationDate=Thu Oct 24 13:01:51 CST 2019, modifyBy=null,
modifyDate=null, age=null, userRoleName=null]
    cn.dsscm.test.UserMapperTest - User [id=9, userCode=zhangchen, userName=张晨,
userPassword=0000000, birthday=Fri Mar 28 00:00:00 CST 1986, gender=1,
phone=18098765434, email=null, address=北京市朝阳区, userDesc=null, userRole=3,
createdBy=1, imgPath=null, creationDate=Thu Oct 24 13:01:55 CST 2019, modifyBy=1,
modifyDate=Thu Nov 14 14:15:36 CST 2019, age=null, userRoleName=null]
    cn.dsscm.test.UserMapperTest - User [id=13, userCode=zhangsan, userName=张三,
userPassword=123456, birthday=Sat Feb 29 00:00:00 CST 1992, gender=2,
phone=13912341234, email=123@qq.com, address=湖南长沙, userDesc=, userRole=7,
createdBy=null, imgPath=D:\soft\apache-tomcat-
7.0.76\webapps\DSSCM\statics\uploadfiles\1572768815398_Personal.jpg, creationDate=Sun
Nov 03 11:59:17 CST 2019, modifyBy=1, modifyDate=Thu Nov 07 23:47:52 CST 2019,
age=null, userRoleName=null]
```

从控制台的输出结果可以看出，使用 MyBatis 框架已成功查询出用户表中用户名称带有“张”的两条用户信息。至此，查询功能就已经讲解完成。从上面两个查询方法中可以发现，MyBatis 框架的操作大致可分为以下 5 个步骤。

（1）读取配置文件。

（2）根据配置文件构建 SqlSessionFactory 对象。

（3）通过 SqlSessionFactory 创建 SqlSession 对象。

（4）使用 SqlSession 对象操作数据库（包括查询、添加、修改、删除和提交事务等）。

（5）关闭 SqlSession 对象。

1.4.2　技能训练 1

上机练习 2　实现供应商表的查询

需求说明

（1）分别按下列条件查询订单表。

①供应商名称（模糊查询）。

②供应商（供应商 id）。

（2）查询结果列显示：供应商信息。

1.4.3　添加用户

在 MyBatis 的映射文件中可通过<insert>元素来实现添加操作。如向数据库的 tb_user 表中插入一条数据，可以通过如下配置来实现，其代码见示例 9。

【示例 9】　UserMapper.xml

```
<!-- 增加用户 -->
<insert id="add" parameterType="cn.dsscm.pojo.User">
    insert into tb_user (userCode,userName,userPassword,gender,birthday,phone,
            address,userRole,createdBy,creationDate)
        values (#{userCode},#{userName},#{userPassword},#{gender},#{birthday},#{phone},
            #{address},#{userRole},#{createdBy},#{creationDate})
</insert>
```

在上述配置代码中，传入的参数是一个 Customer 类型，该类型的参数对象被传递到语句中时，#{username}会查找参数对象 User 的 username 属性（#{userCode}和#{userPassword}也是一样），并将其属性值传入 SQL 语句中。为了验证上述配置是否正确，可编写一个测试方法来执行添加操作。

在测试类 UserTest.java 中，添加测试方法 addUserTest()，其代码见示例 10。

【示例 10】　UserTest.java

```
@Test
public void addUserTest() {
    logger.debug("testAdd !===================");
    SqlSession sqlSession = null;
    int count = 0;
    String resource = "mybatis-config.xml";
    try {
        // 1.获取 mybatis-config.xml 的输入流
        InputStream is = Resources.getResourceAsStream(resource);
        // 2.创建 SqlSessionFactory 对象，完成对配置文件的读取
        SqlSessionFactory factory = new SqlSessionFactoryBuilder().build(is);
        // 3.创建 SqlSession 对象
        sqlSession = factory.openSession();
        // 4.SqlSession 执行添加操作
        // 4.1 创建 User 对象，并向对象中添加数据
        User user = new User();
        user.setUserCode("test001");
        user.setUserName("测试用户 001");
        user.setUserPassword("1234567");
        Date birthday = new SimpleDateFormat("yyyy-MM-dd").parse("1999-12-12");
        user.setBirthday(birthday);
        user.setCreationDate(new Date());
        user.setAddress("地址测试");
        user.setGender(1);
```

```
        user.setPhone("13688783697");
        user.setUserRole(1);
        user.setCreatedBy(1);
        user.setCreationDate(new Date());
        // 4.2 执行 SqlSession 的插入方法，返回 SQL 语句影响的行数
        count = sqlSession.insert("cn.dsscm.dao.UserMapper.add", user);
        // 4.3 通过返回结果，判断插入操作是否能执行成功
        if(count > 0){
            System.out.println("您成功插入了"+count+"条数据！");
        }else{
            System.out.println("执行插入操作失败!!!");
        }
        // 4.4 提交事务
        sqlSession.commit();
    } catch (Exception e) {
        e.printStackTrace();
        // 模拟异常，进行回滚
        sqlSession.rollback();
    } finally {
        // 5.关闭 SqlSession 对象
        sqlSession.close();
    }
}
```

在上述代码的第 4 步操作中，先创建 User 对象且添加属性值，然后使用 SqlSession 对象的 insert()方法执行插入操作，并通过该操作返回的数据来判断插入操作是否能执行成功，最后通过 SqlSesseion 对象的 commit()方法提交事务，并使用 close()方法关闭 SqlSession 对象。

使用 JUnit4 执行 addUserTest()方法后，控制台的输出结果如下：

```
    cn.dsscm.dao.UserMapper.add - ==>  Preparing: insert into tb_user
(userCode,userName,userPassword, gender,birthday,phone,
address,userRole,createdBy,creationDate) values (?,?,?,?,?,?, ?,?,?,?)
    cn.dsscm.dao.UserMapper.add - ==> Parameters: test001(String), 测试用户 001(String),
1234567(String), 1(Integer), 1999-12-12 00:00:00.0(Timestamp), 13688783697(String), 地
址测试(String), 1(Integer), 1(Integer), 2020-01-14 16:03:05.81(Timestamp)
    您成功插入了 1 条数据！
```

从运行结果可以看到，已经成功插入了 1 条数据。为了验证是否真的插入成功，可查询数据库中的 tb_user 表，如图 1.21 所示。

	id	userCode	userName	userPassword	gender	birthday	email	phone
□	1	admin	系统管理员	123456	2	1991-10-22	(NULL)	13688889999
□	2	liming	李明	0000000	2	1993-12-10	(NULL)	13688884457
□	3	zhangwei	张伟	0000000	2	1994-06-05	(NULL)	18567542321
□	4	zhanghua	张华	0000000	1	1993-06-15	(NULL)	13544561111
□	5	wangyang	王洋	0000000	2	1992-12-31	(NULL)	13444561124
□	6	zhaoyan	赵燕	0000000	1	1996-03-07	(NULL)	18098764545
□	7	sunlei	孙磊	0000000	2	1991-01-04	(NULL)	13387676765
□	8	sunxing	孙兴	0000000	2	1998-03-12	(NULL)	13367890900
□	9	zhangchen	张晨	0000000	1	1986-03-28	(NULL)	18098765434
□	10	dengchao	邓超	0000000	2	1991-11-04	(NULL)	13689674534
□	11	yangguo	杨过	0000000	2	1990-01-01	(NULL)	13388886623
□	12	zhaomin	赵敏	12345678	1	1997-12-04		18099897657
□	13	zhangsan	张三	123456	2	1992-02-29	123@qq.com	13912341234
□	14	wangwu	王五	1234567	2	2019-11-01	123@qq.com	13912341234
□	15	test001	测试用户001	1234567	1	1999-12-12	(NULL)	13688783697
*	(NULL)	(NULL)	(NULL)	(NULL)	(NULL)	(NULL)	(NULL)	(NULL)

图 1.21　tb_user 表 1

可以看出，使用 MyBatis 框架已为 15 的用户成功新增了一条 id 信息。

1.4.4　更新用户

MyBatis 框架的更新操作在映射文件中是通过配置<update>元素来实现的。如果需要更新用户数据，可以通过配置来实现，其代码见示例 11。

【示例 11】　UserMapper.xml

```
<!-- 修改用户信息 -->
<update id="modify" parameterType="cn.dsscm.pojo.User">
    UPDATE tb_user
       SET userCode=#{userCode},userName=#{userName},userPassword=#{userPassword},
           gender=#{gender},birthday=#{birthday},phone=#{phone},address=#{address},
           userRole=#{userRole},modifyBy=#{modifyBy},modifyDate=#{modifyDate}
     WHERE id = #{id}
</update>
```

与插入数据的配置相比，更新操作配置中的元素与 SQL 语句都发生了相应变化，但其属性名却没有变。为了验证配置是否正确，下面以 1.4.3 节中新插入的数据为例更新客户的测试。

在测试类 MybatisTest 中，添加测试方法 updateUserTest()，并对 id 为 15 的信息进行修改，其代码见示例 12。

【示例 12】　UserTest.java

```
@Test
public void updateUserTest() {
    SqlSession sqlSession = null;
    int count = 0;
    String resource = "mybatis-config.xml";
    try {
        // 1.获取 mybatis-config.xml 的输入流
        InputStream is = Resources.getResourceAsStream(resource);
        // 2.创建 SqlSessionFactory 对象，完成对配置文件的读取
        SqlSessionFactory factory = new SqlSessionFactoryBuilder()
                .build(is);
        // 3.创建 SqlSession 对象
        sqlSession = factory.openSession();
        // 4.SqlSession 执行添加操作
        // 4.1 创建 User 对象，并向对象中添加数据
        User user = new User();
        user.setId(15);
        user.setUserCode("test002");
        user.setUserName("测试用户 002");
        user.setUserPassword("8888888");
        Date birthday = new SimpleDateFormat("yyyy-MM-dd").parse("1999-12-12");
        user.setBirthday(birthday);
        user.setAddress("地址测试");
        user.setGender(1);
        user.setPhone("13612341234");
        user.setUserRole(1);
        user.setModifyBy(1);
        user.setModifyDate(new Date());
        // 4.2 执行 SqlSession 对象的更新方法，返回 SQL 语句影响的行数
        count = sqlSession.update("cn.dsscm.dao.UserMapper.modify", user);
        // 4.3 通过返回结果判断插入操作是否执行成功
        if(count > 0){
            System.out.println("您成功修改了"+count+"条数据！");
        }else{
            System.out.println("执行修改操作失败!!! ");
        }
        // 4.4 提交事务
        sqlSession.commit();
    } catch (Exception e) {
        e.printStackTrace();
        // 模拟异常，进行回滚
        sqlSession.rollback();
    } finally {
        // 5.关闭 SqlSession 对象
        sqlSession.close();
    }
}
```

与添加用户的方法相比，更新操作的代码增加了 id 属性值的设置，并调用 SqlSession 对象的 update()方法，对 id 为 15 用户的信息进行修改。使用 JUnit4 执行 updateUserTest()方法后，控制台的输出结果如下。

```
    cn.dsscm.dao.UserMapper.modify - ==>  Preparing: UPDATE tb_user SET userCode=?, userName=?, userPassword=?, gender=?,birthday=?,phone=?,address=?, userRole=?, modifyBy=?, modifyDate=? WHERE id = ?
    cn.dsscm.dao.UserMapper.modify - ==> Parameters: test002(String), 测试用户002(String), 8888888(String), 1(Integer), 1999-12-12 00:00:00.0(Timestamp), 13612341234(String), 地址测试(String), 1(Integer), 1(Integer), 2020-01-14 16:08:11.39(Timestamp), 15(Integer)
    您成功修改了 1 条数据！
```

此时 tb_user 表中的数据如图 1.22 所示。

id	userCode	userName	userPassword	gender	birthday	email	phone
1	admin	系统管理员	123456	2	1991-10-22	(NULL)	13688889999
2	liming	李明	0000000	2	1993-12-10	(NULL)	13688884457
3	zhangwei	张伟	0000000	2	1994-06-05	(NULL)	18567542321
4	zhanghua	张华	0000000	1	1993-06-15	(NULL)	13544561111
5	wangyang	王洋	0000000	2	1992-12-31	(NULL)	13444561124
6	zhaoyan	赵燕	0000000	1	1996-03-07	(NULL)	18098764545
7	sunlei	孙磊	0000000	2	1991-01-04	(NULL)	13387676765
8	sunxing	孙兴	0000000	2	1998-03-12	(NULL)	13367890900
9	zhangchen	张晨	0000000	1	1986-03-28	(NULL)	18098765434
10	dengchao	邓超	0000000	2	1991-11-04	(NULL)	13689674534
11	yangguo	杨过	0000000	2	1990-01-01	(NULL)	13388886623
12	zhaomin	赵敏	12345678	1	1997-12-04		18099897657
13	zhangsan	张三	123456	2	1992-02-29	123@qq.com	13912341234
14	wangwu	王五	1234567	2	2019-11-01	123@qq.com	13912341234
15	test002	测试用户002	8888888	1	1999-12-12	(NULL)	13612341234

图 1.22　tb_user 表 2

可以看出，使用 MyBatis 框架已经成功更新了 id 为 15 的用户信息。

1.4.5　删除用户

MyBatis 框架的删除操作在映射文件中是通过配置<delete>元素来实现的。在映射文件 UserMapper.xml 中添加删除用户信息的 SQL 语句，其代码见示例 13。

【示例 13】　UserMapper.xml

```
<!-- 根据 userid 删除用户信息 -->
<delete id="deleteUserById" parameterType="Integer">
    DELETE from tb_user
     WHERE id=#{id}
</delete>
```

从上述配置的 SQL 语句中可以看出，只要传递一个 id 值就可以将数据表中相应的数据删除。测试删除操作使用 SqlSession 对象的 delete()方法传入需要删除数据的 id 值即可。在测试类 MyBatisTest 中添加测试方法 deleteUserTest()，该方法将用于 id 为 15 的用户信息删除，其代码见示例 14。

【示例 14】　UserTest.java

```
@Test
public void deleteUserTest() {
    SqlSession sqlSession = null;
    int count = 0;
    String resource = "mybatis-config.xml";
    try {
        // 1.获取 mybatis-config.xml 的输入流
        InputStream is = Resources.getResourceAsStream(resource);
        // 2.创建 SqlSessionFactory 对象，完成对配置文件的读取
        SqlSessionFactory factory = new SqlSessionFactoryBuilder().build(is);
        // 3.创建 SqlSession 对象
```

```
        sqlSession = factory.openSession();
        // 4.SqlSession 对象执行添加操作
        // 4.1 执行 SqlSession 对象的更新方法，返回的是 SQL 语句影响的行数
        count = sqlSession.delete("cn.dsscm.dao.UserMapper.deleteUserById",15);
        // 4.2 通过返回结果判断插入操作是否执行成功
        if(count > 0){
            System.out.println("您成功删除了"+count+"条数据！");
        }else{
            System.out.println("执行删除操作失败!!! ");
        }
        // 4.3 提交事务
        sqlSession.commit();
    } catch (Exception e) {
        e.printStackTrace();
        // 模拟异常，进行回滚
        sqlSession.rollback();
    } finally {
        // 5.关闭 SqlSession 对象
        sqlSession.close();
    }
}
```

使用 JUnit4 执行 deleteUserTest()方法后，控制台的输出结果如下：

```
cn.dsscm.dao.UserMapper.deleteUserById - ==>  Preparing: DELETE from tb_user WHERE id=?
cn.dsscm.dao.UserMapper.deleteUserById - ==> Parameters: 15(Integer)
您成功删除了 1 条数据！
```

此时，再次查看表 tb_user 中的数据信息，如图 1.23 所示。

	id	userCode	userName	userPassword	gender	birthday	email	phone
□	1	admin	系统管理员	123456	2	1991-10-22	(NULL)	13688889999
□	2	liming	李明	0000000	2	1993-12-10	(NULL)	13688884457
□	3	zhangwei	张伟	0000000	2	1994-06-05	(NULL)	18567542321
□	4	zhanghua	张华	0000000	1	1993-06-15	(NULL)	13544561111
□	5	wangyang	王洋	0000000	2	1992-12-31	(NULL)	13444561124
□	6	zhaoyan	赵燕	0000000	1	1996-03-07	(NULL)	18098764545
□	7	sunlei	孙磊	0000000	2	1991-01-04	(NULL)	1387676765
□	8	sunxing	孙兴	0000000	2	1998-03-12	(NULL)	13367890900
□	9	zhangchen	张晨	0000000	1	1986-03-28	(NULL)	18098765434
□	10	dengchao	邓超	0000000	2	1991-11-04	(NULL)	13689674534
□	11	yangguo	杨过	0000000	2	1990-01-01	(NULL)	13388886623
□	12	zhaomin	赵敏	12345678	1	1997-12-04		18099897657
□	13	zhangsan	张三	123456	2	1992-02-29	123@qq.com	13912341234
□	14	wangwu	王五	1234567	2	2019-11-01	123@qq.com	13912341234
*	(NULL)	(NULL)	(NULL)	(NULL)	(NULL)	(NULL)	(NULL)	(NULL)

图 1.23 tb_user 表 3

可以看出，使用 MyBatis 框架已经成功删除 id 为 15 的用户信息。

1.4.6 技能训练 2

上机练习 3 实现供应商表的增删改操作

需求说明

在上机练习 2 的基础上，完成以下操作。

（1）实现供应商表的增加操作。

（2）实现根据供应商 id 修改供应商信息的操作。

（3）实现根据供应商 id 删除供应商信息的操作。

提示

（1）增加和修改供应商。

使用元素 insert 和 update。

parameterType：Java 实体类 Provider。

DAO 层接口方法的返回类型：int。

（2）删除供应商。

使用 delete 元素。

至此，MyBatis 入门程序的“增删改查”操作已经讲解完成。本章只需要了解所使用的元素即可，关于程序中映射文件和配置文件中的元素信息，将在第 2 章进行详细讲解。

createBy 和 creationDate、modifyDate 和 modifyBy 这 4 个字段应根据方法的增加或修改进行灵活操作。

本章总结

- 框架是一个提供可重用公共结构的半成品。它为构建新的应用提供了极大的便利。
- 数据持久化是将内存中的数据模型转换为存储模型，以及将存储模型转换为内存中的数据模型的统称。
- ORM 即对象关系映射，也可以理解为一种数据持久化技术。
- MyBatis 框架的基本要素包括核心对象、核心配置文件和 SQL 映射文件。

本章作业

一、选择题

1. 下列关于 MyBatis 框架的优、缺点描述错误的是（　　）。

   A. MyBatis 框架简单，因此只能适用于简单查询

   B. MyBatis 框架是一个优秀的 ORM 框架，它在 SQL 语句和实体类之间建立了映射关系

   C. 使用 MyBatis 框架进行开发，需要开发人员编写 SQL 语句，且可移植性差

   D. MyBatis 框架方便维护，并可使用程序代码进行调试

2. 数据库信息配置文件（database.properties）如下：

```
driverClass=com.mysql.jdbc.Driver
url=jdbc:mysql://127.0.0.1:3306/dsscm
user=root
password=123456
```

MyBatis 框架的核心配置文件（mybatis-config.xml）的内容片段如下：

```
<configuration>
    <properties resource="database.properties"/>
    <environments default="development">
        <environment id="development">
        <transactionManager type="JDBC">
        </transactionManager>
        <dataSource type="POOLED">
            <property name="driver" value="_①_"/>
            <property name="url" value="_②_"/>
            <property name=" user name" value="_③_" />
            <property name="pas sword" value="_④_" />
        </dataSource>
        </environment>
    </environments>
</configuration>
```

请补全下列空白处的代码（　　）。

A. ①${driver}　②${url}　③${username}　④${password}

B. ①${driverClass}　② ${url}　③ $ {username}　④{password}

C. ①${driverClass}　②${url}　③${user}　④${password}

D. ①${com.mysql.jdbc.Driver}　②${jdbc:mysql ://127.0.0.1:3306/dsscm}　③${root}
④${1234}

3. 有关 MyBatis 框架的删除操作说法错误的是（　　）。
   A. MyBatis 框架的删除操作在映射文件中是通过配置<delete>元素来实现的
   B. MyBatis 框架的删除操作也需要进行事务提交
   C. MyBatis 框架的删除操作执行 SqlSession 对象的 delete()方法
   D. MyBatis 框架的删除操作和添加操作都需要封装整个实体类
4. 关于 MyBatis 框架模糊查询进行 SQL 字符串拼接时，说法错误的是（　　）。
   A. 使用“${}”进行 SQL 字符串拼接时，无法防止 SQL 注入问题
   B. 可以使用 MySQL 框架中的 concat()函数进行字符串拼接
   C. 使用 MySQL 框架的 concat()函数进行字符串拼接，也无法防止 SQL 注入
   D. 使用 MySQL 框架的 concat()函数进行字符串拼接，可导致数据库移植性变差
5. 有关 MyBatis 框架的工作原理说法错误的是（　　）。
   A. MyBatis 框架的全局配置文件配置了 MyBatis 框架的运行环境等信息，其中主要内容是获取数据库连接
   B. MyBatis 框架映射文件配置了操作数据库的 SQL 语句，需要在 MyBatis 框架的全局配置文件中加载才能执行
   C. 可以通过 MyBatis 框架环境等配置信息构建会话 SqlSession 对象
   D. SqlSession 对象中包含执行 SQL 的所有方法

二、简答题

1. 简述 MyBatis 框架的内容。
2. 简述 MyBatis 框架的操作步骤。
3. 简要介绍 MyBatis 框架的工作原理。

三、操作题

某机械设备管理系统的详细设计文档，如表 1-2 所示。

表 1-2　机械设备表（device_info）

字 段 名	数 据 类 型	Java 类型	说　明
编号（id）	bigint（20）	java.lang.Integer	主键
型号（typeNo）	varchar（20）	java.lang.String	不允许为空
出厂价格（price）	decimal（20,2）	java.math.BigDecimal	
出厂日期（date）	date	java.util.Date	

（1）编写 SQL 语句创建数据表，并为数据库添加如下备件信息，如表 1-3 所示。

表 1-3　添加备件信息

型　号	出厂价格（元）	出 厂 日 期
D-1	1650.00	2019-12-25
D-2	2250.00	2019-10-25
D-3	2200.00	2019-11-29

（2）搭建 MyBatis 框架环境，编写对应 POJO 和 SQL 的映射文件，以及 MyBatis 框架的核心配置文件。

（3）实现机械设备表的“增删改查”操作。

（4）编写测试类，并在控制台中输出结果。

第 2 章

MyBatis 框架的核心配置

本章目标

- ◎ 了解 MyBatis 框架的核心对象的作用
- ◎ 熟悉 MyBatis 框架的配置文件中各个元素的作用
- ◎ 掌握 MyBatis 框架的映射文件中常用元素的使用
- ◎ 掌握通过 SQL 映射文件进行“增删改查”操作
- ◎ 掌握参数的使用

本章简介

通过学习，对 MyBatis 框架的使用已经有了一个初步的了解，但是要想熟练使用 MyBatis 框架进行实际开发，还需要对框架的核心接口和类、生命周期和作用域、核心配置文件的结构、映射文件有更加深入的了解。本章将学习 SQL 映射文件，并利用 SQL 映射文件与接口配合进行“增删改查”操作等内容。

技术内容

由于对 MyBatis 框架已有了初步认识，所以下面正式介绍其 3 个基本要素。

（1）核心接口和类。

（2）核心配置文件（mybatis-config. xml）。

（3）映射文件（mapper.xml）。

2.1 MyBatis框架的核心接口和类

使用 MyBatis 框架对项目进行测试时，创建 SqlSession 对象的代码如下。

```
//1.获取 mybatis-config.xml 的输入流
InputStream is = Resources.getResourceAsStream(resource);
//2.创建 SqlSessionFactory 对象，完成对配置文件的读取
SqlSessionFactory factory = new SqlSessionFactoryBuilder().build(is);
//3.创建 SqlSession 对象
SqlSession sqlSession = factory.openSession();
```

代码中涉及两个核心对象：SqlSessionFactory 和 SqlSession，它们在 MyBatis 框架中起着至关重要的作用。本节将对这两个对象进行详细讲解。首先介绍 MyBatis 框架的核心接口和类，如图 2.1 所示。

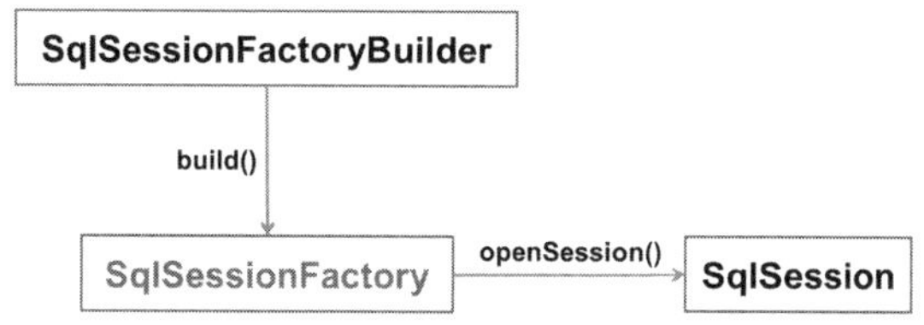

图 2.1　MyBatis 框架的核心接口和类

（1）每个 MyBatis 框架的应用程序都以一个 SqlSessionFactory 对象的实例为核心。

（2）获取 SqlSessionFactoryBuilder 对象，可根据 XML 配置文件或 Configuration 类的实例构建该对象。

（3）获取 SqlSessionFactory 对象，可以通过 SqlSessionFactoryBuilder 对象来获得。

（4）获取 SqlSession 实例，SqlSession 对象包含以数据库为背景的所有执行 SQL 操作的方法，可以使用该实例直接执行已映射的 SQL 语句。

2.1.1　SqlSessionFactoryBuilder

1. SqlSessionFactoryBuilder的作用

SqlSessionFactoryBuilder 负责构建 SqlSessionFactory，并提供多个 build()方法的重载，如图 2.2 所示。

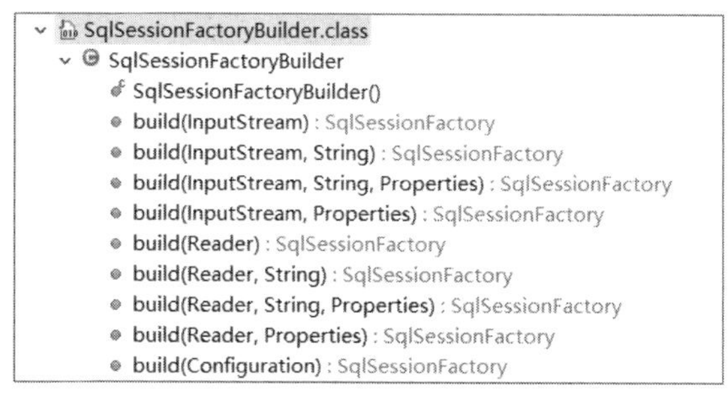

图 2.2　SqlSessionFactoryBuilder 提供的 build()方法

通过源码分析，可以发现它们都在调用同一签名方法：

```
build (InputStream inputStream, String environment, Properties properties)
```

由于方法参数 environment 和 properties 都可以为 null，那么真正的重载方法只有如下 3 种。

（1）build（Reader reader，String environment，Properties properties）。

（2）build（InputStream inputStream，String environment，Properties properties）。

（3）build（Configuration config）。

通过上述分析发现，配置信息提供给 SqlSessionFactoryBuilder 的 build()方法，包括 InputStream（字节流）、Reader（字符流）和 Configuration（类），由于字节流与字符流都属于读取配置文件的方式，所以从配置信息的来源就很容易想到构建一个 SqlSessionFactory 的两种方式：读取 XML 配置文件和编程。本章采用读取 XML 配置文件的方式。

2. SqlSessionFactoryBuilder的生命周期和作用域

SqlSessionFactoryBuilder 的最大特点是用过即丢。一旦创建 SqlSessionFactory 后，这个类就不再需要了，因此 SqlSessionFactoryBuilder 的最佳范围就是存在于方法体内，也就是局部变量。

2.1.2 SqlSessionFactory

1. SqlSessionFactory的作用

SqlSessionFactory 就是创建 SqlSession 实例的工厂，所有的 MyBatis 框架应用都以 SqlSessionFactory 实例为中心。SqlSessionFactory 实例可以通过 SqlSessionFactoryBuilder 来获得，然后就可以使用 openSession()方法来获取 SqlSession 实例，如图 2.3 所示。

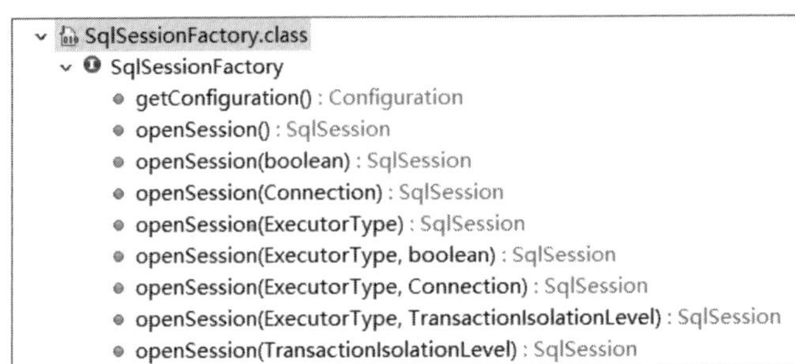

图 2.3 SqlSessionFactory 提供的 openSession()方法

注意

当 openSession()方法的参数为 boolean 值时，若传入 true 则表示关闭事务控制，自动提交；若传入 false 则表示开启事务控制。若不传入参数则默认为 true。

```
openSession(boolean autoCommit)
openSession()//若不传入参数，则默认为true，自动提交
```

2. SqlSessionFactory的生命周期和作用域

SqlSessionFactory 一旦创建就会在整个应用运行过程中始终存在，没有理由销毁或再创建，并且在应用运行中也不建议多次创建 SqlSessionFactory。因此 SqlSessionFactory 的最佳作用域就是 Application，即随着应用的生命周期一同存在。那么这种“存在于整个应用运行期间，并且同时只存在一个对象实例”的模式就是单例模式（指在应用运行期间有且仅有一个实例）。

下面将对获取 SqlSessionFactory 的代码进行优化，最简单的实现方式就是放在静态代码块下，以保证 SqlSessionFactory 只被创建一次，其实现步骤如下。

（1）创建工具类 MyBatisUtil.java，在静态代码块中创建 SqlSessionFactory。

在前面的案例中，每个方法执行时都需要读取配置文件，并根据配置文件的信息构建 SqlSessionFactory，然后再创建 SqlSession，这就导致了大量的重复代码。为了简化开发，可以先将上述重复代码封装到一个工具类中，然后通过工具类来创建 SqlSession，其代码见示例 1。

【示例 1】工具类 MyBatisUtil.java

```
import java.io.IOException;
import java.io.InputStream;
import org.apache.ibatis.io.Resources;
import org.apache.ibatis.session.SqlSession;
import org.apache.ibatis.session.SqlSessionFactory;
import org.apache.ibatis.session.SqlSessionFactoryBuilder;

public class MyBatisUtil {
    private static SqlSessionFactory factory;

    static{//在静态代码块下，factory 只会被创建一次
        System.out.println("static factory===============");
        try {
            InputStream is = Resources.getResourceAsStream("mybatis-config.xml");
            factory = new SqlSessionFactoryBuilder().build(is);
```

```
        } catch (IOException e) {
            // TODO Auto-generated catch block
            e.printStackTrace();
        }
    }
}
```

（2）创建 SqlSession 和关闭 SqlSession，其代码见示例 2。

【示例 2】创建 SqlSession 和关闭 SqlSession

```
public static SqlSession createSqlSession(){
    return factory.openSession(false);//true 为自动提交事务
}

public static void closeSqlSession(SqlSession sqlSession){
    if(null != sqlSession)
        sqlSession.close();
}
```

通过以上静态类的方式来保证 SqlSessionFactory 实例只能被创建一次。当然，最佳的解决方案是使用依赖注入容器——Spring 框架来管理 SqlSessionFactory 的单例生命周期。

设计模式中的单例模式将在后续的 Spring MVC 中具体展开讲解，此处了解即可。

2.1.3 SqlSession

1. SqlSession的作用

SqlSession 是用于执行持久化操作的对象，类似于 JDBC 的 Connection。它提供了面向数据库执行 SQL 命令所需的所有方法，可以通过 SqlSession 实例直接运行已映射的 SQL 语句，SqlSession 提供的方法如图 2.4 所示。

- SqlSession.class
  - SqlSession
    - clearCache() : void
    - close() : void
    - commit() : void
    - commit(boolean) : void
    - delete(String) : int
    - delete(String, Object) : int
    - flushStatements() : List<BatchResult>
    - getConfiguration() : Configuration
    - getConnection() : Connection
    - getMapper(Class<T>) <T> : T
    - insert(String) : int
    - insert(String, Object) : int
    - rollback() : void
    - rollback(boolean) : void
    - select(String, Object, ResultHandler) : void
    - select(String, Object, RowBounds, ResultHandler) : void
    - select(String, ResultHandler) : void
    - selectList(String) <E> : List<E>
    - selectList(String, Object) <E> : List<E>
    - selectList(String, Object, RowBounds) <E> : List<E>
    - selectMap(String, Object, String) <K, V> : Map<K, V>
    - selectMap(String, Object, String, RowBounds) <K, V> : Map<K, V>
    - selectMap(String, String) <K, V> : Map<K, V>
    - selectOne(String) <T> : T
    - selectOne(String, Object) <T> : T
    - update(String) : int
    - update(String, Object) : int

图 2.4　SqlSession 提供的方法

2. SqlSession的生命周期和作用域

SqlSession 对应着一次数据库会话，由于数据库会话不是永久的，因此 SqlSession 的生命周期也不是永久的。相反，在每次访问数据库时都需要创建它（并不是在 SqlSession 里只能执行一次 SQL，是完全可以执行多次的，但若关闭 SqlSession 则需要重新创建）。创建 SqlSession 的地方只有一个，就是 SqlSessionFactory 对象的 openSession()方法。

每个线程都有自己的 SqlSession 实例，SqlSession 实例不能被共享，也不是线程安全的。因此最佳的范围是在 request 作用域或方法体作用域内。

关闭 SqlSession 是非常重要的，必须确保 SqlSession 在 finally 语句块中正常关闭。关闭的标准方式如下。

```
SqlSession session = SqlSessionFactory.openSession();
try {
    //do work
} finally {
    session.close();
}
```

3. SqlSession的常用方法

SqlSession 中包含了很多方法，其常用方法及其说明如表 2-1 所示。

表 2-1　SqlSession 的常用方法及其说明

方　法	说　明
<T> T selectOne(String statement);	查询方法。其中 statement 是配置文件中定义<select>元素的 id。使用该方法可返回执行 SQL 语句查询结果的一条泛型对象
<T> T selectOne(String statement, Object parameter);	查询方法。其中 statement 是配置文件中定义<select>元素的 id；parameter 是查询所需的参数。使用该方法可返回执行 SQL 语句查询结果的一条泛型对象
<E> List<E> selectList(String statement);	查询方法。其中 statement 是配置文件中定义<select>元素的 id。使用该方法可返回执行 SQL 语句查询结果泛型对象的集合
<E> List<E> selectList(String statement, Object parameter);	查询方法。其中 statement 是配置文件中定义<select>元素的 id；parameter 是查询所需的参数。使用该方法可返回执行 SQL 语句查询结果的泛型对象的集合
<E> List<E> selectList(String statement, Object parameter, RowBounds rowBounds);	查询方法。其中 statement 是配置文件中定义<select>元素的 id；parameter 是查询所需的参数；RowBounds 是用于分页的参数对象。使用该方法可返回执行 SQL 语句查询结果泛型对象的集合
void select(String statement, Object parameter, ResultHandler handler);	查询方法。其中 statement 是配置文件中定义<select>元素的 id；parameter 是查询所需的参数；ResultHandler 用于处理查询返回的复杂结果集，通常用于多表查询
int insert(String statement);	插入方法。参数 statement 是配置文件中定义<insert>元素的 id。使用该方法可返回执行 SQL 语句所影响的行数
int insert(String statement, Object parameter);	插入方法。其中 statement 是配置文件中定义<insert>元素的 id；parameter 是插入所需的参数。使用该方法可返回执行 SQL 语句所影响的行数
int update(String statement);	更新方法。其中 statement 是配置文件中定义<update>元素的 id。使用该方法可返回执行 SQL 语句所影响的行数
int update(String statement, Object parameter);	更新方法。其中 statement 是配置文件中定义<update>元素的 id；parameter 是更新所需的参数。使用该方法可返回执行 SQL 语句所影响的行数

续表

方　　法	说　　明
int delete(String statement);	删除方法。其中 statement 是配置文件中定义<delete>元素的 id。使用该方法可返回执行 SQL 语句所影响的行数
int delete(String statement, Object parameter);	删除方法。其中 statement 是配置文件中定义<delete>元素的 id；parameter 是删除所需的参数。使用该方法可返回执行 SQL 语句所影响的行数
void commit();	提交事务的方法
void rollback();	回滚事务的方法
void close();	关闭 SqlSession 对象
<T> T getMapper(Class<T> type);	返回 Mapper 接口的代理对象。该对象关联了 SqlSession 对象，开发人员可以使用该对象直接调用方法操作数据库。参数 type 是 Mapper 的接口类型。MyBatis 官方推荐通过 Mapper 对象访问 MyBatis
Connection getConnection();	获取 JDBC 数据库连接对象的方法

4. SqlSession的两种使用方式

（1）通过 SqlSession 实例直接执行已映射的 SQL 语句。

如通过调用 selectList 方法执行用户表的查询操作，其步骤如下。

修改 UserMapper.xml 文件，增加查询用户列表的 select 节点，见示例 3。

【示例 3】增加查询用户列表的 select 节点

```
<!-- 查询用户列表 -->
<select id="getUserList" resultType="cn.dsscm.pojo.User">
    select * from tb_user
</select>
```

修改测试类 UserMapperTest.java，并调用 selectList 方法执行查询操作，见示例 4。

【示例 4】调用 selectList 方法执行查询操作

```
public class UserMapperTest {
    private Logger logger = Logger.getLogger(UserMapperTest.class);

    @Test
    public void testGetUserList(){
        SqlSession sqlSession = null;
        List<User> userList = new ArrayList<User>();
        try {
            sqlSession = MyBatisUtil.createSqlSession();

            // 通过调用 selectList 方法执行查询操作
            userList = sqlSession.selectList("cn.dsscm.dao.UserMapper.getUserList");
        } catch (Exception e) {
            // TODO: handle exception
            e.printStackTrace();
        }finally{
            MyBatisUtil.closeSqlSession(sqlSession);
        }
        for(User user: userList){
            logger.debug("testGetUserList userCode: " + user.getUserCode()
                + " and userName: " + user.getUserName());
        }
    }
}
```

（2）基于 Mapper 接口方式操作数据。

修改上一个演示示例，其步骤如下。

创建绑定映射语句的 UserMapper.java 接口，并提供 getUserList()接口方法，该接口称为映射器，见示例 5。

接口的方法必须与 SQL 映射文件中 SQL 语句的 id 相对应。

【示例 5】UserMapper.java

```
public interface UserMapper {
    /**
     * 查询用户列表
     * @return
     */
    public List<User> getUserList();

}
```

修改测试类 UserMapperTest.java，并调用 getMapper（Mapper.class）执行 Mapper 接口方法实现对数据的查询操作，其代码见示例 6。

【示例 6】UserMapperTest.java

```
public class UserMapperTest {
    private Logger logger = Logger.getLogger(UserMapperTest.class);

    @Test
    public void testGetUserList(){
        SqlSession sqlSession = null;
        List<User> userList = new ArrayList<User>();
        try {
            sqlSession = MyBatisUtil.createSqlSession();
            //调用 getMapper(Mapper.class)执行 DAO 接口方法来实现对数据库的查询操作
            userList = sqlSession.getMapper(UserMapper.class).getUserList();
        } catch (Exception e) {
            // TODO: handle exception
            e.printStackTrace();
        }finally{
            MyBatisUtil.closeSqlSession(sqlSession);
        }
        for(User user: userList){
logger.debug("testGetUserList userCode:"+user.getUserCode()+"and userName:
"+user.getUserName());
        }
    }
}
```

注意

第 1 种方式是 MyBatis 旧版本提供的操作方式，虽然现在也可以正常工作，但第 2 种方式是 MyBatis 官方推荐使用的，其表达方式的代码更清晰且类型安全，不用担心易错的字符串字面值和强制类型转换。

2.1.4 技能训练

上机练习 1 实现供应商表的查询

需求说明

在第 1 章练习搭建的环境中，完成以下操作。

（1）使用 MyBatis 框架实现对供应商表的查询操作（查询出全部数据）。

（2）编写工具类 MyBatisUtil.java，获取 SqlSessionFactory 实例。

（3）分别使用两种方式（①通过 SqlSession 实例直接运行已映射的 SQL 语句；②基于 Mapper 接口方式操作数据）实现对数据的操作，并对比其区别。

提示

（1）修改 SQL 映射文件 ProviderMapper.xml，增加 select 元素节点，编写查询语句。

（2）编写 MyBatisUtil.java，在静态代码块中实现 SqlSessionFactory 的创建，并在该类中增加创建 SqlSession 和关

闭 SqlSession 的静态方法。

（3）创建绑定映射语句的 Mapper 接口：ProviderMapper.java。

（4）修改测试类 ProviderMapperTest.java，按照两种方式分别实现对数据的操作，并在后台运行输出结果。

2.2　MyBatis框架的核心配置文件

核心配置文件（mybatis-config.xml）配置了 MyBatis 框架的一些全局信息，包含数据库连接信息和 MyBatis 框架运行时所需的各种特性，以及设置和影响 MyBatis 框架行为的一些属性。这些信息只能编写在一个核心配置文件中，且不会轻易被改动。虽然在实际项目中需要开发人员编写或修改的配置文件并不多，但熟悉配置文件中各个元素的功能还是十分重要的。接下来将对 MyBatis 框架核心配置文件中的元素进行详细讲解。

2.2.1　mybatis-config.xml文件结构

mybatis-config.xml 文件需要配置一些基本元素，但要注意的是，该文件的元素节点是有先后顺序的，其层次结构如图 2.5 所示。

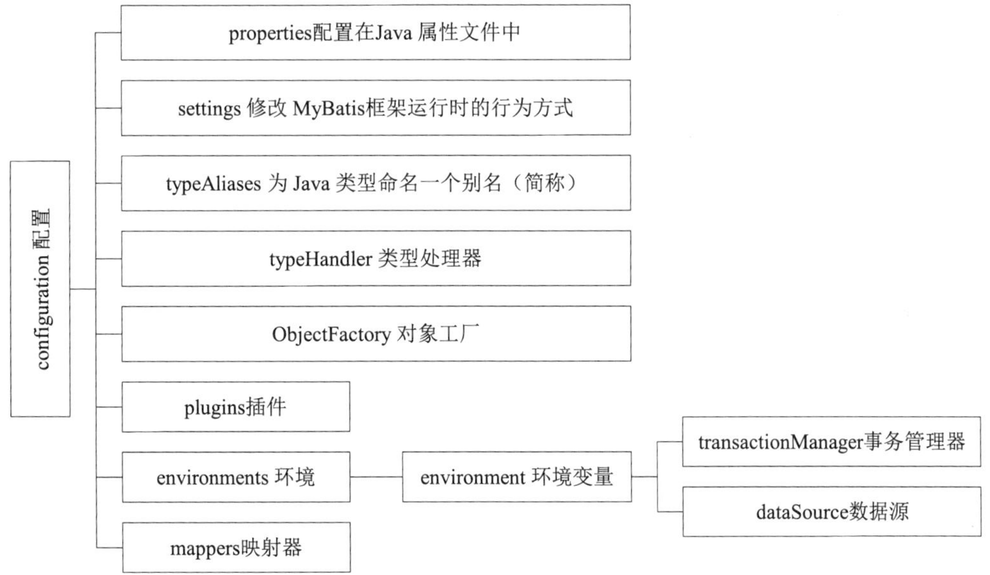

图 2.5　MyBatis 框架的核心配置文件的层次结构

可以看出 configuration 元素是整个 XML 配置文件的根节点，其角色就相当于是 MyBatis 框架的总管，将所有的配置信息都存放在其中。MyBatis 框架还提供了设置这些配置信息的方法。

这些子元素必须按照由上到下的顺序进行配置，否则 MyBatis 框架在解析 XML 配置文件时会报错。

Configuration 可以从配置文件里获取属性值，也可以通过程序直接设置。它可供配置的内容如下。

1. <properties>元素

<properties>元素描述的都是外部化、可替代的属性。这些属性的获取方式有以下两种。

（1）通过外部指定的方式，即配置在典型的 Java 中，并使用这些属性对配置项实现动态配置。

①database.properties 的代码如下。

```
driver=com.mysql.jdbc.Driver
```

```
url=jdbc:mysql://127.0.0.1:3306/dsscm
user=root
password=123456
```

② mybatis-config.xml 的部分代码如下。

```
<propertiesresource="database.properties"/>
...
<dataSource type="POOLED">
    <property name="driver" value="${driver}"/>
    <property name="url" value="${url}"/>
    <property name="username" value="${user}"/>
    <property name="password" value="${password}"/>
</dataSource>
```

在上述代码中，driver、url、username、password 等属性，都将用包含进来的 database.properties 文件值替换。

（2）直接配置为 xml，并使用这些属性对配置项实现动态配置。

mybatis-config.xml 的部分代码如下。

```
<!-- properties 元素中直接配置 property 属性-->
<properties>
        <property name="driver" value="com.mysql.jdbc.Driver"/>
        <property name="url" value="jdbc:mysql://127.0.0.1:3306/dsscm"/>
        <property name="user" value="root"/>
        <property name="password" value="root"/>
</properties>
...
<dataSource type="POOLED">
        <property name="driver" value="${driver}"/>
        <property name="url" value="${url}"/>
        <property name="username" value="${user}"/>
        <property name="password" value="${password}"/>
</dataSource>
```

在上述代码中，driver、url、username、password 将由 properties 元素设置的值替换。

思考：若使用两种方式，哪种方式优先呢？代码如下：

```
<properties resource="database.properties">
    <property name="user" value="root"/>
    <property name="password" value="123456"/>
</properties>
```

分析：这个例子中 property 子节点设置的 user 值和 password 值会先被读取，由于 database.properties 也设置了这两个属性，所以 resource 中同名属性将会覆盖 property 子节点的值。

结论：resource 属性值的优先级高于 property 子节点的值。

2. <settings>元素

<settings>元素主要用于改变 MyBatis 框架运行时的行为，如开启二级缓存、开启延迟加载等。虽然不配置<settings>元素也可以正常运行 MyBatis 框架，但熟悉<settings>元素的配置内容及其作用还是十分必要的。

<settings>元素的常见配置及其描述如表 2-2 所示。

表 2-2 <settings>元素的常见配置及其描述

设置参数	描 述	有效值	默认值
cacheEnabled	影响所有映射器配置的缓存全局开关	true ｜ false	false
lazyLoadingEnabled	延迟加载的全局开关。开启时所有关联对象都会延迟加载，其特定关联关系可以通过设置 fetchType 属性来覆盖开关状态	true ｜ false	false

续表

设置参数	描　　述	有 效 值	默 认 值
aggressiveLazyLoading	关联对象属性的延迟加载开关。当启用时，对任意延迟属性的调用都会使带有延迟加载属性的对象完整加载；反之，每种属性都会按需加载	true | false	true
multipleResultSetsEnabled	是否允许单一语句返回多结果集（需要兼容驱动）	true | false	true
useColumnLabel	使用列标签代替列名。不同的驱动在这方面有不同的表现，具体可参考驱动文档或通过测试两种模式来观察所用驱动的行为	true | false	true
useGeneratedKeys	允许 JDBC 支持自动生成主键，并需要驱动兼容。如果设置为 true，则这个设置会强制使用自动生成主键。尽管有一些驱动不兼容但仍可正常工作	true | false	false
autoMappingBehavior	指定 MyBatis 框架应如何自动映射列到字段或属性。NONE 表示取消自动映射；PARTIAL 表示只会自动映射没有定义嵌套结果集映射的结果集；FULL 表示会自动映射任意复杂的结果集（无论是否嵌套）	NONE、PARTIAL、FULL	PARTIAL
defaultExecutorType	配置默认的执行器。SIMPLE 是普通的执行器；REUSE 执行器会重用预处理语句（prepared statements）；BATCH 执行器将重用语句并执行批量更新	SIMPLE、REUSE、BATCH	SIMPLE
defaultStatementTimeout	设置超时时间，它决定驱动等待数据库响应的秒数。当没有设置时，它采用驱动默认的时间	任何正整数	没有设置
mapUnderscoreToCamelCase	是否开启自动驼峰命名规则（CamelCase）映射	true | false	false
jdbcTypeForNull	当没有为参数提供特定的 JDBC 类型时，为空值指定 JDBC 类型。某些驱动需要指定列的 JDBC 类型，多数情况直接用一般类型即可，如 NULL、VARCHAR 或 OTHER	NULL、VARCHAR、OTHER	OTHER

在表 2-2 中介绍了<settings>元素中的常见配置，这些配置在配置文件中的使用方式如下。

```
<!--设置-->
<settings>
    <setting name="cacheEnabled" value="true"/>
    <setting name="lazyLoadingEnabled" value="true"/>
    <setting name="multipleResultSetsEnabled" value="true"/>
    <setting name="useColumnLabel" value="true"/>
    <setting name="useGeneratedKeys" value="false" />
    <setting name="autoMappingBehavior" value="PARTIAL"/>
    ...
</settings>
```

上面所介绍的配置内容大多数不需要开发人员进行配置，通常在需要时只配置少数几项即可。这里只需要了解可设置的参数值及其含义。

<settings>元素的作用是设置一些非常重要的选项，以改变运行中的行为，其常用配置如表 2-3 所示。

表 2-3　<settings>元素的常用配置

设 置 项	描　　述	允 许 值	默 认 值
cacheEnabled	对在此配置文件的所有 cache 进行全局性开/关设置	true | false	true
lazyLoadingEnabled	全局性设置懒加载。如果设为 false，则所有相关联的都会被初始化加载	true | false	true
autoMappingBehavior	MyBatis 框架对于 resultMap 自动映射的匹配级别	NONE | PARTIAL | FULL	PARTIAL

其他配置可参考 MyBatis 开发手册进行学习。

3. <typeAliases>元素

<typeAliases>元素用于为配置文件中的 Java 类型设置一个简短的名字，即设置别名。通过与 MyBatis 框架的 SQL 映射文件相关联，减少输入多余的完整类名，以简化操作。别名的设置与 XML 配置相关，其使用的意义在于减少全限定类名的冗余，具体配置见示例 7。

【示例 7】<typeAliases>元素的作用是配置类型别名

```
<typeAliases>
        <!--这里给实体类取别名，方便在 mapper 配置文件中使用-->
        <typeAlias alias="User" type="cn.dsscm.pojo.User"/>
        <typeAlias alias="provider" type="cn.dsscm.pojo.Provider"/>
        ...
</typeAliases>
```

以上这种写法的弊端在于，如果一个项目中有多个 POJO 类时，需要一一进行配置，所以有更加简化的写法，就是通过 package 的 name 属性直接指定包名，MyBatis 框架会自动扫描指定包下的 JavaBean，并默认设置一个 JavaBean 的非限定类名。上述示例中，<typeAliases>元素的子元素<typeAlias>中的 type 属性用于指定需要被定义别名的类的全限定名；alias 属性的属性值 user 就是自定义的别名，它可以代替 cn.dsscm.pojo.User 使用在 MyBatis 框架文件的任何位置。如果省略 alias 属性，则会默认将类名首字母小写后的名称作为别名。

当 POJO 类过多时，还可以通过自动扫描包的形式自定义别名，具体配置见示例 8。

【示例 8】默认名称为 JavaBean 的非限定类名

```
<typeAliases>
    <package name ="cn.dsscm.pojo" />
</typeAliases>
```

那么 UserMapper.xml 的配置如下：

```
<mapper namespace="cn.dsscm.dao.user.UserMapper">
    <!-- 查询用户表记录数 -->
    <select id="count" resultType="int">
        select count(1) as count from tb_user
    </select>
    <!-- 查询用户列表 -->
    <select id="getUserList" resultType="User">
        select * from tb_user
    </select>
</mapper>
```

在上述示例中，<typeAliases>元素的子元素<package>的 name 属性用于指定要被定义别名的包，MyBatis 框架会将所有 cn.dsscm.pojo 包中的 POJO 类以首字母小写的非限定类名来作为其别名，如 cn.dsscm.pojo.User 的别名为 user 等。

需要注意的是，上述方式的别名只适用于没有使用注解的情况。如果在程序中使用了注解，则别名为其注解的值，具体配置见示例 9。

【示例 9】使用注解定义别名

```
@Alias(value = "user")
public class User {
//User 的属性和方法
      ...
}
```

另外，对于基础数据类型，MyBatis 框架已经为许多常见的 Java 类型内建了相应的类型别名，一般都与其映射类型一致，并且它们都是大小写不敏感的，如映射的类型 int、Boolean、String、Integer 等，它们的别名是 int、Boolean、String、Integer。MyBatis 框架还默认为许多常见的 Java 类型（如数值、字符串、日期和集合等）提供了相应的类型别名，其默认别名如表 2-4 所示。

表 2-4　MyBatis 框架的默认别名

别　名	映射的类型	别　名	映射的类型	别　名	映射的类型
_byte	byte	byte	Byte	decimal	BigDecimal
_long	long	long	Long	bigdecimal	BigDecimal
_short	short	short	Short	object	Object
_int	int	int	Integer	map	Map
_integer	int	integer	Integer	hashmap	HashMap
_double	double	double	Double	list	List
_float	float	float	Float	arraylist	ArrayList
_boolean	boolean	boolean	Boolean	collection	Collection
string	String	date	Date	iterator	Iterator

表 2-4 中所列举的别名在 MyBatis 框架中可直接使用，但由于别名不区分大小写，所以在使用时要注意重复定义的覆盖问题。

4. typeHandler元素

MyBatis 框架在预处理语句（PreparedStatement）中设置一个参数或从结果集（ResultSet）中取出一个值时，都会用其框架内部注册的 typeHandler（类型处理器）进行相关处理。typeHandler 元素的作用就是将预处理语句中传入的参数从 javaType（Java 类型）转换为 jdbcType（JDBC 类型），或者在从数据库取出结果时将 jdbcType 转换为 javaType。

为了方便转换，MyBatis 框架提供了一些默认的类型处理器，其常用类型处理器如表 2-5 所示。

表 2-5　MyBatis 框架的常用类型处理器

类型处理器	Java 类型	JDBC 类型
BooleanTypeHandler	java.lang.Boolean, boolean	数据库兼容的 BOOLEAN
ByteTypeHandler	java.lang.Byte, byte	数据库兼容的 NUMERIC 或 BYTE
ShortTypeHandler	java.lang.Short, short	数据库兼容的 NUMERIC 或 SHORT INTEGER
IntegerTypeHandler	java.lang.Integer, int	数据库兼容的 NUMERIC 或 INTEGER
LongTypeHandier	java.lang.Long, long	数据库兼容的 NUMERIC 或 LONG INTEGE
FloatTypeHandler	java.lang.Float, float	数据库兼容的 NUMERIC 或 FLOAT
DoubleTypeHandler	java.lang.Double, double	数据库兼容的 NUMERIC 或 DOUBLE
BigDecimalTypeHandler	java.math.BigDecimal	数据库兼容的 NUMERIC 或 DECIMAL
StringTypeHandler	java.lang.String	CHAR、VARCHAR
ClobTypeHandler	java.lang.String	CLOB、LONGVARCHAR
ByteArrayT ypeHandler	byte[]	数据库兼容的字节流类型
BlobTypeHandler	byte[]	BLOB、LONGVARBINARY
DateTypeHandler	java.util.Date	TIMESTAMP
SqlTimestampTypeHandler	java.sql.Timestamp	TIMESTAMP
SqlDateTypeHandler	java.sql.Date	DATE
SqlTimeTypeHandler	java.sql.Time	TIME

当 MyBatis 框架所提供的这些类型处理器不能够满足需求时，还可以通过自定义的方式对类型处理器进行扩展（自定义类型处理器可以通过实现 TypeHandler 接口或继承 BaseTypeHandle 类来定

义）。typeHandler 就是用于在配置文件中注册自定义的类型处理器的，其使用方式有两种，具体内容如下。

（1）注册一个类的类型处理器

```
<typeHandlers>
<!--以单个类的形式配置-->
    <typeHandler handler="cn.dsscm.type.CustomtypeHandler" />
</typeHandlers>
```

在上述代码中，子元素 handler 属性用于指定在程序中自定义的类型处理器类。

（2）注册一个包中所有的类型处理器

```
<typeHandlers>
<!--注册一个包中所有的 typeHandler,系统在启动时会自动扫描包下的所有文件-->
    <package name="cn.dsscm.typ" />
</typeHandlers>
```

在上述代码中，子元素<package>的 name 属性用于指定类型处理器所在的包名，使用此种方式后，系统会在启动时自动扫描 cn.dsscm.type 包下所有的文件，并把它们作为类型处理器。

5. <objectFactory>元素

MyBatis 框架每次创建结果对象的新实例时，都会使用一个对象工厂（ObjectFactory）的实例来完成。MyBatis 框架中默认的<objectFactory>元素的作用就是实例化目标类，它既可以通过默认构造方法实例化，也可以在参数映射存在时通过参数构造方法实例化。在通常情况下，使用默认的<objectFactory>元素即可，MyBatis 框架中默认的<objectFactory>元素是由 org.apache.ibatis.reflection.factory. DefaultObjectFactory 来提供服务的。大部分场景下都不用配置和修改，但如果想覆盖<objectFactory>元素的默认行为，则可以通过自定义<objectFactory>元素来实现。

（1）自定义一个对象工厂。自定义的对象工厂需要实现 ObjectFactory 接口，或者继承 DefaultObjectFactory 类。由于 DefaultObjectFactory 类已经实现了 ObjectFactory 接口，所以通过继承 DefaultObjectFactory 类实现即可，示例代码如下。

```
//自定义工厂类
public class MyObjectFactory extends DefaultObjectFactory {
private static final long serialVersionUID = -4114845625429965832L;
public <T> T create(Class<T> type) {
return super.create(type);
}
public <T> T create(Class<T> type, List<Class<?>> constructorArgTypes,
List<Object> constructorArgs) {
return super.create(type, constructorArgTypes, constructorArgs);
}
public void setProperties(Properties properties) {
super.setProperties(properties);
}
public <T> boolean isCollection(Class<T> type) {
return Collection.class.isAssignableFrom(type);
}
}
```

（2）在配置文件中使用<objectFactory>元素配置自定义的 ObjectFactory，示例代码如下：

```
<objectFactory type="cn.dsscm.factory.MyObjectFactory">
<property name="name" value="MyObjectFactory"/>
</objectFactory>
```

由于自定义<objectFactory>元素在实际开发时不经常使用，所以这里读者只要了解即可。

6. <plugins>元素

MyBatis 框架允许在已映射语句执行过程中的某一点进行拦截调用，这种拦截调用是通过插件来实现的。<plugins>元素的作用就是配置用户所开发的插件。如果用户想要进行插件开发，则必须先了解其内部运行原理，因为在试图修改或重写已有方法的行为时，很可能会破坏 MyBatis 框架原有的核心模块。关于插件的使用，本书不做详细讲解，只要了解<plugins>元素的作用即可，有兴趣的读者可查找官方文档等资料自行学习。

7. <environments>元素

在配置文件中，<environments>元素用于对环境进行配置。MyBatis 框架的环境配置实际上就是数据源的配置，即配置多种数据库。

MyBatis 框架可以配置多套运行环境，如开发环境、测试环境、生产环境等，通过灵活选择不同的配置可将 SQL 映射应用到不同的数据库环境上。这些不同的运行环境即可通过<environments>元素来配置，但是不管增加几套运行环境都必须选出唯一一个运行环境，这是因为每个数据库都是对应一个 SqlSessionFactory 实例的，应指明哪个运行环境将被创建，并把运行环境中设置的参数传递给 SqlSessionFactoryBuilder，具体配置如下。

```
<environments default="development">
    <!--开发环境-->
    <environment id="development">
        <!--配置事务管理，采用 JDBC 的事务管理  -->
        <transactionManager type="JDBC"></transactionManager>
        <!-- POOLED:mybatis 自带的数据源，JNDI:基于 tomcat 的数据源 -->
        <dataSource type="POOLED">
            <property name="driver" value="${driver}"/>
            <property name="url" value="${url}"/>
            <property name="username" value="${user}"/>
            <property name="password" value="${password}"/>
        </dataSource>
    </environment>
    <!—测试环境-->
    <environment id="test">
        ...
    </environment>
</environments>
```

在上述示例代码中，<environments>元素是环境配置的根元素，它包含一个 default 属性，该属性用于指定默认的环境 id。<environment>元素是<environments>元素的子元素，可以定义多个，其 id 属性用于表示所定义环境的 id 值。在<environment>元素中，包含事务管理和数据源的配置信息，其中<transactionManager>元素用于配置事务管理，它的 type 属性用于指定事务管理的方式，即使用哪种事务管理器；<dataSource>元素用于配置数据源，它的 type 属性用于指定使用哪种数据源。

需要注意以下几个关键点。

（1）默认运行 id。通过 default 属性来指定当前的运行环境 id 为 development，对于环境 id 的命名要确保唯一。

（2）transactionManager 事务管理器，设置其类型为 JDBC，可直接使用 JDBC 的提交和回滚功能，依赖于从数据源获得连接来管理事务的生命周期。

（3）dataSource 使用标准的数据源接口配置 JDBC 连接对象的资源。MyBatis 框架提供了 3 种数据源类型（UNPOOLED、POOLED 和 JNDI），这里使用 POOLHD 数据源类型。该类型利用“池”的概念将 JDBC 连接对象组织起来，避免创建新连接实例时所必需的初始化和认证时间，是 MyBatis 框架实现的简单数据库连接池类型。它使数据库连接可被复用，不必在每次请求时都去创建一个物理连接。这对于高并发的 Web 应用是一种流行的处理方式，有利于快速响应请求。

在 MyBatis 框架中可以配置两种类型的事务管理器，分别是 JDBC 和 MANAGED。关于这两个事务管理器的描述如下。

（1）JDBC：此配置可直接使用 JDBC 的提交和回滚设置，它依赖于从数据源得到的连接来管理事务的作用域。

（2）MANAGED：此配置从来不提交或回滚一个连接，而是让容器来管理事务的整个生命周期。在默认情况下，它会关闭连接，但一些容器并不希望这样，为此可以将 closeConnection 属性设置为 false 以阻止其关闭行为。

注意

如果项目中使用的框架是 Spring+ MyBatis，则没有必要在 MyBatis 框架中配置事务管理器。因为在实际开发中会使用 Spring 框架自带的管理器来实现事务管理。

对于数据源的配置，MyBatis 框架提供了 UNPOOLED、POOLED 和 JNDI 3 种数据源类型，具体内容如下。

（1）UNPOOLED 类型。

配置此数据源类型后，在每次被请求时都会打开和关闭连接。它对没有性能要求的简单应用程序是一个很好的选择。

UNPOOLED 类型的数据源需要配置 5 种属性，如表 2-6 所示。

表 2-6　UNPOOLED 类型数据源需要配置的属性

属　性	说　明
driver	JDBC 驱动的 Java 类的完全限定名（并不是 JDBC 驱动中可能包含的数据源类）
url	数据库的 URL 地址
username	登录数据库的用户名
password	登录数据库的密码
defaultTransactionIsolationLevel	默认的连接事务隔离级别

（2）POOLED 类型。

此数据源利用“池”的概念将 JDBC 连接对象组织起来，可避免在创建新的连接实例时所需要初始化和认证的时间。这种方式使并发 Web 应用能快速地响应请求，是当前流行的处理方式（本书中使用的就是此种方式）。配置此类型数据源时，除了表 2-6 中的 5 种属性，还可以配置更多的属性，如表 2-7 所示。

表 2-7　POOLED 类型数据源可额外配置的属性

属　性	说　明
poolMaximumActiveConnections	在任意时间可以存在的活动（正在使用）连接数量，默认值为 10
poolMaximumIdleConnections	任意时间可能存在的空闲连接数
poolMaximumCheckoutTime	在被强制返回之前，池中连接被检出（checked out）的时间，默认值为 20000 毫秒，即 20 秒
poolTimeToWait	如果获取连接花费的时间较长，它会给连接池打印状态日志并重新尝试获取一个连接（避免在误配置的情况下，一直处于无提示的失败），默认值为 20000 毫秒，即 20 秒

续表

属　性	说　明
poolPingQuery	发送到数据库的侦测查询，用于检验连接是否处在正常工作秩序中。默认为"NO PING QUERY SET"，这会导致很多数据库驱动失败时带有一定的错误消息
poolPingEnabled	是否启用侦测查询。若开启则必须使用一个可执行的 SQL 语句设置 poolPingQuery 属性（最好是一个非常快的 SQL），默认值为 false
poolPingConnectionsNotUsedFor	配置 poolPingQuery 的使用频度。通过设置成匹配具体的数据库连接超时的时间来避免不必要的侦测，默认值为 0（表示所有连接时都被侦测，只有 poolPingEnabled 的属性值为 true 时适用）

（3）JNDI 类型。

此数据源可以在 EJB 或应用服务器等容器中使用。容器集中或在外部配置数据源后，放置一个 JNDI 上下文的引用。配置 JNDI 数据源时，只需要配置两个属性，如表 2-8 所示。

表 2-8　JNDI 类型数据源需要配置的属性

属　性	说　明
initial-context	主要用于在 InitialContext 中寻找上下文（initialContext.lookup(initial_context)）。此属性为可选属性，在忽略时 data_source 属性会直接从 InitialContext 中寻找
data-source	表示引用数据源实例位置的上下文的路径。如果提供了 initial_context 配置，那么程序会在其返回的上下文中进行查找；如果没有提供，则直接在 InitialContext 中查找

8. <mappers>元素

<mappers>元素用来定义 SQL 的映射语句。表示告诉 MyBatis 框架去哪里找到相应的 SQL 映射文件，可以使用类资源路径或 URL 等。

在配置文件中，<mappers>元素用于指定 MyBatis 框架映射文件的位置，一般使用以下 4 种方式引入映射器文件，具体代码如下。

（1）使用类路径引入。

```
<mappers>
<mapper resource="cn/dsscm/dao/user/UserMapper.xml"/>
</mappers>
```

（2）使用本地文件路径引入。

```
<mappers>
<mapper url="file:///D:/cn/dsscm/dao/user/UserMapper.xml"/>
</mappers>
```

（3）使用接口类引入。

```
<mappers>
<mapper class="cn.dsscm.dao.user.UserMapper"/>
</mappers>
```

（4）使用包名引入。

```
<mappers>
<package name="cn.dsscm.dao"/>
</mappers>
```

上述 4 种引入方式都非常简单，可以根据实际项目需要选取使用。这些配置只是告诉 MyBatis 框架如何找到 SQL 映射文件，其更详尽的信息配置则在每个 SQL 映射文件里，相关内容将在后续章节讲述。

2.2.2 DTD文件的引入

MyBatis 框架有两种配置文件：核心配置文件（mybatis-config.xml）和 SQL 映射文件（mapper.xml）。这两种配置文件都需要手动引入各自的 DTD 文件（mybatis-3-config.dtd 和 mybatis-3-mapper.dtd），并在 IDE 中进行相应配置，否则在编写配置文件时，其节点元素及属性等将不能自动联想。具体引入方法如下。

1. DTD文件的位置

这两个 DTD 文件都在 mybatis-3.5.1 里，可以压缩包形式解压并打开。DTD 文件路径为 mybatis-3.5.1.jar\org\apache\ibatis\builder\xml，如图 2.6 所示。

mybatis-3.5.1.jar\org\apache\ibatis\builder\xml - 解包大小为 3.4 MB　　搜索包内文件

名称	压缩前	压缩后	类型	修改日期
..（上级目录）			文件夹	
mybatis-3-config.dtd	2.5 KB	1 KB	XML Document Ty...	2019-04-07 20:24
mybatis-3-mapper.dtd	7.3 KB	1.5 KB	XML Document Ty...	2019-04-07 20:24
mybatis-config.xsd	6.2 KB	1 KB	XML Schema File	2019-04-07 20:24
mybatis-mapper.xsd	22.7 KB	1.8 KB	XML Schema File	2019-04-07 20:24
XMLConfigBuilder.class	18.4 KB	7.6 KB	CLASS 文件	2019-04-07 20:24
XMLIncludeTransformer.class	6.0 KB	2.8 KB	CLASS 文件	2019-04-07 20:24
XMLMapperBuilder.class	22.4 KB	8.4 KB	CLASS 文件	2019-04-07 20:24
XMLMapperEntityResolver.class	2.3 KB	1.1 KB	CLASS 文件	2019-04-07 20:24
XMLStatementBuilder.class	10.2 KB	4.0 KB	CLASS 文件	2019-04-07 20:24

图 2.6　DTD 文件的位置

将两个文件复制出来，放在一个统一的位置（如 D:\）中，以方便下一步的手动引入。

2. 新增 XML Catalog

在 MyEclipse 的工具栏中，选择“Window”→“Preferences”，如图 2.7 所示。

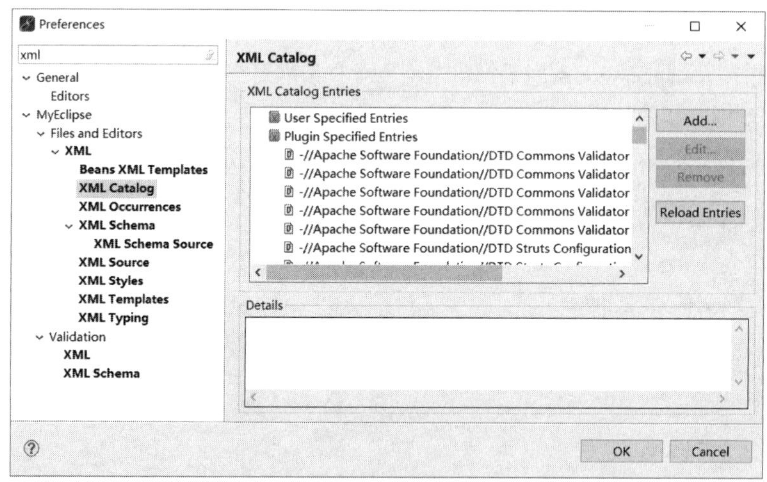

图 2-7　新增 XML Catalog（1）

选择“XML Catalog”→“User Specified Entries”，单击“Add”按钮，如图 2.8 所示，并添加相关内容，相关设置如下。

（1）Location：单击“File System”按钮，选择 DTD 文件位置（D:\mybatis-3-config.dtd）或者选择将该 DTD 文件放入本项目工程中的某个固定位置，单击“Workspace”按钮进行加入。

（2）Key type：Public ID（默认即可）。

（3）Key：-//mybatis.org//DTD Config 3.0//EN（与 mybatis-config.xml 文件头中的“-//mybatis.org//DTD Config 3.0//EN”相同）。

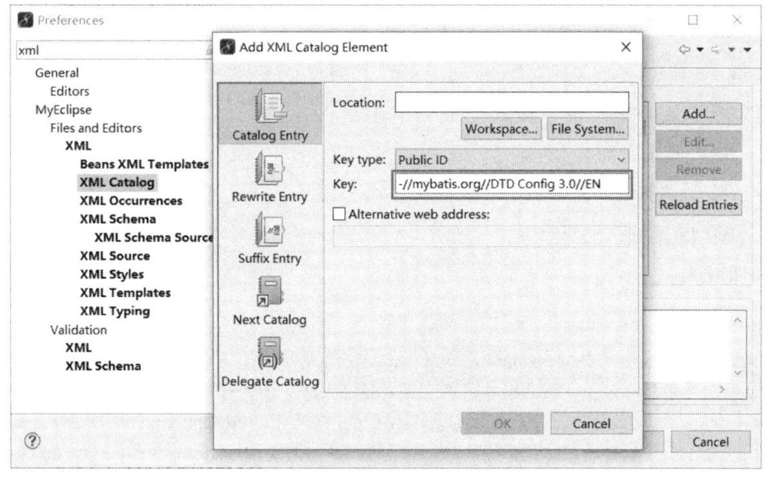

图 2.8　新增 XML Catalog（2）

保存配置后，即可在编写 mybatis-config.xml 时，实现自动联接节点元素及属性等操作，方便用户操作。

mapper.xml 文件的配置同上，引入 mybatis-3-mapper.dtd 文件即可，此处不再赘述。

2.2.3　技能训练

上机练习 2　深入使用配置文件

需求说明

在上机练习 1 的基础上，完成以下操作。

（1）增加数据库测试运行环境（如 SQL Server 数据库或者另一台测试服务器的 MySQL 数据库），并完成由开发环境到测试环境的切换。

（2）更改 praperties 元素对于数据库信息的配置方式，直接配置为 xml。使用这些属性实现动态配置，并观察 resource 属性值和 property 子节点配置的优先级。

（3）使用 typeAliases 元素给 POJO 类增加别名。

（4）对于 mappers 元素，使用 URL 方式获取 SQL 映射文件。

2.3　MyBatis框架的映射文件

MyBatis 框架真正强大之处在于 SQL 映射语句，这也是其魅力所在。相对于它强大的功能，SQL 映射文件的配置却非常简单。在第 1 章中将 SQL 映射配置和 JDBC 代码对比发现，使用 SQL 映射文件配置可减少 50%以上的代码量，并且 MyBatis 框架专注于 SQL，对于开发人员来说，也可极大限度地进行 SQL 调优以保证其性能。下面是关于 SQL 映射文件的顶级元素配置。

（1）mapper：映射文件的根元素节点，只有一个属性 namespace（命名空间），其作用如下：

① 用于区分不同的 mapper，全局唯一；

② 绑定 DAO 接口，即面向接口编程。当 namespace 绑定某个接口后，就可以不用写该接口的实现类，MyBatis 框架会通过接口的完整限定名查找到对应的 mapper 配置来执行 SQL 语句。因此 namespace 的命名必须要跟接口同名。

（2）cache：配置给定命名空间的缓存。

（3）cache-ref：从其他命名空间引用的缓存配置。

（4）resultMap：用来描述数据库结果集和对象的对应关系。

（5）sql：重用的 SQL 块，也可被其他语句引用。

（6）insert：映射插入语句。

（7）update：映射更新语句。

（8）delete：映射删除语句。

（9）select：映射查询语句。

注意

关于 MyBatis 框架的 SQL 映射文件中 mapper 元素的 namespace 属性有如下要求。

（1）namespace 的命名必须跟某个 DAO 接口同名，同属于 DAO 层，故代码结构上，映射文件与该 DAO 接口应放置在同一 package 下（如 cn.dsscm.dao.user），并且都是以 Mapper 结尾（UserMapper.java、UserMapper.xml）。

（2）在不同的 mapper 文件中，子元素的 id 可以相同，MyBatis 通过 namespace 和子元素的 id 联合区分。接口中的方法与映射文件中 SQL 语句 id 应相互对应。

映射文件是 MyBatis 框架中十分重要的文件，可以说，MyBatis 框架强大之处就体现在映射文件的编写上。下面将对 MyBatis 框架映射文件中的元素进行详细讲解。

2.3.1 主要元素

在映射文件中，<mapper>元素是映射文件的根元素，其他元素都是其子元素。这些子元素及其作用如图 2.9 所示。

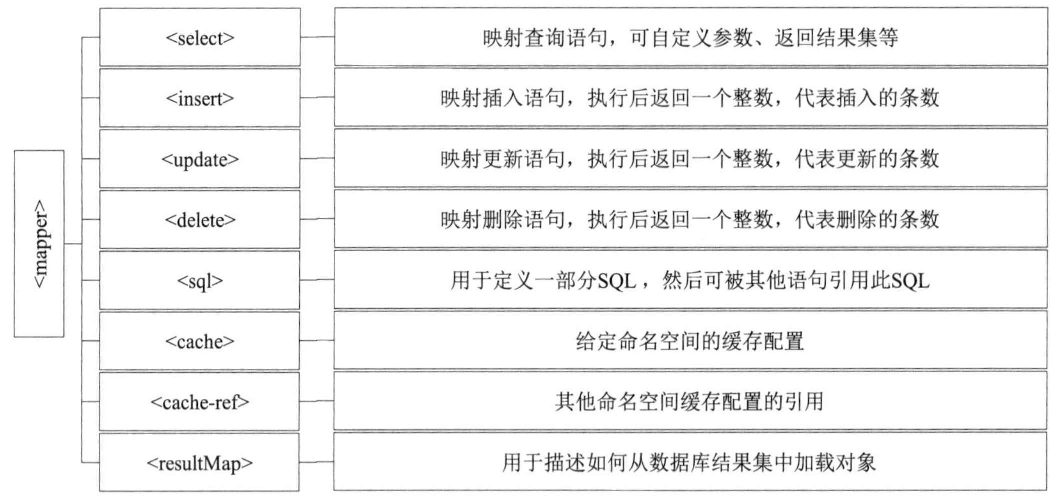

图 2.9 映射文件中的主要元素

2.3.2 <select>元素

<select>元素用于映射查询语句，可以帮助从数据库中读取数据，并组装数据给业务开发人员。使用<select>元素执行查询操作的方法，见示例 10。

【示例 10】使用<select>元素

```
<!--根据用户 id 查询用户信息列表-->
<select id="getUserListById" parameterType="Integer" resultType="cn.dsscm.pojo.User">
       SELECT * FROM tb_user
        WHERE id = #{id}
</select>
```

上述语句中的唯一标识为 findUserById，它接收一个 Integer 类型的参数，并返回一个 User 类型的对象。<select>元素中，除了上述示例代码中的属性，还有其他一些可以配置的属性，如表 2-9 所示。

表 2-9　<select>元素的常用属性

属　性	说　明
id	表示命名空间中的唯一标识符，常与命名空间组合起来使用。组合后如果不唯一，MyBatis 就会抛出异常
parameterType	该属性表示传入 SQL 语句参数类的全限定名或者别名。它是一个可选属性，因为 MyBatis 可以通过 TypeHandler 推断出具体传入语句的参数，其默认值是 unset（依赖于驱动）
resultType	从 SQL 语句中返回类型的全限定名或者别名。如果是集合类型，则返回集合可以包含的类型，而不是集合本身。返回时可以使用 resultType 或 resultMap
resultMap	表示外部 resultMap 的命名引用。返回时可以使用 resultType 或 resultMap
flushCache	表示在调用 SQL 语句后，是否需要 MyBatis 清空之前查询的本地缓存和二级缓存，其值为布尔类型（true|false），默认值为 false。如果设置为 true，只要 SQL 语句被调用就会清空本地缓存和二级缓存
useCache	用于控制二级缓存的开启和关闭，其值为布尔类型（true|false），默认值为 true，表示将查询结果存入二级缓存
timeout	用于设置超时参数，单位为秒。超时将会抛出异常
fetchSize	获取记录的总条数设定，其默认值是 unset（依赖于驱动）
statementType	用于设置 MyBatis 使用哪个 JDBC 的 Statement 工作，其值为 STATEMENT、PREPARED（默认值）或 CALLABLE，分别对应 JDBC 的 Statement、PreparedStatement 和 CallableStatement
resultSetType	表示结果集的类型，其值可设置为 FORWARD_ONLY、SCROLL_SENSITIVE 或 SCROLLJNSENSITIVE，它的默认值是 unset（依赖于驱动）

2.3.3　<insert>元素

<insert>元素用于映射插入语句，在执行完元素中定义的 SQL 语句后，会返回一个表示插入记录数的整数。<insert>元素的配置见示例 11。

【示例 11】使用<insert>元素

```
<insert id="add" parameterType="cn.dsscm.pojo.User"flushCache="true"
    statementType="PREPARED"
    keyProperty=""
    keyColumn=""
    useGeneratedKeys=""
    timeout="20">
```

从上述示例代码中可以看出，<insert>元素的属性与<select>元素的属性大部分相同，但还包含了 3 个特有属性，如表 2-10 所示。

表 2-10　<insert>元素的特有属性

属　性	说　明
keyProperty	（仅对 insert 和 update 有用）此属性的作用是将插入或更新操作时的返回值赋值给 POJO 类的某个属性，通常会设置为主键对应的属性。如果需要设置联合主键，可以在多个值之间用逗号隔开
keyColumn	（仅对 insert 和 update 有用）此属性用于设置第几列是主键，当主键列不是表中的第 1 列时需要设置。在需要主键联合时，值可以用逗号隔开
useGeneratedKeys	（仅对 insert 和 update 有用）此属性会使 MyBatis 用 JDBC 的 getGeneratedKeys()方法来获取由数据库内部生成的主键，如 MySQL 和 SQL Server 等自动递增的字段，其默认值为 false

执行插入操作后，需要返回插入成功的数据生成的主键值时，就可以通过上面所讲解的 3 个属

性来实现。如果使用的数据库支持主键自动增长（如 MySQL），那么可以通过 keyProperty 属性指定 POJO 类的某个属性接收主键返回值（通常会设置到 id 属性上），然后将 useGeneratedKeys 的属性值设置为 true，其使用见示例 12。

【示例 12】使用<insert>元素属性

```
    <!-- 增加用户 -->
    <insert id="add" parameterType="cn.dsscm.pojo.User"keyProperty="id"
useGeneratedKeys= "true">
        insert into tb_user (userCode,userName,userPassword,gender,birthday,phone,
                    address,userRole,createdBy,creationDate)
        values (#{userCode},#{userName},#{userPassword},#{gender},#{birthday},
            #{phone},#{address},#{userRole},#{createdBy},#{creationDate})
        </insert>
```

使用上述配置执行插入后，就会返回插入成功的行数，以及插入行的主键值。为了验证此配置，可以通过前面的代码测试。

如果使用的数据库不支持主键自动增长（如 Oracle），或者支持增长的数据库取消了主键自增的规则时，也可以使用 MyBatis 提供的另一种方式来自定义生成主键，具体配置见示例 13。

【示例 13】使用主键自增

```
    <!-- 对于不支持自动生成主键的数据库，或取消自主增长规则的数据库可以自定义主键生成规则 -->
        <insert id="insertUser" parameterType="cn.dsscm.pojo.User">
        <selectKey keyProperty="id" resultType="Integer" order="BEFORE">
                select if(max(id) is null, 1, max(id) +1) as newId from t_customer
        </selectKey>
            insert into tb_user(id,userCode,userName,userPassword,gender,birthday,phone,
                        address,userRole,createdBy,creationDate)
            values (#{id},#{userCode},#{userName},#{userPassword},#{gender},#{birthday},
                    #{phone},#{address},#{userRole},#{createdBy},#{creationDate})
        </insert>
```

在执行上述示例代码时，<selectKey>元素会首先运行，它会通过自定义的语句来设置数据表中的主键（如果 tb_user 表中没有记录，则将 id 设置为 1，否则就将 id 的最大值加 1 来作为新的主键），然后再调用插入语句。

<selectKey>元素在使用时可以设置以下几种属性：

```
    <selectKeykeyProperty="id" resultType="Integer" order="BEFORE" statementType="PREPARED">
```

在上述<selectKey>元素的属性中，keyProperty、resultType 和 statementType 的作用与前面讲解的相同，这里不重复介绍。order 属性可以被设置为 BEFORE 或 AFTER。如果设置为 BEFORE，那么它会首先执行<selectKey>元素中的配置来设置主键，然后执行插入语句；如果设置为 AFTER，那么它会先执行插入语句，然后执行<selectKey>元素中的配置内容。

2.3.4 <update>元素和<delete>元素

<update>元素和<delete>元素的使用比较简单，它们的属性配置也基本相同（<delete>元素中不包含表 2-10 中的 3 个属性），其常用属性见示例 14。

【示例 14】使用<update>元素和<delete>元素

```
    <updateid="updateUser"parameterType="cn.dsscm.pojo.User"
    flushCache="true" statementType="PREPARED" timeout="20">
    <deleteid="deleteUser"parameterType="cn.dsscm.pojo.User"
     flushCache="true" statementType="PREPARED" timeout="20">
```

从上述配置代码中可以看出，<update>元素和<delete>元素的属性与<select>元素中的属性基本一致。与<insert>元素一样，<update>和<delete>元素在执行完之后，也会返回一个表示影响记录条数的整数，其使用见示例 15。

【示例 15】使用<update>元素和<delete>元素

```
<!-- 修改用户信息 -->
<update id="modify" parameterType="cn.dsscm.pojo.User">
    UPDATE tb_user
       SET userCode=#{userCode},userName=#{userName},userPassword=#{userPassword},
        gender=#{gender},birthday=#{birthday},phone=#{phone},address=#{address},
        userRole=#{userRole},modifyBy=#{modifyBy},modifyDate=#{modifyDate}
     WHERE id = #{id}
</update>
<!-- 根据 userid 删除用户信息 -->
<delete id="deleteUserById" parameterType="Integer">
    DELETE from tb_user
     WHERE id=#{id}
</delete>
```

2.3.5　<sql>元素

在一个映射文件中，通常需要定义多条 SQL 语句，这些 SQL 语句的组成可能有一部分是相同的（如多条 select 语句中都查询相同的 id、username、jobs 字段），如果每一个 SQL 语句都重写一遍相同的部分，势必会增加代码量导致映射文件过于臃肿。那么有什么办法将这些 SQL 语句中相同的组成部分抽取出来，然后在需要的地方引用呢？答案是肯定的，可以在映射文件中使用 MyBatis 所提供的<sql>元素来解决上述问题。

<sql>元素的作用就是定义可重用的 SQL 代码片段，然后在其他语句中引用这个代码片段。例如，定义一个包含 id、userCode、userName 和 userPassword 等字段的代码片段如下：

```
    <sql id="UserColumns">userCode,userName,userPassword,gender,birthday,phone,address,
userRole</sql>
```

这个代码片段可以包含在其他语句中使用，见示例 16。

【示例 16】使用<sql>元素

```
<!--根据用户 id 查询用户信息列表-->
<select id="getUserListById" parameterType="Integer" resultType="cn.dsscm.pojo.User">
       SELECT <include refid="UserColumns"/>
       FROM tb_user
        WHERE id = #{id}
</select>
```

在上述代码中，使用<include>元素的 refid 属性引用了自定义的代码片段，refid 的属性值为自定义代码片段的 id。

上面只是一个简单的引用查询。在实际开发中，可以更加灵活地定义 SQL 片段，见示例 17。

【示例 17】使用 SQL 片段

```
    <!--定义查询列 -->
    <sql id="UserColumns"> userCode,userName,userPassword,gender,birthday,phone,address,
userRole</sql>
        <!--定义表的前缀名 -->
        <sql id="tablename"> ${prefix}user </sql>
    <!--定义要查询的表 -->
        <sql id="someinclude"> from <include refid="${include_target}" /></sql>
    <!--根据 id 查询用户信息 -->
        <select id="getUserListById2" parameterType="Integer" resultType="cn.dsscm.pojo.
User">
            select
            <include refid="UserColumns"/>
```

```
        <include refid="someinclude">
            <property name="prefix" value="tb_" />
            <property name="include_target" value="tablename" />
        </include>
        where id = #{id}
    </select>
```

上述代码中，定义了 3 个代码片段，分别为表的前缀名、要查询的表和需要查询的列。前两个代码片段中，分别获取了<include>子元素<property>中的值，其中第 1 个代码片段中的“${prefix}”会获取 name 为 prefix 的值“tb_”，获取后所组成的表名为“tb_user”；而第 2 个代码片段中的“${indude_target}”会获取 name 为 include_target 的值“tablename”，由于 tablename 为第 1 个 SQL 片段的 id 值，所以最后要查询的表为“tb_user”。所有的 SQL 片段在程序运行时，都会由 MyBatis 组合成 SQL 语句来执行需要的操作。

2.3.6 <resultMap>元素

<resultMap>元素表示结果映射集，是 MyBatis 中最重要、最强大的元素。它的主要作用是定义映射规则、级联的更新及定义类型转化器等。

<resultMap>元素中包含了一些子元素，它的元素结构见示例 18。

【示例 18】<resultMap>元素

```
<!--resultMap 元素的结构-->
<resultMap type="" id="">
    <constructor><!--类在实例化时，用来将注入结果放到构造方法中-->
        <idArg/><!--id 参数；标记结果作为 id-->
        <arg/><!--注入到构造方法的一个普通结果-->
    </constructor>
    <id/><!--用于表示哪个列是主键-->
    <result/><!--注入到字段或 JavaBean 属性的普通结果-->
    <association property=""/><!--用于一对一关联-->
    <collection property=""/><!--用于一对多关联-->
    <discriminator javaType=""><!–通过结果值来决定使用哪个结果映射-->
        <case value=""/><!--基于某些值的结果映射-->
    </discriminator>
</resultMap>
```

<resultMap>元素的 type 属性表示需要映射的 POJO 类，id 属性是这个 resultMap 的唯一标识。它的子元素<constmctor>用于配置构造方法（当一个 POJO 类中未定义无参的构造方法时，就可以使用子元素<constructor>进行配置）。子元素<id>用于表示哪个列是主键，而<result>元素用于表示 POJO 类和数据表中普通列的映射关系。<association>元素和<collection>元素用于处理多表时的关联关系，而<discriminator>元素主要用于处理一个单独的数据库查询返回很多不同数据类型结果集的情况。

在默认情况下，MyBatis 程序在运行时会自动将查询到的数据与需要返回对象的属性进行匹配赋值（需要表中的列名与对象的属性名称完全一致）。然而实际开发时，数据表中的列和需要返回的对象属性可能不会完全一致，这种情况下 MyBatis 框架是不会自动赋值的。此时就可以使用<resultMap>元素进行处理。

2.3.7 技能训练

上机练习 3　实现订单表的增删改查操作

需求说明

（1）在上机练习 2 的基础上，实现订单表的查询操作。

（2）实现订单表的增加操作。

（3）实现根据供应商 id 修改订单信息的操作。

（4）实现根据供应商 id 删除订单信息的操作。

提示

（1）增加和修改订单。

①使用 insert 元素和 update 元素。

②parameterType：Java 实体类 Bill。

③DAO 层接口方法的返回类型：int。

注意

createBy、creationDate、modifyDate、modifyBy 这 4 个字段应根据方法选择增加或者修改进行灵活操作。

（2）删除订单：使用 delete 元素。

2.4　使用接口实现条件查询

2.4.1　使用select元素完成单条件查询

与查询对应的 select 元素是使用 MyBatis 框架时最常用的元素。在前面已经实现了对用户表的简单查询，现在需要实现带参数和返回复杂类型的查询，就要先了解<select>的属性。以实现根据用户名模糊查询来获取用户列表信息为例，SQL 映射语句见示例 19。

【示例 19】UserMapper.xml

```
<!-- 根据用户名称查询用户列表(模糊查询) -->
    <select id="findUserListByUserName" resultType="User" parameterType="String">
        select * from tb_user where userName like CONCAT ('%',#{userName},'%')
    </select>
```

这是一个 id 为 getUserListByUserName 的映射语句，参数类型为 string，返回结果的类型是 User。为了使数据库查询的结果和返回类型中的属性能够自动匹配以便开发，对于 MySQL 数据库和 JavaBean 都会采用同一套命名规则，即 Java 命名驼峰规则，这样就不需要再做映射（数据库表的字段名和属性名不一致时需要手动映射）。注意参数的传递使用“#{参数名}”，它告诉 MyBatis 生成 PreparedStatement 参数。对于 JDBC 该参数会被标识为“?”，若采用 JDBC 来实现，代码的形式如下：

```
String sql = " select * from tb_user where userName like CONCAT ('%',?,'%') ";
PreparedStatement ps= conn.prepareStatement(sql);
ps.setString(1,userName);
```

由此可以看出，MyBatis 框架可以节省大量的代码。如果想完成复杂一些的查询或者让配置文件更简洁些，还需要进一步了解 select 元素的属性和 MyBatis 框架配置文件的属性。

（1）id：表示命名空间中唯一的标识符，可以用来引用这条语句。

（2）parameterType：表示查询语句传入参数类型的完全限定名或别名。它支持基础数据类型和复杂数据类型。在上面的示例中使用的是基础数据类型“string”，代表 String，这是一个属于内建的类型别名。对于普通的 Java 类型，都有许多内建的类型别名，并且它们对大小写不敏感。除了内建的类型别名，还可以为自定义的类设置别名。已经讲过了关于别名（typeAliases）在 mybatis-config.xml 中的设置。在映射文件中可直接使用别名，以减少配置文件的代码。

（3）resultType：表示查询语句返回结果类型的完全限定名或别名。别名的使用方式与 parameterType 是一样的。

2.4.2 使用select元素完成多条件查询

上述示例是通过一个条件对用户表进行查询操作，但是在实际应用中，数据查询会有多种条件，结果也会有各种类型，如图 2.10 所示。

图 2.10 百货中心供应链管理系统的用户列表页面

上图中查询条件包括用户名称（模糊查询）、用户角色，对于多条件查询的实现，常用的方式有以下几种。

1. 对象入参

将查询条件封装成对象进行入参，改造 UserMapper.java 代码，见示例 20。

【示例 20】UserMapper.java

```
public interface UserMapper {
    /**
     * 查询用户列表—多参数
     * 方法一：对象入参
     * @return
     */
    public List<User> findUserList(User user);
}
```

改造 UserMapper.xml 代码，见示例 21。

【示例 21】UserMapper.xml

```
<!-- 查询用户列表(参数：对象入参) -->
<select id="findUserList" resultType="User" parameterType="User">
    select * from tb_user
    where userName like CONCAT ('%',#{userName},'%') and userRole = #{userRole}
</select>
```

改造测试类 UserMapperTest.java 代码，见示例 22。

【示例 22】UserMapperTest.java

```
@Test
public void testGetUserList(){
    SqlSession sqlSession = null;
    List<User> userList = new ArrayList<User>();
    try {
```

```
            sqlSession = MyBatisUtils.createSqlSession();
            User user = new User();
            user.setUserName("赵");
            user.setUserRole(3);
            //第一种方式:调用 selectList 方法执行查询操作
            //userList=sqlSession.selectList("cn.dsscm.dao.UserMapper.findUserList",user);
            //第二种方式:调用 getMapper(Mapper.class)执行 DAO 接口方法来实现对数据库的查询操作
            userList = sqlSession.getMapper(UserMapper.class).findUserList(user);
        } catch (Exception e) {
            e.printStackTrace();
        }finally{
            MyBatisUtils.closeSqlSession(sqlSession);
        }
        for(User user: userList){
            logger.debug("testGetUserList userCode: " + user.getUserCode() +
                " and userName: " + user.getUserName());
        }
    }
```

在上述示例中，parameterType 使用了复杂数据类型，把条件参数封装成 User 对象进行入参。

将 User 对象中 userName 和 userRole 两个属性分别进行赋值，在映射的查询语句中设置 parameterType 为 User 类型，传入参数分别使用#{userName}和#{userRole}来表示，即#{属性名}（参数对象中的属性名）。

2. Map对象入参

parameterType 支持的复杂数据类型除了 JavaBean，还包括 Map 类型，改造示例 22，把用户名和用户角色封装成 Map 对象进行入参，测试类 UserMapperTest.java 部分代码见示例 23。

【示例 23】UserMapperTest.java

```
Map<String, String> userMap = new HashMap<String, String>();
userMap.put("uName", "赵");
userMap.put("uRole", "3");
userList = sqlSession.getMapper(UserMapper.class).findUserListByMap(userMap);
```

改造 UserMapper.java，把封装好的 userMap 作为参数传入接口方法，见示例 24。

【示例 24】UserMapper.java

```
/**
 * 查询用户列表—多参数
 * 方法二：参数：Map
 * @return
 */
public List<User> findUserListByMap(Map<String, String> userMap);
```

改造 UserMapper.xml，parameterType 设置为 Map，SQL 语句中的参数值使用#{uName}和#{uRole}来表示，即#{Map 的 key}，见示例 25。

【示例 25】UserMapper.xml

```
<!-- 查询用户列表(参数：Map) -->
<select id="findUserListByMap" resultType="User" parameterType="Map">
    select * from tb_user
    where userName like CONCAT ('%',#{uName},'%') and userRole = #{uRole}
</select>
```

这种做法更加灵活，不管是什么类型的参数，或者多少个参数，都可以把它封装成 Map 数据结构进行入参，通过 Map 的 key 即可获取传入的值。

注意

MyBatis 框架传入参数类型可以是 Java 基础数据类型，但是只适用于一个参数的情况，通过#{参数名}即可获取传入的值。若是多参数的情况就需要使用复杂数据类型来支持，包括 Java 实体类、Map，可通过#{属性名}或#{Map 的 key}来获取传入的参数值。

3. 使用@Param注解

在上述示例中是将两种不同类型数据传入实现查询用户信息的操作，对于此需求，若按照之前封装成 User 对象的方式进行传参，有点大材小用并不是很合适，还可以用更灵活的方式处理。通过使用定义接口直接进行多参数入参即可，其代码可读性高，还可清晰地看出这个接口方法所需的参数。

修改 UserMapper 接口，当方法参数有多个时，每个参数前都需增加@Param 注解，具体见示例 26。

【示例 26】UserMapper.java

```
/**
 * 查询用户列表—多参数
 * 方法三：通过注解接口
 * @return
 */
public List<User>findUserListByAnnotation(@Param("userName")String username,
        @Param("userRole") Integer rid);
```

使用注解@Param 传入多个参数，如@Param("userName")String username，相当于将该参数 username 重命名为 userName，在映射的 SQL 中需要使用#{注解名称}，如#{userName}。

下面继续修改 UserMapper.xml，增加 id 为 findUserListByAnnotation 的 SQL 映射，见示例 27。

【示例 27】UserMapper.xml

```
<!-- 查询用户列表(参数：注解入参) -->
<select id="findUserListByAnnotation" resultType="User">
    select * from tb_user
     where userName like CONCAT ('%',#{userName},'%') and userRole = #{userRole}
</select>
```

这种做法更加灵活，不用考虑什么类型的参数，或者多少个参数，都可以使用注解实现，当参数太多时通常会选择实体对象入参。这里需要注意的是，在 UserMapper.xml 文件的<select>中不能写 parameterType 属性，也不好写传参类型，因此后面配合注解使用接口的操作语句是不需要写 parameterType 属性的。

测试类 UserMapperTest.java 部分见示例 28。

【示例 28】UserMapperTest.java

```
//调用 getMapper(Mapper.class)执行 DAO 接口方法来实现对数据库的查询操作
userList = sqlSession.getMapper(UserMapper.class).findUserListByAnnotation("赵", 3);
```

在该方法中不需要再封装 User 对象，直接进行两个参数的入参即可。

2.4.3 实现查询结果的展现

通过上节的学习已经完成了传入多条件的查询操作，但是对于结果列只能展示出用户表（tb_user）中所有字段的值，如用户表中 userRole 字段记录的是角色 id，而不是其对应的角色名称。在实际应用中作为列表页的展示，用户关注的往往是角色名称而不是角色 id（见图 2.10），那么应该如何解决这类问题？

有两种解决方案，简单介绍并分析如下。

1. 使用resultType做自动映射

修改 POJO:User.java，增加 userRoleName 属性，并修改查询用户列表的 SQL 语句，对用户表（tb_user）和角色表（dsscm_role）进行连表查询，使用 resultType 做自动映射。

下面通过一个具体案例来演示在此种情况的使用。在 cn.dsscm.pojo 包中创建持久化类 User，并在类中定义 id、username 和 age 等属性，以及 getter/setter 方法和 toString()方法，见示例 29。

【示例 29】User.java

```
public class User {
    private Integer id; //id
    private String userCode; //用户编码
    private String userName; //用户名称
    private String userPassword; //用户密码
    private Integer gender;  //性别
    private Date birthday;  //出生日期
    private String phone;   //电话
    private String address; //地址
    private Integer userRole;    //用户角色
    private Integer createdBy;   //创建者
    private Date creationDate; //创建时间
    private Integer modifyBy;      //更新者
    private Date modifyDate;   //更新时间

    private String userRoleName; //用户权限
    // 省略 getter 方法和 setter 方法
}
```

在 cn.dsscm.dao 包下创建映射文件 UserMapper.xml，并在映射文件中编写映射查询语句，给 roleName 字段取别名为 userRoleName，见示例 30。

【示例 30】UserMapper.xml

```
<!-- 查询用户列表(参数：对象入参) -->
<select id="getUserList1" resultType="User">
    select u.*,r.roleName userRoleName from tb_user u,tb_role r
     where u.userRole = r.id
</select>
```

在测试类中编写测试方法 findAllUserTest1()，见示例 31。

【示例 31】UserMapperTest.java

```
@Test
public void findAllUserTest1() {
    String resource = "mybatis-config.xml";
    List<User> list = null;
    SqlSession sqlSession = null;
    try {
        // 1.获取 mybatis-config.xml 的输入流
        InputStream is = Resources.getResourceAsStream(resource);
        // 2.创建 SqlSessionFactory 对象，完成对配置文件的读取
        SqlSessionFactory factory = new SqlSessionFactoryBuilder().build(is);
        // 3.创建 sqlSession 对象
        sqlSession = factory.openSession();
        // 4.调用 mapper 文件对数据进行操作，必须先把 mapper 文件引入 mybatis-config.xml 中
        list = sqlSession.getMapper(UserMapper.class).getUserList1();
        for (User user : list) {
            logger.debug("-- userCode: " + user.getUserCode()
                    + " and userName: " + user.getUserName()
                    + " and userRole: " + user.getUserRoleName());
        }
    } catch (IOException e) {
        // TODO Auto-generated catch block
```

```
            e.printStackTrace();
        } finally {
            sqlSession.close();
        }
    }
```

使用 JUnit4 执行上述方法后，控制台的输出结果如下：

```
    cn.dsscm.dao.UserMapper.getUserList2 - ==>  Preparing: select u.*,r.roleName from
tb_user u,tb_role r where u.userRole = r.id
    cn.dsscm.dao.UserMapper.getUserList2 - ==> Parameters:
    cn.dsscm.test.UserMapperTest - -- userCode: admin and userName: 系统管理员 and
userRole: 系统管理员
    cn.dsscm.test.UserMapperTest - -- userCode: liming and userName: 李明 and userRole:
经理
    cn.dsscm.test.UserMapperTest - -- userCode: zhangwei and userName: 张伟 and userRole:
经理
    cn.dsscm.test.UserMapperTest - -- userCode: zhanghua and userName: 张华 and userRole:
普通员工
    cn.dsscm.test.UserMapperTest - -- userCode: wangyang and userName: 王洋 and userRole:
普通员工
    cn.dsscm.test.UserMapperTest - -- userCode: zhaoyan and userName: 赵燕 and userRole:
普通员工
    ...
```

从控制台的输出可以看出，虽然 tb_user 表的列名与 User 对象的属性名完全不一样，但查询出的数据还是被正确地封装到 User 对象中了。

注意

MyBatis 框架使用 resultType 做自动映射时，一定要注意：字段名和 POJO 的属性名必须一致。若不一致，则需要给字段起别名，保证其别名与属性名一致。

2. 通过resultMap来映射自定义结果（推荐使用）

使用 resultMap 做自定义结果映射时，字段名可以不一致，并且还能指定要显示的列，操作比较灵活，应用也广泛。

下面，通过一个具体案例来演示<resultMap>元素在此种情况的使用，具体步骤如下。

在 cn.dsscm.pojo 包中创建持久化类 User，并在类中定义 id、username 和 age 等属性，以及其 getter/setter 方法和 toString()方法，同示例 29。

在 cn.dsscm.dao 包下，创建映射文件 UserMapper.xml，并在映射文件中编写映射查询语句，见示例 32。

【示例 32】UserMapper.xml

```
    <!-- 当数据库中的字段信息与对象的属性不一致时需要通过 resultMap 来映射 -->
    <resultMap type="User" id="userList">
        <result property="id" column="id"/>
        <result property="userCode" column="userCode"/>
        <result property="userName" column="userName"/>
        <result property="phone" column="phone"/>
        <result property="birthday" column="birthday"/>
        <result property="gender" column="gender"/>
        <result property="userRole" column="userRole"/>
        <result property="userRoleName" column="roleName"/>
    </resultMap>

    <select id="getUserList2" resultMap="userList" parameterType="User">
        select u.*,r.roleName from tb_user u,tb_role r
         where u.userRole = r.id
    </select>
```

在示例中，<resultMap>的子元素<id>和<result>的 property 属性表示 User 类的属性名，column 属性表示数据表 tb_user 的列名。其中 userRoleName 是实体类属性，roleName 是表中列名；<select>元素的 resultMap 属性表示引用上面定义的 resultMap。

在配置文件 mybatis-config.xml 中引入 UserMapper.xml。在测试类中，编写测试方法 findAllUserTest2()，见示例 33。

【示例 33】UserMapperTest.java

```
@Test
public void findAllUserTest2() {
    String resource = "mybatis-config.xml";
    List<User> list = null;
    SqlSession sqlSession = null;
    try {
        // 1.获取 mybatis-config.xml 的输入流
        InputStream is = Resources.getResourceAsStream(resource);
        // 2.创建 SqlSessionFactory 对象，完成对配置文件的读取
        SqlSessionFactory factory = new SqlSessionFactoryBuilder().build(is);
        // 3.创建 sqlSession 对象
        sqlSession = factory.openSession();
        // 4.调用 mapper 文件对数据进行操作，必须先把 mapper 文件引入 mybatis-config.xml 中
        list = sqlSession.selectList("cn.dsscm.dao.UserMapper.getUserList2");
        for (User user : list) {
            logger.debug("-- userCode: " + user.getUserCode()
                    + " and userName: " + user.getUserName()
                    + " and userRole: " + user.getUserRoleName());
        }
    } catch (IOException e) {
        // TODO Auto-generated catch block
        e.printStackTrace();
    } finally {
        sqlSession.close();
    }
}
```

使用 JUnit4 执行上述方法后，控制台的输出结果如下：

```
cn.dsscm.dao.UserMapper.getUserList2 - ==>  Preparing: select u.*,r.roleName from tb_user u,tb_role r where u.userRole = r.id
cn.dsscm.dao.UserMapper.getUserList2 - ==> Parameters:
cn.dsscm.test.UserMapperTest - -- userCode: admin and userName: 系统管理员 and userRole: 系统管理员
cn.dsscm.test.UserMapperTest - -- userCode: liming and userName: 李明 and userRole: 经理
cn.dsscm.test.UserMapperTest - -- userCode: zhangwei and userName: 张伟 and userRole: 经理
cn.dsscm.test.UserMapperTest - -- userCode: zhanghua and userName: 张华 and userRole: 普通员工
cn.dsscm.test.UserMapperTest - -- userCode: wangyang and userName: 王洋 and userRole: 普通员工
cn.dsscm.test.UserMapperTest - -- userCode: zhaoyan and userName: 赵燕 and userRole: 普通员工
...
```

从控制台的输出可以看出，虽然 tb_user 表的列名与 User 对象的属性名完全不一样，但查询出的数据还是被正确地封装到了 User 对象中，与修改 POJO 通过 resultType 实现的效果相同。

resultMap 元素用来描述如何将结果集映射到 Java 对象，此处使用 resultMap 元素对列表展示所需的必要字段来进行自由映射，特别是在数据库的字段名和 POJO 类中的属性名不一致的情况下，如角色名称的字段名 column 是 roleName，而 User 对象的属性名则为 userRoleName，此时就需要做映射。

resultMap 元素的属性值和子节点的具体内容如下。

（1）id 属性：唯一标识，此 id 值用于 select 元素的 resultMap 属性引用。

（2）type 属性：表示该 resultMap 的映射结果类型。

（3）result 子节点：用于标识一些简单属性，其中 column 属性表示从数据库中查询的字段名；property 则表示查询出来的字段对应的值赋给实体对象的哪个属性。

最后在测试类中进行相关字段的输出，展示列表（用户编码、用户名称、性别、年龄、电话、用户角色）。应注意此处用户角色不再是角色 id，输出的是角色名称。

3. resultType和resultMap这两个元素的关联和区别

MyBatis 框架中在对查询进行 select 映射时，返回类型既可以用 resultType，也可以用 resultMap。那么 resultType 和 resultMap 到底有何关联和区别？应用场景又是什么呢？下面进行详细讲解。

（1）resultType

resultType 直接表示返回类型，包括基础数据类型和复杂数据类型。

（2）resultMap

resultMap 是对外部 resultMap 定义的引用，即对应外部 resultMap 的 id，表示返回结果映射到哪一个 resultMap 上。它的应用场景一般是，数据库字段信息与对象属性不一致，或者需要做复杂的联合查询以便自由控制映射结果。除此之外，还可以通过<resultMap>元素中的<association>和<collection>处理多表时的关联关系。关于关联关系的内容，将在后续章节详细讲解，这里就不再叙述。

（3）resultType 和 resultMap 的关联

在 MyBatis 框架进行查询映射时，将查询出来的每个字段值都放在一个对应的 Map 里面，其中键是字段名，值则是其对应的值。当 select 元素提供的返回类型属性是 resultType 时，MyBatis 框架会将 Map 里面的键值对取出赋给 resultType 所指定的对象对应的属性（调用对应对象里属性的 setter 方法进行填充）。正因为如此，当使用 resultType 时，直接在后台就能接收到其相应的对象属性值。由此可看出，MyBatis 框架的每个查询映射的返回类型都是 resultMap，只是当提供的返回类型属性是 resultType 时，MyBatis 框架会自动把对应的值赋给 resultType 所指定对象的属性，当提供的返回类型是 resultMap 时，会因为 Map 不能很好地表示领域模型，还需要通过进一步的定义把它转化为对应的实体对象。

当返回类型是 resultMap 时，也是非常有用的。它主要用在进行复杂联合查询上，当然在进行简单查询时使用 resultType 就足够了。

注意

在 MyBatis 框架的 select 元素中，resultType 和 resultMap 这两个元素本质上是一样的，都是 Map 数据结构。但需要明确一点，resultType 属性和 resultMap 属性绝对不能同时存在，只能二者选其一使用。

4. resultMap元素的自动映射级别

在上面的示例中选择部分字段进行 resultMap 元素映射时，希望没有映射的字段不能在后台进行查询并输出，即使 SQL 语句中是查询所有字段（select * from …），因为使用 resultMap 元素也是为了自由灵活地控制映射结果，达到只对关心的属性进行赋值填充的目的。修改测试类（UserMapperTest.java）的输出项，见示例 34。

【示例 34】UserMapperTest.java

```
@Test
public void testGetUserList(){
    SqlSession sqlSession = null;
    List<User> userList = new ArrayList<User>();
    try {
        sqlSession = MyBatisUtil.createSqlSession();
```

```
            User user = new User();
            user.setUserName("赵");
            user.setUserRole(3);
            userList = sqlSession.getMapper(UserMapper.class).getUserList(user);
        } catch (Exception e) {
            // TODO: handle exception
            e.printStackTrace();
        }finally{
            MyBatisUtil.closeSqlSession(sqlSession);
        }
        /**
         * 若设置 resultMap 的自动映射级别为 NONE，
         * 那么没有进行映射匹配的属性（如 address 等），则输出为 null
         * 若不设置 resultMap 的自动映射级别，则不管是否进行映射，所有的属性值均可输出
         */
        for(User user: userList){
            logger.debug("testGetUserList userCode: " + user);
        }
    }
```

在该示例代码中，对比之前设置的 resultMap 元素映射的属性，增加了 address 和 age 两个属性值的输出，通过观察结果，发现 address 和 age 两个属性的值均可正常输出。

为何 age 和 address 两个属性并没有在 resultMap 元素中做映射关联却能正常输出结果？若更改需求为：没有在 resultMap 内映射的字段不能获取，那么又该如何实现？

这种情况跟 resultMap 元素的自动映射级别有关，默认的映射级别为 PARTIAL。若要满足需求，则需要设置 MyBatis 框架对于 resultMap 元素的自动映射级别（autoMappingBehavior）为 NONE，即禁止自动匹配。修改 mybatis-config.xml，见示例 35。

【示例 35】设置 MyBatis 框架对于 resultMap 元素的自动映射级别

```
<settings>
    <!--设置 resultMap 的自动映射级别为 NONE（禁止自动匹配）-->
    <setting name="autoMappingBehavior" value="NONE" />
</settings>
```

增加以上的设置之后，再进行结果的输出，从输出结果中发现 address 属性值为 null，该属性没有进行自动 setter 赋值，但是 age 的属性值仍为 30，并非为空，这是因为 age 属性值并非直接取自数据表，而是在 getAge()方法中通过 birthday 属性计算得出的，只要加载了 birthday 就可以计算出属性值。大家可参考素材中 User.java 中的 getAge()方法进行更多的了解。

注意

在 MyBatis 框架中，使用 resultMap 元素能够进行自动映射匹配的前提是字段名和属性名要一致，在默认映射级别（PARTIAL）情况下，若一致，即使没有进行属性名和字段名的匹配，也可以在后台获取到未匹配过的属性值；若不一致，且在 resultMap 元素里没有进行映射，那么就无法在后台获取并输出。

2.4.4　技能训练

上机练习 4　实现订单表的条件查询

需求说明

（1）实现按条件查询订单表，查询条件如下。

①商品名称（模糊查询）。

②供应商（供应商 id）。

③是否付款。

（2）查询结果列显示：订单编码、商品名称、供应商名称、账单金额、是否付款、创建时间。

（3）必须使用 resultMap 元素进行显示列表字段的自定义映射。

提示

（1）修改 Bill.java，增加属性 providerName。

（2）编写 SQL 查询语句（连表查询）。

（3）在 SQL 映射文件中创建 resultMap 元素自定义映射结果，并在 select 元素中引用。

思考：该练习的需求是多条件查询，那么作为查询条件应该是多条件入参，可采用封装对象入参，或者直接进行多参数入参（为查询方法定义 3 个入参）的方式。完成编码之后，运行测试类，查看直接传入多个参数的做法是否会报错？若报错，该如何处理，将在后续内容讲解。

2.5 使用接口实现“增删改”操作

2.5.1 使用insert元素完成增加操作

MyBatis 框架实现增加操作可使用 insert 元素来映射插入语句。下面通过示例来实现用户表增加操作的具体方法，先在 UserMapper 接口中增加 add()方法：

```
public int add(User user);
```

其中插入的 User 对象作为入参，其返回值为 int 类型，即返回执行 SQL 影响的行数。

修改 UserMapper.xml，增加插入语句，见示例 36。

【示例 36】UserMapper.xml

```
<!-- 增加用户 -->
<insert id="add" parameterType="User">
    insert into tb_user (userCode,userName,userPassword,gender,birthday,phone,
        address,userRole,createdBy,creationDate)
    values (#{userCode},#{userName},#{userPassword},#{gender},#{birthday},
        #{phone},#{address},#{userRole},#{createdBy},#{creationDate})
</insert>
```

其中 insert 元素的属性：

（1）id：与 select 元素的 id 一样，是命名空间中唯一的标识符，可以被用来引用这条语句。

（2）parameterType：与 select 元素的 parameterType 一样，是传入参数类型的完全限定名或别名。

注意

对于“增删改”（insert、update、delete）这类数据库更新操作，需要注意以下两点。

（1）该类型的操作本身默认返回执行 SQL 影响的行数，所以 DAO 层的接口方法的返回值一般设置为 int 类型，最好不要返回 boolean 类型。

（2）insert、update、delete 等元素中均没有 resultType 属性，只有查询操作需要对返回结果类型（resultType/resultMap）进行相应的指定。

接下来修改测试类 UserMapperTest.java，增加 testAdd()方法进行插入数据测试，并开启事务控制模拟异常，若发生异常则进入回滚，且测试事务，见示例 37。

【示例 37】UserMapperTest.java

```
@Test
public void testAdd(){
    logger.debug("testAdd !===================");
    SqlSession sqlSession = null;
    int count = 0;
    try {
        sqlSession = MyBatisUtils.createSqlSession();
        User user = new User();
```

```
            user.setUserCode("test001");
            user.setUserName("测试用户 001");
            user.setUserPassword("1234567");
            Date birthday = new SimpleDateFormat("yyyy-MM-dd").parse("1984-12-12");
            user.setBirthday(birthday);
            user.setCreationDate(new Date());
            user.setAddress("地址测试");
            user.setGender(1);
            user.setPhone("13688783697");
            user.setUserRole(1);
            user.setCreatedBy(1);
            user.setCreationDate(new Date());
            count = sqlSession.getMapper(UserMapper.class).add(user);
            //模拟异常，进行回滚
            //int i = 2/0;
            sqlSession.commit();
        } catch (Exception e) {
            // TODO: handle exception
            e.printStackTrace();
            sqlSession.rollback();
            count = 0;
        }finally{
            MyBatisUtils.closeSqlSession(sqlSession);
        }
        logger.debug("testAdd count: " + count);
    }
```

由于之前已经在 MyBatisUtil 中开启了事务控制：

```
factory.openSession(false); //true 为自动提交事务
```

那么在此处测试方法中，当 SqlSession 执行 add()方法后就需要进行 commit，完成数据的插入操作。若在执行过程中抛出了异常，那么就必须在 catch 中进行回滚，以此来保证数据的一致性，同时设置 count 为 0。

2.5.2　使用update元素完成修改操作

MyBatis 框架使用 update 元素来映射修改语句，其具体用法与 insert 类似，下面通过示例实现根据用户 id 修改用户信息的操作方法，先在 UserMapper 接口中增加 modify()方法：

```
public int modify(User user);
```

其中，要修改的 User 对象作为入参，返回值为 im 类型，即返回执行 SQL 影响的行数。修改 UserMapper.xml，增加修改语句，见示例 38。

【示例 38】UserMapper.xml

```
<!-- 修改用户信息 -->
<update id="modify" parameterType="User">
    update tb_user
    set userCode=#{userCode},userName=#{userName},userPassword=#{userPassword},
        gender=#{gender},birthday=#{birthday},phone=#{phone},address=#{address},
        userRole=#{userRole},modifyBy=#{modifyBy},modifyDate=#{modifyDate}
    where id = #{id}
</update>
```

其中，update 元素的属性 id 和 parameterType 的含义和用法等同于 insert 元素中的属性用法，此处不再赘述。另外，由于是修改操作，因此更新的字段只更新 modifyBy 和 modifyDate，而不需要更新 createBy 和 creationDate。

接下来修改测试类 UserMapperTest.java，用增加 testModify 方法进行修改数据测试，并开启事务控制模拟异常，若发生异常则进入回滚，且测试事务，见示例 39。

【示例 39】UserMapperTest.java

```
@Test
public void testModify(){
    logger.debug("testModify !===================");
    SqlSession sqlSession = null;
    int count = 0;
    try {
        User user = new User();
        user.setId(17);
        user.setUserCode("testmodify");
        user.setUserName("测试用户修改");
        user.setUserPassword("0000000");
        Date birthday = new SimpleDateFormat("yyyy-MM-dd").parse("2000-10-10");
        user.setBirthday(birthday);
        user.setCreationDate(new Date());
        user.setAddress("地址测试修改");
        user.setGender(2);
        user.setPhone("13600002222");
        user.setUserRole(2);
        user.setModifyBy(1);
        user.setModifyDate(new Date());
        sqlSession = MyBatisUtils.createSqlSession();
        count = sqlSession.getMapper(UserMapper.class).modify(user);
        //模拟异常，进行回滚
        //int i = 2/0;
        sqlSession.commit();
    } catch (Exception e) {
        // TODO Auto-generated catch block
        e.printStackTrace();
        sqlSession.rollback();
        count = 0;
    }finally{
        MyBatisUtils.closeSqlSession(sqlSession);
    }
    logger.debug("testModify count: " + count);
}
```

该测试方法与 add 的测试方法基本上一样，只不过需要调用 modify()方法进行数据的修改，并且事务处理也与 add 的测试方法一样，此处不再赘述。

2.5.3 使用@Param注解实现多参数入参

除了根据用户 id 修改用户信息操作，百货中心供应链管理系统还有一个需求，即修改个人密码。此需求也是修改操作，但是可以传入的参数只有两个：用户 id 和新密码。若按照之前封装成 User 对象的方式进行传参，并不是很合适。然而，可以采用更灵活的方式处理，即直接进行多参数入参即可，代码可读性高，还可清晰地看出这个接口方法所需的参数。

修改 UserMapper 接口，以增加修改个人密码的方法，当方法参数有多个时，每个参数前都需增加@Param 注解，具体示例代码如下：

```
public int updatePwd(@Param("id")Integer id, @Param("userPassword")String pwd);
```

使用@Param 注解传入多个参数，如@Param("userPassword")String pwd，相当于将该参数 pwd 重命名为 userPassword，在映射的 SQL 中需要使用#{注解名称}，如#{userPassword}。

下面继续修改 UserMapper.xml，增加 id 为 updatePwd 的 SQL 映射，见示例 40。

【示例 40】UserMapper.xml

```
<!-- 修改当前用户密码 -->
<update id="updatePwd" >
    update tb_user set userPassword=#{userPassword} where id=#{id}
</update>
```

知识拓展：在上机练习 4 中，提出使用多参数入参的方式进行订单表的查询操作，若不使用@Param 注解，则会报错，报错信息类似于 Parameter '参数名' not found。探究原因，需要深入 MyBatis 源码，MyBatis 的参数类型为 Map，若使用@Param 注解参数，那么就会记录指定的参数名为 key；若在参数前没有加@Param 注解，那么就会使用 param+它的序号作为 Map 的 key。故在进行多参数入参时，若没有使用@Param 注解指定的参数，那么在映射的 SQL 语句中将获取不到#{参数名}，从而报错。

最后修改测试类 UserMapperTest.java，以增加 testUpdatePwd 方法进行个人密码修改测试，见示例 41。

【示例 41】UserMapperTest.java

```
@Test
public void testUpdatePwd() {
    logger.debug("testUpdatePwd !===================");
    SqlSession sqlSession = null;
    String pwd = "8888888";
    Integer id = 17;
    int count = 0;
    try {
        sqlSession = MyBatisUtils.createSqlSession();
        count = sqlSession.getMapper(UserMapper.class).updatePwd(id, pwd);
        sqlSession.commit();
    } catch (Exception e) {
        // TODO Auto-generated catch block
        e.printStackTrace();
        sqlSession.rollback();
        count = 0;
    }finally{
        MyBatisUtils.closeSqlSession(sqlSession);
    }
    logger.debug("testUpdatePwd count: " + count);
}
```

在该测试方法中，不需要再封装 User 对象，直接进行两个参数的入参即可，效果清晰明了。

经验：在 MyBatis 框架中的参数入参，何时需要封装成对象入参，何时又需要使用多参数入参？

一般情况下，超过 4 个以上的参数最好封装成对象入参（特别是在常规的增加和修改操作时，由于字段较多，封装成对象比较方便）。

对于参数固定的业务最好使用多参数入参，因为这种方法比较灵活，代码的可读性高，可以清晰地查看接口方法中所需的参数是什么，并且对于固定的接口，其参数一般是固定的，直接多参数入参即可，无须封装对象。如修改个人密码、根据用户 id 删除用户、根据用户 id 查看用户明细，都可以采取这种方式。

需要注意的是，当参数为基础数据类型时，不管是多参数入参，还是单独的一个参数入参，都需要使用@Param 注解来进行参数的传递。

2.5.4　使用delete元素完成删除操作

MyBatis 使用 delete 元素来映射删除语句，其用法与 insert、update 类似，下面通过示例实现根据用户 id 删除用户的方法，先在 UserMapper 接口中增加 delete 方法：

```
public int deleteUserById(@Param("id")Integer delId);
```

其中 delId（用户 id），使用@Param 注解来指定参数名为 id，返回值为 int 类型，即返回执行 SQL 影响的行数。

修改 UserMapper.xml，以增加删除语句，见示例 42。

【示例 42】UserMapper.xml

```
<!-- 根据 userid 删除用户信息 -->
<delete id="deleteUserById" parameterType="Integer">
    delete from tb_user where id=#{id}
</delete>
```

delete 元素的属性 id 和 parameterType 的含义和用法等同于 insert、update 的属性用法，此处不再赘述。

接下来修改测试类 UserMapperTest.java，以增加 testDeleteUserById 方法，进行修改数据测试，并开启事务控制模拟异常，若发生异常则进入回滚，且测试事务，见示例 43。

【示例 43】UserMapperTest.java

```
@Test
public void testDeleteUserById() {
    logger.debug("testDeleteUserById !===================");
    SqlSession sqlSession = null;
    Integer delId = 17;
    int count = 0;
    try {
        sqlSession = MyBatisUtils.createSqlSession();
        count = sqlSession.getMapper(UserMapper.class).deleteUserById(delId);
        sqlSession.commit();
    } catch (Exception e) {
        // TODO Auto-generated catch block
        e.printStackTrace();
        sqlSession.rollback();
        count = 0;
    }finally{
        MyBatisUtils.closeSqlSession(sqlSession);
    }
    logger.debug("testDeleteUserById count: " + count);
}
```

该测试方法与示例 41 的测试方法基本上一样，只不过调用相应的 deleteUserById()方法进行数据的删除，并且事务处理也相同，此处不再赘述。

2.5.5 技能训练

上机练习 5 实现供应商表的增删改操作

需求说明

（1）在上机练习 4 的基础上，实现供应商表的增加操作。

（2）实现根据供应商 id 修改供应商信息的操作。

（3）实现根据供应商 id 删除供应商信息的操作。

提示

（1）增加和修改供应商。

①使用 insert 元素和 update 元素。

②parameterType: Java 实体类 Provider。

③DAO 层接口方法的返回类型：int。

（2）删除供应商。

①使用 delete 元素。

②使用@Param 注解参数。

③DAO 层接口方法的返回类型：int。

createBy、creationDate、modifyDate 和 modifyBy 这 4 个字段应根据方法的增加或者修改进行灵活操作。

本章总结

- MyBatis 框架的基本要素包括核心对象、核心配置文件、SQL 映射文件。
- MyBatis 框架的 SQL 映射文件提供 select、insert、update、delete 等元素来实现 SQL 语句的映射。
- SQL 映射文件的根节点是 mapper 元素，需要指定 namespace 来区别于其他的 mapper，以保证全局唯一，并且其名称必须要跟接口相同，其作用是绑定 DAO 接口，即面向接口编程。
- SQL 映射文件的 select 返回结果类型的映射可以使用 resultMap 属性和 resultType 属性，但不能同时使用。
- 关于 MyBatis 的 SQL 语句参数入参，对于基础数据类型的参数数据，可使用@Param 注解实现参数入参；复杂数据类型的参数直接入参即可。

本章作业

一、选择题

1. 以下有关 MyBatis 框架映射文件中<insert>元素说法正确的是（　　）。
   A. <insert>元素用于映射插入语句，在执行完元素中定义的 SQL 语句后，没有返回结果
   B. <insert>元素的属性与<select>元素的属性相同
   C. keyColumn 属性用于设置第几列是主键，当主键列不是表中的第 1 列时需要设置
   D. useGeneratedKeys（仅对 insert 有用）属性会使 MyBatis 框架使用 JDBC 的 getGeneratedKeys()方法来获取由数据库内部生成的主键
2. 以下关于<select>元素及其属性说法错误的是（　　）。
   A. <select>元素用来映射查询语句，它可以从数据库中读取数据，并组装数据给开发人员
   B. parameterType 属性表示传入 SQL 语句参数类的全限定名或者别名
   C. resultMap 元素表示外部 resultMap 元素的命名引用，返回时可以同时使用两个属性 resultType 和 resultMap
   D. 在同一个映射文件中可以配置多个<select>元素
3. 下列关于 MyBatis 框架核心对象说法错误的是（　　）。
   A. SqlSession 是线程级别的，不能共享
   B. SqlSessionFactoryBuilder 负责构建 SqlSessionFactory，并且可提供多个 build()方法的重载
   C. 一个 SqlSession 实例中只能执行一次 SQL 语句，并且一旦关闭了 SqlSession 就需要重新创建
   D. SqlSessionFactory 的生命周期与应用的生命周期相同
4. 关于 MyBatis 框架的核心配置文件的描述错误的是（　　）。
   A. MyBatis 框架的核心配置文件主要包含数据源和事务管理等设置和属性信息
   B. 在 MyBatis 框架的核心配置文件中使用 properties 元素的 resource 属性来对数据库配置文件进行引入
   C. 在 MyBatis 框架的核心配置文件中可以配置多套运行环境，但是每个 SqlSessionFactory 实例只能选择一个运行环境
   D. 通过 environment 元素的 default 属性来指定默认的运行环境 ID，这个运行环境 ID 可以是之前没有定义的运行环境 ID

5. 下列不属于 SqlSession 的方法是（ ）。

A. selectOne () B. selectList () C. save() D. update ()

二、简答题

1. 简述 MyBatis 框架核心对象 SqlSessionFactory 的获取方式。
2. 简述 MyBatis 框架映射文件中的主要元素及其作用。

三、操作题

使用接口方式实现百货中心供应链管理系统商品表（tb_product）的“增删改查”操作，具体要求如下。

（1）实现订单表的查询操作（商品名称模糊查询）。

（2）实现订单表的增加操作。

（3）实现根据供应商 id 修改订单信息的操作。

（4）实现根据供应商 id 删除订单信息的操作。

第 3 章 动态 SQL

本章目标

◎ 了解常用的动态 SQL 及其作用
◎ 掌握动态 SQL 中主要元素的使用
◎ 熟练掌握动态 SQL 的运用

本章简介

前面已学习了 MyBatis 框架的 3 个基本要素，即核心类和接口、核心配置文件和 SQL 映射文件，并对百货中心供应链系统的用户管理模块的 DAO 层进行了相应的改造。本章将学习 MyBatis 框架的动态 SQL，以进一步优化系统功能操作。

技术内容

开发人员在使用 JDBC 或其他类似的框架进行数据库开发时，通常要根据需求手动拼装 SQL，这是一个非常麻烦且痛苦的工作，而 MyBatis 框架提供的对 SQL 语句动态组装的功能，能很好地解决这个麻烦。本章将对 MyBatis 框架的动态 SQL 进行详细讲解。

3.1 动态SQL的元素

动态 SQL 是 MyBatis 框架的一个强大特性，MyBatis 3 可采用功能强大的基于 OGNL 的表达式来完成动态 SQL，它删除了之前版本中需要了解的大多数元素，只使用不到原来一半的元素就能完成所需工作。在使用 JDBC 操作数据时，如果查询条件特别多，将条件串联成 SQL 字符串是一件痛苦的事情，通常的解决方法是写很多的 if-else 条件语句对字符串进行拼接，并确保不能忘了空格或在字段的最后省略逗号。MyBatis 框架使用一种强大的动态 SQL 语言改善了这种情况，动态 SQL 基于 OGNL 的表达式，可在 SQL 语句中方便地实现某些逻辑。MyBatis 框架动态 SQL 中的主要元素，如表 3-1 所示。

表 3-1 MyBatis 框架的动态 SQL 元素

SQL 元素	说　明
<if>	判断语句，用于单条件分支判断
<choose> (<when>、<otherwise>)	相当于 Java 中的 switch...case...default 语句，用于多条件分支判断

续表

SQL 元素	说　明
<where>	简化 SQL 语句中 where 的条件判断
<trim>	可以灵活地去除多余的关键字
<set>	解决动态更新语句
<foreach>	循环语句，常用于 in 语句等列举条件中
<bind>	从 OGNL 表达式中创建一个变量，并将其绑定到上下文，常用于模糊查询的 SQL 中

以上列举了 MyBatis 框架动态 SQL 的一些主要元素，并分别对其作用进行了简要介绍。为了能更好地掌握动态 SQL 的使用方法，下面将对这些动态 SQL 元素进行详细讲解。

3.2 使用动态SQL完成多条件查询

3.2.1 使用元素if+where实现多条件查询

1. if元素

在 MyBatis 框架中，<if>元素是最常用的判断语句，它类似于 Java 中的 if 语句，主要用于实现某些简单的条件选择。

在实际应用中经常会通过多个条件来精确地查询某个数据。如要查找某个用户的信息，不仅可以通过姓名和职业来查找用户，也可以不填写职业直接通过姓名来查找用户，或这两个信息都不填写而查询出所有用户，此时姓名和职业就是非必须条件。类似于这种情况，在 MyBatis 框架中就可以通过 if 来实现。下面就通过一个具体的案例来演示这种情况，其具体实现步骤如下。

回顾第 2 章的演示示例：根据用户角色（角色 id 精确匹配）和用户名称（模糊匹配）完成对用户表的查询操作，在该示例中，采用的是封装 User 对象入参进行查询。因此，在查询条件不是很多且较为固定的情况下，最好的解决方案是采用多参数直接入参的方式，这样代码比较清晰可读性也强。

修改 UserMapper.java 的 getUserList()方法，见示例 1。

【示例 1】UserMapper.java

```
public interface UserMapper {
    /**
     * 查询用户列表
     * @param userName
     * @param roleId
     * @return
     */
    public List<User> getUserList(@Param("userName")String userName,@Param("userRole")
Integer roleId);
}
```

在上述代码中，参数使用了@Param 注解，并将参数 roleId 重命名为 userRole，所以 UserMapper.xml 的代码无须改造，见示例 2。

【示例 2】UserMapper.xml

```
<!-- 查询用户列表 -->
<select id="getUserList" resultType="User">
    select u.*,r.roleName userRoleName
      from tb_user u,tb_role r
     where u.userName like CONCAT ('%',#{userName},'%')
            and u.userRole = #{userRole} and u.userRole = r.id
</select>
```

完成以上修改之后，运行测试类进行相应的方法测试。先测试两个条件均给出的情况，测试方法（testGetUserList()）部分见示例 3。

【示例 3】UserMapperTest.java

```
@Test
public void testGetUserList() {
    logger.debug("testGetUserList !==================");
    SqlSession sqlSession = null;
    List<User> userList = new ArrayList<User>();
    try {
        sqlSession = MyBatisUtils.createSqlSession();
        String userName = "张";
        Integer roleId = 3;
        userList=sqlSession.getMapper(UserMapper.class).getUserList(userName,roleId);
        for (User user : userList) {
            logger.debug(user);
        }
    } catch (Exception e) {
        e.printStackTrace();
    } finally {
        MyBatisUtils.closeSqlSession(sqlSession);
    }
}
```

使用 JUnit4 执行上述方法后，控制台的输出结果如下：

```
cn.dsscm.dao.UserMapper.getUserList - ==>  Preparing: select u.*,r.roleName userRoleName from tb_user u,tb_role r where u.userName like CONCAT ('%',?,'%') and u.userRole = ? and u.userRole = r.id
cn.dsscm.dao.UserMapper.getUserList - ==>Parameters: 张(String), 3(Integer)
cn.dsscm.test.UserMapperTest - User [id=4, userCode=zhanghua, userName=张华, userPassword=0000000, birthday=Tue Jun 15 00:00:00 CST 1993, gender=1, phone=13544561111, email=null, address=北京市海淀区, userDesc=null, userRole=3, createdBy=1, imgPath=null, creationDate=Thu Oct 24 13:01:51 CST 2019, modifyBy=null, modifyDate=null, age=null, userRoleName=普通员工]
cn.dsscm.test.UserMapperTest - User [id=9, userCode=zhangchen, userName=张晨, userPassword=0000000, birthday=Fri Mar 28 00:00:00 CST 1986, gender=1, phone=18098765434, email=null, address=北京市朝阳区, userDesc=null, userRole=3, createdBy=1, imgPath=null, creationDate=Thu Oct 24 13:01:55 CST 2019, modifyBy=1, modifyDate=Thu Nov 14 14:15:36 CST 2019, age=null, userRoleName=普通员工]
```

然后模拟用户没有输入所有条件的情况，如传入用户角色 roleId 参数为空，即只按用户名称进行模糊查询，测试方法（testGetUserList2()）见示例 4。

【示例 4】UserMapperTest.java

```
String userName = "张";
Integer roleId = null;
userList=sqlSession.getMapper(UserMapper.class).getUserList(username,roleId);
```

使用 JUnit4 执行上述方法后，控制台的输出结果如下：

```
cn.dsscm.dao.UserMapper.getUserList - ==>  Preparing: select u.*,r.roleName userRoleName from tb_user u,tb_role r where u.userName like CONCAT ('%',?,'%') and u.userRole = ? and u.userRole = r.id
cn.dsscm.dao.UserMapper.getUserList - ==>Parameters: 张(String), null
```

通过该运行结果发现，查询出来的用户列表为空，这个查询结果是否正确呢?

根据控制台的输出日志信息，把日志中 SQL 语句含有“?”的位置分别替换成相应的参数："张"、null，修改后相应的 SQL 语句如下：

```
select u.*,r.roleName from tb_user u,dsscm_role r
```

```
where u.userName like CONCAT ('%','张','%')
and u.userRole = #{userRole}
and u.userRole = r.id
```

并在 MySQL 数据库中执行该 SQL 语句，查询结果确实为空。但是根据正确的逻辑思考，当用户没有输入用户角色的情况下，只根据用户名称进行模糊查询，结果应该是所有 userName 中含有“张”的全部用户信息，SQL 语句如下：

```
select u.*,r.roleName from tb_user u,dsscm_role r
where u.userName like CONCAT ('%','张','%') and u.userRole = r.id
```

在 MySQL 数据库中执行的结果如图 3.1 所示。

	id	userCode	userName	userPassword	gender	birthday	email	phone	address
□	3	zhangwei	张伟	0000000	2	1994-06-05	(NULL)	18567542321	北京市朝阳区
□	4	zhanghua	张华	0000000	1	1993-06-15	(NULL)	13544561111	北京市海淀区
□	9	zhangchen	张晨	0000000	1	1986-03-28	(NULL)	18098765434	北京市朝阳区
□	13	zhangsan	张三	123456	2	1992-02-29	123@qq.com	13912341234	湖南长沙

图 3.1 SQL 语句执行结果

根据业务需求，这才是正确的查询结果，而示例代码的运行结果并不正确。由于在进行多条件查询的时候，用户并不一定会完整地输入所有的查询条件，因此对于类似情况，之前示例代码的 SQL 语句存在漏洞，那么应该如何修改呢？

思考：对于上述示例，若查询条件中 userName 为 null，roleId 有值（如 roleId=3），则查询结果同样为空，但是若查询条件中 userName 为“”（空字符串），roleId 有值（如 roleId=3），则查询结果不为空且正确。大家思考一下，这是什么原因导致的呢？

解决方案是使用动态 SQL 的 if 元素来实现多条件查询。修改 UserMapper.xml，见示例 5。

【示例 5】UserMapper.xml

```
<!-- 查询用户列表 -->
<select id="getUserList2" resultType="User">
    select u.*,r.roleName from tb_user u,tb_role r where u.userRole = r.id
        <if test="userRole != null">
            and u.userRole = #{userRole}
        </if>
        <if test="userName != null and userName != ''">
            and u.userName like CONCAT ('%',#{userName},'%')
        </if>
</select>
```

在上述示例中改造了 SQL 语句，利用 if 元素实现简单的条件判断，if 元素的 test 属性表示进入 if 元素内需要满足的条件。整个 SQL 语义非常简单，若提供 userRole 参数（满足条件 userRole !=null），那么 SQL 的 where 条件就要满足：u.userRole=#{userRole}。同样，若提供了 userName 参数（满足条件 userName!=null 且 userName !=' '），那么 SQL 的 where 条件就要满足：u.userName like CONCAT（'%'，# {userName}，'%'），最终返回满足这些 where 条件的数据列表。这是一个非常有用的功能，相比于使用 JDBC 要达到同样的选择效果，则需要通过 if、else 等语句进行 SQL 的拼接，而 MyBatis 的动态 SQL 就要简单许多。

最后运行测试方法，观察控制台输出的 SQL 语句及查询结果如下：

```
cn.dsscm.dao.UserMapper.getUserList2 - ==>Preparing: select u.*,r.roleName from tb_user u,tb_role r where u.userRole = r.id and u.userName like CONCAT ('%',?,'%')
cn.dsscm.dao.UserMapper.getUserList2 - ==>Parameters: 张(String)
cn.dsscm.test.UserMapperTest - User [id=3, userCode=zhangwei, userName=张伟, userPassword=0000000, birthday=Sun Jun 05 00:00:00 CST 1994, gender=2,
```

```
phone=18567542321, email=null, address=北京市朝阳区, userDesc=null, userRole=2,
createdBy=1, imgPath=null, creationDate=Thu Oct 24 13:01:51 CST 2019, modifyBy=null,
modifyDate=null, age=null, userRoleName=null]
   cn.dsscm.test.UserMapperTest - User [id=4, userCode=zhanghua, userName=张华,
userPassword=0000000, birthday=Tue Jun 15 00:00:00 CST 1993, gender=1,
phone=13544561111, email=null, address=北京市海淀区, userDesc=null, userRole=3,
createdBy=1, imgPath=null, creationDate=Thu Oct 24 13:01:51 CST 2019, modifyBy=null,
modifyDate=null, age=null, userRoleName=null]
   cn.dsscm.test.UserMapperTest - User [id=9, userCode=zhangchen, userName=张晨,
userPassword=0000000, birthday=Fri Mar 28 00:00:00 CST 1986, gender=1,
phone=18098765434, email=null, address=北京市朝阳区, userDesc=null, userRole=3,
createdBy=1, imgPath=null, creationDate=Thu Oct 24 13:01:55 CST 2019, modifyBy=1,
modifyDate=Thu Nov 14 14:15:36 CST 2019, age=null, userRoleName=null]
   cn.dsscm.test.UserMapperTest - User [id=13, userCode=zhangsan, userName=张三,
userPassword=123456, birthday=Sat Feb 29 00:00:00 CST 1992, gender=2,
phone=13912341234, email=123@qq.com, address=湖南长沙, userDesc=, userRole=7,
createdBy=null, imgPath=D:\soft\apache-tomcat-
7.0.76\webapps\DSSCM\statics\uploadfiles\1572768815398_Personal.jpg, creationDate=Sun
Nov 03 11:59:17 CST 2019, modifyBy=1, modifyDate=Thu Nov 07 23:47:52 CST 2019,
age=null, userRoleName=null]
```

从控制台输出可以看出，输出的 SQL 语句是根据 if 元素的条件判断重新对 where 子句进行拼接的，日志中的查询结果也是正确的。当然还可以测试其他多种情况，在此不再逐一进行演示。

2. where元素

根据用户名称（模糊查询）和角色 id 查询用户列表，用户列表不需要显示角色名称。修改示例代码，只需将 UserMapper.xml 中 getUserList 的 select 类型改为 resultType，并修改 SQL，见示例 6。

【示例 6】UserMapper.xml

```
<select id="getUserList3" resultType="User">
    select * from tb user
    where
            <if test="userName != null and userName != ''">
                userName like CONCAT ('%',#{userName},'%')
            </if>
            <if test="userRole != null">
                and userRole = #{userRole}
            </if>
</select>
```

运行测试方法的代码片段如下：

```
String userName = "";
Integer roleId = 3;
userList = sqlSession.getMapper(UserMapper.class).getUserList3(userName,roleId);
```

运行结果如图 3.2 所示。

```
[DEBUG] 2020-01-16 23:18:17,086 cn.dsscm.dao.UserMapper.getUserList3 - ==>  Preparing: select * from tb_user where and userRole = ?
[DEBUG] 2020-01-16 23:18:17,111 cn.dsscm.dao.UserMapper.getUserList3 - ==> Parameters: 3(Integer)
org.apache.ibatis.exceptions.PersistenceException:
### Error querying database.  Cause: com.mysql.jdbc.exceptions.jdbc4.MySQLSyntaxErrorException: You have an error in your SQL syntax
### The error may exist in cn/dsscm/dao/UserMapper.xml
### The error may involve defaultParameterMap
### The error occurred while setting parameters
### SQL: select * from tb_user     where                    and userRole = ?
### Cause: com.mysql.jdbc.exceptions.jdbc4.MySQLSyntaxErrorException: You have an error in your SQL syntax; check the manual that co
      at org.apache.ibatis.exceptions.ExceptionFactory.wrapException(ExceptionFactory.java:23)
```

图 3.2　后台报错信息（1）

通过运行结果发现后台报错。具体的错误信息为 SQL 语句错误，即 where 子句后面多了一个“and”，那为何之前的示例代码没有出现这样的问题呢？这是因为之前的示例中在该 SQL 语句的 where 子句里含有一个固定条件：u.userRolei.id，且紧跟在 where 后面。所以当参数传入不完整时，不会因为多余的“and”导致发生 SQL 错误。

同样对于上述示例，若不输入任何条件，即测试方法中两个参数均传入空值，正常情况下控制台应该输出所有用户列表的信息，测试方法见示例 7。

【示例 7】UserMapperTest.java

```
String userName = "";
Integer roleId = null;
userList = sqlSession.getMapper(UserMapper.class).getUserList3(userName,roleId);
```

运行结果如图 3.3 所示。

```
[DEBUG] 2020-01-16 23:22:06,459 cn.dsscm.dao.UserMapper.getUserList3 - ==>  Preparing: select * from tb_user where
[DEBUG] 2020-01-16 23:22:06,487 cn.dsscm.dao.UserMapper.getUserList3 - ==> Parameters:
org.apache.ibatis.exceptions.PersistenceException:
### Error querying database.  Cause: com.mysql.jdbc.exceptions.jdbc4.MySQLSyntaxErrorException: You have an error in y
### The error may exist in cn/dsscm/dao/UserMapper.xml
### The error may involve defaultParameterMap
### The error occurred while setting parameters
### SQL: select * from tb_user     where
### Cause: com.mysql.jdbc.exceptions.jdbc4.MySQLSyntaxErrorException: You have an error in your SQL syntax; check the
      at org.apache.ibatis.exceptions.ExceptionFactory.wrapException(ExceptionFactory.java:23)
```

图 3.3　后台报错信息（2）

与之前的运行结果一样，后台 SQL 语句又报错了，不同的是 SQL 语句没有 where 子句，却多了一个“where”，造成 SQL 异常错误的原因也和之前分析的一样。

综上分析，若要解决此类问题就需要智能地处理 and 和 where 这两个元素，动态 SQL 中的 where 元素即可满足需求。

where 元素主要用来简化 SQL 语句中的 where 条件判断，并能智能地处理元素 and 和 or，不必担心多余关键字导致的语法错误。下面修改 UserMapper.xml，见示例 8。

【示例 8】UserMapper.xml

```
<select id="getUserList4" resultType="User">
    select * from tb_user
        <where>
            <if test="userName != null and userName != ''">
                and userName like CONCAT ('%',#{userName},'%')
            </if>
            <if test="userRole != null">
                and userRole = #{userRole}
            </if>
        </where>
</select>
```

通过上述代码，where 元素标签会自动识别其标签内是否有返回值，若有就插入一个 where。此外，若该标签返回的内容是以 and 或者 or 开头的，则会自动剔除。下面根据以上两种出错情况分别进行运行测试。

第 1 种情况：参数 userName 传入空字符串（或者 null），参数 roleId 给定值，测试方法见示例 9。

【示例 9】UserMapperTest.java

```
String userName = "";
Integer roleId = 3;
userList = sqlSession.getMapper(UserMapper.class).getUserList4(userName,roleId);
```

使用 JUnit4 执行上述方法后，控制台的输出结果如下：

```
    cn.dsscm.dao.UserMapper.getUserList4 - ==>Preparing: select * from tb_user WHERE
userRole = ?
    cn.dsscm.dao.UserMapper.getUserList4 - ==>Parameters: 3(Integer)
    cn.dsscm.test.UserMapperTest - User [id=4, userCode=zhanghua, userName=张华,
userPassword=0000000, birthday=Tue Jun 15 00:00:00 CST 1993, gender=1,
phone=13544561111, email=null, address=北京市海淀区, userDesc=null, userRole=3,
```

```
createdBy=1, imgPath=null, creationDate=Thu Oct 24 13:01:51 CST 2019, modifyBy=null,
modifyDate=null, age=null, userRoleName=null]
   cn.dsscm.test.UserMapperTest - User [id=5, userCode=wangyang, userName=王洋,
userPassword=0000000, birthday=Thu Dec 31 00:00:00 CST 1992, gender=2,
phone=13444561124, email=null, address=北京市海淀区, userDesc=null, userRole=3,
createdBy=1, imgPath=null, creationDate=Thu Oct 24 13:01:52 CST 2019, modifyBy=null,
modifyDate=null, age=null, userRoleName=null]
   cn.dsscm.test.UserMapperTest - User [id=6, userCode=zhaoyan, userName=赵燕,
userPassword=0000000, birthday=Thu Mar 07 00:00:00 CST 1996, gender=1,
phone=18098764545, email=null, address=北京市海淀区, userDesc=null, userRole=3,
createdBy=1, imgPath=null, creationDate=Thu Oct 24 13:01:53 CST 2019, modifyBy=null,
modifyDate=null, age=null, userRoleName=null]
   ...
```

可看出，在控制台输出的日志中，SQL 语句根据传递的参数进行了正确拼接，where 子句里自动剔除了 and。

第 2 种情况：两个参数传入的值均为空，测试方法见示例 10。

【示例 10】UserMapperTest.java

```
   String userName = "";
   Integer roleId = null;
   userList = sqlSession.getMapper(UserMapper.class).getUserList(userName,roleId);
```

使用 JUnit4 执行上述方法后，控制台的输出结果如下：

```
   cn.dsscm.dao.UserMapper.getUserList4 - ==>Preparing: select * from tb_user
   cn.dsscm.dao.UserMapper.getUserList4 - ==>Parameters:
   cn.dsscm.test.UserMapperTest - User [id=1, userCode=admin, userName=系统管理员,
userPassword=123456, birthday=Tue Oct 22 00:00:00 CST 1991, gender=2,
phone=13688889999, email=null, address=北京市海淀区, userDesc="", userRole=1,
createdBy=1, imgPath=null, creationDate=Thu Oct 24 13:01:49 CST 2019, modifyBy=1,
modifyDate=Sun Nov 03 16:40:25 CST 2019, age=null, userRoleName=null]
   cn.dsscm.test.UserMapperTest - User [id=2, userCode=liming, userName=李明,
userPassword=0000000, birthday=Fri Dec 10 00:00:00 CST 1993, gender=2,
phone=13688884457, email=null, address=北京市东城区, userDesc=null, userRole=2,
createdBy=1, imgPath=null, creationDate=Thu Oct 24 13:01:50 CST 2019, modifyBy=null,
modifyDate=null, age=null, userRoleName=null]
   cn.dsscm.test.UserMapperTest - User [id=3, userCode=zhangwei, userName=张伟,
userPassword=0000000, birthday=Sun Jun 05 00:00:00 CST 1994, gender=2,
phone=18567542321, email=null, address=北京市朝阳区, userDesc=null, userRole=2,
createdBy=1, imgPath=null, creationDate=Thu Oct 24 13:01:51 CST 2019, modifyBy=null,
modifyDate=null, age=null, userRoleName=null]
   ...
```

可看出，在控制台输出的日志中，SQL 语句同样根据传递的参数进行了正确拼接，由于此种情况没有参数，故智能地去掉了 where。

3.2.2　技能训练 1

上机练习 1　使用动态 SQL——if 元素改造采购订单表的查询操作

需求说明

（1）修改订单表的查询功能，使用动态 SQL 来完善此功能。

（2）查询条件：

①商品名称（模糊查询）。

②供应商（供应商 id）。

③是否付款。

（3）查询结果列表：订单 id、订单编码、商品名称、供应商 id、供应商名称、订单金额、是否

付款、创建时间。

提示

（1）在 BillMapper.xml 中修改 SQL 语句，使用动态 SQL 的 if 元素。
（2）修改测试方法，并进行多种情况的测试。

上机练习 2 使用动态 SQL——if+where 改造供应商表的查询操作

需求说明

（1）改造供应商表的查询功能，使用动态 SQL 完善此功能。

（2）查询条件：

①供应商编码（模糊查询）。

②供应商名称（模糊查询）。

（3）查询结果列表：供应商 id、供应商编码、供应商名称、联系人、联系电话、传真、创建时间。

提示

（1）在 ProviderMapper.xml 中修改 SQL 语句，使用动态 SQL 的 if 元素和 where 元素。
（2）修改测试方法，并进行多种情况的测试。

3.2.3 使用元素if+trim实现多条件查询

在 MyBatis 框架中除了使用元素 if+where 实现多条件查询，还有一个更为灵活的 trim 元素可以替代之前的做法。

trim 元素也会自动识别其标签内是否有返回值，若有返回值，则会在已包含的内容前加上某些前缀，或在其后加上某些后缀，与之对应的属性是 prefix 和 suffix；还可以把包含内容的首部某些内容覆盖（忽略），或者把尾部的某些内容覆盖，与之对应的属性是 prefixOverrides 和 suffixOverrides；正因为 trim 元素有这样强大的功能，可以利用它替代 where 元素，并实现与 where 元素相同的效果。接下来就修改 UserMapper.xml，以实现多条件用户表的查询操作，见示例 11。

【示例 11】UserMapper.xml

```
<select id="getUserList5" resultType="User">
    select * from tb_user
        <trim prefix="where" prefixOverrides="and | or">
            <if test="userName != null and userName != ''">
                and userName like CONCAT ('%',#{userName},'%')
            </if>
            <if test="userRole != null">
                and userRole = #{userRole}
            </if>
        </trim>
</select>
```

通过上述代码来了解一下 trim 的属性。

（1）prefix：前缀。通过自动识别是否有返回值后，在 trim 元素包含的内容中加前缀。如此处的 where 元素。

（2）suffix：后缀。在 trim 元素包含的内容中加后缀。

（3）prefixOverrides：对于 trim 元素包含内容的首部进行指定内容（如“and | or”）的忽略。

（4）suffixOverrides：对于 trim 元素包含内容的首尾部进行指定内容的忽略。

最后运行测试方法，根据传入的不同参数，分别进行智能的 SQL 语句拼接处理，效果等同于

where 元素，此处不再赘述。

3.2.4　<choose>元素、<when>元素、<otherwise>元素

在使用<if>元素时，只要 test 属性中的表达式为 true，就会执行元素中的条件语句，但是在实际应用中，有时只需要从多个选项中选择一个用于执行。

如下面的场景：

①当用户名称不为空时，则只根据用户名称进行用户筛选；
②当用户名称为空，而用户权限不为空时，则只根据用户权限进行用户筛选；
③当用户名称和用户权限都为空时，则要求查询出所有电话不为空的用户信息。

此种情况下使用<if>元素进行处理是非常不合适的。如果使用的是 Java 语言，则更适合使用 switch...case...default 语句来处理。那么在 MyBatis 框架中有没有类似的语句呢？答案是肯定的。针对上面的情况，MyBatis 框架可以使用元素<choose>、<when>、<otherwise>进行处理。

对于某些查询需求，虽有多个查询条件，但是不需要应用所有的条件，只选择其中一种情况的查询结果即可。同 Java 的 switch 语句相似，MyBatis 提供 choose 元素来满足这种需求。

choose 元素的作用相当于 Java 中的 switch 语句，基本同 JSTL 中 choose 元素的作用和用法是一样的，通常都是搭配元素 when、otherwise 使用。下面就通过一个示例来演示说明其用法。

根据条件（用户名称、用户角色、用户编码、创建时间）查询用户表，具体要求：查询条件提供前 3 个（用户名称、用户角色、用户编码）中的任意一个即可，若前 3 个条件都不提供，那么默认提供最后 1 个条件（创建时间：在指定的年份内）来完成查询操作。

修改 UserMapper.java，以增加接口方法，见示例 12。

【示例 12】UserMapper.java

```
/**
 * 查询用户列表(choose)
 * @param userName
 * @param roleId
 * @param userCode
 * @param creationDate
 * @return
 */
public List<User> getUserList_choose(@Param("userName")String userName,
                    @Param("userRole")Integer roleId,
                    @Param("userCode")String userCode,
                    @Param("creationDate")Date creationDate);
```

在上述代码中，使用@Param 注解实现多条件入参，然后修改 UserMapper.xml，见示例 13。

【示例 13】UserMapper.xml

```
<!-- 查询用户列表(choose) -->
<select id="getUserList_choose" resultType="User">
    select * from tb_user where 1=1
        <choose>
            <when test="userName != null and userName != ''">
                and userName like CONCAT ('%',#{userName},'%')
            </when>
            <when test="userCode != null and userCode != ''">
                and userCode like CONCAT ('%',#{userCode},'%')
            </when>
            <when test="userRole != null">
                and userRole=#{userRole}
            </when>
            <otherwise>
                <!-- and YEAR(creationDate) = YEAR(NOW()) -->
```

```
                and YEAR(creationDate) = YEAR(#{creationDate})
            </otherwise>
        </choose>
    </select>
```

在上述代码中，使用元素 choose（when、otherwise）来实现需求。choose 元素一般与元素 when、otherwise 配套使用。

when 元素：当其 test 属性中的条件满足时，就会输出 when 元素中的内容。跟 Java 的 switch 同样是按照条件的顺序来进行处理的，并当 when 元素中一旦有条件满足时，就会跳出元素 choose，即所有的元素 when 和 otherwise 条件中，只有一个条件会输出。

otherwise 元素：当 when 元素中的所有条件都不满足时，就会自动输出 otherwise 元素中的内容。

比如上述的代码语句表述的就是当“userName != null and userName !=”时，就输出“and userName like CONCAT ('%',#{userName},'%')”拼接到前面 SQL 语句（select * from tb_user where 1=1）的后面，然后就不再往下判断剩余条件了，SQL 语句拼接完成，当第一个 when 标签的条件不满足时，进入第二个 when 标签进行条件判断，若满足“userCode!=null and userCode !=”时，就输出标签内的内容，且不再往下判断剩余条件，SQL 语句拼接完成。以此类推，若所有的 when 条件都不满足，则进入 otherwise 标签，输出该标签内的“and YEAR(creationDate) = YEAR(#{creationDate})”，与需求相呼应。

那么大家可以思考：为何前面的 SQL 语句（select * from tb_user）要加入 where 1=1 呢？下面通过运行结果和输出的 SQL 语句加以分析。

增加测试方法，并进行相应的测试，测试方法见示例 14。

【示例 14】UserMapperTest.java

```
String userName = "";
Integer roleId = null;
String userCode = "";
Date creationDate = new SimpleDateFormat("yyyy-MM-dd").parse("2019-01-01");
userList = sqlSession.getMapper(UserMapper.class).
        getUserList_choose(userName,roleId,userCode,creationDate);
```

通过上述代码传入的参数情况，运行测试方法，观察控制台输出的 SQL 语句如下：

```
    cn.dsscm.dao.UserMapper.getUserList_choose - ==>Preparing: select * from tb_user
where 1=1 and YEAR(creationDate) = YEAR(?)
    cn.dsscm.dao.UserMapper.getUserList_choose - ==>Parameters: 2019-01-01
00:00:00.0(Timestamp)
    cn.dsscm.test.UserMapperTest - User [id=1, userCode=admin, userName=系统管理员,
userPassword=123456, birthday=Tue Oct 22 00:00:00 CST 1991, gender=2,
phone=13688889999, email=null, address=北京市海淀区, userDesc="", userRole=1,
createdBy=1, imgPath=null, creationDate=Thu Oct 24 13:01:49 CST 2019, modifyBy=1,
modifyDate=Sun Nov 03 16:40:25 CST 2019, age=null, userRoleName=null]
    cn.dsscm.test.UserMapperTest - User [id=2, userCode=liming, userName=李明,
userPassword=0000000, birthday=Fri Dec 10 00:00:00 CST 1993, gender=2,
phone=13688884457, email=null, address=北京市东城区, userDesc=null, userRole=2,
createdBy=1, imgPath=null, creationDate=Thu Oct 24 13:01:50 CST 2019, modifyBy=null,
modifyDate=null, age=null, userRoleName=null]
    cn.dsscm.test.UserMapperTest - User [id=3, userCode=zhangwei, userName=张伟,
userPassword=0000000, birthday=Sun Jun 05 00:00:00 CST 1994, gender=2,
phone=18567542321, email=null, address=北京市朝阳区, userDesc=null, userRole=2,
createdBy=1, imgPath=null, creationDate=Thu Oct 24 13:01:51 CST 2019, modifyBy=null,
modifyDate=null, age=null, userRoleName=null]
    ...
```

通过日志可以看出拼接后的 SQL 语句，与之前分析的一样。那么在 SQL 语句（select * from tb_user）后面加入 where 1=1 的原因是，不需要再去处理多余的“and”。其他情况的测试，在此不再赘述。

3.2.5　技能训练 2

上机练习 3　改造供应商列表查询（choose）

需求说明

（1）实现按条件查询供应商表，查询条件如下：

①供应商编码（模糊查询）；

②供应商名称（模糊查询）；

③供应商联系人（模糊查询）；

④创建时间在本年内（时间范围）。

（2）查询结果列显示：供应商 id、供应商编码、供应商名称、供应商联系人、创建时间。

注意

查询操作中，提供查询条件的前 3 个（供应商编码、供应商名称、供应商联系人）中的任意一个即可，若前 3 个条件都为空，那么默认提供最后 1 个条件（创建时间）来完成查询操作。

提示

使用动态 SQL-choose（when、otherwise）实现。

3.3　使用动态SQL实现更新操作

在 Hibernate 中，如果想要更新某一个对象，就需要发送所有的字段给持久化对象，然而在实际应用中，大多数情况下都是更新的某一个或几个字段。如果更新的每一条数据都要将其所有的属性更新一遍，那么其执行效率是非常差的。有没有办法让程序只更新需要更新的字段呢？为了解决上述情况中的问题，MyBatis 提供<set>元素来完成这个工作。<set>元素主要用于更新操作，其主要作用是在动态包含的 SQL 语句前输出一个 set 关键字，并将 SQL 语句中最后一个多余的逗号去除。

在 3.2 节中学习了使用动态 SQL 实现多条件查询，对于查询条件多变的情况，动态 SQL 都可以灵活、智能地进行处理。下面学习如何使用动态 SQL 实现更新操作。

3.3.1　使用元素if+set改造更新操作

在修改用户信息操作中，采用封装 User 对象入参，根据用户 id 进行用户信息修改，当操作数据时，每个字段都进行了赋值更新。但是在实际项目中，用户在进行信息更新操作时，并不是所有的数据都要进行修改，对于用户没有修改的数据，数据库不需要进行相应的更新操作。即更新用户表数据时，若某个参数传入值为 null 时，就不需要 set 该字段。那么现在先测试一下之前的修改用户信息示例，观察是否能满足正常的业务需求。

修改 UserMapper.java，以增加接口方法，见示例 15。

【示例 15】UserMapper.java

```
/**
 * 根据用户 id 修改用户信息
 * @param user
 * @return
 */
public int modify(User user);
```

UserMapper.xml 中修改用户信息的代码见示例 16。

【示例 16】UserMapper.xml

```
<!-- 修改用户信息 -->
<update id="modify" parameterType="User">
    update tb_user
       set userCode=#{userCode},userName=#{userName},userPassword=#{userPassword},
        gender=#{gender},birthday=#{birthday},phone=#{phone}, address=#{address},
        userRole=#{userRole},modifyBy=#{modifyBy},modifyDate=#{modifyDate}
     where id = #{id}
</update>
```

修改测试方法，部分代码见示例 17。

【示例 17】UserMapperTest.java

```
@Test
public void testModifyUser() {
    logger.debug("testModifyUser !===================");
    SqlSession sqlSession = null;
    int count = 0;
    try {
        sqlSession = MyBatisUtils.createSqlSession();
        User user = new User();
        user.setId(15);
        user.setUserCode("test");
        user.setUserName("测试用户修改");
        user.setUserPassword("1234567");
        user.setAddress("地址测试修改");
        user.setModifyBy(1);
        user.setModifyDate(new Date());
        sqlSession = MyBatisUtils.createSqlSession();
        count = sqlSession.getMapper(UserMapper.class).modify(user);
        if(count==1){
            System.out.println("修改用户成功！");
        }else{
            System.out.println("修改用户失败！");
        }
    } catch (Exception e) {
        e.printStackTrace();
    } finally {
        MyBatisUtils.closeSqlSession(sqlSession);
    }
}
```

在上述代码中，对于更新方法（modify()）的参数 User 对象，只设置了用户名称（userName）、用户编码（userCode）、用户密码（userPassword）、地址（address）、更新者（modifyBy）、更新时间（modifyDate）和用户 id（id）这 7 个属性，即数据库只对 6 个字段（userName、address、modifyBy、modifyDate）进行相应的更新操作（注：用户 id 为更新的 where 条件）。

运行测试之后，查询更新该条数据的信息如下：

```
    cn.dsscm.dao.UserMapper.modify - ==>Preparing: update tb_user set userCode=?,
userName=?, userPassword =?, gender=?, birthday=?,phone=?, address=?, userRole=?,
modifyBy=?, modifyDate=? where id = ?
    cn.dsscm.dao.UserMapper.modify - ==>Parameters: test(String), 测试用户修改(String),
1234567(String), null, null, null, 地址测试修改(String), null, 1(Integer), 2020-01-19
21:58:15.519(Timestamp), 15(Integer)
    修改用户成功!
```

通过结果发现，除了设值的 6 个字段被更新，其他字段也均被更新了，并且更新为 null。通过查看日志输出 MyBatis 框架的 SQL 语句和参数就可以很清楚地知道原因了。

通过日志的 SQL 语句和参数，发现未被设值的参数也进行了 set 操作。那么该如何解决呢？这就需要使用动态 SQL 的 set 来处理。

set 元素主要用于更新操作，它的主要功能和 where 元素差不多，主要是在包含的语句前输出一个 set，若包含的语句以逗号结束，则会自动把逗号忽略掉，再配合 if 元素就可以动态地更新需要修改的字段；若不需要修改字段，则可以不再被更新。下面改造 UserMapper.xml 中修改用户信息的语句，见示例 18。

【示例 18】UserMapper.xml

```
<!--修改用户信息-->
<update id="modify2" parameterType="User">
     update tb_user
        <set>
            <if test="userCode != null">userCode=#{userCode},</if>
            <if test="userName != null">userName=#{userName},</if>
            <if test="userPassword != null">userPassword=#{userPassword},</if>
            <if test="gender != null">gender=#{gender},</if>
            <if test="birthday != null">birthday=#{birthday},</if>
            <if test="phone != null">phone=#{phone},</if>
            <if test="address != null">address=#{address},</if>
            <if test="userRole != null">userRole=#{userRole},</if>
            <if test="modifyBy != null">modifyBy=#{modifyBy},</if>
            <if test="modifyDate != null">modifyDate=#{modifyDate},</if>
        </set>
    where id = #{id}
</update>
```

在上述代码中，使用 set 标签不仅可以动态地配置 set 关键字，还可剔除追加到条件末尾的任何不相关的逗号（因为在 update 语句中使用 if 标签，若后面的 if 元素没有被执行，则导致在语句末尾残留多余的逗号），测试代码见示例 19。

【示例 19】UserMapperTest.java

```
@Test
public void testModifyUser2() {
    logger.debug("testModifyUser !===================");
    SqlSession sqlSession = null;
    int count = 0;
    try {
        sqlSession = MyBatisUtils.createSqlSession();
        User user = new User();
        user.setId(15);
        user.setUserName("测试用户修改 2");
        user.setAddress("地址测试修改");
        user.setModifyBy(1);
        user.setModifyDate(new Date());
        sqlSession = MyBatisUtils.createSqlSession();
        count = sqlSession.getMapper(UserMapper.class).modify2(user);
        if(count==1){
            System.out.println("修改用户成功！");
        }else{
            System.out.println("修改用户失败！");
        }
    } catch (Exception e) {
        e.printStackTrace();
    } finally {
        MyBatisUtils.closeSqlSession(sqlSession);
    }
}
```

运行测试方法之后，控制台的日志输出如下：

```
  cn.dsscm.dao.UserMapper.modify2 - ==> Preparing: update tb_user SET userName=?, address=?, modifyBy=?, modifyDate=? where id = ?
  cn.dsscm.dao.UserMapper.modify2 - ==>Parameters: 测试用户修改 2(String), 地址测试修改(String), 1(Integer), 2020-01-19 22:06:02.843(Timestamp), 15(Integer)
  修改用户成功!
```

通过观察控制台日志输出的 SQL 语句和参数，确认最终的运行结果正确。

经验： 通过对 MyBatis 框架的学习，大家会发现使用 MyBatis 框架可以很方便地调试代码。特别是对于 SQL 的错误，或者执行对数据库操作之后结果跟预期不一致时，都可以在控制台找到日志输出的 SQL 语句及参数，放在数据库中进行执行，找出问题所在，操作直观方便。

在映射文件中使用元素<set>和<if>元素组合进行 update 语句动态 SQL 组装时，如果<set>元素内包含的内容都为空，则会出现 SQL 语法错误，所以在使用<set>元素进行字段信息更新时，要确保传入的更新字段不能都为空。

3.3.2 技能训练 1

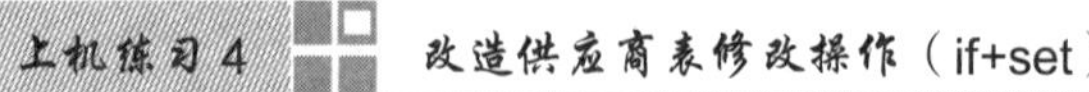

上机练习 4 改造供应商表修改操作（if+set）

需求说明

改造供应商表的修改功能，使用动态 SQL 完善此功能。

提示

（1）在 ProviderMapper.xml 里修改 SQL 语句，使用动态 SQL 的元素 if 和 set。

（2）修改测试方法，并进行相应的测试。

3.3.3 使用元素if+trim改造修改操作

使用 trim 元素替代 set 元素，并实现与 set 元素一样的效果，接下来就修改 UserMapper.xml 来实现用户表的修改操作，见示例 20。

【示例 20】UserMapper.xml

```
<!--修改用户信息-->
    <update id="modify" parameterType="User">
         update tb_user
            <trim prefix="set" suffixOverrides="," suffix="where id = #{id}">
                <if test="userCode != null">userCode=#{userCode},</if>
                <if test="userName != null">userName=#{userName},</if>
                <if test="userPassword != null">userPassword=#{userPassword},</if>
                <if test="gender != null">gender=#{gender},</if>
                <if test="birthday != null">birthday=#{birthday},</if>
                <if test="phone != null">phone=#{phone},</if>
                <if test="address != null">address=#{address},</if>
                <if test="userRole != null">userRole=#{userRole},</if>
                <if test="modifyBy != null">modifyBy=#{modifyBy},</if>
                <if test="modifyDate != null">modifyDate=#{modifyDate},</if>
            </trim>
    </update>
```

运行测试结果正确。

对于 trim 元素的属性前面已详细介绍过，此处不再赘述。

经验： 在实际项目中，用户的操作行为多种多样，如当用户进入修改界面而不进行任何数据的修改，但同样单击“保存”按钮，那么就不需要进行字段的更新操作吗？答案是否定的，这是由于只要用户单击“修改”按钮，进入修改页面就认为用户有进行修改操作的行为，无论是否进行了字段信息的修改，系统设计都需要进行对全部字段的更新操作。当然，实际上还有一种用户操作，即用户清空了某些字段信息，根据 if 标签的判断，程序不会进行相应的更新操作，这显然也是跟用户的实际需求相悖的。那么实际项目该如何操作呢？一般通过设计 DAO 层进行更新操作，update 的 set 中不会出现 if 标签，即无论用户是否全部修改，都要更新所有字段信息（注意：前端 POST 请求传到后台的 User 对象内的所有属性都进行了设值，所以不存在测试类中出现的某些属性为 null 的情况）。实际运用中，if 标签一般都是用在 where 标签中的。本书介绍 set 中设置 if 标签，目的是便于初学者进行相应的练习和加深对 if 的理解。

3.3.4　技能训练 2

上机练习 5　改造供应商表修改操作（if+trim）

需求说明

改造供应商表的修改功能，使用动态 SQL 完善此功能。

提示

（1）在 ProviderMapper.xml 中修改 SQL 语句，使用动态 SQL 的元素 if 和 trim。
（2）修改测试方法，并进行相应的测试。

3.4　使用foreach元素完成复杂查询

在实际开发中，有时会遇到这样的情况：假设在一个用户表中有 1000 条数据，现在需要将 id 值小于 100 的用户信息全部查询出来，这要怎么做呢？有人会说，“我可以一条一条查出来”，那如果查询 200、300 甚至更多时也要一条一条查吗？这显然是不可取的。有的人会想到，可以在 Java 方法中使用循环，将查询方法放在循环语句中，然后通过条件循环的方式查询出所需的数据。这种查询方式虽然可行，但每执行一次循环语句都需要向数据库发送一条查询 SQL，其查询效率是非常低的。那么还有其他更好的方法吗？能不能通过 SQL 语句来执行这种查询呢？

其实，MyBatis 框架中已经提供了一种用于数组和集合循环遍历的方式，那就是使用<foreach>元素，完全可以解决上述类似的问题。

<foreach>元素通常在构建 in 条件语句时使用，其使用方式如下。

在上述代码中，使用了<foreach>元素对传入的集合进行遍历并进行动态 SQL 组装。关于<foreach>元素中基本属性的描述具体如下。

（1）item：表示集合中每一个元素进行迭代时的别名（如“roleIds”）。

（2）index：指定一个名称，用于表示在迭代过程中每次迭代的位置（此处省略，未指定）。

（3）open：表示该语句以什么开始（既然是 in 条件语句，必然以“(”开始）。

（4）separator：表示每次进行迭代时以什么符号作为分隔符（既然是 in 条件语句，必然是以“,”作为分隔符）。

（5）close：表示该语句以什么结束（既然是 in 条件语句，必然是以“)”结束）。

（6）collection：表示最关键且最容易出错的属性，需格外注意。该属性必须指定，不同情况下该属性的值是不一样的，它主要有 3 种情况。

① 若入参为单参数且参数类型是一个 List 时，collection 属性值为 list。

② 若入参为单参数且参数类型是一个数组时，collection 属性值为 array（此处传入参数 lnteger[] roleIds 为数组类型，故 collection 属性值设为“array”）。

③ 若传入参数为多参数，就需要将其封装为一个 Map 进行处理。

注意

可以将任何可迭代对象（如列表、集合等）和任何字典或数组对象传递给<foreach>作为集合参数。当使用可迭代对象或数组时，index 指当前迭代的次数，item 的值是本次迭代获取的元素。 当使用字典（或 Map.Entry 对象的集合）时，index 是键，item 是值。

在前两个小节中，已经学习使用动态 SQL 的元素 if、where、trim 来处理一些简单的查询操作，那么对于一些 SQL 语句中含有 in 条件需要迭代条件集合来生成的情况，就可使用 foreach 标签来实现 SQL 条件的迭代。

3.4.1 MyBatis框架入参为数组类型的foreach迭代

foreach 的基本用法和属性，foreach 主要用在构建 in 条件语句中，可以在 SQL 语句中迭代一个集合。它的属性主要有 item、index、collection、separator、close、open。下面通过一个根据指定角色列表来获取用户信息列表的示例进行详细介绍。

先修改 UserMapper.java，以增加接口方法，即根据传入的用户角色列表获取该角色列表下的用户信息，参数为角色列表（roleIds），该参数类型为整型数组。见示例 21。

【示例 21】UserMapper.java

```
/**
 * 根据用户角色列表，获取该角色列表下用户列表信息-foreach_array
 * @param roleIds
 * @return
 */
public List<User> getUserByArray(Integer[] roleIds);
```

根据需求分析，SQL 语句应该为 select * from tb_user where userRole in (角色 1,角色 2,角色 3,...)，in 为角色列表。修改 UserMapper.xml，以增加相应的 getUserByArray，见示例 22。

【示例 22】UserMapper.xml

```
<!-- 根据用户角色列表，获取该角色列表中用户列表的信息-foreach_array -->
<select id="getUserByArray" resultType="User">
    select * from tb_user
     where userRole in
        <foreach collection="array" item="roleIds" open="("separator=","close=")">
            #{roleIds}
        </foreach>
</select>
```

对于 SQL 条件循环（in 语句），需要使用 foreach 标签。最后修改测试类，以增加测试方法，见示例 23。

【示例 23】UserMapperTest.java

```
@Test
public void testGetUserByArray() {
    logger.debug("testGetUserByArray !===================");
    SqlSession sqlSession = null;
    List<User> userList = new ArrayList<User>();
    try {
        sqlSession = MyBatisUtils.createSqlSession();
        Integer[] roleIds = {2,3};
        userList = sqlSession.getMapper(UserMapper.class).getUserByArray(roleIds);
        for (User user : userList) {
            logger.debug(user);
        }
    } catch (Exception e) {
        e.printStackTrace();
    } finally {
        MyBatisUtils.closeSqlSession(sqlSession);
    }
}
```

在上述代码中，封装角色列表数组入参，并运行测试方法，输出的结果正确。

```
   cn.dsscm.dao.UserMapper.getUserByArray - ==>Preparing: select * from tb_user where
userRole in ( ? , ? )
   cn.dsscm.dao.UserMapper.getUserByArray - ==>Parameters: 2(Integer), 3(Integer)
   cn.dsscm.test.UserMapperTest - User [id=2, userCode=liming, userName=李明,
userPassword=0000000, birthday=Fri Dec 10 00:00:00 CST 1993, gender=2,
phone=13688884457, email=null, address=北京市东城区, userDesc=null, userRole=2,
createdBy=1, imgPath=null, creationDate=Thu Oct 24 13:01:50 CST 2019, modifyBy=null,
```

```
modifyDate=null, age=null, userRoleName=null]
    cn.dsscm.test.UserMapperTest - User [id=3, userCode=zhangwei, userName=张伟,
userPassword=0000000, birthday=Sun Jun 05 00:00:00 CST 1994, gender=2,
phone=18567542321, email=null, address=北京市朝阳区, userDesc=null, userRole=2,
createdBy=1, imgPath=null, creationDate=Thu Oct 24 13:01:51 CST 2019, modifyBy=null,
modifyDate=null, age=null, userRoleName=null]
    ...
```

注意

在上述示例中，发现 UserMapper.xml 的 select: getUserByRoleId_foreach_array 中并没有指定 parameterType，这样也是没有问题的。因为配置文件中的 parameterType 是可以不配置的，MyBatis 会自动把它封装成一个 Map 进行传入，但是也需要注意：若入参为 collection 时，不能直接传入 collection 对象，需要先将其转换为 List 或者数组才能传入，具体原因可参看 MyBatis 源码的相关内容。

3.4.2　MyBatis框架入参为List类型的foreach迭代

在上个示例中，实现通过指定的角色列表获得相应的用户信息列表，其方法参数为一个数组，现在更改参数类型，通过传入一个 List 实例来实现同样的需求。

修改 UserMapper.java，以增加接口方法（根据传入的用户角色列表获取该角色列表下的用户信息），参数为角色列表（roleIds），该参数类型为 List。见示例 24。

【示例 24】UserMapper.java

```
/**
 * 根据用户角色列表，获取该角色列表下用户列表信息-foreach_list
 * @param roleList
 * @return
 */
public List<User> getUserByList(List<Integer> roleList);
```

修改 UserMapper.xml，以增加相应的 getUserByList，见示例 25。

【示例 25】UserMapper.xml

```
<!-- 根据用户角色列表，获取该角色列表下用户列表信息-foreach_list -->
<select id="getUserByList" resultType="User">
    select * from tb_user where userRole in
        <foreach collection="list" item="roleList" open="("separator=","close=")">
            #{roleList}
        </foreach>
</select>
```

在上述代码中，foreach 的大部分属性设置跟示例 24 基本一致，由于角色列表入参使用的是 List，故 collection 属性值为“list”。最后修改测试类，以增加测试方法 testGetUserByList()，见示例 26。

【示例 26】UserMapperTest.java

```
@Test
public void testGetUserByList() {
    logger.debug("testGetUserByList !===================");
    SqlSession sqlSession = null;
    List<User> userList = new ArrayList<User>();
    try {
        sqlSession = MyBatisUtils.createSqlSession();
        List<Integer> roleList = new ArrayList<Integer>();
        roleList.add(2);
        roleList.add(3);
        userList = sqlSession.getMapper(UserMapper.class).getUserByList(roleList);
        for (User user : userList) {
            logger.debug(user);
        }
    } catch (Exception e) {
```

```
            e.printStackTrace();
        } finally {
            MyBatisUtils.closeSqlSession(sqlSession);
        }
    }
```

该测试方法中，把参数角色列表 roleIds 封装成 List 进行入参即可。

```
    cn.dsscm.dao.UserMapper.getUserByList - ==> Preparing: select * from tb_user where
userRole in ( ? , ? )
    cn.dsscm.dao.UserMapper.getUserByList - ==>Parameters: 2(Integer), 3(Integer)
    cn.dsscm.test.UserMapperTest - User [id=2, userCode=liming, userName=李明,
userPassword=0000000, birthday=Fri Dec 10 00:00:00 CST 1993, gender=2,
phone=13688884457, email=null, address=北京市东城区, userDesc=null, userRole=2,
createdBy=1, imgPath=null, creationDate=Thu Oct 24 13:01:50 CST 2019, modifyBy=null,
modifyDate=null, age=null, userRoleName=null]
    cn.dsscm.test.UserMapperTest - User [id=3, userCode=zhangwei, userName=张伟,
userPassword=0000000, birthday=Sun Jun 05 00:00:00 CST 1994, gender=2,
phone=18567542321, email=null, address=北京市朝阳区, userDesc=null, userRole=2,
createdBy=1, imgPath=null, creationDate=Thu Oct 24 13:01:51 CST 2019, modifyBy=null,
modifyDate=null, age=null, userRoleName=null]
    ...
```

测试运行后，其结果正确。

注意

foreach 非常强大，允许指定一个集合，并可指定开始和结束的字符，也可加入一个分隔符到迭代器中，并能够智能处理该分隔符，且不会出现多余的分隔符。

3.4.3 技能训练 1

上机练习 6 ***获取指定供应商列表下的订单列表***（foreach）

需求说明

（1）指定供应商列表（1~*n* 个），获取这些供应商的订单列表信息。

（2）要求使用 foreach 实现，参数类型为数组。

（3）完成之后，把参数类型改为 List。

提示

（1）在 BillMapper.java 中增加接口方法，该方法入参为供应商列表，类型为数组。

（2）在 BillMapper.xml 中增加查询 SQL 语句，使用动态 SQL 的 foreach，注意 collection 属性的设置为 array。

（3）增加测试方法，并进行相应的测试。

（4）完成之后，修改入参类型为 List，且修改 SQL 语句相应的 collection 属性为 list，并增加测试方法进行相应的测试。

3.4.4 MyBatis框架入参为Map类型的foreach迭代

在示例 25 和示例 26 中，MyBatis 框架入参均为一个参数，若有多个参数入参该如何处理呢？如示例 26 中需求更改为增加一个参数 gender，要求查询指定性别和用户角色列表下所有用户的信息列表。

除了使用介绍过的@Param 注解，还可以按照介绍 collection 属性时，提过的第三种情况：若入参为多个参数时，就需要把它们封装为一个 Map 进行处理。此处就可以采用这种处理方式来解决此需求。

先修改 UserMapper.java，以增加接口方法，即根据传入的用户角色列表和性别获取相应的用户信息。见示例 27。

【示例 27】UserMapper.java

```
/**
 * 根据用户角色列表和性别(多参数)，获取该角色列表下指定性别的用户列表信息-foreach_map
 * @param conditionMap
 * @return
 */
public List<User> getUserByMap(Map<String,Object> conditionMap);
```

修改 UserMapper.xml，以增加相应的 getUserByMap，见示例 28。

【示例 28】UserMapper.xml

```
<!-- 根据用户角色列表和性别(多参数)，获取该角色列表下指定性别的用户列表信息-foreach_map -->
<select id="getUserByMap" resultType="User">
    select * from tb_user
    where gender = #{gender} and userRole in
        <foreach collection="roleIds" item="roleMap" open="(" separator="," close=")">
            #{roleMap}
        </foreach>
</select>
```

在测试方法中，把用户角色列表（roleList）和性别（gender）两个参数封装成一个 Map（conditionMap）进行方法入参，见示例 29。

【示例 29】UserMapperTest.java

```
@Test
public void testGetUserByMap() {
    logger.debug("testGetUserByMap !===================");
    SqlSession sqlSession = null;
    List<User> userList = new ArrayList<User>();
    try {
        sqlSession = MyBatisUtils.createSqlSession();
        Map<String, Object> conditionMap = new HashMap<String,Object>();
        List<Integer> roleList = new ArrayList<Integer>();
        roleList.add(2);
        roleList.add(3);
        conditionMap.put("gender", 1);
        conditionMap.put("roleIds",roleList);
        userList = sqlSession.getMapper(UserMapper.class).getUserByMap(conditionMap);
        for (User user : userList) {
            logger.debug(user);
        }
    } catch (Exception e) {
        e.printStackTrace();
    } finally {
        MyBatisUtils.closeSqlSession(sqlSession);
    }
}
```

在上述代码中，由于入参为 Map，那么在 SQL 语句中就需根据 key 分别获得相应的 value 值，如 SQL 语句中#{gender}获取的是 Map 中 key 为“gender”的性别条件，而 collection: "roleIds"获取的是 Map 中 key 为“roleIds”角色 id 的集合。

最后完成测试方法并运行测试，其正确结果如下：

```
    cn.dsscm.dao.UserMapper.getUserByMap - ==>Preparing: select * from tb_user where
gender = ? and userRole in ( ? , ? )
    cn.dsscm.dao.UserMapper.getUserByMap - ==>Parameters: 1(Integer), 2(Integer),
3(Integer)
    cn.dsscm.test.UserMapperTest - User [id=4, userCode=zhanghua, userName=张华,
userPassword=0000000, birthday=Tue Jun 15 00:00:00 CST 1993, gender=1,
phone=13544561111, email=null, address=北京市海淀区, userDesc=null, userRole=3,
createdBy=1, imgPath=null, creationDate=Thu Oct 24 13:01:51 CST 2019, modifyBy=null,
modifyDate=null, age=null, userRoleName=null]
    cn.dsscm.test.UserMapperTest - User [id=6, userCode=zhaoyan, userName=赵燕,
```

```
userPassword=0000000, birthday=Thu Mar 07 00:00:00 CST 1996, gender=1,
phone=18098764545, email=null, address=北京市海淀区, userDesc=null, userRole=3,
createdBy=1, imgPath=null, creationDate=Thu Oct 24 13:01:53 CST 2019, modifyBy=null,
modifyDate=null, age=null, userRoleName=null]
  ...
```

通过对 foreach 标签的 collection 属性学习，发现不管传入的是单参数还是多参数，都可以得到有效解决。若单参数入参时，是否可以封装成 Map 进行入参呢？答案是肯定的，单参数也可以封装成 Map 进行入参。实际上，MyBatis 在进行参数入参时，都会把它封装成一个 Map，而 Map 的 key 是参数名，对应的参数值就是 Map 的 value。若参数为集合时，Map 的 key 会根据传入的是 List 还是数组对象，相应地指定为“list”或者“array”。现在就更改之前的演示示例，即根据用户角色列表，获取该角色列表下用户列表的信息，此处参数不使用 List 或者数组，直接封装成 Map 来实现。

修改 UserMapper.java，以增加接口方法，见示例 30。

【示例 30】UserMapper.java

```
/**
 * 根据用户角色列表，获取该角色列表下用户列表信息-foreach_map(单参数封装成Map)
 * @param roleMap
 * @return
 */
public List<User> getUserByRMap(Map<String,Object> roleMap);
```

修改 UserMapper.xml，以增加相应的 getUserByRMap，见示例 31。

【示例 31】UserMapper.xml

```
<!-- 根据用户角色列表(单参数)，获取该角色列表下用户的列表信息-foreach_map -->
<select id="getUserByRMap" resultType="User">
    select * from tb_user
    where userRole in
        <foreach collection="rKey" item="roleMap" open="(" separator="," close=")">
            #{roleMap}
        </foreach>
</select>
```

在以下代码中，把用户角色列表（roleList）这个参数封装成 Map（roleMap）进行方法入参。这样的好处是可以自由指定 Map 的 key，此处指定 roleMap 的 key 为 rKey，见示例 32。

【示例 32】UserMapperTest.java

```
@Test
public void testGetUserByRMap() {
    logger.debug("testGetUserByRMap !===================");
    SqlSession sqlSession = null;
    List<User> userList = new ArrayList<User>();
    try {
        sqlSession = MyBatisUtils.createSqlSession();
        List<Integer> roleList = new ArrayList<Integer>();
        roleList.add(2);
        roleList.add(3);
        Map<String, Object> roleMap = new HashMap<String,Object>();
        roleMap.put("rKey", roleList);
        userList = sqlSession.getMapper(UserMapper.class).getUserByRMap(roleMap);
        for (User user : userList) {
            logger.debug(user);
        }
    } catch (Exception e) {
        e.printStackTrace();
    } finally {
        MyBatisUtils.closeSqlSession(sqlSession);
    }
}
```

在上述代码中，注意 collection 的属性值不再是 list，而是设置 roleMap 的 key，即 rKey，最后增加测试方法进行测试，其结果如下：

```
    cn.dsscm.dao.UserMapper.getUserByRMap - ==>Preparing: select * from tb_user where
userRole in ( ? , ? )
    cn.dsscm.dao.UserMapper.getUserByRMap - ==>Parameters: 2(Integer), 3(Integer)
    cn.dsscm.test.UserMapperTest - User [id=2, userCode=liming, userName=李明,
userPassword=0000000, birthday=Fri Dec 10 00:00:00 CST 1993, gender=2,
phone=13688884457, email=null, address=北京市东城区, userDesc=null, userRole=2,
createdBy=1, imgPath=null, creationDate=Thu Oct 24 13:01:50 CST 2019, modifyBy=null,
modifyDate=null, age=null, userRoleName=null]
    cn.dsscm.test.UserMapperTest - User [id=3, userCode=zhangwei, userName=张伟,
userPassword=0000000, birthday=Sun Jun 05 00:00:00 CST 1994, gender=2,
phone=18567542321, email=null, address=北京市朝阳区, userDesc=null, userRole=2,
createdBy=1, imgPath=null, creationDate=Thu Oct 24 13:01:51 CST 2019, modifyBy=null,
modifyDate=null, age=null, userRoleName=null]
    ...
```

测试运行后，其结果正确。

小结：

（1）MyBatis 框架接收的参数类型：基本类型、对象、List、数组、Map。

（2）无论 MyBatis 框架的入参是哪种参数类型都会将参数放在一个 Map 中，对于单参入参的情况如下。

①若入参为基本类型：变量名作为 key，变量值为 value，此时生成的 Map 只有一个。

②若入参为对象：对象的属性名作为 key，属性值为 value。

③若入参为 List：默认“list”作为 key，该 List 即为 value。

④若入参为数组：默认“array”作为 key，该数组即为 value。

⑤若入参为 Map：键值不变。

3.4.5　技能训练 2

上机练习 7　获取多参数的订单列表（foreach）

需求说明

根据订单编码（模糊查询）和指定的供应商列表（1~n 个），获取相应的订单列表信息。

提示

多参数：封装成 Map 入参。

注意

在使用<foreach>元素时最关键也是最容易出错的就是 collection 属性。该属性是必须指定的，而且在不同情况下，该属性的值是不一样的。主要有以下 3 种情况。

（1）如果传入的是单参数且参数类型是一个数组或者 List 时，collection 属性值分别为 array 和 list（或 collection）。

（2）如果传入的参数是多个时，就需要把它们封装成一个 Map 了。当然单参数也可以封装成 Map 集合，这时 collection 属性值就为 Map 的键。

（3）如果传入的参数是 POJO 包装类时，collection 属性值就为该包装类中需要进行遍历的数组或集合的属性名。

所以在设置 collection 属性值时，必须按照实际情况配置，否则程序就会出现异常，如将上述<foreach>元素中 collection 的属性值设置为 array 时，则程序执行后将出现异常。

3.5　bind元素

在进行模糊查询编写 SQL 语句时，如果使用“${}”进行字符串拼接时，则无法防止 SQL 注入问题；如果使用 concat 函数进行拼接，则只针对 MySQL 数据库有效；如果使用的是 Oracle 数据库，则要使用连接符号“||”。这样，映射文件的 SQL 就要根据不同的情况提供不同形式的实现，这显然是比较麻烦的，且不利于项目的移植。为此 MyBatis 框架提供<bind>元素来解决这个问题，可完全不

必使用数据库语言，只使用 MyBatis 框架语言即可与所需参数连接。

MyBatis 框架的<bind>元素可以通过 OGNL 表达式来创建一个上下文变量，其使用方式见示例 33。

【示例 33】UserMapper.xml

```
<!--<bind>元素的使用：根据用户名模糊查询用户信息 -->
<select id="findUserByName" parameterType="User" resultType="User">
    <!--_parameter.getUsername()也可直接写成传入的字段属性名，即 username -->
    <bind name="pattern_username" value="'%'+_parameter.getUserName()+'%'" />
    select * from tb_user
     where username like #{pattern_username}
</select>
```

上述配置代码中，使用<bind>元素定义了一个 name 为 pattern_username 的变量，<bind>元素中 value 的属性值就是拼接的查询字符串，其中_parameter.getUserName()表示传递进来的参数（也可以直接写成对应的参数变量名，如 userName）。在 SQL 语句中，直接引用<bind>元素的 name 属性值即可进行动态 SQL 组装，见示例 34。

【示例 34】UserMapper.java

```
/**
 * 根据用户名字获取用户列表
 * @return
 */
public List<User> findUserByName(User user);
```

为了验证上述配置是否能够被正确执行，可以在测试类 MybatisTest 中，编写测试方法 findUserByNameTest()进行测试，其代码见示例 35。

【示例 35】UserMapperTest.java

```
@Test
public void testFindUserByName() {
    logger.debug("testFindUserByName !===================");
    SqlSession sqlSession = null;
    List<User> userList = new ArrayList<User>();
    try {
        sqlSession = MyBatisUtils.createSqlSession();
        User user = new User();
        user.setUserName("张");
        userList = sqlSession.getMapper(UserMapper.class).findUserByName(user);
        for (User u : userList) {
            logger.debug(u);
        }
    } catch (Exception e) {
        e.printStackTrace();
    } finally {
        MyBatisUtils.closeSqlSession(sqlSession);
    }
}
```

使用 JUnit4 执行 findUserByNameTest()方法后，控制台的输出结果如下：

```
cn.dsscm.dao.UserMapper.findUserByName - ==>Preparing: select * from tb_user where
username like ?
cn.dsscm.dao.UserMapper.findUserByName - ==>Parameters: %张%(String)
cn.dsscm.test.UserMapperTest - User [id=3, userCode=zhangwei, userName=张伟,
userPassword=0000000, birthday=Sun Jun 05 00:00:00 CST 1994, gender=2,
phone=18567542321, email=null, address=北京市朝阳区, userDesc=null, userRole=2,
createdBy=1, imgPath=null, creationDate=Thu Oct 24 13:01:51 CST 2019, modifyBy=null,
modifyDate=null, age=null, userRoleName=null]
cn.dsscm.test.UserMapperTest - User [id=4, userCode=zhanghua, userName=张华,
userPassword=0000000, birthday=Tue Jun 15 00:00:00 CST 1993, gender=1,
phone=13544561111, email=null, address=北京市海淀区, userDesc=null, userRole=3,
createdBy=1, imgPath=null, creationDate=Thu Oct 24 13:01:51 CST 2019, modifyBy=null,
```

```
modifyDate=null, age=null, userRoleName=null]
...
```

从运行结果可以看出，使用 MyBatis 框架的<bind>元素已经完成了动态 SQL 组装，并成功模糊查询出了用户信息。

本章总结

- MyBatis 框架动态 SQL 基于 OGNL 的表达式，可方便地在 SQL 语句中实现某些逻辑。
- if+set：完成更新操作。
- if+where：完成多条件查询。
- if+trim：完成多条件查询（替代 where）或者更新操作（替代 set）。
- choose（when，otherwise）：完成条件查询（多条件下，选择其一）。
- foreach：完成复杂查询，主要用于 in 条件查询的迭代集合，其中最关键的部分就是 collection 属性，根据不同的入参类型，该属性值亦不同，具体内容如下。

  ①若入参对象为一个 List 实例时，collection 属性值为 list。

  ②若入参对象为一个数组时，collection 属性值为 array。

  ③若入参对象为多个，需要把它们封装为一个 Map 进行处理。

本章作业

一、选择题

1. 以下不属于<foreach>元素中使用的属性是（　　）。

   A. separator　　B. collection　　C. current　　D. item

2. 以下关于<foreach>元素中对属性的描述错误的是（　　）。

   A. item：配置的是循环中当前的元素

   B. index：配置的是当前元素在集合的位置下标

   C. collection：配置的是传递过来的参数类型，它可以是一个 array、list（或 collection）、Map 集合的键、POJO 包装类中数组或集合类型的属性名等

   D. separator：配置的是各个元素的间隔符

3. 以下关于 MyBatis 框架中<set>元素的使用及说法正确的是（　　）。

   A. <set>元素主要用于更新操作，其主要作用是在动态包含的 SQL 语句前输出一个 set 关键字，并将 SQL 语句中最后一个多余的逗号去除

   B. 使用 MyBatis 框架的<set>元素来更新操作时，前端需要传入所有参数字段，否则未传入字段会默认设置为空

   C. 在映射文件中使用<set>和<if>元素组合进行 update 语句动态 SQL 组装时，<set>元素内包含的内容可以都为空，<if>元素会进行判断处理

   D. 在映射文件进行更新操作时，只需要使用<set>元素就可以进行动态 SQL 组装

4. 以下有关 MyBatis 框架动态 SQL 中的主要元素说法错误的是（　　）。

   A. <if>元素用于单条件分支判断

   B. <choose>元素（<when>元素、<otherwise>元素）用于多条件分支判断

   C. <foreach>元素循环语句，常用于 in 条件语句等列举条件中

D. <bind>元素从 OGNL 表达式中创建一个变量，并将其绑定到上下文，只用于模糊查询的 SQL 中

5. 使用 MyBatis 框架时，有如下代码：

```
<select id="findActiveBlogWithTitle" parameterType="Blog" resultType="Blog">
    SELECT * FROM BLOG
     WHERE state = 'ACTIVE'
     ________________________________
        AND title like CONCAT ('%',#{MyBatis},'%')
    </if>
</select>
```

若这段配置文件需要判断“title”字段是否为空，则可以填写在横线处的代码是（　　）。

A. <if test="title=null">

B. <if test= "title != null">

C. <if title!= null>

D. <if title = "test != null">

二、简答题

1. 简述 MyBatis 框架动态 SQL 中的主要元素及说明。
2. 简述 MyBatis 框架动态 SQL 中<foreach>元素的 collection 属性的注意事项。

三、操作题

使用动态 SQL 实现百货中心供应链管理系统中角色表（tb_role）的修改和查询操作，具体要求如下。

（1）使用元素 if+set 实现根据角色 id 修改角色信息的操作。

（2）使用元素 if+trim 实现根据角色名称模糊查询角色信息列表的操作。

第 4 章
MyBatis 框架的关联映射

本章目标

◎ 了解数据表之间及对象之间的关联关系

◎ 熟悉关联关系中的嵌套查询和嵌套结果

◎ 掌握一对一、一对多和多对多关联映射的使用

本章简介

通过学习已经熟悉了 MyBatis 框架的基本知识，并能够使用 MyBatis 框架及面向对象的方式进行数据库操作，但这些操作只是针对单表实现的。在实际的开发中，对数据库的操作常常会涉及多张表，这在面向对象中就涉及了对象与对象之间的关联关系。针对多表之间的操作，MyBatis 框架提供了关联映射，通过关联映射就可以很好地处理对象与对象之间的关联关系。本章将对 MyBatis 框架的关联关系映射进行详细讲解。

技术内容

4.1 关联映射

4.1.1 关联关系概述

在关系型数据库中，多表之间存在着 3 种常见的关联关系，分别为一对一、一对多和多对多，如图 4.1 所示。

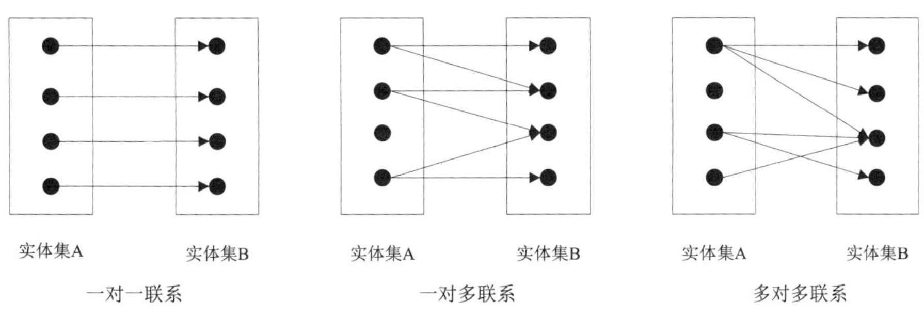

图 4.1 关系型数据库中多表之间的 3 种关联关系

这 3 种关联关系的具体说明如下。

（1）一对一：在任意一方引入对方主键作为外键。

（2）一对多：在“多”的一方，添加一方的主键作为外键。

（3）多对多：产生中间关系表，引入两张表的主键作为外键，两个主键成为联合主键或使用新的字段作为主键。

通过数据库中的表可以描述数据之间的关系，同样，在 Java 中通过对象也可以进行关系描述，如图 4.2 所示。

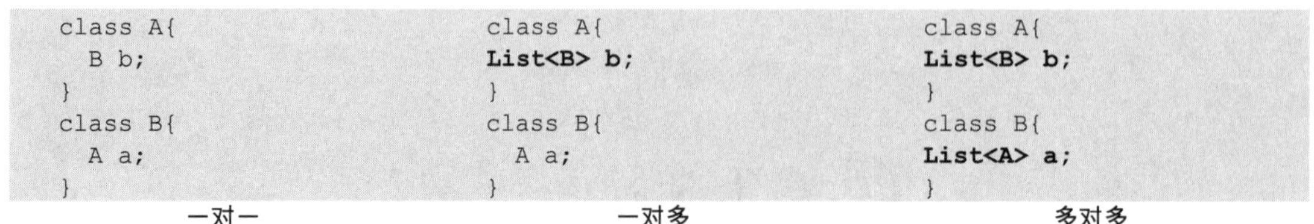

图 4.2 Java 对象描述数据表之间的关系

在图 4.2 中，3 种关联关系的描述如下。

（1）一对一的关系：指在本类中定义对方类型的对象，如 A 类中定义 B 类类型的属性 b，B 类中定义 A 类类型的属性 a。

（2）一对多的关系：指一个 A 类类型对应多个 B 类类型的情况，需要在 A 类中以集合的方式引入 B 类类型的对象，在 B 类中定义 A 类类型的属性 a。

（3）多对多的关系：指在 A 类中定义 B 类类型的集合，在 B 类中定义 A 类类型的集合。

以上就是 Java 对象中，3 种实体类之间的关联关系。那么如何使用 MyBatis 框架处理 Java 对象中的三种关联关系呢？在接下来的内容中，将对 MyBatis 框架的这几种关联关系的使用进行详细讲解。

4.1.2 resultMap元素的基本配置项

在讲解使用 resultMap 元素实现高级结果映射之前，先回顾学习过的 resultMap 元素的基本配置项。

1. 属性

（1）id：resultMap 元素的唯一标识。

（2）type：resultMap 元素的映射结果类型（通常是 Java 实体类）。

2. 子节点

（1）id：一般对应数据库中该行的主键 id，设置此项可以提升 MyBatis 框架的性能。

（2）result：映射到 JavaBean 的某个“简单类型”属性，如基础数据类型、包装类等。

子节点 id 和 result 均可实现最基本的结果集映射，将列映射到简单数据类型的属性。这两者唯一不同的是，在比较对象实例时 id 将作为结果集的标识属性。这有助于提高总体性能，特别是应用缓存和嵌套结果映射的时候。而若要实现高级结果映射，就需要学习下面两个配置项，即 association 和 collection。

4.2 一对一（association）

在现实生活中，一对一关联关系是十分常见的。如一个人只能有一个身份证，同时一个身份证也只会对应一个人，它们之间的关系模型如图 4.3 所示。

图 4.3 人与身份证的关联关系

那么使用 MyBatis 框架是如何处理这种一对一关联关系的呢？在前面讲解的<resultMap>元素中，包含了一个<association>子元素，MyBatis 框架就是通过该子元素来处理一对一关联关系的。

在<association>元素中，通常可以配置以下属性。

（1）property：指定映射到的实体类对象属性，与表字段一一对应。

（2）column：指定表中对应的字段。

（3）javaType：指定映射到实体对象属性的类型。

（4）select：指定引入嵌套查询的子 SQL 语句，该属性用于关联映射中的嵌套查询。

（5）fetchType：指定在关联查询时是否启用延迟加载。fetchType 属性有 lazy 和 eager 两个属性值，默认值为 lazy（默认关联映射延迟加载）。

<association>元素的使用非常简单，只需要参考如下两种示例配置即可，具体如下。

```
<!-- 方式一：嵌套查询-->
<resultMap type="IdCard" id="IdCardById">
        <id property="id" column="id" />
        <result property="userName" column="userName" />
        <!-- 一对一：association 使用 select 属性引入另外一条 SQL 语句 -->
        <association property="user" column="uid" javaType="User"
            select="cn.dsscm.dao.UserMapper.findUserById" />
</resultMap>
<!-- 方式二：嵌套结果 -->
    <resultMap type="IdCard" id="userRoleResult2">
        <id property="id" column="id"/>
        <result property="code" column="code"/>
        <association property="user" javaType="User">
            <id property="id" column="cid"/>
            <result property="userName" column="userName" />
        </association>
    </resultMap>
```

提示

MyBatis 在映射文件中加载关联关系对象主要通过两种方式：嵌套查询和嵌套结果。嵌套查询是指通过执行另外一条 SQL 映射语句来返回预期的复杂类型；嵌套结果是使用嵌套结果映射来处理重复的联合结果的子集。开发人员可以使用上述任意一种方式实现对关联关系的加载。

4.2.1 应用案例：用户和身份证间的关联

了解 MyBatis 中处理一对一关联关系的元素和方式后，接下来就以用户和身份证之间的一对一关联关系为例进行详细讲解。

查询个人及其关联的身份证信息可先通过查询个人表中的主键来获得个人信息，然后通过表中的外键来获取证件表中的身份证号信息，其具体实现步骤如下。

创建数据表，在 dsscm 数据库中重新创建名为 tb_idcard 的数据表，同时预先插入两条数据，其执行的 SQL 语句如下所示：

```
USE dsscm;
#创建一个名称为 tb_idcard 的表
CREATE TABLE 'tb_idcard' (
   'id' int(11) NOT NULL AUTO_INCREMENT,
   'uid' int(11) NOT NULL,
```

```
    'CODE' varchar(18) DEFAULT NULL,
    PRIMARY KEY ('id')
  );
#插入 n 条数据
INSERT INTO tb_idcard(uid,CODE) VALUES (1,'430101200001011234');
INSERT INTO tb_idcard(uid,CODE) VALUES (2,'430101200001014321');
INSERT INTO tb_idcard(uid,CODE) VALUES (3,'430101200001011235');
INSERT INTO tb_idcard(uid,CODE) VALUES (4,'430101200001014326');
...
```

完成上述操作后，数据库 tb_idcard 表中的数据如图 4.4 所示。

id	uid	CODE
1	1	430101200001011234
2	2	430101200001014321
3	3	430101200001011235
4	4	430101200001014326
5	5	430101200001014327
6	6	430101200001014666
7	7	430101200001014327
8	8	430101200001014328
9	9	430101200001014329
10	10	430101200001014310
11	11	430101200001014311
12	12	430101200001014312

图 4.4 tb_idcard 表

在项目 cn.dsscm.pojo 包下创建持久化类 IdCard，编辑后的代码，见示例 1。

【示例 1】IdCard.java

```
public class IdCard {
    private Integer id; // id
    private Integer uid; // 用户 id
    private String code;// 身份证号码

    private User user;// 一对一
    //省略 getter 方法和 setter 方法
}
```

在上述示例中，分别定义了各自的属性及对应的 getter 方法和 setter 方法，同时为了方便查看输出结果还重写了 toString()方法。

在 cn.dsscm.mapper 包中，创建证件映射文件 IdCardMapper.xml 和用户映射文件 UserMapper.xml，并在两个映射文件中编写一对一关联映射查询的配置信息，见示例 2。

【示例 2】IdCardMapper.xml

```
<?xml version="1.0" encoding="UTF-8"?>
<!DOCTYPE mapper PUBLIC "-//mybatis.org//DTD Mapper 3.0//EN"
"http://mybatis.org/dtd/mybatis-3-mapper.dtd">
<mapper namespace="cn.dsscm.dao.IdCardMapper">
<!-- 嵌套查询：通过执行另外一条 SQL 映射语句来返回预期的特殊类型 -->
<select id="findCodeById" parameterType="Integer" resultMap="IdCardById">
      SELECT * FROM tb_idcard WHERE id=#{id}
</select>
<resultMap type="IdCard" id="IdCardById">
        <id property="id" column="id" />
        <result property="userName" column="userName" />
        <!-- 一对一：association 使用 select 属性引入另外一条 SQL 语句 -->
        <association property="user" column="uid" javaType="User"
            select="cn.dsscm.dao.UserMapper.findUserById" />
</resultMap>
</mapper>
```

【示例 3】UserMapper.xml

```
<?xml version="1.0" encoding="UTF-8"?>
<!DOCTYPE mapper PUBLIC "-//mybatis.org//DTD Mapper 3.0//EN"
"http://mybatis.org/dtd/mybatis-3-mapper.dtd">
<mapper namespace="cn.dsscm.dao.UserMapper">
<!-- 根据 id 查询用户信息 -->
    <select id="findUserById" parameterType="Integer" resultType="User">
        SELECT * from tb_user where id=#{id}
    </select>
</mapper>
```

在上述两个映射文件中，使用 MyBatis 框架中的嵌套查询方式进行了个人及其关联的证件信息查询，因为返回的个人对象中除了基本属性还有一个关联的 uid 属性，所以需要手动编写结果映射。从映射文件 IdCardMapper.xml 中可以看出，嵌套查询的方法是先执行一个简单的 SQL 语句，然后在进行结果映射时，将关联对象在<association>元素中使用 select 属性执行另一条 SQL 语句（IdCardMapper.xml 中的 SQL）。

创建映射文件的对应接口如下：

```
public List<IdCard> findCodeById(@Param("id")Integer id);
```

在核心配置文件 mybatis-config.xml 中，引入 Mapper 映射文件并定义别名，见示例 4。

【示例 4】mybatis-config.xml

```
<!-- 将 Mapper 文件加入配置文件中 -->
<mappers>
    <mapper resource="cn/dsscm/dao/UserMapper.xml" />
    <mapper resource="cn/dsscm/dao/IdCardMapper.xml" />
</mappers>
```

在上述核心配置文件中，先引入数据库连接的配置文件，然后使用扫描包的形式自定义别名，接下来进行环境的配置，最后配置 Mapper 映射文件的位置信息。

在测试包中，创建测试类 UserMapperTest，并在类中编写测试方法 getUserListByIdTest ()，见示例 5。

【示例 5】UserMapperTest.java

```
@Test
public void getUserListByIdTest(){
    SqlSession sqlSession = null;
    List<IdCard> userList = new ArrayList<IdCard>();
    Integer id = 3;
    try {
        sqlSession = MyBatisUtils.createSqlSession();
        userList = sqlSession.getMapper(IdCardMapper.class).findCodeById(id);
    } catch (Exception e) {
        // TODO: handle exception
        e.printStackTrace();
    }finally{
        MyBatisUtils.closeSqlSession(sqlSession);
    }

    logger.debug("getUserListByRoleIdTest userList.size : " + userList.size());
    for(IdCard user:userList){
        logger.debug(user);
    }
}
```

在 getUserListByIdTest()方法中，先通过 MybatisUtils 工具类获取 SqlSession 对象，然后通过 SqlSession 对象的接口方法获取用户信息，并使用输出语句查询结果信息，最后程序执行完毕时，关闭 SqlSession 对象。

使用 JUnit4 执行 getUserListByIdTest()方法后，控制台的输出结果如下：

```
    cn.dsscm.dao.IdCardMapper.findCodeById - ==>Preparing: SELECT * FROM tb_idcard
WHERE id=?
    cn.dsscm.dao.IdCardMapper.findCodeById - ==>Parameters: 3(Integer)
    ...
    cn.dsscm.dao.UserMapper.findUserById - ==>Preparing: SELECT * from tb_user where id=?
    cn.dsscm.dao.UserMapper.findUserById - ==>Parameters: 3(Integer)
    ...
    cn.dsscm.test.UserMapperTest - getUserListByRoleIdTest userList.size : 1
    cn.dsscm.test.UserMapperTest - IdCard [id=3, uid=null, code=430101200001011235,
user=User [id=3, userCode=zhangwei, userName=张伟, userPassword=0000000, birthday=Sun
Jun 05 00:00:00 CST 1994, gender=2, phone=18567542321, email=null, address=北京市朝阳区,
userDesc=null, userRole=2, createdBy=1, imgPath=null, creationDate=Thu Oct 24 13:01:51
CST 2019, modifyBy=null, modifyDate=null, age=null, userRoleName=null]]
```

从控制台的输出结果可以看出，使用 MyBatis 框架嵌套方式查询出了用户身份证信息及其用户的信息，这就是 MyBatis 框架中的一对一关联查询。

修改代码可使用 MyBatis 框架嵌套结果的方式查询用户身份证信息及其用户的信息。

创建映射文件的对应接口如下：

```
    public List<IdCard> findCodeById2(@Param("uid")Integer id);
```

在 cn.dsscm.mapper 包中，修改证件映射文件 IdCardMapper.xml，并在映射文件中使用 MyBatis 框架嵌套结果编写一对一关联映射查询的配置信息，见示例 6。

【示例 6】IdCardMapper.xml

```
    <!-- 根据 roleId 获取用户列表 association start-->
    <resultMap type="IdCard" id="userRoleResult2">
        <id property="id" column="id"/>
        <result property="code" column="code"/>
        <association property="user" javaType="User">
            <id property="id" column="cid"/>
            <result property="userName" column="userName" />
        </association>
    </resultMap>
    <select id="findCodeById2" parameterType="Integer" resultMap="userRoleResult2">
        SELECT u.* ,c.id cid ,c.code
          FROM tb_user u, tb_idcard c
         WHERE u.id=c.uid
              AND c.uid= #{uid}
    </select>
```

在测试包的类中编写测试方法 getUserListByIdTest2()，见示例 7。

【示例 7】UserMapperTest.java

```
    @Test
    public void getUserListByIdTest2(){
        SqlSession sqlSession = null;
        List<IdCard> userList = new ArrayList<IdCard>();
        Integer id = 3;
        try {
            sqlSession = MyBatisUtils.createSqlSession();
            userList = sqlSession.getMapper(IdCardMapper.class).findCodeById2(id);
        } catch (Exception e) {
            // TODO: handle exception
            e.printStackTrace();
        }finally{
            MyBatisUtils.closeSqlSession(sqlSession);
        }
        logger.debug("getUserListByRoleIdTest userList.size : " + userList.size());
```

```
        for(IdCard user:userList){
            logger.debug(user);
        }
    }
```

使用 JUnit4 执行 getUserListByIdTest2()方法后，控制台的输出结果如下：

```
   cn.dsscm.dao.IdCardMapper.findCodeById2 - ==>  Preparing: SELECT u.*, c.id cid,
c.code FROM tb_user u, tb_idcard c WHERE u.id=c.uid AND c.uid= ?
   cn.dsscm.dao.IdCardMapper.findCodeById2 - ==> Parameters: 3(Integer)
   ......
   cn.dsscm.test.UserMapperTest - getUserListByRoleIdTest userList.size : 1
   cn.dsscm.test.UserMapperTest - IdCard [id=3, uid=null, code=430101200001011235,
user=User [id=3, userCode=null, userName=张伟, userPassword=null, birthday=null,
gender=null, phone=null, email=null, address=null, userDesc=null, userRole=null,
createdBy=null, imgPath=null, creationDate=null, modifyBy=null, modifyDate=null,
age=null, userRoleName=null]]
```

上述示例使用身份证类关联用户信息，改变实体类时使用用户类关联身份证类也可以实现同样的效果，此处不再赘述。

4.2.2 应用案例：用户和用户角色的关联

使用 association 映射到 JavaBean 的某个“复杂类型”属性，如 JavaBean 类，即 JavaBean 内部嵌套一个复杂数据类型（JavaBean）属性，这种情况就属于复杂类型的关联。但是需要注意的是，association 元素仅处理一对一的关联关系。

在实际的开发项目中这类绝对的双向一对一关联比较少见，很多是单向的。如用户角色和用户列表关系，从不同角度看映射关系不一样，这里涉及用户表（tb_user）和用户权限表（tb_role），从用户角度关联权限信息是一对一的，从用户权限关联用户信息是一对多的。如果根据用户角色 id 获取该角色用户列表的情况，只需要根据用户表关联用户角色表即可，association 便可以处理此种情况下的一对一关联关系，那么对于用户角色关联用户信息的一对多的关联关系的处理，则需要使用 collection 来实现了，这部分内容将在后面介绍。

先创建 role 类，并增加相应的 getter 方法和 setter 方法，见示例 8。

【示例 8】Role.java

```
public class Role {
    private Integer id; // id
    private String roleCode; // 角色编码
    private String roleName; // 角色名称
    private Integer createdBy; // 创建者
    private Date creationDate; // 创建时间
    private Integer modifyBy; // 更新者
    private Date modifyDate;// 更新时间
    //省略 getter 方法和 setter 方法
}
```

修改 User 类，以增加角色属性（Role role），并增加相应的 getter 方法和 setter 方法；注释掉用户角色名称属性（String userRoleName），及其 getter 方法和 setter 方法，见示例 9。

【示例 9】User.java

```
public class User {
    private Integer id; //id
    private String userCode; //用户编码
    private String userName; //用户名称
    private String userPassword; //用户密码
```

```
    private Integer gender;  //性别
    private Date birthday;  //出生日期
    private String phone;   //电话
    private String address; //地址
    private Integer userRole;    //用户角色 ID
    private Integer createdBy;   //创建者
    private Date creationDate; //创建时间
    private Integer modifyBy;     //更新者
    private Date modifyDate;   //更新时间

    private Integer age;//年龄
    //private String userRoleName; //用户角色名称

    //association
    private Role role; //用户角色

    //省略 getter 方法和 setter 方法
}
```

通过以上改造，在 JavaBean User 对象内部嵌套了一个复杂数据类型的属性（role）。接下来在 UserMapper 接口里增加根据角色 id 获取用户列表的方法，代码如下：

```
public List<User> getUserListByRoleId(@Param("userRole")Integer roleId);
```

修改对应 UserMapper.xml，以增加 getUserListByRoleId，该 select 查询语句返回类型为 resultMap，并且外部引用的 resultMap 类型为 User。由于 User 内嵌了 JavaBean 对象（role），因此需要使用 association 来实现结果映射，见示例 10。

【示例 10】UserMapper.xml

```
<!-- 根据 roleId 获取用户列表 association start-->
<resultMap type="User" id="userRoleResult">
    <id property="id" column="id"/>
    <result property="userCode" column="userCode" />
    <result property="userName" column="userName" />
    <result property="userRole" column="userRole" />
    <association property="role" javaType="Role">
        <id property="id" column="r_id"/>
        <result property="roleCode" column="roleCode"/>
        <result property="roleName" column="roleName"/>
    </association>
</resultMap>
<select id="getUserListByRoleId" parameterType="Integer" resultMap="userRoleResult">
    select u.*,r.id as r_id,r.roleCode,r.roleName
     from tb_user u,tb_role r
    where u.userRole = #{userRole} and u.userRole = r.id
</select>
```

从上述代码，简单分析 association 的属性。

（1）javaType：指完整 Java 类名或者别名。若映射到一个 JavaBean 时，则 MyBatis 通常会自行检测其类型；若映射到一个 HashMap 时，则应该明确指定 javaType 来确保所需行为。此处为 role。

（2）property：指映射数据库列的实体对象的属性。此处为在 User 里定义的属性（role）。

（3）association 的子元素如下。

①id：映射数据库中表主键字段。

②result：映射数据库中表字段。

③property：映射数据库列的实体对象的属性。此处为 role 的属性。

④column：数据库列名或别名。

注意

在做结果映射的过程中，需要注意的是，要确保所有的列名都是唯一且无歧义。id 子元素在嵌套结果映射中扮演了非常重要的角色，应该指定一个或者多个属性来唯一标识这个结果集。实际上，即便没有指定 id，MyBatis 框架也会工作，但是会导致严重的性能开销，所以最好选择尽量少的属性来唯一标识结果，主键或者联合主键均可。

最后修改测试类 UserMapperTest.java，以增加测试方法，见示例 11。

【示例 11】UserMapperTest.java

```
@Test
public void getUserListByRoleIdTest(){
    SqlSession sqlSession = null;
    List<User> userList = new ArrayList<User>();
    Integer roleId = 3;
    try {
        sqlSession = MyBatisUtils.createSqlSession();
        userList = sqlSession.getMapper(UserMapper.class).getUserListByRoleId(roleId);
    } catch (Exception e) {
        // TODO: handle exception
        e.printStackTrace();
    }finally{
        MyBatisUtils.closeSqlSession(sqlSession);
    }

    logger.debug("getUserListByRoleIdTest userList.size : " + userList.size());
    for(User user:userList){
        logger.debug("userList =====> userName: " + user.getUserName()
            +", <未做映射字段>userPassworD.    " + user.getUserPassword()
            + ", Role: " + user.getRole().getId() + " --- "
            + user.getRole().getRoleCode() +" --- " + user.getRole().getRoleName());
    }
}
```

在测试方法中调用 getUserListByRoleId()方法获取 userList，并进行结果输出，关键是映射的用户角色相关信息。

```
cn.dsscm.dao.UserMapper.getUserListByRoleId - ==>Preparing: select u.*,r.id as r_id,r.roleCode,r.roleName from tb_user u,tb_role r where u.userRole = ? and u.userRole = r.id
cn.dsscm.dao.UserMapper.getUserListByRoleId - ==>Parameters: 3(Integer)
...
cn.dsscm.test.UserMapperTest - getUserListByRoleIdTest userList.size : 7
cn.dsscm.test.UserMapperTest - userList =====> userName: 张华, <未做映射字段>userPassworD.    null, Role: 3 --- DSSCM_EMPLOYEE --- 普通员工
cn.dsscm.test.UserMapperTest - userList =====> userName: 王洋, <未做映射字段>userPassworD.    null, Role: 3 --- DSSCM_EMPLOYEE --- 普通员工
cn.dsscm.test.UserMapperTest - userList =====> userName: 赵燕, <未做映射字段>userPassworD.    null, Role: 3 --- DSSCM_EMPLOYEE --- 普通员工
...
```

通过以上示例可了解关于 association 的基本用法及适用场景，那么现在再思考一个问题：通过使用“userRoleResult”联合一个 association 的结果映射来加载 User 实例，那么 association 的 role 结果映射是否可复用呢？

答案是肯定的，association 还提供了另一个属性——resultMap。通过这个属性可以扩展一个 resultMap 来进行联合映射，这样就可以使 role 结果映射重复使用。当然，若不需要重用，也可按照之前的写法，直接嵌套这个联合结果映射，应根据具体业务而定。下面就使用 resultMap 完成 association 的 role 映射结果的复用。具体操作如下。

修改 UserMapper.xml，以增加 resultMap 来完成 role 的结果映射，使 association 增加属性 resultMap 来引用外部的“roleResult”，见示例 12。

【示例 12】UserMapper.xml

```
<!-- 根据 roleId 获取用户列表 association start-->
<resultMap type="User" id="userRoleResult2">
    <id property="id" column="id"/>
    <result property="userCode" column="userCode" />
    <result property="userName" column="userName" />
    <result property="userRole" column="userRole" />
    <association property="role" javaType="Role" resultMap="roleResult"/>
</resultMap>
<resultMap type="Role" id="roleResult">
    <id property="id" column="r_id"/>
    <result property="roleCode" column="roleCode"/>
    <result property="roleName" column="roleName"/>
</resultMap>
<select id="getUserListByRoleId2" parameterType="Integer" resultMap="userRoleResult2">
    select u.*,r.id as r_id,r.roleCode,r.roleName from tb_user u,tb_role r
     where u.userRole = #{userRole} and u.userRole = r.id
</select>
```

在上述代码中，把之前的角色结果映射代码抽取出来放在一个 resultMap 中，然后设置了 association 的 resultMap 属性来引用外部的“roleResult”。这样做的好处就是可以达到复用的效果，并且整体的结构较为清晰明了，特别适合 association 的结果映射比较多的情况。

运行结果如下：

```
    cn.dsscm.dao.UserMapper.getUserListByRoleId3 - ==>  Preparing: select * from
tb_user u where u.userRole = ?
    cn.dsscm.dao.UserMapper.getUserListByRoleId3 - ==> Parameters: 3(Integer)
    ...
    cn.dsscm.dao.UserMapper.getRoleList - ==>  Preparing: select * from tb_role where id=?
    cn.dsscm.dao.UserMapper.getRoleList - ==> Parameters: 3(Integer)
    ...
    cn.dsscm.test.UserMapperTest - getUserListByRoleIdTest userList.size : 7
    cn.dsscm.test.UserMapperTest - userList =====> userName: 张华, <未做映射字
段>userPassworD.    0000000, Role: 3 --- DSSCM_EMPLOYEE --- 普通员工
    cn.dsscm.test.UserMapperTest - userList =====> userName: 王洋, <未做映射字
段>userPassworD.    0000000, Role: 3 --- DSSCM_EMPLOYEE --- 普通员工
    cn.dsscm.test.UserMapperTest - userList =====> userName: 赵燕, <未做映射字
段>userPassworD.    0000000, Role: 3 --- DSSCM_EMPLOYEE --- 普通员工
    ...
```

从控制台的输出结果可以看出，使用 MyBatis 框架嵌套查询的方式查询出用户及其权限的信息，这就是 MyBatis 中的一对一关联查询。

虽然使用嵌套查询的方式比较简单，但是从控制台的输出结果中可以看出，MyBatis 嵌套查询的方式要执行多条 SQL 语句，这对于大型数据集合和列表展示不是很理想，因为这样可能会导致成百上千条关联的 SQL 语句被执行，从而极大地消耗数据库性能并且会降低查询效率，这并不是开发人员所期望的。为此，可以使用 MyBatis 提供的嵌套结果方式来进行关联查询。

在 PersonMapper.xml 中，可使用 MyBatis 框架嵌套结果的方式进行个人及其关联的证件信息查询，所添加的代码见示例 13。

【示例 13】UserMapper.xml

```
<!-- 嵌套结果：使用嵌套结果映射来处理重复的联合结果的子集 -->
<select id="findPersonById2" parameterType="Integer" resultMap="IdCardWithPersonResult2">
    SELECT p.*,idcard.code
    from tb_person p,tb_idcard idcard
    where p.card_id=idcard.id
    and p.id= #{id}
</select>
```

```
<resultMap type="Person" id="IdCardWithPersonResult2">
<id property="id" column="id" />
<result property="name" column="name" />
<result property="age" column="age" />
<result property="sex" column="sex" />
<association property="card" javaType="IdCard">
<id property="id" column="card_id" />
<result property="code" column="code" />
</association>
</resultMap>
```

从上述代码中可以看出，MyBatis 框架嵌套结果的方式只编写了一条复杂的多表关联的 SQL 语句，并且在<association>元素中继续使用相关子元素进行数据库表字段和实体类属性的一一映射。

在测试类中编写测试方法 getUserListByRoleIdTest3()，其代码见示例 14。

【示例 14】UserMapperTest.java

```
@Test
public void getUserListByRoleIdTest3(){
    SqlSession sqlSession = null;
    List<User> userList = new ArrayList<User>();
    Integer roleId = 3;
    try {
        sqlSession = MyBatisUtils.createSqlSession();
        userList = sqlSession.getMapper(UserMapper.class).getUserListByRoleId3(roleId);
    } catch (Exception e) {
        // TODO: handle exception
        e.printStackTrace();
    }finally{
        MyBatisUtils.closeSqlSession(sqlSession);
    }
    logger.debug("getUserListByRoleIdTest userList.size : " + userList.size());
    for(User user:userList){
        logger.debug("userList =====> userName: " + user.getUserName()
        +", <未做映射字段>userPassworD.     " + user.getUserPassword()
        + ", Role: " + user.getRole().getId() + " --- "
        + user.getRole().getRoleCode() +" --- " + user.getRole().getRoleName());
    }
}
```

使用 JUnit4 执行 getUserListByRoleIdTest3()方法后，控制台的输出结果如下：

```
    cn.dsscm.dao.UserMapper.getUserListByRoleId3 - ==>Preparing: select * from tb_user
u where u.userRole = ?
    cn.dsscm.dao.UserMapper.getUserListByRoleId3 - ==> Parameters: 3(Integer)
    ...
    cn.dsscm.dao.UserMapper.getRoleList - ==>Preparing: select * from tb_role where id=?
    cn.dsscm.dao.UserMapper.getRoleList - ==>Parameters: 3(Integer)
    ...
    cn.dsscm.test.UserMapperTest - getUserListByRoleIdTest userList.size : 7
    cn.dsscm.test.UserMapperTest - userList =====> userName: 张华, <未做映射字
段>userPassworD.    0000000, Role: 3 --- DSSCM_EMPLOYEE --- 普通员工
    cn.dsscm.test.UserMapperTest - userList =====> userName: 王洋, <未做映射字
段>userPassworD.    0000000, Role: 3 --- DSSCM_EMPLOYEE --- 普通员工
    cn.dsscm.test.UserMapperTest - userList =====> userName: 赵燕, <未做映射字
段>userPassworD.    0000000, Role: 3 --- DSSCM_EMPLOYEE --- 普通员工
    ...
```

从控制台的输出结果可以看出，使用 MyBatis 嵌套结果的方式只执行了一条 SQL 语句，并且同样查询出了个人及其关联的身份证的信息。

经验：在使用 MyBatis 框架嵌套查询方式进行关联查询映射时，其延迟加载在一定程度上可以降低运行消耗并提高查询效率。MyBatis 框架默认没有开启延迟加载，需要在核心配置文件 mybatis-config.xml 的<settings>元素内进行配置，具体配置方式如下。

```
<settings>
<!--打开延迟加载的开关-->
<setting name="lazyLoadingEnabled" value="true" />
<!--将积极加载改为消息加载，即按需加载-->
<setting name="aggressiveLazyLoading" value="false"/>
</settings>
```

在映射文件中，MyBatis 框架关联映射的<association>元素和<collection>元素都已默认配置了延迟加载属性，即默认属性 fetchType="lazy"（立即加载），所以在配置文件中开启延迟加载后，无须在映射文件中再做配置。

4.2.3 技能训练

上机练习 1 实现采购订单表的查询（association）

需求说明

（1）在上机练习的基础上，实现按条件查询订单表：

①商品名称（模糊查询）。

②供应商（供应商 id）。

③是否付款。

（2）查询结果列显示：订单编码、商品名称、供应商编码、供应商名称、供应商联系人、供应商联系电话、订单金额、是否付款。

（3）resultMap 中使用 association 子元素完成内部嵌套。

提示

（1）修改 Bill 类，以增加复杂类型属性：Provider provider。

（2）编写 SQL 查询语句（连表查询）。

（3）创建 resultMap 自定义映射结果，并在 select 中引用。

4.3 一对多（collection）

与一对一的关联关系相比，开发人员接触更多的关联关系是一对多（或多对一）。如一个用户可以有多个订单，同时多个订单归一个用户所有。用户和订单的关联关系如图 4.5 所示。那么如何使用 MyBatis 框架处理这种一对多关联关系呢？在讲解过的<resultMap>元素中，包含一个<collection>子元素，MyBatis 框架就是通过该子元素来处理一对多关联关系的。<collection>元素的大部分属性与<association>子元素相同，但其还包含一个特殊属性——ofType。ofType 属性与 javaType 属性对应，它用于指定实体对象中集合类属性所包含的元素类型。

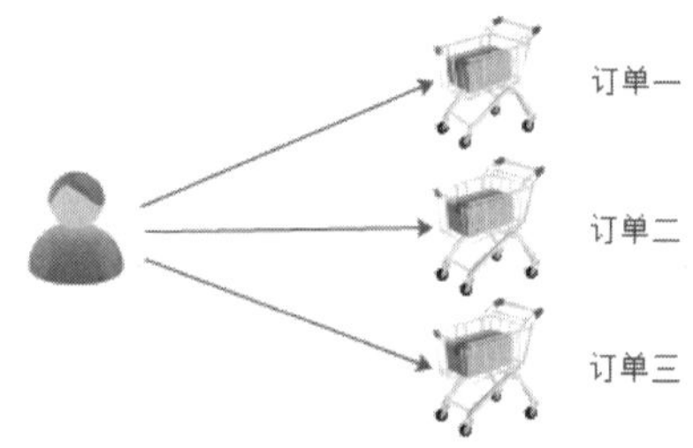

图 4.5 用户和订单的关联关系

<collection>元素的使用非常简单，可以参考如下两种示例进行配置，具体代码如下：

```
<!-- 方式一：嵌套查询-->
<collection property="users" column="id"ofType="User"select=" cn.dsscm.dao.selectUsers"/>
<!-- 方式二：嵌套结果 -->
<collection property="users" ofType="User">
    <id property="id" column="id"/>
    <result property="userCode" column="userCode"/>
    <result property="userName" column="userName"/>
    <result property="userRole" column="userRole"/>
</collection>
```

collection 的作用和 association 的作用都是映射到 JavaBem 的某个“复杂类型”属性，只不过这个属性是一个集合列表，即 JavaBean 内部嵌套一个复杂数据类型（集合）属性。

4.3.1　应用案例：用户角色关联用户信息

下面通过一个示例来演示 collection 的具体应用，示例需求：获取指定用户角色类型的相关用户信息列表。从不同角度出发映射关系的使用不同，可使用用户角色表关联用户表来实现一对多关联，具体实现步骤如下。

（1）MyBatisUtils.java、mybatis-config.xml 和 log4j.properties 等文件请参考相关项目内容，此处不再赘述。

（2）创建 POJO:Role.java，可根据数据库表（tb_role）设计相应的属性，并增加 getter 方法和 setter 方法，见示例 15。

【示例 15】Role.java

```
public class Role {
    private Integer id; // id
    private String roleCode; // 角色编码
    private String roleName; // 角色名称
    private Integer createdBy; // 创建者
    private Date creationDate; // 创建时间
    private Integer modifyBy; // 更新者
    private Date modifyDate;// 更新时间

    private List<User> users;
    //省略 getter 方法和 setter 方法
}
```

通过以上改造，在 JavaBean: Role 对象内部嵌套了一个复杂数据类型的属性（users）。

（3）接下来在 RoleMapper 接口中增加根据用户 id 获取用户信息，以及地址列表的方法，见示例 16。

【示例 16】RoleMapper.java

```
public interface RoleMapper {
    /**
     * 根据用户权限 id 获取用户列表
     * @return
     */
    public List<Role> getRole(@Param("id")Integer id);
}
```

（4）修改对应 RoleMapper.xml，以增加 getRole。该 select 查询语句返回类型为 resultMap，并且引用外部的 resultMap 类型为 role。由于 role 对象内嵌集合对象（users），因此需要使用 collection 来实现结果映射，见示例 17。

【示例 17】RoleMapper.xml

```
<resultMap type="Role" id="rolelist">
    <id property="id" column="rid"/>
    <result property="roleName" column="roleName"/>
    <collection property="users" ofType="User">
        <id property="id" column="id"/>
        <result property="userCode" column="userCode"/>
        <result property="userName" column="userName"/>
        <result property="userRole" column="userRole"/>
    </collection>
</resultMap>
```

```
    <select id="getRole" resultMap="rolelist">
        SELECT r.id rid, r.roleName , r.roleCode ,u.*
          FROM tb_role r,tb_user u
         WHERE r.id=u.userRole
        <if test="id>0">AND r.id = #{id}</if>
    </select>
```

其中，使用 collection 元素嵌套结果的方式处理同使用 association 元素一样，因此，使用嵌套结果，或者从连接中嵌套查询，这两种使用方式类似，由于在实战项目中以使用嵌套结果的方式为主，嵌套查询的使用此处不再赘述。

（5）最后修改测试类 UserMapperTest.java，以增加测试方法 getRoleListTest()，见示例 18。

【示例 18】UserMapperTest.java

```
    @Test
    public void getRoleListTest(){
        SqlSession sqlSession = null;
        List<Role> roleList = new ArrayList<Role>();
        Integer roleId = 3;
        try {
            sqlSession = MyBatisUtils.createSqlSession();
            roleList = sqlSession.getMapper(RoleMapper.class).getRole(null);
        } catch (Exception e) {
            // TODO: handle exception
            e.printStackTrace();
        }finally{
            MyBatisUtils.closeSqlSession(sqlSession);
        }

        logger.debug("getRoleListTest roleList.size : " + roleList.size());
        for(Role role:roleList){
            logger.debug("roleList =====> Id: " + role.getId()
                        +", RoleName:" + role.getRoleName()
                        +", <未做映射字段>roleCode: " + role.getRoleCode() );
              for (User user : role.getUsers()) {
                  logger.debug("UserCode: " + user.getUserCode()
                          + " -- UserName:"+ user.getUserName());
            }
        }
    }
```

在测试方法中调用 getRoleListTest()方法获取 userList，并进行结果输出，关键是映射用户角色的相关信息，结果输出如下：

```
    cn.dsscm.dao.RoleMapper.getRole - ==>  Preparing: SELECT r.id rid, r.roleName ,
r.roleCode ,u.* FROM tb_role r,tb_user u WHERE r.id=u.userRole
    cn.dsscm.dao.RoleMapper.getRole - ==> Parameters:
    ......
    cn.dsscm.test.RoleMapperTest - getRoleListTest roleList.size : 6
    cn.dsscm.test.RoleMapperTest - roleList =====> Id: 1, RoleName:系统管理员, <未做映射字
段>roleCode: null
    cn.dsscm.test.RoleMapperTest - UserCode: admin -- UserName:系统管理员
    cn.dsscm.test.RoleMapperTest - roleList =====> Id: 2, RoleName:经理, <未做映射字
段>roleCode: null
    cn.dsscm.test.RoleMapperTest - UserCode: liming -- UserName:李明
    cn.dsscm.test.RoleMapperTest - UserCode: zhangwei -- UserName:张伟
    cn.dsscm.test.RoleMapperTest - roleList =====> Id: 3, RoleName:普通员工, <未做映射字
段>roleCode: null
    cn.dsscm.test.RoleMapperTest - UserCode: zhanghua -- UserName:张华
    cn.dsscm.test.RoleMapperTest - UserCode: wangyang -- UserName:王洋
    cn.dsscm.test.RoleMapperTest - UserCode: zhaoyan -- UserName:赵燕
    cn.dsscm.test.RoleMapperTest - UserCode: sunlei -- UserName:孙磊
    cn.dsscm.test.RoleMapperTest - UserCode: sunxing -- UserName:孙兴
    cn.dsscm.test.RoleMapperTest - UserCode: zhangchen -- UserName:张晨
```

```
cn.dsscm.test.RoleMapperTest - UserCode: dengchao -- UserName:邓超
cn.dsscm.test.RoleMapperTest - roleList =====> Id: 6, RoleName:物资部员工, <未做映射字段>roleCode: null
cn.dsscm.test.RoleMapperTest - UserCode: yangguo -- UserName:杨过
cn.dsscm.test.RoleMapperTest - roleList =====> Id: 5, RoleName:采购部员工, <未做映射字段>roleCode: null
cn.dsscm.test.RoleMapperTest - UserCode: zhaomin -- UserName:赵敏
cn.dsscm.test.RoleMapperTest - roleList =====> Id: 7, RoleName:销售部员工, <未做映射字段>roleCode: null
cn.dsscm.test.RoleMapperTest - UserCode: zhangsan -- UserName:张三
cn.dsscm.test.RoleMapperTest - UserCode: wangwu -- UserName:王五
```

从运行结果可以看出，使用 MyBatis 框架嵌套结果的方式查询出了用户权限及其关联的用户集合信息。这就是 MyBatis 框架一对多的关联查询。

需要注意的是，上述案例如果从用户权限的角度出发，用户权限与用户之间是一对多的关联关系，但如果从单个用户的角度出发，一个用户只能属于一个用户权限，即一对一的关联关系。可根据已学内容实现单个用户与用户权限之间的一对一关联关系。

4.3.2　应用案例：商品类型关联商品信息

下面再通过一个示例来演示 collection 的具体应用，示例需求：获取指定商品类型的相关商品信息列表，具体实现步骤如下。

（1）MyBatisUtils.java、mybatis-config.xml 和 log4j.properties 等文件请参考前面项目内容，此处不再赘述。

（2）创建 POJO:ProductCategory.java，可根据数据库表（tb_product_category）设计相应的属性，并增加 getter 方法和 setter 方法，见示例 19。

【示例 19】ProductCategory.java

```
public class ProductCategory implements Serializable {
    private Long id;// ID
    private String name;// 名称
    private Long parentId;// 父级 ID
    private int type;// 级别(1:一级 2: 二级 3: 三级)',
    private String iconClass;// 图标

    private List<Product> products;
    //省略 getter 方法和 setter 方法
}
```

通过以上改造，在 JavaBean:ProductCategory 对象内部嵌套了一个复杂数据类型的属性（products）。

（3）接下来在接口 ProductMapper.java 中增加根据用户 id 获取用户信息以及地址列表的方法，见示例 20。

【示例 20】ProductMapper.java

```
/**
 * 根据订单 ID 获取商品列表
 * @return
 */
public List<ProductCategory> getProduct(@Param("id")Integer id);
```

（4）修改对应的 ProductMapper.xml，以增加 getProduct。该 select 查询语句返回类型为 resultMap，并且引用外部的 resultMap 类型为 ProductCategory。由于 ProductCategory 对象内嵌集合对象（Product），因此需要使用 collection 来实现结果映射，见示例 21。

【示例 21】ProductMapper.xml

```
<resultMap type="ProductCategory" id="productlist">
<id property="id" column="cid"/>
<result property="name" column="cname"/>
<collection property="products" ofType="Product">
<id property="id" column="id"/>
<result property="name" column="name"/>
<result property="price" column="price"/>
<result property="stock" column="stock"/>
</collection>
</resultMap>
<select id="getProduct" resultMap="productlist">
    SELECT c.id cid, c.name cname,p.*
      FROM tb_product_category c,tb_product p
     WHERE c.id=p.categoryLevel1Id
    <if test="id>0"> AND c.id = #{id} </if>
        ORDER BY c.id
</select>
```

根据上述代码，简单分析 collection 的属性。

①ofType：指完整 Java 类名或者别名，即集合所包含的类型。此处为 Product。

②property：指映射数据库列的实体对象属性。此处为在 ProductCategory 里定义的属性（products）。

对于 collection 的这段代码：

```
<collection property="products" ofType="Product">
    ...
</collection>
```

可以理解为一个名为 products，且元素类型为 ProductCategory 的 ArrayList 集合。

collection 与 association 的功能基本一致，此处不再赘述。

（5）最后修改测试类 ProductMapperTest.java，以增加测试方法 getProductListTest()，见示例 22。

【示例 22】ProductMapperTest.java

```
@Test
public void getProductListTest(){
    SqlSession sqlSession = null;
    List<ProductCategory> pList = new ArrayList<ProductCategory>();
    try {
        sqlSession = MyBatisUtils.createSqlSession();
        pList = sqlSession.getMapper(ProductMapper.class).getProduct(null);
    } catch (Exception e) {
        // TODO: handle exception
        e.printStackTrace();
    }finally{
        MyBatisUtils.closeSqlSession(sqlSession);
    }

    logger.debug("getProductListTest pList.size : " + pList.size());
    for (ProductCategory productCategory : pList) {
        logger.debug("商品类别 ID:"+productCategory.getId()
                + "  商品类别名称 :"+productCategory.getName());
        for (Product product : productCategory.getProducts()) {
            logger.debug(" -- 商品名称: "+product.getName()
                    +"  商品价格:  "+product.getPrice()
                    +"  商品库存: "+product.getStock());
        }
    }
}
```

在测试方法中调用 getProductListTest()方法获取 pList，并进行结果输出，关键是映射商品的相关信息，需要进一步循环 productCategory.getProducts()进行输出。

```
    cn.dsscm.dao.ProductMapper.getProduct - ==>  Preparing: SELECT c.id cid, c.name cname,p.* FROM tb_product_category c,tb_product p WHERE c.id=p.categoryLevel1Id ORDER BY c.id
    cn.dsscm.dao.ProductMapper.getProduct - ==> Parameters:
    ......
    cn.dsscm.test.ProductMapperTest - getProductListTest pList.size:6
    cn.dsscm.test.ProductMapperTest - 商品类别 ID:1  商品类别名称:食品
    cn.dsscm.test.ProductMapperTest -  -- 商品名称: 苹果商品价格: 5.00  商品库存: 100.00
    cn.dsscm.test.ProductMapperTest -  -- 商品名称: 西瓜商品价格: 2.50  商品库存: 500.00
    cn.dsscm.test.ProductMapperTest -  -- 商品名称: 德芙巧克力商品价格: 5.00  商品库存: 100.00
    cn.dsscm.test.ProductMapperTest - 商品类别 ID:2  商品类别名称:饮料烟酒
    cn.dsscm.test.ProductMapperTest -  -- 商品名称: 可口可乐 500ml  商品价格: 3.00  商品库存: 200.00
    cn.dsscm.test.ProductMapperTest -  -- 商品名称: 百事可乐 500ml  商品价格: 3.00  商品库存: 2000.00
    cn.dsscm.test.ProductMapperTest -  -- 商品名称: 七喜 350ml  商品价格: 2.50  商品库存: 51.00
    cn.dsscm.test.ProductMapperTest - 商品类别 ID:6  商品类别名称:日配类
    cn.dsscm.test.ProductMapperTest -  -- 商品名称: 蒙牛 250ml 牛奶  商品价格: 3.00  商品库存: 200.00
    cn.dsscm.test.ProductMapperTest - 商品类别 ID:8  商品类别名称:文体办公
    cn.dsscm.test.ProductMapperTest -  -- 商品名称: 晨光中性笔  商品价格: 3.00  商品库存: 50.00
    cn.dsscm.test.ProductMapperTest -  -- 商品名称: 得力中性笔  商品价格: 3.00  商品库存: 50.00
    cn.dsscm.test.ProductMapperTest - 商品类别 ID:9  商品类别名称 :五金家电
    cn.dsscm.test.ProductMapperTest -  -- 商品名称: 联想笔记本  商品价格: 5000.00  商品库存: 20.00
    cn.dsscm.test.ProductMapperTest - 商品类别 ID:11  商品类别名称 :洗涤日化
    cn.dsscm.test.ProductMapperTest -  -- 商品名称: 威猛先生洁厕剂 500ml  商品价格: 8.00  商品库存: 20.00
```

通过上述代码不难发现，同 association 元素的 resultMap 属性用法基本是一样的，在此不再赘述。

4.3.3　技能训练

上机练习 2　获取供应商及其采购订单列表（collection）

需求说明

（1）在上机练习 1 的基础上，根据指定的供应商（id）查询出其相关信息，以及其中所有的订单列表。

（2）查询结果列显示：供应商 id、供应商编码、供应商名称、供应商联系人、供应商联系电话、订单列表信息（订单编码、商品名称、订单金额、是否付款）。

（3）在 resultMap 中使用 collection 子元素完成内部嵌套。

提示

（1）修改 Provider 类，以增加集合类型属性（List<Bill>billList）。
（2）编写 SQL 查询语句（连表查询）。
（3）创建 resultMap 自定义映射结果，并在 select 中引用。

4.4　多对多（collection）

在实际项目开发中，多对多的关联关系也是很常见的。以订单和商品为例，一个订单可以包含多种商品，而一种商品又可以属于多个订单，订单和商品就属于多对多的关联关系，如图 4.6 所示。

在数据库中，多对多的关联关系通常使用一个中间表来维护，中间表中的订单 id 作为外键参照订单表的 id，商品 id 作为外键参照商品表的 id。这 3 个表之间的关系如图 4.7 所示。

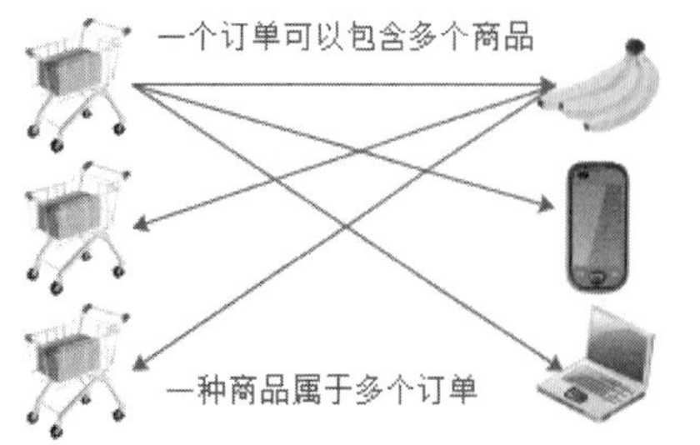

图 4.6　订单和商品之间的关联关系

图 4.7　数据库中订单表、中间表与商品表之间的关联

了解数据库中订单表与商品表之间的多对多关联关系后，下面就通过具体的案例来讲解如何使用 MyBatis 来处理这种多对多的关系。

4.4.1　应用案例：销售订单关联订购商品信息

下面通过一个示例来演示使用 collection 实现多对多的具体应用，示例需求：获取销售订单关联订购商品信息的列表，具体实现步骤如下。

（1）MyBatisUtils.java、mybatis-config.xml 和 log4j.properties 等文件请参考相关项目内容，此处不再赘述。

（2）在 cn.dsscm.pojo 包中，创建持久化类 Product，并在类中定义相关属性和方法，见示例 23。

【示例 23】Product.java

```
public class Product implements Serializable {
    private Long id;// ID
    private String name;// 商品名
    private String description;// 描述
    private BigDecimal price;// 单价
    private String placement;// 摆放位置
    private BigDecimal stock;// 数量
    private Long categoryLevel1Id;// 一级分类
    private Long categoryLevel2Id;// 二级分类
    private Long categoryLevel3Id;// 三级分类
    private String fileName;// 图片名称
    private int isDelete; // 是否删除(1:删除，0:未删除)
    private Integer createdBy; // 创建者
    private Date creationDate; // 创建时间
    private Integer modifyBy; // 更新者
    private Date modifyDate;// 更新时间
    //省略 getter 方法和 setter 方法，以及重写的 toString()方法
}
```

在 cn.dsscm.pojo 包中，创建持久化类 Order，并在类中定义相关属性和方法，见示例 24。

【示例 24】Order.java

```
public class Order implements Serializable {
    private Long id;// ID
    private String userName;// 真实姓名
    private String customerPhone; // 顾客联系电话
    private String userAddress;// 收货地址
    private int proCount;// 商品数量
    private Float cost;// 订单总计价格
    private String serialNumber;// 订单号
    private int status;// 订单状态
    private int payType;// 付款方式
    private Integer createdBy; // 创建者
```

```
    private Date creationDate; // 创建时间
    private Integer modifyBy; // 更新者
    private Date modifyDate;// 更新时间
    ...
}
```

除了在商品持久化类中需要添加订单的集合属性，还需要在订单持久化类（Orders.java）中增加商品集合的属性及其对应的 getter 方法和 setter 方法，同时为了方便查看输出结果，还需要重写 toString()方法，Order 类中添加的代码如下所示：

```
//关联商品集合信息
private List<Product> products;
//省略 getter 方法和 setter 方法，以及重写的 toString()方法
```

（3）在 cn.dsscm.mapper 包中，创建接口映射文件 ProductMapper.java 和订单实体映射文件 ProductMapper.xml，见示例 25 和示例 26。

【示例 25】ProductMapper.java

```
    /**
     * 根据订单 ID 获取商品列表
     * @return
     */
    public List<Product> getProduct(@Param("id")Integer id);
```

【示例 26】ProductMapper.xml

```
<?xml version="1.0" encoding="UTF-8"?>
<!DOCTYPE mapper PUBLIC "-//mybatis.org//DTD Mapper 3.0//EN"
"http://mybatis.org/dtd/mybatis-3-mapper.dtd">
<mapper namespace="cn.dsscm.dao.ProductMapper">
    <select id="getProduct" resultType="Product" parameterType="Integer">
        SELECT * FROM tb_product
        WHERE id IN (SELECT productId FROM tb_order_detail WHERE orderId=#{id})
    </select>
</mapper>
```

在上面代码中，定义了一个 id 为 getProduct 的执行语句，该执行语句中的 SQL 会根据订单 id 查询与该订单所关联的商品信息。由于订单和商品是多对多的关联关系，所以需要通过中间表来查询商品信息。

（4）在 cn.dsscm.mapper 包中，创建接口映射文件 OrdersMapper.java 和订单实体映射文件 OrdersMapper.xml，见示例 27 和示例 28。

【示例 27】OrdersMapper.java

```
/**
 * 根据订单 ID 获取商品列表
 * @return
 */
public List<Order> getOrder1(@Param("id")Integer id);
```

【示例 28】OrdersMapper.xml

```
<!-- 多对多嵌套查询：通过执行另外一条 SQL 映射语句来返回预期的特殊类型 -->
<resultMap type="Order" id="orderlist1">
<id property="id" column="id"/>
<result property="userName" column="userName"/>
<result property="customerPhone" column="customerPhone"/>
<result property="userAddress" column="userAddress"/>
<collection property="products" ofType="Product"  column="id"
        select="cn.dsscm.dao.ProductMapper.getProduct" />
</resultMap>
```

```
<select id="getOrder1" resultMap="orderlist1">
    SELECT *
      FROM tb_order
    <if test="id>0"> WHERE AND id = #{id} </if>
        ORDER BY id
</select>
```

在上面代码中，使用嵌套查询的方式定义了一个 id 为 getOrder1 的 select 语句来查询订单及其关联的商品信息。在<resultMap>元素中使用了<collection>元素来映射多对多的关联关系，其中，property 属性表示订单持久化类中的商品属性，ofType 属性表示集合中的数据为 Product 类型，而 column 的属性值会作为参数执行 ProductMapper 中定义的 id 为 getProduct 的执行语句来查询订单中的商品信息。

（5）在测试类 OrderMapperTest.java 中，编写多对多关联查询的测试方法 getOrderListTest1()，见示例 29。

【示例 29】OrderMapperTest.java

```
@Test
public void getOrderListTest1(){
    SqlSession sqlSession = null;
    List<Order> oList = new ArrayList<Order>();
    try {
        sqlSession = MyBatisUtils.createSqlSession();
        oList = sqlSession.getMapper(OrderMapper.class).getOrder1(null);
    } catch (Exception e) {
        // TODO: handle exception
        e.printStackTrace();
    }finally{
        MyBatisUtils.closeSqlSession(sqlSession);
    }

    logger.debug("getOrderListTest oList.size : " + oList.size());
    for (Order order : oList) {
        logger.debug("订单编号:"+order.getId()
                + "  收货人：  "+order.getUserName()
                + "  收货地址 :"+order.getUserAddress());
        for (Product product : order.getProducts()) {
            logger.debug(" -- 商品名称: "+product.getName()
                    +"  商品价格：  "+product.getPrice());
        }
    }
}
```

使用 JUnit4 执行 getOrderListTest()方法后，控制台的输出结果如下所示：

```
   cn.dsscm.dao.OrderMapper.getOrder1 - ==>  Preparing: SELECT * FROM tb_order ORDER BY id
   cn.dsscm.dao.OrderMapper.getOrder1 - ==> Parameters:
   ...
   cn.dsscm.dao.ProductMapper.getProduct - ==>  Preparing: SELECT * FROM tb_product WHERE id IN (SELECT productId FROM tb_order_detail WHERE orderId=?)
   cn.dsscm.dao.ProductMapper.getProduct - ==> Parameters: 1(Integer)
   cn.dsscm.dao.ProductMapper.getProduct - ==>  Preparing: SELECT * FROM tb_product WHERE id IN (SELECT productId FROM tb_order_detail WHERE orderId=?)
   cn.dsscm.dao.ProductMapper.getProduct - ==> Parameters: 2(Integer)
   cn.dsscm.dao.ProductMapper.getProduct - ==>  Preparing: SELECT * FROM tb_product WHERE id IN (SELECT productId FROM tb_order_detail WHERE orderId=?)
   cn.dsscm.dao.ProductMapper.getProduct - ==> Parameters: 3(Integer)
   ...
   cn.dsscm.test.OrderMapperTest - getOrderListTest oList.size:6
   cn.dsscm.test.OrderMapperTest - 订单编号:1  收货人：张三  收货地址：北京市花园路小区
   cn.dsscm.test.OrderMapperTest -  -- 商品名称：苹果  商品价格：5.00
   cn.dsscm.test.OrderMapperTest -  -- 商品名称：西瓜  商品价格：2.50
   cn.dsscm.test.OrderMapperTest -  -- 商品名称：德芙巧克力  商品价格：5.00
```

```
cn.dsscm.test.OrderMapperTest -  -- 商品名称：蒙牛 250ml 牛奶  商品价格：3.00
cn.dsscm.test.OrderMapperTest - 订单编号:2  收货人：张三  收货地址：北京市海淀区成府路
cn.dsscm.test.OrderMapperTest -  -- 商品名称：西瓜  商品价格：2.50
cn.dsscm.test.OrderMapperTest - 订单编号:3  收货人：李四  收货地址：北京市海淀区大有庄
cn.dsscm.test.OrderMapperTest -  -- 商品名称：德芙巧克力  商品价格：5.00
cn.dsscm.test.OrderMapperTest -  -- 商品名称：西瓜  商品价格：2.50
cn.dsscm.test.OrderMapperTest -  -- 商品名称：蒙牛 250ml 牛奶  商品价格：3.00
```

从控制台的输出结果可以看出，使用 MyBatis 框架嵌套查询的方式执行了多条 SQL 语句，先查询订单表信息，再在订单查询的数据基础上对每一笔订单的商品查询其关联的商品信息，这就是 MyBatis 多对多的关联查询。

如果对多表关联查询的 SQL 语句比较熟，也可以在 OrdersMapper.xml 中使用嵌套结果的方式，见示例 30 和示例 31。

【示例 30】OrdersMapper.java

```
/**
 * 根据订单 ID 获取商品列表
 * @return
 */
public List<Order>getOrder2(@Param("id")Integer id);
```

【示例 31】OrdersMapper.xml

```
<!-- 多对多嵌套结果查询：查询某订单及其关联的商品详情 -->
<resultMap type="Order" id="orderlist2">
<id property="id" column="oid"/>
<result property="userName" column="userName"/>
<result property="customerPhone" column="customerPhone"/>
<result property="userAddress" column="userAddress"/>
<collection property="products" ofType="Product">
<id property="id" column="pid"/>
<result property="name" column="name"/>
<result property="price" column="price"/>
<result property="stock" column="stock"/>
</collection>
</resultMap>

<select id="getOrder2" resultMap="orderlist2">
    SELECT o.id oid, p.id pid ,o.*, od.* ,p.*
      FROM tb_order o, tb_order_detail od, tb_product p
     WHERE o.id=od.orderId AND od.productId=p.id
    <if test="id>0"> AND o.id = #{id} </if>
        ORDER BY o.id
</select>
```

在测试类 OrderMapperTest.java 中，编写多对多关联查询的测试方法 getOrderListTest2()，其代码同示例 29。使用 JUnit4 执行 getOrderListTest2()方法后，控制台的输出结果如下所示：

```
   cn.dsscm.dao.OrderMapper.getOrder - ==>  Preparing: SELECT o.id oid, p.id pid ,o.*,
od.* ,p.* FROM tb_order o, tb_order_detail od, tb_product p WHERE o.id=od.orderId AND
od.productId=p.id ORDER BY o.id
   cn.dsscm.dao.OrderMapper.getOrder - ==> Parameters:
   ...
   cn.dsscm.test.OrderMapperTest - getOrderListTest oList.size:6
   cn.dsscm.test.OrderMapperTest - 订单编号:1  收货人：张三  收货地址：北京市花园路小区
   cn.dsscm.test.OrderMapperTest -  -- 商品名称：苹果  商品价格：5.00
   cn.dsscm.test.OrderMapperTest -  -- 商品名称：西瓜  商品价格：2.50
   cn.dsscm.test.OrderMapperTest -  -- 商品名称：德芙巧克力  商品价格：5.00
   cn.dsscm.test.OrderMapperTest -  -- 商品名称：蒙牛 250ml 牛奶  商品价格：3.00
   cn.dsscm.test.OrderMapperTest - 订单编号:2  收货人：张三  收货地址：北京市海淀区成府路
   cn.dsscm.test.OrderMapperTest -  -- 商品名称：西瓜  商品价格：2.50
```

```
cn.dsscm.test.OrderMapperTest - 订单编号:3  收货人: 李四  收货地址:北京市海淀区大有庄
cn.dsscm.test.OrderMapperTest -  -- 商品名称: 德芙巧克力  商品价格: 5.00
cn.dsscm.test.OrderMapperTest -  -- 商品名称: 西瓜  商品价格: 2.50
cn.dsscm.test.OrderMapperTest -  -- 商品名称: 蒙牛250ml牛奶  商品价格: 3.00
cn.dsscm.test.OrderMapperTest - 订单编号:4  收货人: 王五  收货地址:湖南长沙
cn.dsscm.test.OrderMapperTest -  -- 商品名称: 联想笔记本  商品价格: 5000.00
cn.dsscm.test.OrderMapperTest - 订单编号:5  收货人: 王五  收货地址:湖南长沙
cn.dsscm.test.OrderMapperTest -  -- 商品名称: 西瓜  商品价格: 2.50
cn.dsscm.test.OrderMapperTest - 订单编号:6  收货人: 王五  收货地址:湖南长沙
cn.dsscm.test.OrderMapperTest -  -- 商品名称: 西瓜  商品价格: 2.50
```

从控制台的输出结果可以看出，使用 MyBatis 框架嵌套查询的方式执行了一条 SQL 语句，并查询出了订单及其关联的商品信息，这就是 MyBatis 框架多对多的关联查询。

综合比较上述完成多对多的实现案例，可能发现与一对多的实现区别不大，由于不管怎么进行关联都只能从一个角度看，所以在实际应用中只需要使用“一对一”与“一对多”两种方式即可。在使用嵌套查询与嵌套结果的两种处理方式中，推荐使用嵌套结果对查询结果进行处理，该方式操作更加方便。

4.4.2 技能训练

上机练习 3　获取销售订单及其订单商品列表（collection）

需求说明

在上机练习 2 的基础上，结合嵌套查询与嵌套结果这两种方式，完成销售订单及其订单商品列表的多对多查询。

4.5 resultMap自动映射级别

本节将继续深入讨论 MyBatis 框架设置 resultMap 的自动映射级别的问题。

观察示例 31 的输出结果，如果没有对数据库中表的 column 与 POJO 的 property 之间的值进行映射就无法获得关联值。当没有设置 autoMappingBehavior 时，也就是默认情况下（PARTIAL），若是普通数据类型的属性，则会自动匹配所有，但若是有内部嵌套（association 或者 collection），则输出结果就是 null（如前面输出结果中一些无法映射的结果）。也就是说，它不会自动匹配，除非手工设置 autoMappingBehavior 的 value 为 FULL（自动匹配所有）。修改 mybatis-config.xml 代码如下：

```
<settings>
    <!-- 设置 resultMap 的自动映射级别为 FULL（自动匹配所有）-->
    <setting name="autoMappingBehavior" value="FULL" />
</settings>
```

修改完成之后再运行测试方法，观察输出结果，发现 autoMappingBehavior 的 value 设置为 FULL（自动匹配所有）之后，未做映射的字段 userPassword 和 userid 均有值输出。综上演示可以深刻认识到 MyBatis 对 resultMap 自动映射的 3 个匹配级别：

（1）NONE：指禁止自动匹配。

（2）PARTIAL（默认）：指自动匹配所有属性，有内部嵌套（association、collection）的除外。

（3）FULL：指自动匹配所有。

本章总结

- 子节点 id 和 result 均可实现最基本的结果集映射，将列映射到简单数据类型的属性。
- resultMap 的 association 和 collection 可以实现高级结果映射。
- MyBatis 是通过<association>元素来处理一对一关联关系的。在<association>元素中，property 指定映射到的实体类对象属性，与表字段一一对应。column 指定表中对应的字段。javaType 指定映射到实体对象属性的类型。
- MyBatis 是通过<collection>子元素来处理一对多关联关系的。<collection>元素的属性大部分与<association>元素相同，但其还包含一个特殊属性——ofType。
- ofType 属性与 javaType 属性对应，它用于指定实体对象中集合类属性所包含的元素类型。
- autoMappingBehavior 属性的默认值是 PARTIAL，它若是普通数据类型的属性，则会自动匹配所有，但若是有内部嵌套（association 或者 collection），那么输出结果就是 null。手工设置 autoMappingBehavior 的 value 为 FULL（自动匹配所有）。

本章作业

一、选择题

1. 在 MyBatis 框架的 SQL 映射文件中，需要使用大量的动态 SQL，以下关于动态 SQL 说法错误的是（　　）。

   A. where 标签用来简化 SQL 语句中的 where 条件判断

   B. set 标签使用在更新的 SQL 语句中

   C. if 标签用来实现条件判断

   D. choose（if、else）标签类似于 Java 的 switch 语句，通常与元素 if 和 else 搭配使用

2. 以下关于 MyBatis 框架映射文件中<association>元素属性的说明错误的是（　　）。

   A. property：指定映射到的实体类对象属性，与表字段一一对应

   B. column：指定表中对应的字段

   C. javaType：指定映射到实体对象属性的类型

   D. fetchType：指定在关联查询时是否启用延迟加载。fetchType 属性有 lazy 和 eager 两个属性值，默认值为 eager

3. 下面关于数据库中多表之间关联关系说法错误的是（　　）。

   A. 一对一关联关系可以在任意一方引入对方主键作为外键

   B. 一对多关联关系在“一”的一方，添加“多”的一方主键作为外键

   C. 多对多关联关系会产生中间关系表，引入两张表的主键作为外键

   D. 多对多关联关系的两个表的主键可以成为联合主键或使用新的字段作为主键

4. 下面关于 Java 对象之间的关联关系描述正确的是（　　）。

   A. 一对一的关系就是在本类和对方类中定义同一个类型的对象

   B. 一对多的关系就是一个 A 类类型对应多个 B 类类型的情况

   C. 多对多的关系只需要在一方的类中引入另一方类型的集合

   D. 多对多关联关系需要在本类中引入本类的集合

5. 下面关于<collection>元素的描述正确的是（　　）。

A. MyBatis 就是通过<collection>元素来处理一对多关联关系的

B. <collection>元素的属性与<association>元素完全相同

C. ofType 属性与 javaType 属性对应，它用于指定实体对象中所有属性所包含的元素类型

D. <collection >元素只能使用嵌套查询方式

二、简答题

1. 简述 MyBatis 框架关联查询映射的两种处理方式。

2. 简述不同对象之间的 3 种关联关系。

三、操作题

1. 个人和身份证之间的一对一关联关系。

查询个人及其关联的身份证信息是先通过查询个人表中的主键来获得个人信息的，然后通过表中的外键，来获取证件表中的身份证号信息。数据库中 tb_idcard 表和 tb_person 表的数据如图 4.8 所示。

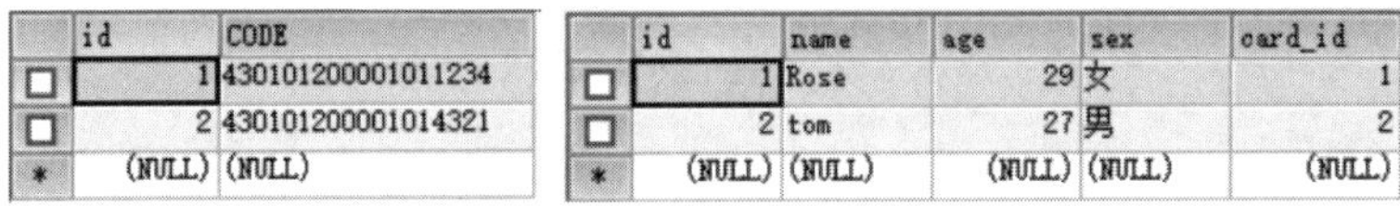

	id	CODE
□	1	430101200001011234
□	2	430101200001014321
*	(NULL)	(NULL)

	id	name	age	sex	card_id
□	1	Rose	29	女	1
□	2	tom	27	男	2
*	(NULL)	(NULL)	(NULL)	(NULL)	(NULL)

图 4.8 tb_idcard 表和 tb_person 表

2. 使用关联映射实现百货中心供应链管理系统中商品表（tb_product）与商品类型表（tb_product_category）的查询操作，具体要求如下。

（1）根据商品类型表（tb_product_category）查看一、二、三级分类信息的操作。

（2）根据商品表（tb_product）关联商品类型表（tb_product_category）查看一、二、三级分类信息的操作。

（3）resultMap 中使用 collection 子元素完成内部嵌套。

第 5 章 深入使用 MyBatis 框架

本章目标

- ◎ 掌握 MyBatis 框架的分页实现
- ◎ 熟悉 MyBatis 框架的事务管理机制
- ◎ 熟悉 MyBatis 框架的数据缓存机制
- ◎ 掌握基于注解（annotation）的配置方式

本章简介

已经学习了 MyBatis 框架的基本用法、关联映射和动态 SQL 等重要知识，由此知道，使用 MyBatis 可以很方便地以面向对象的方式进行数据库访问，本章将介绍一些 Web 应用中的分页方式。在所有的 Java 语言数据库框架中，数据库的事务管理都是非常重要的一个方面。同时也需要合理地利用缓存来加快数据库的查询，进而有效地提升数据库的性能。前面章节介绍的 MyBatis 所有配置都是使用 XML 完成的，但大量的 XML 配置文件的编写非常烦琐，因此 MyBatis 也提供了更加简便的基于注解（annotation）的配置方式。本章将重点介绍 MyBatis 框架的注解配置，包括 MyBatis 框架的事务管理机制、数据缓存机制和基于注解的配置方式。

技术内容

5.1 MyBatis框架实现分页功能

在 Web 开发过程中涉及表格时，如果数量太多就会产生分页的需求，通常将分页方式分为两种：前端分页和后端分页。

（1）前端分页：指一次性请求数据表格中的所有记录（Ajax），然后在前端缓存并且计算 count 和分页逻辑，一般前端组件（如 dataTable）会提供分页动作，其特点是简单，很适合小规模的 WEB 平台，但当数据量大时会产生性能问题，查询和网络传输的时间会很长。

（2）后端分页：指在 Ajax 请求中指定页码（pageNum）和每页的大小（pageSize），后端查询出当页的数据返回，前端只负责渲染，其特点是复杂一些。但性能瓶颈则在 MySQL 的查询性能，这个当然可以通过调优解决。一般来说，Web 开发使用这种方式。

下面讲的也是后端分页功能的实现。

5.1.1 借助SQL语句进行分页

当希望能直接在数据库语言中只检索符合条件的记录，不需要再通过程序对其做处理时，SQL 语句分页技术便横空出世了。通过 SQL 语句实现分页只需要改变查询语句就能实现，即在 SQL 语句后面添加 limit 分页语句。

简单来说 MySQL 对分页的支持是通过 limit 子句实现的。

limit 关键字的用法如下：

```
LIMIT [offset,] rows
```

其中 offset 指相对于首行的偏移量（首行是 0），rows 指返回条数。

```
# 每页 10 条记录，取第一页，返回的是前 10 条记录
select * from tableA limit 0,10;
# 每页 10 条记录，取第二页，返回的是第 11 条到第 20 条记录
select * from tableA limit 10,10;
```

MySQL 的分页功能是基于内存的分页，即先查出来所有记录，再按起始位置和页面容量取出结果。下面就给用户管理功能模块的查询用户列表功能增加分页，要求其结果列表按照创建时间降序排列。在 src 目录下，创建一个 com.dsscm.pojo 包，在该包下创建持久化类 User，并在类中声明相关属性，及其对应的 getter 方法和 setter 方法。

具体 DAO 层的实现步骤如下所示。

（1）使用聚合函数 count()获得总记录数（在之前的示例中已经完成）代码如下：

```
/**
 * 查询用户表记录数
 * @return
 */
public int count();
```

（2）使用 limit（起始位置，页面容量）实现分页。

修改 UserMapper.java，以增加分页方法，见示例 1。

【示例 1】UserMapper.java

```
/**
 * 查询用户列表(分页显示)
 * @param userName
 * @param roleId
 * @param currentPageNo
 * @param pageSize
 * @return
 */
public List<User> getUserList(@Param("userName")String userName,
                @Param("userRole")Integer roleId,
                @Param("from")Integer currentPageNo,
                @Param("pageSize")Integer pageSize);
```

通过上述代码，相比原来的 getUserList 方法增加了两个参数：起始位置（from）和页面容量（pageSize），用于实现分页查询，然后修改 UserMapper.xml 的 getUserList 查询 SQL 语句，增加 limit 关键字，见示例 2。

【示例 2】UserMapper.xml

```
<!-- 查询用户列表(分页显示) -->
<select id="getUserList" resultMap="userList">
    SELECT u.*,r.roleName userRoleName
      FROM tb_user u,dsscm_role r
     WHERE u.userRole = r.id
```

```
        <if test="userRole != null">
            and u.userRole = #{userRole}
        </if>
        <if test="userName != null and userName != ''">
            and u.userName like CONCAT ('%',#{userName},'%')
        </if>
        order by creationDate DESC limit #{from},#{pageSize}
    </select>
```

在上述代码中，limit 后为参数：起始位置（from）和页面容量（pageSize）。修改测试方法进行分页列表测试，见示例 3。

【示例 3】UserTest.java

```
    @Test
    public void testGetUserList(){
        SqlSession sqlSession = null;
        List<User> userList = new ArrayList<User>();
        try {
            sqlSession = MyBatisUtils.createSqlSession();
            String userName = "";
            Integer roleId = null;
            Integer pageSize = 5;
            Integer currentPageNo = 0;
            userList = sqlSession.getMapper(UserMapper.class)
                        .getUserList(userName,roleId,currentPageNo,pageSize);
            logger.debug("userlist.size ----> " + userList.size());
            for (User user : userList) {
                logger.debug(user);
            }
        } catch (Exception e) {
            e.printStackTrace();
        }finally{
            MyBatisUtils.closeSqlSession(sqlSession);
        }

    }
```

运行结果如下：

```
    cn.dsscm.dao.UserMapper.getUserList - ==>Preparing: SELECT u.*,r.roleName
userRoleName FROM tb_user u,tb_role r WHERE u.userRole = r.id order by creationDate
DESC limit ?,?
    cn.dsscm.dao.UserMapper.getUserList - ==>Parameters: 0(Integer), 5(Integer)
    cn.dsscm.test.UserTest - userlist.size ----> 5
    cn.dsscm.test.UserTest - User [id=14, userCode=wangwu, userName=王五,
userPassword=1234567, birthday=Fri Nov 01 00:00:00 CST 2019, gender=2,
phone=13912341234, email=123@qq.com, address=湖南长沙, userDesc=, userRole=7,
createdBy=1, imgPath=null, creationDate=Fri Nov 08 16:39:27 CST 2019, modifyBy=1,
modifyDate=Mon Nov 11 14:22:58 CST 2019, age=null, userRoleName=销售部员工]
    ...
```

在上述代码中，根据传入的起始位置（curremPageNo=0）和页面容量（pageSize=5）进行相应分页，并查看第 1 页的数据列表。运行测试方法，输出正确的分页列表。

注意

MyBatis 框架实现分页查询属于 DAO 层操作，由于 DAO 层是不牵涉任何业务实现的，所以实现分页的方法中第一个参数为 limit 的起始位置（下标从 0 开始），而不是用户输入的真正的页码（从 1 开始），之前已经学习过如何将页码转换成 limit 的起始位置下标，即起始位置下标=（页码-1）×页面容量，那么这个转换操作并不能在 DAO 层实现，而需要在业务层实现。故在测试类中传入的参数为下标，而不是页码。

这里需要注意的是，MySQL 在处理分页时的过程是这样的：limit 1000,10 过滤出 1010 条数据，然后丢弃前 1000 条，保留 10 条。当偏移量大时，性能会有所下降。limit 100000,10 会过滤 10w+10 条数据，然后丢弃前 10w 条。如果在分页中发现了性能问题，就可以根据这个思路调优。

5.1.2 分页参数RowBounds

MyBatis 框架不仅支持分页，它还内置了一个专门处理分页的类——RowBounds。RowBounds 源码如下所示：

```
public class RowBounds {
    public static final int NO_ROW_OFFSET = 0;
    public static final int NO_ROW_LIMIT = 2147483647;
    public static final RowBounds DEFAULT = new RowBounds();
    private int offset;
    private int limit;

    public RowBounds() {
        this.offset = 0;
        this.limit = 2147483647;
    }

    public RowBounds(int offset, int limit) {
        this.offset = offset;
        this.limit = limit;
    }

    public int getOffset() {
        return this.offset;
    }

    public int getLimit() {
        return this.limit;
    }
}
```

这是使用代码实现最简单的一种分页方式，只需要在 DAO 层接口要实现分页的方法中加入 RowBounds 参数，然后在 service 层通过 offset（从第几行开始读取数据，默认值为 0）和 limit（要显示的记录条数，默认为 Java 允许的最大整数为 2147483647）两个参数构建出 RowBounds 对象，在调用 DAO 层的方法时，将构造好的 RowBounds 传进去就能轻松实现分页效果了。

RowBounds 实现分页原理：通过 RowBounds 实现分页与通过数组方式分页原理差不多，都是一次获取所有符合条件的数据，然后在内存中对大数据进行操作，以实现分页效果。只是数组分页需要自己去实现分页逻辑，这里更加简化而已。

注意

RowBounds 存在的问题：一次性从数据库获取的数据可能会很多，对内存的消耗很大，可能导致性能变差，甚至引发内存溢出。在进行大量的数据查询时，它的性能并不佳，此时可以通过分页插件进行处理。

适用场景：在数据量很大的情况下，应使用拦截器实现分页效果。RowBounds 只建议在数据量相对较小的情况下使用。

RowBounds 在 mapper.java 的方法中传入 RowBounds 对象。

修改 UserMapper.java，以增加分页方法，见示例 4。

【示例 4】UserMapper.java

```
/**
 * 查询用户列表(分页显示--RowBounds)
 * @param userName
 * @param roleId
 * @param rowBounds
 * @return
 */
public List<User> getUserList2(@Param("userName")String userName,
            @Param("userRole")Integer roleId, RowBounds rowBounds);
```

通过上述代码，与原来的 getUserList 方法相同，用于实现分页查询。然后修改 UserMapper.xml 的

getUserList 查询 SQL 语句，不需要 limit 关键字，在 mappep.xml 里面正常配置，且不用对 RowBounds 进行任何操作。MyBatis 框架的拦截器将自动操作 RowBounds 进行分页，见示例 5。

【示例 5】UserMapper.xml

```
<!-- 查询用户列表(分页显示--RowBounds)-->
<select id="getUserList2" resultType="User">
    SELECT u.*,r.roleName userRoleName
      FROM tb_user u,tb_role r
     WHERE u.userRole = r.id
        <if test="userRole != null">
            and u.userRole = #{userRole}
        </if>
        <if test="userName != null and userName != ''">
            and u.userName like CONCAT ('%',#{userName},'%')
        </if>
        order by creationDate DESC
</select>
```

然后在测试方法中构建 RowBounds，并调用 DAO 层方法，见示例 6。

【示例 6】UserTest.java

```
@Test
    public void testGetUserList2(){
        SqlSession sqlSession = null;
        List<User> userList = new ArrayList<User>();
        try {
            sqlSession = MyBatisUtils.createSqlSession();
            String userName = "";
            Integer roleId = null;
            Integer start=0;
            Integer limit =5;
            RowBounds rb = new RowBounds(start, limit);
            userList = sqlSession.getMapper(UserMapper.class).
                        getUserList2(userName,roleId, rb);
            logger.debug("userlist.size ----> " + userList.size());
            for (User user : userList) {
                logger.debug(user);
            }
        } catch (Exception e) {
            e.printStackTrace();
        }finally{
            MyBatisUtils.closeSqlSession(sqlSession);
        }

    }
```

运行结果如下：

```
   cn.dsscm.dao.UserMapper.getUserList2 - ==>Preparing: SELECT u.*,r.roleName
userRoleName FROM tb_user u,tb_role r WHERE u.userRole = r.id order by creationDate
DESC
   cn.dsscm.dao.UserMapper.getUserList2 - ==>Parameters:
   cn.dsscm.test.UserTest - userlist.size ----> 5
   cn.dsscm.test.UserTest - User [id=14, userCode=wangwu, userName=王五,
userPassword=1234567, birthday=Fri Nov 01 00:00:00 CST 2019, gender=2,
phone=13912341234, email=123@qq.com, address=湖南长沙, userDesc=, userRole=7,
createdBy=1, imgPath=null, creationDate=Fri Nov 08 16:39:27 CST 2019, modifyBy=1,
modifyDate=Mon Nov 11 14:22:58 CST 2019, age=null, userRoleName=销售部员工]
   ...
```

RowBounds 就是一个封装了 offset 和 limit 的简单类，只需要这两步操作就能轻松实现分页效果了，是不是很神奇？但其内部是如何实现的呢？给大家提供一个简单的思路，即运用 RowBounds 分页的简单原理。

5.1.3 使用PageHelper插件实现分页

在使用 Java Spring 开发时，MyBatis 框架算是对数据库操作的利器了。不过在处理分页时，MyBatis 框架并没有什么特别的方法，一般都需要自己写 limit 子句来实现，成本较高。现在好在有个 PageHelper 插件。

插件是 MyBatis 框架提供的一种重要的功能，是实现扩展的重要途径，通过插件可以实现很多想要的功能。比较常用的插件有逆向工程插件和分页插件。在使用插件时需要注意，如果不是很了解 MyBatis 框架的插件原理，最好不要贸然使用。关于 MyBatis 框架插件的原理，在源码解析部分会提到，这里仅介绍 MyBatis 框架分页插件的使用。

1. jar文件

MyBatis 框架的配置就不多提了，PageHelper 的使用需要用到对应的 jar 文件。如需要新的版本可以去网上自行选择，这里使用 pagehelper-4.1.4.jar 与 jsqlparser-1.1.jar。

2. MyBatis对PageHelper的配置

PageHelper 除了本身的 jar 包，它还依赖于一个叫 jsqlparser 的 jar 包。

```
    <!-- com.github.pagehelper 为 PageHelper 类所在包名 -->
    <plugin interceptor="com.github.pagehelper.PageHelper">
        <property name="dialect" value="mysql" />
        <!-- 该参数默认为 false -->
        <!-- 设置为 true 时，会将 RowBounds 的第一个参数 offset 当成 pageNum 页码使用 -->
        <!-- 和 startPage 中的 pageNum 效果一样 -->
        <property name="offsetAsPageNum" value="false" />
        <!-- 该参数默认为 false -->
        <!-- 设置为 true 时，使用 RowBounds 分页会进行 count 查询 -->
        <property name="rowBoundsWithCount" value="true" />

        <!-- 设置为 true 时，如果 pageSize=0 或者 RowBounds.limit = 0 就会查询出全部的结果 -->
        <!-- （相当于没有执行分页查询，但是返回结果仍然是 Page 类型）<property name="pageSizeZero"
value="true"/> -->

        <!— PageHelper-3.3.0 版本可用 - 分页参数合理化，默认 false 禁用 -->
        <!-- 启用合理化时，如果 pageNum<1 会查询第一页，如果 pageNum>pages 会查询最后一页 -->
        <!-- 禁用合理化时，如果 pageNum<1 或 pageNum>pages 会返回空数据 -->
        <property name="reasonable" value="true" />
        <!-- PageHelper-3.3.0 版本可用 - 为了支持 startPage(Object params)方法 -->
        <!-- 增加了一个'params'参数来配置参数映射，用于从 Map 或 ServletRequest 中取值 -->
        <!-- 可以配置 pageNum,pageSize,count,pageSizeZero,reasonable,不配置映射的用默认值 -->
        <!-- 不理解该含义的前提下，不要随便复制该配置<property name="params" value="pageNum=start;
pageSize=limit;"/> -->
    </plugin>
```

上面是 PageHelper 官方提供的配置和注释，描述得很明白，相关参数说明如下。

（1）dialect：指标识是哪一种数据库（设计上必须）。

（2）offsetAsPageNum：指将 RowBounds 的第 1 个参数 offset 当成 pageNum 页码使用，即一参两用。

（3）rowBoundsWithCount：指设置为 true 时，使用 RowBounds 分页会进行 count 查询。笔者觉得完全没必要，实际开发中，每一个列表分页都配备一个 count 数量查询。

（4）reasonable：指 value=true 时，pageNum 小于 1 会查询第 1 页，如果 pageNum 大于 pageSize 会查询最后 1 页。笔者认为，参数校验在进入 MyBatis 业务体系之前就应该完成了，不可能到达 MyBatis 业务体系内参数还带有非法的值。

这么一来只需要记住 dialect = mysql 一个参数即可，其实，还有下面几个相关参数可以配置。

（1）autoDialect：指是否自动检测 dialect。

（2）autoRuntimeDialect：指多数据源时，是否自动检测 dialect。

（3）closeConn：指检测完 dialect 后，是否关闭 Connection 连接。

上面这 3 个配置参数，不到万不得已不应该在系统中使用。只需要一个 dialect = mysql 或者 dialect = oracle 就足够了，如果系统中需要使用，也要问问自己，是否非用不可。

修改 MyBatis 配置文件 mybatis-config.xml，需要注意<plugins>标签的位置，应放在<typeAliases>之后，<environments>之前，见示例 7。

【示例 7】mybatis-config.xml

```
<?xml version="1.0" encoding="UTF-8" ?>
<!DOCTYPE configuration
PUBLIC "-//mybatis.org//DTD Config 3.0//EN"
"http://mybatis.org/dtd/mybatis-3-config.dtd">

<!-- 通过这个配置文件完成 mybatis 与数据库的连接 -->
<configuration>
    ...<typeAliases>...</typeAliases>
    <!-- 分页助手 -->
    <plugins>
        <!-- com.github.pagehelper 为 PageHelper 类所在包名 -->
        <plugin interceptor="com.github.pagehelper.PageHelper">
            <!-- 数据库方言 -->
            <property name="dialect" value="MySQL" />
            <!-- 设置为 true 时，使用 RowBounds 分页进行 count 查询，可查询出总数 -->
            <property name="rowBoundsWithCount" value="true" />
            <!-- 支持通过 Mapper 接口参数来传递分页参数 -->
            <property name="supportMethodsArguments" value="true"/>
        </plugin>
    </plugins>
    <environments default="development">...</environments>
    ...
</configuration>
```

3. 在Java工程中编写各层代码

持久化类 User 与普通的 JavaBean 并没有什么区别，只是其属性字段与数据库中的表字段相对应。实际上 Customer 就是一个 POJO（普通 Java 对象），MyBatis 就是采用 POJO 作为持久化类来完成对数据库的操作。

在 src 目录下，创建一个 com.dsscm.mapper 包，在 UserMapper.java 接口中编写对应的方法。

```
/**
 * 查询用户列表(分页显示)
 * @param userName
 * @param roleId
 * @return
 */
public List<User>getUserList3(@Param("userName")String userName,
        @Param("userRole")Integer roleId);
```

在包中修改映射文件 UserMapper.xml，编辑后见示例 8。

【示例 8】UserMapper.xml

```
<!-- 查询用户列表(分页显示) -->
<select id="getUserList3" resultType="User">
    SELECT u.*,r.roleName userRoleName
      FROM tb_user u, tb_role r
     WHERE u.userRole = r.id
        <if test="userRole != null">
```

```
            and u.userRole = #{userRole}
        </if>
        <if test="userName != null and userName != ''">
            and u.userName like CONCAT ('%',#{userName},'%')
        </if>
        order by creationDate DESC
</select>
```

然后在测试方法中构建 PageHelper、pageInfo 等对象，调用 DAO 层方法，见示例 9。

【示例 9】UserTest.xml

```
@Test
public void testGetUserList3(){
    SqlSession sqlSession = null;
    List<User> userList = new ArrayList<User>();
    try {
        sqlSession = MyBatisUtils.createSqlSession();
        String userName = "";
        Integer roleId = null;
        Integer pageNum=1;
        Integer pageSize =5;

        //开启分页
        PageHelper.startPage(pageNum,pageSize);
        // 获取查询数据放入分页对象
        // 查询时无须关注查询的条数不用向 DAO 层中的方法传入 limit 后边的两个参数(limit 1 ,5)
        // 调用 DAO 层方法
        userList=sqlSession.getMapper(UserMapper.class).getUserList3(userName,roleId);
        //封装 pageInfo 对象并返回
        PageInfo<User> pageInfo=new PageInfo<User>(userList);
        for (User user : pageInfo.getList()) {
            logger.debug(user);
        }
        logger.debug("当前页数: "+ pageInfo.getPageNum());
        logger.debug("每页条数: "+ pageInfo.getPageSize());
        logger.debug("总页数: "+ pageInfo.getPages());
        logger.debug("总条数: "+ pageInfo.getTotal());
    } catch (Exception e) {
        e.printStackTrace();
    }finally{
        MyBatisUtils.closeSqlSession(sqlSession);
    }

}
```

运行结果如下：

```
    cn.dsscm.dao.UserMapper.getUserList3_COUNT - ==>  Preparing: SELECT count(0) FROM
tb_user u, tb_role r WHERE u.userRole = r.id
    cn.dsscm.dao.UserMapper.getUserList3_COUNT - ==> Parameters:
    ...
    cn.dsscm.dao.UserMapper.getUserList3_COUNT - ==>Preparing: SELECT u.*,r.roleName
userRoleName FROM tb_user u, tb_role r WHERE u.userRole = r.id order by creationDate
DESC limit ?,?
    cn.dsscm.dao.UserMapper.getUserList3 - ==> Parameters: 0(Integer), 5(Integer)
    cn.dsscm.test.UserTest - User [id=14, userCode=wangwu, userName=王五,
userPassword=1234567, birthday=Fri Nov 01 00:00:00 CST 2019, gender=2,
phone=13912341234, email=123@qq.com, address=湖南长沙, userDesc=, userRole=7,
createdBy=1, imgPath=null, creationDate=Fri Nov 08 16:39:27 CST 2019, modifyBy=1,
modifyDate=Mon Nov 11 14:22:58 CST 2019, age=null, userRoleName=销售部员工]
    ...
    cn.dsscm.test.UserTest - 当前页数: 1
    cn.dsscm.test.UserTest - 每页条数: 5
    cn.dsscm.test.UserTest - 总页数: 3
    cn.dsscm.test.UserTest - 总条数: 14
```

从上述案例可以发现 PageHelper 的优点，其分页和 Mapper.xml 完全解耦。它的实现方式是以插件形式对 MyBatis 执行的流程进行强化，添加了总数 count 和 limit 的查询，属于物理分页。

PageHelper 中 Page 的 API 如下：

```
Page page = PageHelper.startPage(pageNum, pageSize, true);
```

其中 true 表示需要统计的总数，这样可多进行一次请求 select count(0); 省略掉 true 参数只返回分页数据。

对于统计总数可将 SQL 语句变为 select count(0) from xxx，但复杂 SQL 语句需要自己写。

```
Page<?> page = PageHelper.startPage(1,-1);
long count = page.getTotal();
```

在分页参数中，pageNum 表示第 *N* 页，pageSize 表示每页 *M* 条数。

（1）只分页不统计（每次只执行分页语句），代码如下：

```
PageHelper.startPage([pageNum],[pageSize]);
List<?> pagelist = queryForList( xxx.class, "queryAll" , param);
//pagelist 就是分页之后的结果
```

（2）分页并统计（每次执行两条语句，其中一条为 select count 语句，另一条为分页语句）适用于查询分页时，数据变动需要将实时的变动信息反映到分页结果上。

```
Page<?> page = PageHelper.startPage([pageNum],[pageSize],[iscount]);
List<?> pagelist = queryForList( xxx.class , "queryAll" , param);
long count = page.getTotal();
//也可以 List<?> pagelist = page.getList();  获取分页后的结果集
```

使用 PageHelper 查全部（不分页）。

```
PageHelper.startPage(1,0);
List<?> alllist = queryForList( xxx.class , "queryAll" , param);
```

PageHelper 常用的其他 API 如下：

```
String orderBy = PageHelper.getOrderBy();     //获取 orderBy 语句
Page<?> page = PageHelper.startPage(Object params);
Page<?> page = PageHelper.startPage(int pageNum, int pageSize);
Page<?> page = PageHelper.startPage(int pageNum, int pageSize, boolean isCount);
Page<?> page = PageHelper.startPage(pageNum, pageSize, orderBy);
Page<?> page = PageHelper.startPage(pageNum, pageSize, isCount, isReasonable);
//isReasonable 分页合理化，null 时用默认配置
Page<?> page = PageHelper.startPage(pageNum, pageSize, isCount, isReasonable, 
isPageSizeZero);
//isPageSizeZero 是否支持 PageSize 为 0，当 true 且 pageSize=0 时返回全部结果；当 false 时分页，
null 使用默认配置
```

PageHelper 的默认值如下：

```
//RowBounds 参数 offset 作为 PageNum 使用（默认不使用）
private boolean offsetAsPageNum = false;
//RowBounds 是否进行 count 查询（默认不查询）
private boolean rowBoundsWithCount = false;
//当设置为 true 时，如果 pageSize 设置为 0（或 RowBounds 的 limit=0），就不执行分页，返回全部结果
private boolean pageSizeZero = false;
//分页合理化
private boolean reasonable = false;
//是否支持接口参数传递分页参数，默认为 false
private boolean supportMethodsArguments = false;
```

5.1.4 技能训练

上机练习 1　分页显示供应商列表和订单列表

需求说明

（1）为供应商管理功能模块的查询供应商列表功能增加分页实现。

（2）为订单管理功能模块的查询订单列表功能增加分页实现。

（3）列表结果均按照创建时间降序排列。

提示

（1）DAO 层增加查询总记录数的方法。

（2）查询列表方法可增加两个入参：起始位置和页面容量。

（3）修改查询 SQL 语句 limit（起始位置，页面容量）或使用分页插件实现。

5.2 MyBatis框架的事务管理

5.2.1 事务的概念

每个业务逻辑都是由一系列数据库访问完成的，这个系列数据库访问可能会修改多条数据记录，但这个修改应该是一个整体，绝不能仅修改其中的几条数据记录。也就是说，多个数据库原子访问应该被绑定成一个整体，这就是事务。事务是一个最小的逻辑执行单元，整个事务不能被分开执行，要么同时执行，要么同时放弃执行。

事务是一步或几步操作组成的逻辑执行单元，这些基本操作作为一个整体执行单元，它们要么全部执行，要么全部取消执行，绝不能仅执行一部分。一般而言，一个用户请求对应一个业务逻辑方法，一个业务逻辑方法往往具有逻辑的原子性，此时就应该使用事务。如一个转账操作，对应修改两个账户的余额，这两个账户的修改要么同时生效，要么同时取消，即同时生效是转账成功，同时取消则是转账失败。但不能只修改其中一个账户，那将破坏数据库的完整性。

通常来讲，事务具备 4 个特性：原子性（Atomicity）、一致性（Consistency）、隔离性（Isolation）和持续性（Durability）。这 4 个特性也可简称为 ACID 性，具体描述如下。

（1）原子性（Atomicity）事务是应用中最小的执行单位，就如原子是自然界的最小颗粒，具有不可再分的特征一样。事务是应用中不可再分的最小逻辑执行体。

（2）一致性（Consistency）事务是执行的结果，必须使数据库从一种一致性状态变到另一种一致性状态。当数据库只包含事务成功提交的结果时，数据库处于一致性状态。如果系统运行发生中断，某个事务尚未完成而被迫中断，而该未完成的事务对数据库所做的修改已被写入数据库时，数据库就处于一种不正确的状态。如银行在两个账户之间转账，从 A 账户向 B 账户转入 1000 元。系统先减少 A 账户的 1000 元，然后再为 B 账户增加 1000 元。如果全部执行成功，数据库就处于一致性状态；如果仅执行完成 A 账户金额的修改，而没有增加 B 账户的金额，则数据库就处于不一致性状态。因此，一致性是通过原子性来保证的。

（3）隔离性（Isolation）事务是指各个事务的执行互不干扰，任意一个事务的内部操作对其他并发的事务都是隔离的，即并发执行的事务之间不能互相影响。

（4）持续性（Durability）事务指事务一旦提交，对数据所做的任何改变都要记录到永久存储器中，通常就是保存到物理数据库。

5.2.2　Transaction接口

MyBatis 框架的事务设计重点是 org.apache.ibatis.transaction.Transaction 接口，Transaction 接口有两个实现类，分别是 org.apache.ibatis.transaction.jdbc.JdbcTransaction 和 org.apache.ibatis.transaction.managed.ManagedTransaction。同时 MyBatis 还设计了 org.apache.ibatis.transaction.TransactionFactory 接口和两个实现类 org.apache.ibatis.transaction.jdbc.JdbcTransactionFactory 和 org.apache.ibatis.transaction.managed.ManagedTransactionFactory 用来获取事务的实例对象。

对数据库的事务而言，应该具有以下动作：创建（create）、提交（commit）、回滚（rollback）、关闭（close）。MyBatis 将事务对应地抽象成了 Transaction 接口。该接口源代码如下：

```
public interface Transaction {
    //获取数据库连接
    Connection getConnection() throws SQLException;
    //提交
    void commit() throws SQLException;
    //回滚
    void rollback() throws SQLException;
    //关闭数据库连接
    void close() throws SQLException;
}
```

MyBatis 的事务管理分为两种形式：

（1）使用 JDBC 的事务管理机制。利用 java.sqlConnection 对象完成对事务的提交（commit()）、回滚（rollback()）和关闭（close()）等操作。

（2）使用 MANAGE 的事务管理机制。对于这种机制，MyBatis 框架自身不会去实现事务管理，而是让容器来实现对事务的管理，如 WebLogic、JBOSS 等。

5.2.3　事务的配置创建和使用

1. 事务的配置

在使用 MyBatis 框架时，一般会在 MyBatisXML 配置文件中定义类似如下的信息：

```
<?xml version="1.0" encoding="UTF-8"?>
<!DOCTYPE configuration PUBLIC "-//mybatis.org//DTD Config 3.0//EN"
"http://mybatis.org/dtd/mybatis-3-config.dtd">
<configuration>
<!--映入外部文件定义的属性，供此配置文件使用-->
<properties resource="jdbc.properties"></properties>

<environments default="development">
<!-- 连接环境信息，取一个任意唯一的名字 -->
<environment id="development">
<!-- MyBatis 使用 JDBC 事务管理方式 -->
<transactionManager type="jdbc"/>
<!-- MyBatis 使用连接池方式获取连接 -->
<dataSource type="pooled">
<!-- 配置与数据库交互的 4 个必要属性 -->
<property name="driver" value="${jdbc.driver}"/>
<property name="url" value="${jdbc.url}"/>
<property name="username" value="${jdbc.username}"/>
<property name="password" value="${jdbc.password}"/>
</dataSource>
</environment>
</environments>

<!-- 加载映射文件-->
<mappers>
```

```
<mapper resource="com/mybatis/EmployeeMapper.xml"/>
</mappers>
</configuration>
```

<environment>节点定义了连接某个数据库的信息，其子节点<transactionManager>的 type 可决定使用什么类型的事务管理机制。

2. 事务工厂的创建

MyBatis 框架事务的创建是交给 TransactionFactory 事务工厂来创建的，如果将<transactionManager>的 type 配置为“JDBC”，那么，在 MyBatis 框架初始化解析<environment>节点时，会根据 type="JDBC"创建一个 JdbcTransactionFactory 工厂，其源码如下：

```
  /**
   * 解析<transactionManager>节点，创建对应的 TransactionFactory
   * @param context
   * @return
   * @throws Exception
   */
private TransactionFactory transactionManagerElement(XNode context) throws Exception {
  if (context != null) {
    String type = context.getStringAttribute("type");
    Properties props = context.getChildrenAsProperties();
    /*
在 Configuration 初始化时，会通过以下语句，给 JDBC 和 MANAGED 创建对应的工厂类
          typeAliasRegistry.registerAlias("JDBC", JdbcTransactionFactory.class);
          typeAliasRegistry.registerAlias("MANAGED", ManagedTransactionFactory.class);
下述的 resolveClass(type).newInstance()会创建对应的工厂实例
     */
    TransactionFactory factory = (TransactionFactory) resolveClass(type).newInstance();
    factory.setProperties(props);
    return factory;
  }
  throw new BuilderException("Environment declaration requires a TransactionFactory.");
}
```

如上述代码所示，如果 type = "JDBC"时，则 MyBatis 框架会创建一个 JdbcTransactionFactory.class 实例；如果 type="MANAGED"时，则 MyBatis 框架会创建一个 MangedTransactionFactory.class 实例。

MyBatis 框架对<transactionManager>节点的解析会生成 TransactionFactory 实例，而对<dataSource>解析会生成 DataSouce 实例。

作为<environment>节点，可根据 TransactionFactory 和 DataSource 实例创建一个 Environment 对象，代码如下所示：

```
private void environmentsElement(XNode context) throws Exception {
  if (context != null) {
    if (environment == null) {
      environment = context.getStringAttribute("default");
    }
    for (XNode child : context.getChildren()) {
      String id = child.getStringAttribute("id");
      //同默认的环境相同时，可解析之
      if (isSpecifiedEnvironment(id)) {
        //1.解析<transactionManager>节点，决定创建什么类型的 TransactionFactory
        TransactionFactory txFactory =
transactionManagerElement(child.evalNode("transactionManager"));
        //2. 创建 dataSource
        DataSourceFactory dsFactory = dataSourceElement(child.evalNode("dataSource"));
        DataSource dataSource = dsFactory.getDataSource();
        //3. 使用 Environment 内置的构造器 Builder，传递 id 事务工厂
             TransactionFactory 和数据源 DataSource
        Environment.Builder environmentBuilder = new Environment.Builder(id)
            .transactionFactory(txFactory).dataSource(dataSource);
```

```
            configuration.setEnvironment(environmentBuilder.build());
          }
        }
      }
    }
```

其中 Environment 表示着一个数据库的连接，生成后的 Environment 对象会被设置到 Configuration 实例中，以供后续使用。下面看一下 MyBatis 框架中 TransactionFactory 的定义。

3. 事务工厂TransactionFactory

事务工厂 Transaction 定义了创建 Transaction 的两个方法：

（1）通过指定的 Connection 对象创建 Transaction；

（2）通过数据源 DataSource 来创建 Transaction。

与 JDBC 和 MANAGED 的两种 Transaction 相对应，TransactionFactory 有两个对应的实现子类，如图 5.1 所示。

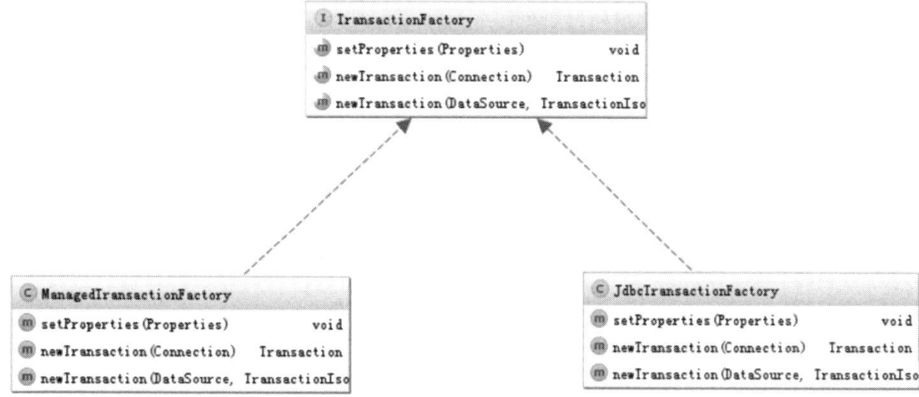

图 5.1 TransactionFactory 对应的实现子类

4. 事务Transaction的创建

通过事务工厂 TransactionFactory 很容易获取到 Transaction 对象实例。以 JdbcTransaction 为例，看看 JdbcTransactionFactory 是怎样生成 JdbcTransaction 的，代码如下：

```
public class JdbcTransactionFactory implements TransactionFactory {

  public void setProperties(Properties props) {
  }

    /**
     * 根据给定的数据库连接 Connection 创建 Transaction
     * @param conn Existing database connection
     * @return
     */
  public Transaction newTransaction(Connection conn) {
    return new JdbcTransaction(conn);
  }

    /**
     * 根据 DataSource、隔离级别和是否自动提交创建 Transacion
     *
     * @param ds
     * @param level Desired isolation level
     * @param autoCommit Desired autocommit
     * @return
     */
  public Transaction newTransaction(DataSource ds, TransactionIsolationLevel level,
```

```
boolean autoCommit) {
        return new JdbcTransaction(ds, level, autoCommit);
      }
    }
```

如上所述，JdbcTransactionFactory 会创建 JDBC 类型的 Transaction，即 JdbcTransaction。同样，ManagedTransactionFactory 也会创建 ManagedTransaction。下面将分别深入了解 JdbcTranaction 和 ManagedTransaction，看它们到底是怎样实现事务管理的。

5. JdbcTransaction

JdbcTransaction 可以直接使用 JDBC 的提交和回滚事务管理机制。它依赖于从 dataSource 中取得的连接 connection 来管理 Transaction 的作用域，connection 对象的获取被延迟到调用 getConnection() 方法中。如果 autocommit 设置为 on，则会忽略 commit 和 rollback 的功能。

直观地讲，JdbcTransaction 使用的是 java.sql.Connection 的 commit 功能和 rollback 功能，JdbcTransaction 只是相当于对 java.sql.Connection 事务处理进行了一次包装（wrapper），Transaction 的事务管理都是通过 java.sql.Connection 实现的。JdbcTransaction 的代码实现如下：

```
   public class JdbcTransaction implements Transaction {

     private static final Log log = LogFactory.getLog(JdbcTransaction.class);

     //数据库连接
     protected Connection connection;
     //数据源
     protected DataSource dataSource;
     //隔离级别
     protected TransactionIsolationLevel level;
     //是否为自动提交
     protected boolean autoCommmit;

     public JdbcTransaction(DataSource ds, TransactionIsolationLevel desiredLevel,
boolean desiredAutoCommit) {
       dataSource = ds;
       level = desiredLevel;
       autoCommmit = desiredAutoCommit;
     }

     public JdbcTransaction(Connection connection) {
       this.connection = connection;
     }

     public Connection getConnection() throws SQLException {
       if (connection == null) {
         openConnection();
       }
       return connection;
     }

       /**
        * commit()功能使用 connection 的 commit()
        * @throws SQLException
        */
     public void commit() throws SQLException {
       if (connection != null && !connection.getAutoCommit()) {
         if (log.isDebugEnabled()) {
           log.debug("Committing JDBC Connection [" + connection + "]");
         }
         connection.commit();
       }
     }

       /**
```

```
     * rollback()功能使用 connection 的 rollback()
     * @throws SQLException
     */
  public void rollback() throws SQLException {
    if (connection != null && !connection.getAutoCommit()) {
      if (log.isDebugEnabled()) {
        log.debug("Rolling back JDBC Connection [" + connection + "]");
      }
      connection.rollback();
    }
  }

    /**
     * close()功能使用 connection 的 close()
     * @throws SQLException
     */
  public void close() throws SQLException {
    if (connection != null) {
      resetAutoCommit();
      if (log.isDebugEnabled()) {
        log.debug("Closing JDBC Connection [" + connection + "]");
      }
      connection.close();
    }
  }

  protected void setDesiredAutoCommit(boolean desiredAutoCommit) {
    try {
      if (connection.getAutoCommit() != desiredAutoCommit) {
        if (log.isDebugEnabled()) {
          log.debug("Setting autocommit to " + desiredAutoCommit
 + " on JDBC Connection [" + connection + "]");
        }
        connection.setAutoCommit(desiredAutoCommit);
      }
    } catch (SQLException e) {
      // Only a very poorly implemented driver would fail here,
      // and there's not much we can do about that.
      throw new TransactionException("Error configuring AutoCommit.  "
          + "Your driver may not support getAutoCommit() or setAutoCommit(). "
          + "Requested setting: " + desiredAutoCommit + ".  Cause: " + e, e);
    }
  }

  protected void resetAutoCommit() {
    try {
      if (!connection.getAutoCommit()) {
        // MyBatis does not call commit/rollback on a connection if just selects
were performed.
        // Some databases start transactions with select statements
        // and they mandate a commit/rollback before closing the connection.
        // A workaround is setting the autocommit to true before closing the
connection.
        // Sybase throws an exception here.
        if (log.isDebugEnabled()) {
          log.debug("Resetting autocommit to true on JDBC Connection [" +
connection + "]");
        }
        connection.setAutoCommit(true);
      }
    } catch (SQLException e) {
      log.debug("Error resetting autocommit to true "
          + "before closing the connection.  Cause: " + e);
    }
  }

  protected void openConnection() throws SQLException {
    if (log.isDebugEnabled()) {
      log.debug("Opening JDBC Connection");
```

```
      }
      connection = dataSource.getConnection();
      if (level != null) {
        connection.setTransactionIsolation(level.getLevel());
      }
      setDesiredAutoCommit(autoCommmit);
    }

  }
```

6. ManagedTransaction

ManagedTransaction 让容器来管理事务 Transaction 的整个生命周期，也就是说，使用 ManagedTransaction 的 commit 功能和 rollback 功能不会对事务有任何影响，它什么都不必做，只是将事务管理的权利移交给容器来实现。看如下 Managed 的实现代码就会一目了然了：

```
  /**
   *
   * 让容器来管理事务 Transaction 的整个生命周期
   * connection 的获取延迟到 getConnection()方法的调用
   * 忽略所有的 commit 和 rollback 操作
   * 默认情况下，既可以配置它关闭一个连接 connection，也可以配置它不关闭
   * 让容器来管理事务 Transaction 的整个生命周期
   * @see ManagedTransactionFactory
   */
  public class ManagedTransaction implements Transaction {

    private static final Log log = LogFactory.getLog(ManagedTransaction.class);

    private DataSource dataSource;
    private TransactionIsolationLevel level;
    private Connection connection;
    private boolean closeConnection;

    public ManagedTransaction(Connection connection, boolean closeConnection) {
      this.connection = connection;
      this.closeConnection = closeConnection;
    }

    public ManagedTransaction(DataSource ds, TransactionIsolationLevel level, boolean
closeConnection) {
      this.dataSource = ds;
      this.level = level;
      this.closeConnection = closeConnection;
    }

    public Connection getConnection() throws SQLException {
      if (this.connection == null) {
        openConnection();
      }
      return this.connection;
    }

    public void commit() throws SQLException {
      // Does nothing
    }

    public void rollback() throws SQLException {
      // Does nothing
    }

    public void close() throws SQLException {
      if (this.closeConnection && this.connection != null) {
        if (log.isDebugEnabled()) {
          log.debug("Closing JDBC Connection [" + this.connection + "]");
        }
        this.connection.close();
```

```
        }
    }

    protected void openConnection() throws SQLException {
      if (log.isDebugEnabled()) {
        log.debug("Opening JDBC Connection");
      }
      this.connection = this.dataSource.getConnection();
      if (this.level != null) {
        this.connection.setTransactionIsolation(this.level.getLevel());
      }
    }
}
```

注意

如果使用 MyBatis 框架构建本地程序，即不是 Web 程序，若将 type 设置成“MANAGED”，那么执行的任何 update 操作，即使最后执行了 commit 操作，数据也不会被保留，不会对数据库造成任何影响。因为将 MyBatis 配置成“MANAGED”，即 MyBatis 自己不管理事务，所以对数据库的 update 操作都是无效的。

5.3　MyBatis框架的缓存机制

在实际项目开发中，通常对数据库查询的性能要求很高，正如大多数持久化框架一样，MyBatis 框架提供了一级缓存和二级缓存的支持。而 MyBatis 框架提供了查询缓存来缓存数据，从而达到提高查询性能的要求。MyBatis 框架支持声明式数据缓存（declarative data caching）。当一条 SQL 语句被标记为“可缓存”后，首次执行它时从数据库获取的所有数据都会被存储在一段高速缓存中，今后执行这条语句时就会从高速缓存中读取结果。MyBatis 框架提供了默认基于 Java HashMap 的缓存实现，以及用于与 OSCache、Ehcache、Hazelcast 和 Memcached 连接的默认连接器。MyBatis 还提供 API 给其他缓存实现使用。

重点：MyBatis 执行 SQL 语句后，这条语句就会被缓存，以后再执行这条语句时，可直接从缓存中取结果，而不是再次执行 SQL 语句。

这也就是常说的 MyBatis 框架一级缓存，一级缓存的作用域 scope 是 SqlSession。MyBatis 框架同时还提供了一种全局作用域 global scope 的缓存，也称二级缓存（全局缓存）。

MyBatis 框架将数据缓存设计成两级结构，即一级缓存和二级缓存。

1. 一级缓存

一级缓存是 Session 会话级别的缓存，位于表示一次数据库会话的 SqlSession 对象中，又被称为本地缓存。一级缓存是 MyBatis 框架内部实现的一个特性，是默认情况下自动支持的缓存，用户不能配置（不过这也不是绝对的，可以通过开发插件进行修改）。一级缓存是基于 PerpetualCache（MyBatis 自带）的 HashMap 本地缓存，作用范围为 session 域内，当 session flush 或者 close 之后，该 session 中所有的 cache 就会被清空。

2. 二级缓存

二级缓存是 Application 应用级别的缓存，它的生命周期很长，跟 Application 的声明周期一样，也就是说它的作用范围是整个 Application 应用。二级缓存就是 global caching，它超出 session 范围之外，可以被所有 SqlSession 共享，开启它只需要在 MyBatis 框架的核心配置文件（mybatis-config.xml）settings 中设置即可。

MyBatis 的查询缓存分为一级缓存和二级缓存。一级缓存是 SqlSession 级别的缓存，缓存的是 SQL 语句；二级缓存是 mapper 级别的缓存，缓存的是结果对象，它是多个 SqlSession 共享的。MyBatis 框架通过缓存机制减轻数据压力，以提高数据库的性能。

5.3.1 一级缓存（SqlSession级别）

MyBatis 框架的一级缓存是 SqlSession 级别的缓存。在操作数据库时需要构造 SqlSession 对象，在对象中有一个 HashMap 用于存储缓存数据。不同的 SqlSession 之间的缓存数据区域（HashMap）是互相不影响的。

一级缓存的作用域是 SqlSession 范围的，当在同一个 SqlSession 中执行两次相同的 SQL 语句时，第 1 次执行完毕会将数据库中查询的数据写到缓存（内存）中，第 2 次查询时会从缓存中获取数据，不用再去底层数据库查询，从而提高查询效率。需要注意的是，如果 SqlSession 执行了 DML 操作（insert、update 和 delete），并提交到数据库中，MyBatis 框架则会清空 SqlSession 中的一级缓存，这样做的目的是为了保证缓存中存储的是最新的信息，避免出现脏读现象。

当一个 SqlSession 结束后其中的一级缓存也就不存在了。Mybatis 框架默认开启一级缓存，不需要进行任何配置。

注意

Mybatis 框架的缓存机制是基于 id 进行缓存的，也就是说，Mybatis 框架使用 HashMap 缓存数据时，是使用对象的 id 作为 key，而对象作为 value 保存的。

接下来测试一下 MyBatis 框架的一级缓存，使用前面创建的 tb_user 表、数据库脚本、User.java、mybatis-config.xml 和 log4j.properties 等文件（请参考前面相关章节的内容，此处不再赘述）。创建 DAO 的功能，根据 id 查询 User、查询所有 User、根据 id 删除 User 等功能，见示例 10 和示例 11。

【示例 10】UserMapper.java

```
public interface UserMapper {
    //根据 id 查询 User
    public User findUserById(@Param("id") Integer id );
    //查询所有 User
    public User findAllUser();
    //根据 id 删除 User
    public int deleteUserById(@Param("id") Integer id );
}
```

【示例 11】UserMapper.xml

```
<!-- 查询用户列表 -->
<select id="findUserById" resultType="User">
    SELECT *
      FROM tb_user u
     WHERE u.id = #{id}
</select>
<!-- 查询所有 User -->
<select id="findAllUser" resultType="User">
    SELECT *
      FROM tb_user u
</select>
<!-- 根据 id 删除 User -->
<delete id="deleteUserById">
   DELETE FROM tb_user
    WHERE id = #{id}
</delete>
```

编写测试方法见示例 12。

【示例 12】TestCache.java

```
@Test
public void testCache1(){
    SqlSession sqlSession = null;
    try {
```

```
            sqlSession = MyBatisUtils.createSqlSession();
            //查询获取 id=1 的用户信息
            User user1= sqlSession.getMapper(UserMapper.class).findUserById(1);
            logger.debug(user1);
            //再次查询获取 id=1 的用户信息
            User user2= sqlSession.getMapper(UserMapper.class).findUserById(1);
            logger.debug(user2);
        } catch (Exception e) {
            e.printStackTrace();
        }finally{
            MyBatisUtils.closeSqlSession(sqlSession);
        }
    }
```

运行 TestCache 类的 testCache1()方法，控制台显示如下：

```
    cn.dsscm.dao.UserMapper.findUserById - ==>  Preparing: SELECT * FROM tb_user u
WHERE u.id = ?
    cn.dsscm.dao.UserMapper.findUserById - ==> Parameters: 1(Integer)
    cn.dsscm.test.UserTest - User [id=1, userCode=admin, userName=系统管理员,
userPassword=123456, birthday=Tue Oct 22 00:00:00 CST 1991, gender=2,
phone=13688889999, email=null, address=北京市海淀区, userDesc="", userRole=1,
createdBy=1, imgPath=null, creationDate=Thu Oct 24 13:01:49 CST 2019, modifyBy=1,
modifyDate=Sun Nov 03 16:40:25 CST 2019, age=null, userRoleName=null]
    cn.dsscm.test.UserTest - User [id=1, userCode=admin, userName=系统管理员,
userPassword=123456, birthday=Tue Oct 22 00:00:00 CST 1991, gender=2,
phone=13688889999, email=null, address=北京市海淀区, userDesc="", userRole=1,
createdBy=1, imgPath=null, creationDate=Thu Oct 24 13:01:49 CST 2019, modifyBy=1,
modifyDate=Sun Nov 03 16:40:25 CST 2019, age=null, userRoleName=null]
```

仔细观察 MyBatis 框架的执行结果，可发现在第 1 次查询 id 为 1 的 User 对象时，执行了一条 select 语句，但是第 2 次获取 id 为 1 的 User 对象时，并没有执行 select 语句。因为此时一级缓存也就是 SqlSession 缓存中已经缓存了 id 为 1 的 User 对象，MyBatis 框架直接从缓存中将对象取出来，并没有再次去数据库查询，所以第二次就没有再执行 select 语句。

测试一级缓存执行 DML 语句并提交。

【示例 13】TestCache.java

```
    @Test
    public void testCache2(){
        SqlSession sqlSession = null;
        try {
            sqlSession = MyBatisUtils.createSqlSession();
            //查询获取 id=1 的用户信息
            User user1= sqlSession.getMapper(UserMapper.class).findUserById(1);
            logger.debug(user1);
            //删除 id=15 的用户
            sqlSession.getMapper(UserMapper.class).deleteUserById(15);
            sqlSession.commit();
        //再次查询 id 为 1 的 User 对象，因为 DML 操作会清空 SqlSession 缓存，所以会再次执行 select 语句
            User user2= sqlSession.getMapper(UserMapper.class).findUserById(1);
            logger.debug(user2);
        } catch (Exception e) {
            e.printStackTrace();
        }finally{
            MyBatisUtils.closeSqlSession(sqlSession);
        }
    }
```

运行 TestCache 类的 testCache2()方法，控制台显示如下：

```
    cn.dsscm.dao.UserMapper.findUserById - ==>  Preparing: SELECT * FROM tb_user u
WHERE u.id = ?
    cn.dsscm.dao.UserMapper.findUserById - ==> Parameters: 1(Integer)
```

```
    cn.dsscm.test.UserTest - User [id=1, userCode=admin, userName=系统管理员,
userPassword=123456, birthday=Tue Oct 22 00:00:00 CST 1991, gender=2,
phone=13688889999, email=null, address=北京市海淀区, userDesc=" ", userRole=1,
createdBy=1, imgPath=null, creationDate=Thu Oct 24 13:01:49 CST 2019, modifyBy=1,
modifyDate=Sun Nov 03 16:40:25 CST 2019, age=null, userRoleName=null]
    ...
    cn.dsscm.dao.UserMapper.deleteUserById - ==>  Preparing: DELETE FROM tb_user WHERE
id = ?
    cn.dsscm.dao.UserMapper.deleteUserById - ==> Parameters: 15(Integer)
    ...
    cn.dsscm.dao.UserMapper.findUserById - ==>  Preparing: SELECT * FROM tb_user u
WHERE u.id = ?
    cn.dsscm.dao.UserMapper.findUserById - ==> Parameters: 1(Integer)
    cn.dsscm.test.UserTest - User [id=1, userCode=admin, userName=系统管理员,
userPassword=123456, birthday=Tue Oct 22 00:00:00 CST 1991, gender=2,
phone=13688889999, email=null, address=北京市海淀区, userDesc=" ", userRole=1,
createdBy=1, imgPath=null, creationDate=Thu Oct 24 13:01:49 CST 2019, modifyBy=1,
modifyDate=Sun Nov 03 16:40:25 CST 2019, age=null, userRoleName=null]
```

仔细观察 MyBatis 的执行结果，可发现在第 1 次查询 id 为 1 的 User 对象时执行了一条 select 语句，接下来执行了一个 delete 操作，MyBatis 框架为了保证缓存中存储的是最新的信息，会清空 SqlSession 缓存。当第 2 次获取 id 为 1 的 User 对象时，一级缓存也就是 SqlSession 缓存中并没有缓存任何对象，所以 MyBatis 会再次执行 select 语句去查询 id 为 1 的 User 对象。

如果注释“session.commit();”这行代码，由于并没有将操作提交到数据库，故此时 MyBatis 框架不会清空 SqlSession 缓存，当再次查询 id 为 1 的 User 对象时就不会执行 select 语句，见示例 14。

【示例 14】TestCache.java

```
    @Test
    public void testCache3(){
        SqlSession sqlSession = null;
        try {
            sqlSession = MyBatisUtils.createSqlSession();
            //查询获取 id=1 的用户信息
            User user1= sqlSession.getMapper(UserMapper.class).findUserById(1);
            logger.debug(user1);
            //清空一级缓存
            sqlSession.clearCache();
            //再次查询获取 id=1 的用户信息
            User user2= sqlSession.getMapper(UserMapper.class).findUserById(1);
            logger.debug(user2);
        } catch (Exception e) {
            e.printStackTrace();
        }finally{
            MyBatisUtils.closeSqlSession(sqlSession);
        }
    }
```

运行 TestCache 类的 testCache3()方法，控制台显示如下：

```
    cn.dsscm.dao.UserMapper.findUserById - ==>  Preparing: SELECT * FROM tb_user u
WHERE u.id = ?
    cn.dsscm.dao.UserMapper.findUserById - ==> Parameters: 1(Integer)
    cn.dsscm.test.UserTest - User [id=1, userCode=admin, userName=系统管理员,
userPassword=123456, birthday=Tue Oct 22 00:00:00 CST 1991, gender=2,
phone=13688889999, email=null, address=北京市海淀区, userDesc="", userRole=1,
createdBy=1, imgPath=null, creationDate=Thu Oct 24 13:01:49 CST 2019, modifyBy=1,
modifyDate=Sun Nov 03 16:40:25 CST 2019, age=null, userRoleName=null]
    ...
    cn.dsscm.dao.UserMapper.findUserById - ==>  Preparing: SELECT * FROM tb_user u
WHERE u.id = ?
    cn.dsscm.dao.UserMapper.findUserById - ==> Parameters: 1(Integer)
    cn.dsscm.test.UserTest - User [id=1, userCode=admin, userName=系统管理员,
userPassword=123456, birthday=Tue Oct 22 00:00:00 CST 1991, gender=2,
```

```
phone=13688889999, email=null, address=北京市海淀区, userDesc="", userRole=1,
createdBy=1, imgPath=null, creationDate=Thu Oct 24 13:01:49 CST 2019, modifyBy=1,
modifyDate=Sun Nov 03 16:40:25 CST 2019, age=null, userRoleName=null]
```

仔细观察 MyBatis 框架的执行结果，可发现在第一次查询 id 为 1 的 User 对象时执行了一条 select 语句，接下来调用 SqlSession 的 clearCache()方法，该方法会关闭 SqlSession 缓存。当第二次获取 id 为 1 的 User 对象时一级缓存也就是 SqlSession 缓存是一个新的对象，其中并没有缓存任何对象，所以 MyBatis 再次执行 select 语句去查询 id 为 1 的 User 对象，见示例 15。

【示例 15】TestCache.java

```
    // 测试一级缓存 close
    public void testCache4 (){
        // 使用工厂类获得 SqlSession 对象
        SqlSession sqlSession = FKSqlSessionFactory.getSqlSession();
        // 获得 UserMapping 对象
        UserMapper um = sqlSession.getMapper(UserMapper.class);
        // 查询 id 为 1 的 User 对象，会执行 select 语句
        User user = um.selectUserById(1);
        System.out.println(user);
        // 关闭一级缓存
        sqlSession.close();
        // 再次访问，重新获取一级缓存，然后才能查找数据，否则会抛出异常
        SqlSession sqlSession2 = FKSqlSessionFactory.getSqlSession();
        // 再次获得 UserMapping 对象
        um = sqlSession2.getMapper(UserMapper.class);
        // 再次访问。因为现在使用的是一个新的 SqlSession 对象，所以会再次执行 select 语句
        User user2 = um.selectUserById(1);
        System.out.println(user2);
        // 关闭 SqlSession 对象
        sqlSession2.close();
    }
```

运行 TestCache 类的 testCache4()方法，控制台显示如下：

```
    cn.dsscm.dao.UserMapper.findUserById - ==>  Preparing: SELECT * FROM tb_user u
WHERE u.id = ?
    cn.dsscm.dao.UserMapper.findUserById - ==> Parameters: 1(Integer)
    cn.dsscm.test.UserTest - User [id=1, userCode=admin, userName=系统管理员,
userPassword=123456, birthday=Tue Oct 22 00:00:00 CST 1991, gender=2,
phone=13688889999, email=null, address=北京市海淀区, userDesc="", userRole=1,
createdBy=1, imgPath=null, creationDate=Thu Oct 24 13:01:49 CST 2019, modifyBy=1,
modifyDate=Sun Nov 03 16:40:25 CST 2019, age=null, userRoleName=null]
    ...
    cn.dsscm.dao.UserMapper.findUserById - ==>  Preparing: SELECT * FROM tb_user u
WHERE u.id = ?
    cn.dsscm.dao.UserMapper.findUserById - ==> Parameters: 1(Integer)
    User [id=1, userCode=admin, userName=系统管理员, userPassword=123456, birthday=Tue
Oct 22 00:00:00 CST 1991, gender=2, phone=13688889999, email=null, address=北京市海淀区,
userDesc="", userRole=1, createdBy=1, imgPath=null, creationDate=Thu Oct 24 13:01:49
CST 2019, modifyBy=1, modifyDate=Sun Nov 03 16:40:25 CST 2019, age=null,
userRoleName=null]
```

仔细观察 MyBatis 框架的执行结果，可发现在第 1 次查询 id 为 1 的 User 对象时执行了一条 select 语句，接下来调用 SqlSession 的 close()方法，该方法会关闭 SqlSession 缓存。当第 2 次获取 id 为 1 的 User 对象时一级缓存也就是 SqlSession 缓存是一个新的对象，其中并没有缓存任何对象，所以 MyBatis 再次执行 select 语句去查询 id 为 1 的 User 对象。

5.3.2　二级缓存（mapper级别）

二级缓存是 mapper 级别的缓存。使用二级缓存时，有多个 SqlSession 使用同一个 mapper 的

SQL 语句去操作数据库，得到的数据会存在二级缓存区域，它同样是使用 HashMap 进行数据存储。相比一级缓存 SqlSession 二级缓存的范围更大，有多个 SqlSession 可以共用二级缓存。二级缓存是跨 SqlSession 的。

二级缓存是由多个 SqlSession 共享的，其作用域是 mapper 的同一个 namespace。不同的 SqlSession 两次执行相同的 namespace 下的 SQL 语句，且向 SQL 中传递的参数也相同。若最终执行相同的 SQL 语句，则第一次执行完毕会将数据库中查询的数据写到缓存（内存）中，第二次查询时会从缓存中获取数据，不再去底层数据库查询，从而提高查询效率。

MyBatis 框架默认没有开启二级缓存，需要在 setting 全局参数中配置开启二级缓存。二级缓存的配置有以下方式。

（1）MyBatis 框架的全局 cache 配置，需要在 mybatis-config.xml 的 settings 中设置，代码如下：

```
<settings>
    <setting name="cacheEnabled" value="true"/>
</settings>
```

（2）在 mapper 文件（如 UserMapper.xml）中设置缓存，其默认情况下是没有开启缓存的。需要注意的是，global caching 的作用域是针对 mapper 文件的 namespace 而言的，即只有在此 namespace 内（cn.dsscm.dao.user.UserMapper）的查询才能共享这个 cache，代码如下：

```
<mapper namespace="cn.dsscm.dao.user.UserMapper">
    <!-- cache 配置-->
    <cacheeviction="FIFO" flushInterval="60000" size="512" readOnly="true"/>
    ...
</mapper>
```

（3）在 mapper 文件中配置支持 cache 后，如果需要对个别查询进行调整，可以单独设置 cache，代码如下：

```
<select id="getUserList" resultType="User" useCache="true">
    ......
</select>
```

对于 MyBatis 缓存的内容仅做了解即可，因为面对一定规模的数据量，内置的 cache 方式就派不上用场了，并且对查询结果集做缓存并不是 MyBatis 框架擅长的，它专心做的应该是 SQL 映射。所以采用 OSCache、Memcached 等专门的缓存服务器来做更为合理。

接下来测试 MyBatis 框架的二级缓存，所有代码与测试一级缓存的代码完全一样，只是需要在配置文件中开启二级缓存，见示例 16。

【示例 16】mybatis-config.xml

```
<settings>
    <!-- 配置 mybatis 的 log 实现为 LOG4J -->
    <setting name="logImpl" value="LOG4J" />
    <!-- 开启二级缓存 -->
    <setting name="cacheEnabled" value="true"/>
</settings>
```

cacheEnabled 的 value 为 true 时，表示在此配置文件下开启二级缓存，该属性默认为 false。

MyBatis 框架的二级缓存是同命名空间绑定的，即二级缓存需要配置在 Mapper.xml 映射文件或者 Mapper 接口中。在映射文件中，命名空间就是 XML 根节点 mapper 的 namespace 属性在 Mapper 接口中，命名空间就是接口的全限定名称。

开启默认的二级缓存代码如下：

```
<cache/>
```

默认的二级缓存会有如下作用。

（1）映射语句文件中的所有 SELECT 语句将会被缓存。

（2）映射语句文件中所有 INSERT、UPDATE、DELETE 的语句会刷新缓存。

（3）缓存会使用 Least Rcently Used（LRU 最近最少使用）策略来收回。

（4）根据时间表（如 no Flush Interval，没有刷新间隔），缓存不会以任何时间顺序来刷新。

（5）缓存会存储集合或对象（无论查询方法返回什么类型的值）的 1024 个引用。

（6）缓存会被视为 read/write（可读/可写）的，这意味着对象检索不是共享的，而且可安全地被调用者修改，而不干扰其他调用者或线程所做的潜在修改。

<cache/>元素中所有这些行为都可以通过 cache 元素的属性来进行修改，见示例 17。

【示例 17】UserMapper.xml

```
<?xml version="1.0" encoding="UTF-8" ?>
<!DOCTYPE mapper
  PUBLIC "-//mybatis.org//DTD Mapper 3.0//EN"
  "http://mybatis.org/dtd/mybatis-3-mapper.dtd">
<mapper namespace="cn.dsscm.dao.UserMapper">
    <!-- 开启二级缓存
    回收策略为先进先出
    自动刷新时间为 60s
    最多缓存 512 个引用对象
    只读
   -->
    <cache
    eviction="LRU"
    flushInterval="60000"
    size="512"
    readOnly="true"/>

    <!-- 查询用户列表 -->
    <select id="findUserById" resultType="User">
        SELECT *
          FROM tb_user u
         WHERE u.id = #{id}
    </select>
    ...
</mapper>
```

以上配置创建了一个 LRU 缓存，其每隔 60s 刷新，最多存储为 512 个对象，且返回的对象被认为是只读的。

cache 元素用来开启当前 mapper 的 namespace 下的二级缓存。该元素的属性设置如下。

（1）flushlntervaio：刷新间隔。它可以被设置为任意的正整数，且代表一个合理的毫秒形式的时间段。默认情况下是不设置的，也就是没有刷新间隔，缓存仅仅在调用语句时刷新。

（2）size：缓存数目。它可以被设置为任意正整数，要记住缓存的对象数目和运行环境的可用内存资源数目，其默认值为 1024。

（3）readonly：只读。它的属性可以被设置为 true 或 false。只读的缓存会给所有调用者返回缓存对象的相同实例，因此这些对象不能被修改，就提供了很重要的性能优势。可读/写的缓存会返回缓存对象的拷贝（通过序列化）。虽然会慢一些，但是安全的，因此默认为 false。

（4）eviction：收回策略。它默认为 LRU。有如下几种。

①LRU 最近最少策略，移除最长时间不被使用的对象。

②FIFO 先进先出策略，按对象进入缓存的顺序移除。

③SOFT 软引用策略，移除基于垃圾回收器状态和软引用规则的对象。

④WEAK 弱引用策略，更积极地移除基于垃圾收集器状态和弱引用规则的对象。

提示

使用二级缓存时，与查询结果映射的 Java 对象必须实现 java.io.Serializable 接口的序列化和反序列化操作，如果存在父类，其成员就都需要实现序列化接口。实现序列化接口是为了对缓存数据进行序列化和反序列化操作，因为二级缓存数据存储介质多种多样，不一定在内存卡中，有可能是硬盘或者远程服务器。二级缓存的测试代码见示例 17。

。

【示例 18】TestCache2.java

```
    @Test
    public void testCache(){
        try {
            //使用工厂类获得 SqlSession 对象
            SqlSession sqlSession1 = MyBatisUtils.createSqlSession();
            // 查询 id 为 1 的 User 对象，会执行 select 语句
            User user1= sqlSession1.getMapper(UserMapper.class).findUserById(1);
            logger.debug(user1);
            // 关闭一级缓存
            sqlSession1.close();

            // 再次访问，重新获取一级缓存，然后才能查找数据，否则会抛出异常，再次获得 UserMapping 对象
            SqlSession sqlSession2  = MyBatisUtils.createSqlSession();
            // 再次访问，因为现在使用的是一个新的 SqlSession 对象，所以会再次执行 select 语句
            User user2 = sqlSession2.getMapper(UserMapper.class).findUserById(1);
            System.out.println(user2);
            // 关闭 SqlSession 对象
            sqlSession2.close();
        } catch (Exception e) {
            e.printStackTrace();
        }
    }
}
```

运行 TestCache2 类的 main 方法，测试 testCache()方法，控制台显示如下：

```
    cn.dsscm.dao.UserMapper.findUserById - ==>  Preparing: SELECT * FROM tb_user u
WHERE u.id = ?
    cn.dsscm.dao.UserMapper.findUserById - ==> Parameters: 1(Integer)
    cn.dsscm.test.UserTest - User [id=1, userCode=admin, userName=系统管理员,
userPassword=123456, birthday=Tue Oct 22 00:00:00 CST 1991, gender=2,
phone=13688889999, email=null, address=北京市海淀区, userDesc="", userRole=1,
createdBy=1, imgPath=null, creationDate=Thu Oct 24 13:01:49 CST 2019, modifyBy=1,
modifyDate=Sun Nov 03 16:40:25 CST 2019, age=null, userRoleName=null]
    ...
    org.apache.ibatis.cache.decorators.LoggingCache - Cache Hit Ratio
[cn.dsscm.dao.UserMapper]: 0.5
    User [id=1, userCode=admin, userName=系统管理员, userPassword=123456, birthday=Tue
Oct 22 00:00:00 CST 1991, gender=2, phone=13688889999, email=null, address=北京市海淀区,
userDesc="", userRole=1, createdBy=1, imgPath=null, creationDate=Thu Oct 24 13:01:49
CST 2019, modifyBy=1, modifyDate=Sun Nov 03 16:40:25 CST 2019, age=null,
userRoleName=null]
```

仔细观察 MyBatis 框架的执行结果，在第 1 次查询 id 为 1 的 User 对象时执行了一条 select 语句，接下来执行了一个 delete 操作，MyBatis 框架为了保证缓存中存储的是最新的信息，会清空一级缓存 SqlSession。当第 2 次获取 id 为 1 的 User 对象时一级缓存 SqlSession 中并没有缓存任何对象，但是因为启用了二级缓存，刚才查询到的数据会被保存到二级缓存中，当 MyBatis 框架在一级缓存中没有找到 id 为 1 的 User 对象时，会去二级缓存中查找，所以不会再次执行 select 语句。

MyBatis 框架中一级缓存和二级缓存的组织如图 5.2 所示。

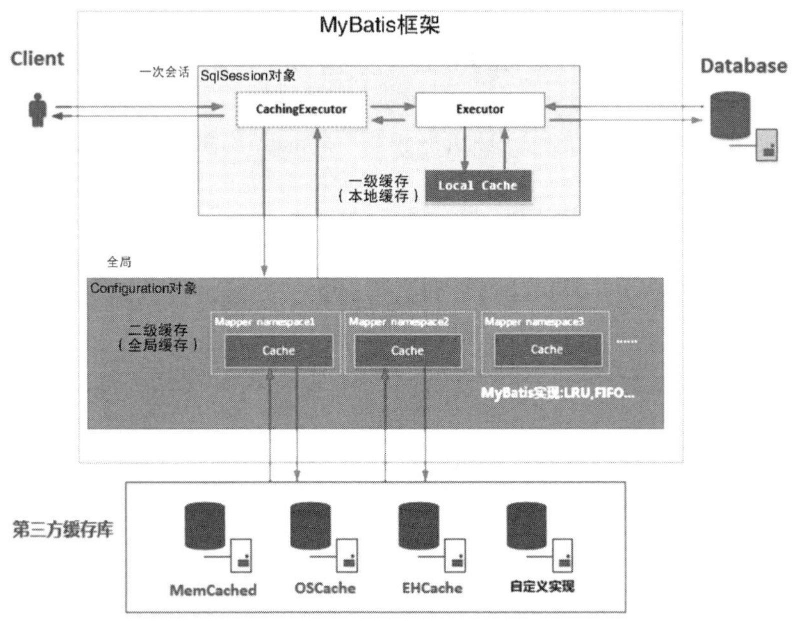

图 5.2　MyBatis 框架的缓存机制示意

5.3.3　技能训练

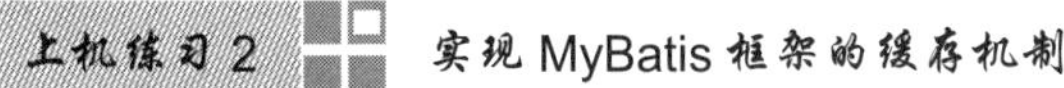

上机练习 2　实现 MyBatis 框架的缓存机制

需求说明

根据本节演示案例实现 MyBatis 框架的缓存机制的应用，实现一级与二级缓存机制测试。

5.4　常用Annotation注解

MyBatis 框架的注解位于 org.apache.ibatis.annotations 包下，常用的注解如下。

（1）Select 映射查询的 SQL 语句。

（2）SelectProviderSelect 语句的动态 SQL 映射。允许指定一个类名和一个方法在执行时返回运行的查询语句。它有两个属性：type 和 method，其中 type 属性是类的完全限定名，method 是该类中的方法名。

（3）Insert 映射插入的 SQL 语句。

（4）InsertProviderInsert 语句的动态 SQL 映射。允许指定一个类名和一个方法在执行时返回运行的插入语句。它有两个属性：type 和 method，其中 type 属性是类的完全限定名，method 是该类中的方法名。

（5）Update 映射更新的 SQL 语句。

（6）UpdateProviderUpdate 语句的动态 SQL 映射。允许指定一个类名和一个方法在执行时返回运行的更新语句。它有两个属性：type 和 method，其中 type 属性是类的完全限定名，method 是该类中的方法名。

（7）Delete 映射删除的 SQL 语句。

（8）DeleteProviderDelete 语句的动态 SQL 映射。允许指定一个类名和一个方法在执行时返回运行的删除语句。它有两个属性：type 和 method，其中 type 属性是类的完全限定名，method 是该类中的方法名。

（9）Result 在列和属性之间的单独结果映射。它的属性包括 id、column、property、javaType、jdbcType、type Handler、one、many，其中 id 属性是一个布尔值，表示是否被用于主键映射。one 属性是单独的联系，与 XML 配置中的<association>相似，而 many 属性是对集合而言的，与 XML 配置的<collection>相似。

（10）Results 多个结果映射（Result）列表。

（11）Options 提供配置选项的附加值，它通常在映射语句上作为附加功能配置出现。

（12）One 复杂类型的单独属性值映射。它必须指定 select 属性，表示已映射的 SQL 语句的完全限定名。

（13）Many 复杂类型的集合属性映射。它必须指定 select 属性，表示已映射的 SQL 语句的完全限定名。

（14）Param 当映射器方法需要多个参数时，这个注解可以被应用于映射器方法参数来给每个参数取一个名字，否则，多参数将会以其顺序位置和 SQL 语句中的表达式进行映射，这是默认的。使用@Param("id")时，SQL 中参数应该被命名为#{id}。

注意

配置文件和接口注释是不能够配合使用的，只能通过全注解的方式或者全部通过 xml 配置文件的方式使用。

5.4.1 “增删改查”注解的使用

@select、@insert、@update 和@delete 可以完成常见的 CRUD（增删改查）SQL 语句映射。使用注解简化 MyBatis 框架对用户表（tb_user）进行“增删改查”。

在 UserMapper.java 中定义了 saveUser、removeUser、modifyUser、selectUserById 和 SelectAllUser 5 个方法，分别插入、删除、更新、根据 id 查询用户和查询所有用户 5 个数据库操作，并使用 Annotation 注解代替了之前的 XML 配置，Annotation 配置中的 SQL 语句与 XML 配置中的 SQL 语句用法一致，此处不再赘述。

1. 查询用户

在 cn.dsscm.dao 包中，创建映射接口 UserMapper.java，并在类中定义相关注解，见示例 19。

【示例 19】UserMapper.java

```
public interface UserMapper {
    //查询所有 User
    @Select("select * from tb_user u")
    public List<User> findAllUser();
    //根据 id 查询 User
    @Select("select * from tb_user u where u.id =#{id}")
    public User findUserById(@Param("id") Integer id );
}
```

修改配置文件 mybatis-config.xml，见示例 20。

【示例 20】mybatis-config.xml

```
<!-- mappers 告诉了 MyBatis 去哪里找持久化类的映射文件 -->
<mappers>
    <mapper class="cn.dsscm.dao.UserMapper"/>
</mappers>
```

在测试类 UserMapperTest.java 中，编写查询全部的测试方法 test1()，见示例 21。

【示例 21】UserMapperTest.java

```
@Test
public void test1(){
    SqlSession sqlSession = null;
    try {
        sqlSession = MyBatisUtils.createSqlSession();
        //查询全部的用户信息
        List<User> list= sqlSession.getMapper(UserMapper.class).findAllUser();
        for (User user : list) {
            logger.debug(user);
        }
    } catch (Exception e) {
        e.printStackTrace();
    }finally{
        MyBatisUtils.closeSqlSession(sqlSession);
    }
}
```

在测试类 UserMapperTest.java 中，编写根据 id 查询的测试方法 test2()，见示例 22。

【示例 22】UserMapperTest.java

```
@Test
public void test2(){
    SqlSession sqlSession = null;
    try {
        sqlSession = MyBatisUtils.createSqlSession();
        //再次查询获取 id=1 的用户信息
        User user= sqlSession.getMapper(UserMapper.class).findUserById(1);
        logger.debug(user);
    } catch (Exception e) {
        e.printStackTrace();
    }finally{
        MyBatisUtils.closeSqlSession(sqlSession);
    }
}
```

调用 test2()方法会执行@Select 注解中的 SQL 语句。@Result 注解用于列和属性之间的结果映射，如果列和属性名称相同，则可以省略@Result 注解，MyBatis 框架会自动进行映射。

2. 添加用户

在 cn.dsscm.dao 包中，创建映射接口 UserMapper.java，并在类中添加插入用户注解，见示例 23。

【示例 23】UserMapper.java

```
    //添加用户
    @Insert("insert into tb_user (userCode,userName,userPassword,gender,birthday,phone,
email, address,userDesc,userRole,createdBy,creationDate,imgPath) values (#{userCode},
#{userName}, #{userPassword}, #{gender},#{birthday},#{phone},#{email}, #{address}, #{userDesc},
#{userRole}, #{createdBy}, #{creationDate},#{imgPath})")
    public int add(User user);
```

调用 saveUser 方法会执行@insert 注解中的 SQL 语句。需要注意的是，saveUser 方法还使用了@Options 标注，属性 useGeneratedKeys=true 表示使用数据库自动增加的主键，该操作需要底层数据库的支持。keyProperty="id"表示将插入数据生成的主键设置到 user 对象的 id 中。

在测试类 UserMapperTest.java 中，编写添加用户的测试方法 addUserTest()，见示例 24。

【示例 24】UserMapper.java

```
@Test
    public void addUserTest() {
        SqlSession sqlSession = null;
        try {
            sqlSession = MyBatisUtils.createSqlSession();
            int count = 0;
```

```
            // 执行添加操作
            //1.创建 User 对象，并向对象中添加数据
            User user = new User();
            user.setUserCode("test001");
            user.setUserName("测试用户 001");
            user.setUserPassword("1234567");
            user.setAddress("地址测试");
            user.setGender(1);
            user.setPhone("13688783697");
            user.setUserRole(1);
            user.setCreatedBy(1);
            // 2.执行 SqlSession 对象的插入方法，返回 SQL 语句影响的行数
            count = sqlSession.getMapper(UserMapper.class).add(user);
            // 3.通过返回结果判断插入操作是否执行成功
            if(count > 0){
                System.out.println("您成功插入了"+count+"条数据！");
            }else{
                System.out.println("执行插入操作失败!!! ");
            }
        } catch (Exception e) {
            e.printStackTrace();
            // 模拟异常，进行回滚
            sqlSession.rollback();
        } finally {
            // 关闭 SqlSession 对象
            sqlSession.close();
        }
    }
```

运行测试类的方法，控制台输出实现效果和前面相同。

3. 更新用户

在 cn.dsscm.dao 包中，创建映射接口 UserMapper.java，并在类中添加修改用户注解，见示例 25。

【示例 25】UserMapper.java

```
    //修改用户
    @Update("update tb_user set userCode=#{userCode}, userName=#{userName}, userPassword=
#{userPassword}, gender=#{gender}, birthday=#{birthday}, phone=#{phone}, email=#{email},
address=#{address}, userDesc=#{userDesc}, userRole=#{userRole}, modifyBy=#{modifyBy},
modifyDate=#{modifyDate}, imgPath=#{imgPath}  where id = #{id}")
    public int modify(User user);
```

在测试类 UserMapperTest.java 中，编写修改用户信息的测试方法 updateUserTest()，见示例 26。

【示例 26】UserMapperTest.java

```
    @Test
    public void updateUserTest() {
        SqlSession sqlSession = null;
        int count = 0;
        try {
            sqlSession = MyBatisUtils.createSqlSession();
            // SqlSession 执行修改操作
            // 1.创建 User 对象，并向对象中修改数据
            User user = new User();
            user.setId(19);
            user.setUserCode("test002");
            user.setUserName("测试用户 002");
            user.setUserPassword("8888888");
            user.setAddress("地址测试");
            user.setGender(1);
            user.setPhone("13612341234");
            user.setUserRole(1);
            user.setModifyBy(1);
            // 2.执行 SqlSession 对象的更新方法，返回 SQL 语句影响的行数
```

```
        count = sqlSession.getMapper(UserMapper.class).modify(user);
        // 3.通过返回结果判断插入操作是否执行成功
        if(count > 0){
            System.out.println("您成功修改了"+count+"条数据！");
        }else{
            System.out.println("执行修改操作失败!!! ");
        }
    } catch (Exception e) {
        e.printStackTrace();
        // 模拟异常，进行回滚
        sqlSession.rollback();
    } finally {
        // 关闭 SqlSession 对象
        sqlSession.close();
    }
}
```

运行测试类的方法，控制台输出实现效果和前面相同。

4. 删除用户

在 cn.dsscm.dao 包中，创建映射接口 UserMapper.java，并在类中添加删除用户注解，见示例 27。

【示例 27】UserMapper.java

```
//根据 id 删除 User
@Delete("delete from tb_user where id =#{id}")
public int deleteUserById(@Param("id") Integer id );
```

在测试类 UserMapperTest.java 中，编写根据 id 删除的测试方法 deleteUserTest()，见示例 28。

【示例 28】UserMapperTest.java

```
@Test
public void deleteUserTest() {
    SqlSession sqlSession = null;
    int count = 0;
    try {
        sqlSession = MyBatisUtils.createSqlSession();
        // SqlSession 执行删除操作
        // 1.执行 SqlSession 对象的更新方法，返回 SQL 语句影响的行数
        count = sqlSession.getMapper(UserMapper.class).deleteUserById(19);
        // 2.通过返回结果判断插入操作是否执行成功
        if(count > 0){
            System.out.println("您成功删除了"+count+"条数据！");
        }else{
            System.out.println("执行删除操作失败!!! ");
        }
    } catch (Exception e) {
        e.printStackTrace();
        // 模拟异常，进行回滚
        sqlSession.rollback();
    } finally {
        // 关闭 SqlSession 对象
        sqlSession.close();
    }
}
```

调用 deleteUserById()方法会执行@Delete 注解中的 SQL 语句。@Param("id")注解表示给该注解后面的变量取一个参数名称，对应@Delete 注解中的#{id}。如果没有使用@Param 注解，则参数将会以其顺序和 SQL 语句的表达式进行映射。运行测试类的方法，控制台输出实现效果和前面相同。

5.4.2 技能训练 1

上机练习 3　使用注解实现商品信息的“增删改查”操作

需求说明

（1）实现商品信息表的增加操作。

（2）实现根据商品 id 修改商品信息的操作。

（3）实现根据商品 id 删除商品信息的操作。

（4）分别实现查询全部商品信息、根据商品 id 查询商品信息。

5.4.3 关联注解的使用

对于表之间的“一对一”、“一对多”与“多对多”的关联查询都可以通过关联注解实现，在实际的开发项目中以使用“一对一”与“一对多”的关联查询为主。

1. 一对一关联

用户角色和用户列表关系，从用户角度关联权限信息是一对一的。MyBatisUtils.java、mybatis-config.xml 和 log4j.properties 等文件请参考前面项目的相关内容，此处不再赘述。

在 cn.dsscm.dao 包中创建映射接口 UserMapper.java，并在类中定义相关注解，见示例 29。

【示例 29】UserMapper.java

```
/**
 * 根据用户权限 id 获取用户列表
 * @return
 */
@Select("SELECT * FROM tb_user WHERE id=#{id}")
@Results({
    @Result(id=true,column="id",property="id"),
    @Result(column="userCode",property="userCode"),
    @Result(column="userName",property="userName"),
    @Result(column="userPassword",property="userPassword"),
    @Result(column="userRole",property="role",
    one=@One(select="cn.dsscm.dao.UserMapper.getRoleById"))
})
public User getUserById(@Param("id")Integer id);

/**
 * 根据 id 获取权限列表
 * @return
 */
@Select("SELECT * FROM tb_role WHERE id=#{id}")
public Role getRoleById(@Param("id")Integer id);
```

getRoleById 方法使用了@Select 注解，其根据 id 查询对应的 User 数据。因为需要将 User 对应的 role 数据也查询出来，所以 User 的 role 属性使用了一个@Result 结果映射，column="userRole", property="role"表示 User 的 role 属性对应 tb_user 表的 userRole 列，其中 one 属性表示是一个一对一关联关系，@One 注解的 select 属性表示需要关联执行的 SQL 语句，fetchType 表示查询的类型是立即加载（EAGER），还是懒加载（LAZY）。

在测试类 UserMapperTest.java 中，编写根据 id 查询的测试方法 getUserListTest()，见示例 30。

【示例 30】UserMapperTest.java

```
@Test
public void getUserListTest(){
```

```
        SqlSession sqlSession = null;
        User user = null;
        try {
            sqlSession = MyBatisUtils.createSqlSession();
            user = sqlSession.getMapper(UserMapper.class).getUserById(3);
        } catch (Exception e) {
            // TODO: handle exception
            e.printStackTrace();
        }finally{
            MyBatisUtils.closeSqlSession(sqlSession);
        }
        logger.debug(user);
    }
```

运行测试方法 getUserListTest()，通过 SqlSession 的 getMapper(Class<T> type)方法获得 Mapper 接口的代理对象 UserMapper。调用 getUserById()方法时会执行该方法的注解。需要注意的是，Person 一对一关联使用注解@one 的 select 属性，要执行的 SQL 语句在 UserMapper 类的 getRoleById 方法注解中，控制台显示如下：

```
    cn.dsscm.dao.UserMapper.getUserById - ==>  Preparing: SELECT * FROM tb_user WHERE
id=?
    cn.dsscm.dao.UserMapper.getUserById - ==> Parameters: 3(Integer)
    ......
    cn.dsscm.dao.UserMapper.getRoleById - ==>  Preparing: SELECT * FROM tb_role WHERE
id=?
    cn.dsscm.dao.UserMapper.getRoleById - ==> Parameters: 2(Integer)
    ......
    cn.dsscm.test.UserMapperTest - getUserListTest userList.size : 1
    cn.dsscm.test.UserMapperTest - userList =====> userName: 张伟, userPassword:0000000,
Role: 2 --- DSSCM_MANAGER --- 经理
```

可以看到，查询 User 信息时 User 对应的 role 对象也被查询出来了。

2. 一对多关联

修改前面案例，获取指定商品类型的相关商品信息列表，具体实现步骤如下。

在 cn.dsscm.dao 包中，创建映射接口 ProductMapper.java，并在类中定义相关注解，见示例 31。

【示例 31】ProductMapper.java

```
    public interface ProductMapper {
        /**
         * 根据 id 获取商品类别列表
         * @return
         */
        @Select("SELECT * FROM tb_product WHERE categoryLevel1Id = #{l1id}")
        public List<Product> getProduct(@Param("l1id")Integer l1id);
    }
```

在 cn.dsscm.dao 包中，创建映射接口 ProductCategoryMapper.java，并在类中定义相关注解，见示例 32。

【示例 32】ProductCategoryMapper.java

```
    public interface ProductCategoryMapper {
        // 根据 id 查询商品类别信息
        @Select("SELECT * FROM tb_product_category  WHERE ID = #{id} ORDER BY id")
        @Results({
            @Result(id=true,column="id",property="id"),
            @Result(column="name",property="name"),
            @Result(column="id",property="products",
            many=@Many(select="cn.dsscm.dao.ProductMapper.getProduct" ))
        })
        public List<ProductCategory> selectById(@Param("id")Integer id);
    }
```

selectById()方法使用了@Select 注解，可根据 id 查询对应的 ProductCategory 数据。因为需要将 ProductCategory 所关联的所有 Product 都查询出来，所以 ProductCategory 的 Product 属性使用了一个@Result 结果映射，其中 column="id"表示使用 id 作为查询条件，property="products"表示 ProductCategory 的 products 属性（该属性是个集合），many 属性表示是一个一对多关联关系，@Many 注解的 select 属性表示需要关联执行的 SQL 语句。此外可以添加 fetchType 属性，表示查询的类型是立即加载（EAGER），还是懒加载（LAZY）。

在测试类 ProductMapperTest.java 中，编写根据 id 查询的测试方法 getProductListTest()，见示例 33。

【示例 33】ProductMapperTest.java

```
@Test
public void getProductListTest(){
    SqlSession sqlSession = null;
    List<ProductCategory> pList = new ArrayList<ProductCategory>();
    try {
        sqlSession = MyBatisUtils.createSqlSession();
        pList = sqlSession.getMapper(ProductCategoryMapper.class).selectById(1);
    } catch (Exception e) {
        e.printStackTrace();
    }finally{
        MyBatisUtils.closeSqlSession(sqlSession);
    }

    logger.debug("getProductListTest pList.size : " + pList.size());
    for (ProductCategory productCategory : pList) {
        logger.debug("商品类别 ID:"+productCategory.getId()
                + "  商品类别名称 :"+productCategory.getName());
        for (Product product : productCategory.getProducts()) {
            logger.debug(" -- 商品名称: "+product.getName()
                    +"  商品价格:  "+product.getPrice()
                    +"  商品库存: "+product.getStock());
        }
    }
}
```

运行 ProductMapperTest 类的 getProductListTest 方法，该方法通过 SqlSession 的 getMapper (Class<T> type)方法获得 Mapper 接口的代理对象 ProductCategoryMapper。调用 selectById 方法时会执行该方法的注解。需要注意的是，ProductCategory 的一对多关联使用的注解@Many 的 select 属性，要执行的 SQL 语句在 ProductMapper 类的 getProduct 方法的注解中，需要用到关联的对象时才会执行 SQL 语句，控制台显示如下：

```
    cn.dsscm.dao.ProductCategoryMapper.selectById - ==>  Preparing: SELECT * FROM
tb_product_category WHERE ID = ? ORDER BY id
    cn.dsscm.dao.ProductCategoryMapper.selectById - ==> Parameters: 1(Integer)
    ...
    cn.dsscm.dao.ProductMapper.getProduct - ==>  Preparing: SELECT * FROM tb_product
WHERE categoryLevel1Id = ?
    cn.dsscm.dao.ProductMapper.getProduct - ==> Parameters: 1(Integer)
    ......
    cn.dsscm.test.ProductMapperTest - getProductListTest pList.size : 1
    cn.dsscm.test.ProductMapperTest - 商品类别 ID:1  商品  类别名称:食品
    cn.dsscm.test.ProductMapperTest -  -- 商品名称: 苹果  商品价格: 5.00  商品库存: 100.00
    cn.dsscm.test.ProductMapperTest -  -- 商品名称: 西瓜  商品价格: 2.50  商品库存: 500.00
    cn.dsscm.test.ProductMapperTest -  -- 商品名称: 德芙巧克力  商品价格: 5.00  商品库存: 100.00
```

可以看到，先查询 id 为 1 的 ProductCategory 数据，当使用 ProductCategory 关联的 Product 数据时才可执行根据一级商品类别 id 查询商品的 SQL 语句。

5.4.4　技能训练 2

上机练习 4　使用注解获取供应商及其采购订单列表

需求说明

（1）在上机练习 3 的基础上，使用采购订单关联供应商信息（一对一）。

（2）根据指定的供应商（id）查询出其相关信息，以及其下所有的订单列表（一对多）。

（3）查询结果列显示：供应商 id、供应商编码、供应商名称、供应商联系人、供应商联系电话、订单列表信息（订单编码、商品名称、订单金额、是否付款）。

5.4.5　动态SQL

MyBatis 框架的注解可支持动态 SQL。MyBatis 框架提供了各种注解来帮助构建动态 SQL 语句，如@InsertProvider、@UpdateProvider、@DeleteProvider 和@SelectProvider。可使用 MyBatis 执行这些 SQL 语句。这 4 个 Provider 注解都有 type 属性，该属性指定了一个类。其中 method 属性指定该类的方法，可用来提供需要执行的 SQL 语句。动态 SQL provider 方法可以接收以下参数：

（1）无参数；

（2）java 对象；

（3）java.util.Map。

注意

当只有一个参数时可以直接使用。但如果在方法中使用了@Param 注解，那么相应的方法必须接受 Map<String, Object>为参数。在超过一个参数的情况下，@SelectProvide 方法必须接受 Map<String,Object>为参数。如果参数使用了@Param 注解，则参数在 Map 中应以@Param 的值为 key，如示例 34 中的 userName。如果参数没有使用@Param 注解，则在 Map 中以参数的顺序为 key。

1. 查询用户列表——使用字符串拼接

修改案例，根据用户名（userName）与用户权限类型（roleId）查询用户列表信息列表，具体实现步骤如下。

在 cn.dsscm.dao 包中，创建映射接口 UserMapper.java，并在类中定义相关注解，见示例 34。

【示例 34】UserMapper.java

```
public interface UserMapper {
    /**
     * 查询用户列表
     * @param userName
     * @param roleId
     * @return
     */
    @SelectProvider(type=UserDynaSqlProvider.class, method="getUserList")
    public List<User> getUserList(@Param("userName")String userName,@Param("userRole")
Integer roleId);
}
```

在 cn.dsscm.dao 包中，创建 SQL 语句拼接的类文件 UserDynaSqlProvider.java，处理动态 SQL 语句，见示例 35。

【示例 35】UserDynaSqlProvider.java

```
public class UserDynaSqlProvider {
    public String getUserList(Map<String, Object> para) {
        String sql = "SELECT * FROM tb_user WHERE 1=1 ";
```

```
        if(null!=para.get("userName") && !"".equals(para.get("userName"))){
            sql += " AND userName like CONCAT ('%',#{userName},'%') ";
        }
        if(null!=para.get("userRole")){
            sql += " AND userRole = #{userRole} ";
        }
        return sql;
    }
```

在测试类 UserMapperTest.java 中，编写根据用户名（userName）与用户权限类型（roleId）动态查询的测试方法 testGetUserList()，见示例 36。

【示例 36】UserMapperTest.java

```
@Test
public void testGetUserList() {
    logger.debug("testGetUserList !===================");
    SqlSession sqlSession = null;
    List<User> userList = new ArrayList<User>();
    try {
        sqlSession = MyBatisUtils.createSqlSession();
        String userName = "张";
        Integer roleId =null;
        userList=sqlSession.getMapper(UserMapper.class).getUserList(userName, roleId);
        for (User user : userList) {
            logger.debug(user);
        }
    } catch (Exception e) {
        e.printStackTrace();
    } finally {
        MyBatisUtils.closeSqlSession(sqlSession);
    }
}
```

调用 testGetUserList()方法，可执行@Select 注解中的 SQL 语句。@Result 注解用于列和属性之间的结果映射，如果列和属性名称相同，则可以省略@Result 注解，MyBatis 会自动进行映射。运行测试类的方法，控制台输出实现的效果如下：

```
    cn.dsscm.dao.UserMapper.getUserList - ==> Preparing: SELECT * FROM tb_user WHERE
1=1 AND userName like CONCAT ('%',?,'%')
    cn.dsscm.dao.UserMapper.getUserList - ==>Parameters: 张(String)
    cn.dsscm.test.UserMapperTest - User [id=3, userCode=zhangwei, userName=张伟,
userPassword=0000000, birthday=Sun Jun 05 00:00:00 CST 1994, gender=2,
phone=18567542321, email=null, address=北京市朝阳区, userDesc=null, userRole=2,
createdBy=1, imgPath=null, creationDate=Thu Oct 24 13:01:51 CST 2019, modifyBy=null,
modifyDate=null, age=null, userRoleName=null]
    cn.dsscm.test.UserMapperTest - User [id=4, userCode=zhanghua, userName=张华,
userPassword=0000000, birthday=Tue Jun 15 00:00:00 CST 1993, gender=1,
phone=13544561111, email=null, address=北京市海淀区, userDesc=null, userRole=3,
createdBy=1, imgPath=null, creationDate=Thu Oct 24 13:01:51 CST 2019, modifyBy=null,
modifyDate=null, age=null, userRoleName=null]
    ...
```

从运行结果中可以看出，由于在测试方法中只传入了用户名，而没有传入其他值，所以只拼接了用户名的模糊查询，其他参数没有拼接。

2. 查询用户列表——使用注解动态SQL类

使用字符串拼接的方法构建 SQL 语句是非常困难的，并且容易出错。所以 MyBaits 提供了一个 SQL 工具类 org.apache.ibatis.jdbc.SQL，该类不使用字符串拼接的方式，并且以合适的空格前缀和后缀来构造 SQL 语句。注解动态 SQL 类的常用方法如表 5-1 所示。

表 5-1　注解动态 SQL 类的常用方法

方　　法	说　　明
T SELECT(String columns)	开始或追加 SELECT 子句，参数通常是一个逗号分隔的列表列
T FROM(String table)	启动或追加 FROM 子句，可以调用超过一次，这些参数通常是一个表名
T JOIN(String join)	向 JOIN 子句添加一个新的查询条件，该参数通常是一个表，也可以包括一个标准的连接返回的结果集
T INNER_JOIN(String join)	同 JOIN 子句，连接方式是内连接（INNER_JOIN）
T LEFT_OUTER_JOIN(String join)	同 JOIN 子句，连接方式是左外连接（LEFT_OUTER_JOIN）
T RIGHT_OUTER_J0IN(String join)	同 JOIN 子句，连接方式是右外连接（RIGHT_OUTER_JOIN）
T WHERE(String conditions)	追加一个新的 WHERE 子句条件，可以多次调用
T OR()	使用 OR 拆分当前 WHERE 子句条件，可以不止一次被调用
T AND()	使用 AND 拆分当前 WHERE 子句条件，可以不止一次被调用
T GROUP_BY(String columns)	追加一个新的 GROUP_BY 子句元素
T HAVING(String conditions)	追加一个新的 HAVING 子句条件
T ORDER_BY(String columns)	追加一个新的 ORDER_BY 子句元素
T INSERTJNTO(String tableName)	启动 INSERT 语句插入到指定表，应遵循由一个或多个 VALUES()调用
T VALUES(String columns,String values)	追加的 INSERT 语句，第一个参数是要插入的列，第二个参数是插入的值
T DELETE_FROM(String table)	启动 DELETE 语句，并指定表删除
T UPDATE(String table)	启动一个更新（UPDATE）语句，并指定表更新
T SET(String sets)	追加一个更新语句 SET 列表

修改示例，使用注解动态 SQL 类生成 SQL 语句。在 cn.dsscm.dao 包中，创建映射接口 UserMapper.java，并在类中定义相关注解，见示例 37。

【示例 37】UserMapper.java

```
@SelectProvider(type=UserDynaSqlProvider.class, method="getUserList2")
public List<User> getUserList2(@Param("userName")String userName,@Param("userRole")
Integer roleId);
```

在 cn.dsscm.dao 包中，创建 SQL 语句拼接的类文件 UserDynaSqlProvider.java，处理动态 SQL 语句，见示例 38。

【示例 38】UserDynaSqlProvider.java

```
public String getUserList2(final Map<String, Object> para) {
    return new SQL(){
        {
            SELECT("*");
            FROM("tb_user");
            if(null!=para.get("userName") && !"".equals(para.get("userName"))){
                WHERE(" userName like CONCAT ('%',#{userName},'%') ");
            }
            if(null!=para.get("userRole")){
                WHERE(" userRole = #{userRole} ");
            }
        }
    }.toString();
}
```

在测试类 UserMapperTest.java 中，编写根据用户名（userName）与用户权限类型（roleId）动态查询的测试方法 testGetUserList2()，见示例 39。

【示例 39】UserMapperTest.java

```
@Test
public void testGetUserList2() {
    logger.debug("testGetUserList !===================");
```

```
        SqlSession sqlSession = null;
        List<User> userList = new ArrayList<User>();
        try {
            sqlSession = MyBatisUtils.createSqlSession();
            String userName = "张";
            Integer roleId =3;
            userLis =sqlSession.getMapper(UserMapper.class).getUserList2(userName, roleId);
            for (User user : userList) {
                logger.debug(user);
            }
        } catch (Exception e) {
            e.printStackTrace();
        } finally {
            MyBatisUtils.closeSqlSession(sqlSession);
        }
    }
```

调用 testGetUserList2()方法可执行@Select 注解中的 SQL 语句。@Result 注解用于列和属性之间的结果映射，如果列和属性名称相同，则可以省略@Result 注解，MyBatis 框架会自动进行映射。运行测试类的方法，控制台输出的实现效果如下：

```
    cn.dsscm.dao.UserMapper.getUserList2 - ==>Preparing: SELECT * FROM tb_user WHERE
( userName like CONCAT ('%',?,'%') AND userRole = ? )
    cn.dsscm.dao.UserMapper.getUserList2 - ==>Parameters: 张(String), 3(Integer)
    cn.dsscm.test.UserMapperTest - User [id=4, userCode=zhanghua, userName=张华,
userPassword=0000000, birthday=Tue Jun 15 00:00:00 CST 1993, gender=1,
phone=13544561111, email=null, address=北京市海淀区, userDesc=null, userRole=3,
createdBy=1, imgPath=null, creationDate=Thu Oct 24 13:01:51 CST 2019, modifyBy=null,
modifyDate=null, age=null, userRoleName=null]
    cn.dsscm.test.UserMapperTest - User [id=9, userCode=zhangchen, userName=张晨,
userPassword=0000000, birthday=Fri Mar 28 00:00:00 CST 1986, gender=1,
phone=18098765434, email=null, address=北京市朝阳区, userDesc=null, userRole=3,
createdBy=1, imgPath=null, creationDate=Thu Oct 24 13:01:55 CST 2019, modifyBy=1,
modifyDate=Thu Nov 14 14:15:36 CST 2019, age=null, userRoleName=null]
```

查看 MyBatis 框架执行的 SQL 语句，因为 Map 中只设置了 userName 和 userRole，所以执行的 SQL 语句是“WHERE(userName like CONCAT ('%',?,'%') AND userRole = ?)”。通过使用多种不同的参数组合测试 testGetUserList2()方法，观察控制台 SQL 语句，以便更好地理解动态 SQL 查询。

3. 修改用户信息

修改前面案例，根据修改用户信息，具体实现步骤如下。

在 cn.dsscm.dao 包中，创建映射接口 UserMapper.java，并在类中定义相关注解，见示例 40。

【示例 40】UserMapper.java

```
/**
 * 根据用户 id 修改用户信息
 * @param user
 * @return
 */
@UpdateProvider(type=UserDynaSqlProvider.class, method="modify")
public int modify(User user);
```

在 cn.dsscm.dao 包中，创建 SQL 语句拼接的类文件 UserDynaSqlProvider.java，处理修改用户信息动态 SQL 语句，见示例 41。

【示例 41】UserDynaSqlProvider.java

```
public String modify(User user){
    return new SQL(){
        {
            UPDATE("tb_user");
            if(user.getUserCode() != null){
```

```
                SET("userCode = #{userCode}");
            }
            if(user.getUserName() != null){
                SET("userName = #{userName}");
            }
            if(user.getUserPassword() != null){
                SET("userPassword = #{userPassword}");
            }
            if(user.getBirthday() != null){
                SET("birthday = #{birthday}");
            }
            if(user.getGender() != null){
                SET("gender = #{gender}");
            }
            if(user.getPhone() != null){
                SET("phone = #{phone}");
            }
            if(user.getEmail() != null){
                SET("email = #{email}");
            }
            if(user.getAddress() != null){
                SET("address = #{address}");
            }
            if(user.getUserRole() != null){
                SET("userRole = #{userRole}");
            }
            WHERE(" id = #{id} ");
        }
    }.toString();
  }
}
```

在测试类 UserMapperTest.java 中，编写根据 id 修改用户信息的测试方法 testUpdateUserList()，见示例 42。

【示例 42】UserMapperTest.java

```
@Test
public void testUpdateUserList() {
    logger.debug("testModifyUser !===================");
    SqlSession sqlSession = null;
    int count = 0;
    try {
        sqlSession = MyBatisUtils.createSqlSession();
        User user = new User();
        user.setId(15);
        user.setUserCode("test");
        user.setUserName("测试用户修改");
        user.setUserPassword("1234567");
        user.setAddress("地址测试修改");
        user.setModifyBy(1);
        user.setModifyDate(new Date());
        sqlSession = MyBatisUtils.createSqlSession();
        count = sqlSession.getMapper(UserMapper.class).modify(user);
        if(count==1){
            System.out.println("修改用户成功! ");
        }else{
            System.out.println("修改用户失败! ");
        }
    } catch (Exception e) {
        e.printStackTrace();
    } finally {
        MyBatisUtils.closeSqlSession(sqlSession);
    }
}
```

调用 testUpdateUserList()方法可执行@UpdateProvider 注解中的 SQL 语句。运行测试类的方法，

控制台输出的实现效果如下：

```
    cn.dsscm.dao.UserMapper.modify  - ==>Preparing: UPDATE tb_user SET userCode = ?,
userName = ?, userPassword = ?, address = ? WHERE ( id = ? )
    cn.dsscm.dao.UserMapper.modify  - ==>Parameters: test(String), 测试用户修改(String),
1234567(String), 地址测试修改(String), 15(Integer)
    修改用户成功!
```

查看 MyBatis 框架执行的 SQL 语句，因为 User 中只设置了 id、userName 和 userRole 等参数，所以执行的 SQL 语句是“SET userCode = ?, userName = ?, userPassword = ?, address = ? WHERE (id = ?)”。通过使用多种不同的参数组合测试方法，观察控制台 SQL 语句，以便更好地理解动态 SQL 修改操作。

5.4.6 技能训练 3

上机练习 5　使用注解实现采购订单表的“增删改查”操作

需求说明

（1）实现采购订单表的增加操作。

（2）实现根据供应商 id 修改采购订单表信息的操作。

（3）实现根据供应商 id 删除采购订单表信息的操作。

注意

createBy、creationDate、modifyDate、modifyBy 这 4 个字段应根据方法进行增加或者修改的操作。

5.4.7 二级缓存

修改案例，根据用户 id 查询用户列表信息列表，使用二级缓存，具体实现步骤如下。

在 cn.dsscm.dao 包中创建映射接口 UserMapper.java，并在类中定义相关注解，见示例 43。

【示例 43】UserMapper.java

```java
import org.apache.ibatis.annotations.CacheNamespace;
import org.apache.ibatis.annotations.Delete;
import org.apache.ibatis.annotations.Options;
import org.apache.ibatis.annotations.Select;
import org.apache.ibatis.cache.decorators.LruCache;

@CacheNamespace(eviction=LruCache.class,flushInterval=60000,size=512,readWrite=true)
public interface UserMapper {

    // 根据 id 查询 User
    @Select("SELECT * FROM tb_user WHERE id = #{id}")
    @Options(useCache=true)
    User selectUserById(Integer id);

    // 根据 id 删除 User
    @Delete("DELETE FROM TB_USER WHERE id = #{id}")
    void deleteUserById(Integer id);

}
```

在 UserMapper.java 中将 XML 配置文件的信息改写成注解。在配置“@CacheNamespace(eviction=LruCache.class,flushInterval=60000,size=512,readWrite=true)”中，eviction=LruCache.class 表示使用回收策略的 class，所有回收策略的类型都位于 org.apache.ibatis.cache.decorators 包下，

flushInterval=60000 表示刷新间隔，size=512 表示刷新数目，readWrite=true 表示只读。其基本与前面配置属性相同。

在测试类 UserMapperTest.java 中，编写根据 id 修改用户信息的测试方法 test()，见示例 44。

【示例 44】UserMapperTest.java

```
@Test
public void test() {
    try {
        // 使用工厂类获得 SqlSession 对象
        SqlSession sqlSession1 = MyBatisUtils.createSqlSession();
        // 获得 UserMapping 对象
        UserMapper um = sqlSession1.getMapper(UserMapper.class);
        // 查询 id 为 1 的 User 对象，会执行 select 语句
        User user = um.selectUserById(3);
        System.out.println(user);
        // 关闭一级缓存
        sqlSession1.close();
        // 重新获取一级缓存
        SqlSession sqlSession2 = MyBatisUtils.createSqlSession();
        // 再次获得 UserMapping 对象
        um = sqlSession2.getMapper(UserMapper.class);
        // 再次查询 id 为 1 的 User 对象，虽然现在使用的是一个新的 SqlSession 对象
        // 因二级缓存中缓存了数据，所以不会再次执行 select 语句
        User user2 = um.selectUserById(3);
        System.out.println(user2);
        // 关闭 SqlSession 对象
        sqlSession2.close();
    } catch (Exception e) {
        e.printStackTrace();
    }
}
```

运行测试类的方法，控制台输出的实现效果如下：

```
cn.dsscm.dao.UserMapper.selectUserById - ==>  Preparing: SELECT * FROM tb_user
WHERE id = ?
cn.dsscm.dao.UserMapper.selectUserById - ==> Parameters: 3(Integer)
User [id=3, userCode=zhangwei, userName=张伟, userPassword=0000000, birthday=Sun Jun
05 00:00:00 CST 1994, gender=2, phone=18567542321, email=null, address=北京市朝阳区,
userDesc=null, userRole=2, createdBy=1, imgPath=null, creationDate=Thu Oct 24 13:01:51
CST 2019, modifyBy=null, modifyDate=null, age=null, userRoleName=null]
org.apache.ibatis.transaction.jdbc.JdbcTransaction - Closing JDBC Connection
[com.mysql.jdbc.JDBC4Connection@2e1551b0]
org.apache.ibatis.datasource.pooled.PooledDataSource - Returned connection
773149104 to pool.
org.apache.ibatis.cache.decorators.LoggingCache - Cache Hit Ratio
[cn.dsscm.dao.UserMapper]: 0.5
User [id=3, userCode=zhangwei, userName=张伟, userPassword=0000000, birthday=Sun Jun
05 00:00:00 CST 1994, gender=2, phone=18567542321, email=null, address=北京市朝阳区,
userDesc=null, userRole=2, createdBy=1, imgPath=null, creationDate=Thu Oct 24 13:01:51
CST 2019, modifyBy=null, modifyDate=null, age=null, userRoleName=null]
```

仔细观察 MyBatis 框架的执行结果，发现在第一次查询 id 为 3 的 User 对象时执行了一条 select 语句，接下来执行了一个关闭操作，MyBatis 框架为了保证缓存中存储的信息，会清空缓存 SqlSession。当第 2 次获取 id 为 3 的 User 对象时，因为启用了二级缓存，刚才查询到的数据会被保存到二级缓存中，所以不会再次执行 select 语句。

本章总结

- MySQL 对分页的支持是通过 limit 子句实现的。MySQL 的分页功能是基于内存的分页，即先查出来所有记录，再按起始位置和页面容量取出结果。
- 通过 RowBounds 实现分页与通过数组方式分页原理差不多，都是先一次获取所有符合条件的数据，然后在内存中对大数据进行操作，实现分页效果。
- 事务是一个最小的逻辑执行单元，整个事务不能分开执行，要么同时执行，要么同时放弃执行。
- MyBatis 的事务设计重点是 org.apache.ibatis.transaction.Transaction 接口，Transaction 接口有两个实现类，分别是 org.apache.ibatis.transaction.jdbc.JdbcTransaction 和 org.apache.ibatis.transaction.managed.ManagedTransaction。
- MyBatis 将数据缓存设计成两级结构，即一级缓存和二级缓存。一级缓存的作用域 scope 是 SqlSession，它是 Session 会话级别的缓存。二级缓存是 Application 应用级别的缓存，它的作用范围是整个 Application 应用，也称全局缓存。
- 一级缓存是 SQL 语句的缓存，二级缓存是结果对象的缓存。
- MyBatis 的注解位于 org.apache.ibatis.annotations 包下。

本章作业

一、选择题

1. 下列关于分页功能描述错误的是（　　）。

   A. 在 Web 开发过程中涉及表格时，如果数量太多就会产生分页的需求，该需求只能通过后端分页方式实现

   B. 通过 SQL 语句实现分页只需要改变查询的语句就能实现

   C. 通过 SQL 语句实现分页功能是基于内存的分页，即先查出所有记录，再按起始位置和页面容量取出结果

   D. MyBatis 框架不仅支持分页，还内置了一个专门处理分页的类 RowBounds

2. 下列关于使用 PageHelper 插件实现分页描述错误的是（　　）。

   A. 需要使用 pagehelper.jar 与 jsqlparser.jar

   B. 在配置 PageHelper 的属性中 dialect 标识的是哪一种数据库，即必须标明该属性不能省略

   C. 修改 MyBatis 配置文件 mybatis-config.xml，需要注意<plugins>标签放的位置应在<typeAliases>后<environments>前

   D. 在使用 PageHelper 插件实现分页时，MyBatis 还需要自己写 limit 子句实现

3. 下列关于 MyBatis 框架注解描述错误的是（　　）。

   A. MyBatis 的注解位于 org.apache.ibatis.annotations 包中

   B. @select、@insert、@update 和@delete 可以完成常见的 CRUD（增删改查）SQL 语句映射

   C. 注解只能实现“一对一”与“一对多”的关联查询

   D. MyBatis 框架中可以使用@InsertProvider、@UpdateProvider、@DeleteProvider 和@SelectProvider 等注解支持动态 SQL

4. 下列关于 MyBatis 框架事务管理说法错误的是（　　）。
   A. 事务具备 4 个特性：原子性（Atomicity）、一致性（Consistency）、隔离性（Isolation）和持续性（Durability）
   B. 对数据库的事务而言，只需要具有创建（create）、提交（commit）、回滚（rollback）这 3 个动作
   C. MyBatis 框架的事务设计重点是 org.apache.ibatis.transaction.Transaction 接口，Transaction 接口有两个实现类，分别是 org.apache.ibatis.transaction.jdbc.JdbcTransaction 和 org.apache.ibatis.transaction.managed.ManagedTransaction
   D. MyBatis 框架设计了 org.apache.ibatis.transaction.TransactionFactory 接口和两个实现类 org.apache.ibatis. transaction.jdbc.JdbcTransactionFactory 和 org.apache.ibatis.transaction.managed.ManagedTransactionFactory 用来获取事务的实例对象
5. 下列关于 MyBatis 框架的缓存机制说法错误的是（　　）。
   A. MyBatis 框架可提供默认基于 Java HashMap 的缓存实现，以及与 OSCache、Ehcache、Hazelcast 和 Memcached 连接的默认连接器
   B. 一级缓存是 Session 会话级别的缓存，位于表示一次数据库会话的 SqlSession 对象之中，又称本地缓存
   C. 二级缓存是 Application 应用级别的缓存，它的生命周期很长，其作用范围是整个 Application 应用
   D. 一级缓存是结果对象的缓存，二级缓存是 SQL 语句的缓存

二、简答题

1. 简述事务的特性。
2. 简述 MyBatis 框架的数据缓存。

三、操作题

1. 使用 MyBatis 框架实现百货中心供应链管理系统中商品表（tb_product）的分页查询列表的操作。

2. 使用 MyBatis 框架注解实现百货中心供应链管理系统中新闻表（tb_news）的“增删改查”的操作。

第 6 章
初识 Spring 框架

本章目标

◎ 了解 Spring 框架的概念和优点
◎ 理解 Spring 框架中的 IoC 和 DI 思想
◎ 掌握 ApplicationContext 容器的使用
◎ 掌握属性 setter 方法注入的实现

本章简介

前面学习了 MyBatis 框架，了解了 Java 持久化框架的基本知识。从本章开始学习一个非常著名的轻量级企业级开源框架——Spring，它不仅能构建规范、优秀的应用程序，还能简化烦琐的编码过程，Spring 框架已经发展成为一个功能丰富且易用的集成框架，其核心是一个完整的基于控制反转（IoC）的轻量级容器，用户可以使用它建立自己的应用程序。Spring 提供了大量实用的服务，将很多高质量的开源项目集成到统一的框架中。本章将带领大家初步接触 Spring 框架的两个核心概念——IoC 和 AOP，感受 Spring 框架的神奇魅力。

技术内容

Spring 框架是当前主流的 Java Web 开发框架，它是为了解决企业应用开发复杂性的问题而产生的。对于一个 Java 开发人员来说，掌握 Spring 框架的使用已是必备的技能之一。下面将对 Spring 框架的基础知识进行详细讲解。

6.1 Spring框架概述

6.1.1 企业级应用开发

在学习 Spring 框架前，首先了解一下企业级应用。企业级应用是指那些为商业组织、大型企业而创建并部署的解决方案及应用。这些大型企业级应用的结构复杂，涉及的外部资源众多事务密集、数据规模大、用户数量多，有较强的安全性考虑和较高的性能要求。当代的企业级应用并不是一个个独立的系统，一般都会部署多个进行交互的应用，同时这些应用又都有可能与其他企业的相关应用连接，从而构成一个结构复杂的、跨越 Internet 的分布式企业应用的集群。

此外，作为企业级应用，不但要有强大的功能，还要能够满足未来业务需求的变化，即易于扩展和维护。传统 Java EE 解决企业级应用问题时的“重量级”架构体系，使它的开发效率、开发难度和实际的性能都令人失望。正在人们苦苦寻找解决办法的时候，Spring 框架以一个“救世主”的形象出现在广大 Java 程序员面前。说到 Spring 框架就得提到它的作者 Rod Johnson，2002 年他出版了《Expert One-on-One Java EE 设计与开发》，在书中，他对传统的 Java EE 技术日益臃肿和低效提出了质疑，他觉得应该有更便捷的做法，于是提出了 Interface 21，也就是 Spring 框架的雏形。他提出了技术以实用为准的主张，引发了人们对“正统”Java EE 的反思。2003 年 2 月，Spring 框架正式成为一个开源项目，并发布于 SourceForge 中。

Spring 框架是由 Rod Johnson 组织和开发的一个分层的 Java SE/EE full-stack（一站式）轻量级开源框架，它以 IoC（Inversion of Control，控制反转）和 AOP（Aspect Oriented Programming，面向切面编程）为内核，使用基本的 JavaBean 来完成以前只可能由 EJB（Enterprise Java Beans）完成的工作，取代了 EJB 的臃肿、低效的开发模式。

Spring 框架致力于 Java EE 应用的各种解决方案，而不是仅仅专注于某一层的方案。可以说，Spring 框架是企业应用开发的“一站式”选择，Spring 框架贯穿表现层、业务逻辑层和持久层。在表现层提供了框架 Spring MVC 及与 Struts 的整合功能；在业务逻辑层可以管理事务、记录日志等；在持久层可以整合框架 MyBatis、Hibernates JdbcTemplate 等技术。因此，可以说 Spring 框架是企业应用开发很好的“一站式”选择。虽然 Spring 框架贯穿于表现层、业务逻辑层和持久层，但它并不想取代已有的框架，而是以高度的开放性与其进行无缝整合。

Spring 框架确实给人一种格外清新、爽朗的感觉，仿佛小雨后的绿草丛，既讨人喜欢又蕴藏着勃勃生机。Spring 框架是一个轻量级框架，它大大简化了 Java 企业级开发，提供了强大、稳定的功能，又没有带来额外的负担，让人们在运用它时有得体和优雅的感觉。Spring 框架有两个主要目标：

（1）让现有技术更易于使用；

（2）促进良好的编程习惯（最佳实践）。

虽然 Spring 框架是一个全面的解决方案，但它始终坚持一个原则：不重新发明轮子，即在已经有较好解决方案的领域，Spring 框架绝不做重复性的实现，如对象持久化和 ORM。Spring 只是对现有的 JDBC、MyBatis、Hibernate 等技术提供支持，使之更易用而不是重新做一个实现。

6.1.2　Spring框架的体系结构

Spring 框架采用分层架构包括 20 个模块，这些模块大体分为 Core Container、Data Access/Integration、Web、AOP、Aspects、Instrumentation、Messaging 和 Test，如图 6.1 所示。

Core 是框架最基础的部分，提供了 IoC 特性。Context 为企业级开发提供了便利和集成的工具。AOP 是基于 Spring Core 符合规范的面向切面编程的实现。JDBC 提供了 JDBC 的抽象层，简化了 JDBC 编码，同时使代码更健壮。ORM 对市面上流行的 ORM 框架提供了支持。Web 为 Spring 框架在 Web 应用程序中的使用提供了支持。

在图 6.1 中包含了 Spring 框架的所有模块，本书仅涉及其主要模块。接下来分别对体系结构中的模块作用进行简单介绍。

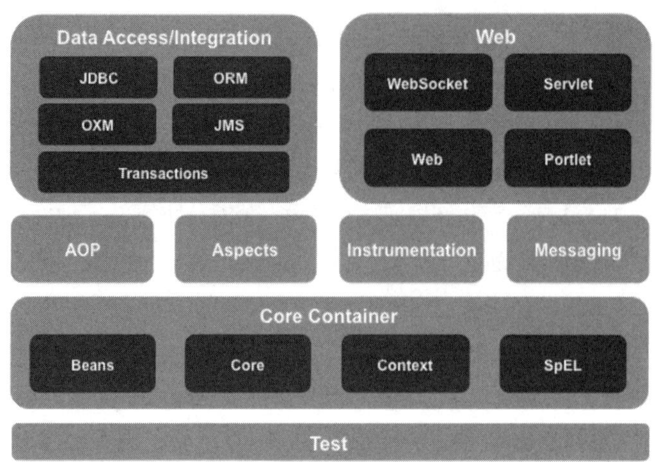

图 6.1 Spring 体系结构

1. Core Container（核心容器）

Spring 框架的核心容器是其他模块建立的基础，它主要由 Beans 模块、Core 模块、Context 模块、Context-support 模块和 SpEL（Spring Expression Language）模块组成，具体介绍如下。

（1）Beans 模块：提供了 BeanFactory，是工厂模式的经典实现。Spring 将管理对象称为 Bean。

（2）Core 核心模块：提供了 Spring 框架的基本组成部分，包括 IoC 和 DI 功能。

（3）Context 模块：建立在 Core 和 Beans 的模块基础之上。它是访问定义和配置任何对象的媒介，其中 ApplicationContext 接口是上下文模块的焦点。

（4）Context-support 模块：提供了对第三方库嵌入 Spring 应用的集成支持，如缓存（EhCache、Guava、JCache）、邮件服务（JavaMail）、任务调度（CommonJ、Quartz）和模板引擎（FreeMarker、JasperReports、速率）。

（5）SpEL 模块：它是 Spring 3.0 版本后新增的模块，提供了 Spring Expression Language 支持，是运行时查询和操作对象图的强大表达式语言。

2. Data Access/Integration（数据访问/集成）

数据访问/集成层包括 JDBC 模块、ORM 模块、OXM 模块、JMS 模块和 Transactions 模块，具体介绍如下。

（1）JDBC 模块：提供了一个 JDBC 的抽象层，大幅度减少了在开发过程中对数据库操作的编码。

（2）ORM 模块：提供了对流行的对象关系映射 API，包括 JPA、JDO 和 Hibernate 提供了集成层支持。

（3）OXM 模块：提供了一个支持对象/ XML 映射的抽象层实现，如 JAXB、Castor、XMLBeans、JiBX 和 XStream。

（4）JMS 模块：提供了 Java 消息传递服务，包含使用和产生信息的特性，自 Spring 4.1 版本后支持与 Spring-message 模块的集成。

（5）Transactions 模块：提供了支持对实现特殊接口，以及所有 POJO 类的编程和声明式的事务管理。

3. Web

Spring 框架的 Web 层包括 WebSocket 模块、Servlet 模块、Web 模块和 Portlet 模块，具体介绍如下。

（1）WebSocket 模块：Spring 4.0 版本后新增的模块，它提供了 WebSocket 和 SockJS 的实现，以及对 STOMP 的支持。

（2）Servlet 模块：也称为 Spring-webmvc 模块，它包含了 Spring 的模型——视图——控制器（MVC）和 REST Web Services 实现的 Web 应用程序。

（3）Web 模块：提供了基本的 Web 开发集成特性，如多文件上传功能、使用 Servlet 监听器初始化 IoC 容器，以及 Web 应用上下文。

（4）Portlet 模块：提供了在 Portlet 环境中使用 MVC 实现，类似 Servlet 模块的功能。

4. 其他模块

Spring 框架的其他模块还有 AOP 模块、Aspects 模块、Instrumentation 模块、Messaging 模块和 Test 模块，具体介绍如下。

（1）AOP 模块：提供了面向切面编程实现，允许定义方法拦截器和切入点，将代码按照功能进行分离，以降低耦合性。

（2）Aspects 模块：提供了与 AspectJ 的集成功能。AspectJ 是一个功能强大且成熟的面向切面编程（AOP）框架。

（3）Instmmentation 模块：提供了类工具的支持和类加载器的实现，可以在特定的应用服务器中使用。

（4）Messaging 模块：Spring 4.0 版本后新增的模块。它提供了对消息传递体系结构和协议的支持。

（5）Test 模块：提供了对单元测试和集成测试的支持。

6.1.3　Spring框架的下载及目录结构

Spring 1.0 版本是在 2004 年发布的，经过 10 多年的发展，Spring 的版本也在不断地升级优化中。本书编写时，Spring 5.2.3 为最新版本，可通过地址“http://repo. spring.io/simple/libs-release-local/org/springframework/spring/”获取。

注意

考虑到该版本对其他开发环境要求太高，本书的项目代码是基于 Spring 3 以上版本编写实现的，对于初学者建议下载 Spring 3、Spring 4 的版本，使用方法类似。

这里以 Spring 3.2.18 版本为例，Spring 框架开发所需的 jar 包分为两个部分，具体如下。

1. Spring框架包

Spring 3.2.18 版本的框架压缩包，名称为 spring-3.2.18.RELEASE-dist.zip，此压缩包可以通过地址“https://repo.spring.io/simple/libs-release-local/org/springframework/spring/3.2.18.RELEASE/”下载。下载完成后，将压缩包解压到自定义的文件夹中，解压后的文件目录结构如图 6.2 所示。

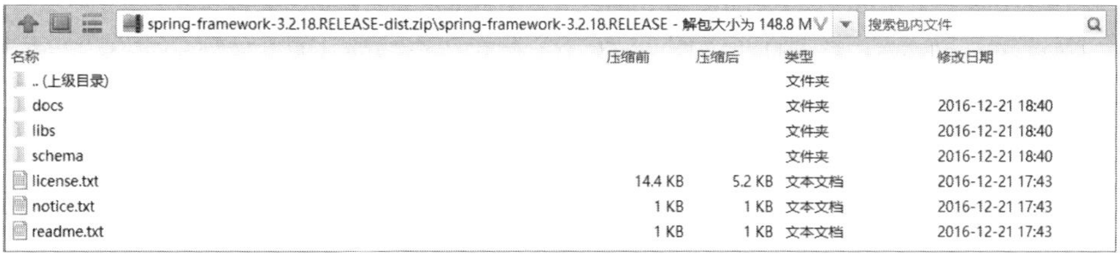

spring-framework-3.2.18.RELEASE-dist.zip\spring-framework-3.2.18.RELEASE - 解包大小为 148.8 MB　搜索包内文件

名称	压缩前	压缩后	类型	修改日期
..(上级目录)			文件夹	
docs			文件夹	2016-12-21 18:40
libs			文件夹	2016-12-21 18:40
schema			文件夹	2016-12-21 18:40
license.txt	14.4 KB	5.2 KB	文本文档	2016-12-21 17:43
notice.txt	1 KB	1 KB	文本文档	2016-12-21 17:43
readme.txt	1 KB	1 KB	文本文档	2016-12-21 17:43

图 6.2　解压后目录

其中，docs 文件夹包含 Spring 的 API 文档和开发规范；libs 文件夹包含开发需要的 jar 包和源码；schema 文件夹包含开发所需要的 schema 文件，这些文件中定义了 Spring 框架相关配置文件的约束。

（1）docs：该文件夹包含 Spring 框架的相关文档，包括 API 参考文档、开发手册。

（2）libs：该文件夹存放 Spring 框架各个模块的 jar 文件，每个模块均提供 3 项内容，即开发所需的 jar 文件、以“-javadoc”后缀表示的 API 和以“-sources”后缀表示的源文件。

（3）schema：配置 Spring 的某些功能时需要用到的 schema 文件，对于已经集成了 Spring 框架的 IDE 环境（如 MyEclipse），这些文件并不需要专门导入。

经验：Spring 框架作为开源框架，提供了相关的源文件。在学习和开发过程中，可以通过阅读源文件，了解 Spring 框架的底层实现。这不仅有利于正确理解和运用 Spring 框架，也有助于开拓思路，提升自身的编程水平。

打开 libs 目录可以看到 57 个 jar 文件，如图 6.3 所示。

spring-framework-3.2.18.RELEASE-dist.zip\spring-framework-3.2.18.RELEASE\libs - 解包大小为 148 搜索包内文件

名称	压缩前	压缩后	类型	修改日期
..(上级目录)			文件夹	
spring-aop-3.2.18.RELEASE.jar	331.2 KB	287.8 KB	Executable Jar File	2016-12-21 17:44
spring-aop-3.2.18.RELEASE-javadoc.jar	771.1 KB	737.8 KB	Executable Jar File	2016-12-21 18:04
spring-aop-3.2.18.RELEASE-sources.jar	335.0 KB	301.5 KB	Executable Jar File	2016-12-21 18:04
spring-aspects-3.2.18.RELEASE.jar	50.2 KB	42.5 KB	Executable Jar File	2016-12-21 17:46
spring-aspects-3.2.18.RELEASE-javadoc.jar	70.0 KB	63.2 KB	Executable Jar File	2016-12-21 18:26
spring-aspects-3.2.18.RELEASE-sources.jar	31.3 KB	25.5 KB	Executable Jar File	2016-12-21 18:26
spring-beans-3.2.18.RELEASE.jar	600.0 KB	535.9 KB	Executable Jar File	2016-12-21 17:44
spring-beans-3.2.18.RELEASE-javadoc.jar	1.2 MB	1.2 MB	Executable Jar File	2016-12-21 18:26
spring-beans-3.2.18.RELEASE-sources.jar	609.4 KB	560.1 KB	Executable Jar File	2016-12-21 18:26
spring-context-3.2.18.RELEASE.jar	847.9 KB	736.4 KB	Executable Jar File	2016-12-21 17:44
spring-context-3.2.18.RELEASE-javadoc.jar	2.1 MB	2.0 MB	Executable Jar File	2016-12-21 18:26
spring-context-3.2.18.RELEASE-sources.jar	1.7 MB	1.5 MB	Executable Jar File	2016-12-21 18:26
spring-context-support-3.2.18.RELEASE.jar	125.8 KB	113.3 KB	Executable Jar File	2016-12-21 17:44
spring-context-support-3.2.18.RELEASE-javadoc.jar	354.8 KB	339.8 KB	Executable Jar File	2016-12-21 18:26
spring-context-support-3.2.18.RELEASE-sources.jar	269.6 KB	246.4 KB	Executable Jar File	2016-12-21 18:26
spring-core-3.2.18.RELEASE.jar	864.8 KB	773.3 KB	Executable Jar File	2016-12-21 17:44
spring-core-3.2.18.RELEASE-javadoc.jar	1.0 MB	1005.8 KB	Executable Jar File	2016-12-21 18:26

大小: 53.1 MB 共 4287 个文件和 359 个文件夹 压缩率 35.7% 已经选择 1 个文件夹

图 6.3 libs 目录

可以看出，libs 目录中的 jar 包分为 3 类，其中以 RELEASE.jar 结尾的是 Spring 框架 class 文件的 jar 包；以 RELEASE-javadoc.jar 结尾的是 Spring 框架 API 文档的压缩包；以 RELEASE-sources.jar 结尾的是 Spring 框架源文件的压缩包。整个 Spring 框架由 19 个模块组成，每个模块都提供了这 3 类压缩包。

在 libs 目录中，有 4 个 Spring 的基础包，它们分别对应 Spring 核心容器的 4 个模块，具体介绍如下。

（1）spring-core-3.2.18.RELEASE.jar：包含 Spring 框架基本的核心工具类。Spring 框架其他组件都要用到这个包里的类，是其他组件的基本核心。

（2）spring-beans-3.2.18.RELEASE.jar：所有应用都要用到的 jar 包。它包含访问配置文件、创建和管理 Bean，以及进行 Inversion of Control(IoC)或者 Dependency Injection(DI)操作相关的所有类。

（3）spring-context-3.2.18.RELEASE.jar：Spring 提供了在基础 IoC 功能上的扩展服务，还提供了许多企业级服务的支持，如邮件服务、任务调度、JNDI 定位、EJB 集成、远程访问、缓存及各种视图层框架的封装等。

（4）spring-expression-3.2.18.RELEASE.jar：定义了 Spring 框架的表达式语言。

2. 第三方依赖包

在使用 Spring 框架开发时，除了使用自带的 jar 包，其核心容器还需要依赖 commons.logging 的 jar 包。该 jar 包可以通过网址“http://commons.apache.org/proper/commons-logging/download_logging.cgi”下载。

下载完成后会得到一个名为 commons-logging-1.2-bin.zip 的压缩包。将压缩包解压到自定义目录后，即可找到 commons-logging-1.2.jar。

初学者学习 Spring 框架时，只需将其 4 个基础包，以及 commons-logging-1.2.jar 复制到项目的 lib 目录，并发布到类路径中即可。

6.1.4　Spring框架的优点

Spring 框架具有简单、可测试和松耦合等特点，从这个角度出发，它不仅可以用于服务器端开发，也可以应用于任何 Java 应用的开发中。关于 Spring 框架优点的总结，具体如下。

（1）非侵入式设计：Spring 框架是一种非侵入式（non-invasive）框架，它可以使应用程序代码对框架的依赖最小化。

（2）方便解耦且简化开发：Spring 框架就是一个大工厂，可以将所有对象的创建和依赖关系的维护工作都交给其容器管理，大大地降低了组件之间的耦合性。

（3）支持：Spring 提供了对 AOP 的支持，它允许将一些通用任务，如安全、事务、日志等进行集中式处理，从而提高了程序的复用性。

（4）支持声明式事务处理：Spring 只需要通过配置就可以完成对事务的管理，而无须手动编程。

（5）方便程序的测试：Spring 框架提供了对 Junit4 的支持，可以通过注解方便地测试程序。

（6）方便集成各种优秀框架：Spring 框架不排斥各种优秀的开源框架，其内部提供了对各种优秀框架（如 Struts、Hibernate、MyBatis、Quartz 等）的直接支持。

（7）降低 Java EE API 的使用难度：Spring 框架对 Java EE 开发中非常难用的一些 API（如 JDBC、JavaMail 等）都提供了封装，使这些 API 的应用难度大大降低。

6.2　Spring框架的核心容器

Spring 框架的主要功能是通过其核心容器来实现的，因此在正式学习 Spring 框架的使用之前，有必要先对其核心容器有一定的了解。Spring 框架提供了两种核心容器，分别为 BeanFactory 和 ApplicationContext。下面将对这两种核心容器进行简单的介绍。

6.2.1　BeanFactory

BeanFactory 由 org.springframework.beans.facytory.BeanFactory 接口定义，是基础类型的 IoC 容器（关于 IoC 的具体含义将在 6.4 节讲解，这里只需知道其表示控制反转即可），它提供了完整的 IoC 服务支持。简单来说，BeanFactory 就是一个管理 Bean 的工厂，它主要负责初始化各种 Bean，并调用它们的生命周期方法。

BeanFactory 接口提供了几个实现类，其中最常用的是 org.springframework.beans.factory.xml.XmlBeanFactory，该类可根据 XML 配置文件中的定义来装配 Bean。

创建 BeanFactory 实例时，需要提供 Spring 框架所管理容器的详细配置信息，这些信息通常采用 XML 文件形式来管理，其加载配置信息的语法为：

```
   BeanFactory beanFactory = new XmlBeanFactory(new FileSystemResources
("F:/applicationContext.xml"));
```

这种加载方式在实际开发中并不常用，了解即可。

6.2.2 ApplicationContext

ApplicationContext 是 BeanFactory 的子接口，也被称为应用上下文，是另一种常用的核心容器。它由 org.springframework.context. ApplicationContext 接口定义，不仅包含了 BeanFactory 的所有功能，还添加了对国际化、资源访问、事件传播等方面的支持。

创建 ApplicationContext 接口实例，通常采用两种方法，具体如下。

1. 通过ClassPathXmlApplicationContext创建

ClassPathXmlApplicationContext 会从类路径 classPath 中寻找指定的 XML 配置文件，找到并装载完成 ApplicationContext 的实例化工作，其使用语法为：

```
    ApplicationContext  applicationContext  =new  ClassPathXmlApplicationContext(String
configLocation);
```

上述代码中，configLocation 参数用于指定 Spring 框架配置文件的名称和位置。如果其值为“applicationContext.xml”，则可去类路径中查找名称为 applicationContext.xml 的配置文件。

2. 通过FileSystemXmlApplicationContext创建

FileSystemXmlApplicationContext 会从指定的文件系统路径（绝对路径）中寻找指定的 XML 配置文件，找到并装载完成 ApplicationContext 的实例化工作，其使用语法为：

```
    ApplicationContext applicationContext =new FileSystemXmlApplicationContext(String
configLocation);
```

与 ClassPathXmlApplicationContext 有所不同的是，在读取 Spring 框架的配置文件时，FileSystemXmlApplicationContext 不再从类路径中读取配置文件，而是通过参数指定配置文件的位置，例如“D:/workspaces/applicationContext.xml”。如果在参数中写的不是绝对路径，那么方法调用时就会默认使用绝对路径来找。这种采用绝对路径的方式会导致程序的灵活性变差，所以并不推荐使用。

在使用 Spring 框架时，可以通过实例化其中任何一个类来创建 ApplicationContext 容器。通常在 Java 项目中，采用通过 ClassPathXmlApplicationContext 类来实例化 ApplicationContext 容器的方式，而在 Web 项目中，ApplicationContext 容器的实例化工作会交由 Web 服务器来完成。Web 服务器实例化 ApplicationContext 容器时，通常会使用基于 ContextLoaderListener 实现的方式，此种方式只需要在 web.xml 中添加代码为：

```
<!-指定 Spring 配置文件的位置，多个配置文件时，以逗号分隔-->
<context-param>
<param-name>contextConfigLocation</param-name>
<!-- Spring 将加载 Spring 目录下的 applicationContext.xml 文件-->
<param-value>classpath:spring/applicationContext.xml</param-value>
</context-param>
<!—指定以 ContextLoaderListener 方式启动 Spring 容器-->
<listener>
<listener-class>org.springframework.web.context.ContextLoaderListener</listener-class>
</listener>
```

在后面讲解三大框架整合及项目时，将采用基于 ContextLoaderListener 的方式由 Web 服务器实例化 ApplicationContext 容器。

创建 Spring 框架容器后就可以获取其中的 Bean，通常采用以下两种方法。

（1）Object getBean(String name)：根据容器中 Bean 的 id 或 name 来获取指定的 Bean，获取之后需要进行强制类型转换。

（2）<T> T getBean(Class<T> requiredType)：根据类的类型来获取 Bean 的实例。由于此方法为

泛型方法，因此在获取 Bean 之后并不需要进行强制类型转换。

BeanFactory 和 ApplicationContext 两种容器都是通过 XML 配置文件加载 Bean 的。二者的主要区别在于，如果 Bean 的某一个属性没有注入，使用 BeanFacotry 加载后，在第一次调用 getBean()方法时会抛出异常，而 ApplicationContext 则在初始化时自检，这样有利于检查所依赖属性是否注入。因此，在实际开发中，通常都优先选择使用 AppHcadonCmKext，而只有在系统资源较少时，才考虑使用 BeanFactory。

6.3　Spring框架的入门程序

通过前面对 Spring 框架核心容器的初步了解，下面通过一个简单的入门程序来演示 Spring 框架的使用，以帮助快速地学习 Spring 框架。开发第一个 Spring 项目，输出“Hello，Spring!”，具体要求如下。

（1）编写 HelloSpring 类输出“Hello，Spring!”。

（2）其中字符串内容“Spring”通过 Spring 框架赋值到 HelloSpring 类中。

1. 实现思路及关键代码

（1）下载 Spring 框架并添加到项目中。

（2）编写 Spring 框架配置文件。

（3）编写代码通过 Spring 框架获取 HelloSpring 实例。

2. 实现步骤

（1）在 MyEclipse 中，创建一个名为 Ch06_01 的 Java 项目，将 Spring 框架的 4 个基础包，以及 commons-logging 的 JAR 包复制到 lib 目录中，需要注意的是，Spring 框架的运行依赖于 commons-logging 组件，需要将相关 jar 文件一并导入，并发布到类路径下。为了方便观察 Bean 实例化过程，可采用 log4j 作为日志输出，因此也应该将 log4j 的 jar 文件添加到项目中，如图 6.4 所示。

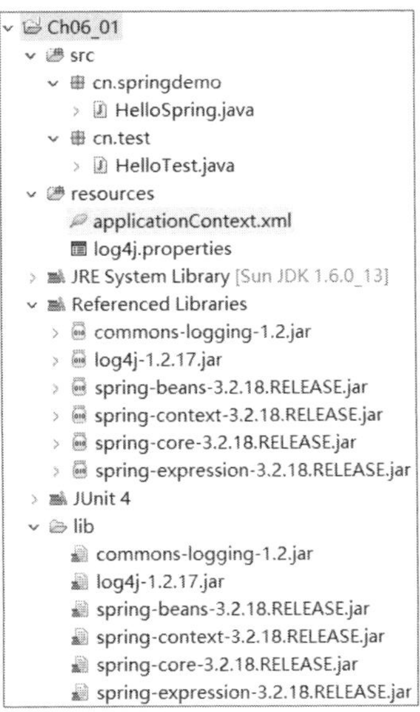

图 6.4　导入 jar 包

（2）在 src 目录下，创建一个 cn.springdemo 包，并在包中创建 HelloSpring.java，然后在类中定义一个 print()方法，见示例 1。

【示例 1】HelloSpring.java

```
public class HelloSpring {
    // 定义 who 属性，该属性的值将通过 Spring 框架进行设置
    private String who = null;
    /**
     * 定义打印方法，输出一句完整的问候
     */
    public void print() {
        System.out.println("Hello," + this.getWho() + "!");
    }
    public String getWho() {
        return who;
    }
    public void setWho(String who) {
        this.who = who;
    }
}
```

（3）在 resources 目录下，为该项目添加 log4j.properties 文件，用来控制日志输出。log4j.properties 文件内容见示例 2。

【示例 2】log4j.properties

```
# rootLogger 是所有日志的根日志,修改该日志属性将对所有日志起作用
# 下面的属性配置中,所有日志的输出级别是 info,输出源是 con
log4j.rootLogger=info,con
# 定义输出源的输出位置是控制台
log4j.appender.con=org.apache.log4j.ConsoleAppender
# 定义输出日志布局采用的类
log4j.appender.con.layout=org.apache.log4j.PatternLayout
# 定义日志输出布局
log4j.appender.con.layout.ConversionPattern=%d{MM-dd HH:mm:ss}[%p]%c%n -%m%n
```

（4）在 resources 目录下，编写 Spring 配置文件。在项目的 classpath 根路径下创建 applicationContext.xml 文件（为便于管理框架的配置文件，可在项目中创建专门的 Source Folder，如 resources 目录，并将 Spring 框架配置文件创建在其根路径下）。在 Spring 框架配置文件中创建一个 id 为 helloSpring 的，且 Bean 为 HelloSpring 类的实例，并为 who 属性注入属性值，见示例 3。

【示例 3】applicationContext.xml

```
<?xml version="1.0" encoding="UTF-8"?>
<beans xmlns="http://www.springframework.org/schema/beans"
    xmlns:xsi="http://www.w3.org/2001/XMLSchema-instance"
    xsi:schemaLocation="http://www.springframework.org/schema/beans
    http://www.springframework.org/schema/beans/spring-beans-3.2.xsd">
    <!-- 通过 Bean 声明需要 Spring 创建的实例。该实例的类型通过 class 属性指定，
        并通过 id 属性为该实例指定一个名称，以便在程序中使用 -->
    <bean id="helloSpring" class="cn.springdemo.HelloSpring">
        <!-- property 用来为实例的属性赋值，此处实际是调用 setWho()方法实现赋值操作 -->
        <property name="who">
            <!-- 此处将字符串“Spring”赋值给 who 属性 -->
            <value>Spring</value>
        </property>
    </bean>
</beans>
```

在上述代码中，第 2~5 行代码是 Spring 框架的约束配置。该配置信息不需要手写，可以在帮助文档中找到。在 Spring 框架配置文件中，使用<bean>元素来定义 Bean（组件）的实例。这个元素有两个常用属性，一个是 id，表示定义 Bean 实例的名称；另一个是 class，表示定义 Bean 实例的类型。第 8 行代码表示在 Spring 框架的容器中创建一个 id 为 helloSpring 的 Bean 实例，其中 class 属性用于指定需要实例化 Bean 的类。

经验：（1）使用<bean>元素定义一个组件时，通常需要使用 id 属性为其指定一个用来访问的唯一名称。如果想为 Bean 指定更多的别名，可以通过 name 属性指定，名称之间使用逗号、分号或空格进行分隔。

（2）在本例中，Spring 框架为 Bean 的属性赋值是通过调用属性的 setter 方法实现的，这种做法称为"设值注入"，而非直接为属性赋值。若属性名为 who，但是 setter 方法名为 setSomebody()时，Spring 配置文件中应写成 name="somebody" 而非 "ameywho" 。所以在为属性和 setter 访问器命名时，一定要注意遵循 JavaBean 的命名规范。

Spring 框架配置文件的名称可以自定义，通常在实际开发中都会将配置文件命名为 applicationContext.xml（有时也会命名为 beans.xml）。

（5）在 cn.test 包下创建测试类 HelloTest，并在类中编写 test1()方法，见示例 4。

【示例 4】HelloTest.java

```
@Test
public void test1(){
    HelloSpring helloSpring = new HelloSpring();
    helloSpring.setWho("Spring");
    helloSpring.print();
}
```

在上述代码中没有使用 Spring 框架，而是直接使用构造方法创建对象 helloSpring。通过 helloSpring 调用 print()方法执行程序后，控制台的输出结果如图 6.5 所示。

```
<terminated> HelloTest.test1 [JUnit] C:\Users\Eleven\MyEclipse\Common\bin
Hello,Spring!
```

图 6.5　运行结果（1）

在 cn.test 包下修改测试类 HelloTest。先在 test2()方法中初始化 Spring 容器，并加载配置文件，然后通过 Spring 容器获取 helloSpring 实例（Java 对象），最后调用实例中的 print()方法，见示例 5。

【示例 5】HelloTest.java

```
import org.junit.Test;
import org.springframework.context.ApplicationContext;
import org.springframework.context.support.ClassPathXmlApplicationContext;

import cn.springdemo.HelloSpring;

public class HelloTest {
    @Test
    public void test2() {
        // 通过 ClassPathXmlApplicationContext 实例化 Spring 的上下文
        ApplicationContext context = new ClassPathXmlApplicationContext
("applicationContext.xml");
        // 通过 ApplicationContext 的 getBean()方法，根据 id 来获取 Bean 的实例
        HelloSpring helloSpring = (HelloSpring) context.getBean("helloSpring");
        // 执行 print()方法
        helloSpring.print();
    }
}
```

执行程序后，控制台的输出结果如图 6.6 所示。

```
<terminated> HelloTest.helloSpring [JUnit] C:\Users\Eleven\MyEclipse\Common\binary\com.sun.java.jdk.win32.x86_64_1.6.0.013\bin\javaw.exe (2020-1-25 下午4:52:07)
01-25 16:52:08[INFO]org.springframework.context.support.ClassPathXmlApplicationContext
 -Refreshing org.springframework.context.support.ClassPathXmlApplicationContext@781f6226: startup date [Sat
01-25 16:52:08[INFO]org.springframework.beans.factory.xml.XmlBeanDefinitionReader
 -Loading XML bean definitions from class path resource [applicationContext.xml]
01-25 16:52:08[INFO]org.springframework.beans.factory.support.DefaultListableBeanFactory
 -Pre-instantiating singletons in org.springframework.beans.factory.support.DefaultListableBeanFactory@214a7
Hello,Spring!
```

图 6.6 运行结果（2）

可以看出，控制台已成功输出了 HelloSpring 类的输出语句。比较示例 4 和示例 5 的输出结果，在示例 5 中多了一些 Spring 框架的日志输出，且在示例 5 的 test2()方法中，并没有通过 new 关键字来创建 HelloSpring 类的对象，而是通过 Spring 容器来获取的实现类对象，这就是 Spring IoC 容器的工作机制。在示例 5 中，ApplicationContext 是一个接口，负责读取 Spring 配置文件，管理对象的加载、生成，以及维护 Bean 对象与 Bean 对象之间的依赖关系，负责 Bean 的生命周期等。ClassPathXmlApplicationContext 是 ApplicationContext 接口的实现类，用于从 classpath 路径中读取 Spring 配置文件。

注意

（1）除了 ClassPathXmlApplicationContext、ApplicationContext 接口还有其他实现类。例如，FileSystemXmlApplicationContext 也可以用于加载 Spring 配置文件，有兴趣的读者可以查阅相关资料，对其的使用方法做一些了解。

（2）除了 ApplicationContext 及其实现类，还可以通过 BeanFactory 接口及其实现类对 Bean 组件实施管理。ApplicationContext 是 BeanFactory 的子接口，可以对企业级开发提供更全面的支持。有兴趣的读者可以自行查阅相关资料，对 BeanFactory 与 ApplicationContext 的区别与联系做更多的了解。

通过“Hello，Spring!”的例子，可以发现 Spring 框架会自动接管配置文件中 Bean 的创建和为属性赋值的工作。Spring 框架在创建 Bean 的实例后，会调用相应的 setter 方法为实例设置属性值。实例的属性值将不再由程序中的代码主动创建和管理，而改为被动接受 Spring 框架的注入，使得组件之间可以配置文件而不是用硬编码的方式组织在一起。

提示

快速获取配置文件的约束信息。在 Spring 框架的配置文件中，包含了很多约束信息，初学者如果自己动手去编写，不但浪费时间，还容易出错。其实，在 Spring 框架的帮助文档中，就可以找到这些约束信息，打开 Spring 框架解压文件夹中的 docs 目录，在 spring-framework-reference 文件夹下打开 html 文件夹，并找到 index.html 文件，如图 6.7 所示。

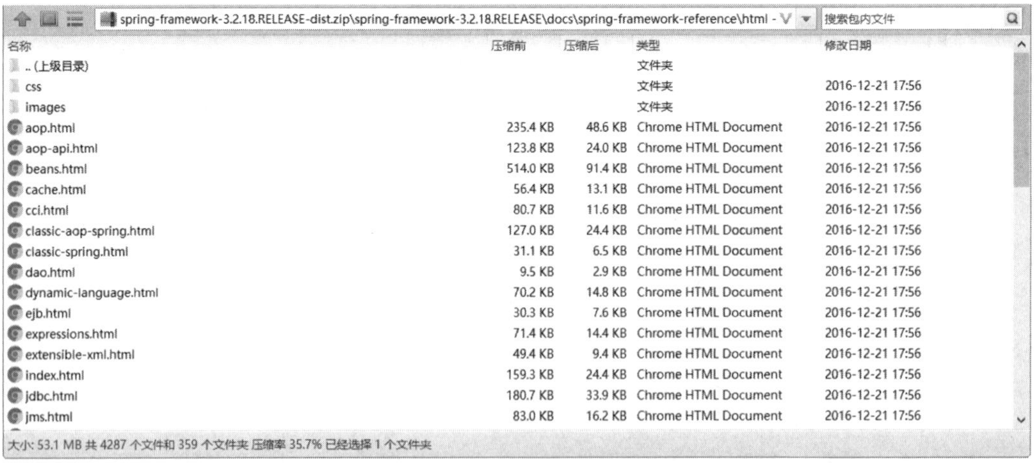

spring-framework-3.2.18.RELEASE-dist.zip\spring-framework-3.2.18.RELEASE\docs\spring-framework-reference\html - V　搜索包内文件

名称	压缩前	压缩后	类型	修改日期
..(上级目录)			文件夹	
css			文件夹	2016-12-21 17:56
images			文件夹	2016-12-21 17:56
aop.html	235.4 KB	48.6 KB	Chrome HTML Document	2016-12-21 17:56
aop-api.html	123.8 KB	24.0 KB	Chrome HTML Document	2016-12-21 17:56
beans.html	514.0 KB	91.4 KB	Chrome HTML Document	2016-12-21 17:56
cache.html	56.4 KB	13.1 KB	Chrome HTML Document	2016-12-21 17:56
cci.html	80.7 KB	11.6 KB	Chrome HTML Document	2016-12-21 17:56
classic-aop-spring.html	127.0 KB	24.4 KB	Chrome HTML Document	2016-12-21 17:56
classic-spring.html	31.1 KB	6.5 KB	Chrome HTML Document	2016-12-21 17:56
dao.html	9.5 KB	2.9 KB	Chrome HTML Document	2016-12-21 17:56
dynamic-language.html	70.2 KB	14.8 KB	Chrome HTML Document	2016-12-21 17:56
ejb.html	30.3 KB	7.6 KB	Chrome HTML Document	2016-12-21 17:56
expressions.html	71.4 KB	14.4 KB	Chrome HTML Document	2016-12-21 17:56
extensible-xml.html	49.4 KB	9.4 KB	Chrome HTML Document	2016-12-21 17:56
index.html	159.3 KB	24.4 KB	Chrome HTML Document	2016-12-21 17:56
jdbc.html	180.7 KB	33.9 KB	Chrome HTML Document	2016-12-21 17:56
jms.html	83.0 KB	16.2 KB	Chrome HTML Document	2016-12-21 17:56

大小: 53.1 MB 共 4287 个文件和 359 个文件夹 压缩率 35.7% 已经选择 1 个文件夹

图 6.7　Spring 的参考文件目录

使用浏览器打开 index.html 文件后，在页面 Overview of Spring Framework 的 Configuration metadata 中，即可找到配置文件的约束信息，如图 6.8 所示，标记处的配置信息就是 Spring 框架配置文件的约束信息。初学者只需将标注处的信息复制到项目的配置文件中使用即可。此外，由于使用的是 Spring 3.2 版本，所以还需要在复制后的 xsd 信息中加入版本号信息，其代码为：

```
http://www.springframework.org/schema/beans/spring-beans-3.2.xsd
```

为了更好地学习 Spring 框架，建议先下载本书中所有配套章节的源代码。在学习每一章时，如果涉及配置文件的约束信息，就可以将相应章节源代码中的配置文件约束信息复制过来直接使用，在后续的学习中慢慢掌握配置的含义。

The following example shows the basic structure of XML-based configuration metadata:

```
<?xml version="1.0" encoding="UTF-8"?>
<beans xmlns="http://www.springframework.org/schema/beans"
    xmlns:xsi="http://www.w3.org/2001/XMLSchema-instance"
    xsi:schemaLocation="http://www.springframework.org/schema/beans
        https://www.springframework.org/schema/beans/spring-beans.xsd">

    <bean id="..." class="..."> 1 2
        <!-- collaborators and configuration for this bean go here -->
    </bean>

    <bean id="..." class="...">
        <!-- collaborators and configuration for this bean go here -->
    </bean>

    <!-- more bean definitions go here -->

</beans>
```

1. The `id` attribute is a string that identifies the individual bean definition.
2. The `class` attribute defines the type of the bean and uses the fully qualified classname.

图 6.8　配置文件的约束信息

6.4　依赖注入（DI）与控制反转（IoC）

6.4.1　相关概念

依赖注入（Dependency Injection，DI）与控制反转（IoC）的含义相同，只不过是从两个角度描述的同一个概念。对于一个 Spring 初学者来说，这两种称呼都很难理解，下面通过简单的语言来描述这两个概念。

当某个 Java 对象（调用者）需要调用另一个 Java 对象（被调用者，即被依赖对象）时，在传统模式下，调用者通常会采用“new 被调用者”的代码方式来创建对象，如图 6.9 所示。这种方式会导致调用者与被调用者之间的耦合性增加，不利于后期项目的升级和维护。

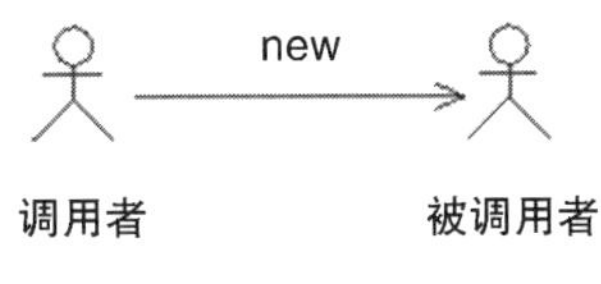

图 6.9　调用者创建被调用者对象

在使用 Spring 框架之后，对象的实例不再由调用者来创建，而是由 Spring 框架的容器来创建，它会负责控制程序之间的关系，而不是由调用者的程序代码直接控制。这样，控制权由应用代码转移到 Spring 框架容器，控制权发生了反转，这就是 Spring 框架的控制反转。

从 Spring 框架容器的角度来看，它负责将被依赖对象赋值给调用者的成员变量，相当于为调用者注入了其依赖实例，这就是 Spring 框架的依赖注入，如图 6.10 所示。

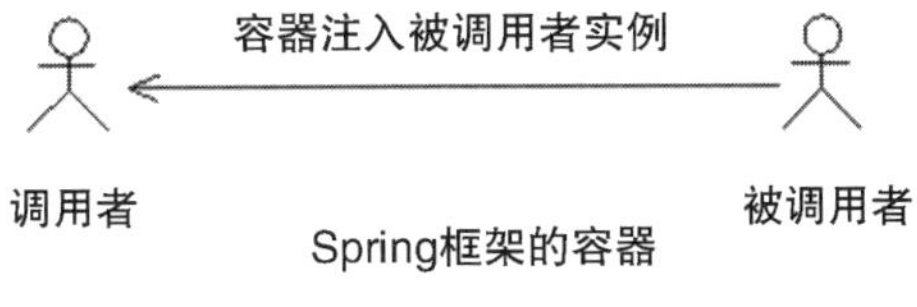

图 6.10　将被调用者对象注入调用者对象

提示

相对于“控制反转”，“依赖注入”的说法也许更容易理解一些，即由容器（如 Spring 框架）负责把组件所“依赖”的具体对象“注入”（赋值）给组件，从而避免组件之间以硬编码的方式结合在一起。

6.4.2 依赖注入的实现方式

依赖注入的作用就是在使用 Spring 框架创建对象时，动态地将其所依赖的对象注入 Bean 组件中，其实现方式通常有两种，一种是属性 setter 方法注入，另一种是构造方法注入，具体介绍如下。

（1）属性 setter 方法注入：指 IoC 容器使用 setter 方法注入被依赖的实例。通过调用无参构造器或无参静态工厂方法实例化 Bean 后，再调用该 Bean 的 setter 方法，即可实现基于 setter 方法的依赖注入。

（2）构造方法注入：指 IoC 容器使用构造方法注入被依赖的实例。基于构造方法的依赖注入通过调用带参数的构造方法来实现，每个参数代表着一个依赖。

了解了两种注入方式后，上个示例就是以属性 setter 方法注入的方式为例，下面修改上述案例，实现使用构造方法在 Spring 框架的容器在应用中是如何实现依赖注入的。

① 在 MyEclipse 中，创建一个名为 Ch06_02 的 Java 项目，将 Spring 框架的 4 个基础包及 commons-logging 的 jar 包复制到 lib 目录中，并发布到类路径下，与上个项目基础配置相同。

② 在 src 目录下，创建一个 cn.springdemo 包，并在包中创建 HelloSpring.java，为其添加无参构造方法和有参构造方法，然后在类中定义一个 print()方法，见示例 6。

【示例 6】HelloSpring.java

```
public class HelloSpring {
    // 定义 who 属性，该属性的值将通过 Spring 框架进行设置
    private String who = null;

    /**
     * 定义打印方法，输出一句完整的问候
     */
    public void print() {
        System.out.println("Hello," + who + "!");
    }

    public HelloSpring() {
        super();
    }

    public HelloSpring(String who) {
        super();
        this.who = who;
    }
}
```

（3）在 resources 目录下，编写 Spring 框架的配置文件，在其中修改 id 为 helloSpring 的，以及 Bean 为 HelloSpring 类的实例，并通过构造方法为 who 属性注入属性值。Spring 框架配置文件内容见示例 7。

【示例 7】applicationContext.xml

```
<?xml version="1.0" encoding="UTF-8"?>
<beans xmlns="http://www.springframework.org/schema/beans"
    xmlns:xsi="http://www.w3.org/2001/XMLSchema-instance"
    xsi:schemaLocation="http://www.springframework.org/schema/beans
    http://www.springframework.org/schema/beans/spring-beans-3.2.xsd">
    <bean id="helloSpring" class="cn.springdemo.HelloSpring">
        <!-- 通过定义的单参构造为 helloSpring 的 who 属性赋值 -->
        <constructor-arg index="0" value="Spring" />
```

```
    </bean>
</beans>
```

（4）在 cn.test 包下，创建测试类 HelloTest，并在类中编写 test()方法，见示例 8。

【示例 8】HelloTest.java

```
@Test
public void test() {
    // 通过 ClassPathXmlApplicationContext 实例化 Spring 的上下文
    ApplicationContext context = new ClassPathXmlApplicationContext
("applicationContext.xml");
    // 通过 ApplicationContext 的 getBean()方法，根据 id 来获取 Bean 的实例
    HelloSpring helloSpring = (HelloSpring) context.getBean("helloSpring");
    // 执行 print()方法
    helloSpring.print();
}
```

执行程序后，控制台的输出结果与之前属性 setter 方法注入结果一致，注意两个 HelloSpring.java 的差异，使用属性 setter 方法注入必须要为属性提供 getter 方法实现属性值的注入，使用构造方法注入必须要为类提供对应参数属性值的构造实现才能注入值。

6.4.3　理解“控制反转”

控制反转（Inversion of Control，IoC），也称为依赖注入，是面向对象编程中的一种设计理念，用来降低程序代码之间的耦合度，在 MVC 的设计模式中经常使用。首先考虑什么是依赖。依赖在代码中一般指通过局部变量、方法参数、返回值等建立的对于其他对象的调用关系。例如，在 A 类的方法中，实例化了 B 类的对象并调用其方法以完成特定的功能，即 A 类依赖于 B 类。

几乎所有的应用都是由两个或更多的类，通过彼此合作来实现完整功能的。类与类之间的依赖关系增加了程序开发的复杂程度，在开发一个类的时候，还要考虑对正在使用该类的其他类的影响。如常见的业务层调用数据访问层实现持久化操作，解决问题的步骤如下。

（1）获取 Spring 开发包并为工程添加 Spring 框架支持。

（2）为业务层和数据访问层设计接口，声明所需要的方法。

（3）编写数据访问层接口 UserDao 的实现类，完成具体的持久化操作。

（4）在业务实现类中声明 UserDao 接口类型的属性，并添加适当的构造方法为属性赋值。

（5）在 Spring 的配置文件中，将 DAO 对象以构造注入的方式赋值给业务实例的 UserDao 类型属性。

（6）在代码中获取 Spring 配置文件装配好的业务类对象，实现程序功能。

具体实现步骤如下。

（1）在 MyEclipse 中，创建一个名为 Ch06_03 的 Java 项目，在该项目的 lib 目录中加入 Spring 支持和依赖的 jar 包。

（2）为业务层调用数据访问层实现持久化操作，见示例 9~12。

【示例 9】UserDao.java

```
/**
 * 增加 DAO 接口，定义了所需的持久化方法
 */
public interface UserDao {
    public void save(User user);
}
```

【示例 10】UserDaoImpl.java

```
/**
 * 用户 DAO 类，实现 UserDao 接口，负责 User 类的持久化操作
 */
public class UserDaoImpl implements UserDao {
    public void save(User user) {
        // 这里并未实现完整的数据库操作，仅为说明问题
        System.out.println("保存用户信息到数据库");
    }
}
```

【示例 11】UserService.java

```
/**
 * 用户业务接口，定义了所需的业务方法
 */
public interface UserService {
    public void addNewUser(User user);
}
```

【示例 12】UserServiceImpl.java

```
/**
 * 用户业务类，实现对 User 功能的业务管理
 */
public class UserServiceImpl implements UserService {
    // 声明接口类型的引用和具体实现类解耦合
    private UserDao userDao;

    // userDao 属性的 setter 访问器会被 Spring 调用，实现设值注入
    public UserDao getUserDao() {
        return userDao;
    }
    public void setUserDao(UserDao userDao) {
        this.userDao = userDao;
    }
    public void addNewUser(User user) {
        // 调用用户 DAO 的方法保存用户信息
        userDao.save(user);
    }
}
```

如以上代码所示，UserServiceImpl 对 UserDaoImpl 存在依赖关系。这样的代码很常见，但是存在一个严重的问题，即 UserServiceImpl 和 UserDaoImpl 高度耦合，如果因为需求变化需要替换 UserDao 的实现类，将导致 UserServiceImpl 中的代码也会随之发生修改。因此，程序将不具备优良的可扩展性和可维护性，甚至在开发中难以测试。

（3）这里将改为使用 Spring 框架的 IoC 的方式实现，在配置文件 applicationContext.xml 中，创建一个 id 为 UserService 的 Bean，该 Bean 用于实例化 UserServiceImpl 类的信息，并将 UserDao 的实例注入到 UserService 中，见示例 13。

【示例 13】applicationContext.xml

```
<?xml version="1.0" encoding="UTF-8"?>
<beans xmlns="http://www.springframework.org/schema/beans"
    xmlns:xsi="http://www.w3.org/2001/XMLSchema-instance"
    xsi:schemaLocation="http://www.springframework.org/schema/beans
    http://www.springframework.org/schema/beans/spring-beans-3.2.xsd">
    <!--添加一个 id 为 userService 的实例 -->
    <bean id="userDao" class="cn.dsscm.dao.UserDaoImpl" />
    <!--添加一个 id 为 userService 的实例 -->
    <bean id="userService" class="cn.dsscm.service.UserServiceImpl">
    <!-- 将 id 为 userDao 的 Bean 实例注入到 userService 实例中 -->
    <property name="userDao" ref="userDao" />
```

```
    </bean>
</beans>
```

在上述代码中，<property>是<bean>元素的子元素，它用于调用 Bean 实例中的 setUserDao()方法完成属性赋值，从而实现依赖注入。其中 name 属性表示 Bean 实例中的相应属性名，ref 属性用于指定其属性值。

（4）在 cn.dsscm.test 包中，创建测试类 IoCTest 来对程序进行测试，编辑后其代码见示例 14。

【示例 14】IoCTest.java

```
import org.junit.Test;
import org.springframework.context.ApplicationContext;
import org.springframework.context.support.ClassPathXmlApplicationContext;

import cn.dsscm.pojo.User;
import cn.dsscm.service.UserService;

public class IoCTest {
    @Test
    public void test() {
        // 通过 ClassPathXmlApplicationContext 实例化 Spring 的上下文
        ApplicationContext context = new ClassPathXmlApplicationContext
("applicationContext.xml");
        // 通过 ApplicationContext 的 getBean()方法，根据 id 来获取 Bean 的实例
        UserService userService =  (UserService) context.getBean("userService");
        // 执行 print()方法
        userService.addNewUser(new User());
    }
}
```

执行程序后，控制台的输出结果如图 6.11 所示。

```
Problems  Javadoc  Declaration  Console  JUnit
<terminated> IoCTest.test [JUnit] C:\Users\Eleven\MyEclipse\Common\binary\com.sun.java.jdk.win32.x86_64_1.6.0.013\bin\javaw.exe (2020-1-26 下午9:14:51)
01-26 21:14:52[INFO]org.springframework.context.support.ClassPathXmlApplicationContext
 -Refreshing org.springframework.context.support.ClassPathXmlApplicationContext@5464ea66: startup date [Sun Jan 26 21
01-26 21:14:52[INFO]org.springframework.beans.factory.xml.XmlBeanDefinitionReader
 -Loading XML bean definitions from class path resource [applicationContext.xml]
01-26 21:14:52[INFO]org.springframework.beans.factory.support.DefaultListableBeanFactory
 -Pre-instantiating singletons in org.springframework.beans.factory.support.DefaultListableBeanFactory@5e2b323e: defi
保存用户信息到数据库
```

图 6.11 运行结果

可以看出，使用 Spring 容器通过 UserService 实现类的 addNewUser()方法，调用了 UserDao 实现类的 addNewUser()方法，并输出结果。这就是 Spring 容器属性 setter 注入的方式，也是实际开发中最为常用的一种方式。

分析其使用“控制反转”方式，利用简单工厂和工厂方法模式的思路分析此类问题，其代码见示例 15。

【示例 15】简单工厂和工厂方法模式

```
/**
*增加用户 DAO 工厂，负责用户 DAO 实例的创建工作
*/
public class UserDaoFactory {
//负责创建用户 DAO 实例的方法
public static UserDao getInstance() {
//具体实现过程略
  }
}

/**
 * 用户业务类，实现对 User 功能的业务管理
```

```
 */
public class UserServiceImpl implements UserService {
    private UserDao dao = UserDaoFactory.getInstance();
    public void addNewUser(User user) {
        // 调用用户 DAO 的方法保存用户信息
        dao.save(user);
    }
}
```

这里的用户 DAO 工厂类 UserDaoFactory 体现了“控制反转”的思想：UserServiceImpl 不再依靠自身的代码去获得所依赖的具体 DAO 对象，而是把这个工作转交给了“第三方”——UserDaoFactory，从而避免和具体 UserDao 实现类之间的耦合。由此可见，在如何获取所依赖的对象这件事上，“控制权”发生了“反转”——从 UserServiceImpl 转移到 UserDaoFactory，这就是所谓的“控制反转”。

问题虽然得到了解决，但是大量的工厂类会被引入开发过程中，明显增加了开发的工作量。而 Spring 能够分担这些额外的工作，提供完整的 IoC 实现，让开发人员得以专注于业务类和 DAO 类的设计。

6.4.4 技能训练 1

上机练习 1　在控制台使用 IoC 输出

训练要点

使用 Spring 框架实现依赖注入。

需求说明

（1）输出。

张三说：“Spring 框架的初衷是使 Java EE 开发应该更加简单。”

李四说：“Spring 框架的控制反转，也称为依赖注入，是面向对象编程中的一种设计理念，可用来降低程序代码之间的耦合度。”

（2）将说话人和说话内容都通过 Spring 框架注入。

实现思路及关键代码

（1）将 Spring 框架添加到项目。

（2）编写程序代码和配置文件（同时配置张三和李四两个 Bean）。

（3）获取 Bean 实例，调用功能方法。

6.4.5 深入使用“依赖注入”

通过对示例的学习，我们已经了解了 Spring 框架的配置及 Spring 的依赖注入，接下来开发一个网络游戏程序，以便更深入地理解 Spring 框架的“依赖注入”。

问题

如何开发一个网络游戏模拟程序，使其符合以下条件？

（1）可以灵活配置玩家的信息。

（2）可以灵活配置装备的信息。

分析

程序中包括装备（Equip）和玩家（Player）两类组件。玩家依赖装备实现速度增效、攻击增效与防御增效。实现步骤如下。

（1）在 MyEclipse 中，创建一个名为 Ch06_04 的 Java 项目，在该项目的 lib 目录中加入 Spring 支持和依赖的 JAR 包。

（2）在 cn.games.pojo 包中创建装备（Equip）类，其代码见示例 16。

【示例 16】Equip.java

```
public class Equip {
    private String name;// 装备名称
    private String type;// 装备类型，头盔、铠甲等
    private Long speedPlus;// 速度增效
    private Long attackPlus;// 攻击增效
    private Long defencePlus;// 防御增效
    public String toString() {
        return this.name + "[" + this.type + ": 速度+" + this.speedPlus + ",攻击+"
                + this.attackPlus + ",防御+" + this.defencePlus + "]";
    }
    //省略 getter 方法和 setter 方法
}
```

（3）在 cn.games.pojo 包中创建玩家（Player）类，其代码见示例 17。

【示例 17】Player.java

```
public class Player {
    private Equip armet;// 头盔
    private Equip loricae;// 铠甲
    private Equip boot;// 靴子
    private Equip ring;// 指环
    //省略 getter 方法和 setter 方法
    ...
    // 升级装备
        public void updateEquip(Equip equip) {
        if ("头盔".equals(equip.getType())) {
            System.out.println("头盔升级为" + equip.getName());
            this.armet = equip;
        }
    //省略其他装备判断
}
```

（4）根据以上信息，使用 Spring DI 配置一个拥有如表 6-1 所示装备的玩家。

表 6-1　玩家的装备

装　备	战神头盔	振奋铠甲	速度之靴	多兰之戒
速度增效	2	6	8	8
攻击增效	4	4	2	12
防御增效	6	15	3	2

在 resources 目录下，编写 Spring 配置文件，并在 Spring 配置文件中注入玩家与装备的属性值。Spring 配置文件内容见示例 18。

【示例 18】applicationContext.xml

```
<?xml version="1.0" encoding="UTF-8"?>
<beans xmlns="http://www.springframework.org/schema/beans"
    xmlns:xsi="http://www.w3.org/2001/XMLSchema-instance"
    xsi:schemaLocation="http://www.springframework.org/schema/beans
    http://www.springframework.org/schema/beans/spring-beans-3.2.xsd">
    <bean id="zhanShenArmet" class="cn.games.pojo.Equip">
        <property name="name" value="战神头盔" />
        <property name="type" value="头盔" />
```

```
        <property name="speedPlus" value="2" />
        <property name="attackPlus" value="4" />
        <property name="defencePlus" value="6" />
    </bean>
    <bean id="zhenfenLoricae" class="cn.games.pojo.Equip">
        <property name="name" value="振奋铠甲" />
        <property name="type" value="铠甲" />
        <property name="speedPlus" value="6" />
        <property name="attackPlus" value="4" />
        <property name="defencePlus" value="15" />
    </bean>
    <bean id="suduBoot" class="cn.games.pojo.Equip">
        <property name="name" value="速度之靴" />
        <property name="type" value="靴子" />
        <property name="speedPlus" value="8" />
        <property name="attackPlus" value="2" />
        <property name="defencePlus" value="3" />
    </bean>
    <bean id="duolanRing" class="cn.games.pojo.Equip">
        <property name="name" value="多兰之戒" />
        <property name="type" value="指环" />
        <property name="speedPlus" value="8" />
        <property name="attackPlus" value="12" />
        <property name="defencePlus" value="2" />
    </bean>
    <bean id="zhangsan" class="cn.games.pojo.Player">
        <property name="armet" ref="zhanShenArmet" />
        <property name="loricae" ref="zhenfenLoricae" />
        <property name="boot" ref="suduBoot" />
        <property name="ring" ref="duolanRing" />
    </bean>
</beans>
```

（5）在 cn.games.test 包中，创建测试类 GameTest.java 来对玩家与装备的信息进行测试，编辑后其代码见示例 14。

【示例 14】GameTest.java

```
@Test
public void test() {
    // 通过ClassPathXmlApplicationContext 实例化 Spring 的上下文
    ApplicationContext context =
            new ClassPathXmlApplicationContext ("applicationContext.xml");
    // 通过ApplicationContext 的 getBean()方法，根据 id 来获取 Bean 的实例
    Player p = (Player) context.getBean("zhangsan");
    Equip armet = p.getArmet();
    Equip loricae = p.getLoricae();
    Equip boot = p.getBoot();
    Equip ring = p.getRing();
    System.out.println("用户: "+p);
    System.out.println("头盔: "+armet);
    System.out.println("铠甲: "+loricae);
    System.out.println("靴子: "+boot);
    System.out.println("指环: "+ring);
}
```

执行程序后，控制台的输出结果如图 6.12 所示。

至此，网络游戏程序的基础模块全部组装完成，并可以正常使用了。现在总结一下：和 Spring 有关的只有组装和运行两部分代码，仅这两部分代码就具有 Spring 依赖注入的魔力。

从配置文件中，可以看到 Spring 框架管理 Bean 的灵活性。Bean 与 Bean 之间的依赖关系放在配置文件里组织，而不是写在代码里。通过对配置文件的指定，Spring 能够精确地为每个 Bean 注入属性。每个 Bean 的 id 属性是该 Bean 的唯一标识。程序通过 id 属性访问 Bean，Bean 与 Bean 的依赖关

系也通过 id 属性完成。通过 Spring 的强大组装能力，在开发每个程序组件的时候，只需要明确关联组件的接口定义，并不需要关心具体实现，这就是所谓的“面向接口编程”。

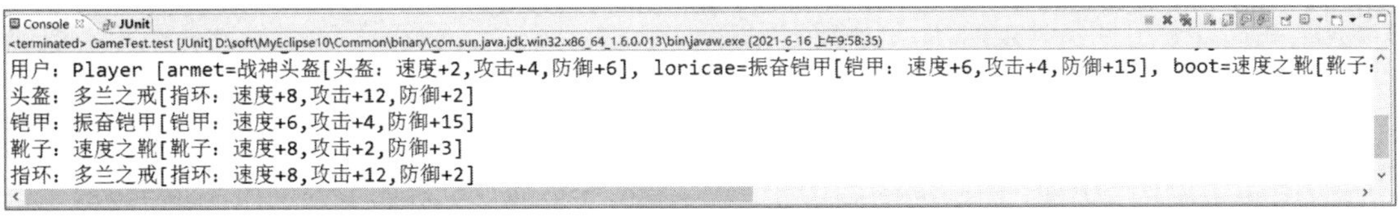

```
Console ⊠  JUnit
<terminated> GameTest.test [JUnit] D:\soft\MyEclipse10\Common\binary\com.sun.java.jdk.win32.x86_64_1.6.0.013\bin\javaw.exe (2021-6-16 上午9:58:35)
用户：Player [armet=战神头盔[头盔：速度+2,攻击+4,防御+6], loricae=振奋铠甲[铠甲：速度+6,攻击+4,防御+15], boot=速度之靴[靴子：
头盔：多兰之戒[指环：速度+8,攻击+12,防御+2]
铠甲：振奋铠甲[铠甲：速度+6,攻击+4,防御+15]
靴子：速度之靴[靴子：速度+8,攻击+2,防御+3]
指环：多兰之戒[指环：速度+8,攻击+12,防御+2]
```

图 6.12　运行结果

6.4.6　技能训练 2

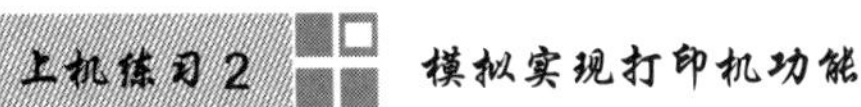

模拟实现打印机功能

需求说明

开发一个打印机模拟程序，使其符合以下条件：

（1）可以灵活配置使用彩色墨盒或灰色墨盒；

（2）可以灵活配置打印页面的大小。

分析

程序中包括打印机（Printer）、墨盒（Ink）和纸张（Paper）3 类组件，如图 6.13 所示。打印机依赖墨盒和纸张。

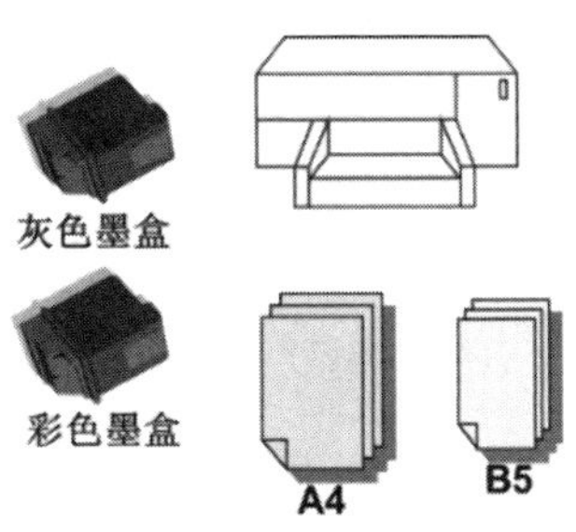

图 6.13 打印机的组件

参考步骤

（1）定义 Ink 接口和 Paper 接口。

（2）使用 Ink 接口和 Paper 接口开发 Printer 程序，但在开发 Printer 程序时并不依赖 Ink 接口和 Paper 接口具体的实现类。

（3）开发 Ink 接口和 Paper 接口的实现类有 ColorInk、GrayInk 和 TextPaper。

（4）组装打印机，并运行调试。

本章总结

- Spring 框架是一个轻量级的企业级框架，提供了 IoC 容器、AOP 实现、DAO/ORM 支持、Web 集成等功能，其目标是使现有的 Java EE 技术更易用，并促进养成良好的编程习惯。
- 依赖注入让组件之间以配置文件的形式组织在一起，而不是以硬编码的方式耦合在一起。

- Spring 框架配置文件是完成组装的主要场所，常用节点包括<bean>元素及其子节点<property>元素。
- Spring 框架提供了设值注入、构造注入等依赖注入方式。

本章作业

一、选择题

1. 下面关于 Spring 框架的说法错误的是（　　）。
   A. Spring 框架是一个轻量级框架
   B. Spring 框架颠覆了已经有较好解决方案的领域，如 MyBatis 框架
   C. Spring 框架可以实现与多种框架的无缝集成
   D. Spring 框架的核心机制是“依赖注入”
2. 下面关于依赖注入的说法正确的是（　　）。
   A. 依赖注入的目标是在代码之外管理程序组件间的依赖关系
   B. 依赖注入即“面向接口”编程
   C. 依赖注入是面向对象技术的替代品
   D. 依赖注入的使用会增大程序的规模
3. 若 Spring 配置文件中有如下代码片段，则下面说法正确的是（　　）。

```
<bean id="userInfo" class="cn.user.UserInfo">
    <property name="userName" value="john" />
    <property name="userAge" value="26" />
</bean>
```

   A. UserInfo 中一定声明了属性：private String userName;
   B. UserInfo 中一定声明了属性：private Integer userAge;
   C. UserInfo 中一定有 public void setUserName(String username)方法
   D. UserInfo 中一定有 public void setUserAge(Integer userAge)方法
4. 以下关于 Spring 框架核心容器相关说法错误的是（　　）。
   A. Spring 框架的所有功能都是通过其核心容器来实现的
   B. 创建 BeanFactory 实例时，需要提供 Spring 框架所管理容器的详细配置信息，这些信息通常采用 XML 文件形式来管理
   C. ApplicationContext 不仅包含了 BeanFactory 的所有功能，还添加了对国际化、资源访问、事件传播等方面的支持
   D. 通常在 Java 项目中，会采用通过 ClassPathXmlApplicationContext 类来实例化 ApplicationContext 容器的方式，而在 Web 项目中，ApplicationContext 容器的实例化工作会交由 Web 服务器来完成
5. 以下有关 Spring 框架的 4 个基础包说法正确的是（　　）。
   A. Spring 框架的 4 个基础包分别对应 Spring Web 容器的 4 个模块
   B. Spring 框架的 4 个基础包有 spring-core.RELEASE.jar、spring-beans.RELEASE.jar、spring-context.RELEASE.jar 和 spring-aop.RELEASE.jar
   C. spring-context-.RELEASE.jar 是所有应用都要用到的 JAR 包，它包含访问配置文件及进行 IoC 或者 DI 操作相关的所有类

D. spring-core.RELEASE.jar 包含 Spring 框架基本的核心工具类，Spring 框架的其他组件都要用到这个包里的类，是其他组件的基本核心

二、简答题

1. 简述 Spring 框架的优点。
2. 简述 Spring 的 IoC 和 DI。

三、操作题

在控制台上使用 IoC 输出，并通过 Spring 实现依赖注入，输出内容如下。

张三说：“好好学习，天天向上！”

TOM 说：“study hard，improve every day!”

第 7 章 Spring 框架中的 Bean

◎ 了解 Bean 的常用属性及其子元素

◎ 掌握实例化 Bean 的 3 种方式

◎ 熟悉 Bean 的作用域和生命周期

◎ 了解常用作用域 singleton 和 prototype。

◎ 掌握 Bean 的 3 种装配方式

在第 6 章中，介绍了 Spring 框架的 IoC 思想及原理，并通过案例演示了 Spring 框架的基本使用方法，了解了依赖注入和控制反转的概念与使用。本章将针对 Spring 框架中 Bean 的相关知识进行详细讲解。

7.1 Bean的配置

Spring 框架可以被看作是一个大型工厂，这个工厂的作用就是生产和管理 Spring 容器中的 Bean。如果想要在项目中使用这个工厂，就需要开发者对 Spring 框架的配置文件进行配置。

Spring 框架容器支持 XML 和 Properties 两种格式的配置文件，在实际开发中，最常使用的就是 XML 格式的配置方式。这种配置方式通过 XML 文件来注册并管理 Bean 之间的依赖关系。下面将使用 XML 文件的形式对 Bean 的属性和定义进行详细讲解。

在 Spring 中，XML 配置文件的根元素是<beans>，<beans>中包含了多个<bean>子元素，每一个<bean>子元素定义了一个 Bean，并描述了该 Bean 如何被装配到 Spring 框架容器中。

<bean>元素中同样包含了多个属性及子元素，其常用属性及子元素如表 7-1 所示。

表 7-1 <bean>元素的常用属性及其子元素

属性或子元素名称	描 述
id	表示一个 Bean 的唯一标识符，Spring 容器对 Bean 的配置、管理都通过该属性来完成
name	Spring 容器同样可以通过此属性对容器中的 Bean 进行配置和管理，name 属性中可以为 Bean 指定多个名称，每个名称之间用逗号或分号隔开

续表

属性或子元素名称	描　述
class	该属性指定了 Bean 的具体实现类，它必须是一个完整的类名，即使用类的全限定名
scope	用来设定 Bean 实例的作用域，其属性值有 singleton（单例）、prototype（原型）、request、session、global Sessions application 和 websocket()，其默认值为 singleton
constructor-arg	<bean>元素的子元素，可以使用此元素传入构造参数进行实例化。该元素的 index 属性指定构造参数的序号（从 0 开始），type 属性指定构造参数的类型，参数值可以通过 ref 属性或 value 属性直接指定，也可以通过 ref 或 value 子元素指定
property	<bean>元素的子元素，用于调用 Bean 实例中的 setter 方法完成属性赋值，从而完成依赖注入。该元素的 name 属性指定 Bean 实例中的相应属性名，ref 属性或 value 属性用于指定参数值
ref	<property>、<constructor-arg>等元素的属性或子元素，可以用于指定对 Bean 工厂中某个 Bean 实例的引用
value	<property>、<constructor-arg>等元素的属性或子元素，可以用于直接指定一个常量值
list	用于封装 list 或数组类型的依赖注入
set	用于封装 set 类型属性的依赖注入
map	用于封装 Map 类型属性的依赖注入
entry	<map>元素的子元素，用于设置一个键值对。它的 key 属性指定字符串类型的键值，ref 子元素或 value 子元素指定其值，也可以通过 value-ref 属性或 value 属性指定其值

表 7-1 中只介绍了<bean>元素的常用属性和子元素，实际上<bean>元素还有很多属性和子元素，可以到网上查阅相关资料进行获取。

在配置文件中，通常一个普通的 Bean 只需要定义 id（或 name）和 class 两个属性即可，定义 Bean 的方式如下所示：

```
<?xml version="1.0" encoding="UTF-8"?>
<beans xmlns="http://www.springframework.org/schema/beans"
    xmlns:xsi="http://www.w3.org/2001/XMLSchema-instance"
    xsi:schemaLocation="http://www.springframework.org/schema/beans
    http://www.springframework.org/schema/beans/spring-beans-3.2.xsd">
    <!--使用 id 属性定义 bean1，其对应的实现类为 com.test.Bean1 -->
    <bean id="bean1" class="com.test.Bean1" />
    <!--使用 id 属性定义 bean2，其对应的实现类为 com.test.Bean2 -->
    <bean id="bean2" class="com.test.Bean2" />
</beans>
```

在上述代码中，分别使用 id 属性和 name 属性定义了两个 Bean，并使用 class 元素指定其对应的实现类。

如果在 Bean 中未指定 id 属性和 name 属性，则 Spring 会将 class 值当作 id 属性使用。

7.2　Bean的实例化

在面向对象的程序中，想要使用某个对象就需要先实例化这个对象。同样，在 Spring 框架中，要想使用容器中的 Bean，也需要实例化 Bean。实例化 Bean 有 3 种方式，分别为构造器实例化、静态工厂方式实例化和实例工厂方式实例化（其中最常用的是构造器实例化）。下面将分别对这 3 种实例化 Bean 的方式进行详细讲解。

7.2.1　构造器实例化

构造器实例化是指 Spring 框架的容器通过 Bean 对应类中默认的无参构造方法来实例化 Bean。

下面通过一个案例来演示 Spring 框架的容器通过构造器来实例化 Bean。

（1）在 MyEclipse 中，创建一个名为 Ch07_01 的 Java 项目，在该项目的 lib 目录中加入 Spring 框架支持和依赖的 jar 包。

（2）在项目的 src 目录下，创建一个 com.test.instance.constructor 包，并在该包中创建 Bean1 类，见示例 1。

【示例 1】Bean1.java

```
package com.test.instance.constructor;
public class Bean1 {
}
```

（3）在 resources 目录中，创建 Spring 的配置文件 applicationContext.xml，在配置文件中定义一个 id 为 beanl 的 Bean，并通过 class 属性指定其对应的实现类为 Bean1，见示例 2。

【示例 2】applicationContext.xml

```
<?xml version="1.0" encoding="UTF-8"?>
<beans xmlns="http://www.springframework.org/schema/beans"
    xmlns:xsi="http://www.w3.org/2001/XMLSchema-instance"
    xsi:schemaLocation="http://www.springframework.org/schema/beans
    http://www.springframework.org/schema/beans/spring-beans-3.2.xsd">
    <bean id="bean1" class="com.test.instance.constructor.Bean1" />
</beans>
```

（4）在 cn.dsscm.instance.constructor 包中，创建测试类 InstanceTest1，来测试构造器是否能实例化 Bean，编辑后的代码见示例 3。

【示例 3】InstanceTest1.java

```
import org.junit.Test;
import org.springframework.context.ApplicationContext;
import org.springframework.context.support.ClassPathXmlApplicationContext;
public class InstanceTest1 {
    @Test
    public void testBean1() {
        // 定义配置文件路径
        String xmlPath = "applicationContext.xml";
        // ApplicationContext 在加载配置文件时，对 Bean 进行实例化
        ApplicationContext applicationContext = new ClassPathXmlApplicationContext
(xmlPath);
        Bean1 bean = (Bean1) applicationContext.getBean("bean1");
        System.out.println(bean);
    }
}
```

在示例代码中，首先定义了配置文件的路径，然后 Spring 框架的容器 ApplicationContext 会加载配置文件。在加载时，Spring 框架的容器会通过 id 为 bean1 的实现类 Bean1 中默认的无参构造方法，对 Bean 进行实例化。执行程序后，控制台的输出结果如图 7.1 所示。

```
Problems  Javadoc  Declaration  Console  JUnit
<terminated> InstanceTest1.testBean1 [JUnit] C:\Users\Eleven\MyEclipse\Common\binary\com.sun.java.jdk.win32.x86_64_1.6.0.013\bin\javaw.exe (2020-1-27 下午2:33:53)
01-27 14:33:54[INFO]org.springframework.context.support.ClassPathXmlApplicationContext
 -Refreshing org.springframework.context.support.ClassPathXmlApplicationContext@73901437: startup date [Mon Jan 27 14
01-27 14:33:54[INFO]org.springframework.beans.factory.xml.XmlBeanDefinitionReader
 -Loading XML bean definitions from class path resource [applicationContext.xml]
01-27 14:33:54[INFO]org.springframework.beans.factory.support.DefaultListableBeanFactory
 -Pre-instantiating singletons in org.springframework.beans.factory.support.DefaultListableBeanFactory@e5d391d: defir
com.test.instance.constructor.Bean1@9ba6076
```

图 7.1　运行结果

可以看出，Spring 框架的容器已经成功实例化 Bean1，并输出了结果。为方便学习，本章中的所有配置文件和类文件（包括测试类）都根据知识点放置在同一个包中。在实际开发中，为了方便管

理和维护，建议将这些文件根据类别放置在不同目录中。

7.2.2　静态工厂方式实例化

使用静态工厂是实例化 Bean 的另一种方式。该方式要求开发者利用一个静态工厂的方法来创建 Bean 的实例，其 Bean 配置中的 class 属性所指定的不再是 Bean 实例的实现类，而是静态工厂类，同时还需要使用 factory-method 属性来指定所创建的静态工厂方法。下面通过一个案例来演示使用静态工厂方式实例化 Bean。

（1）在 Ch07_01 项目的 src 目录下，创建一个 cn.test.instance.static_factory 包，在该包中创建 Bean2 类，该类与 Bean1 一样，不需要添加任何方法。

（2）在 cn.test.instance.static_factory 包中，创建一个 MyBean2Factory 类，并在类中创建一个静态方法 createBean()来返回 Bean2 实例，见示例 4。

【示例 4】MyBean2Factory.java

```
package com.test.instance.static_factory;
public class MyBean2Factory {
    //使用自己的工厂创建 Bean2 实例
    public static Bean2 createBean(){
        return new Bean2();
    }
}
```

（3）在 resources 目录中，修改 Spring 框架配置文件 applicationContext.xml，编辑后的代码见示例 5。

【示例 5】applicationContext.xml

```
<?xml version="1.0" encoding="UTF-8"?>
<beans xmlns="http://www.springframework.org/schema/beans"
    xmlns:xsi="http://www.w3.org/2001/XMLSchema-instance"
    xsi:schemaLocation="http://www.springframework.org/schema/beans
    http://www.springframework.org/schema/beans/spring-beans-3.2.xsd">
    <bean id="bean1" class="com.test.instance.constructor.Bean1" />
    <bean id="bean2" class="com.test.instance.static_factory.MyBean2Factory"
        factory-method="createBean" />
</beans>
```

在上述配置文件中，首先通过<bean>元素的 id 属性定义了一个名称为 bean2 的 Bean，由于使用的是静态工厂方法，所以需要通过 class 属性指定其对应的工厂实现类为 MyBean2Factory()，因为这种方式配置 Bean 后，Spring 框架的容器不知道哪个是所需要的工厂方法，所以增加了 factory-method 属性用以告诉 Spring 框架的容器，其方法名称为 createBean。

（4）在 cn.dsscm.instance.staticjactory 包中，创建一个测试类 InstanceTest2，来测试使用静态工厂方式是否能实例化 Bean，编辑后的代码见示例 6。

【示例 6】InstanceTest2.java

```
public class InstanceTest2 {
    @Test
    public void testBean2() {
        // 定义配置文件路径
        String xmlPath = "applicationContext.xml";
        // ApplicationContext 在加载配置文件时，对 Bean 进行实例化
        ApplicationContext applicationContext = new ClassPathXmlApplicationContext(xmlPath);
        Bean2 bean = (Bean2) applicationContext.getBean("bean2");
        System.out.println(bean);
    }
}
```

执行程序后，控制台的输出结果如图 7.2 所示。

```
Problems  Javadoc  Declaration  Console  JUnit
<terminated> InstanceTest2.testBean2 [JUnit] C:\Users\Eleven\MyEclipse\Common\binary\com.sun.java.jdk.win32.x86_64_1.6.0.013\bin\javaw.exe (2020-1-27 下午2:46:29)
 -Refreshing org.springframework.context.support.ClassPathXmlApplicationContext@5464ea66: startup date [Mon Jan 27 14
01-27 14:46:29[INFO]org.springframework.beans.factory.xml.XmlBeanDefinitionReader
 -Loading XML bean definitions from class path resource [applicationContext.xml]
01-27 14:46:29[INFO]org.springframework.beans.factory.support.DefaultListableBeanFactory
 -Pre-instantiating singletons in org.springframework.beans.factory.support.DefaultListableBeanFactory@3677eaf8: defi
com.test.instance.static_factory.Bean2@52458f41
```

图 7.2 运行结果

可以看到使用自定义的静态工厂方法，已成功实例化了 Bean2。

7.2.3 实例工厂方式实例化

还有一种实例化 Bean 的方式就是采用实例工厂。此种方式的工厂类中，不再使用静态方法创建 Bean 实例，而是采用直接创建 Bean 实例的方式。同时，在配置文件中，需要实例化的 Bean 也不是通过 class 属性直接指向的实例化类，而是通过 factory-bean 属性指向配置的实例工厂，然后使用 factory-method 属性确定使用工厂中的哪个方法。下面通过一个案例来演示实例工厂方式的使用。

（1）在 Ch07_01 项目的 src 目录下，创建一个 cn.test.instance.factory 包，在该包中创建 Bean3 类，该类与 Bean1 一样，不需要添加任何方法。

（2）在 cn.test.instance.factory 包中，创建工厂类 MyBean3Factory，在类中使用默认无参构造方法输出“bean3 工厂实例化中”语句，并使用 createBean()方法创建 Bean3 对象，见示例 7。

【示例 7】MyBean3Factory.java

```
public class MyBean3Factory {
    //使用自己的工厂创建 Bean3 实例
    public Bean3 createBean(){
        return new Bean3();
    }
}
```

（3）在 resources 目录中，修改 Spring 配置文件 applicationContext.xml，设置相关配置后，见示例 8。

【示例 8】applicationContext.xml

```
<?xml version="1.0" encoding="UTF-8"?>
<beans xmlns="http://www.springframework.org/schema/beans"
    xmlns:xsi="http://www.w3.org/2001/XMLSchema-instance"
    xsi:schemaLocation="http://www.springframework.org/schema/beans
    http://www.springframework.org/schema/beans/spring-beans-3.2.xsd">
    <bean id="bean1" class="com.test.instance.constructor.Bean1" />
    <bean id="bean2" class="com.test.instance.static_factory.MyBean2Factory"
        factory-method="createBean" />
    <!-- 配置工厂 -->
    <bean id="myBean3Factory" class="com.test.instance.factory.MyBean3Factory" />
    <!- 通过 factory-bean 属性指向配置的实例工厂，并通过 factory-method 属性确定使用工厂中的哪
个方法-->
    <bean id="bean3" factory-bean="myBean3Factory" factory-method="createBean" />
</beans>
```

在上述配置文件中，先配置一个工厂 Bean，然后配置需要实例化的 Bean。在 id 为 bean3 的 Bean 中，使用 factory-bean 属性指向配置的实例工厂，该属性值就是工厂 Bean 的 id。使用 factory-method 属性来确定使用工厂中的 createBean()方法。

（4）在 cn.dsscm.instance.factory 的包中，创建测试类 InstanceTest3，来测试实例工厂方式能否实例化 Bean，编辑后的代码见示例 9。

【示例 9】InstanceTest3.java

```
import org.junit.Test;
import org.springframework.context.ApplicationContext;
import org.springframework.context.support.ClassPathXmlApplicationContext;

public class InstanceTest3 {
    @Test
    public void testBean3() {
        // 定义配置文件路径
        String xmlPath = "applicationContext.xml";
        // ApplicationContext 在加载配置文件时，对 Bean 进行实例化
        ApplicationContext applicationContext = new ClassPathXmlApplicationContext(xmlPath);
        System.out.println(applicationContext.getBean("bean3"));
    }
}
```

执行程序后，控制台的输出结果如图 7.3 所示。

```
Problems  Javadoc  Declaration  Console  JUnit
<terminated> InstanceTest3.testBean3 [JUnit] C:\Users\Eleven\MyEclipse\Common\binary\com.sun.java.jdk.win32.x86_64_1.6.0.013\bin\javaw.exe (2020-1-27 下午2:58:11)
01-27 14:58:12[INFO]org.springframework.context.support.ClassPathXmlApplicationContext
 -Refreshing org.springframework.context.support.ClassPathXmlApplicationContext@5464ea66: startup date [Mon Jan 27 14
01-27 14:58:12[INFO]org.springframework.beans.factory.xml.XmlBeanDefinitionReader
 -Loading XML bean definitions from class path resource [applicationContext.xml]
01-27 14:58:12[INFO]org.springframework.beans.factory.support.DefaultListableBeanFactory
 -Pre-instantiating singletons in org.springframework.beans.factory.support.DefaultListableBeanFactory@5983e7de: defi
com.test.instance.factory.Bean3@564ac216
```

图 7.3　运行结果

可以看出，使用实例工厂的方式，同样可以成功实例化 Bean3。

7.2.4　技能训练

上机练习 1　**使用不同方式实现 Bean 的实例化**

需求说明

修改第 6 章案例，开发第一个 Spring 项目，输出“Hello，Spring!”，具体要求如下。

（1）编写 HelloSpring 类输出“Hello，Spring!”。

（2）其中字符串内容“Spring”通过 Spring 框架赋值到 HelloSpring 类中。

（3）分别使用构造器实例化、静态工厂方式实例化和实例工厂方式实例化。

7.3　Bean装配方式——基于XML的装配

Bean 的装配可以理解为依赖关系注入，Bean 的装配方式即 Bean 依赖注入的方式。Spring 容器支持多种形式的 Bean 的装配方式：基于 XML 的装配、基于注解（Annotation）的装配和自动装配等，其中最常用的是基于注解的装配，这里主要讲解这 3 种装配方式的使用。首先介绍基于 XML 的装配实现依赖注入的方式。

7.3.1　常用的依赖注入方式

在第 6 章中，使用 Spring 的两种常用依赖注入方式，并通过 setter 访问器可实现对属性的赋值，这种做法被称为设值注入，较常使用。除此之外，Spring 还提供了通过构造方法赋值的能力，称为构造注入。

Spring 提供了两种基于 XML 的装配方式，即设值注入（Setter Injection）和构造注入（Constructor Injection）。下面就讲解在 XML 配置文件中使用这两种注入方式实现基于 XML 的装配。

在 Spring 框架实例化 Bean 的过程中，首先会调用 Bean 的默认构造方法来实例化 Bean 对象，然后通过反射的方式调用 setter 方法来注入属性值。因此，设值注入要求一个 Bean 必须满足以下两点要求。

（1）提供一个默认的无参构造方法。

（2）为需要注入的属性提供对应的 setter 方法。

使用设值注入时，在 Spring 框架配置文件中，需要使用<bean>元素的子元素<property>来为每个属性注入值；而使用构造注入时，在配置文件里，需要使用<bean>元素的子元素<constructor-arg>来定义构造方法的参数，可以使用其 value 属性（或子元素）来设置该参数的值。

下面通过一个案例来演示基于 XML 方式的 Bean 的装配。

（1）在项目 Ch07_02 的 src 目录下，创建一个 cn.dsscm.pojo 包，在该包中创建 User 类，并在类中定义 username、password 和 list 的集合 3 个属性及其对应的 setter 方法，见示例 10。

【示例 10】User.java

```
import java.util.List;

public class User {
    private String username;
    private Integer password;
    private List<String> list;
    /**
     * 1.使用构造注入
     * 提供带所有参数的有参构造方法
     */
    public User(String username, Integer password, List<String> list) {
        super();
        this.username = username;
        this.password = password;
        this.list = list;
    }
    /**
     * 2.使用设值注入
     * 提供默认空参构造方法
     * 为所有属性提供 setter 方法
     */
    public User() {
        super();
    }
    public void setUsername(String username) {
        this.username = username;
    }
    public void setPassword(Integer password) {
        this.password = password;
    }
    public void setList(List<String> list) {
        this.list = list;
    }
    @Override
    public String toString() {
        return "User [username="+username+", password="+password+", list="+list+"]";
    }
}
```

在示例中，由于要使用构造注入，所以需要其有参和无参的构造方法。同时，为了输出时能够看到结果，还重写了其属性的 toString()方法。

（2）在 resources 目录中，修改 Spring 配置文件 applicationContext.xml，在配置文件中通过构造注入和设值注入的方式装配 User 类的实例，见示例 11。

【示例 11】applicationContext.xml

```
<?xml version="1.0" encoding="UTF-8"?>
<beans xmlns="http://www.springframework.org/schema/beans"
    xmlns:xsi="http://www.w3.org/2001/XMLSchema-instance"
    xsi:schemaLocation="http://www.springframework.org/schema/beans
    http://www.springframework.org/schema/beans/spring-beans-3.2.xsd">
    <!--1.使用构造注入方式装配 User 实例 -->
    <bean id="user1" class="cn.dsscm.pojo.User">
        <constructor-arg index="0" value="张三" />
        <constructor-arg index="1" value="123456" />
        <constructor-arg index="2">
            <list>
                <value>"constructorvalue1"</value>
                <value>"constructorvalue2"</value>
            </list>
        </constructor-arg>
    </bean>
    <!--2.使用设值注入方式装配 User 实例 -->
    <bean id="user2" class="cn.dsscm.pojo.User">
        <property name="username" value="李四"></property>
        <property name="password" value="654321"></property>
        <!-- 注入 list 集合 -->
        <property name="list">
            <list>
                <value>"setlistvalue1"</value>
                <value>"setlistvalue2"</value>
            </list>
        </property>
    </bean>
</beans>
```

在上述配置文件中，<constructor-arg>元素用于定义构造方法的参数，其属性 index 表示其索引（从 0 开始），value 属性用于设置注入的值，其子元素<list>来为 User 类中对应的 list 集合属性注入值。然后又使用了设值注入方式装配 User 类的实例，其中<property>元素用于调用 Bean 实例中的 setter 方法完成属性赋值，从而完成依赖注入，而其子元素<list>同样是为 User 类中对应的 list 集合属性注入值。

（3）在 cn.dsscm.test 包中，创建测试类 XmlBeanTest，在类中分别获取并输出配置文件中的 user1 和 user2 两个实例，见示例 12。

【示例 12】XmlBeanTest.java

```
package com.test.assemble;
import org.springframework.context.ApplicationContext;
import org.springframework.context.support.ClassPathXmlApplicationContext;
public class XmlBeanAssembleTest {
    public static void main(String[] args) {
        // 定义配置文件路径
        String xmlPath = "com/test/assemble/beans5.xml";
        // 加载配置文件
        ApplicationContext applicationContext =new ClassPathXmlApplicationContext
(xmlPath);
        // 构造方式输出结果
        System.out.println(applicationContext.getBean("user1"));
        // 设值方式输出结果
        System.out.println(applicationContext.getBean("user2"));
    }
}
```

执行程序后，控制台的输出结果如图 7.4 所示。

```
<terminated> XmlBeanTest.testXmlBean [JUnit] C:\Users\Eleven\MyEclipse\Common\binary\com.sun.java.jdk.win32.x86_64_1.6.0.013\bin\javaw.exe (2020-1-27 下午4:40:01)
User [username=张三, password=123456, list=["constructorvalue1", "constructorvalue2"]]
User [username=李四, password=654321, list=["setlistvalue1", "setlistvalue2"]]
```

图 7.4 运行结果

可以看出，已经成功地使用基于 XML 装配的构造注入和设值注入的两种方式装配了 User 实例。

将第 6 章介绍常见的业务层调用数据访问层实现持久化操作，改为通过构造注入为业务类注入所依赖的数据访问层对象，实现保存用户数据的功能，实现如下。

创建项目 Ch07_03 的 Java 项目，在业务实现类中声明 UserDao 接口类型的属性，并添加构造方法的关键代码，代码见示例 13。

【示例 13】UserServiceImpl.java

```java
/**
 * 用户业务类，实现对 User 功能的业务管理
 */
public class UserServiceImpl implements UserService {
    // 声明接口类型的引用，和具体实现类解耦合
    private UserDao userDao;
    // 无参构造
    public UserServiceImpl() {
    }
    // 用于为 userDao 属性赋值的构造方法
    public UserServiceImpl(UserDao userDao) {
        this.userDao = userDao;
    }
    // userDao 属性的 setter 访问器，会被 Spring 调用，实现设值注入
    public UserDao getUserDao() {
        return userDao;
    }
    public void setUserDao(UserDao userDao) {
        this.userDao = userDao;
    }
    public void addNewUser(User user) {
        // 调用用户 DAO 的方法保存用户信息
        userDao.save(user);
    }
}
```

经验： 使用设值注入时，Spring 框架通过 JavaBean 的无参构造方法实例化对象。当编写带参构造方法后，Java 虚拟机不会再提供默认的无参构造方法。为了保证使用的灵活性，建议自行添加一个无参构造方法。

在 Spring 框架的配置文件中将 DAO 对象以构造注入的方式赋值给业务类对象相关属性的关键代码见示例 14。

【示例 14】applicationContext.xml

```xml
<?xml version="1.0" encoding="UTF-8"?>
<beans xmlns="http://www.springframework.org/schema/beans"
    xmlns:xsi="http://www.w3.org/2001/XMLSchema-instance"
    xsi:schemaLocation="http://www.springframework.org/schema/beans
    http://www.springframework.org/schema/beans/spring-beans-3.2.xsd">
    <!--添加一个 id 为 userService 的实例 -->
    <bean id="userDao" class="cn.dsscm.dao.UserDaoImpl" />
    <!--添加一个 id 为 userService 的实例 -->
    <bean id="userService" class="cn.dsscm.service.UserServiceImpl">
        <constructor-arg>
            <!-- 引用 id 为 userDao 的对象为 userService 的 userDao 属性赋值 -->
            <ref bean="userDao" />
        </constructor-arg>
    </bean>
</beans>
```

经验：

（1）一个<constmctor-arg>元素表示构造方法的一个参数，且使用时不用区分顺序。当构造方法的参数出现混淆，无法区分时，可以通过<constmctor-arg>元素的 index 属性指定该参数的位置索引，位置从 0 开始。<constructor-arg>元素还提供了 type 属性用来指定参数的类型，避免字符串和基本数据类型的混淆。

（2）构造注入的时效性好，在对象实例化时就得到所依赖的对象，便于在对象的初始化方法中使用依赖对象；但受限于方法重载的形式，使用灵活性不足。设值注入使用灵活，但时效性不足，并且大量的 setter 访问器增加了类的复杂性。Spring 并不倾向于某种注入方式，用户应该根据实际情况进行合理的选择。

当然 Spring 框架提供的注入方式不只这两种，只是这两种方式用得最普遍，有兴趣的读者可以通过开发手册了解其他注入方式。

7.3.2　技能训练 1

上机练习 2　使用构造注入完成属性赋值

需求说明

（1）修改第 6 章案例输出。

张三说："Spring 框架的初衷是使 Java EE 开发应该更加简单。"

李四说："Spring 框架的控制反转，也称为依赖注入，是面向对象编程中的一种设计理念，用来降低程序代码之间的耦合度。"

（2）将说话人和说话内容都通过构造方法注入。

提示

由于说话人和说话内容均为字符串类型，应使用 index 属性指定参数下标。

7.3.3　使用p命名空间实现属性注入

从 Spring 2.0 版本的配置文件开始采用 schema 形式，可使用不同的命名空间管理不同类型的配置，使配置文件更具扩展性。例如，曾经使用 aop 命名空间的标签实现置入切面的功能，在本章及之后章节的学习中，还会接触更多其他命名空间的配置。此外，Spring 框架基于 schema 的配置方案为许多领域的问题提供了简化的配置方法，大大简化了配置的工作量。下面将体验使用 p 命名空间简化属性的注入。

p 命名空间的特点是使用属性而不是子元素的形式配置 Bean 的属性，从而简化了 Bean 的配置。使用传统的<property>子元素配置的代码见示例 15。

【示例 15】applicationContext.xml

```xml
<bean id="user" class="cn.dsscm.pojo.User">
    <property name="username">
        <value>张三</value>
    </property>
    <property name="age">
        <value>23</value>
    </property>
    <property name="email">
        <value>zhangsan@163.com</value>
    </property>
</bean>

<bean id="userDao" class="cn.dsscm.dao.impl.UserDaoImpl" />
<bean id="userService" class="cn.dsscm.service.impl.UserServiceImpl">
    <property name="dao">
        <ref bean="userDao"/>
    </property>
</bean>
```

使用 p 命名空间改进配置，注意使用前要先添加 p 命名空间的声明，关键代码见示例 16。

【示例 16】applicationContext.xml

```
<?xml version="1.0" encoding="UTF-8"?>
<beans xmlns="http://www.springframework.org/schema/beans"
    xmlns:xsi="http://www.w3.org/2001/XMLSchema-instance"
    xmlns:p="http://www.springframework.org/schema/p"
    xsi:schemaLocation="http://www.springframework.org/schema/beans
    http://www.springframework.org/schema/beans/spring-beans-3.2.xsd">
    <!-- 使用 p 命名空间注入属性值 -->
    <bean id="user" class="cn.dsscm.pojo.User" p:username="张三" p:age="23"
        p:email="zhangsan@163.com" />
    <bean id="userDao" class="cn.dsscm.dao.impl.UserDaoImpl" />
    <bean  id="userService"  class="cn.dsscm.service.impl.UserServiceImpl"  p:dao-
ref="userDao" />
</beans>
```

通过对比可以看出，使用 p 命名空间简化配置的效果很明显。

对于直接量（基本数据类型、字符串）属性，使用方式总结如下。

语法

```
p:属性名="属性值"
```

对于引用 Bean 的属性，使用方式总结如下。

语法

```
p:属性名-ref="Bean 的 id"
```

7.3.4 技能训练 2

上机练习 3　练习使用 p 命名空间注入直接量

需求说明

（1）改造上机练习 2 的代码，将说话人和说话内容使用 p 命名空间通过 setter 方法注入。

（2）输出内容如下。

张三说："Spring 的初衷是使 Java EE 开发应该更加简单。"

李四说："Spring 框架的控制反转，也称为依赖注入，是面向对象编程中的一种设计理念，用来降低程序代码之间的耦合度。"

7.3.5 注入不同数据类型

Spring 框架提供不同的标签来实现各种不同类型参数的注入，这些标签对于设值注入和构造注入都适用。下面将以设值注入的形式介绍，对于构造注入，只需将所介绍的标签添加到<constructor-arg>与</constructor-arg>中间即可。

1. 注入直接量（基本数据类型、字符串）

对于基本数据类型及其包装类、字符串，除了可以使用 value 属性，还可以通过<value>子元素进行注入，关键代码见示例 17。

【示例 17】applicationContext.xml

```
<bean id="user" class="entity.User">
    <property name="username">
        <value>张三</value>
    </property>
```

```
    <property name="age">
        <value>23</value>
    </property>
    <property name="email">
        <value>zhangsan@xxx.com</value>
    </property>
</bean>
```

如果属性值中包含 XML 中的特殊字符（&、<、>、"、'），则注入时需要进行处理。通常可以采用两种办法：使用<![CDATA[]]>标记和把特殊字符替换为实体引用。关键代码见示例 18。

【示例 18】applicationContext.xml

```
<!--使用<![CDATA[]]>标记处理 XML 特殊字符-->
<bean id="product" class="entity.Product">
    <property name="productName">
        <value>高露洁牙膏</value>
    </property>
    <property name="brand">
        <value><![CDATA[P&G]]></value>
    </property>
</bean>

<!--把 XML 特殊字符替换为实体引用-->
<bean id="product" class="entity.Product">
    <property name="productName">
        <value>高露洁牙膏</value>
    </property>
    <property name="brand">
        <value>P&amp;G</value>
    </property>
</bean>
```

在 XML 中有 5 个预定义的实体引用，如表 7-2 所示。

表 7-2　XML 预定义的实体引用

符　号	实体引用	符　号	实体引用
<	<.	'	'
>	>	"	"
&	&		

严格地讲，在 XML 中仅有字符“<”和“&”是非法的，其他 3 个符号是合法的，但是把它们都替换为实体引用是个好习惯。

2. 引用其他Bean组件

Spring 框架中定义的 Bean 可以互相引用，从而建立依赖关系，除了使用 ref 属性，还可以通过<ref>子元素实现。关键代码见示例 19。

【示例 19】applicationContext.xml

```
<!--定义 UserDao 对象，并指定 id 为 userDao -->
<bean id="userDao" class="dao.impl.UserDaoImpl" />

<!--定义 UserServiceImpl 对象，并指定 id 为 UserService -->
<bean id="userService" class="service.impl.UserServiceImpl">
    <!--为 UserService 的 dao 属性赋值，需要注意的是，这里要调用 setDao()方法-->
    <property name="dao">
        <!--引用 id 为 userDao 的对象为 UserService 的 dao 属性赋值-->
        <ref bean="userDao" />
    </property>
</bean>
```

<ref>标签中的 bean 属性用来指定要引用的 Bean 的 id。除了 bean 属性，这里再为大家介绍 local 属性。关键代码见示例 20。

【示例 20】applicationContext.xml

```
<!--定义 UserDao 对象，并指定 id 为 userDao -->
<bean id="userDao" class="dao.impl.UserDaoImpl" />

<!--定义 UserServiceImpl 对象，并指定 id 为 UserService -->
<bean id="userService" class="service.impl.UserServiceImpl">
    <!--为 UserService 的 dao 属性赋值，需要注意的是，这里要调用 setDao ()方法-->
    <property name="dao">
        <!--引用 id 为 userDao 的对象为 UserService 的 dao 属性赋值-->
        <ref local="userDao" />
    </property>
</bean>
```

从代码上看，local 属性和 bean 属性的用法似乎是一样的，都是用来指定要引用的 Bean 的 id。但其区别在于，Spring 框架的配置文件是可以拆分成多个的（将在后续章节中介绍），使用 local 属性只能在同一个配置文件中检索 Bean 的 id，而使用 bean 属性则可以在其他配置文件中检索 id。

3. 使用内部Bean

如果一个 Bean 组件仅在一处需要使用，则可以把它定义为内部 Bean。关键代码见示例 21。

【示例 21】applicationContext.xml

```
<!--定义 UserServiceImpl 对象，并指定 id 为 UserService -->
<bean id="UserService" class="service.impl.UserServiceImpl">
    <!--为 UserService 的 dao 属性赋值，需要注意的是，这里要调用 setDao()方法-->
    <property name="dao">
        <!--定义 UserDao 对象-->
        <bean class="dao.impl.UserDaoImpl" />
    </property>
</bean>
```

这样，这个 UserDaoImpl 类型的 Bean 就只能被 UserService 使用，无法被其他的 Bean 引用。

4. 注入集合类型的属性

对于 List 或数组类型的属性，可以使用<list>标签注入。关键代码见示例 22。

【示例 22】applicationContext.xml

```
<!-- 注入 List 类型 -->
<bean id="user" class="entity.User">
    <property name="hobbies">
        <list>
            <!-- 定义 List 中的元素 -->
            <value>足球</value>
            <value>篮球</value>
        </list>
    </property>
</bean>
```

<list>标签中间可以使用<value>、<ref>等标签注入集合元素，甚至是另一个<list>标签。

对于 Set 类型的属性，可以使用<set>标签注入。关键代码见示例 23。

【示例 23】applicationContext.xml

```
<bean id="user" class="entity.User">
    <property name="hobbies">
        <!-- 注入 Set 类型 -->
```

```
            <set>
                <!-- 定义 Set 或数组中的元素 -->
                <value>足球</value>
                <value>篮球</value>
            </set>
        </property>
    </bean>
```

<set>标签中间也可以使用<value>、<ref>等标签注入集合元素。

对于 Map 类型的属性，可以使用示例 24 的方式注入。

【示例 24】applicationContext.xml

```
<!-- 注入 Map 类型 -->
<property name="map">
    <map>
        <!-- 定义 Map 中的键值对 -->
        <entry>
            <key>
                <value>football</value>
            </key>
            <value>足球</value>
        </entry>
        <entry>
            <key>
                <value>basketball</value>
            </key>
            <value>篮球</value>
        </entry>
    </map>
</property>
```

如果 Map 中的键或值是 Bean 对象，则可以把上面代码中的<value>换成<ref>。

对于 Properties 类型的属性，可以使用示例 25 的方式进行注入。

【示例 25】applicationContext.xml

```
<!-- 注入 Properties 类型 -->
        <property name="props">
            <props>
                <!-- 定义 Properties 中的键值对 -->
                <prop key="football">足球</prop>
                <prop key="basketball">篮球</prop>
            </props>
        </property>
```

Properties 中的键和值通常都是字符串类型。

5. 注入null和空字符串值

可以使用<value></value>注入空字符串值，以及使用<null/>注入 null 值。关键代码见示例 26。

【示例 26】applicationContext.xml

```
<!-- 注入空字符串值 -->
<property name="emptyValue">
    <value></value>
</property>
<!-- 注入 null 值 -->
<property name="nullValue">
    <null/>
</property>
```

7.4 Bean装配方式——基于Annotation装配

我们已经学习了多种和 Spring IoC 有关的配置技巧，这些技巧都是基于 XML 形式的配置文件进行的。在 Spring 中，尽管使用 XML 配置文件实现 Bean 的装配工作，但如果应用中有很多 Bean 时，则会导致 XML 配置文件过于臃肿，给后续的维护和升级工作带来一定的困难。为此，从 Spring 2.0 版本开始引入注解的配置方式，将 Bean 的配置信息和 Bean 实现类结合在一起，可进一步减少配置文件的代码量。

下面改造前面的案例，通过注解来装配 Bean 为业务类注入所依赖的数据访问层对象，以实现保存用户数据的功能。

7.4.1 使用注解定义Bean

Spring 框架中定义了一系列的注解，常用的定义 Bean 注解如表 7-3 所示。

表 7-3 Spring 框架的常用定义 Bean 注解

注解名称	说　明
@Component	可以使用此注解描述 Spring 中的 Bean，但它是一个泛化的概念，仅仅表示一个组件（Bean），并且可以作用在任何层次。使用时只需将该注解标注在相应类上即可
@Repository	用于将数据访问层（DAO 层）的类标识为 Spring 中的 Bean，其功能与@Component 相同
@Service	通常作用在业务层（Service 层），用于将业务层的类标识为 Spring 中的 Bean，其功能与@Component 相同
@Controller	通常作用在控制层（如 Spring MVC 的 Controller），用于将控制层的类标识为 Spring 中的 Bean，其功能与@Component 相同

在上面 4 个注解中，虽然@Repository、@Service 与@Controller 的功能与@Component 注解的功能相同，但为了使标注类本身用途更加清晰，建议在实际开发中分别使用@Repository、@Service 与@Controller 对实现类进行标注。

在 JavaBean 中通过注解实现 Bean 组件的定义，其配置方式见示例 27。

【示例 27】UserDaoImpl.java

```
import org.springframework.stereotype.Repository;

/**
 * 用户 DAO 类，实现 UserDao 接口，负责 User 类的持久化操作
 */
@Repository("userDao")
public class UserDaoImpl implements UserDao {
    public void save(User user) {
        // 这里并未实现完整的数据库操作，仅为说明问题
        System.out.println("保存用户信息到数据库");
    }
}
```

以上代码通过注解定义了一个名为 userDao 的 Bean。首先使用@Repository 注解将 UserDaoImpl 类标识为 Spring 框架中的 Bean，其写法相当于配置文件中<bean id="userDao" class="cn.dsscm.dao.UserDaoImpl"/>的编写。然后在 save()方法中输出打印一句话，用于验证是否成功调用了该方法。除了@Component，Spring 框架还提供了 3 个特殊的注解。

（1）@Repository：用于标注 DAO 类。

（2）@Service：用于标注业务类。

（3）@Controller：用于标注控制器类。

特定的注解可使组件的用途更加清晰，并且 Spring 框架在以后的版本中可能会为它们添加特殊的功能，所以推荐使用特定的注解来标注特定的实现类。

7.4.2　使用注解实现Bean组件装配

Spring 框架中除了定义了一系列 Bean 的注解，还提供了一些注入 Bean 组件装配的注解，常用的如表 7-4 所示。

表 7-4　Spring 框架的常用注入 Bean 组件装配注解

注解名称	说　明
@Autowired	用于对 Bean 的属性变量、属性的 setter 方法及构造方法进行标注，以配合对应的注解处理器完成 Bean 的自动配置工作，默认按照 Bean 的类型进行装配
@Resource	用于对 Bean 的属性变量、属性的 setter 方法及构造方法进行标注，以配合对应的注解处理器完成 Bean 的自动配置工作，默认按照 Bean 的实例名称进行装配
@Qualifier	与@Autowired 注解配合使用，会将默认的按 Bean 类型装配修改为按 Bean 的实例名称装配，Bean 的实例名称由@Qualifier 注解的参数指定

对于@Autowired 与@Resource 都是用于对 Bean 的属性值进行装配的，其区别在于@Autowired 默认按照 Bean 类型装配，而@Resource 默认按照 Bean 实例名称进行装配。@Resource 中有两个重要属性，即 name 和 type。Spring 将 name 属性解析为 Bean 实例名称，type 属性解析为 Bean 实例类型。如果指定 name 属性，则按实例名称进行装配；如果指定 type 属性，则按 Bean 实例类型进行装配；如果都不指定，则先按 Bean 实例名称装配，如果不能匹配，再按照 Bean 实例类型进行装配；如果都无法匹配，则抛出 NoSuchBeanDefinitionException 异常。

Spring 框架提供了@Autowired 注解实现 Bean 的装配。关键代码见示例 28。

【示例 28】UserServiceImpl.java

```
import org.springframework.beans.factory.annotation.Autowired;
import org.springframework.stereotype.Service;

/**
 * 用户业务类，实现对 User 功能的业务管理
 */
@Service("userService")
public class UserServiceImpl implements UserService {

    @Autowired  // 默认按类型匹配
    private UserDao userDao;

    // 使用@Autowired 直接为属性注入，可以省略 setter 方法
    /*public void setUserDao(UserDao userDao) {
        this.userDao= userDao;
    }*/
    //省略其他业务方法
}
```

以上代码通过@Service 标注了一个业务 Bean，首先使用@Service 注解将 UserServiceImpl 类标识为 Spring 中的 Bean，这相当于配置文件中<bean id="userService" class="cn.dsscm.service.UserServiceImpl"/>的编写；然后使用@Resource 注解标注在属性 userDao 上，这相当于配置文件中<property name="userDao" ref="userDao"/>的写法。

使用@Autowired 为 dao 属性注入所依赖的对象，Spring 将直接对 dao 属性进行赋值，此时类中可以省略属性相关的 setter 方法。@Autowired 采用按类型匹配的方式为属性自动装配合适的依赖对象，即容器会查找和属性类型相匹配的 Bean 组件，并自动为属性注入。有关 Spring 自动装配的详细

内容将在后续相关章节中介绍。若容器中有一个以上类型相匹配 Bean 时，则可以使用@Qualifier 指定所需 Bean 的名称。关键代码见示例 29。

【示例 29】UserServiceImpl.java

```
import org.springframework.beans.factory.annotation.Autowired;
import org.springframework.beans.factory.annotation.Qualifier;
import org.springframework.stereotype.Service;
/**
 * 用户业务类，实现对 User 功能的业务管理
 */
@Service("userService")
public class UserServiceImpl implements UserService {
//为 dao 属性注入名为 userDao 的 Bean
    @Autowired  // 默认按类型匹配
    @Qualifier("userDao") // 按指定名称匹配
    private UserDao userDao;
    // 省略其他业务方法
}
```

7.4.3 加载注解定义的Bean

与 XML 装备方式有所不同的是，这里不再需要配置子元素<property>。上述 Spring 框架配置文件中的注解方式虽然较大程度简化了 XML 文件中 Bean 的配置，但仍需要在 Spring 配置文件中配置相应的 Bean，为此 Spring 框架注解提供了另外一种高效的注解配置方式（对包路径下的所有 Bean 文件进行扫描），其配置方式如下：

```
<context: component-scan base-package="Bean 所在的包路径"/>
```

所以可以将之前的代码进行如下替换（推荐）：

```
<!--使用 context 命名空间，通知 Spring 扫描指定包下所有 Bean 类，进行注解解析-->
<context:component-scan base-package=" cn.dsscm.service,cn.dsscm.dao" />
```

使用注解定义完 Bean 组件后，就可以使用注解的配置信息启动 Spring 框架的容器，其关键代码见示例 30。

【示例 30】applicationContext.xml

```
<?xml version="1.0" encoding="UTF-8"?>
<beans xmlns="http://www.springframework.org/schema/beans"
    xmlns:xsi="http://www.w3.org/2001/XMLSchema-instance"
    xmlns:context="http://www.springframework.org/schema/context"
    xsi:schemaLocation="http://www.springframework.org/schema/beans
    http://www.springframework.org/schema/beans/spring-beans-3.2.xsd
    http://www.springframework.org/schema/context
    http://www.springframework.org/schema/context/spring-context-3.2.xsd">
    <!-- 扫描包中注解标注的类 -->
    <context:component-scan base-package="cn.dsscm.service,cn.dsscm.dao" />
</beans>
```

以上代码中，首先在 Spring 框架配置文件中添加对 context 命名空间的声明，然后使用 context 命名空间的 component-scan 标签扫描注解标注的类。base-package 属性指定了需要扫描的基准包（多个包名可用逗号隔开）。Spring 会扫描这些包中所有的类，以获取 Bean 的定义信息。

注意

Spring 4.0 以上版本在使用上述代码对指定包中的注解进行扫描时，需要先向项目中导入 Spring AOP 的 JAR 包 spring-aop-3.2.18.RELEASE.jar，否则程序在运行时会报出“java.lang.NoClassDefFoundError:org/springframework/aop/TargetSource”的错误。

7.4.4　技能训练 1

上机练习 4　使用注解实现 IoC

需求说明

参照示例 27~30，使用注解完成 Bean 的定义和装配。

参考步骤

（1）编写 DAO 接口及其实现类，使用恰当的注解将实现类标注为 Bean 组件。

（2）编写业务接口及其实现类，使用恰当的注解将实现类标注为 Bean 组件。

（3）使用注解为业务 Bean 注入所依赖的 Dao 组件。

（4）编写 Spring 框架配置文件，使用注解配置信息启动 Spring 框架的容器。

（5）编写测试代码，运行以检验效果。

知识拓展

（1）@Autowired 可以对方法的入参进行标注，其关键代码如下：

```
@Service("userService")
public class UserServiceImpl implements UserService {
    private UserDao dao;
    // dao 属性的 setter 访问器
    @Autowired
    public void setUserDao(@Qualifier("userDao") UserDao dao) {
        this.dao = dao;
    }
    //省略其他业务方法
}
```

@Autowired 也可用于构造方法，实现构造注入，其关键代码如下：

```
@Service("userService")
public class UserServiceImpl implements UserService {
    private UserDao dao;
    public UserServiceImpl{ }
    @Autowired
    public UserServiceImpl (@Qualifier ("userDao") UserDao dao) {
        this.dao = dao;
    }
    //省略其他业务方法
}
```

（2）使用@Autowired 注解进行装配时，如果找不到相匹配的 Bean 组件，Spring 框架的容器就会抛出异常。此时如果依赖不是必需的，为避免抛出异常，可以将 required 属性设置为 false，其关键代码如下：

```
@Service("userService")
public class UserServiceImpl implements UserService {
    @Autowired(required = false)
    private UserDao dao;
    //省略其他业务方法
}
```

当 required 属性默认为 true 时，必须找到匹配的 Bean 完成装配，否则抛出异常。

（3）如果对类中集合类型的成员变量或方法入参使用@Autowired 注解，Spring 框架会将容器中所有与集合元素类型匹配的 Bean 组件都注入进来。如下列实现任务队列的代码所示，Spring 框架会将 Job 类型的 Bean 组件都注入给 toDoList 属性。

```
@Component
```

```java
public class TaskQueue {
    @Autowired(required = false)
    private List<Job> toDoList;
    //省略其他业务方法
}
```

这样就可以轻松、灵活地实现任务组件的识别和注入工作。

7.4.5 使用Java标准注解完成装配

除了提供@Autowired 注解，Spring 框架还支持使用 JSR-250 中定义的@Resource 注解实现组件装配，该标准注解也能对类的成员变量或方法入参提供注入功能。

说明： JSR（Java Specification Requests）即 Java 规范提案。由于 Java 的版本和功能在不断地更新和扩展，就需要通过 JSR 来规范这些功能和接口的标准。它已经成为 Java 业界的一个重要标准。

@Resource 注解有一个 name 属性，默认情况下，Spring 框架将这个属性的值解释为要注入的 Bean 的名称。其用法见示例 31。

【示例 31】UserServiceImpl.java

```java
import javax.annotation.Resource;
import org.springframework.stereotype.Service;
/**
 * 用户业务类，实现对 User 功能的业务管理
 */
@Service("userService")
public class UserServiceImpl implements UserService {
    //为 dao 属性注入名为 userDao 的 Bean
    @Resource(name = "userDao")
    private UserDao dao;
    //省略其他业务方法
}
```

如果没有显式地指定 Bean 的名称，@Resource 注解将根据字段名或者 setter 方法名产生默认的名称：如果注解应用于字段，将使用字段名作为 Bean 的名称；如果注解应用于 setter 方法，Bean 的名称就是通过 setter 方法得到的属性名。代码见示例 32 和示例 33。

【示例 32】UserServiceImpl.java

```java
import javax.annotation.Resource;
import org.springframework.stereotype.Service;
/**
 * 用户业务类，实现对 User 功能的业务管理
 */
@Service("userService")
public class UserServiceImpl implements UserService {
    //为 dao 属性注入名为 userDao 的 Bean
    @Resource
    private UserDao dao;
    //省略其他业务方法
}
```

【示例 33】UserServiceImpl.java

```java
/**
 * 用户业务类，实现对 User 功能的业务管理
 */
@Service("userService")
public class UserServiceImpl implements UserService {
    private UserDao dao;
    //查找名为 userDao 的 Bean，并注入给 setter 方法
    @Resource
```

```
    public void setUserDao(UserDao userDao){
      this.dao = userDao;
    }
    //省略其他业务方法
}
```

如果没有显式地指定 Bean 的名称，且无法找到与默认 Bean 名称匹配的 Bean 组件，@Resource 注解就会由按名称查找的方式自动变为按类型匹配的方式进行装配。例如，示例 32 中没有显式指定要查找的 Bean 的名称，且如果不存在名为 userDao 的 Bean 组件，@Resource 注解就会转而查找和属性类型相匹配的 Bean 组件并注入。

7.4.6　技能训练 2

上机练习 5　使用 Java 标准注解实现装配

需求说明

改造上机练习 4 的代码，使用 Java 标准注解完成 Bean 组件的装配。

7.5　Bean装配方式——自动装配

在介绍通过@Autowired 注解或@Resource 注解实现依赖注入时，曾经提到 Spring 框架的自动装配功能。在没有显式指定所依赖的 Bean 组件 id 的情况下，通过自动装配，可以将与属性类型相符的（对于@Resource 注解而言还会尝试 id 和属性名相符）Bean 自动注入给属性，从而简化配置。不仅通过注解实现依赖注入时可以使用自动装配，基于 XML 的配置中也同样可以使用自动装配简化配置。采用传统的 XML 方式配置 Bean 组件的代码如下：

```
<!—省略 DataSource 和 SqlSessionFactoryBean 的配置-->
<!--配置 DAO —>
<bean id="userMapper” class="cn.dsscm.dao.UserDaoImpl">
    <property name="SqlSessionFactory" ref="SqlSessionFactory" />
</bean>
<!--配置业务 Bean 并注入 DAO 实例-->
<bean id="userService" class="cn.dsscm.service.UserServiceImp">
    <property name="userMapper" ref="userMapper" />
</bean>
```

通过<Property>标签为 Bean 的属性注入所需的值，当需要维护的 Bean 组件及需要注入的属性增多时，势必会增加配置的工作量。同时，虽然使用注解的方式装配 Bean，在一定程度上减少了配置文件中的代码量，但也有企业项目是没有使用注解方式开发的，那么有什么办法既可以减少代码量，又能够实现 Bean 的装配呢？

答案是肯定的，Spring 的<bean>元素中包含一个 autowire 属性，可以通过设置 autowire 的属性值来自动装配 Bean。所谓自动装配，就是将一个 Bean 自动注入到其他 Bean 的 Property 中。

autowire 属性有 5 个值，其值及说明如表 7-5 所示。

表 7-5　<bean>元素的 autowire 属性值及说明

属 性 值	说　明
default（默认值）	由<bean>上级标签<beans>的 default-autowire 属性值确定。如<beans default-autowire="byName">，则该<bean>元素中的 autowire 属性对应的属性值就为 byName
byName	根据属性名自动装配。BeanFactory 查找容器中的全部 Bean，找出 id 与属性的 setter 方法匹配的 Bean。找到即自动注入，否则什么都不做

续表

属 性 值	说 明
byType	根据属性类型自动装配。BeanFactory 查找容器中的全部 Bean，如果正好有一个与依赖属性类型相同的 Bean，就自动装配这个属性；如果有多个这样的 Bean，Spring 无法决定注入哪个 Bean，则抛出一个致命异常；如果没有匹配的 Bean，则什么都不会发生，即属性不会被设置
constructor	与 byType 的方式类似，不同之处在于它应用于构造器参数。如果在容器中没有找到与构造器参数类型一致的 Bean，则抛出异常
no	在默认情况下，不使用自动装配，Bean 依赖就必须通过 ref 元素定义

下面通过修改 7.4.5 节中的案例来演示使用自动装配的过程。

（1）修改 UserServiceImpl，分别在文件中增加类属性的 setter 方法。

（2）修改项目的配置文件 applicationContext.xml，将配置文件修改成自动装配形式，见示例 34。

【示例 34】applicationContext.xml

```
<?xml version="1.0" encoding="UTF-8"?>
<beans xmlns="http://www.springframework.org/schema/beans"
    xmlns:xsi="http://www.w3.org/2001/XMLSchema-instance"
    xmlns:context="http://www.springframework.org/schema/context"
    xsi:schemaLocation="http://www.springframework.org/schema/beans
    http://www.springframework.org/schema/beans/spring-beans-3.2.xsd
    http://www.springframework.org/schema/context
    http://www.springframework.org/schema/context/spring-context-3.2.xsd">
    <!-- 使用bean元素的autowire属性完成自动装配 -->
    <bean id="userDao" class="cn.dsscm.dao.UserDaoImpl" />
    <bean id="userService" class="cn.dsscm.service.UserServiceImpl" autowire="byName" />
</beans>
```

上述配置文件中，用于配置 userService 和 userController 的<bean>元素中除了 id 和 class 属性，还增加了 autowire 属性，并将其属性值设置为 byName。在默认情况下，配置文件需要通过 ref 来装配 Bean，但设置了 autowire="byName"后，Spring 会自动寻找 userService Bean 的属性，并将其属性名称与配置文件中定义的 Bean 做匹配。由于 UserServiceImpl 中定义了 userDao 属性及其 setter 方法，这与配置文件中 id 为 userDao 的 Bean 相匹配，所以 Spring 会自动地将 id 为 userDao 的 Bean 装配到 id 为 userService 的 Bean 中。

执行程序后，控制台的输出结果与之前相同，使用自动装配同样完成了依赖注入。

在 Spring 配置文件中，虽然通过<bean>元素的 autowire 属性可以实现自动装配。但如果要配置的 Bean 很多，每个 Bean 都配置 autowire 属性也会很烦琐，能否统一设置自动注入而不必配置每个 Bean 呢？

<beans>元素提供了 default-autowire 属性，可以使用前面属性值为<beans>设置 default-autowire 属性，可影响全局，且减少维护单个 Bean 的注入方式。

修改 Spring 配置文件，设置全局自动装配，见示例 35。

【示例 35】applicationContext.xml

```
<?xml version="1.0" encoding="UTF-8"?>
<beans xmlns="http://www.springframework.org/schema/beans"
    xmlns:xsi="http://www.w3.org/2001/XMLSchema-instance"
    xmlns:p="http://www.springframework.org/schema/p"
    xmlns:context="http://www.springframework.org/schema/context"
    xmlns:aop="http://www.springframework.org/schema/aop"
    xmlns:tx="http://www.springframework.org/schema/tx"
    xsi:schemaLocation="http://www.springframework.org/schema/beans
    http://www.springframework.org/schema/beans/spring-beans-3.2.xsd
    http://www.springframework.org/schema/context
    http://www.springframework.org/schema/context/spring-context-3.2.xsd
    http://www.springframework.org/schema/tx
```

```
    http://www.springframework.org/schema/tx/spring-tx-3.2.xsd
    http://www.springframework.org/schema/aop
    http://www.springframework.org/schema/aop/spring-aop-3.2.xsd"
  default-autowire="byName">
 <!--省略其他代码-->
 </beans>
```

在<beans>节点上设置 default-autowire 时，<bean>节点上依然可以设置 autowire 属性。这时该<bean>节点上的自动装配设置将覆盖全局设置，成为该 Bean 的自动装配策略。

经验：对于大型的应用，并不鼓励使用自动装配。虽然使用自动装配可减少配置工作量，但大大降低了依赖关系的清晰性和透明性。因依赖关系的装配仅依赖于源文件的属性名或类型，将导致 Bean 与 Bean 之间的耦合降低到代码层次，不利于高层次解耦合。

7.6 Bean的作用域

通过 Spring 框架的容器创建一个 Bean 的实例时，不仅可以完成 Bean 的实例化，还可以为 Bean 指定特定的作用域。下面将围绕 Bean 的作用域进行讲解。

7.6.1 作用域的种类

在 Spring 框架中定义 Bean，除了可以创建 Bean 实例并对 Bean 的属性进行注入，还可以为所定义的 Bean 指定一个作用域。这个作用域的取值决定了 Spring 框架创建该组件实例的策略，进而影响程序的运行效率和数据安全。Spring 框架中为 Bean 的实例定义了 7 种作用域，如表 7-6 所示。

表 7-6　Bean 的作用域

作用域名称	说　明
singleton（单例）	默认值。使用 singleton 定义的 Bean 在 Spring 框架的容器中只有一个实例，也就是说，无论有多少个 Bean 引用它，始终将指向同一个对象，这也是 Spring 容器默认的作用域
prototype（原型）	每次通过 Spring 容器获取的 prototype 定义的 Bean 时，容器都将创建一个新的 Bean 实例
request	在一次 HTTP 请求中，容器会返回该 Bean 的同一个实例。对不同的 HTTP 请求则会产生一个新的 Bean，而且该 Bean 仅在当前 HTTP Request 内有效
session	在一次 HTTP Session 中，容器会返回该 Bean 的同一个实例。对不同的 HTTP 请求则会产生一个新的 Bean，而且该 Bean 仅在当前 HTTP Session 内有效
globalSession	在一个全局的 HTTP Session 中，容器会返回该 Bean 的同一个实例。仅在使用 portlet 上下文时有效
application	为每个 ServletContext 对象创建一个实例。仅在 Web 相关的 ApplicationContext 中生效
websocket	为每个 websocket 对象创建一个实例。仅在 Web 相关的 ApplicationContext 中生效

在这 7 种作用域中，singleton 和 prototype 是最常用的两种，下面对这两种作用域进行详细讲解。

7.6.2 singleton 作用域

singleton 是默认采用的作用域，即默认情况下 Spring 框架的容器只会存在一个共享的 Bean 实例，并且所有对 Bean 的请求，只要 id 与该 Bean 的 id 属性相匹配，就会返回同一 Bean 实例。singleton 作用域对于无会话状态的 Bean （如 Dao 组件、Service 组件）来说，是最理想的选择。对于不存在线程安全问题的组件，采用这种方式可以大大减少创建对象的开销，以提高运行效率。

在 Spring 框架配置文件中，Bean 的作用域是通过<bean>元素的 scope 属性来指定的，该属性值可以设置为 singleton、prototype、request、session、globalSession、application 和 websocket 这 7 个值，

分别表示 7 种作用域。如要将作用域定义成 singleton，只需将 scope 的属性值设置为 singleton 即可，其示例代码如下：

```
<bean id="scope" class="com.test.scope.Scope" scope="singleton"/>
```

先在项目 Ch07_06 中，创建一个 cn. test.scope 包，在包中创建 Scope 类，该类不需要写任何方法。然后在该包中创建一个配置文件 applicationContext.xml，将上述代码写入配置文件中，最后在包中创建测试类 ScopeTest 以测试 singleton 作用域，编辑后见示例 36。

【示例 36】ScopeTest.java

```
@Test
public void ScopeTest() {
    // 定义配置文件路径
    String xmlPath = "applicationContext.xml";
    // ApplicationContext 在加载配置文件时，对 Bean 进行实例化
    ApplicationContext applicationContext = new ClassPathXmlApplicationContext(xmlPath);
    System.out.println(applicationContext.getBean("scope"));
    System.out.println(applicationContext.getBean("scope"));
}
```

执行程序后，控制台的输出结果如图 7.5 所示。

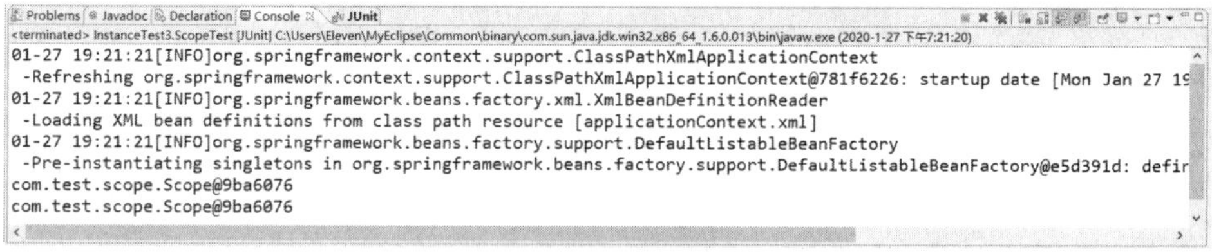

```
Problems  Javadoc  Declaration  Console  JUnit
<terminated> InstanceTest3.ScopeTest [JUnit] C:\Users\Eleven\MyEclipse\Common\binary\com.sun.java.jdk.win32.x86_64_1.6.0.013\bin\javaw.exe (2020-1-27 下午7:21:20)
01-27 19:21:21[INFO]org.springframework.context.support.ClassPathXmlApplicationContext
 -Refreshing org.springframework.context.support.ClassPathXmlApplicationContext@781f6226: startup date [Mon Jan 27 19
01-27 19:21:21[INFO]org.springframework.beans.factory.xml.XmlBeanDefinitionReader
 -Loading XML bean definitions from class path resource [applicationContext.xml]
01-27 19:21:21[INFO]org.springframework.beans.factory.support.DefaultListableBeanFactory
 -Pre-instantiating singletons in org.springframework.beans.factory.support.DefaultListableBeanFactory@e5d391d: defir
com.test.scope.Scope@9ba6076
com.test.scope.Scope@9ba6076
```

图 7.5 运行结果

可以看出两次输出的结果相同，说明 Spring 框架的容器只创建了一个 Scope 类的实例。需要注意的是，如果不设置 scope="singleton"，其输出结果也是一个实例，因为 Spring 框架的容器默认的作用域就是 singleton。

7.6.3 prototype作用域

对于存在线程安全问题的组件，不能使用 singleton 模式。那些需要保持会话状态的 Bean（如 Struts2 的 Action 类）应该使用 prototype 作用域。在使用 prototype 作用域时，Spring 框架的容器会为每个对该 Bean 的请求者都创建一个新的实例。使用 prototype 作用域，可通过 scope 属性，其关键代码如下：

```
<bean id="scope" class="com.test.scope.Scope" scope="prototype"/>
```

这样，Spring 框架在每次获取该组件时都会创建一个新的实例，可避免因为共用同一个实例而产生的线程安全问题。将示例 36 中的配置文件更改成上述代码形式后，再次运行测试类 ScopeTest，控制台的输出结果如图 7.6 所示。

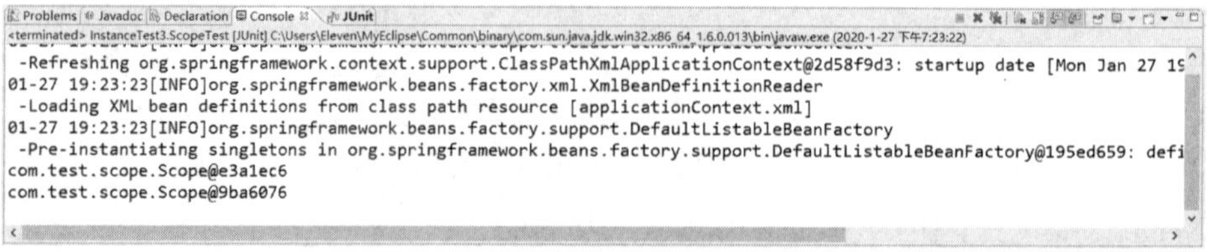

```
Problems  Javadoc  Declaration  Console  JUnit
<terminated> InstanceTest3.ScopeTest [JUnit] C:\Users\Eleven\MyEclipse\Common\binary\com.sun.java.jdk.win32.x86_64_1.6.0.013\bin\javaw.exe (2020-1-27 下午7:23:22)
 -Refreshing org.springframework.context.support.ClassPathXmlApplicationContext@2d58f9d3: startup date [Mon Jan 27 19
01-27 19:23:23[INFO]org.springframework.beans.factory.xml.XmlBeanDefinitionReader
 -Loading XML bean definitions from class path resource [applicationContext.xml]
01-27 19:23:23[INFO]org.springframework.beans.factory.support.DefaultListableBeanFactory
 -Pre-instantiating singletons in org.springframework.beans.factory.support.DefaultListableBeanFactory@195ed659: defi
com.test.scope.Scope@e3a1ec6
com.test.scope.Scope@9ba6076
```

图 7.6 运行结果

可以看到，两次输出的 Bean 实例并不相同，这说明在 prototype 作用域下，创建了两个不同的 Scope 实例。

7.6.4　使用注解指定Bean的作用域

对于使用注解声明的 Bean 组件，如需修改其作用域，则可以使用@Scope 注解实现，其关键代码见示例 37。

【示例 37】UserServiceImpl.java

```
import org.springframework.context.annotation.Scope;
import org.springframework.stereotype.Service;

//用户业务类，实现对 User 功能的业务管理
@Scope("prototype")
@Service("userService")
public class UserServiceImpl implements UserService {
    //省略其他代码
}
```

对于 Web 环境下使用的 request、session、global session 作用域，其配置细节会在后续相关课程中详细讲解，这里先做了解即可。

7.7　Bean的生命周期

Spring 框架的容器可以管理 singleton 作用域的 Bean 的生命周期，在此作用域下，Spring 框架能够精确地知道该 Bean 何时被创建、何时初始化完成及何时被销毁。对于 prototype 作用域的 Bean，Spring 只负责创建，当容器创建了 Bean 实例后，Bean 的实例就交给客户端代码来管理，Spring 容器将不再跟踪其生命周期。每次客户端请求 prototype 作用域的 Bean 时，Spring 框架的容器都会创建一个新的实例，并且不会管那些被配置成 prototype 作用域的 Bean 的生命周期。

了解 Bean 的生命周期的意义就在于，可以在某个 Bean 生命周期的某些指定时刻完成一些相关操作。这种时刻有很多，但在一般情况下，常会在 Bean 的 postinitiation（初始化后）和 predestruction（销毁前）执行一些相关操作。

在 Spring 框架中，Bean 生命周期的执行是一个很复杂的过程，可以利用 Spring 框架提供的方法来编制 Bean 的创建过程。当一个 Bean 被加载到 Spring 框架的容器时，它就具有了生命，而 Spring 容器在保证一个 Bean 能够使用之前，会做很多工作。Spring 框架的容器中，Bean 的生命周期流程如图 7.7 所示。

Bean 的生命周期的整个执行过程描述如下。

（1）根据配置情况调用 Bean 构造方法或工厂方法实例化 Bean。

（2）利用依赖注入完成 Bean 中所有属性值的配置注入。

（3）如果 Bean 实现了 BeanNameAware 接口，则 Spring 调用 Bean 的 setBeanName()方法传入当前 Bean 的 id 值。

（4）如果 Bean 实现了 BeanFactoryAware 接口，则 Spring 调用 setBeanFactory()方法传入当前工厂实例的引用。

（5）如果 Bean 实现了 ApplicationContextAware 接口，则 Spring 调用 setApplicationContext()方法传入当前 ApplicationContext 实例的引用。

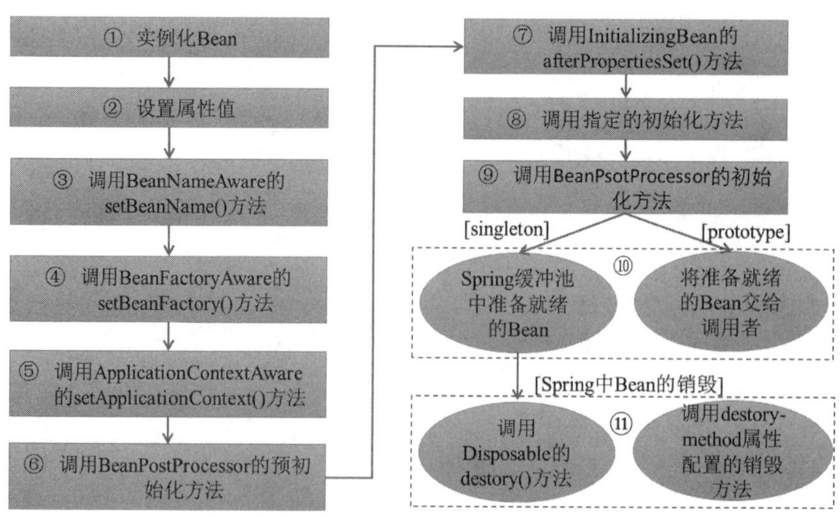

图 7.7　Bean 的生命周期流程

（6）如果 BeanPostProcessor 和 Bean 关联，则 Spring 将调用该接口的预初始化方法 postProcessBeforeInitialzation()对 Bean 进行加工操作，这个非常重要，Spring 的 AOP 就是用它实现的。

（7）如果 Bean 实现了 InitializingBean 接口，则 Spring 将调用 afterPropertiesSet()方法。

（8）如果在配置文件中通过 init-method 属性指定了初始化方法，则调用该初始化方法。

（9）如果有 BeanPostProcessor 和 Bean 关联，则 Spring 将调用该接口的初始化方法 post ProcessAfterInitialization()。此时，Bean 已经可以被应用系统使用了。

（10）如果在<bean>中指定了该 Bean 的作用范围为 scope="singleton"，则将该 Bean 放入 Spring IoC 的缓存池中，将触发 Spring 对该 Bean 的生命周期管理；如果在<bean>中指定了该 Bean 的作用范围为 scope="prototype"，则将该 Bean 交给调用者。由调用者管理该 Bean 的生命周期，而 Spring 不再管理该 Bean。

（11）如果 Bean 实现了 DisposableBean 接口，则 Spring 会调用 destory()方法将 Spring 中的 Bean 销毁；如果在配置文件中通过 destory-method 属性指定了 Bean 的销毁方法，则 Spring 将调用该方法进行销毁。

Spring 框架为 Bean 提供了细致全面的生命周期过程，通过实现特定的接口或通过<bean>的属性设置，都可以对 Bean 的生命周期过程产生影响。虽然可以随意配置<bean>的属性，但建议不要过多地使用 Bean 实现接口，因为这样会使代码和 Spring 的聚合比较紧密。

本章总结

- Spring 框架中配置 Bean 组件时，可以指定 singleton、prototype、request、session，global-Session 等 7 种不同的作用域，其中 singleton 是默认采用的作用域类型。
- Spring 框架提供了自动装配（autowire）功能，常用方式包括 byName 和 byType。
- Spring 框架提供了设值注入、构造注入等依赖注入方式。
- 使用 p 命名空间可以简化属性注入的配置。
- 用来定义 Bean 组件的注解包括@Component、@Repository、@Service 和@Controller。
- Bean 组件的装配可以通过注解@Autowired、@Qualifier 及@Resource 实现。
- 在 Spring 配置文件中使用<context:component-scan>元素扫描包含注解的类，可完成初始化。

本章作业

一、选择题

1. Spring 框架的<bean>元素中的 autowire 属性取值不包括以下（　　）。

   A. default　　B. byName　　C. byType　　D. byId

2. 以下有关 Bean 的装配方式说法正确的是（　　）。

   A. Spring 框架的容器支持多种形式 Bean 的装配方式，如基于 XML 的装配、基于注解（Annotation）的装配和自动装配（其中最常用的是基于 XML 的装配）

   B. Spring 框架提供了 3 种基于 XML 的装配方式：设值注入、构造注入和属性注入

   C. 在 Spring 框架实例化 Bean 的过程中，Spring 首先会调用 Bean 的默认构造方法来实例化 Bean 对象，然后通过反射的方式调用 setter 方法来注入属性值

   D. 设值注入要求一个 Bean 必须提供一个有参构造方法，并且为需要注入的属性提供对应的 setter 方法

3. Spring 框架容器支持多种形式的 Bean 的装配方式，不包括有（　　）。

   A. 基于 XML 的装配

   B. 基于 properties 的装配

   C. 基于注解（Annotation）的装配

   D. 自动装配

4. Spring 框架中定义了一系列的注解，以下有关其常用注解说明错误的是（　　）。

   A. @Autowired 用于对 Bean 的属性变量、属性的 setter 方法及构造方法进行标注，配合对应的注解处理器完成 Bean 的自动配置工作，默认按照 Bean 的名称进行装配

   B. @Repository 用于将数据访问层（DAO 层）的类标识为 Spring 中的 Bean

   C. @Service 通常作用在业务层（Service 层），用于将业务层的类标识为 Spring 中的 Bean

   D. @Controller 通常作用在控制层（如 Spring MVC 的 Controller），用于将控制层的类标识为 Spring 框架中的 Bean

5. 以下关于 Spring 框架对 Bean 生命周期管理说法错误的是（　　）。

   A. Spring 框架的容器可以管理 singleton 作用域的 Bean 的生命周期。Spring 框架能够精确地知道该 Bean 何时被创建、何时初始化完成，以及何时被销毁

   B. 对于 prototype 作用域的 Bean，Spring 只负责创建，当容器创建 Bean 实例后，Bean 的实例就交给客户端代码来管理，Spring 容器将不再跟踪其生命周期

   C. 每次客户端请求 singleton 作用域的 Bean 时，Spring 框架的容器都会创建一个新的实例，并且不会管那些被配置成 singleton 作用域的 Bean 的生命周期

   D. 了解 Bean 生命周期的意义就在于，可以在某个 Bean 生命周期的某些指定时刻完成一些相关操作

二、简答题

1. 简述 Bean 的生命周期。
2. 简述 Bean 的 7 种装配方式的基本用法。

三、操作题

在控制台使用不同的方式实现 Spring 框架的 Bean 装配输出，并使用 Spring 框架实现依赖注入，输出内容如下。

张三说："好好学习，天天向上！"

TOM 说："study hard，improve every day!"

第 8 章 Spring AOP

本章目标

- ◎ 了解 AOP 的概念和作用
- ◎ 理解 AOP 中的相关术语
- ◎ 熟悉 Spring 框架中两种动态代理方式的区别
- ◎ 掌握基于代理类的 AOP 实现
- ◎ 掌握基于 XML 和注解的 AspectJ 开发

本章简介

Spring 框架 AOP 模块是 Spring 框架体系结构中十分重要的内容，该模块提供了面向切面编程的实现。本章将对 Spring AOP 的相关知识进行详细讲解。

技术内容

8.1 Spring AOP简介

8.1.1 AOP

面向切面编程（Aspect Oriented Programming，AOP）是软件编程思想发展到一定阶段的产物，是对面向对象编程（Object Oriented Programming，OOP）的有益补充，目前已成为一种比较成熟的编程方式。AOP 适用于具有横切逻辑的场合，如访问控制、事务管理、性能监测等。

在传统的业务处理代码中，通常都会进行事务处理、日志记录等操作。虽然使用 OOP 可以通过组合或者继承的方式来达到代码的重用，但要实现某个功能（如日志记录），代码仍然会分散到各个方法中。这样，如果想要关闭某个功能，或者对其进行修改，就必须要修改所有的相关方法。这不但增加了开发人员的工作量，也提高了代码的出错率。

为了解决这个问题，AOP 思想随之产生。AOP 采取横向抽取机制，将分散在各个方法中的重复代码提取出来，然后在程序编译或运行时，再将这些提取出来的代码应用到需要执行的地方。这种采用横向抽取机制的方式，是传统的 OOP 思想无法办到的，因为 OOP 只能实现父子关系的纵向的重用。虽然 AOP 是一种新的编程思想，却不是 OOP 的替代品，它只是 OOP 的延伸和补充。

8.1.2 理解“面向切面编程”

什么是横切逻辑呢？先来看下面的程序代码。

在该段代码中，UserSemce 的 addNewUSer()方法根据需求增加了日志和事务功能。

```
public class UserServiceImpl implements UserService {
    private static final Logger log = Logger.getLogger(UserServiceImpl.class);
    public boolean addNewUser(User user) {
        log.info("添加用户" + user.getUsername());//记录日志
        SqlSession sqlSession = null;
        boolean flag = false;
//异常处理
        try {
            sqlSession = MyBatisUtil.createSqlSession();
            if (sqlSession.getMapper(UserMapper.class).add(user) > 0)
                flag = true;
            sqlSession.commit(); //事务控制
        } catch (Exception e) {
            log.error("添加用户 " + user.getUsername() + "失败", e); //记录日志
            sqlSession.rollback(); //事务控制
            flag = false;
        } finally {
            MyBatisUtil.closeSqlSession(sqlSession);
        }
        return flag;
    }
}
```

这是一个非常典型的业务处理方法。日志、异常处理、事务控制等都是一个健壮的业务系统所必需的。但是为了保证系统健壮可用，就要在众多的业务方法中反复编写类似的代码，使原本就很复杂的业务处理代码变得更加复杂。业务功能的开发人员还要关注这些“额外”的代码是否处理正确，是否有遗漏的地方。如果需要修改日志信息的格式、安全验证的规则，以及再增加新的辅助功能，都会导致业务代码进行频繁而大量的修改。

在业务系统中，总有一些散落、渗透到系统各处且不得不处理的事情，这些穿插在既定业务中的操作就是“横切逻辑”，也称为切面。那么怎样才能不受这些附加要求的干扰，专心于真正的业务逻辑呢？将这些重复性的代码抽取出来，放在专门的类和方法中，这样就可以便于管理和维护了。即便如此，依然无法实现既定业务和横切逻辑的彻底解耦合，因为业务代码中还要保留这些方法的调用代码，当需要增加或减少横切逻辑的时候，还是要修改业务方法中的调用代码才能实现。开发人员希望能无须编写显式的调用，在需要时，系统能够“自动”调用所需的功能，这正是 AOP 要解决的主要问题。

在 AOP 思想中，类与切面的关系如图 8.1 所示。

可以看出，通过 Aspect（切面）分别在 Class1 和 Class2 的方法中加入了事务、日志、权限和异常等功能。

AOP 的使用让开发人员在编写业务逻辑时可以专心于核心业务，而不用过多地关注于其他业务逻辑的实现，这不但提高了开发效率，而且增强了代码的可维护性。

目前流行的 AOP 框架有两个，分别为 Spring AOP 和 AspectJ。Spring AOP 使用纯 Java 实现，不需要专门的编译过程和类加载器，在运行期间通过代理方式向目标类织入增强的代码。AspectJ 是一个基于 Java 语言的 AOP 框架，从 Spring 2.0 版开始，Spring AOP 引入了对 AspectJ 的支持，AspectJ 扩展了 Java 语言，提供了一个专门的编译器，在编译时提供横向代码的织入。

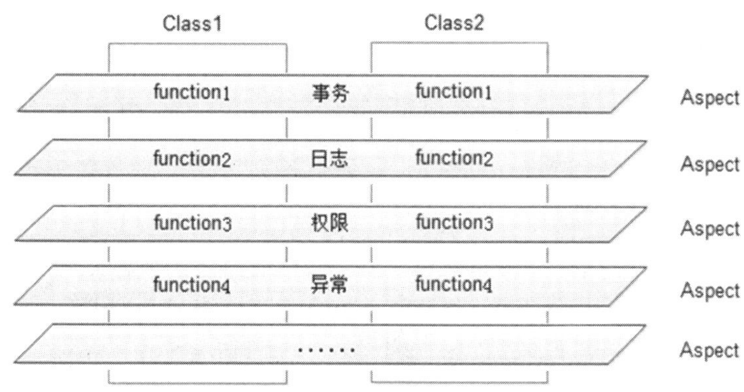

图 8.1 类与切面的关系

8.1.3 AOP术语

在学习使用 AOP 之前，先要了解一下 AOP 的专业术语。这些术语包括 Aspect、Joinpoint、Pointcut、Advice、Target Object、Proxy、AOP proxy 和 Weaving，其解释具体如下。

（1）Aspect（切面）：指封装的用于横向插入系统功能（如事务、日志等）的类，如 Aspect。该类要被 Spring 框架的容器识别为切面，需要在配置文件中通过<bean>元素指定。

（2）Joinpoint（连接点）：指在程序执行过程中的某个阶段点，它实际上是对象的一个操作，如方法的调用或异常的抛出。在 Spring AOP 中，连接点就是指方法的调用。

（3）Pointcut（切入点）：指切面与程序流程的交叉点，即那些需要处理的连接点，如图 8.2 所示。通常在程序中，切入点指的是类或者方法名，如某个通知要应用到所有以 add 开头的方法中，那么所有满足这个规则的方法都是切入点。

（4）Advice（通知/增强处理）：指 AOP 框架在特定切入点执行的增强处理，即在定义好的切入点处所要执行的程序代码，可以将其理解为切面类中的方法。它是切面的具体实现。

（5）Target Object（目标对象）：指所有被通知的对象，也称为被增强对象。如果 AOP 框架采用的是动态的 AOP 实现，那么该对象就是一个被代理对象。

（6）Proxy（代理）：指将通知应用到目标对象之后，被动态创建的对象。

（7）AOP proxy（AOP 代理）：指由 AOP 框架所创建的对象，实现执行增强处理方法等功能。

（8）Weaving（织入）将切面代码插入到目标对象上，从而生成代理对象的过程。

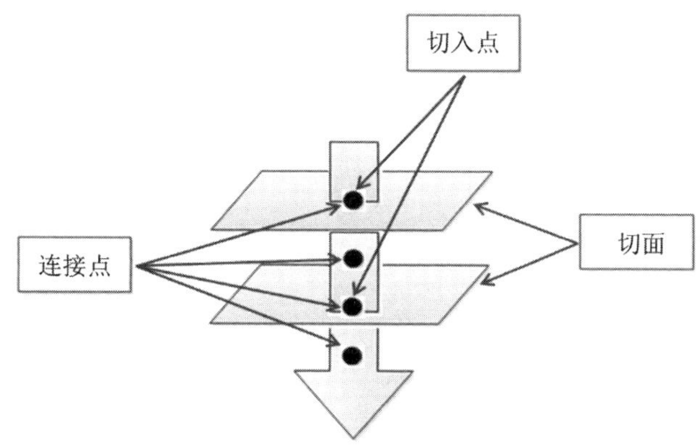

图 8.2 切面、连接点和切入点

说明：切面可以理解为由增强处理和切入点组成，它既包含了横切逻辑的定义，也包含了连接点的定义。面向切面编程主要关心两个问题，即在什么位置和执行什么功能。Spring AOP 是负责实施切面的框架，即由 Spring AOP 完成织入工作。

Advice 直译为“通知”，但这种叫法并不确切，在此处翻译成“增强处理”更便于大家理解。

8.2 动态代理

通过学习已经知道 AOP 中的代理就是由 AOP 框架动态生成的一个对象，该对象可以作为目标对象使用。对于面向切面编程，简单地说，就是在不改变原程序的基础上为代码段增加新的功能，对代码段进行增强处理。它的设计思想来源于代理设计模式，通常情况下调用对象的方法如图 8.3 所示。

在代理模式中可以为该对象设置一个代理对象，代理对象为 fun()提供一个代理方法，当通过代理对象的 fun()方法调用原对象的 fun()方法时，就可以在代理方法中添加新的功能，即增强处理。增强的功能既可以插到原对象的 fun()方法前面，也可以插到其后面，如图 8.4 所示。

图 8.3 直接调用对象的方法　　图 8.4 通过代理对象调用的方法

在这种模式下，给开发人员的感觉是在原有代码乃至原业务流程都不修改的情况下，直接在业务流程中切入新代码，增加新功能，这就是所谓的面向切面编程。Spring 的 AOP 代理，既可以是 JDK 动态代理，也可以是 CGLIB 代理。下面将结合相关案例演示这两种代理方式的使用。

8.2.1 JDK动态代理

JDK 动态代理是通过 java.lang.reflect.Proxy 类来实现的，可以调用 Proxy 类的 newProxylnstance()方法来创建代理对象。对于使用业务接口的类，Spring 框架会默认使用 JDK 动态代理来实现 AOP。

通过一个案例来演示 Spring 框架中 JDK 动态代理的实现过程，具体步骤如下。

（1）创建一个名为 Ch08_01 的 Java 项目，导入 Spring 框架所需 JAR 包到项目的 lib 目录中，并发布到类路径下。

（2）在 src 目录下，创建一个 cn.test.dao 包，在该包下创建接口 UserDao，并在该接口中编写添加和删除的方法，见示例 1。

【示例 1】UserDao.java

```
package cn.test.dao;

public interface UserDao {
    public void addUser();
    public void deleteUser();
}
```

（3）在 cn.test.dao 包中，创建 UserDao 接口的实现类 UserDaoImpl，分别实现接口中的方法，并在每个方法中添加一条输出语句，代码示例 2。

【示例 2】UserDaoImpl.java

```
package cn.test.dao;
```

```
import org.springframework.stereotype.Repository;

// 目标类
@Repository("userDao")
public class UserDaoImpl implements UserDao {
    public void addUser() {
//          int i = 10/0;
        System.out.println("添加用户");
    }
    public void deleteUser() {
        System.out.println("删除用户");
    }
}
```

需要注意的是，本案例中会将实现类 UserDaoImpl 作为目标类，对其中的方法进行增强处理。

（4）在 src 目录下，创建一个 cn.test.aspect 包，并在该包下创建切面类 MyAspect，在该类中定义一个模拟权限检查的方法和一个模拟记录日志的方法，这两个方法就表示切面中的通知，见示例 3。

【示例 3】MyAspect.java

```
package cn.test.aspect;

//切面类：可以存在多个通知 Advice（增强的方法）
public class MyAspect {
    public void check_Permissions(){
        System.out.println("模拟检查权限...");
    }
    public void log(){
        System.out.println("模拟记录日志...");
    }
}
```

（5）在 cn.test.jdk 包下创建代理类 JdkProxy，该类需要实现 InvocationHandler 接口，并编写代理方法。在代理方法中，需要通过 Proxy 类实现动态代理，见示例 4。

【示例 4】JdkProxy.java

```
package cn.test.jdk;

import java.lang.reflect.InvocationHandler;
import java.lang.reflect.Method;
import java.lang.reflect.Proxy;

import cn.test.aspect.MyAspect;
import cn.test.dao.UserDao;

/**
 * JDK 代理类
 */
public class JdkProxy implements InvocationHandler{
    // 声明目标类接口
    private UserDao userDao;
    // 创建代理方法
    public  Object createProxy(UserDao userDao) {
        this.userDao = userDao;
        // 1.类加载器
        ClassLoader classLoader = JdkProxy.class.getClassLoader();
        // 2.被代理对象实现的所有接口
        Class[] clazz = userDao.getClass().getInterfaces();
        // 3.使用代理类进行增强，返回的是代理后的对象
        return  Proxy.newProxyInstance(classLoader,clazz,this);
    }
    /*
     * 所有动态代理类的方法调用，都会交由 invoke()方法去处理
     * proxy 被代理后的对象
```

```
     * method 将要被执行的方法信息（反射）
     * args 执行方法时需要的参数
     */
    @Override
    public Object invoke(Object proxy, Method method, Object[] args) throws Throwable {
        // 声明切面
        MyAspect myAspect = new MyAspect();
        // 前增强
        myAspect.check_Permissions();
        // 在目标类上调用方法，并传入参数
        Object obj = method.invoke(userDao, args);
        // 后增强
        myAspect.log();
        return obj;
    }
}
```

在示例代码中，JdkProxy 类实现了 InvocationHandler 接口，以及接口中的 invoke 方法，所有动态代理类所调用的方法都会交由该方法处理。在创建的代理方法 createProxy()中，使用了 Proxy 类的 newProxyInstance()方法来创建代理对象。newProxyInstance()方法中包含 3 个参数，其中第 1 个参数是当前类的类加载器，第 2 个参数表示的是被代理对象实现的所有接口，第 3 个参数 this 代表的就是代理类 JdkProxy 本身。在 invoke()方法中，目标类方法执行的前后会分别执行切面类中的 check_Permissions()方法和 log()方法。

（6）在 cn.test.jdk 包中创建测试类 JdkTest。在该类的 test()方法中创建代理对象和目标对象，然后从代理对象中获得对目标对象 userDao 增强后的对象，最后调用该对象中的添加和删除方法，见示例 5。

【示例 5】JdkTest.java

```
@Test
public void test() {
    // 创建代理对象
    JdkProxy jdkProxy = new JdkProxy();
    // 创建目标对象
    UserDao userDao= new UserDaoImpl();
    // 从代理对象中获取增强后的目标对象
    UserDao userDao1 = (UserDao) jdkProxy.createProxy(userDao);
    // 执行方法
    userDao1.addUser();
    userDao1.deleteUser();
}
```

执行程序后，控制台的输出结果如图 8.5 所示。

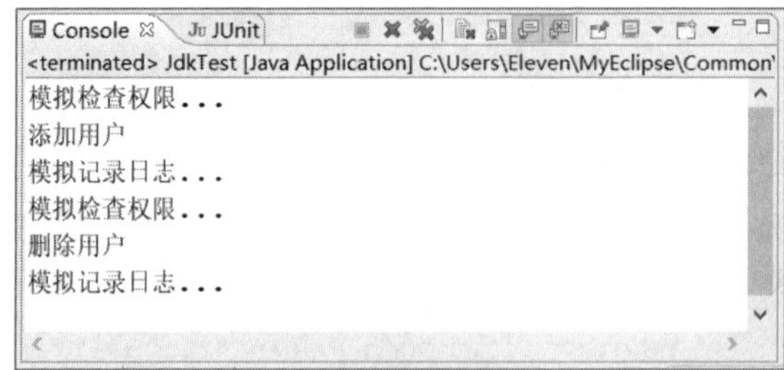

图 8.5　运行结果

可以看出，userDao 实例中的添加用户和删除用户的方法已被成功调用，并且在调用前后分别增加了检查权限和记录日志的功能。这种实现了接口的代理方式，就是 Spring 中的 JDK 动态代理。

8.2.2　CGLIB代理

JDK 动态代理的使用非常简单，但它具有一定的局限性——使用动态代理的对象必须实现一个或多个接口。如果要对没有实现接口的类进行代理，那么可以使用 CGLIB 代理。

CGLIB（Code Generation Library）是一个高性能开源的代码生成包，它采用非常底层的字节码技术，对指定的目标类生成一个子类，并对子类进行增强。在 Spring 框架的核心包中已经集成了 CGLIB 所需要的包，所以开发中不需要另外导入 jar 包。

通过修改 8.2.1 节案例来演示 CGLIB 代理的实现过程，具体步骤如下。

（1）在 src 目录下，创建一个 cn.test.cglib 包，在包中创建一个目标类 UserDao，UserDao 不需要实现任何接口，只需定义一个添加用户的方法和一个删除用户的方法，见示例 6。

【示例 6】UserDao.java

```
//目标类
public class UserDao {
    public void addUser() {
        System.out.println("添加用户");
    }
    public void deleteUser() {
        System.out.println("删除用户");
    }
}
```

（2）在 cn.test.cglib 包中创建代理类 CglibProxy，该代理类需要实现 MethodInterceptor 接口，并实现接口中的 intercept()方法，见示例 7。

【示例 7】CglibProxy.java

```
package cn.test.cglib;
import java.lang.reflect.Method;
import org.springframework.cglib.proxy.Enhancer;
import org.springframework.cglib.proxy.MethodInterceptor;
import org.springframework.cglib.proxy.MethodProxy;
import cn.test.aspect.MyAspect;
// 代理类
public class CglibProxy implements MethodInterceptor{
    // 代理方法
    public  Object createProxy(Object target) {
        // 创建一个动态类对象
        Enhancer enhancer = new Enhancer();
        // 确定需要增强的类，设置其父类
        enhancer.setSuperclass(target.getClass());
        // 添加回调函数
        enhancer.setCallback(this);
        // 返回创建的代理类
        return enhancer.create();
    }
    /**
     * proxy CGlib 根据指定父类生成的代理对象
     * method 拦截的方法
     * args 拦截方法的参数数组
     * methodProxy 方法的代理对象，用于执行父类的方法
     */
    @Override
    public Object intercept(Object proxy, Method method, Object[] args,
            MethodProxy methodProxy) throws Throwable {
        // 创建切面类对象
        MyAspect myAspect = new MyAspect();
        // 前增强
        myAspect.check_Permissions();
```

```
        // 目标方法执行
        Object obj = methodProxy.invokeSuper(proxy, args);
        // 后增强
        myAspect.log();
        return obj;
    }
}
```

在示例代码的代理方法中，先创建一个动态类对象 Enhancer，它是 CGLIB 的核心类，然后调用 Enhancer 类的 setSuperdass()方法来确定目标对象；接下来调用 setCallback()方法添加回调函数，其中的 this 代表的就是代理类 CglibProxy 本身；最后通过 return 语句将创建的代理类对象返回。intercept()方法会在程序执行目标方法时被调用，该方法运行时将执行切面类中的增强方法。

（3）在 cn.test.cglib 包中创建测试类 CglibTest。在该类的 test()方法中先创建代理对象和目标对象，然后从代理对象中获得增强后的目标对象，最后调用对象的添加和删除方法，见示例 8。

【示例 8】CglibTest.java

```
package cn.test.cglib;
// 测试类
public class CglibTest {
    public static void main(String[] args) {
        // 创建代理对象
        CglibProxy cglibProxy = new CglibProxy();
        // 创建目标对象
        UserDao userDao = new UserDao();
        // 获取增强后的目标对象
        UserDao userDao1 = (UserDao)cglibProxy.createProxy(userDao);
        // 执行方法
        userDao1.addUser();
        userDao1.deleteUser();
    }
}
```

执行程序后，控制台的输出结果如图 8.6 所示。

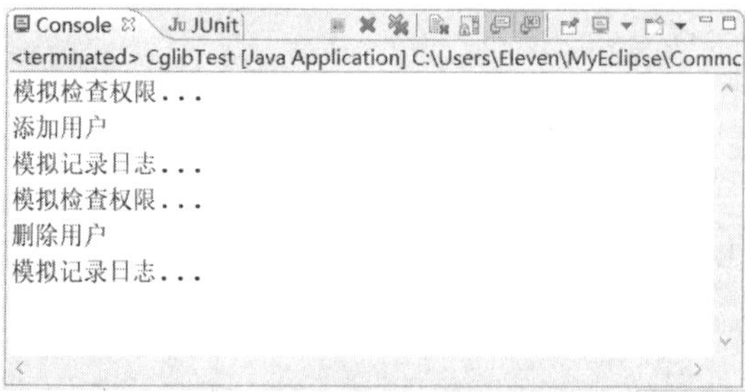

图 8.6　运行结果

可以看出，目标类 UserDao 中的方法被成功调用并增强了。这种没有实现接口的代理方式就是 CGLIB 代理。

8.2.3　技能训练

上机练习 1　使用 JDK 动态代理与 CGLIB 代理

需求说明

使用 JDK 动态代理与 CGLIB 代理，对业务方法的执行过程进行模拟检查权限、日志记录。

关键代码参考示例 1～8。

8.3　基于代理类的AOP实现

通过学习对 Spring 中的两种代理模式已经有了一些了解。实际上，Spring 中的 AOP 代理默认就是使用 JDK 动态代理的方式来实现的。在 Spring 中，使用 Proxy FactoryBean 是创建 AOP 代理的最基本方式。下面将对 Spring 中基于代理类 AOP 实现的相关知识进行详细讲解。

8.3.1　Spring的通知类型

在讲解具体的代理类之前，需要了解 Spring 框架的通知类型。Spring 中的通知按照在目标类方法的连接点位置，可以分为以下 5 种类型。

（1）org.aopalliance.intercept.MethodInterceptor（环绕通知）。在目标方法执行前后实施增强，可以应用于日志、事务管理等功能。

（2）org.springframework.aop.MethodBeforeAdvice（前置通知）。在目标方法执行前实施增强，可以应用于权限管理等功能。

（3）org.springframework.aop.AfterReturningAdvice（后置通知）。在目标方法执行后实施增强，可以应用于关闭流、上传文件、删除临时文件等功能。

（4）org.springframework.aop.ThrowsAdvice（异常通知）。在方法抛出异常后实施增强，可以应用于处理异常记录日志等功能。

（5）org.springframework.aop.IntroductionInterceptor（引介通知）。在目标类中添加一些新的方法和属性，可以应用于修改老版本程序（增强类）。

8.3.2　ProxyFactoryBean

ProxyFactoryBean 是 FactoryBean 接口的实现类，FactoryBean 负责实例化一个 Bean，而 ProxyFactoryBean 负责为其他 Bean 创建代理实例。在 Spring 框架中，使用 ProxyFactoryBean 是创建 AOP 代理的基本方式。

ProxyFactoryBean 的常用可配置属性如表 8-1 所示。

表 8-1　ProxyFactoryBean 的常用属性

属性名称	描　述
target	代理的目标对象
proxyInterfaces	代理要实现的接口，如果是多个接口，可以使用以下格式赋值<list>、<value>、</value>…</list>
proxyTargetClass	是否对类代理而不是接口，设置为 true 时，使用 CGLIB 代理
interceptorNames	需要织入目标的 Advice
singleton	返回的代理是否为单实例，默认为 true（返回单实例）
optimize	当设置为 true 时，强制使用 CGLIB

对 ProxyFactoryBean 有了初步的了解后，通过一个典型的环绕通知案例，来演示 Spring 使用 ProxyFactoryBean 创建 AOP 代理的过程，具体步骤如下。

（1）在核心 JAR 包的基础上，再向 Ch08_01 项目的 lib 目录中导入 AOP 的 JAR 包 spring-aop-3.2.18.RELEASE.jar 和 aopalliance-1.0.jar，如图 8.7 所示。

lib
- aopalliance-1.0.jar
- commons-logging-1.2.jar
- log4j-1.2.17.jar
- spring-aop-3.2.18.RELEASE.jar
- spring-beans-3.2.18.RELEASE.jar
- spring-context-3.2.18.RELEASE.jar
- spring-core-3.2.18.RELEASE.jar
- spring-expression-3.2.18.RELEASE.jar

图 8.7　添加的 JAR 包

关于这两个 JAR 包的介绍如下。

①spring-aop-3.2.18.RELEASE.jar：指 Spring 为 AOP 提供的实现包，Spring 的包中已经提供。

②aopalliance-1.0.jar：指 AOP 联盟提供的规范包，该 JAR 包可以通过地址“http://mvnrepository.com/artifact/aopalliance/aopalliance/1.0”下载。

（2）在 src 目录下，创建一个 cn.test.factorybean 包，在该包中创建切面类 MyAspect。由于实现环绕通知需要实现 org.aopalliance.intercept.MethodInterceptor 接口，所以 MyAspect 类需要实现该接口，并实现接口中的 invoke()方法，来执行目标方法，见示例 9。

【示例 9】MyAspect.java

```java
package cn.test.factorybean;

import org.aopalliance.intercept.MethodInterceptor;
import org.aopalliance.intercept.MethodInvocation;
// 切面类
public class MyAspect implements MethodInterceptor {
    @Override
    public Object invoke(MethodInvocation mi) throws Throwable {
        check_Permissions();
        // 执行目标方法
        Object obj = mi.proceed();
        log();
        return obj;
    }
    public void check_Permissions(){
        System.out.println("模拟检查权限...");
    }
    public void log(){
        System.out.println("模拟记录日志...");
    }
}
```

这里为了演示效果，在目标方法前后分别执行了检查权限和记录日志的方法，这两个方法就是增强的方法，也就是通知。

（3）在 resources 目录中，创建配置文件 applicationContext.xml，并指定代理对象，代码见示例 10。

【示例 10】applicationContext.xml

```xml
<?xml version="1.0" encoding="UTF-8"?>
<beans xmlns="http://www.springframework.org/schema/beans"
    xmlns:xsi="http://www.w3.org/2001/XMLSchema-instance"
    xsi:schemaLocation="http://www.springframework.org/schema/beans
    http://www.springframework.org/schema/beans/spring-beans-3.2.xsd">
    <!-- 1.目标类 -->
    <bean id="userDao" class="cn.test.dao.UserDaoImpl" />
    <!-- 2.切面类 -->
    <bean id="myAspect" class="cn.test.factorybean.MyAspect" />
    <!-- 3.使用 Spring 代理工厂定义一个名称为 userDaoProxy 的代理对象 -->
```

```
    <bean id="userDaoProxy"
            class="org.springframework.aop.framework.ProxyFactoryBean">
        <!-- 3.1 指定代理实现的接口-->
        <property name="proxyInterfaces"
                value="cn.test.dao.UserDao" />
        <!-- 3.2 指定目标对象 -->
        <property name="target" ref="userDao" />
        <!-- 3.3 指定切面，织入环绕通知 -->
        <property name="interceptorNames" value="myAspect" />
        <!-- 3.4 指定代理方式，true：使用 CGLIB，false(默认)：使用 JDK 动态代理 -->
        <property name="proxyTargetClass" value="true" />
    </bean>
</beans>
```

在示例代码中，先通过<bean>元素定义目标类和切面，然后使用 ProxyFactoryBean 类定义代理对象。在定义的代理对象中，分别通过<property>子元素指定代理实现的接口、代理的目标对象、需要织入目标类的通知，以及代理方式。

（4）在 cn.test.factorybean 包中，创建测试类 ProxyFactoryBeanTest，在类中通过 Spring 框架的容器获取代理对象的实例，并执行目标方法，见示例 11。

【示例 11】ProxyFactoryBeanTest.java

```
@Test
public void test() {
    String xmlPath = "applicationContext.xml";
    ApplicationContext applicationContext = new ClassPathXmlApplicationContext(xmlPath);
    // 从 Spring 容器获得内容
    UserDao userDao = (UserDao) applicationContext.getBean("userDaoProxy");
    // 执行方法
    userDao.addUser();
    userDao.deleteUser();
}
```

执行程序后，控制台的输出结果如图 8.8 所示。

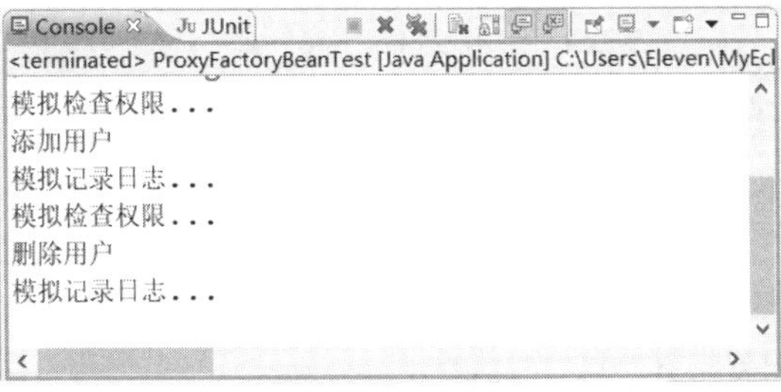

图 8.8　运行结果

8.3.3　技能训练

上机练习 2　使用基于代理类的 AOP 实现

需求说明

使用基于代理类的 AOP 实现对业务方法的执行过程进行模拟检查权限、日志记录。

关键代码参考示例 9～11。

8.4 基于XML的声明式AspectJ

AspectJ 是一个基于 Java 语言的 AOP 框架，它提供了强大的 AOP 功能。Spring 2.0 版以后，Spring AOP 引入了对 AspectJ 的支持，并允许直接使用 AspectJ 进行编程，而 Spring 自身的 AOP API 也尽量与 AspectJ 保持一致。在新版本的 Spring 框架中也建议使用 AspectJ 来开发 AOP。使用 AspectJ 实现 AOP 有两种方式：一种是基于 XML 的声明式 AspectJ；另一种是基于注解的声明式 AspectJ。首先介绍基于 XML 的声明式 AspectJ 的使用。

8.4.1 <aop:config>元素及其子元素

基于 XML 的声明式 AspectJ 是指通过 XML 文件来定义切面、切入点及通知的，所有的切面、切入点和通知都必须定义在<aop:config>元素内。<aop:config>元素及其子元素如图 8.9 所示。

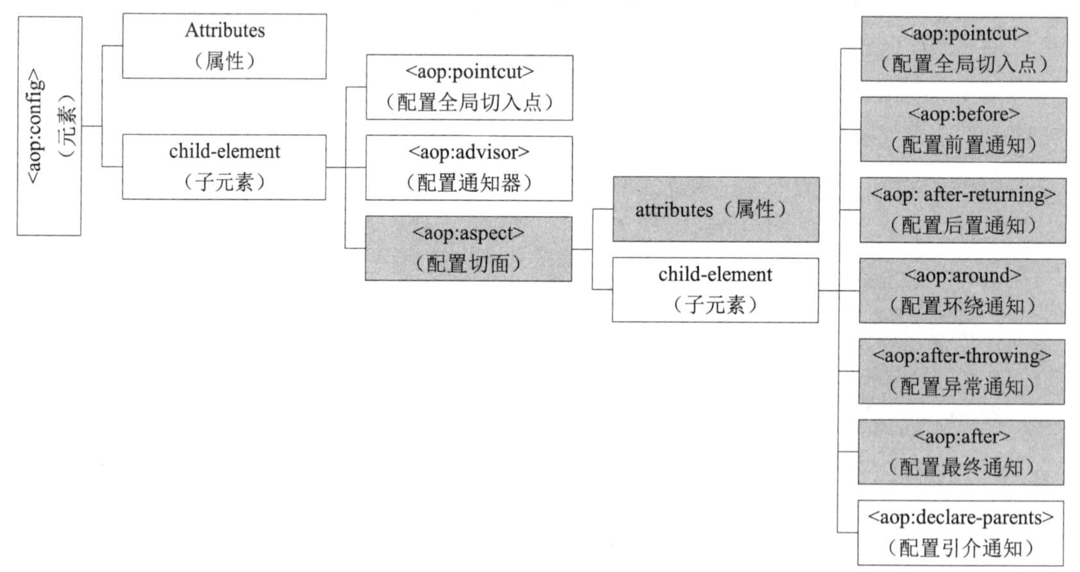

图 8.9 <aop:config>元素及其子元素

可以看出，Spring 框架配置文件中的<beans>元素可以包含多个<aop:config>元素，一个<aop:config>元素又可以包含属性和子元素，其子元素包括<aop:pointcut>、<aop:advisor>和<aop:aspect>。在配置时，这 3 个子元素必须按照此顺序来定义。在<aop:aspect>元素下，同样包含了属性和多个子元素，通过使用<aop:aspect>元素及其子元素就可以在 XML 文件中配置切面、切入点和通知，图中灰色部分标注的元素即为常用的配置元素。

8.4.2 常用增强的使用

常用元素的配置代码如下所示：

```
<!--定义切面 -->
<bean id="myAspect" class="com.test.aspectj.xml.MyAspect" />
<!-- AOP 编程 -->
<aop:config>
<!-- 配置切面 -->
    <aop:aspect ref="myAspect">
        <!-- 1.配置切入点，通知最后增强哪些方法 -->
        <aop:pointcut expression="execution(* cn.test.dao.*.*(..))" id="myPointCut" />
```

```
        <!-- 2.关联通知 Advice 和切入点 pointCut -->
        <!-- 2.1 前置通知 -->
        <aop:before method="myBefore" pointcut-ref="myPointCut" />
        <!-- 2.2 后置通知，在方法返回之后执行，就可以获得返回值
         returning 属性：用于设置后置通知的第 2 个参数的名称,类型是 Object -->
        <aop:after-returning method="myAfterReturning"
            pointcut-ref="myPointCut" returning="returnVal" />
        <!-- 2.3 环绕通知 -->
        <aop:around method="myAround" pointcut-ref="myPointCut" />
        <!-- 2.4 抛出通知：用于处理程序发生异常-->
        <!-- * 注意：如果程序没有异常，将不会执行增强 -->
        <!-- * throwing 属性：用于设置通知第 2 个参数的名称，类型 Throwable -->
        <aop:after-throwing method="myAfterThrowing"
            pointcut-ref="myPointCut" throwing="e" />
        <!-- 2.5 最终通知：无论程序发生任何事情，都将执行 -->
        <aop:after method="myAfter" pointcut-ref="myPointCut" />
    </aop:aspect>
</aop:config>
```

为了让读者能够清楚地掌握上述代码中的配置信息，下面对上述代码的配置内容进行详细讲解。

1. 配置切面

在 Spring 框架的配置文件中，配置切面使用的是<aop:aspect>元素，该元素会将一个已定义好的 Spring Bean 转换成切面 Bean，所以要在配置文件中先定义一个普通的 Spring Bean（如上述代码中定义的 myAspeet）。定义完成后，通过<aop:aspect>元素的 ref 属性即可引用该 Bean。

配置<aop:aspect>元素时，通常会指定 id 和 ref 的属性，如表 8-2 所示。

表 8-2　<aop:aspect>元素的属性及其描述

属性名称	描　述
id	用于定义该切面的唯一标识名称
ref	用于引用普通的 Spring Bean

2. 配置切入点

在 Spring 的配置文件中，切入点是通过<aop:pointcut>元素来定义的。当<aop:pointcut>元素作为<aop:config>元素的子元素定义时，表示该切入点是全局切入点，它可被多个切面所共享；当<aop:pointcut>元素作为<aop:aspect>元素的子元素时，表示该切入点只对当前切面有效。

在定义<aop:pointcut>元素时，通常会指定 id 和 expression 两个属性，如表 8-3 所示。

表 8-3　<aop:pointcut>元素的属性及其描述

属性名称	描　述
id	用于指定切入点的唯一标识名称
expression	用于指定切入点关联的切入点表达式

在上述配置代码片段中，execution(* cn.test.dao.*.*(..))就是定义的切入点表达式，该切入点表达式的意思是匹配 cn.test.dao 包中任意类及任意方法的执行，其中，execution()是表达式的主体，第 1 个*表示返回类型，使用*代表所有类型；cn.test.dao 表示需要拦截的包名；后面第 2 个*表示类名，使用*代表所有的类；第 3 个*表示方法名，使用*表示所有方法；后面(..)表示方法的参数，其中的(..)表示任意参数。需要注意的是，第 1 个*与包名之间有一个空格。

上面示例中定义的切入点表达式只是开发中常用的配置方式，而 Spring AOP 中切入点表达式的基本格式如下：

```
execution(modifiers-pattern? ret-type-pattern declaring-type-pattern? name-pattern
(param-pattern) throws-pattern?)
```

上述格式中，各部分说明如下。

（1）modifiers-pattern：表示定义目标方法的访问修饰符，如 public、private 等。

（2）ret-type-pattern：表示定义目标方法的返回值类型，如 void、String 等。

（3）declaring-type-pattern：表示定义目标方法的类路径，如 cn.dsscm.jdk.UserDaoImpl。

（4）name-pattern：表示具体需要被代理的目标方法，如 add()方法。

（5）param-pattern：表示需要被代理的目标方法所包含的参数，本章示例中的目标方法参数都为空。

（6）throws-pattern：表示需要被代理的目标方法抛出的异常类型。

其中带有问号（?）的部分，如 modifiers-pattern、declaring-type-pattern 和 throws-pattern 表示可配置项，而其他部分属于必须配置项。

与 AOP 相关的配置都放在<aop:config>标签中，如配置切入点的标签<aop:pointcut>。<aop:pointcut>的 expression 属性可以配置切入点表达式，示例代码如下：

```
execution(public void addNewUser(entity.User))
```

其中，execution 是切入点指示符，括号中是切入点的表达式，可以配置需要切入增强处理的方法的特征，切入点表达式支持模糊匹配，下面讲解 5 种常用的模糊匹配。

（1）public * addNewUser(entity.User)：“*”表示匹配所有类型的返回值。

（2）public void *(entity.User)：“*”表示匹配所有方法名。

（3）public void addNewUser(..)：“..”表示匹配所有参数个数和类型。

（4）* com.service.*.*(..)：匹配 com.service 包下所有类的所有方法。

（5）* com.service..*.*(..)：匹配 com.service 包及其子包下所有类的所有方法。

大家可以根据需求设置切入点的匹配规则。最后还需要在切入点处插入增强处理，这个过程的专业叫法是“织入”。想要了解更多切入点表达式的配置信息，可以参考 Spring 官方文档的切入点声明部分（Declaring a pointcut）。

3. 配置通知

在配置代码中，分别使用<aop:aspect>的子元素配置 5 种常用通知，这 5 个子元素不支持使用子元素，但在使用时可以指定一些属性，如表 8-4 所示。

表 8-4 通知的常用属性及其描述

属性名称	描　述
pointcut	该属性用于指定一个切入点表达式，Spring 将在匹配该表达式的连接点时织入该通知
pointcut-ref	该属性指定一个已经存在的切入点名称，如配置代码中的 myPointCut。通常 pointcut 和 pointcut-ref 两个属性只需要使用其中之一
method	该属性指定一个方法名，指定将切面 Bean 中的该方法转换为增强处理
throwing	该属性只对<after-throwing>元素有效，它用于指定一个形参名，异常通知方法可以通过该形参访问目标方法所抛出的异常
returning	该属性只对<after-returning>元素有效，它用于指定一个形参名，后置通知方法可以通过该形参访问目标方法的返回值

了解如何在 XML 中配置切面、切入点和通知后，接下来通过一个案例来演示在 Spring 中使用基于 XML 的声明式 AspectJ，其具体实现步骤如下。

（1）创建一个名为 Ch08_02 的 Java 项目，导入 Spring 框架所需 JAR 包到项目的 lib 目录中，并发布到类路径下。导入 AspectJ 框架相关的 JAR 包，具体如下。

① spring-aspects-3.2.18.RELEASE.jar：指 Spring 为 AspectJ 提供的实现，Spring 的包中已经提供。

② aspectjweaver-1.6.9.jar：指 AspectJ 框架所提供的规范，可以通过网址“http://mvnrepository.com/artifact/org.aspectj/aspectjweaver/1.6.9”下载。

（2）在项目的 src 目录下，创建一个 cn.test.aspectj.xml 包，在该包中创建切面类 MyAspect，并在类中分别定义不同类型的通知，见示例 12。

【示例 12】MyAspect.java

```
package cn.test.aspectj.xml;
import org.aspectj.lang.JoinPoint;
import org.aspectj.lang.ProceedingJoinPoint;
/**
 *切面类，在此类中编写通知
 */
public class MyAspect {
    // 前置通知
    public void myBefore(JoinPoint joinPoint) {
        System.out.print("前置通知：模拟执行权限检查...,");
        System.out.print("目标类是："+joinPoint.getTarget() );
        System.out.println(",被织入增强处理的目标方法为："
                        +joinPoint.getSignature().getName());
    }
    // 后置通知
    public void myAfterReturning(JoinPoint joinPoint) {
        System.out.print("后置通知：模拟记录日志...," );
        System.out.println("被织入增强处理的目标方法为："
                      + joinPoint.getSignature().getName());
    }
    /**
     * 环绕通知
     * ProceedingJoinPoint 是 JoinPoint 子接口，表示可以执行目标方法
     * 1.必须是 Object 类型的返回值
     * 2.必须接收一个参数，类型为 ProceedingJoinPoint
     * 3.必须抛出
     */
    public Object myAround(ProceedingJoinPoint proceedingJoinPoint)
             throws Throwable {
        // 开始
        System.out.println("环绕开始：执行目标方法之前，模拟开启事务...");
        // 执行当前目标方法
        Object obj = proceedingJoinPoint.proceed();
        // 结束
        System.out.println("环绕结束：执行目标方法之后，模拟关闭事务...");
        return obj;
    }
    // 异常通知
    public void myAfterThrowing(JoinPoint joinPoint, Throwable e) {
        System.out.println("异常通知：" + "出错了" + e.getMessage());
    }
    // 最终通知
    public void myAfter() {
        System.out.println("最终通知：模拟方法结束后的释放资源...");
    }
}
```

如示例代码的配置所示，在<aop:config>中使用<aop:aspect>引用包含增强方法的 Bean，然后分

别通过<aop: before>和<aop: after-returning>将方法声明为前置增强和后置增强，在<aop:after-returning>中可以通过 returning 属性指定需要注入返回值的属性名。方法的 JoinPoint 类型参数无须特殊处理，Spring 会自动为其注入连接点实例。

在示例代码中，分别定义 5 种不同类型的通知，在通知中使用 JoinPoint 接口及其子接口 PraceedingJoinPoint 作为参数来获得目标对象的类名、目标方法名和目标方法参数等。需要注意的是，环绕通知应接收一个类型为 PraceedingJoinPoint 的参数，返回值也应是 Object 类型，且必须抛出异常。异常通知中可以传入 Throwable 类型的参数来输出异常信息。

（3）在 resources 目录中，创建配置文件 applicationContext.xml，并编写相关配置，见示例 13。

【示例 13】applicationContext.xml

```
<?xml version="1.0" encoding="UTF-8"?>
<beans xmlns="http://www.springframework.org/schema/beans"
        xmlns:xsi="http://www.w3.org/2001/XMLSchema-instance"
        xmlns:aop="http://www.springframework.org/schema/aop"
        xsi:schemaLocation="http://www.springframework.org/schema/beans
        http://www.springframework.org/schema/beans/spring-beans-3.2.xsd
        http://www.springframework.org/schema/aop
        http://www.springframework.org/schema/aop/spring-aop-3.2.xsd">
    <!-- 1.目标类 -->
    <bean id="userDao" class="cn.test.dao.UserDaoImpl" />
    <!-- 2.切面 -->
    <bean id="myAspect" class="cn.test.aspectj.xml.MyAspect" />
    <!-- 3.AOP 编程 -->
    <aop:config>
<!-- 配置切面 -->
        <aop:aspect ref="myAspect">
        <!-- 3.1 配置切入点，通知最后增强哪些方法 -->
        <aop:pointcut expression="execution(* cn.test.dao.*.*(..))" id="myPointCut" />
            <!-- 3.2 关联通知 Advice 和切入点 pointCut -->
            <!-- 3.2.1 前置通知 -->
            <aop:before method="myBefore" pointcut-ref="myPointCut" />
            <!-- 3.2.2 后置通知，在方法返回之后执行，就可以获得返回值
             returning 属性：用于设置后置通知的第 2 个参数的名称,类型是 Object -->
            <aop:after-returning method="myAfterReturning"
                pointcut-ref="myPointCut" returning="returnVal" />
            <!-- 3.2.3 环绕通知 -->
            <aop:around method="myAround" pointcut-ref="myPointCut" />
            <!-- 3.2.4 抛出通知：用于处理程序发生异常-->
            <!-- * 注意：如果程序没有异常，将不会执行增强 -->
            <!-- * throwing 属性：用于设置通知第 2 个参数的名称，类型 Throwable -->
            <aop:after-throwing method="myAfterThrowing"
                pointcut-ref="myPointCut" throwing="e" />
            <!-- 3.2.5 最终通知：无论程序发生任何事情都将执行 -->
            <aop:after method="myAfter" pointcut-ref="myPointCut" />
        </aop:aspect>
    </aop:config>
</beans>
```

在文件中，首先在第 4、7、8 行代码中，分别引入了 AOP 的 Schema 约束，并在配置文件中分别定义了目标类、切面和 AOP 的配置信息。

在 AOP 的配置信息中，使用<aop:after-retuming>配置的后置通知和使用<aop:after>配置的最终通知虽然都是在目标方法执行之后执行，但它们也是有所区别的。后置通知只有在目标方法成功执行后才会被织入，而最终通知不论目标方法如何结束（包括成功执行和异常终止两种情况），它都会被织入。

（4）在 cn.test.aspectj.xml 包下，创建测试类 TestXmlAspectj，在类中为了更加清晰地演示通知的执行情况，这里只对 addUser()方法进行增强测试，见示例 14。

【示例 14】TestXmlAspectj.java

```java
@Test
public void test() {
    String xmlPath = "applicationContext.xml";
    ApplicationContext applicationContext = new ClassPathXmlApplicationContext(xmlPath);
    // 1.从 spring 容器获得内容
    UserDao userDao = (UserDao) applicationContext.getBean("userDao");
    // 2.执行方法
    userDao.addUser();
}
```

执行程序后，控制台的输出结果如图 8.10 所示。

```
Problems  Javadoc  Declaration  Console  JUnit
<terminated> TestXmlAspectj.test [JUnit] C:\Users\Eleven\MyEclipse\Common\binary\com.sun.java.jdk.win32.x86_64_1.6.0.013\bin\javaw.exe (2020-1-28 下午5:17:52)
01-28 17:17:52[INFO]org.springframework.context.support.ClassPathXmlApplicationContext
 -Refreshing org.springframework.context.support.ClassPathXmlApplicationContext@781f6226: startup date [Tue Jan
01-28 17:17:52[INFO]org.springframework.beans.factory.xml.XmlBeanDefinitionReader
 -Loading XML bean definitions from class path resource [applicationContext.xml]
01-28 17:17:53[INFO]org.springframework.beans.factory.support.DefaultListableBeanFactory
 -Pre-instantiating singletons in org.springframework.beans.factory.support.DefaultListableBeanFactory@238b8914:
前置通知：模拟执行权限检查...,目标类是：cn.test.dao.UserDaoImpl@56e2ecc7,被织入增强处理的目标方法为：addUser
环绕开始：执行目标方法之前，模拟开启事务...
添加用户
最终通知：模拟方法结束后的释放资源...
环绕结束：执行目标方法之后，模拟关闭事务...
后置通知：模拟记录日志...,被织入增强处理的目标方法为：addUser
```

图 8.10　运行结果（1）

要查看异常通知的执行效果，可以在 UserDaoImpl 类的 addUser()方法中添加错误代码，如 “int i = 10/0;”，重新运行测试类，将看到异常通知的执行，此时控制台的输出结果如图 8.11 所示。

```
Problems  Javadoc  Declaration  Console  JUnit
<terminated> TestXmlAspectj.test [JUnit] C:\Users\Eleven\MyEclipse\Common\binary\com.sun.java.jdk.win32.x86_64_1.6.0.013\bin\javaw.exe (2020-1-28 下午5:20:29)
01-28 17:20:29[INFO]org.springframework.context.support.ClassPathXmlApplicationContext
 -Refreshing org.springframework.context.support.ClassPathXmlApplicationContext@781f6226: startup date [Tue Jan
01-28 17:20:29[INFO]org.springframework.beans.factory.xml.XmlBeanDefinitionReader
 -Loading XML bean definitions from class path resource [applicationContext.xml]
01-28 17:20:29[INFO]org.springframework.beans.factory.support.DefaultListableBeanFactory
 -Pre-instantiating singletons in org.springframework.beans.factory.support.DefaultListableBeanFactory@238b8914:
前置通知：模拟执行权限检查...,目标类是：cn.test.dao.UserDaoImpl@56e2ecc7,被织入增强处理的目标方法为：addUser
环绕开始：执行目标方法之前，模拟开启事务...
最终通知：模拟方法结束后的释放资源...
异常通知：出错了/ by zero
```

图 8.11　运行结果（2）

可以看出，使用基于 XML 的声明式 AspectJ 已经实现了 AOP 开发。业务代码和日志代码是完全分离的，经过 AOP 的配置以后，不做任何代码上的修改就在 addUser()方法前后实现了日志输出。其实，只需稍稍修改切入点的指示符，不仅可以为 addUser()方法增强日志功能，也可轻松实现为所有业务方法进行增强，并且不仅可以增强日志功能，就是访问控制、事务管理、性能监测等实用功能也没有问题。

8.4.3　技能训练

上机练习 3
使用 Spring AOP 实现日志功能

需求说明

使用前置增强和后置增强对业务方法的执行过程进行日志记录。

提示

（1）在项目中添加 Spring AOP 相关的 jar 文件。

（2）编写前置增强和后置增强实现的日志功能。

（3）编写 Spring 框架配置文件，定义切入点并对业务方法进行增强处理。
（4）编写代码，获取带有增强处理的业务对象。
（5）关键代码参考示例代码。

8.4.4 比较常用的增强类型

Spring 框架支持多种增强类型，这里比较基于 XML 的声明式 AspectJ 5 种常用的增强类型。

1. 前置增强

在目标方法执行前实施增强，可以应用于权限管理等功能。通过使用<aop: before>元素可以定义前置增强。

2. 后置返回增强

在目标方法执行后实施增强，一般应用于返回值的处理等功能。通过使用<aop: after-returning>元素可以定义后置返回增强，在<aop:after-returning>中可以通过 returning 属性指定需要注入返回值的属性名。

3. 异常抛出增强

异常抛出增强的特点是在目标方法抛出异常时织入增强处理。使用异常抛出增强，可以为各功能模块提供统一的、可插拔的异常处理方案。

使用<aop:after-throwing>元素可以定义异常抛出增强。如果需要获取抛出的异常，可以为增强方法声明相关类型的参数，并通过<aop:after-throwing>元素的 throwing 属性指定该参数名称，Spring 会为其注入从目标方法抛出的异常实例。

4. 最终增强

最终增强的特点是无论方法抛出异常还是正常退出，该增强都会得到执行，类似于异常处理机制中 finally 模块的作用，一般用于释放资源。使用最终增强就可以为各功能模块提供统一的、可插拔的处理方案。使用<aop:after>元素即可定义最终增强。

5. 环绕增强

环绕增强在目标方法的前后都可以织入增强处理。环绕增强是功能最强大的增强处理，Spring 把目标方法的控制权全部交给了它。在环绕增强处理中，可以获取或修改目标方法的参数、返回值，可以对它进行异常处理，甚至可以决定目标方法是否被执行。

使用<aop:around>元素可以定义环绕增强。通过为增强方法声明 ProceedingJoinPoint 类型的参数，可以获得连接点信息，所用方法与 JoinPoint 相同。ProceedingJoinPoint 是 JoinPoint 的子接口，其不但封装目标方法及其入参数组，还封装了被代理的目标对象，通过它的 proceed()方法可以调用真正的目标方法，从而达到对连接点的完全控制。

8.5 基于注解的声明式AspectJ

与基于代理类的 AOP 实现相比，基于 XML 的声明式 ApectJ 要便捷得多，但是它也存在着一些缺点，那就是要在 Spring 文件中配置大量的代码信息。使用 AspectJ 实现 AOP 的还有一种方式，即基于注解的声明式 AspectJ。下面使用 AspectJ 框架为 AOP 的实现提供的注解，并用以取代 Spring 框架配置文件中为实现 AOP 功能所配置的臃肿代码。

8.5.1　@AspectJ简介

AspectJ 是一个面向切面的框架，它扩展了 Java 语言，定义了 AOP 语法，能够在编译期提供代码的织入，所以它有一个专门的编译器用来生成遵守字节编码规范的 Class 文件。

@AspectJ 是 Aspectj5 新增的功能，使用 JDK 5.0 版注解技术和正规的 Aspectj 切入点表达式语言描述切面。因此在使用@AspectJ 之前，需要保证所使用 JDK 5.0 版或其以上版本，否则无法使用注解技术。

Spring 框架通过集成 AspectJ 实现了以注解的方式定义切面，大大减少了配置文件的工作量。此外，因为 Java 的反射机制无法获取方法参数名，Spring 还需要利用轻量级的字节码处理框架 asm（已集成在 Spring Core 模块中）处理@AspectJ 中所描述的方法参数名。了解 Aspectj 后就可以开始编写基于@Aspect 注解的切面了，如表 8-5 所示。

表 8-5　AspectJ 的注解及其描述

注解名称	描　述
@Aspect	用于定义一个切面
@Pointcut	用于定义切入点表达式。在使用时还需定义一个包含名字和任意参数的方法签名来表示切入点名称。实际上，这个方法签名就是一个返回值为 void，且方法体为空的普通方法
@Before	用于定义前置通知，相当于 BeforeAdvice。在使用时，通常需要指定一个 value 属性值，该属性值用于指定一个切入点表达式（既可以是已有的切入点，也可以直接定义切入点表达式）
@AfterReturning	用于定义后置通知，相当于 AfterRetumingAdvice。在使用时可以指定 pointcut/value 和 returning 的属性，其中 pointcut/value 这两个属性的作用一样，都用于指定切入点表达式。returning 属性值用于表示 Advice 方法中可定义与此同名的形参，该形参可用于访问目标方法的返回值
@Around	用于定义环绕通知，相当于 MethodInterceptor。在使用时需要指定一个 value 属性，该属性用于指定该通知被植入的切入点
@AfterThrowing	用于定义异常通知来处理程序中未处理的异常，相当于 ThrowAdvice。在使用时可指定 pointcut/value 和 throwing 的属性，其中 pointcut/value 这两个属性用于指定切入点表达式，而 throwing 属性值用于指定一个形参名来表示 Advice 方法中可定义与此同名的形参，该形参可用于访问目标方法抛出的异常
@ After	用于定义最终 final 通知，不管是否异常，该通知都会执行。使用时需要指定一个 value 属性，该属性用于指定通知被植入的切入点
@DeclareParents	用于定义引介通知，相当于 IntroductionInterceptor（不要求掌握）

8.5.2　使用注解标注切面

为了能快速掌握这些注解，下面重新使用注解的形式来实现前面的案例，具体步骤如下。

（1）创建一个名为 Ch08_03 的 Java 项目，导入 Spring 框架所需 JAR 包到项目的 lib 目录中，并发布到类路径下，把前面 Ch08_02 的项目内容复制到项目中。

（2）修改切面类 MyAspect 并对该文件进行编辑，见示例 15。

【示例 15】MyAspect.java

```
/**
 * 切面类，在此类中编写通知
 */
@Aspect
@Component
public class MyAspect {
    // 定义切入点表达式
    @Pointcut("execution(* cn.test.dao.*.*(..))")
```

```
    // 使用一个返回值为 void、方法体为空的方法来命名切入点
    private void myPointCut(){}
    // 前置通知
    @Before("myPointCut()")
    public void myBefore(JoinPoint joinPoint) {
        System.out.print("前置通知：模拟执行权限检查...,");
        System.out.print("目标类是："+joinPoint.getTarget() );
        System.out.println(",被织入增强处理的目标方法为："
                    +joinPoint.getSignature().getName());
    }
    // 后置通知
    @AfterReturning(value="myPointCut()")
    public void myAfterReturning(JoinPoint joinPoint) {
        System.out.print("后置通知：模拟记录日志...," );
        System.out.println("被织入增强处理的目标方法为："
                    + joinPoint.getSignature().getName());
    }
    // 环绕通知
    @Around("myPointCut()")
    public Object myAround(ProceedingJoinPoint proceedingJoinPoint)
            throws Throwable {
        // 开始
        System.out.println("环绕开始：执行目标方法之前，模拟开启事务...");
        // 执行当前目标方法
        Object obj = proceedingJoinPoint.proceed();
        // 结束
        System.out.println("环绕结束：执行目标方法之后，模拟关闭事务...");
        return obj;
    }
    // 异常通知
    @AfterThrowing(value="myPointCut()",throwing="e")
    public void myAfterThrowing(JoinPoint joinPoint, Throwable e) {
        System.out.println("异常通知：" + "出错了" + e.getMessage());
    }
    // 最终通知
    @After("myPointCut()")
    public void myAfter() {
        System.out.println("最终通知：模拟方法结束后的释放资源...");
    }
}
```

在示例代码中，首先使用@Aspect 注解定义了切面类，由于该类在 Spring 框架中是作为组件使用的，所以还需要添加@Component 注解才能生效，然后使用@Pointcut 注解配置切入点表达式，并通过定义方法表示切入点名称。切入点表达式使用@Pointcut 注解来表示，而切入点签名则需通过一个普通的方法定义来提供，作为切入点签名的方法必须返回 void 类型。切入点定义好后，就可以使用“pointcut()”签名进行引用。

接下来在每个通知相应的方法上添加相应的注解，并将切入点名称“myPointCut”作为参数传递给需要执行增强的通知方法。如果需要其他参数（如异常通知的异常参数），可以根据代码提示传递相应的属性值。

使用@AfterThrowing 注解可以定义异常抛出增强。如果需要获取抛出的异常，可以为增强方法声明相关类型的参数，并通过@AfterThrowing 注解的 throwing 属性指定该参数名称，Spring 框架会为其注入从目标方法抛出的异常实例。

使用@After 注解可以定义最终增强。

使用@Around 注解可以定义环绕增强。通过为增强方法声明 ProceedingJoinPoint 类型的参数，可以获得连接点信息。通过它的 proceed()方法可以调用真正的目标方法，从而实现对连接点的完全控制。

（3）在 cn.test.dao 包中，修改 UserDaoImpl.java 添加注解@Repository("userDao")，见示例 16。

【示例 16】UserDaoImpl.java

```
// 目标类
@Repository("userDao")
public class UserDaoImpl implements UserDao {
    public void addUser() {
//          int i = 10/0;
        System.out.println("添加用户");
    }
    public void deleteUser() {
        System.out.println("删除用户");
    }
}
```

（4）在 resources 目录中，创建配置文件 applicationContext.xml，并对该文件进行编辑，见示例 17。

【示例 17】applicationContext.xml

```
<?xml version="1.0" encoding="UTF-8"?>
<beans xmlns="http://www.springframework.org/schema/beans"
  xmlns:xsi="http://www.w3.org/2001/XMLSchema-instance"
  xmlns:aop="http://www.springframework.org/schema/aop"
  xmlns:context="http://www.springframework.org/schema/context"
  xsi:schemaLocation="http://www.springframework.org/schema/beans
  http://www.springframework.org/schema/beans/spring-beans-3.2.xsd
  http://www.springframework.org/schema/aop
  http://www.springframework.org/schema/aop/spring-aop-3.2.xsd
  http://www.springframework.org/schema/context
  http://www.springframework.org/schema/context/spring-context-3.2.xsd">
<!-- 指定需要扫描的包，使注解生效 -->
<context:component-scan base-package="cn.test" />
<!-- 启动基于注解的声明式 AspectJ 支持 -->
<aop:aspectj-autoproxy />
</beans>
```

在示例代码中，配置文件中先要导入 aop 命名空间，并且引入了 context 约束信息。然后使用<context>元素设置需要扫描的包，使注解生效。由于此案例中的目标类位于 cn.test 包中，所以这里设置 base-package 的值为“cn.test”。最后，使用<aop:aspectj-autoproxy/>启动 Spring 对基于注解的声明式 AspectJ 的支持，就可以启用对于@Aspectj 注解的支持，Spring 将自动为匹配的 Bean 创建代理。

（5）在 cn.test.aspectj.annotation 包中，创建测试类 TestAnnotationAspectj，该类与前面所述基本一致，只是配置文件的路径有所不同，见示例 18。

【示例 18】TestAnnotationAspectj.java

```
@Test
public void test() {
    String xmlPath = "applicationContext.xml";
    ApplicationContext applicationContext =
          new ClassPathXmlApplicationContext(xmlPath);
    // 1.从 Spring 容器获得内容
    UserDao userDao = (UserDao) applicationContext.getBean("userDao");
    // 2.执行方法
    userDao.addUser();
}
```

执行程序后，控制台的输出结果如图 8.12 所示。

```
Problems  @ Javadoc  Declaration  Console  JUnit
<terminated> TestAnnotationAspectj.test [JUnit] C:\Users\Eleven\MyEclipse\Common\binary\com.sun.java.jdk.win32.x86_64_1.6.0.013\bin\javaw.exe (2020-1-28 下午6:36:06)
01-28 18:36:06[INFO]org.springframework.context.support.ClassPathXmlApplicationContext
 -Refreshing org.springframework.context.support.ClassPathXmlApplicationContext@781f6226: startup date [Tue Jan
01-28 18:36:06[INFO]org.springframework.beans.factory.xml.XmlBeanDefinitionReader
 -Loading XML bean definitions from class path resource [applicationContext.xml]
01-28 18:36:06[INFO]org.springframework.beans.factory.support.DefaultListableBeanFactory
 -Pre-instantiating singletons in org.springframework.beans.factory.support.DefaultListableBeanFactory@1d96f4b5:
环绕开始：执行目标方法之前，模拟开启事务...
前置通知：模拟执行权限检查...,目标类是：cn.test.dao.UserDaoImpl@38d30fb,被织入增强处理的目标方法为：addUser
添加用户
环绕结束：执行目标方法之后，模拟关闭事务...
最终通知：模拟方法结束后的释放资源...
后置通知：模拟记录日志...,被织入增强处理的目标方法为：addUser
```

图 8.12　运行结果（1）

修改 UserDaoImpl.java 来演示异常通知的执行，控制台的输出结果如图 8.11 所示。

```
Problems  @ Javadoc  Declaration  Console  JUnit
<terminated> TestAnnotationAspectj.test [JUnit] C:\Users\Eleven\MyEclipse\Common\binary\com.sun.java.jdk.win32.x86_64_1.6.0.013\bin\javaw.exe (2020-1-28 下午6:37:58)
01-28 18:37:58[INFO]org.springframework.context.support.ClassPathXmlApplicationContext
 -Refreshing org.springframework.context.support.ClassPathXmlApplicationContext@781f6226: startup date [Tue Jan
01-28 18:37:58[INFO]org.springframework.beans.factory.xml.XmlBeanDefinitionReader
 -Loading XML bean definitions from class path resource [applicationContext.xml]
01-28 18:37:58[INFO]org.springframework.beans.factory.support.DefaultListableBeanFactory
 -Pre-instantiating singletons in org.springframework.beans.factory.support.DefaultListableBeanFactory@1d96f4b5:
环绕开始：执行目标方法之前，模拟开启事务...
前置通知：模拟执行权限检查...,目标类是：cn.test.dao.UserDaoImpl@38d30fb,被织入增强处理的目标方法为：addUser
最终通知：模拟方法结束后的释放资源...
异常通知：出错了/ by zero
```

图 8.13　运行结果（2）

从图 8.12 和图 8.13 可以看出，基于注解的方式与基于 XML 的方式的执行结果相同，只是在目标方法前后通知的执行顺序发生了变化。相对来说，使用注解的方式更加简单、方便，所以在实际开发中推荐使用注解的方式进行 AOP 开发。

如果在同一个连接点有多个通知需要执行，那么在同一切面中，目标方法之前的前置通知和环绕通知的执行顺序是未知的，目标方法之后的后置通知和环绕通知的执行顺序也是未知的。

8.5.3　技能训练

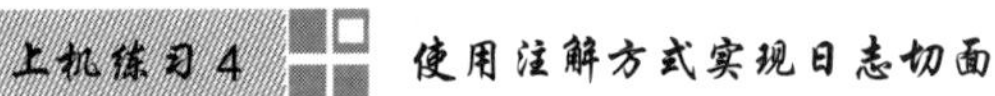

使用注解方式实现日志切面

需求说明

使用注解方式定义前置增强和后置增强，对业务方法的执行过程进行日志记录。

关键代码参考示例 15～18。

8.5.4　Spring框架的切面配置小结

Spring 框架在同一个问题上提供了多种灵活选择，反而容易令初学者感到迷惑。我们应该根据项目的具体情况进行选择：如果项目采用 JDK 5.0 以上版本，可以考虑使用@AspectJ 注解方式，以减少配置的工作量；如果不愿意使用注解或项目采用的 JDK 版本较低而无法使用注解，则可以选择使用<aop:aspect>配合普通 JavaBean 的形式。

本章总结

- AOP 的目的是从系统中分离出切面，独立于业务逻辑实现，在程序执行时织入程序中运行。
- 面向切面编程主要关心两个问题：在什么位置；执行什么功能。
- 配置 AOP 主要使用 aop 命名空间下的元素完成，可以实现定义切入点和织入增强等操作。
- 使用 AspectJ 实现 AOP 有两种方式：一种是基于 XML 的声明式 AspectJ；另一种是基于注解的声明式 AspectJ。
- Spring 框架提供的增强处理类型包括前置增强、后置增强、异常抛出增强、环绕增强、最终增强等。
- 通过 Schema 形式将 POJO 的方法配置成切面，所用标签包括<aop:aspect>、<aop:before>、<aop:after-returning>、<aop:around>、<aop:after-throwing>、<aop:after>等。
- 使用注解方式定义切面可以简化配置工作，常用注解有@Aspect、@Before、@AfterReturning、@Around、@AfterThrowing、@After 等。
- 通过在配置文件中添加<aop:aspectj-autoproxy />元素，就可以启用对于@AspectJ 注解的支持。

本章作业

一、选择题

1. 以下关于 Spring AOP 的介绍错误的是（　　）。

   A. AOP 的全称是 Aspect-Oriented Programming，即面向切面编程（也称面向方面编程）

   B. AOP 采取横向抽取机制，将分散在各个方法中的重复代码提取出来，这种横向抽取机制的方式 OOP 思想是无法办到的

   C. AOP 是一种新的编程思想，采取横向抽取机制，它是 OOP 的升级替代品

   D. 目前流行的 AOP 框架有两个，分别为 Spring AOP 和 AspectJ

2. 以下不属于 ProxyFactoryBean 类的常用可配置属性是（　　）。

   A. target

   B. proxyInterfaces

   C. targetClass

   D. interceptorNames

3. 以下有关 CGLIB 代理相关说法正确的是（　　）。

   A. CGLIB 代理的使用非常简单，但它具有一定的局限性——使用动态代理的对象必须实现一个或多个接口

   B. 如果要对没有实现接口的类进行代理，就可以使用 CGLIB 代理

   C. CGLIB 是一个高性能开源的代码生成包，在使用时需要另外导入 CGLIB 所需要的包

   D. Spring 中的 AOP 代理，既可以是 JDK 动态代理，也可以是 CGLIB 代理

4. 下列关于使用注解实现 IoC 配置的说法正确的是（　　）。（选择 2 项）

   A. @Repository 用于标注业务类

   B. @Service（"UserService"）表示定义一个 UserService 类型业务 Bean

   C. @Autowired 默认按类型自动装配

D. 使用 context 命名空间的 component-scan 标签扫描注解标注的类

5. 下列关于使用注解方式配置切面说法正确的是（　　）。（选择 2 项）

A. 使用注解方式可以简化 Spring 框架的 AOP 配置

B. 需要在 Spring 框架配置文件中添加<aop:aspectj-autoproxy>元素

C. 需要在 Spring 框架配置文件中定义切入点供注解使用

D. 使用注解定义的增强处理类无须定义在 Spring 框架配置文件中，Spring 框架会自动管理

二、简答题

1. 列举你所知道的 AOP 专业术语并解释。
2. 列举你所知道的 Spring 框架通知类型并解释。

三、操作题

对模拟删除用户业务方法，并使用 XML 方式或者注解方式定义前置增强、后置增强、异常通知和环绕通知等的执行过程进行日志记录。

第 9 章
Spring 框架的数据库开发及事务管理

本章目标

◎ 了解 Spring 框架中 JDBC 模块的作用

◎ 熟悉 Spring JDBC 的配置

◎ 掌握 JdbcTemplate 类常用方法的使用

◎ 熟悉 Spring 框架事务管理的 3 个核心接口

◎ 了解 Spring 框架事务管理的两种方式

◎ 掌握基于 XML 和 Annotation 的声明式事务的使用

本章简介

通过学习对 Spring 框架核心技术中的几个重要模块已经有了些了解，并且也能逐渐体会到使用 Spring 框架的好处。Spring 框架降低了 Java EE API 的使用难度，其中就包括 JDBC。JDBC 是 Spring 框架数据访问/集成中的重要模块，本章将对 Spring 框架的 JDBC 模块知识进行详细讲解。

但是在实际开发中，操作数据库时还会涉及事务管理问题，为此 Spring 框架提供了专门用于事务处理的 API。Spring 框架的事务管理简化了传统的事务管理流程，并且在一定程度上减少了开发者的工作量。

技术内容

9.1 Spring JDBC

Spring 框架的 JDBC 模块负责数据库资源管理和错误处理，可大大简化开发人员对数据库的操作，从烦琐的数据库操作中解脱出来，从而将更多的精力投入到编写业务逻辑中。下面将针对 Spring 框架的 JDBC 模块内容进行详细讲解。

9.1.1 Spring JdbcTemplate的解析

针对数据库的操作，Spring 框架提供了 JdbcTemplate 类，该类是 Spring 框架数据抽象层的基础，其他更高层次的抽象类都是构建于 JdbcTemplate 类之上的。可以说，JdbcTemplate 类是 Spring JDBC 的核心类。

JdbcTemplate 类的继承关系十分简单。它继承自抽象类 JdbcAccessor，同时又实现了 JdbcOperations

接口，如图 9.1 所示。

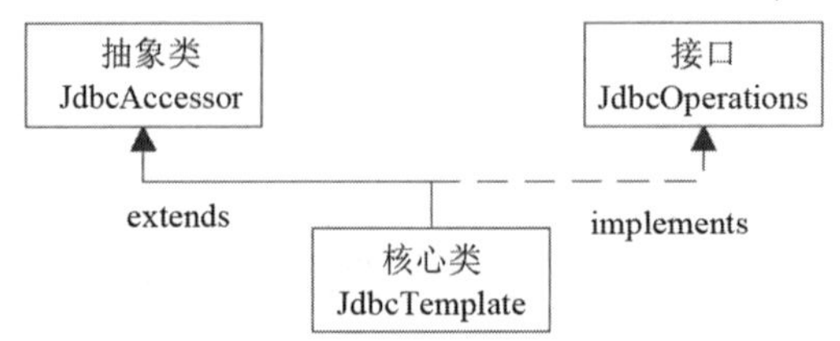

图 9.1 JdbcTemplate 类的继承关系

可以看出，JdbcTemplate 类的直接父类是 JdbcAccessor，该类为子类提供了一些访问数据库时使用的公共属性，具体如下。

（1）DataSource：它的主要功能是获取数据库连接，具体实现时还可以引入对数据库连接的缓冲池和分布式事务的支持。它可以作为访问数据库资源的标准接口。

（2）SQLExceptionTranslator：org.springframework.jdbc.support.SQLExceptionTranslator 接口负责对 SQLException 进行转译工作。通过必要的设置或者获取 SQLExceptionTranslator 中的方法，可以使 JdbcTemplate 在需要处理 SQLException 时，委托 SQLExceptionTranslator 的实现类来完成相关的转译工作。

JdbcOperations 接口定义了在 JdbcTemplate 类中可以使用的操作集合，包括添加、修改、查询和删除等。

9.1.2 Spring JDBC 的配置

Spring JDBC 模块主要由 4 个包组成，分别是 core（核心包）、dataSource（数据源包）、object（对象包）和 support（支持包），关于这 4 个包的具体说明如表 9-1 所示。

表 9-1 Spring JDBC 模块的主要包及说明

说　明	说　明
core	包含 JDBC 的核心功能，即 JdbcTemplate 类、SimpleJdbclnsert 类、SimpleJdbcCall 类、NamedParameterJdbcTemplate 类
dataSource	访问数据源的实用工具类，它有多种数据源的实现，可以在 Java EE 容器外部测试 JDBC 代码
object	以面向对象的方式访问数据库，它允许执行查询并将返回结果作为业务对象，可以在数据表的列和业务对象的属性之间映射查询结果
support	包含 core 包和 object 包的支持类，如提供异常转换功能的 SQLException 类

从表 9-1 可以看出，Spring 框架对数据库的操作都封装在这 4 个包中了，当想要使用 Spring JDBC 时，就需要对其进行配置。在 Spring 框架中，JDBC 的配置是在配置文件 applicationContext.xml 中完成的，其配置模板下所示：

```
<?xml version="1.0" encoding="UTF-8"?>
<beans xmlns="http://www.springframework.org/schema/beans"
    xmlns:xsi="http://www.w3.org/2001/XMLSchema-instance"
    xsi:schemaLocation="http://www.springframework.org/schema/beans
    http://www.springframework.org/schema/beans/spring-beans-3.2.xsd">
    <!-- 1.配置数据源 -->
    <bean id="dataSource" class=
     "org.springframework.jdbc.datasource.DriverManagerDataSource">
        <!--数据库驱动 -->
        <property name="driverClassName" value="com.mysql.jdbc.Driver" />
        <!--连接数据库的 url -->
        <property name="url" value="jdbc:mysql://localhost:3306/testdb" />
```

```
        <!--连接数据库的用户名 -->
        <property name="username" value="root" />
        <!--连接数据库的密码 -->
        <property name="password" value="123456" />
    </bean>
    <!-- 2.配置 JDBC 模板 -->
    <bean id="jdbcTemplate" class="org.springframework.jdbc.core.JdbcTemplate">
        <!-- 默认必须使用数据源 -->
        <property name="dataSource" ref="dataSource" />
    </bean>
    <!--定义 id 为 accountDao 的 Bean-->
    <bean id="accountDao" class="cn.test.dao.UserAccountDaoImpl">
        <!-- 将 jdbcTemplate 注入到 accountDao 实例中 -->
        <property name="jdbcTemplate" ref="jdbcTemplate" />
    </bean>
    ...
</beans>
```

在上述代码中，定义了 3 个 Bean，分别是 dataSource、jdbcTemplate 和需要注入类的 Bean。其中 dataSource 对应的 org.springframework.jdbc._datasource.DriverManagerDataSource 类用于对数据源进行配置，jdbcTemplate 对应的 org.springframework.jdbc.core JdbcTemplate 类中定义了 JdbcTemplate 的相关配置。dataSource 的配置就是 JDBC 连接数据库时所需的 4 个属性，如表 9-2 所示。

表 9-2　dataSource 的 4 个属性

属 性 名	含 义
driverClassName	所使用的驱动名称，对应驱动 JAR 包中的 Driver 类
url	数据源所在地址
username	访问数据库的用户名
password	访问数据库的密码

这 4 个属性，需要根据数据库类型或者机器配置的不同设置相应的属性值。例如，如果数据库类型不同时，则需要更改驱动名称；如果数据库不在本地时，则需要将地址中的 localhost 替换成相应的主机 IP；如果修改过 MySQL 数据库的端口号（默认为 3306）时，则需要加上修改后的端口号；如果未修改时，则端口号可以省略。同时连接数据库的用户名和密码需要与数据库创建时设置的用户名和密码保持一致，示例中 Spring 数据库的用户名和密码都是 root。

定义 jdbcTemplate 时，需要将 dataSource 注入 jdbcTemplate 中，而其他需要使用 jdbcTemplate 的 Bean，也需要将 jdbcTemplate 注入到该 Bean 中（通常注入到 Dao 类中，并在 Dao 类中进行与数据库的相关操作）。

9.2　Spring JdbcTemplate的常用方法

在 JdbcTemplate 类中，提供了大量更新和查询数据库的方法，下面将对一些常用方法的使用进行详细讲解。

9.2.1　execute()方法——执行SQL语句

execute(String sql)方法能够完成执行 SQL 语句的功能。下面以创建数据表的 SQL 语句为例演示此方法的使用，具体步骤如下。

（1）在 MySQL 中，创建名为 testdb 的数据库。为了便于后续验证数据表是通过 execute（String sql）方法执行创建的，这里使用了 show tables 语句查看数据库中的表，以方便后面进行创建表、表数据的“增删改查”操作。

（2）在 MyEclipse 中，创建一个名为 Ch09_01 的 Java 项目，将运行 Spring 框架所需的 5 个基础 JAR 包、MySQL 数据库的驱动 JAR 包、Spring JDBC 的 JAR 包，以及 Spring 事务处理的 JAR 包复制到项目的 lib 目录，并发布到类路径中。项目中所添加的 JAR 包如图 9.2 所示。

图 9.2 Spring JDBC 操作相关的 JAR 包

（3）在 src 目录下，创建配置文件 applicationContext.xml，在该文件中配置 id 为 dataSource 的数据源 Bean 和 id 为 jdbcTemplate 的 JDBC 模板 Bean，并将数据源注入到 JDBC 模板中，见示例 1。

【示例 1】applicationContext.xml

```
<?xml version="1.0" encoding="UTF-8"?>
<beans xmlns="http://www.springframework.org/schema/beans"
    xmlns:xsi="http://www.w3.org/2001/XMLSchema-instance"
    xsi:schemaLocation="http://www.springframework.org/schema/beans
    http://www.springframework.org/schema/beans/spring-beans-3.2.xsd">
    <!-- 1.配置数据源 -->
    <bean id="dataSource" class=
     "org.springframework.jdbc.datasource.DriverManagerDataSource">
        <!--数据库驱动 -->
        <property name="driverClassName" value="com.mysql.jdbc.Driver" />
        <!--连接数据库的 url -->
        <property name="url" value="jdbc:mysql://localhost:3306/testdb" />
        <!--连接数据库的用户名 -->
        <property name="username" value="root" />
        <!--连接数据库的密码 -->
        <property name="password" value="123456" />
    </bean>
    <!-- 2.配置 JDBC 模板 -->
    <bean id="jdbcTemplate" class="org.springframework.jdbc.core.JdbcTemplate">
        <!-- 默认必须使用数据源 -->
        <property name="dataSource" ref="dataSource" />
    </bean>
</beans>
```

（4）在 src 目录下，创建一个 cn.test.jdbc 包，并在该包中创建测试类 JdbcTemplateTest。先在该类的 main()方法中通过 Spring 容器获取配置文件中定义的 JdbcTemplate 实例，然后使用该实例的 execute(String sql)方法执行创建数据表的 SQL 语句，见示例 2。

【示例 2】JdbcTemplateTest.java

```
//使用 execute()方法建表
@Test
public void mainTest() {
    // 加载配置文件
    ApplicationContext applicationContext =
            new ClassPathXmlApplicationContext("applicationContext.xml");
```

```
        // 获取 JdbcTemplate 实例
        JdbcTemplate jdTemplate =
                (JdbcTemplate) applicationContext.getBean("jdbcTemplate");
        // 使用 execute()方法执行 SQL 语句，创建用户账户管理表 account
        jdTemplate.execute("create table account(" +
                              "id int primary key auto_increment," +
                              "username varchar(50)," +
                              "balance double)");
        System.out.println("账户表 account 创建成功！");
    }
```

需要注意的是，在运行此方法时，需要先将数据库中已创建好的 account 表删除，否则执行此方法时会报出 account 表已经存在的错误。测试执行通过后，Console 控制台的输出结果如图 9.3 所示。

```
Problems  Javadoc  Declaration  Console  JUnit
<terminated> JdbcTemplateTest.mainTest [JUnit] C:\Users\Eleven\MyEclipse\Common\binary\com.sun.java.jdk.win32.x86_64_1.6.0.013\bin\javaw
01-28 22:34:50[INFO]org.springframework.jdbc.datasource.DriverManagerDataSource
 -Loaded JDBC driver: com.mysql.jdbc.Driver
账户表account创建成功!
```

图 9.3　运行结果

可以看出，mainTest()方法已经执行成功。

9.2.2　update()方法——更新数据

update()方法可以完成插入、更新和删除数据的操作。在 JdbcTemplate 类中，提供了一系列的 update()方法，其常用方法如表 9-3 所示。

表 9-3　JdbcTemplate 类中常用的 update()方法

方　法	说　明
int update(String sql)	该方法是 update 方法的重载形式，可直接执行传入的 SQL 语句，并返回受影响的行数
int update(PreparedStatementCreator psc)	该方法执行从 PreparedStatementCreator 返回的语句，并返回受影响的行数
int update(String sql,PreparedStatementSetterpss)	该方法通过 PreparedStatementSetter 设置 SQL 语句中的参数，并返回受影响的行数
int update(String sql,Object... args)	该方法使用 Object...设置 SQL 语句中的参数，要求参数不能为 NULL，并返回受影响的行数

下面通过一个用户账户管理的案例来演示 update()方法的使用，具体步骤如下。

（1）在前面项目的 cn.test.pojo 包中，创建 UserAccount.java 类，在该类中定义 id、username 和 balance 的属性，以及其对应的 getter 方法和 setter 方法，见示例 3。

【示例 3】UserAccount.java

```
    public class UserAccount {
        private Integer id; // 账户 id
        private String username; // 用户名
        private Double balance; // 账户余额

        public String toString() {
        return "Account [id=" + id + ", " + "username=" + username + ", balance=" +
balance + "]";
        }

        // 省略其他 getter 方法和 setter 方法
    }
```

（2）在 cn.test.dao 包中，创建接口 UserAccountDao.java，并在接口中定义添加、更新和删除账户的方法，见示例 4。

【示例 4】UserAccountDao.java

```
import java.util.List;

public interface UserAccountDao {
    // 添加
    public int addAccount(UserAccount userAccount);
    // 更新
    public int updateAccount(UserAccount userAccount);
    // 删除
    public int deleteAccount(int id);
}
```

（3）在 cn.test.dao 包中，创建 UserAccountDao 接口的实现类 UserAccountDaoImpl，并在类中实现添加、更新和删除账户的方法，见示例 5。

【示例 5】UserAccountDaoImpl.java

```
import java.util.List;

import org.springframework.jdbc.core.BeanPropertyRowMapper;
import org.springframework.jdbc.core.JdbcTemplate;
import org.springframework.jdbc.core.RowMapper;

import cn.test.pojo.UserAccount;

public class UserAccountDaoImpl implements UserAccountDao {
    // 声明 JdbcTemplate 属性及其 setter 方法
    private JdbcTemplate jdbcTemplate;
    public void setJdbcTemplate(JdbcTemplate jdbcTemplate) {
        this.jdbcTemplate = jdbcTemplate;
    }
    // 添加账户
    public int addAccount(UserAccount account) {
        // 定义 SQL
        String sql = "insert into account(username,balance) value(?,?)";
        // 定义数组来存放 SQL 语句中的参数
        Object[] obj = new Object[] {
                              account.getUsername(),
                              account.getBalance()
         };
        // 执行添加操作，返回的是受 SQL 语句影响的记录条数
        int num = this.jdbcTemplate.update(sql, obj);
        return num;
    }
    // 更新账户
    public int updateAccount(UserAccount account) {
        // 定义 SQL
        String sql = "update account set username=?,balance=? where id = ?";
        // 定义数组来存放 SQL 语句中的参数
        Object[] params = new Object[] {
                                  account.getUsername(),
                                  account.getBalance(),
                                  account.getId()
          };
        // 执行添加操作，返回的是受 SQL 语句影响的记录条数
        int num = this.jdbcTemplate.update(sql, params);
        return num;
    }
    // 删除账户
    public int deleteAccount(int id) {
        // 定义 SQL
        String sql = "delete  from account where id = ? ";
```

```
            // 执行添加操作，返回的是受 SQL 语句影响的记录条数
            int num = this.jdbcTemplate.update(sql, id);
            return num;
        }
    }
```

从上述 3 种操作的代码可以看出，添加、更新和删除的操作实现步骤类似，只是定义的 SQL 语句有所不同。

（4）在 applicationContext.xml 中，定义一个 id 为 accountDao 的 Bean，该 Bean 用于将 jdbcTemplate 注入到 accountDao 实例中，其代码见示例 6。

【示例 6】applicationContext.xml

```
<!--定义 id 为 accountDao 的 Bean-->
<bean id="accountDao" class="cn.test.dao.UserAccountDaoImpl">
    <!-- 将 jdbcTemplate 注入到 accountDao 实例中 -->
    <property name="jdbcTemplate" ref="jdbcTemplate" />
</bean>
```

（5）在测试类 JdbcTemplateTest 中，添加一个测试方法 addAccountTest()，该方法主要用于添加用户账户信息，其代码见示例 7。

【示例 7】JdbcTemplateTest.java

```
@Test
public void addAccountTest() {
    // 加载配置文件
    ApplicationContext applicationContext =
            new ClassPathXmlApplicationContext("applicationContext.xml");
    // 获取 AccountDao 实例
    UserAccountDao accountDao =(UserAccountDao) applicationContext.getBean("accountDao");
    // 创建 Account 对象，并向 Account 对象中添加数据
    UserAccount account = new UserAccount();
    account.setUsername("张三");
    account.setBalance(1000.00);
    // 执行 addAccount()方法，并获取返回结果
    int num = accountDao.addAccount(account);
    if (num > 0) {
        System.out.println("成功插入了" + num + "条数据！");
    } else {
        System.out.println("插入操作执行失败！");
    }
}
```

在上述代码中，获取 UserAccountDao 的实例后，又创建了 UserAccount 对象，并向 UserAccount 对象中添加属性值。然后调用 UserAccountDao 对象的 addAccount()方法向数据表中添加一条数据。最后，通过返回受影响的行数来判断数据是否插入成功。使用 Junit4 测试运行后，控制台的输出结果如图 9.4 所示。

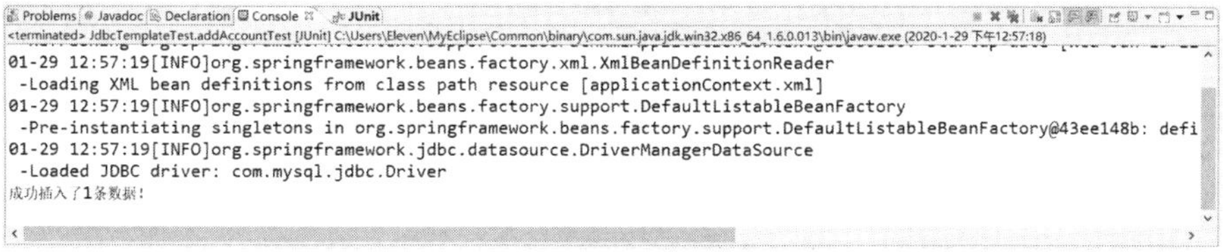

```
Problems  Javadoc  Declaration  Console  JUnit
<terminated> JdbcTemplateTest.addAccountTest [JUnit] C:\Users\Eleven\MyEclipse\Common\binary\com.sun.java.jdk.win32.x86_64_1.6.0.013\bin\javaw.exe (2020-1-29 下午12:57:18)
01-29 12:57:19[INFO]org.springframework.beans.factory.xml.XmlBeanDefinitionReader
 -Loading XML bean definitions from class path resource [applicationContext.xml]
01-29 12:57:19[INFO]org.springframework.beans.factory.support.DefaultListableBeanFactory
 -Pre-instantiating singletons in org.springframework.beans.factory.support.DefaultListableBeanFactory@43ee148b: defi
01-29 12:57:19[INFO]org.springframework.jdbc.datasource.DriverManagerDataSource
 -Loaded JDBC driver: com.mysql.jdbc.Driver
成功插入了1条数据!
```

图 9.4　运行结果

此时再次查询数据库中的 account 表，其结果如图 9.5 所示。

	id	username	balance
□	1	张三	1000
*	(NULL)	(NULL)	(NULL)

图 9.5　account 表（1）

可以看出，使用 JdbcTemplate 的 update()方法已成功地向数据表中插入了一条数据。

（6）执行插入操作后，可使用 JdbcTemplate 类的 update()方法执行更新操作。在测试类 JdbcTemplateTest 中，添加一个测试方法 updateAccountTest()，其代码见示例 8。

【示例 8】JdbcTemplateTest.java

```
@Test
public void updateAccountTest() {
    // 加载配置文件
    ApplicationContext applicationContext =
            new ClassPathXmlApplicationContext("applicationContext.xml");
    // 获取 AccountDao 实例
    UserAccountDao accountDao =
            (UserAccountDao) applicationContext.getBean("accountDao");
    // 创建 Account 对象，并向 Account 对象中添加数据
    UserAccount account = new UserAccount();
    account.setId(1);
    account.setUsername("张三");
    account.setBalance(2000.00);
    // 执行 updateAccount()方法，并获取返回结果
    int num = accountDao.updateAccount(account);
    if (num > 0) {
        System.out.println("成功修改了" + num + "条数据！");
    } else {
        System.out.println("修改操作执行失败！");
    }
}
```

与 addAccountTest()方法相比，更新操作的代码增加了 id 属性值的设置，并将余额修改为“2000”后，调用了 UserAccountDao 对象中的 updateAccount()方法执行对数据表的更新操作。

使用 Junit4 运行方法后，再次查询数据库中的 account 表，其结果如图 9.6 所示。

	id	username	balance
□	1	张三	2000
*	(NULL)	(NULL)	(NULL)

图 9.6　account 表（2）

可以看出，使用 update()方法已成功更新了 account 表中 id 为 1 的账户余额信息。

（7）在测试类 JdbcTemplateTest 中，添加一个测试方法 deleteAccountTest()，来执行删除操作，其代码见示例 9。

【示例 9】JdbcTemplateTest.java

```
@Test
public void deleteAccountTest() {
    // 加载配置文件
    ApplicationContext applicationContext =
            new ClassPathXmlApplicationContext("applicationContext.xml");
    // 获取 AccountDao 实例
    UserAccountDao accountDao =
            (UserAccountDao) applicationContext.getBean("accountDao");
    // 执行 deleteAccount()方法，并获取返回结果
    int num = accountDao.deleteAccount(1);
    if (num > 0) {
        System.out.println("成功删除了" + num + "条数据！");
    } else {
```

```
            System.out.println("删除操作执行失败！");
        }
    }
```

在上述代码中，获取 UserAccountDao 的实例后，可执行实例中的 deleteAccount()方法来删除 id 为 1 的数据。

使用 Junit4 测试运行方法后，查询 account 表中数据，其结果如图 9.7 所示。

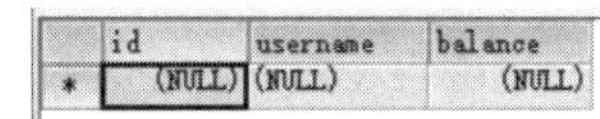

	id	username	balance
*	(NULL)	(NULL)	(NULL)

图 9.7　account 表（3）

可以看出，已成功通过 update()方法删除了 id 为 1 的数据，由于 account 表中只有一条数据，所以删除后表中数据为空。

9.2.3　query()方法——查询数据

JdbcTemplate 类中还提供了大量的 query()方法来处理各种对数据库表的查询操作。其中，常用的 query()方法如表 9-4 所示。

表 9-4　JdbcTemplate 类中常用的 query()方法

方　法	说　明
List query(String sql, RowMapper rowMapper)	执行 String 类型参数提供的 SQL 语句，并通过 RowMapper 返回一个 List 类型的结果
List query (String sql, PreparedStatementSetter pss, RowMapper rowMapper)	根据 String 类型参数提供的 SQL 语句创建 PreparedStatement 对象，通过 RowMapper 将结果返回 List 中
List query (String sql, Object[] args, RowMapper rowMapper)	使用 Object[]的值来设置 SQL 语句中的参数值，采用 RowMapper 回调方法可以直接返回 List 类型的数据
queryForObject(String sql, RowMapper rowMapper, Object... args)	将 args 参数绑定到 SQL 语句中，并通过 RowMapper 返回一个 Object 类型的单行记录
queryForList (String sql, Object[] args, class<T> elementType)	该方法可以返回多行数据的结果，但必须是返回列表，elementType 参数返回的是 List 元素类型

了解常用的 query()方法后，下面通过一个具体的案例来演示 query()方法的使用，其实现步骤如下。

（1）向数据表 account 中插入几条数据（也可以使用数据库图形化工具手动向表中插入数据），插入后 account 表中的数据如图 9.8 所示。

	id	username	balance
□	1	张三	1000
□	2	李四	2000
□	3	王五	500
□	4	赵六	800
*	(NULL)	(NULL)	(NULL)

图 9.8　account 表（4）

（2）在 UserAccountDao 中，分别创建一个通过 id 查询单个账户和查询所有账户的方法，见示例 10。

【示例 10】UserAccountDao.java

```
    // 通过 id 查询
    public UserAccount findAccountById(int id);
    // 查询所有账户
    public List<UserAccount> findAllAccount();
```

（3）在 UserAccountDao 接口的实现类 UserAccountDaoImpl 中，实现接口的方法，并使用

query()方法分别进行查询，见示例 11。

【示例 11】UserAccountDaoImpl.java

```
// 通过 id 查询账户数据信息
public UserAccount findAccountById(int id) {
    //定义 SQL 语句
    String sql = "select * from account where id = ?";
    // 创建一个新的 BeanPropertyRowMapper 对象
    RowMapper<UserAccount> rowMapper =
            new BeanPropertyRowMapper<UserAccount>(UserAccount.class);
    // 将 id 绑定到 SQL 语句中，并通过 RowMapper 返回一个 Object 类型的单行记录
    return this.jdbcTemplate.queryForObject(sql, rowMapper, id);
}

// 查询所有账户信息
public List<UserAccount> findAllAccount() {
    // 定义 SQL 语句
    String sql = "select * from account";
    // 创建一个新的 BeanPropertyRowMapper 对象
    RowMapper<UserAccount> rowMapper =
            new BeanPropertyRowMapper<UserAccount>(UserAccount.class);
    // 执行静态的 SQL 查询，并通过 RowMapper 返回结果
    return this.jdbcTemplate.query(sql, rowMapper);
}
```

在上面两个方法的代码中，BeanPropertyRowMapper 是 RowMapper 接口的实现类，它可以自动将数据表中的数据映射到用户自定义的类中（前提是用户自定义类中的字段要与数据表中的字段相对应）。创建完 BeanPropertyRowMapper 对象后，在 findAccountById()方法中通过 queryForObject()方法返回一个 Object 类型的单行记录，而在 findAllAccount()方法中通过 query()方法返回一个结果集合。

（4）在测试类 JdbcTemplateTest 中，添加一个测试方法 findAccountByIdTest()来测试条件查询，见示例 12。

【示例 12】JdbcTemplateTest.java

```
@Test
public void findAccountByIdTest() {
    // 加载配置文件
    ApplicationContext applicationContext =
            new ClassPathXmlApplicationContext("applicationContext.xml");
    // 获取 UserAccountDao 实例
    UserAccountDao accountDao =
            (UserAccountDao) applicationContext.getBean("accountDao");
    // 执行 findAccountById()方法
    UserAccount account = accountDao.findAccountById(1);
    System.out.println(account);
}
```

上述代码通过执行 findAccountById()方法获取了 id 为 1 的对象信息，并通过输出语句输出。使用 JUnit4 测试运行后，控制台的输出结果如图 9.9 所示。

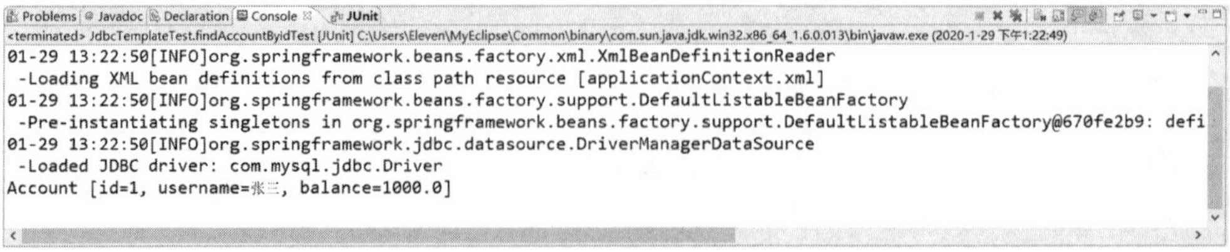

```
<terminated> JdbcTemplateTest.findAccountByIdTest [JUnit] C:\Users\Eleven\MyEclipse\Common\binary\com.sun.java.jdk.win32.x86_64_1.6.0.013\bin\javaw.exe (2020-1-29 下午1:22:49)
01-29 13:22:50[INFO]org.springframework.beans.factory.xml.XmlBeanDefinitionReader
 -Loading XML bean definitions from class path resource [applicationContext.xml]
01-29 13:22:50[INFO]org.springframework.beans.factory.support.DefaultListableBeanFactory
 -Pre-instantiating singletons in org.springframework.beans.factory.support.DefaultListableBeanFactory@670fe2b9: defi
01-29 13:22:50[INFO]org.springframework.jdbc.datasource.DriverManagerDataSource
 -Loaded JDBC driver: com.mysql.jdbc.Driver
Account [id=1, username=张三, balance=1000.0]
```

图 9.9 运行结果（1）

（5）测试完条件查询单个数据的方法后，接下来测试查询所有用户账户信息的方法。在测试类 JdbcTemplateTest 中，添加一个测试方法 findAllAccountTest()，见示例 13。

【示例 13】JdbcTemplateTest.java

```
@Test
public void findAllAccountTest() {
    // 加载配置文件
    ApplicationContext applicationContext =
            new ClassPathXmlApplicationContext("applicationContext.xml");
    // 获取 AccountDao 实例
    UserAccountDao accountDao =
            (UserAccountDao) applicationContext.getBean("accountDao");
    // 执行 findAllAccount()方法，获取 Account 对象的集合
    List<UserAccount> account = accountDao.findAllAccount();
    // 循环输出集合中的对象
    for (UserAccount act : account) {
        System.out.println(act);
    }
}
```

在上述代码中，调用 UserAccountDao 对象的 findAllAccountTest()方法查询所有用户账户信息集合，并通过 for 循环输出查询结果。

使用 JUnit4 成功运行 findAIIUserTest()方法后，控制台的显示信息如图 9.10 所示。

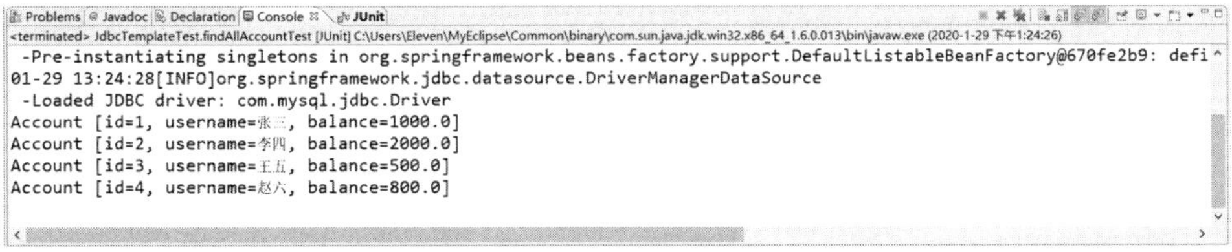

```
Problems  Javadoc  Declaration  Console  JUnit
<terminated> JdbcTemplateTest.findAllAccountTest [JUnit] C:\Users\Eleven\MyEclipse\Common\binary\com.sun.java.jdk.win32.x86_64_1.6.0.013\bin\javaw.exe (2020-1-29 下午1:24:26)
 -Pre-instantiating singletons in org.springframework.beans.factory.support.DefaultListableBeanFactory@670fe2b9: defi
01-29 13:24:28[INFO]org.springframework.jdbc.datasource.DriverManagerDataSource
 -Loaded JDBC driver: com.mysql.jdbc.Driver
Account [id=1, username=张三, balance=1000.0]
Account [id=2, username=李四, balance=2000.0]
Account [id=3, username=王五, balance=500.0]
Account [id=4, username=赵六, balance=800.0]
```

图 9.10　运行结果（2）

可以看出，数据表 account 中的 4 条记录都已经被查询出来了。

9.2.4　技能训练

上机练习 1　使用 Spring JdbcTemplate 常用接口实现“增删改查”操作

需求说明

使用 Spring JdbcTemplate 常用接口实现“增删改查”操作，具体要求如下。

（1）使用 execute()接口，执行创建表 SQL 语句，用户表（tb_user）包括用户 id、用户名 username、密码 password、性别 sex、年龄 age 等字段。

（2）使用 update()接口，实现对用户表的“增删改”操作。

（3）使用 query()接口，实现根据 id 查询用户表与查询全部用户表。

9.3　Spring框架事务管理概述

9.3.1　事务管理的核心接口

在 Spring 框架的所有 JAR 包中，包含一个名为 spring-tx-3.2.18.RELEASE 的 JAR 包，该包就是 Spring 提供的用于事务管理的依赖包。在该 JAR 包的 org.springframework.transaction 中，可以找到 3 个接口文件 PlatformTransactionManager、TransactionDefinition 和 TransactionStatus，如图 9.11 所示。

图 9.11 事务管理的核心接口

可以看出，方框标注的 3 个接口文件就是 Spring 框架事务管理所涉及的 3 个核心接口，下面分别对这 3 个接口的作用进行讲解。

1. PlatformTransactionManager接口

PlatformTransactionManager 接口是 Spring 框架提供的平台事务管理器，主要用于管理事务。该接口提供了 3 个事务操作的方法，具体如下。

（1）TransactionStatus getTransaction (TransactionDefinition definition)：用于获取事务状态信息。

（2）void commit (TransactionStatus status)：用于提交事务。

（3）void rollback (TransactionStatus status)：用于回滚事务。

在上面的 3 个方法中，getTransaction（TransactionDefinition definition）方法会根据 TransactionDefinition 参数返回一个 TransactionStatus 对象，TransactionStatus 对象就表示一个事务，它被关联在当前执行的线程上。

PlatformTransactionManager 接口是代表事务管理的接口，它并不知道底层是如何管理事务的，它只需要事务管理提供上面的 3 个方法，但具体如何管理事务则由它的实现类来完成。

PlatformTransactionManager 接口有许多不同的实现类，常见的实现类如下。

（1）org.springframework.jdbc.datasource.DataSourceTransactionManager：用于配置 JDBC 数据源的事务管理器。

（2）org.springframework.orm.hibemate4.HibernateTransactionManager：用于配置 Hibernate 的事务管理器。

（3）org.springframework.transaction.jta.JtaTransactionManager：用于配置全局事务管理器。

当底层采用不同的持久层技术时，系统只需使用不同的 PlatformTransactionManager 实现类即可。

2. TransactionDefinition接口

TransactionDefinition 接口是事务定义（描述）的对象，该对象中定义了事务规则，并提供了获取事务相关信息的方法，具体如下。

（1）String getName()：获取事务对象名称。

（2）int getIsolationLevel()：获取事务的隔离级别。

（3）int getPropagationBehavior()：获取事务的传播行为。

（4）int getTimeout()：获取事务的超时时间。

（5）boolean isReadOnly()：获取事务是否只读。

上述方法中，事务的传播行为是指在同一个方法中，不同操作的前后所使用的事务。传播行为有很多种，具体如表 9-5 所示。

表 9-5　传播行为的种类

属性名称	值	描　述
PROPAGATION_REQUIRED	REQUIRED	表示当前方法必须运行在一个事务环境当中，如果当前方法已处于事务环境中，则可以直接使用该方法，否则在开启一个新事务后执行该方法
PROPAGATION_SUPPORTS	SUPPORTS	如果当前方法处于事务环境中，则使用当前事务，否则不使用事务
PROPAGATION_MANDATORY	MANDATORY	表示调用该方法的线程必须处于当前事务环境中，否则抛出异常
PROPAGATION_REQUIRES_NEW	REQUIRES_NEW	要求方法在新的事务环境中执行。如果当前方法已在事务环境中，则先暂停当前事务，在启动新的事务后执行该方法；如果当前方法不在事务环境中，则在启动一个新的事务后执行该方法
PROPAGATION_NONSUPPORTED	NOT_SUPPORTED	不支持当前事务，总是以非事务状态执行。如果调用该方法的线程处于事务环境中，则先暂停当前事务，然后执行该方法
PROPAGATION_NEVER	NEVER	不支持当前事务。如果调用该方法的线程处于事务环境中，则抛出异常
PROPAGATION_NESTED	NESTED	即使当前执行的方法处于事务环境中，依然会启动一个新的事务，并且方法在嵌套的事务里执行。即使当前执行的方法不在事务环境中，也会启动一个新事务，然后执行该方法

在事务管理过程中，传播行为可以控制是否需要创建事务及如何创建事务，通常情况下，数据的查询不会影响原数据的改变，所以不需要进行事务管理。但对于数据插入、更新和删除的操作，必须进行事务管理。如果没有指定事务的传播行为，Spring 框架默认传播行为是 REQUIRED。

3. TransactionStatus接口

TransactionStatus 接口是指事务的状态，它描述了某个时间点上事务的状态信息。该接口中包含 6 个方法，具体如下。

（1）void flush()：刷新事务。

（2）boolean hasSavepoint()：获取是否存在保存点。

（3）boolean isCompleted()：获取事务是否完成。

（4）boolean isNewTransaction()：获取是否是新事务。

（5）boolean isRollbackOnly()：获取是否回滚。

（6）void setRollbackOnly()：设置事务回滚。

9.3.2　事务管理的方式

Spring 框架中的事务管理分为两种方式：一种是编程式事务管理；另一种是声明式事务管理。

（1）编程式事务管理：通过编写代码实现的事务管理，包括定义事务的开始、正常执行后的事务提交和异常时的事务回滚。

（2）声明式事务管理：通过 AOP 技术实现的事务管理，其主要思想是将事务管理作为一个“切面”代码单独编写，然后通过 AOP 技术将事务管理的“切面”代码织入到业务目标类中。

声明式事务管理最大的优点在于开发人员无须通过编程的方式来管理事务，只需在配置文件中进行相关的事务规则声明，就可以将事务规则应用到业务逻辑中。这使得开发人员可以更加专注于核心业务逻辑代码的编写，在一定程度上可减少工作量，提高开发效率，所以在实际开发中，通常推荐使用声明式事务管理。下面主要讲解 Spring 的声明式事务管理。

9.4 声明式事务管理

Spring 框架的声明式事务管理可以通过两种方式来实现，一种是基于 XML 的方式，另一种是基于 Annotation 的方式。下面将对这两种声明式事务管理方式进行详细讲解。

9.4.1 基于XML方式的声明式事务

基于 XML 方式的声明式事务管理是通过在配置文件中配置事务规则的相关声明来实现的。Spring 2.0 版后，提供了 tx 命名空间来配置事务，tx 命名空间提供了<tx:advice>元素来配置事务的通知（增强处理）。当使用元素配置了事务的增强处理后，就可以通过编写的 AOP 配置，让 Spring 自动对目标生成代理。

配置<tx:advice>元素时，通常需要指定 id 和 transaction-manager 属性，其中 id 属性是配置文件中的唯一标识，transaction-manager 属性用于指定事务管理器。除此之外，还需要配置一个<tx:attributes>子元素，该子元素可通过配置多个<tx:method>子元素来配置执行事务的细节。<tx:advice>元素及其子元素如图 9.12 所示。

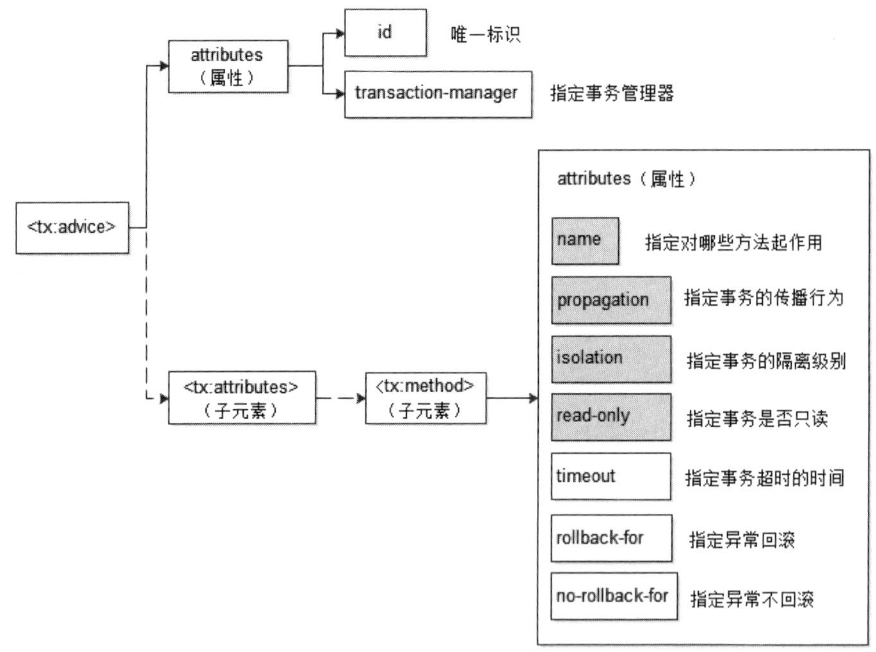

图 9.12 <tx:advice>元素及其子元素

可以看出，配置<tx:advice>元素的重点是配置<tx:method>子元素，图中使用灰色标注的几个属性是<tx:method>元素中的常用属性。关于<tx:method>元素的属性描述如表 9-6 所示。

表 9-6 <tx:method>元素的属性

属性名称	描　述
name	该属性为必选属性，它指定了与事务属性相关的方法名，其属性值支持使用通配符，如'get*'、'handle*'、'*Order'等
propagation	用于指定事务的传播行为，其属性值就是表 9-5 中的值，它的默认值为 REQUIRED

续表

属性名称	描　述
isolation	该属性用于指定事务的隔离级别，其属性值可以为 DEFAULT、READ_UNCOMMITTED、READ_COMMITTED、REPEATABLE_READ 和 SERIALIZABLE。它的默认值为 DEFAULT
read-only	该属性用于指定事务是否只读，其默认值为 false
timeout	该属性用于指定事务超时的时间，其默认值为-1，即永不超时
rollback-for	该属性用于指定触发事务回滚的异常类，在指定多个异常类时，异常类之间以英文逗号分隔
no-rollback-for	该属性用于指定不触发事务回滚的异常类，在指定多个异常类时，异常类之间以英文逗号分隔

<tx:method>标签中的 name 属性是必需的，用于指定匹配的方法。这里需要对方法名进行约定，可以使用通配符（*）。它的属性均为可选，用于指定具体的事务规则，其属性解释如下。

（1）propagation：指事务传播机制。它的默认值为 REQUIRED 能够满足大多数的事务需求，可以作为首选的事务传播行为。

（2）isolation：指事务隔离等级，即当前事务和其他事务的隔离程度，在并发事务处理的情况下需要考虑其设置。该属性可选的值有如下 5 种。

① DEFAULT：默认值，表示使用数据库默认的事务隔离级别。

② READ_UNCOMMITTED：未提交读。

③ READ_COMMITTED：提交读。

④ REPEATABLE_READ：可重复读。

⑤ SERIALIZABLE：串行读。

（3）timeout：指事务超时时间。表示允许事务运行的最长时间，以秒为单位，超过给定的时间则自动回滚，可防止事务执行时间过长而影响系统性能。该属性需要底层的实现支持，默认值为-1，表示不超时。

（4）read-only：指事务是否为只读，默认值为 false。对于只执行查询功能的事务，将其设置为 true，可提高事务处理的性能。

（5）rollback-for：指设定能够触发回滚的异常类型。Spring 默认只在抛出 Runtime Exception 时才标识事务回滚。通过全限定类名可自行指定需要回滚事务的异常，多个类名用英文逗号隔开。

（6）no-rollback-for：指设定不触发回滚的异常类型。Spring 默认 checked Exception 不会触发事务回滚。通过全限定类名可以自行指定不需回滚事务的异常，多个类名用英文逗号隔开。

了解如何在 XML 文件中配置事务后，下面通过一个案例来演示使用 XML 方式来实现 Spring 的声明式事务管理。本案例以 9.2 节的项目代码和数据表为基础，编写一个模拟银行转账的程序，要求在转账时通过 Spring 对事务进行控制，其具体实现步骤如下。

（1）在 MyEclipse 中，创建一个名为 Ch09_02 的 Java 项目，在项目的 lib 目录中导入 Ch09_01 项目中的所有 JAR 包，并将 AOP 所需的 JAR 包也导入 lib 目录中。

（2）将 Ch09_01 项目中的代码和配置文件复制到 Ch09_02 项目的 src 目录下，并在 UserAccountDao 接口中，创建一个转账方法 transfer()，见示例 14。

【示例 14】UserAccountDao.java

```
//转账
public void transfer(String outUser, String inUser, Double money);
```

（3）在其实现类 UserAccountDaoImpl 中实现 transfer()方法，编辑后的代码见示例 15。

【示例 15】UserAccountDaoImpl.java

```
/**
 *  转账
 *  inUser：收款人
 *  outUser：汇款人
 *  money：收款金额
*/
public void transfer(String outUser, String inUser, Double money) {
    // 收款时，收款用户的余额=现有余额+所汇金额
    this.jdbcTemplate.update("update account set balance = balance +? "
            + "where username = ?",money, inUser);
    // 模拟系统运行时的突发性问题
    int i = 1/0;
    // 汇款时，汇款用户的余额=现有余额-所汇金额
    this.jdbcTemplate.update("update account set balance = balance-? "
            + "where username = ?",money, outUser);
}
```

在上述代码中，使用了两个 update()方法对 account 表中的数据执行收款和汇款的更新操作。在两个操作之间，添加了一行代码“inti = 1/0;”来模拟系统运行时的突发性问题。如果没有事务控制，那么在转账操作执行后，收款用户的余额就会增加，而汇款用户的余额会因为系统出现问题而不变，这显然是有问题的；如果增加了事务控制，那么在转账操作执行后，收款用户的余额和汇款用户的余额在问题出现前后都应该保持不变。

（4）修改配置文件 applicationContext.xml，添加命名空间并编写事务管理的相关配置代码，见示例 16。

【示例 16】applicationContext.xml

```
<?xml version="1.0" encoding="UTF-8"?>
<beans xmlns="http://www.springframework.org/schema/beans"
    xmlns:xsi="http://www.w3.org/2001/XMLSchema-instance"
    xmlns:aop="http://www.springframework.org/schema/aop"
    xmlns:tx="http://www.springframework.org/schema/tx"
    xmlns:context="http://www.springframework.org/schema/context"
    xsi:schemaLocation="http://www.springframework.org/schema/beans
    http://www.springframework.org/schema/beans/spring-beans-3.2.xsd
    http://www.springframework.org/schema/tx
    http://www.springframework.org/schema/tx/spring-tx-3.2.xsd
    http://www.springframework.org/schema/context
    http://www.springframework.org/schema/context/spring-context-3.2.xsd
    http://www.springframework.org/schema/aop
    http://www.springframework.org/schema/aop/spring-aop-3.2.xsd">
    <!-- 1.配置数据源 -->
    <bean id="dataSource" class=
     "org.springframework.jdbc.datasource.DriverManagerDataSource">
        <!--数据库驱动 -->
        <property name="driverClassName" value="com.mysql.jdbc.Driver" />
        <!--连接数据库的 url -->
        <property name="url" value="jdbc:mysql://localhost:3306/testdb" />
        <!--连接数据库的用户名 -->
        <property name="username" value="root" />
        <!--连接数据库的密码 -->
        <property name="password" value="123456" />
    </bean>
    <!-- 2.配置 JDBC 模板 -->
    <bean id="jdbcTemplate" class="org.springframework.jdbc.core.JdbcTemplate">
        <!-- 默认必须使用数据源 -->
        <property name="dataSource" ref="dataSource" />
    </bean>
    <!-- 3.定义 id 为 accountDao 的 Bean-->
    <bean id="accountDao" class="cn.test.dao.UserAccountDaoImpl">
        <!-- 将 jdbcTemplate 注入 accountDao 实例中 -->
```

```
        <property name="jdbcTemplate" ref="jdbcTemplate" />
    </bean>

    <!-- 4.事务管理器，依赖于数据源 -->
    <bean id="transactionManager"
        class="org.springframework.jdbc.datasource.DataSourceTransactionManager">
        <property name="dataSource" ref="dataSource" />
    </bean>

    <!-- 5.编写通知：对事务进行增强(通知)，需要编写对切入点和具体执行事务的细节 -->
    <tx:advice id="txAdvice" transaction-manager="transactionManager">
        <tx:attributes>
            <!-- name：*表示任意方法名称 -->
            <tx:method name="*" propagation="REQUIRED" isolation="DEFAULT"
                read-only="false" />
        </tx:attributes>
    </tx:advice>

    <!-- 6.编写aop，让Spring框架自动对目标生成代理，需要使用AspectJ的表达式 -->
    <aop:config>
        <!-- 切入点 -->
        <aop:pointcut expression="execution(* cn.test.dao.*.*(..))"
            id="txPointCut" />
        <!-- 切面：将切入点与通知整合 -->
        <aop:advisor advice-ref="txAdvice" pointcut-ref="txPointCut" />
    </aop:config>

</beans>
```

在配置文件中，首先启用了 Spring 框架配置文件的 aop、tx 和 context 这 3 个命名空间（从配置数据源到声明事务管理器的部分都没有变化），然后定义 id 为 transactionManager 的事务管理器，接下来通过编写的通知来声明事务，最后通过声明 AOP 的方式让 Spring 框架自动生成代理。

（5）在 cn.test.jdbc 包中，创建测试类 TransactionTest，并在类中编写测试方法 xmlTest()，见示例 17。

【示例 17】TransactionTest.java

```
@Test
public void xmlTest() {
    ApplicationContext applicationContext = new ClassPathXmlApplicationContext(
            "applicationContext.xml");
    // 获取AccountDao实例
    UserAccountDao accountDao =(UserAccountDao)applicationContext.getBean("accountDao");
    // 调用实例中的转账方法
    accountDao.transfer("张三", "李四", 100.0);
    // 输出提示信息
    System.out.println("转账成功！");
}
```

在示例代码中，获取 UserAccountDao 实例后，调用实例中的转账方法，由张三向李四的账户转入 100 元。如果在配置文件中所声明的事务代码能够起作用，那么在整个转账方法执行完毕后，张三和李四的账户余额应该都是原来的数值。

在执行转账操作前，先查看 account 表中的数据，如图 9.13 所示。

	id	username	balance
□	1	张三	1000
□	2	李四	2000
□	3	王五	500
□	4	赵六	800
*	(NULL)	(NULL)	(NULL)

图 9.13　account 表

可以看出，此时张三的账户余额是 1000 元，而李四的账户余额是 2000 元。执行完测试方法后，Junit 的控制台的显示结果如图 9.14 所示。

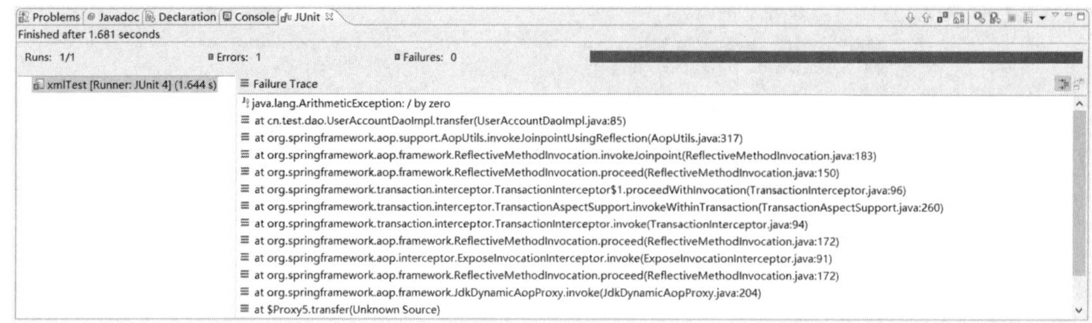

图 9.14 运行结果

可以看到，Junit 控制台中报出了“/by zero”的算术异常信息。此时如果再次查询数据表 account，就会发现表中张三和李四的账户余额并没有发生任何变化（与图 9.13 所示的结果一样），这说明 Spring 框架中的事务管理配置已经生效。

至此，Spring 框架的声明式事务就配置完成了，最后再总结一下配置的步骤。

（1）导入 tx 和 aop 的命名空间。

（2）定义事务管理器 Bean，并为其注入数据源 Bean。

（3）通过<tx:advice>配置事务增强，绑定事务管理器并针对不同方法定义事务规则。

（4）将事务增强与方法切入点组合。

9.4.2 技能训练 1

上机练习 2 实现对用户表的添加操作

需求说明

（1）修改上机练习 1 中用户表的添加操作。

（2）配置事务管理器组件。

（3）在 Spring 框架配置文件中使用 tx 和 aop 命名空间下的标签配置声明式事务。

9.4.3 基于Annotation方式的声明式事务

Spring 框架的声明式事务管理还可以通过 Annotation（注解）的方式来实现。这种方式的使用非常简单，开发人员只需做两件事情。

①在 Spring 框架的容器中注册事务注解驱动，其代码如下：

```
<tx:annotation-driven transaction-manager="transactionManager"/>
```

②在使用事务的 Spring Bean 类或者 Bean 类的方法上添加注解@Transactional。如果将注解添加在 Bean 类上，则表示事务的设置对整个 Bean 类的所有方法都起作用；如果将注解添加在 Bean 类中的某个方法上，则表示事务的设置只对该方法有效。

在业务实现类上添加@Transactional 注解即可为该类的所有业务方法统一添加事务处理。如果某个业务方法需要采用不同的事务规则，则可以在该业务方法上添加@Transactional 注解单独进行设置。@Transactional 注解也可以设置事务属性的值，默认的@Transactional 设置如下。

①事务传播设置是 PROPAGATION_REQUIRED。

②事务隔离级别是 ISOLATION_DEFAULT。

③事务是读/写。

④事务超时默认是依赖于事务系统的，或者事务超时没有被支持。

⑤任何 RuntimeException 将触发事务回滚，但是任何 checked Exception 将不触发事务回滚。

这些默认的设置也是可以改变的。@Transactional 注解可配置的参数信息如表 9-7 所示。

表 9-7　@Transactional 注解的参数及其描述

属　性	类　型	说　明
value	String	用于指定需要使用的事务管理器，默认为""，其别名为 transactionManager
transactionManager	String	指定事务的限定符值，可用于确定目标事务管理器，匹配特定的限定值（或者 Bean 的 name 值），默认为""，其别名为 value
propagation	枚举型：Propagation	可选的传播性设置，用于指定事务的传播行为，默认为 Propagation.REQUIRED。使用举例：@Transactional(propagation=Propagation.REQUIRES_NEW)
isolation	枚举型：Isolation	可选的隔离性级别，用于指定事务的隔离级别，默认为 Isolation.DEFAULT（底层事务的隔离级别）。使用举例：@Transactional(isolation = Isolation.READ_COMMITTED)
readOnly	布尔型	是否为只读型事务，默认为 false。使用举例：@Transactional(readOnly=true)
timeout	int 型（以秒为单位）	事务超时，用于指定事务的超时时长，默认为 TransactionDefinition.TIMEOUT_DEFAULT（底层事务系统的默认时间）。使用举例：@Transactional(timeout=10)
rollbackFor	一组 Class 类的实例，必须是 Throwable 的子类	一组异常类名，遇到时必须进行回滚。使用举例：@Transactional(rollbackFor= {SQLException.class})，多个异常可用英文逗号隔开
rollbackForClassName	一组 Class 类的实例，必须是 Throwable 的子类	一组异常类名，用于指定遇到特定异常时强制回滚事务，其属性值可以指定多个异常类名。使用举例：@Transactional(rollbackForClassName={"SQLException"})，多个异常可用英文逗号隔开
noRollbackFor	一组 Class 类的实例，必须是 Throwable 的子类	一组异常类名，用于指定遇到特定异常时强制不回滚事务
noRollbackForClassName	一组 Class 类的实例，必须是 Throwable 的子类	一组异常类名，用于指定遇到特定的多个异常时强制不回滚事务，其属性值可以指定多个异常类名

可以看出，@Transactional 注解与<tx:method>元素中的事务属性基本是对应的，并且其含义也基本相似。

为了能更加清楚地掌握@Transactional 注解的使用方法，接下来对 9.2.2 节的案例进行修改，以 Annotation 方式来实现项目中的事务管理，具体实现步骤如下。

（1）在 src 目录下，创建一个 Spring 配置文件 applicationContext-annotation.xml，在该文件中声明事务管理器等配置信息，见示例 18。

【示例 18】applicationContext-annotation.xml

```
<?xml version="1.0" encoding="UTF-8"?>
<beans xmlns="http://www.springframework.org/schema/beans"
    xmlns:xsi="http://www.w3.org/2001/XMLSchema-instance"
    xmlns:aop="http://www.springframework.org/schema/aop"
    xmlns:tx="http://www.springframework.org/schema/tx"
    xmlns:context="http://www.springframework.org/schema/context"
    xsi:schemaLocation="http://www.springframework.org/schema/beans
    http://www.springframework.org/schema/beans/spring-beans-3.2.xsd
    http://www.springframework.org/schema/tx
```

```
    http://www.springframework.org/schema/tx/spring-tx-3.2.xsd
    http://www.springframework.org/schema/context
    http://www.springframework.org/schema/context/spring-context-3.2.xsd
    http://www.springframework.org/schema/aop
    http://www.springframework.org/schema/aop/spring-aop-3.2.xsd">
    <!-- 1.配置数据源 -->
    <bean id="dataSource" class=
     "org.springframework.jdbc.datasource.DriverManagerDataSource">
        <!--数据库驱动 -->
        <property name="driverClassName" value="com.mysql.jdbc.Driver" />
        <!--连接数据库的 url -->
        <property name="url" value="jdbc:mysql://localhost:3306/testdb" />
        <!--连接数据库的用户名 -->
        <property name="username" value="root" />
        <!--连接数据库的密码 -->
        <property name="password" value="123456" />
    </bean>
    <!-- 2.配置 JDBC 模板 -->
    <bean id="jdbcTemplate" class="org.springframework.jdbc.core.JdbcTemplate">
        <!-- 默认必须使用数据源 -->
        <property name="dataSource" ref="dataSource" />
    </bean>
    <!-- 3.定义 id 为 accountDao 的 Bean-->
    <bean id="accountDao" class="cn.test.dao.UserAccountDaoImpl">
        <!-- 将 jdbcTemplate 注入 accountDao 实例中 -->
        <property name="jdbcTemplate" ref="jdbcTemplate" />
    </bean>
    <!-- 4.事务管理器，依赖于数据源 -->
    <bean id="transactionManager"
        class="org.springframework.jdbc.datasource.DataSourceTransactionManager">
        <property name="dataSource" ref="dataSource" />
    </bean>
<!-- 5.注册事务管理器驱动 -->
    <tx:annotation-driven transaction-manager="transactionManager"/>
</beans>
```

与基于 XML 方式相比，配置文件通过注册事务管理器驱动，替换了前面配置的第 5 步编写通知和第 6 步编写 aop，这样可大大减少配置文件中的代码量。

需要注意的是，如果案例中使用了注解式开发，则需要在配置文件中开启注解处理器，指定扫描哪些包下的注解。这里没有开启注解处理器是因为在配置文件中已经配置了 UserAccountDaoImpl 类的 Bean，而@Transactional 注解就配置在该 Bean 类中，所以可以直接生效。

（2）在 AccountDaoImpl 类的 transfer()方法上添加事务注解，添加后的代码见示例 19。

【示例 19】UserAccountDaoImpl.java

```
@Transactional(propagation = Propagation.REQUIRED,
        isolation = Isolation.DEFAULT, readOnly = false)
public void transfer2(String outUser, String inUser, Double money) {
    // 收款时，收款用户的余额=现有余额+所汇金额
    this.jdbcTemplate.update("update account set balance = balance +? "
            + "where username = ?",money, inUser);
    // 模拟系统运行时的突发性问题
    int i = 1/0;
    // 汇款时，汇款用户的余额=现有余额-所汇金额
    this.jdbcTemplate.update("update account set balance = balance-? "
            + "where username = ?",money, outUser);
}
```

上述方法已经添加@Transactional 注解，并且使用注解的参数配置了事务详情，各个参数之间要用英文逗号“,”进行分隔。

提示

在实际开发中，事务的配置信息通常是在 Spring 的配置文件中完成的，而在业务层类上只需使用@Transactional 注解即可，并不需要配置@Transactional 注解的属性。

（3）在 TransactionTest 类中，创建测试方法 annotationTest()，编辑后的代码见示例 20。

【示例 20】TransactionTest.java

```
@Test
public void annotationTest() {
    ApplicationContext applicationContext = new ClassPathXmlApplicationContext(
            "applicationContext-annotation.xml");
    // 获取 AccountDao 实例
    UserAccountDao accountDao =(UserAccountDao)applicationContext.getBean("accountDao");
    // 调用实例中的转账方法
    accountDao.transfer2("张三", "李四", 100.0);
    // 输出提示信息
    System.out.println("转账成功! ");
}
```

从上述代码可以看出，与 XML 方式的测试方法相比，该方法只是对配置文件的名称进行了修改。程序执行后，会出现与 XML 方式同样的执行结果，这里就不再重复了。

9.4.4　技能训练 2

上机练习 3　使用注解实现事务处理

需求说明

（1）修改上机练习 2，使用注解实现声明式事务处理。

（2）实现根据用户 id 修改用户信息的操作。

（3）实现根据用户 id 删除用户信息的操作。

本章总结

- Spring 框架提供了 JdbcTemplate 类，是 Spring 框架数据抽象层的基础，其他更高层次的抽象类构建于 JdbcTemplate 类之上，JdbcTemplate 类是 Spring JDBC 的核心类。
- Spring JDBC 模块主要由 4 个包组成，分别是 core（核心包）、dataSource（数据源包）、object（对象包）和 support（支持包）。
- 在 JdbcTemplate 类中，execute(String sql)方法能够完成执行 SQL 语句的功能；update()方法可以完成插入、更新和删除数据的操作；query()方法可处理各种对数据库表的查询操作。
- Spring 框架中的事务管理分为两种方式，一种是编程式事务管理；另一种是声明式事务管理。
- Spring 框架提供了声明式事务处理机制，它基于 AOP 实现，无须编写任何事务管理代码，所有的工作全在配置文件中完成。这意味着与业务代码完全分离，配置即可用，降低了开发和维护的难度。
- Spring 2.0 版后，提供了 tx 命名空间来配置事务。tx 命名空间提供了<tx:advice>元素来配置事务的通知（增强处理）。
- Spring 框架使用注解@Transactional 支持使用注解配置声明式事务。

一、选择题

1. Spring JDBC 模块主要由 4 个包组成，其中不包括（　　）。

　A. core（核心包）　　　　　　　B. dataSource（数据源包）

C. driverClass（数据库驱动包） D. support（支持包）

2. 下面关于 update()方法描述错误的是（ ）。
   A. update()方法可以完成插入、更新、删除和查询数据的操作
   B. 在 JdbcTemplate 类中，提供了一系列的 update()方法
   C. update()方法执行后，会返回受影响的行数
   D. update()方法返回的参数是 int 类型
3. 下面描述中，关于 query()方法说法错误的是（ ）。
   A. List query(String sql, RowMapper rowMapper)会执行 String 类型参数提供的 SQL 语句，并通过 RowMapper 返回一个 List 类型的结果
   B. List query（String sql, PreparedStatementSetter pss, RowMapper rowMapper）会根据 String 类型参数提供的 SQL 语句创建 PreparedStatement 对象，并通过 RowMapper 将结果返回到 List 中
   C. List query（String sql, Object[] args, RowMapper rowMapper）会将 args 参数绑定到 SQL 语句中，并通过 RowMapper 返回一个 Object 类型的单行记录
   D. queryForList（String sql,Object[] args, class<T> elementType）可以返回多行数据的结果，但必须返回列表，而 elementType 参数返回 List 元素类型
4. 以下关于@Transactional 注解可配置的参数信息及描述正确的是（ ）。
   A. value 用于指定需要使用的事务管理器，默认为""
   B. read-only 用于指定事务是否只读，默认为 true
   C. isolation 用于指定事务的隔离级别，默认为 Isolation.READ_COMMITTED
   D. propagation 用于指定事务的传播行为，默认为 Propagation. SUPPORTS
5. 以下有关事务管理方式相关说法错误的是（ ）。
   A. Spring 中的事务管理分为两种方式，一种是编程式事务管理；另一种是声明式事务管理
   B. 编程式事务管理：指通过 AOP 技术实现的事务管理，就是通过编写代码实现的事务管理，包括定义事务的开始、正常执行后的事务提交和异常时的事务回滚
   C. 声明式事务管理：指将事务管理作为一个“切面”代码单独编写，然后通过 AOP 技术将事务管理的“切面”代码植入到业务目标类中
   D. 声明式事务管理最大的优点在于开发人员无须通过编程的方式来管理事务，只要在配置文件中进行相关的事务规则声明，就可以将事务规则应用到业务逻辑中

二、简答题

1. 简述 Spring JDBC 是如何进行配置的。
2. 简述 Spring 框架中事务管理的两种方式。
3. 简述如何使用 Annotation 方式进行声明式事务管理。

三、操作题

在百货中心供应链系统中实现对新闻表（tb_news）的查询、添加、修改和删除操作，具体要求如下。

（1）实现根据新闻标题名称模糊查询新闻信息列表的操作。

（2）实现新闻信息的添加、修改和删除操作，使用 Spring 框架的事务切面实现声明式事务管理。

第 10 章 MyBatis 与 Spring 的框架整合

- ◎ 掌握 Spring 与 MyBatis 的框架集成
- ◎ 掌握传统 DAO 方式的开发整合
- ◎ 掌握 Mapper 接口方式的开发整合
- ◎ 掌握使用 SqlSessionTemplate 实现整合
- ◎ 掌握使用 MapperFactoryBean 实现整合

本章简介

通过学习 Spring 框架的“控制反转”和“面向切面编程”内容，分别讲解了 Spring 框架和 MyBatis 框架的相关知识，然而在实际的项目开发中，Spring 与 MyBatis 的框架都是整合在一起使用的。如何把这些技术运用到项目开发中呢？在掌握了 MyBatis 框架的使用后，本章将对 MyBatis 与 Spring 的框架整合内容进行详细讲解，包括如何运用 Spring 框架的 IoC 机制集成 MyBatis 框架、管理依赖关系并简化 DAO 层的开发，以及基于 AOP 的声明式事务管理等实用技能。

技术内容

学习了 MyBatis 框架的基础知识，就能够使用 MyBatis 框架进行数据库操作了。然而 Spring 框架通过 IoC、AOP 等机制，能够对项目中的组件进行解耦合管理，建立一个低耦合的应用架构，这可以大大增强系统开发和维护的灵活性，便于功能扩展。下面将利用 Spring 框架对 MyBatis 框架进行整合，在对组件实现解耦的同时，还能使 MyBatis 框架的使用变得更加方便和简单。此外，通过 Sprmg 框架提供的声明式事务等服务，也能够进一步地简化编码，减少开发工作量，提高开发效率。

10.1 Spring框架对MyBatis框架的整合思路

作为 Bean 容器，Spring 框架提供了 IoC 机制，可以接管所有组件的创建工作并进行依赖管理，因而整合的主要工作就是把 MyBatis 框架使用中所涉及的核心组件配置到 Spring 框架的容器中，再交给 Spring 框架来创建和管理。

具体来说，业务逻辑对象依赖基于 MyBatis 技术实现的 DAO 对象，其核心是获取 SqlSession 实例。要获得 SqlSession 实例则需要依赖 SqlSessionFactory 实例。而 SqlSessionFactory 是 SqlSessionFactoryBuilder 依据 MyBatis 配置文件中的数据源、SQL 映射文件等信息来构建的。

针对上述依赖关系，以往需要自行编码通过 SqlSessionFactoryBuilder 读取配置文件、构建 SqlSessionFactory，进而获得 SqlSession 实例，满足业务逻辑对象对于数据访问的需要。随着 Spring 框架的引入，以上流程将全部移交给 Spring 处理，可充分发挥 Spring 框架 Bean 容器的作用，接管组件的创建工作，管理组件的生命周期，并对组件之间的依赖关系进行解耦合管理。

10.2 Spring框架整合MyBatis框架的准备工作

以百货中心供应链系统的功能为例来完成 Spring 与 MyBatis 的框架整合。

10.2.1 准备所需的JAR包

要实现 MyBatis 与 Spring 的框架整合，就需要这两个框架的 JAR 包，但是只使用这两个框架中所提供的 JAR 包是不够的，还需要其他的 JAR 包来配合使用，整合时需准备的 JAR 包具体如下。

1. Spring框架所需的JAR包

Spring 框架所需要准备的 JAR 包共 10 个，包括 4 个核心模块 JAR、AOP 开发使用的 JAR、JDBC 和事务的 JAR（其中核心容器依赖的 commons-logging 的 JAR 在 MyBatis 框架的 lib 包中已经包含，所以这里不必再加入），具体如下所示。

（1）aopalliance-1.0.jar。

（2）aspectjweaver-1.8.10.jar。

（3）spring-aop-3.2.18.RELEASE.jar。

（4）spring-aspects-3.2.18.RELEASE.jar。

（5）spring-beans-3.2.18.RELEASE.jar。

（6）spring-context-3.2.18.RELEASE.jar。

（7）spring-core-3.2.18.RELEASE.jar。

（8）spring-expression-3.2.18.RELEASE.jar。

（9）spring-jdbc-3.2.18.RELEASE.jar。

（10）spring-tx-3.2.18.RELEASE.jar。

由于在整合中还会用到 Spring 框架的数据源支持及事务支持，因此还需在项目中加入 spring-jdbc-3.2.18.RELEASE.jar 和 spring-tx-3.2.18.RELEASE.jar 两个 JAR 文件。

2. MyBatis框架所需的JAR包

MyBatis 框架需要准备的 JAR 包共 13 个，包括核心包 mybatis-3.2.2.jar 及其解压文件夹中 lib 目录中的所有 JAR。

3. MyBatis与Spring框架整合的中间JAR

由于 MyBatis 3 版在发布之前，Spring 3 版就已经开发完成了，而 Spring 团队既不想发布基于 MyBatis 3 版的非发布版本的代码，也不想长时间的等待，所以 Spring 3 版以后就没有对 MyBatis 3 版进行支持。为了满足 MyBatis 用户对 Spring 框架的需求，MyBatis 框架自己开发了一个用于整合这两个框架的中间件——MyBatis-Spring。

在 GitHub 上可以找到 MyBatis-Spring 整合资源包（https://github.com/mybatis/spring/releases），选择所需的版本下载。这里选择的是 mybatis-spring 1.2.0 版，下载 mybatis-spring-1.2.0.zip 并解压后的目录如图 10.1 所示。

mybatis-spring-1.2.0.zip\mybatis-spring-1.2.0 - 解包大小为 498.4 KB　　搜索包内文件

名称	压缩前	压缩后	类型	修改日期
..(上级目录)			文件夹	
LICENSE	11.1 KB	3.9 KB	文件	2013-02-20 20:58
mybatis-spring-1.2.0.jar	47.6 KB	47.6 KB	Executable Jar File	2013-02-20 20:58
mybatis-spring-1.2.0.tar.gz	234.6 KB	234.7 KB	360压缩	2013-02-20 20:58
mybatis-spring-1.2.0-javadoc.jar	157.5 KB	157.5 KB	Executable Jar File	2013-02-20 20:58
mybatis-spring-1.2.0-sources.jar	46.0 KB	46.0 KB	Executable Jar File	2013-02-20 20:58
NOTICE	1.5 KB	1 KB	文件	2013-02-20 20:58

图 10.1　MyBatis-Spring 包的目录结构

整合时，在项目中只要包含 mybatis-spring-1.2.0.jar 即可，也可根据需要配置源代码和 JavaDoc 资源以方便学习。本书所使用版本为 mybatis-spring-1.2.0.jar。

4. 数据库驱动JAR包

本书所使用的数据库驱动包为 mysql-connector-java-5.1.0-bin.jar。

5. 数据源所需JAR包

整合时所使用的是 DBCP 数据源，所以需要准备 DBCP 和连接池的 JAR 包，具体如下所示。

（1）commons-dbcp-1.4.jar。

（2）commons-pool-1.6.jar。

项目所需的 JAR 文件如图 10.2 所示。

图 10.2　Spring 和 MyBatis 的框架整合后的 JAR 文件

10.2.2　建立开发目录结构

在项目中创建包结构与文件，项目的完整目录结构如图 10.3 所示。

1. 创建实体类

在 cn.dsscm.pojo 包下，创建实体类 User。

```
Ch10_01
  src
    cn.dsscm.dao.user
      UserMapper.java
      UserMapperImpl.java
      UserMapper.xml
    cn.dsscm.pojo
      User.java
    cn.dsscm.service.user
      UserService.java
      UserServiceImpl.java
    cn.dsscm.test.user
      UserTest.java
  resources
    applicationContext.xml
    log4j.properties
    mybatis-config.xml
  JRE System Library [JavaSE-1.6]
  Referenced Libraries
  JUnit 4
  lib
```

图 10.3 项目的完整目录结构

【示例 1】User.java

```
public class User {
    private Integer id; // id
    private String userCode; // 用户编码
    private String userName; // 用户名称
    private String userPassword; // 用户密码
    private Date birthday; // 出生日期
    private Integer gender; // 性别
    private String phone; // 电话
    private String email; // email
    private String address; // 地址
    private String userDesc; // 简介
    private Integer userRole; // 用户角色
    private Integer createdBy; // 创建者
    private String imgPath; // 证件照路径
    private Date creationDate; // 创建时间
    private Integer modifyBy; // 更新者
    private Date modifyDate; // 更新时间

    private Integer age;// 年龄
    private String userRoleName; // 用户角色名称
    //省略其他属性及 getter 方法和 setter 方法
}
```

2. 创建数据访问接口

在 cn.dsscm.dao.user 包中创建实体类 User 对应的 DAO 接口 UserMapper。这里先添加一个根据用户名和角色查询用户信息的方法，其他方法可以在需要时添加，见示例 2。

【示例 2】UserMapper.java

```
import java.util.List;
import cn.dsscm.pojo.User;

public interface UserMapper {
    /**
     * 查询用户列表(参数：对象入参)
     * @return
     */
    public List<User> getUserList(User user);
}
```

3. 配置SQL映射文件

同样在 cn.dsscm.dao.user 包中，为 UserMapper 配置 SQL 语句映射文件 UserMapper.xml，实现指定的查询映射，见示例 3。

【示例 3】UserMapper.xml

```
<?xml version="1.0" encoding="UTF-8" ?>
<!DOCTYPE mapper PUBLIC "-//mybatis.org//DTD Mapper 3.0//EN"
    "http://mybatis.org/dtd/mybatis-3-mapper.dtd">
<mapper namespace="cn.dsscm.dao.user.UserMapper">
<!-- 当数据库中的字段信息与对象的属性不一致时，需要通过 resultMap 来映射 -->
<resultMap type="User" id="userList">
<result property="userRoleName" column="roleName" />
</resultMap>
<!-- 查询用户列表(参数：对象入参) -->
<select id="getUserList" resultMap="userList" parameterType="User">
        select u.*,r.roleName from tb_user u,tb_role r
        where u.userName like CONCAT ('%',#{userName},'%')
        and u.userRole = #{userRole} and u.userRole = r.id
</select>
</mapper>
```

4. 配置MyBatis配置文件

编写 MyBatis 框架配置文件 mybatis-config.xml，设置所需参数，见示例 4。

【示例 4】mybatis-config.xml

```
<?xml version="1.0" encoding="UTF-8" ?>
<!DOCTYPE configuration
PUBLIC "-//mybatis.org//DTD Config 3.0//EN"
"http://mybatis.org/dtd/mybatis-3-config.dtd">
<configuration>
<!--类型别名 -->
        <typeAliases>
        <package name="cn.dsscm.pojo" />
    </typeAliases>
</configuration>
```

MyBatis 框架配置文件内容与之前相比简单了许多，这是因为 Spring 框架可以接管 MyBatis 框架配置信息的维护工作，只需要使用<typeAliases>元素来配置文件别名即可。这里选择把数据源配置和 SQL 映射信息转移至 Spring 框架配置文件中进行管理，以了解如何在 Spring 框架中配置 MyBatis。

此外，还需在项目的 src 目录下创建 log4j.properties 文件，该文件的编写可参考相关案例，也可将相关章节所创建的文件复制到此项目中使用。

10.3　实现Spring对MyBatis的框架整合

如前所述，Spring 框架需要完成加载 MyBatis 框架配置信息、构建 SqlSessionFactory 和 SqlSession 实例，以及对业务逻辑对象的依赖注入等工作。需要注意的是，这些工作大多以配置文件的方式实现，无须编写相关类，可大大简化开发且更容易维护。

采用传统 DAO 开发方式进行 MyBatis 与 Spring 的框架整合时，需要编写 DAO 接口及接口的实现类，并且需要向 DAO 实现类中注入 SqlSessionFactory，然后在方法体内通过 SqlSessionFactory 创建 SqlSession。因此，可以使用 mybatis-spring 包中所提供的 SqlSessionTemplate 类或 SqlSessionDaoSupport 类来实现此功能。这两个类的描述如下。

（1）SqlSessionTemplate：指 mybatis-spring 的核心类，它负责管理 MyBatis 的 SqlSession，调用

MyBatis 的 SQL 方法。当调用 SQL 方法时，SqlSessionTemplate 将保证使用的 SqlSession 和当前 Spring 的事务是相关的。它还管理 SqlSession 的生命周期，包含必要的关闭、提交和回滚操作。

（2）SqlSessionDaoSupport：指一个抽象支持类，它继承了 DaoSupport 类，主要是作为 DAO 的基类来使用，可以通过 SqlSessionDaoSupport 类的 getSqlSession()方法来获取所需的 SqlSession。

了解了传统 DAO 开发方式整合可以使用的两个类后，下面以 SqlSessionDaoSupport 类的使用为例，讲解传统的 DAO 开发方式整合的实现。

10.3.1 配置数据源

对于任何持久化解决方案，数据库连接都是首先要解决的问题。在 Spring 框架中，数据源作为一个重要的组件可以单独进行配置和维护。如在示例 4 中，将 MyBatis 框架配置文件中有关数据源的配置移除，转移到 Spring 框架配置文件中进行维护。

在 Spring 框架中配置数据源，先要选择一种具体的数据源实现技术。目前流行的数据源实现有 dbcp、c3p0、Proxool 等，它们都实现了连接池功能。这里以配置 dbcp 数据源为例进行讲解，其他数据源的配置方法与此类似，读者可以自行查阅相关资料进行学习。dbcp 数据源隶属于 Apache Commons 项目，使用 dbcp 数据源，需要下载并在项目中添加 commons-dbcp-1.4.jar 和 commons-pool-1.6.jar 两个文件，如图 10.2 所示。建立 Spring 配置文件 applicationContext-mybatis.xml 配置数据源的关键代码见示例 5。

【示例 5】applicationContext-mybatis.xml

```
<bean id="dataSource" class="org.apache.commons.dbcp.BasicDataSource"
        destroy-method="close">
    <property name="driverClassName" value="com.mysql.jdbc.Driver" />
    <property name="url">
        <value><![CDATA[jdbc:mysql://127.0.0.1:3306/dsscm?
                        useUnicode=true&characterEncoding=utf-8]]></value>
    </property>
    <property name="username" value="root" />
    <property name="password" value="123456" />
</bean>
```

注意

因为 url 属性的值包含特殊符号“&”，所以赋值时使用了<![CDATA[]]>标记，也可将其替换为实体引用“&”，代码如下所示：

```
<property name="url" value="jdbc:mysql://127.0.0.1:3306/dsscm?
                useUnicode=true&amp;characterEncoding=utf-8" />
```

10.3.2 配置 SqlSessionFactoryBean

配置完数据源就可以在此基础上集合 SQL 映射文件信息，以及 MyBatis 配置文件中的其他信息，创建 SqlSessionFactory 实例。

在 MyBatis 框架中，SqlSessionFactory 的实例需要使用 SqlSessionFactoryBuilder 创建，而在集成环境中，则可以使用 MyBatis-Spring 整合包中的 SqlSessionFactoryBean 来代替。SqlSessionFactoryBean 封装了使用 SqlSessionFactoryBuilder 创建 SqlSessionFactory 的过程，可以在 Spring 中以配置文件的形式，通过配置 SqlSessionFactoryBean 获得 SqlSessionFactory 实例，见示例 6。

【示例 6】applicationContext-mybatis.xml

```
<!-- 配置 SqlSessionFactoryBean -->
<bean id="sqlSessionFactory" class="org.mybatis.spring.SqlSessionFactoryBean">
<!-- 引用数据源组件 -->
```

```
        <property name="dataSource" ref="dataSource" />
            <!-- 引用 MyBatis 配置文件中的配置 -->
            <property name="configLocation" value="classpath:mybatis-config.xml" />
            <!-- 配置 SQL 映射文件信息 -->
            <property name="mapperLocations">
            <list>
                <value>classpath:cn/dsscm/dao/**/*.xml</value>
            </list>
        </property>
    </bean>
```

以上代码中配置的 id 为 SqlSessionFactory 的 Bean 即可获得 SqlSessionFactory 实例。

注意

由于逐个列出所有的 SQL 映射文件比较烦琐，因此，在 SqlSessionFactoryBean 的配置中可以使用 mapperLocations 属性扫描式加载 SQL 映射文件，其中"classpath:cn/dsscm/dao/**/*.xml"表示扫描 cn.dsscm.dao 包及其任意层级子包、任意名称的 XML 类型文件。

除了数据源和 SQL 映射信息，其他的 MyBatis 框架配置信息也可以转移至 Spring 配置文件中进行维护，只需通过 SqlSessionFactoryBean 的对应属性进行赋值即可。

10.3.3 使用 SqlSessionTemplate 实现数据库的操作

对于 MyBatis 框架而言，得到 SqlSessionFactory 实例就可以进一步获取 SqlSession 实例进行数据库操作了。在集成环境中，为了更好地使用 SqlSession 应充分利用 Spring 框架提供的服务，MyBatis-Spring 整合包提供了 SqlSessionTemplate 类。

SqlSessionTemplate 类实现了 MyBatis 框架的 SqlSession 接口，可以替换原有的 SqlSession 实现类提供数据库访问操作。使用 SqlSessionTemplate 可以更好地与 Spring 框架服务融合并简化部分流程化的工作，保证和当前 Spring 框架的事务相关联，自动管理会话的生命周期，包括必要的关闭、提交和回滚操作。

配置 SqlSessionTemplate 并在 UserMapper 实现类中使用的代码见示例 7。

【示例 7】UserMapperImpl.java

```
/**定义 DAO 接口的实现类，实现 UserMapper 接口 */
public class UserMapperImpl implements UserMapper {
    private SqlSessionTemplate sqlSession;
    @Override
    public List<User> getUserList(User user) {
        return sqlSession.selectList("cn.dsscm.dao.user.UserMapper.getUserList", user);
    }
    public SqlSessionTemplate getSqlSession() {
        return sqlSession;
    }
    public void setSqlSession(SqlSessionTemplate sqlSession) {
        this.sqlSession = sqlSession;
    }
}
```

Spring 框架配置文件中的关键代码：

```
<!--省略前文 DataSource 和 SqlSessionFactoryBean 的配置-->
<!-- 配置 DAO -->
<bean id="userMapper" class="cn.dsscm.dao.user.UserMapperImpl">
    <property name="sqlSessionFactory" ref="sqlSessionFactory" />
</bean>
<!-- 配置业务 Bean -->
<bean id="userService" class="cn.dsscm.service.user.UserServiceImpl">
    <property name="userMapper" ref="userMapper" />
</bean>
<!--配置 SqlSessionTemplate-->
```

注意

（1）创建 SqlSessionTemplate 实例时，需要通过其构造方法注入 SqlSessionFactory 实例。这里引用的是前文配置过的 id 为 SqlSessionFactory 的 Bean。

（2）与 MyBatis 框架中默认的 SqlSession 实现不同，SqlSessionTemplate 是线程安全的，可以单例模式配置并被多个 DAO 对象共用，而不必为每个 DAO 单独配置一个 SqlSessionTemplate 实例。

10.3.4 编写业务逻辑代码并测试

完成 DAO 组件的装配后，就可以在 cn.dsscm.service.user 包中开发业务组件并通过 Spring 框架装配，见示例 8 和示例 9。

【示例 8】UserService.java

```
public interface UserService {
    public List<User> findUsersWithConditions(User user);
}
```

【示例 9】UserServiceImpl.java

```
public class UserServiceImpl implements UserService {
    private UserMapper userMapper;
    @Override
    public List<User> findUsersWithConditions(User user) {
        try {
            return userMapper.getUserList(user);
        } catch (RuntimeException e) {
            e.printStackTrace();
            throw e;
        }
    }
    public UserMapper getUserMapper() {
        return userMapper;
    }
    public void setUserMapper(UserMapper userMapper) {
        this.userMapper = userMapper;
    }
}
```

Spring 框架配置文件中的关键代码：

```
<!-- 配置业务 Bean -->
<bean id="userService" class="cn.dsscm.service.user.UserServiceImpl">
<property name="userMapper" ref="userMapper" />
</bean>
```

完成所有组件的开发和装配后，就可以测试整合的效果了。测试方法中的关键代码见示例 10。

【示例 10】UserTest.java

```
@Test
public void testGetUserList() {
    ApplicationContext ctx = new ClassPathXmlApplicationContext("applicationContext.xml");
    UserService userService = (UserService) ctx.getBean("userService");
    List<User> userList = new ArrayList<User>();
    User userCondition = new User();
    userCondition.setUserName("张");
    userCondition.setUserRole(3);
    userList = userService.findUsersWithConditions(userCondition);

    for (User userResult : userList) {
        logger.debug(userResult);
    }
}
```

小结： 利用 Spring 框架和 MyBatis-Spring 整合资源包提供的组件，能够以配置的方式得到数据源、SqlSessionFactoryBean、SqlSessionTemplate 等组件，并在此基础上完成 DAO 模块和业务模块的开发和装配，简化了开发过程且便于维护。

知识拓展

针对 SqlSessionTemplate 的使用，MyBatis-Spring 还提供了 SqlSessionDaoSupport 类来简化 SqlSessionTemplate 的配置和获取。SqlSessionDaoSupport 用法如下：

```
public class UserMapperImpl extends SqlSessionDaoSupport implements UserMapper {
    @Override
    public List<User> getUserList(User user) {
        return this.getSqlSession().selectList(
                "cn.dsscm.dao.user.UserMapper.getUserList", user);
    }
}
```

Spring 框架配置文件中的关键代码：

```
<!--省略数据源配置-->
<!--配置 SqlSessionFactoryBean -->
<!-- 配置 SqlSessionFactoryBean -->
<bean id="sqlSessionFactory" class="org.mybatis.spring.SqlSessionFactoryBean">
<!--省略部分属性 -->
</bean>
<!-- 配置 DAO -->
<bean id="userMapper" class="cn.dsscm.dao.user.UserMapperImpl">
    <property name="sqlSessionFactory" ref="sqlSessionFactory" />
</bean>
<!-- 省略业务 Bean 配置-->
```

SqlSessionDaoSupport 类提供了 setSqlSessionFactory()方法用来注入 SqlSessionFactory 实例并创建 SqlSessionTemplate 实例，同时提供了 getSqlSession()方法用来返回创建完成的 SqlSessionTemplate 实例。这样，DAO 实现类只需继承 SqlSessionDaoSupport 类即可通过 getSqlSession()方法获得创建完成的 SqlSessionTemplate 实例，无须额外定义 SqlSession 属性和 setter 方法。在 Spring 配置文件中也无须再配置 SqlSessionTemplate，只需通过该 DAO 对象的 setSqlSessionFactory()方法为其注入 SqlSessionFactory 即可，在一定程度上进一步简化了 DAO 组件的开发工作。

10.3.5 技能训练

上机练习 1 实现供应商表的查询操作

需求说明

（1）根据整合步骤实现 Spring 和 MyBatis 的框架整合。

（2）查询出全部供应商数据。

（3）直接注入 SqlSessionTemplate（或通过 SqlSessionDaoSupport）实现。

上机练习 2 根据供应商名称查询供应商信息

需求说明

（1）在上机练习 1 的基础上增加功能。

（2）增加按照供应商名称模糊查询供应商信息的功能。

（3）直接注入 SqlSessionTemplate（或通过 SqlSessionDaoSupport）实现。

10.4 注入 Mapper 接口方式的开发整合

在 MyBatis+Spring 的框架集合项目中，虽然使用传统的 DAO 开发方式可以实现所需功能，但

SqlSessionTemplate 方法都是采用字符串来指定映射项的，这种方式比较容易产生错误，如果存在拼写错误，在编译期是无法识别的，只能等到运行时才能发现。如果命名空间发生变化，将会导致很多地方需要修改且不易维护，这种方式在实现类中会出现大量的重复代码，还需要指定映射文件中执行语句的 id，并且不能保证编写时 id 的正确性（运行时才能知道）。为此，可以使用 MyBatis 框架提供的另外一种编程方式，即使用 Mapper 接口编程。接下来将讲解如何使用 Mapper 接口方式来实现 MyBatis 与 Spring 的框架整合。

MyBatis 框架中可以使用 SqlSession 的 getMapper（Class<T> type）方法，根据指定的映射器文件和映射文件直接生成实现类。这样不必自行编写映射器的实现类就可以调用映射器的方法进行功能实现。

SqlSessionTemplate 作为 SqlSession 接口的实现，自然也具备相同作用的 getMapper()方法实现，但在集成环境中，直接在代码中使用 getMapper()方法并非最佳选择。利用 MyBatis-Spring 提供的组件，可以不必每次调用 getMapper()方法，而是通过配置的方式直接为业务对象注入映射器实现，无须额外的编码。对于不包含其他非 MyBatis 框架的工作的数据访问操作，这是首选的做法。

10.4.1 使用 MapperFactoryBean 注入映射器

如果仅使用 SqlSessionTemplate 执行基本的数据访问操作，而不包含其他非 MyBatis 框架的工作，可以不必手工编码使用 SqlSessionTemplate 或 SqlSessionDaoSupport 来实现此类 DAO。MyBatis-Spring 提供了 MapperFactoryBean，能够以配置的方式生成映射器实现并注入给业务组件。

MapperFactoryBean 是 MyBatis-Spring 团队提供的一个用于根据 Mapper 接口生成 Mapper 对象的类，该类在 Spring 框架配置文件中使用时可以配置以下参数。

（1）mapperInterface：用于指定接口。

（2）SqlSessionFactory：用于指定 SqlSessionFactoryd。

（3）SqlSessionTemplate：用于指定 SqlSessionTemplate。如果与 SqlSessionFactory 同时设定，则只会启用 SqlSessionTemplate。

注意

SQL 映射文件中应遵循以下命名原则：

（1）映射的命名空间和映射器接口的名称相同；

（2）映射元素的 id 和映射器接口的方法相同。

在之前案例的基础上，删除 UserMapper 的实现类 UserMapperImpl，仅保留 UserMapper 接口和相关的 SQL 映射文件，在 Spring 框架配置文件中配置 DAO 组件，见示例 11。

【示例 11】applicationContext.xml

```
<!-- 配置 SqlSessionFactoryBean -->
<bean id="sqlSessionFactory" class="org.mybatis.spring.SqlSessionFactoryBean">
    <!-- 引用数据源组件 -->
    <property name="dataSource" ref="dataSource" />
    <!-- 引用 MyBatis 配置文件中的配置 -->
    <property name="configLocation" value="classpath:mybatis-config.xml" />
</bean>
<!-- 配置 DAO -->
<bean id="userMapper" class="org.mybatis.spring.mapper.MapperFactoryBean">
    <property name="mapperInterface" value="cn.dsscm.dao.user.UserMapper" />
    <property name="sqlSessionFactory" ref="sqlSessionFactory" />
</bean>
<!-- 省略业务 Bean 配置 -->
```

业务组件的定义和配置及测试代码与之前相同。无须手工编码定义 UserMapper 的实现类，通过配置 MapperFactoryBean 即可自动生成，减少了 DAO 模块的编码工作量。

注意

（1）配置 DAO 组件 userMapper 时，class 属性不是某个实现类，而是 MapperFactoryBean。

（2）通过 mapperInterface 属性指定映射器时，只能是接口类型，不能是某个实现类。

（3）MapperFactoryBean 是 SqlSessionDaoSupport 的子类，需要通过 setSqlSessionFactory()方法注入 SqlSessionFactory 实例以创建 SqlSessionTemplate 实例。

（4）如果映射器对应的 SQL 映射文件与映射器的类路径相同，该映射文件可以自动被 MapperFactoryBean 解析。在此情况下，配置 SqlSessionFactoryBean 时可以不必指定 SQL 映射文件的位置，见示例 11。反之，如果映射器与映射文件的类路径不同，则仍需在配置 SqlSessionFactoryBean 时明确指定映射文件的位置。

提示

Mapper 接口编程方式只需要开发人员编写 Mapper 接口（相当于 DAO 接口），然后由 MyBatis 框架根据接口的定义创建接口的动态代理对象，这个代理对象的方法大体等同于 DAO 接口的实现类方法。

虽然使用 Mapper 接口编程的方式很简单，但是在具体使用时还需遵循以下规范。

（1）Mapper 接口的名称和对应的 Mapper.xml 映射文件的名称必须一致。

（2）Mapper.xml 文件中的 namespace 与 Mapper 接口的类路径相同（即接口文件和映射文件需要放在同一个包中）。

（3）Mapper 接口中的方法名和 Mapper.xml 中定义的每个执行语句的 id 相同。

（4）Mapper 接口中方法的输入参数类型要和 Mapper.xml 中定义的每个 SQL 的 parameterType 类型相同。

（5）Mapper 接口方法的输出参数类型要和 Mapper.xml 中定义的每个 SQL 的 resultType 类型相同。

只要遵循了这些开发规范，MyBatis 框架就可以自动生成 Mapper 接口实现类的代理对象，从而简化开发过程。

10.4.2　使用 MapperScannerConfigurer 注入映射器

在实际的项目中，DAO 层会包含很多接口，如果每一个接口都像前面那样在 Spring 框架配置文件中配置，那么不但会增加工作量，还会使 Spring 框架配置文件非常臃肿。为此，MyBatis-Spring 团队提供了一种自动扫描的形式来配置 MyBatis 框架中的映射器——采用 MapperScannerConfigurer 类。

MapperScannerConfigurer 类在 Spring 配置文件中使用可以配置以下 5 个属性。

（1）basePackage：指定映射接口文件所在的包路径，当需要扫描多个包时可使用分号或逗号作为分隔符。指定包路径后，可扫描该包及其子包中的所有文件。

（2）annotationClass：指定要扫描的注解名称，只有被注解标识的类才会被配置为映射器。

（3）SqlSessionFactoryBeanName：指定在 Spring 框架中定义的 SqlSessionFactory 的 Bean 名称。

（4）SqlSessionTemplateBeanName：指定在 Spring 框架中定义的 SqlSessionTemplate 的 Bean 名称。如果定义此属性，则 SqlSessionFactoryBeanName 将不起作用。

（5）marker Interface：指定创建映射器的接口。

MapperScannerConfigurer 的使用非常简单，只需要在 Spring 的配置文件中编写如下代码：

```
<!-- Mapper 代理开发（基于 MapperScannerConfigurer） -->
<bean class="org.mybatis.spring.mapper.MapperScannerConfigurer">
    <property name="basePackage" value="cn.dsscm.dao" />
</bean>
```

在通常情况下，MapperScannerConfigurer 在使用时只需通过 basePackage 属性指定要扫描的包即可，Spring 框架就会自动通过包中的接口来生成映射器。这使开发人员可以在编写很少代码的情况下，完成对映射器的配置，从而提高开发效率。为了简化配置工作量，MyBatis-Spring 提供了 MapperScannerConfigurer，它可以扫描指定包中的接口并将其直接注册为 MapperFactoryBean。MapperScannerConfigurer 的配置方法见示例 12。

【示例 12】applicationContext.xml

```
<!--省略数据源配置-->
<!-- 配置 SqlSessionFactoryBean -->
<bean id="sqlSessionFactory" class="org.mybatis.spring.SqlSessionFactoryBean">
    <!-- 引用数据源组件 -->
    <property name="dataSource" ref="dataSource" />
    <!-- 引用 MyBatis 配置文件中的配置 -->
    <property name="configLocation" value="classpath:mybatis-config.xml" />
</bean>
<!-- 配置 DAO -->
<bean class="org.mybatis.spring.mapper.MapperScannerConfigurer">
    <property name="basePackage" value="cn.dsscm.dao" />
</bean>
```

basePackage 属性指定了扫描的基准包，MapperScannerConfigurer 将递归扫描基准包（包括各层级子包）下所有接口。如果它们在 SQL 映射文件中定义过，则将其动态注册为 MapperFactoryBean 即可批量产生映射器的实现类。

注意

（1）basePackage 属性中包含多个包名，并使用逗号或分号隔开。

（2）MapperScannerConfigurer 会为所有由它创建的映射器实现开启自动装配，即 MapperScannerConfigurer 创建的所有映射器实现都会被自动注入 SqlSessionFactory 实例。因此在示例 11 中配置 DAO 组件时无须显式注入 SqlSessionFactory 实例。

（3）若环境中出于不同目的配置了多个 SqlSessionFactory 实例，则自动装配无法进行，此时应显式指定所依赖的 SqlSessionFactory 实例，其配置方式如下：

```
<bean class="org.mybatis.spring.mapper.MapperScannerConfigurer">
    <property name="SqlSessionFactoryBeanName" value="SqlSessionFactory" />
    <property name="basePackage" value="cn.dsscm.dao" />
</bean>
```

注意

此处使用的是 SqlSessionFactoryBeanName 属性而不是 SqlSessionFactory 属性。正如该属性名所表达的，这个属性关注的是 Bean 的名称，所以为其赋值使用 value 而不是 ref。

通过配置 MapperScamerConfigurer 可以批量生成映射器实现，接下来应考虑如何将这些实现注入业务组件。映射器被注册到 Spring 的容器时，Spring 框架会根据其接口名称为其命名，默认规则是首字母小写的非完全限定类名。如 UserMapper 类型的组件会被默认命名为 userMapper。按此命名规则，依然可以在 Spring 配置文件中按如下方式为业务组件注入映射器：

```
<bean id="userService" class="cn.dsscm.service.user.UserServiceImpl">
    <property name="userMapper" ref="userMapper" />
</bean>
```

当然，更普遍的做法是，在 MapperScannerConfigurer 自动完成映射器注册后，使用@Autowired 或者@Resource 注解实现对业务组件的依赖注入，以简化业务组件的配置。业务组件的定义和配置，见示例 13。

【示例 13】UserServiceImpl.java

```
@Service("userService")
public class UserServiceImpl implements UserService {
    @Autowired // @Resource
    private UserMapper userMapper;

    @Override
    public List<User> findUsersWithConditions(User user) {
```

```
        try {
            return userMapper.getUserList(user);
        } catch (RuntimeException e) {
            e.printStackTrace();
            throw e;
        }
    }
}
```

Spring 配置文件中的关键代码：

```
<!--省略数据源配置-->
<!--省略 SqlSessionFactoryBean 配置-->
<!--配置 DAO-->
<bean class="org.mybatis.spring.mapper.MapperScannerConfigurer">
    <property name="basePackage" value="cn.dsscm.dao" />
</bean>
<!--配置扫描注解定义的业务 Bean -->
<context:component-scan base-package="cn.dsscm.service" />
```

测试代码与示例 10 相同。

注意

Spring 框架配置文件中需要引入 context 命名空间。

MapperScannerConfigurer 与@Autowired 注解或@Resource 注解配合使用时，可自动创建映射器实现并注入给业务组件，以最大限度地减少 DAO 组件与业务组件的编码和配置工作。

10.4.3　技能训练

上机练习 3　实现采购订单表的查询操作

需求说明

（1）实现按条件查询订单表，查询条件如下。

①商品名称（模糊查询）；

②供应商（供应商 id）；

③是否付款。

（2）查询结果列显示：订单编码、商品名称、供应商名称、账单金额、是否付款、创建时间。

（3）使用 resultMap 进行显示列表字段的自定义映射。

（4）采用 MapperFactoryBean 注册映射器实现。

10.5　测试事务

在 MyBatis+Spring 的框架整合项目中，事务是由 Spring 框架来管理的。虽然已经配置了事务管理器并开启了事务注解，但是还不能确定事务的配置是否正确，以及事务管理能否生效。接下来将对如何测试项目中配置的事务进行详细讲解。

10.5.1　添加用户事务测试

在项目中，业务层既是处理业务又是管理数据库事务的地方。要对事务进行测试，首先需要创建业务层，并在业务层编写添加用户操作的代码，然后在添加操作的代码后，有意添加一段异常代码（如 int i = 1/0;）来模拟现实中的意外情况，最后编写测试方法，调用业务层的添加方法。这样，程序在执行到错误代码时就会出现异常。在没有事务管理的情况下，即使出现了异常，数据也会被存储到数据表中。如果添加了事务管理，并且事务管理的配置正确，那么在执行上述操作时，所添加的数据将不能插入数据表中。

下面对上述分析进行编写测试，其具体的实现步骤如下。

（1）在 UserMapper 接口中，编写测试方法 add()，代码如下所示：

```
// 添加用户
public int add(Useruser);
```

编写完成后，在映射文件 UserMapper.xml 中编写执行插入操作的 SQL 配置，代码如下：

```
<!--添加用户信息 -->
<insert id="add" parameterType="User">
    insert into tb_user
    (userCode,userName,userPassword,gender,birthday,phone,email,
    address,userDesc,userRole,createdBy,creationDate,imgPath)
    values
    (#{userCode},#{userName},#{userPassword},#{gender},#{birthday},#{phone},#{email},
    #{address},#{userDesc},#{userRole},#{createdBy},#{creationDate},#{imgPath})
</insert>>
```

（2）在 src 目录下，创建一个 cn.dsscm.service 包，并在包中创建接口 UserService，在接口中编写一个添加用户的方法 add()，见示例 14。

【示例 14】UserService.java

```
package com.test.service;
import com.test.po.Customer;
public interface CustomerService {
    public int addCustomer(Customer customer);
}
```

（3）在 src 目录下，创建一个 cn.dsscm.service.impl 包，并在包中创建 UserService 接口的实现类 UserServiceImpl，来实现接口中的方法，编辑后见示例 15。

【示例 15】UserServiceImpl.java

```
@Service("userService")
@Transactional
public class UserServiceImpl implements UserService {
    @Autowired // @Resource
    private UserMapper userMapper;

    @Override
    public int add(User user) {
        int i=1/0; //模拟添加操作后系统突然出现的异常问题
        return userMapper.add(user);
    }
}
```

在示例代码中，使用了 Spring 框架的注解@Service 来标识业务层的类，使用了@Transactional 注解来标识事务处理的类，并通过@Autowired 注解将 UserMapper 接口注入到本类中。

提示

这里先将@Transactional 注解进行了注释，主要是为了先执行此类没有事务管理的情况。之后可再删除注释，执行包含事务管理的情况，即可通过结果来验证事务是否配置成功。

（4）在 Spring 框架的配置文件中，编写开启注解扫描的配置代码，代码如下所示：

```
<!--配置扫描注解定义的业务 Bean -->
<context:component-scan base-package="cn.dsscm.service" />
```

（5）在 cn.dsscm.test.user 包中，创建测试类，并在测试类的 testAddUser()方法中编写测试事务执行的代码，见示例 16。

【示例 16】TransactionTest.java

```
@Test
public void testAddUser() {
    ApplicationContext ctx = new ClassPathXmlApplicationContext("applicationContext.xml");
    UserService userService = (UserService) ctx.getBean("userService");
    User user = new User();
    user.setUserCode("test");
    user.setUserName("测试用户修改");
    user.setUserPassword("1234567");
    user.setAddress("地址测试修改");
    user.setModifyBy(1);
    user.setModifyDate(new Date());
    userService.add(user);
}
```

在示例代码中，首先获取 UserService 的实例，然后创建 User 对象，并向对象中添加属性值，最后调用实例的 add()方法执行添加用户操作。

在运行测试方法之前，先来查看数据库中的已有数据，如图 10.4 所示。

	id	userCode	userName	userPassword	gender	birthday	email	phone	address
□	1	admin	系统管理员	123456	2	1991-10-22	(NULL)	13688889999	北京市海淀区
□	2	liming	李明	0000000	2	1993-12-10	(NULL)	13688884457	北京市东城区
□	3	zhangwei	张伟	0000000	2	1994-06-05	(NULL)	18567542321	北京市朝阳区
□	4	zhanghua	张华	0000000	1	1993-06-15	(NULL)	13544561111	北京市海淀区
□	5	wangyang	王洋	0000000	2	1992-12-31	(NULL)	13444561124	北京市海淀区
□	6	zhaoyan	赵燕	0000000	1	1996-03-07	(NULL)	18098764545	北京市海淀区
□	7	sunlei	孙磊	0000000	2	1991-01-04	(NULL)	13387676765	北京市朝阳区
□	8	sunxing	孙兴	0000000	2	1998-03-12	(NULL)	13367890900	北京市朝阳区
□	9	zhangchen	张晨	0000000	1	1986-03-28	(NULL)	18098765434	北京市朝阳区
□	10	dengchao	邓超	0000000	2	1991-11-04	(NULL)	13689674534	北京市海淀区
□	11	yangguo	杨过	0000000	2	1990-01-01	(NULL)	13388886623	北京市朝阳区
□	12	zhaomin	赵敏	12345678	1	1997-12-04		18099897657	北京市昌平区
□	13	zhangsan	张三	123456	2	1992-02-29	123@qq.com	13912341234	湖南长沙
□	14	wangwu	王五	1234567	2	2019-11-01	123@qq.com	13912341234	湖南长沙
□	15	test	测试用户修改	1234567	(NULL)	(NULL)	(NULL)	(NULL)	地址测试修改
*	(NULL)	(NULL)	(NULL)	(NULL)	(NULL)	(NULL)	(NULL)	(NULL)	(NULL)

图 10.4　tb_user 表

可以看到，此时数据表中有 15 条数据。执行测试类中的 testAddUser()方法后，控制台的输出结果如图 10.5 所示。

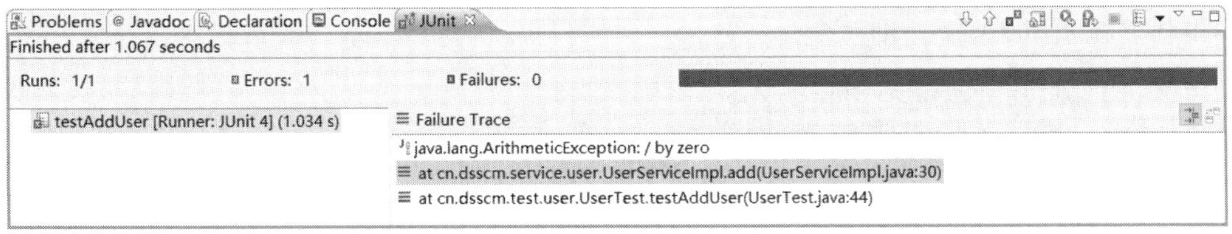

图 10.5　运行结果

可以看到，程序已经执行了插入操作，并且在执行到错误代码时抛出了异常信息。通过再次查询 tb_user 表，发现新添加的数据已经存储在 tb_user 表中，说明项目中的事务管理没有起作用。此时将示例 15 中@Transactional 前面的注释删除，再次执行测试类中的 testAddUser()方法后，虽然 MyEclipse 的控制台也会显示抛出的异常信息，但此时 tb_user 表中依然只有 15 条数据。这也就说明项目中的事务配置是正确的，至此，对于整合时事务功能的测试就完成了。

10.5.2 技能训练

上机练习 4 添加事务测试

需求说明

（1）对上机练习 1~3 中的功能实现进行改造。

（2）采用配置文件或@Transactional 注解实现事务管理测试。

10.6 Spring 配置补充

10.6.1 灵活配置 DataSource

在实现 Spring 和 MyBatis 集成的过程中，已学习了在 Spring 中配置数据源的方法。实际开发时，数据源还有很多灵活的配置方式可以选择。

1. 使用属性文件配置数据源

使用属性文件管理配置信息的优点，即将数据库连接信息写在属性文件中，使 DataSource 的可配置性更强，便于维护。Spring 也支持从属性文件中获取信息进行数据源配置。

使用 Spring 提供的 PropertyPlaceholderConfigurer 类可以加载属性文件。在 Spring 配置文件中可以采用${...}的方式引用属性文件中的键值对。读取属性文件配置 DataSource 的方法见示例 17。

【示例 17】applicationContext.xml

```
<!-- 引入 properties 文件 -->
<bean class="org.springframework.beans.factory.config.PropertyPlaceholderConfigurer">
    <property name="location">
    <value>classpath:database.properties</value>
    </property>
</bean>
<!-- 配置 DataSource -->
<bean id="dataSource" destroy-method="close" class="org.apache.commons.dbcp.BasicDataSource">
    <property name="driverClassName" value="${jdbc.driver}" />
    <property name="url" value="${jdbc.url}" />
    <property name="username" value="${jdbc.username}" />
    <property name="password" value="${jdbc.password}" />
</bean>
```

database.properties 属性文件内容见示例 18。

【示例 18】database.properties

```
jdbc.driver=com.mysql.jdbc.Driver
jdbc.url=jdbc:mysql://127.0.0.1:3306/dsscm?useUnicode=true&characterEncoding=utf-8
jdbc.username=root
jdbc.password=123456
```

经常有开发人员在${...}的前后无意间输入一些空格，这些空格字符将和变量合并后作为属性的值，最终引发异常，因此需要特别小心。

2. 使用 JNDI 配置数据源

如果应用部署在高性能的应用服务器（如 Tomcat、WebLogic 等）上时，希望能使用应用服务器本身提供的数据源。应用服务器的数据源可使用 JNDI 方式供使用者调用，Spring 为此专门提供引用 JNDI 资源的 JndiObjectFactoryBean 类。

使用 JNDI 的方式配置数据源，前提是必须在应用服务器上配置好数据源。下面以 Tomcat 为例，配置数据源需要把数据库驱动文件放到 Tomcat 的 lib 目录下，并修改 Tomcat 的 conf 目录下的 context.xml 文件，配置数据源代码见示例 19。

【示例 19】context.xml

```
<?xml version='1.0' encoding='utf-8'?>
<Context>
<!-- Default set of monitored resources -->
<WatchedResource>WEB-INF/web.xml</WatchedResource>

<Resource name="jdbc/dsscm" auth="Container" type="javax.sql.DataSource"
    maxActive="100" maxIdle="30" maxWait="10000" username="root"
    password="root" driverClassName="com.mysql.jdbc.Driver"
    url="jdbc:mysql://127.0.0.1:3306/dsscm?useUnicode=true&amp;characterEncoding=
utf-8"/>
</Context>
```

<Resource>标签的 name 属性指定了数据源的名称，要与 Spring 框架配置文件中 jndiName 值 java:comp/env/后的名称保持一致。Spring 配置文件内容见示例 20。

【示例 20】applicationContext.xml

```
<!-- 通过 JNDI 配置 DataSource -->
<bean id="dataSource" class="org.springframework.jndi.JndiObjectFactoryBean">
    <!--通过 jndiName 指定引用的 JNDI 数据源名称 -->
    <property name="jndiName">
        <value>java:comp/env/jdbc/dsscm</value>
    </property>
</bean>
```

需在 Web 环境中测试使用 JNDI 获得数据源对象。将测试代码编写在 Servlet 中，可通过浏览器访问 Servlet 进行测试。

通过以上示例发现，通过 JNDI 获得数据源代码很简洁，这充分体现了 Spring 追求实用、简洁的目标。

10.6.2 技能训练

上机练习 5　使用属性文件和 JNDI 配置数据源

需求说明

在百货中心供应链系统的基础上，使用属性文件和 JNDI 两种方式改造原有系统的 Spring 框架配置，并调试运行成功。

10.6.3 拆分 Spring 框架的配置文件

1. 拆分策略

对于使用 XML 方式进行配置的 Spring 框架项目，当项目规模较大时，配置文件可读性、可维护性差，使庞大的 Spring 框架配置文件难以阅读。此外，在进行团队开发时，多人修改同一配置文件很容易发生冲突，降低了开发效率。鉴于以上原因，建议将一个大的配置文件分解成多个小的配置文件，每个配置文件的配置功能近似 Bean。

拆分 Spring 框架配置文件的策略如下。

（1）如果一个开发人员负责一个模块，则采用公用配置（包含数据源、事务等）+每个系统模块一个单独配置文件（包含 Dao、Service、Web 控制器）的形式。

（2）如果开发是按照分层进行的分工，则采用公用配置（包含数据源、事务等）+DAO Bean 配置+业务逻辑 Bean 配置+Web 控制器配置的形式。

两种拆分策略各有特色，适用于不同的场合。拆分 Spring 框架配置文件，不仅可以分散配置文件，降低修改配置文件的难度和冲突的风险，而且更符合“分而治之”的软件工程原理。

2. 拆分方法

如果将配置文件拆分为多个，Spring 框架将如何找到拆分后的多个配置文件呢？

根据 ClassPathXmlApplicationContext 类构造方法的两种重载形式：

（1）public ClassPathXmlApplicationContext(String configLocation)；

（2）public ClassPathXmlApplicationContext(String... configLocations)。

如果有多个配置文件需要载入，可以分别传入多个配置文件名，或以 String[]方式传入多个配置文件名。见示例 21 和示例 22。

【示例 21】UserTest.java

```
ApplicationContext ctx = new ClassPathXmlApplicationContext(
                "applicationContext.xml",
                "applicationContext-dao.xml",
                "applicationContext-service.xml");
//省略其他代码
```

【示例 22】UserTest.java

```
String[] configs = {"applicationContext.xml",
                    "applicationContext-dao.xml",
                    "applicationContext-service.xml"};
        ApplicationContext ctx = new ClassPathXmlApplicationContext(configs);
//省略其他代码
```

或者还可以采用通配符（*）来加载多个具有一定命名规则的配置文件，见示例 23。

【示例 23】UserTest.java

```
ApplicationContext ctx = new ClassPathXmlApplicationContext("applicationContext*.xml");
//省略其他代码
```

实际项目开发过程中，建议通过通配符（*）的方式配置多个 Spring 框架配置文件。为了方便采用通配符，建议在给 Spring 框架配置文件命名时遵循一定的规律。

此外，Spring 框架配置文件本身也可以通过 import 子元素导入其他配置文件，将多个配置文件整合到一起，形成一个完整的 Spring 配置文件。如在 applicationContext.xml 文件中添加代码，见示例 24。则只需引用 applicationContext.xml 即可加载所有配置文件。

【示例 24】applicationContext.xml

```
<!--省略其他代码-->
<!--导入多个 Spring 配置文件-->
<import resource="applicationContext-dao.xml" />
<import resource="applicationContext-service.xml" />
<!--省略其他代码-->
```

测试方法中加载 Spring 框架配置文件的关键代码：

```
ApplicationContext ctx = new ClassPathXmlApplicationContext("applicationContext.xml");
//省略其他代码
```

本章总结

- MyBatis-Spring 提供了 SqlSessionTemplate 模板类操作数据库，常用的方法有 selectList()、insert()、update()等，使用 getMapper（Class<T>Type）可以直接访问接口实例，能够减少

错误的发生，另外，还可以不写 DAO 的实现类。

- 使用 MapperFactoryBean 能够以配置的方式得到映射器实现，简化 DAO 开发。但其前提条件是要保证映射命名空间名和接口的名称相同，以及映射元素的 id 和接口方法相同。
- 使用 MapperScannerConfigurer 可以递归扫描 basePackage 所指定包下的所有接口类，在 Service 中可以使用@Autowired 或@Resourc 注解注入这些映射接口的 Bean。
- Spring 和 MyBatis 的框架整合可以采用 Spring 框架的事务管理，包括使用 XML 和注解配置事务管理。
- 使用 PropertyPlaceholderConfigurer 可以加载属性文件，实现更灵活的配置。
- Spring 可以从环境中获取 JNDI 资源。
- 配置多个配置文件，既可以通过数组方式或使用通配符（*）加载，也可以在 Spring 框架主配置文件中使用<import resource="xxx.xml" />方式引入多个配置文件。

一、选择题

1. 如果在 SQL 映射文件中有如下配置，通过 MapperFactoryBean 就可以获取映射接口，下列说法正确的是（　　）。

```
<mapper namespace="cn.dsscm.dao.user.UserMapper">
<select id="countAll" resultType="int">
        SELECT count(*) FROM tb_user
</select>
</mapper>
```

A. 在 cn.dsscm.dao.user 包中存在数据接口 UserMapper
B. 接口 UserMapper 里有方法 countAll()
C. UserMapper 一定不能有实现类，否则会出错
D. SQL 映射文件的名称必须是 UserMapper.xml

2. 下列关于 Spring 框架集成 MyBatis 框架的说法错误的是（　　）。
A. Spring 框架提供 MyBatis-Spring JAR 包实现了 MyBatis 框架的整合
B. 在 Spring 框架中配置 SqlSessionTemplate，并注入到 DAO 实现类，可实现对数据库的操作
C. 在没有 DAO 的实现类的情况下，可采用 MapperFactoryBean 实现数据映射接口的定义
D. 在 Spring 框架中配置 SqlSessionFactoryBean，可使用 mapperLocations 属性，加载整个包下的 SQL 映射文件

3. 在 MyBatis+Spring 的框架项目中，以下有关事务的说法正确的是（　　）。
A. 在 MyBatis+Spring 的框架项目中，事务是由 MyBatis 框架来管理的
B. 在项目中，数据访问层既是处理业务又是管理数据库事务的地方
C. 注解开发时，需要在配置文件中配置事务管理器并开启事务注解
D. 注解开发时，需要使用@Transactional 注解来标识表现层中的类

4. 以下不属于 MapperScannerConfigurer 类，且在 Spring 框架配置文件使用时需要配置属性的是（　　）。
A. basePackage　　　　B. annotationClass

C. sqlSessionFactoryBeanName　　　　D. mapperInterface

5. 以下有关采用传统 DAO 开发方式进行 MyBatis 与 Spring 的框架整合说法错误的是（　　）。
   A. 采用传统 DAO 开发方式进行 MyBatis 与 Spring 的框架整合时，只需要编写 DAO 接口
   B. 采用传统 DAO 开发方式进行 MyBatis 与 Spring 的框架整合时，需要向 DAO 实现类中注入 SqlSessionFactory，然后在方法内通过 SqlSessionFactory 创建 SqlSession
   C. 可以使用 Mybatis-Spring 包中所提供的 SqlSessionTemplate 类或 SqlSessionDaoSupport 类来实现在类中注入 SqlSessionFactory
   D. SqlSessionDaoSupport 是一个抽象支持类，它继承了 DaoSupport 类，主要作为 DAO 的基类来使用

二、简答题

1. 简述使用 Spring 框架整合 MyBatis 框架的基本步骤。
2. 简述 MyBatis 与 Spring 的框架整合所需 JAR 包的种类。
3. 简述 MapperFactoryBean 和 MapperScannerConfigurer 的作用。

三、操作题

1. 在百货中心供应链系统中以 Spring 和 MyBatis 的框架集成方式实现对角色表（tb_role）的查询和添加操作，具体要求如下。

（1）实现根据角色名称模糊查询信息列表的操作。

（2）实现角色信息的添加操作，使用 Spring 框架事务切面实现声明式事务管理。

2. 在百货中心供应链系统中以 Spring 和 MyBatis 的框架集成方式实现对角色表（tb_role）的修改和删除操作，具体要求如下。

（1）实现根据角色 id 修改角色信息的操作。

（2）实现根据角色 id 删除角色信息的操作。注意：删除角色之前，需要先判断该角色下是否有用户信息，若有则需要先删除该角色下的用户信息，再删除该角色；若无则可直接删除该角色信息。

（3）均使用 Spring 框架事务切面实现声明式事务管理。

第 11 章 初识 Spring MVC 框架

本章目标

◎ 了解 Spring MVC 框架的特点

◎ 掌握 Spring MVC 框架入门程序的编写

◎ 熟悉 Spring MVC 框架的工作流程

◎ 了解 Spring MVC 框架核心类的作用

◎ 掌握 Spring MVC 框架常用注解的使用

本章简介

随着 Web 应用复杂度的不断增加，单纯使用 JSP 技术完成 Web 应用程序开发的弊端越来越明显。在应用程序中引入控制器（Servlet 或者 Filter），可以有效地避免在 JSP 页面编写大量的业务和页面跳转代码，JSP 专门用于展示内容，这种程序设计模式就是将要介绍的 MVC 设计模式。了解 MVC 设计模式之后就开始学习 Controller 层的框架产品 Spring MVC 了。通过学习已经掌握了 SSM 框架中 Spring 框架和 MyBatis 框架的使用，并学会了如何将两个框架进行整合。从本章开始，将讲解 SSM 中的最后一个框架——Spring MVC 框架，包括 Spring MVC 框架的环境搭建、理解 Spring MVC 框架架构及其请求处理的流程，以及对 Spring MVC 中常用核类及其注解。

11.1 Spring MVC框架简介

11.1.1 MVC设计模式

比较常见的 Web 项目，若抛开业务功能的不同，其架构模式基本一致，都进行了分层设计，具体内容如下。

（1）DAO 层：数据访问接口。

（2）Service 层：处理业务逻辑。

（3）pojo：数据实体。

（4）Servlet：负责前端请求的接受并处理。

（5）JSP：负责前端页面展示。

这种软件架构模式就是 MVC 设计模式。它使软件系统的输入、处理和输出被强性分开，把软件系统分为 3 个基本部分：模型（Model）、视图（View）、控制器（Controller），如图 11.1 所示。

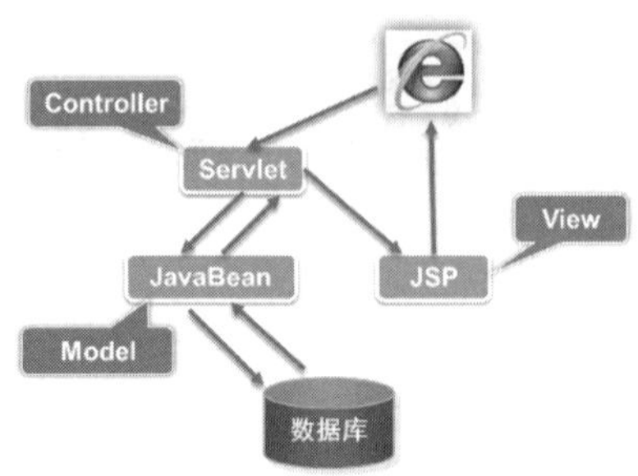

图 11.1　MVC 设计模式

结合百货中心供应链管理系统，分析该系统的分层设计与 MVC 设计模式的对应关系。

（1）View：负责格式化数据并呈现给用户，包括数据展示、用户交互、数据验证、界面设计等功能。对应组件为 JSP 或者 HTML 文件。

（2）Controller：负责接收并转发请求，对请求进行处理后指派视图并将响应结果发送给客户端，其对应组件为 Servlet。

（3）Model：模型对象拥有最多的处理任务，是应用程序的主体部分，它负责数据逻辑（业务规则）的处理和实现数据操作（在数据库中存取数据），其对应组件为 JavaBean。

通过以上分析，发现很多管理系统所采用的设计模式——JSP+Servlet+JavaBean，其实就是最经典的 MVC。MVC 既不是 Java 语言所特有的设计思想，也不是 Web 应用所特有的思想，它是所有面向对象程序设计语言都应该遵守的规范。

MVC 中最重要的核心就是控制器，控制器与视图和模型相对独立，起到分发请求和返回处理结果的作用，对请求和数据模型的处理一般由 JavaBean 负责。

MVC 虽然需要开发人员多写一些额外的代码，但它强制性地将视图和数据分开所带来的好处也是毋庸置疑的。可以设想一下，在早期的 JSP 网页中，处理数据的代码和 HTML 展现的代码是混合在一起的，它们被完全耦合到一个文件中，程序逻辑非常混乱，对后期程序的维护和扩展带来很大的问题。

已学习了 MVC 的设计结构和在 Web 开发中的优势，下面谈谈在实际开发中 MVC 的运用和架构，如图 11.2 所示。

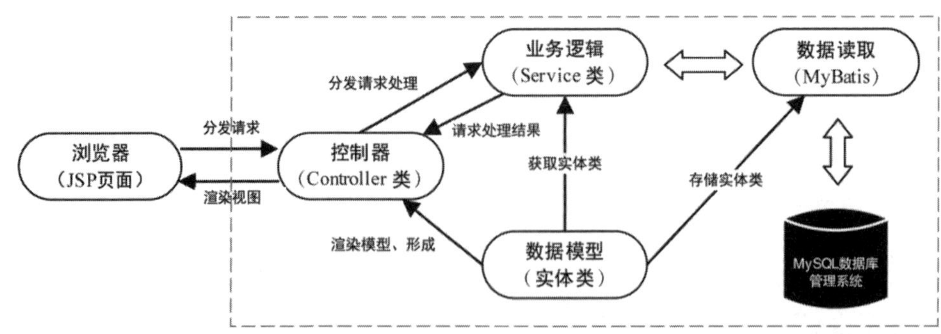

图 11.2　MVC 的实际开发架构

MVC 的实际开发架构分为两部分，图中虚线框外的是 Web 程序的浏览器部分，用户通过浏览器与系统进行交互，同时浏览器也负责解析 JSP 页面；虚线框内的是 Web 程序的后台部分，这部分包括控制器（Controller 类）、业务逻辑（Service 类）、数据模型（实体类）、数据读取（MyBatis 框架）和 MySQL 数据库管理系统。

在 MVC 架构中，JSP 页面就是视图，用户通过 JSP 页面发出请求后，Spring MVC 根据请求路径，将请求发给与请求路径对应的 Controller 类，Controller 类调用 Service 类对请求进行处理，Service 类会调用 MyBatis 完成对实体类的存取和查询工作，并将处理结果返回到 Controller 类，Controller 类将处理结果转换为 ModelAndView 对象，JSP 接收 ModelAndView 对象并进行渲染。

从设计模式的角度来看，MVC 思想非常类似于观察者模式，但又存在少许差别：在观察者模式下，观察者和被观察者可以是两个互相对等的对象，但在 MVC 中，被观察者只是单纯的数据体，而观察者则是单纯的视图页面。

概括起来 MVC 有如下特点。

（1）多个视图可以对应一个模型。按 MVC 设计模式，一个模型对应多个视图，可以减少代码的复制及代码的维护量，这样，一旦模型发生改变也易于维护。

（2）模型返回的数据与显示逻辑分离。模型数据可以应用任何的显示技术，如使用 JSP 页面、Velocity 模板或直接产生 Excel 文档等。

（3）应用被分隔为 3 层，可降低各层之间的耦合，提供了应用的可扩展性。

（4）控制层可把不同的模型和视图组合在一起，以完成不同的请求。因此，控制层包含了用户请求权限的概念。

（5）MVC 更符合软件工程化管理的精神。不同的层能各司其职，而每一层的组件又具有相同的特征，这有利于通过工程化和工具化的方法产生管理程序代码。

相对于早期的 MVC 思想，Web 模式下的 MVC 思想又存在一些变化。对于一个普通应用程序，可以将视图注册给模型，当模型数据发生改变时，可即时通知视图页面发送改变；对于 Web 应用，即使将多个 JSP 页面都注册给一个模型，当模型发生变化时也无法主动给 JSP 页面发送消息（因为 Web 应用都是基于请求/响应模式的），只有当用户请求浏览该页面时，控制器才负责调用模型数据来更新 JSP 页面。

1. MVC设计模块的优点

（1）多视图共享一个模型，大大提高代码的可重用性。

（2）MVC 3 个模块相互独立，松耦合架构。

（3）控制器提高了应用程序的灵活性和可配置性。

（4）有利于软件工程化管理。

总之，通过 MVC 的设计模式最终可以打造出一个松耦合+高重用性+高可适用性的完美架构，当然这也是架构设计的目标之一。

任何一件事都会有利有弊，下面就来了解 MVC 的缺点。

2. MVC设计模块的缺点

（1）原理复杂。

（2）增加了系统结构和实现的复杂性。

（3）视图对模型数据的访问效率低。

对于 MVC 来说，它并不适合小型甚至中型规模的项目，因为花费大量时间将 MVC 应用到规模并不是很大的应用程序中通常是得不偿失的，所以对于 MVC 设计模式的使用要根据具体的应用场景来决定。

11.1.2 Spring MVC框架

掌握了 MVC 设计模式的基础就更容易接受 Spring MVC 框架了。Spring MVC 是 Spring 框架中用于 Web 应用开发的一个模块，是 Spring 框架提供的一个基于 MVC 设计模式的优秀 Web 开发框架，它本质上相当于 Servlet。在 MVC 设计模式中，Spring MVC 框架作为控制器（Controller）来建立模型与视图的数据交互，是通过结构最清晰的 MVC Model 2 实现的，可称其为一个典型的 MVC，如图 11.3 所示。

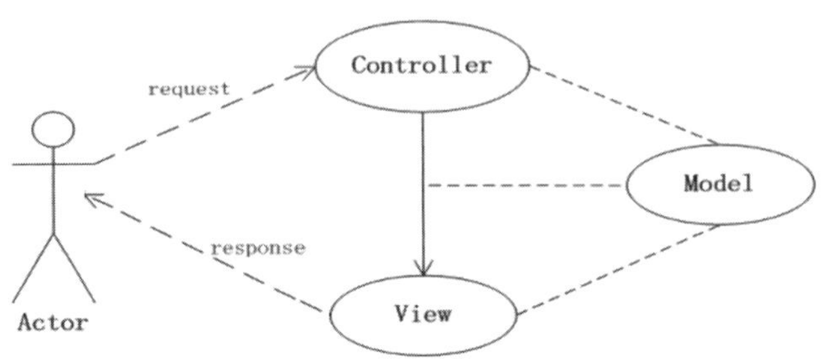

图 11.3 MVC Model 2 实现

在 Spring MVC 框架中，Controller 替换 Servlet 来担负控制器的职责，Controller 接收请求，并调用相应的 Model 进行处理，处理器完成后返回处理结果。Controller 调用相应的 View 并对处理结果进行视图渲染，最终客户端得到响应消息。

在 Java EE 开发中，Spring 和 Spring MVC 的框架已经是标配的基础系统架构。Spring 框架已介绍，这里主要讲解 Spring MVC 框架。

实际上 Spring MVC 框架是 Spring 框架的一部分，Spring 框架成为 Java EE 开发的主流框架后，Spring 开发小组又在 Spring 框架的基础上推出了 MVC，主要用于支持 Web 应用程序的开发。下面通过搭建 Spring MVC 框架的环境，并实现一个简单的例子来体验 Spring MVC 框架是如何使用的，从而更深入了解其架构模型及请求处理流程。

注意

Spring MVC 框架采用松耦合可插拔的组件结构，具有高度可配置性，比其他 MVC 框架更具扩展性和灵活性。此外，Spring MVC 的注解驱动和对 REST 风格的支持，也是其最具特色的功能。无论是在框架设计还是扩展性、灵活性等方面都全面超越了 Struts 2 等 MVC 框架，并且它本身就是 Spring 框架的一部分，与 Spring 框架整合可以说是无缝集成，具有天生的性能优越性，对于开发人员来说，开发效率也高于其他的 Web 框架。因此，在企业中的应用越来越广泛，已成为主流的 MVC 框架。

11.2 第一个Spring MVC框架的应用

在 MyEclipse 中新建 Web Project 后，使用 Spring MVC 框架的步骤如下。

（1）引入 jar 文件。

（2）Spring MVC 框架配置，包括：

①在 web.xml 中配置 Servlet，并定义 DispatcherServlet；

②创建 Spring MVC 框架的配置文件。

（3）创建 Controller（处理请求的控制器）。

（4）创建 View（本书使用 JSP 作为视图）。

（5）部署运行。

11.2.1　入门案例

Spring MVC 框架的具体实现步骤如下。

1. 创建项目，引入JAR包

前面章节中已经下载了 Spring 框架的 jar 文件（spring-framework-3.2.18.RELEASE-dist.zip），其中包含 Spring MVC 框架所需的 jar 文件。

（1）spring-web-3.2.18.RELEASE.jar：在 Web 应用开发时使用 Spring 框架所需的核心类。

（2）spring-webmvc-3.2.18. RELEASE.jar ：Spring MVC 框架相关的所有类，包含框架的 Servlet、Web MVC 框架，以及对控制器和视图的支持。

在 Spring 框架项目 jar 文件的基础上，加入 Spring MVC 框架的两个 jar 文件并引入工程中即可，如图 11.4 所示。

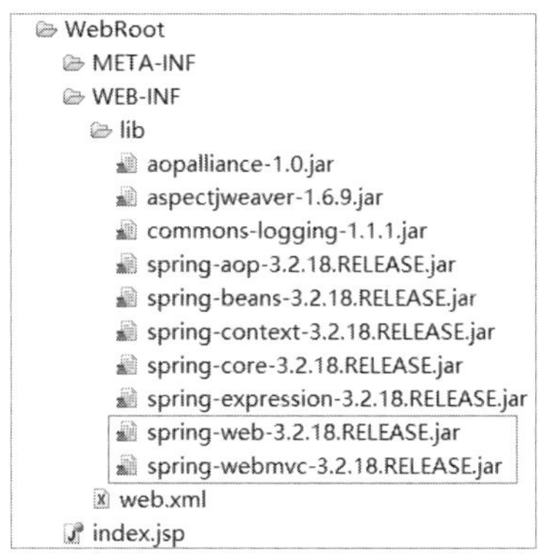

图 11.4　添加 JAR 包后的项目结构

在 MyEclipse 中，创建一个名称为 Ch11_01 的 Web 项目，并在项目的 lib 目录中添加运行 Spring MVC 框架程序所需要的 JAR 包，发布到类路径下，从图 11.4 中可以看到，项目中添加了 Spring 框架的 4 个核心 JAR 包、commons-logging 的 JAR 包，以及两个 Web 相关的 JAR 包（可以在 Spring 框架解压文件夹的 libs 目录中找到），这两个 Web 相关的 JAR 包就是 Spring MVC 框架所需的 JAR 包。由于本书中所使用的是 Spring 3.2.18 版，所以 Spring MVC 也是基于该版本的。

2. 配置前端控制器

由于 Spring MVC 框架是基于 Servlet 的，所以 DispatcherServlet 是整个 Spring MVC 框架的核心，它负责截获请求并将其分派给相应的处理器。那么配置 Spring MVC 框架，首先就要进行 DispatcherServlet 的配置，当然跟所有的 Servlet 一样，用户必须在 web.xml 中进行配置。在 web.xml 中，配置 Spring MVC 框架的前端控制器 DispatcherServlet，见示例 1。

【示例 1】web.xml

```
<?xml version="1.0" encoding="UTF-8"?>
<web-app xmlns:xsi="http://www.w3.org/2001/XMLSchema-instance"
xmlns="http://java.sun.com/xml/ns/javaee"
xmlns:web="http://java.sun.com/xml/ns/javaee/web-app_2_5.xsd"
xsi:schemaLocation="http://java.sun.com/xml/ns/javaee
http://java.sun.com/xml/ns/javaee/web-app_3_0.xsd" version="3.0">
<display-name>springMVC</display-name>
<servlet>
  <servlet-name>springmvc</servlet-name>
  <servlet-class>org.springframework.web.servlet.DispatcherServlet</servlet-class>
  <init-param>
    <param-name>contextConfigLocation</param-name>
```

```
      <param-value>classpath:springmvc-servlet.xml</param-value>
    </init-param>
    <load-on-startup>1</load-on-startup>
  </servlet>
  <servlet-mapping>
    <servlet-name>springmvc</servlet-name>
    <url-pattern>/</url-pattern>
  </servlet-mapping>
  </web-app>
```

在上述代码中，配置了一个名为“springmvc”的 Servlet，主要对<servlet>元素、<servlet-mapping>元素进行了配置。该 Servlet 是 DispatcherServlet 类型，就是 Spring MVC 的入口（前面已经介绍过 Spring MVC 框架的本质就是一个 Servlet），并通过其子元素<init-param>配置了 Spring MVC 框架配置文件的位置，并通过“<load-on-startup>1</load-on-startup>”配置标记容器在启动时就加载此 DispatcherServlet，即自动启动。在<servlet-mapping>中，通过<url-pattern>元素的“/”会将所有 URL 拦截，并交由 DispatcherServlet 处理，然后通过 servlet-mapping 进行映射，即 DispatcherServlet 需要截获并处理该项目的所有 URL 请求。

在配置 DispatcherServlet 时，通过设置 contextConfigLocation 参数来指定 Spring MVC 框架配置文件的位置，此处使用 Spring 框架资源路径的方式进行指定（classpath:springmvc-servlet.xml）。

3. 创建Controller 类

到目前为止，Spring MVC 框架的相关环境配置已经完成，接下来编写 Controller 和 View 就可以运行测试了。在 src 目录下新建包 cn.dsscm.controller，并在该包下新建 class: FirstController.java。如何将该 JavaBean 变成一个可以处理前端请求的控制器呢？需要继承 org.springframework.web.servlet.view.AbstractController，并实现 handleRequestInternal 方法，该类需要实现 Controller 接口，见示例 2。

【示例 2】FirstController.java

```
import javax.servlet.http.HttpServletRequest;
import javax.servlet.http.HttpServletResponse;
import org.springframework.web.servlet.ModelAndView;
import org.springframework.web.servlet.mvc.Controller;
/**
 * 控制器类
 */
public class FirstController implements Controller{
    public ModelAndView handleRequest(HttpServletRequest request,
HttpServletResponse response)  {
        System.out.println("hello,SpringMVC!"); //在控制台输出日志信息
        // 创建 ModelAndView 对象
        ModelAndView mav = new ModelAndView();
        // 向模型对象中添加数据
        mav.addObject("msg", "这是我的第一个 Spring MVC 程序");
        // 设置逻辑视图名
        mav.setViewName("/WEB-INF/jsp/index.jsp");
        // 返回 ModelAndView 对象
        return mav;
    }
}
```

在示例代码中，handleRequest()是 Controller 接口的实现方法，FirstController 类会调用该方法来处理请求，并返回一个包含视图名或包含视图名和模型的 ModelAndView 对象。该对象既包含视图信息，也包含模型数据信息，这样 Spring MVC 框架就可以使用视图对模型数据进行渲染。本案例中，向模型对象添加了一个名称为 msg 的字符串对象，并设置返回的视图路径为“/WEB-INF/jsp/index.jsp”，其中 index 就是逻辑视图名称，这样请求就会被转发到 index.jsp 页面。

ModelAndView 对象，正如其名所示，它代表 Spring MVC 框架中呈现视图界面时所使用的 Model（模型数据）和 View（逻辑视图名称）。由于 Java 一次只能返回一个对象，所以 ModelAndView 的作用就是封装这两个对象，以方便一次返回所需的 Model 和 View。当然，返回的模型和视图也都是可选的，在有些情况下，由于模型中没有任何数据，那么返回视图即可（如上述的示例），或者返回模型，让 Spring MVC 框架根据请求 URL 来决定。在后续的相关章节会对 ModelAndView 对象进行更详尽的学习。

4. 创建 Spring MVC 框架的配置文件，配置控制器映射信息

在项目工程下创建 resources 目录（Source Folder），并在此目录下添加 Spring MVC 框架的 XML 配置文件。为了方便框架集成时各个配置文件更好的区分，可将此文件命名为“springmvc-servlet.xml”，并在文件中配置控制器信息，见示例 3。

【示例 3】springmvc-servlet.xml

```
<?xml version="1.0" encoding="UTF-8"?>
<beans xmlns="http://www.springframework.org/schema/beans"
    xmlns:xsi="http://www.w3.org/2001/XMLSchema-instance"
    xsi:schemaLocation="http://www.springframework.org/schema/beans
    http://www.springframework.org/schema/beans/spring-beans-3.2.xsd">
    <!-- 配置处理器 Handle，映射“/firstController”请求 -->
    <bean name="/firstController" class="cn.dsscm.controller.FirstController" />
    <!-- 处理器映射器，将处理器 Handle 的 name 作为 url 进行查找 -->
    <bean class="org.springframework.web.servlet.handler.BeanNameUrlHandlerMapping" />
    <!-- 处理器适配器，配置对处理器中 handleRequest()方法的调用 -->
    <bean class="org.springframework.web.servlet.mvc.SimpleControllerHandlerAdapter" />
    <!-- 视图解析器 -->
    <bean class="org.springframework.web.servlet.view.InternalResourceViewResolver">
    </bean>
</beans>
```

在示例代码中，首先定义一个名称为“/firstController”的 Bean，该 Bean 将控制器类 FirstController 映射到“/firstController”请求中，然后配置处理器映射器 BeanNameUrlHandler- Mapping 和处理器适配器 SimpleControllerHandlerAdapter，其中处理器映射器用于将处理器 Bean 中的 name（url）进行处理器查找，而处理器适配器用于完成对 RrstController 处理器中 handleRequest()方法的调用，最后配置视图解析器 InternalResourceViewResolver 来解析结果视图，并呈现给用户。

在老版本的 Spring 中，配置文件内必须配置处理器映射器、处理器适配器和视图解析器，但在 Spring 4.0 版后，如果不配置处理器映射器、处理器适配器和视图解析器，也可使用 Spring 内部默认的配置完成相应的工作，这里显示的配置处理器映射器、处理器适配器和视图解析器是为了更清晰地描述 Spring MVC 的工作流程。

5. 创建视图（View）页面

在 WEB-INF 目录下，创建一个 jsp 文件夹，并在文件夹中创建一个页面文件 index.jsp，在该页面中使用 EL 表达式获取 msg 中的信息，见示例 4。

【示例 4】first.jsp

```
<%@ page language="java" contentType="text/html; charset=UTF-8" pageEncoding="UTF-8"%>
<!DOCTYPE html PUBLIC "-//W3C//DTD HTML 4.01 Transitional//EN"
    "http://www.w3.org/TR/html4/loose.dtd">
<html>
<head>
<meta http-equiv="Content-Type" content="text/html; charset=UTF-8">
<title>入门程序</title>
</head>
<body>
    ${msg}
</body>
</html>
```

6. 启动项目，测试应用

到目前为止，所有的环境搭建及示例的编码工作已经完成，可以编译后部署到 Tomcat 下进行运行测试。全部文件创建完成后，项目的文件结构如图 11.5 所示。

将 Ch11_01 项目发布到 Tomcat 中，并启动 Tomcat 服务器。在浏览器中访问地址 http://127.0.0.1:8080/Ch11_01/firstController，其显示效果如图 11.6 所示。

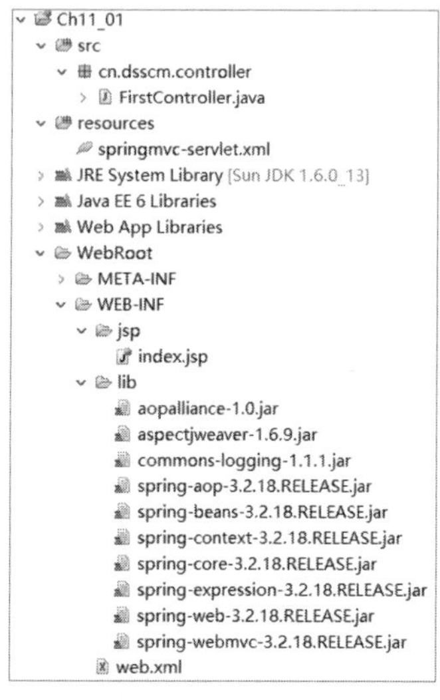

图 11.5 项目的文件结构

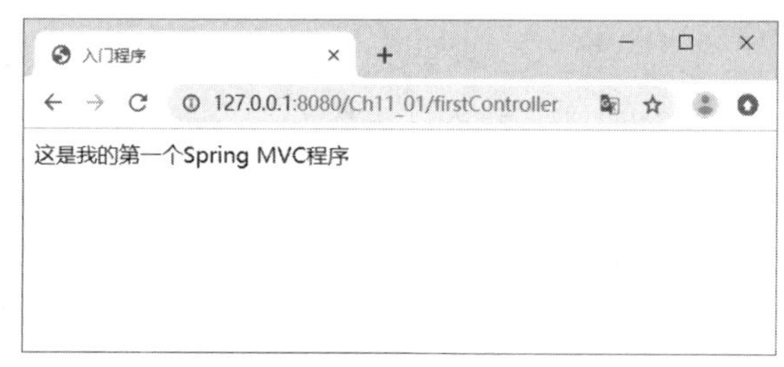

图 11.6 访问结果

从访问结果可以看到，浏览器中已经显示出模型对象中的字符串信息，这说明第一个 Spring MVC 程序执行成功。查看后台日志，控制台输出：“hello，SpringMVC!”

通过上述示例总结 Spring MVC 的处理流程：当用户发送 URL 请求 http://127.0.0.1:8080/Ch11_01/firstController 时，可根据 web.xml 对 DispatcherServlet 进行配置。

该请求被 DispatcherServlet 截获，并根据 HandlerMapping 找到处理相应请求的 Controller（IndexController）来处理；Controller 处理完成后，返回 ModelAndView 对象；该对象告诉 DispatcherServlet 需要通过哪个视图进行数据模型的展示，DispatcherServlet 根据视图解析器把 Controller 返回的逻辑视图名转换成真正的 View 并输出呈现给用户。

11.2.2 技能训练 1

上机练习 1 搭建 Spring MVC 框架环境，在前端页面内输出：“学框架就学 Spring MVC!”

需求说明

（1）搭建 Spring MVC 框架环境，并实现前端页面内输出：“学框架就学 Spring MVC!”。

（2）HandlerMapping（处理器映射）使用 BeanNameIlrlHandlerMapping 进行处理。

（3）ViewResolver（视图解析器）使用 InternalResourceViewResolver 进行处理。

11.2.3 优化项目

1. 优化路径解析

在 MyEclipse 中，创建一个名为 Ch11_02 的 WEB 项目，将 Ch11_01 项目中的代码和配置文件复制到 Ch11_02 项目中。

修改 FirstController.java 设置逻辑视图名，简化访问路径"index"，不写前面固定路径和后缀文件名，见示例 5。

【示例 5】FirstController.java

```
public class FirstController implements Controller{
    public ModelAndView handleRequest(HttpServletRequest request, HttpServletResponse
response)  {
        System.out.println("hello,SpringMVC!"); //在控制台输出日志信息
        // 创建 ModelAndView 对象
        ModelAndView mav = new ModelAndView();
         // 向模型对象中添加数据
        mav.addObject("msg", "这是我的第一个 Spring MVC 程序");
         // 设置逻辑视图名
        mav.setViewName("index");
         // 返回 ModelAndView 对象
        return mav;
    }
}
```

在 springmvc-servlet.xml 配置文件中，使用 Spring MVC 框架的最简单配置方式进行配置，见示例 6。

【示例 6】springmvc-servlet.xml

```
<?xml version="1.0" encoding="UTF-8"?>
<beans xmlns="http://www.springframework.org/schema/beans"
    xmlns:xsi="http://www.w3.org/2001/XMLSchema-instance"
    xmlns:mvc="http://www.springframework.org/schema/mvc"
    xmlns:p="http://www.springframework.org/schema/p"
    xmlns:context="http://www.springframework.org/schema/context"
    xsi:schemaLocation="
        http://www.springframework.org/schema/beans
        http://www.springframework.org/schema/beans/spring-beans.xsd
        http://www.springframework.org/schema/context
        http://www.springframework.org/schema/context/spring-context.xsd
        http://www.springframework.org/schema/mvc
        http://www.springframework.org/schema/mvc/spring-mvc.xsd">
    <bean name="/index.html" class="cn.dsscm.controller.FirstController"/>
    <!-- 完成视图的对应 -->
    <!-- 对转向页面的路径解析。prefix：前缀，  suffix：后缀 -->
    <bean class="org.springframework.web.servlet.view.InternalResourceViewResolver" >
        <property name="prefix" value="/WEB-INF/jsp/"/>
        <property name="suffix" value=".jsp"/>
    </bean>
</beans>
```

在上述配置中，主要配置以下两部分内容。

（1）配置处理器映射

在示例 1 中 web.xml 里配置了 DispatcherServlet，并配置了哪些请求需要通过此 Servlet 进行相应的处理，那么接下来 DispatcherServlet 要将一个请求交给哪个特定的 Controller 处理呢？它需要咨询一个 Bean，这个 Bean 就叫 HandlerMapping，其作用就是把一个 URL 请求指定给一个 Controller 处理（应用系统的 web.xml 文件使用<servlet-mapping>将 URL 映射到相应的 Servlet 上）。Spring 框架提供了多种处理器映射（HandlerMapping）的支持，比如：

①org.springframework.web.servlet.handler.BeanNameUrlHandlerMapping；

②org.springframework.web.servlet.handler.SimpleUrlHandlerMapping；

③org.springframework.web.servlet.mvc.annotation.DefaultAnnotationHandlerMapping；

④org.springframework.web.servlet.mvc.method.annotation.RequestMappingHandlerMapping。

可以根据需求进行选择处理器映射，此处使用 BeanNameUrlHandlerMapping（注意：若没有明确

声明任何处理器映射，Spring 框架就会默认使用 BeanNameUrlHandlerMapping），即在 Spring 容器中查找与请求 URL 同名的 Bean。这个映射器不需要配置，可根据请求的 URL 路径映射到控制器 Bean 的名称，其代码如下：

```
<bean name="/index.html" class="cn.dsscm.controller.IndexController"/>
```

指定的 URL 请求为/index.html，处理该 URL 请求的控制器为 cn.dsscm.controller.IndexController。

（2）配置视图解析器

处理请求的最后环节就是渲染输出，这个任务由视图实现（本书使用 JSP），那么需要确定的是，指定的请求需要使用哪个视图对请求结果进行渲染输出呢？DispatcherServlet 可查找到一个视图解析器，并将控制器返回的逻辑视图名称转换成渲染结果的实际视图。Spring 框架也提供了多种视图解析器，比如：

①org.springframework.web.servlet.view.InternalResourceViewResolver；

②org.springframework.web.servlet.view.ContentNegotiatingViewResolve。

此处使用 IntemalResourceViewResolver 定义该视图解析器，并通过配置 prefix（前缀）和 suffix（后缀），将视图逻辑名解析为/WEB-INF/jsp/<ViewName>.jsp。

Spring MVC 框架配置文件的命名需要注意，必须同在 web.xml 中配置 DispatcherServlet 时所指定的配置文件名称一致，一般命名为<servlet-name>-servlet.xml，如 springmvc-servlet.xml。

2. 使用注解处理器映射

在上述示例中，通过 BeanNameUrlHandlerMapping 的方式完成了请求与 Controller 之间的映射关系。但是若有多个请求，是否要在 springmvc-servlet.xml 中配置多个映射关系呢？需要建立多个 JavaBean 作为控制器来进行请求的处理，比如：

```
<bean name="/index.html" class="cn.dsscm.controller.IndexController"/>
<bean name="/user.html" class="cn.dsscm.controller.UserController"/>
```

若业务复杂，这样处理并不合适，那么该如何解决呢？

最常用的解决方式是使用 Spring MVC 框架提供的一键式配置方法：<mvc:annotation-driven/>，通过注解的方式来进行开发。下面改造示例 6，并讲解其实现过程。

首先更改 Spring MVC 的处理器映射的配置为支持注解式处理器，配置<mvc:annotation-driven/>标签可提供的一键式配置方法，配置此标签后 Spring MVC 框架会自动进行一些注册组件之类的操作。这种配置方法非常简单，适用于初学者快速搭建 Spring MVC 框架环境。简单理解就是配置此标签后，就可以通过注解的方式，把一个 URL 映射到 Controller 上。修改 springmvc-servlet.xml 的代码见示例 7。

【示例 7】springmvc-servlet.xml

```
<?xml version="1.0" encoding="UTF-8"?>
<beans xmlns="http://www.springframework.org/schema/beans"
    xmlns:xsi="http://www.w3.org/2001/XMLSchema-instance"
    xmlns:mvc="http://www.springframework.org/schema/mvc"
    xmlns:p="http://www.springframework.org/schema/p"
    xmlns:context="http://www.springframework.org/schema/context"
    xsi:schemaLocation="
        http://www.springframework.org/schema/beans
        http://www.springframework.org/schema/beans/spring-beans.xsd
        http://www.springframework.org/schema/context
        http://www.springframework.org/schema/context/spring-context.xsd
        http://www.springframework.org/schema/mvc
        http://www.springframework.org/schema/mvc/spring-mvc.xsd">
    <context:component-scan base-package="cn.dsscm.controller"/>
    <mvc:annotation-driven/>
    <!-- 完成视图的对应 -->
```

```
    <!-- 对转向页面的路径解析。prefix：前缀， suffix：后缀 -->
    <bean
class="org.springframework.web.servlet.view.InternalResourceViewResolver" >
        <property name="prefix" value="/WEB-INF/jsp/"/>
        <property name="suffix" value=".jsp"/>
    </bean>
</beans>
```

在上述配置中，删除了“<bean name="/index.html" class="cn.dsscm.controller.IndexController"/>”，且增加了两个标签。

（1）<mvc:annotation-driven/>。配置该标签时会自动注册 DefaultAnnotationHandlerMapping（处理器映射）与 AnnotationMethodHandlerAdapter（处理器适配器）这两个 Bean。Spring MVC 框架需要通过这两个 Bean 实例来完成对@Controller 和@RequestMapping 等注解的支持，从而找出 URL 与 handler method 的关系并予以关联。换句话说，完成在 Spring 容器中这两个 Bean 的注册是 Spring MVC 为@Controller 分发请求的必要支持。

（2）<context:component-scan base-package="cn.dsscm.controller"/>。context:component-scan 标签是对包进行扫描，实现注解驱动 Bean 的定义，同时将 Bean 自动注入容器中使用。即使标注了 Spring MVC 框架的注解（如（@Controller 等）的 Bean 生效，换句话说，若没有配置此标签，那么标注@Controller 的 Bean 仅仅是一个普通的 JavaBean，而不是一个可以处理请求的控制器。

然后更改 IndexController.java，见示例 8。

【示例 8】IndexController.java

```
import org.apache.log4j.Logger;
import org.springframework.stereotype.Controller;
import org.springframework.web.bind.annotation.RequestMapping;

@Controller
public class IndexController{
    private Logger logger = Logger.getLogger(IndexController.class);

    //RequestMapping 表示用哪个 URL 来对应(此处："/index")
    @RequestMapping("/index")
    public String index(){
        //System.out.println("hello,SpringMVC!");
        logger.info("hello,SpringMVC!");
        return "index";
    }
}
```

在上述代码中，使用@Controller 对 IndexController 类进行标注，使其成为一个可处理 HTTP 请求的控制器，再使用@RequestMapping 对 IndexController 的 index()方法进行标注，确定 index()对应的请求 URL，即限定了 index()方法将处理所有来自 URL 为“/index”的请求（相对于 Web 容器部署根目录）。也就是说，若还有其他的业务需求（URL 请求），只需在该类下增加方法即可，当然对方法要进行@RequestMapping 的标注，确定方法对应的请求 URL。这样就解决了之前提出的问题，无须再多建 JavaBean 作为 Controller 去满足业务需求了。这也是在实际开发中经常运用的方式，即支持注解式的处理器。

部署运行在地址栏中输入请求 http://localhost: 8090/DSSCM_C09_02/index 后，测试结果同上，此处不再赘述。

注意

（1）<mvc:annotation-driven/>标签的原理实现将在后续的相关章节进行深入讲解，此处仅掌握具体运用即可。

（2）Spring 3.2 版本前，开启注解式处理器支持的配置为 DefaultAnnotationHandler Mapping（处理器映射）与 AnnotationMethodHandlerAdapter（处理器适配器）。Spring 3.2 版本后，使用 RequestMappingHandlerMapping 和 RequestMappingHandlerAdapter 来替代。之前的 DefaultAnnotationHandlerMapping 被标注为@Deprecated 弃用。

11.2.4 技能训练 2

上机练习 2 使用<mvc:annotation-driven/>标签，在前端页面内输出：“学框架就学 Spring MVC!”

需求说明

（1）在上机练习 1 的基础上，更改 Spring MVC 框架的处理器映射的配置为支持注解式处理器，配置<mvc:annotation-driven/>标签。

（2）ViewResolver（视图解析器）使用 InternalResourceViewResolver。

（3）加入 Log4j 进行后台日志输出。

11.3 Spring MVC框架的工作流程与优势

11.3.1 Spring MVC框架的请求处理流程

通过上面两个示例的演示，了解了 Spring MVC 框架环境的搭建，接下来再深入了解该框架的请求处理流程，如图 11.7 所示。

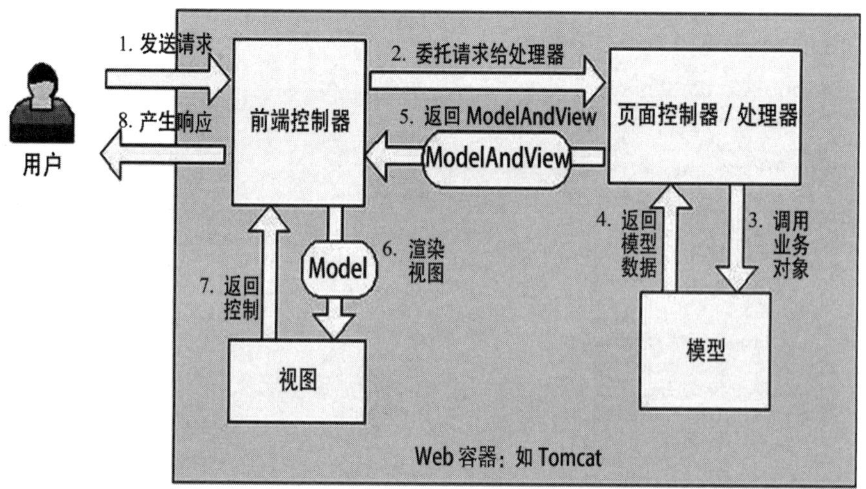

图 11.7 Spring MVC 框架的请求处理流程

Spring MVC 框架也是一个基于请求驱动的 Web 框架，并且使用了前端控制器模式来进行设计，再根据请求映射规则分发给相应的页面控制器（处理器）来进行处理。下面详细地分析请求处理的流程步骤。

（1）首先用户发送请求到前端控制器（DispatcherServlet），前端控制器根据请求信息（如 URL）来决定选择由哪个页面控制器（Controller）来进行处理，并把请求委托给它，即 Serlvet 控制器的控制逻辑部分（步骤 1 和步骤 2）。

（2）页面控制器接收到请求后，进行业务处理，处理完毕后返回一个 ModelAndView（模型数据和逻辑视图名）（步骤 3~5）。

（3）前端控制器收回控制权，然后根据返回的逻辑视图名，选择相应的真正视图，并把模型数据传入以便将视图进行渲染展示（步骤 6 和步骤 7）。

（4）前端控制器再次收回控制权，将响应结果返回给用户，至此整个流程结束（步骤 8）。

11.3.2　Spring MVC框架的工作原理

通过前面案例的学习，对 Spring MVC 框架的使用已经有了一个初步的了解，但是程序在项目中具体是怎么执行的呢？如图 11.8 所示。

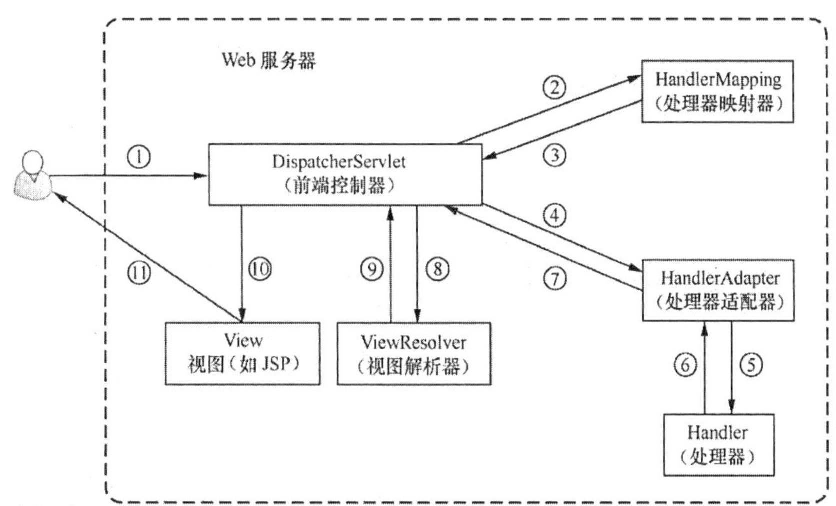

图 11.8　Spring MVC 框架的工作原理

在 Spring MVC 的框架模型中，可以发现从接收请求到返回响应，Spring MVC 框架通过众多组件的通力配合，各司其职地完成了整个流程工作。在整个框架中，通过一个前端控制器（DispatcherServlet）接收所有的请求，并将具体工作委托给其他组件进行处理，DispatcherServlet 处于核心地位，它负责协调组织不同组件完成请求处理并返回响应。根据 Spring MVC 框架处理请求的流程，可分析出具体每个组件所负责的工作内容。按照图 11.8 中所标注的序号，Spring MVC 框架的完整执行流程如下。

（1）客户端发出 HTTP 请求，Web 应用服务器接收此请求。若匹配 DispatcherServlet 的请求映射路径（在 web.xml 中指定），则 Web 容器将该请求转交给 DispatcherServlet 处理。

（2）DispatcherServlet 拦截到请求后，会调用 HandlerMapping 处理器映射器。

（3）处理器映射器根据请求 URL 找到具体的处理器，生成处理器对象及处理器拦截器（如果有则生成）一并返回给 DispatcherServlet。

（4）当 DispatcherServlet 根据 HandlerMapping（处理器适配器）找到对应当前请求的 Handler 之后，通过 HandlerAdapter 对 Handler 进行封装，再以统一的适配器接口调用 Handler（处理器），HandlerAdapter 可以理解为具体使用 Handler 干活的人，HandlerAdapter 接口中一共有 3 个方法。

①supports（Object handler）方法：判断是否可以使用某个 Handler。

②handle 方法：具体使用 Handler 干活。

③getLastModified 方法：获取资源的 Last-Modified。

注意

Spring MVC 框架中既没有定义 Handler 接口，也没有对处理器进行任何限制，处理器可以用任意合理的方式来表现。换句话说，任何一个 Object（如 JavaBean、方法等）都可以成为请求处理器（Handler），从 HandlerAdapter 的 handle 方法中可以看出，它是 Object 类型，这种模式给开发人员提供了极大的自由度。本书描述的请求处理器、前端控制器及图中的 Handler，都可以理解为 Controller。

（5）HandlerAdapter 会调用并执行 Handler（处理器），这里的处理器指的就是程序中编写的 Controller 类，也被称为后端控制器。在请求信息到达真正调用 Handler 的处理方法之前的这段时间内，Spring MVC 框架还完成了很多工作，它会将请求信息以一定的方式转换并绑定到请求方法的入参中，对于入参对象进行数据转换、数据格式化及数据校验等。这些都做完之后再真正调用 Handler 的处理方法进行相应的业务逻辑处理。

（6）Controller 执行完成后，会返回一个 ModelAndView 对象，该对象中包含视图名或模型和视图名。

（7）处理器适配器（HandlerAdapter）完成业务逻辑处理后将返回一个 ModelAndView 对象给 DispatcherServlet。ModelAndView 对象包含了逻辑视图名和模型数据信息。

（8）DispatcherServlet 根据 ModelAndView 对象选择一个合适的 ViewReslover（视图解析器）。ModelAndView 对象中包含的是逻辑视图名而非真正的视图对象。DispatcherServlet 会通过 ViewResolver 将逻辑视图名解析为真正的视图对象 View。当然，负责数据展示的视图可以为 JSP、XML、PDF、JSON 等多种数据格式，对此 Spring MVC 均可灵活配置。

（9）ViewReslover 解析后，会向 DispatcherServlet 中返回具体的 View（视图）。

（10）当得到真实的视图对象 View 后，DispatcherServlet 会使用 ModelAndView 对象中的模型数据对 View 进行视图渲染（将模型数据填充至视图中）。

（11）视图渲染结果会返回给用户端浏览器显示。最终用户端获得响应消息，根据配置其可以是普通的 HTML 页面，也可以是一个 XML 或者 JSON 格式的数据等。

在上述执行过程中，DispatcherServlet、HandlerMapping、HandlerAdapter 和 ViewResolver 等对象的工作是在框架内部执行的，开发人员并不需要关心这些对象内部的实现过程，只需要配置前端控制器（DispatcherServlet）完成 Controller 中的业务处理，并在视图（View）中展示相应信息即可。

通过以上关于 Spring MVC 框架的请求处理流程及它的框架模型分析，不仅能简单了解 Spring MVC 的整体架构，还可以初步体会其设计的精妙之处。在后续的相关章节中，还会围绕其整个体系结构进行深入讲解，包括各个组件的分析、实际开发的运用经验总结等。

注意

由于 Spring MVC 框架结构比较复杂，故学习时要掌握学习方法，首先要明确 Spring MVC 框架是一个工具。既然是工具，那么就需要先掌握工具的使用方法，不要陷入细节中，慢慢地通过实际运用来加深对其的理解。学习过程中应多跟踪代码，并查看 Spring MVC 框架的源码才能对其有更深刻的理解。

11.3.3 Spring MVC框架的特点

通过前面的演示示例及对 Spring MVC 框架体系结构的介绍，现在总结其特点，在接下来的学习过程中可以慢慢深入体会。

（1）清晰地角色划分。Spring MVC 框架在 Model、View 和 Controller 方面提供了一个非常清晰的角色划分，这 3 个方面是各司其职、各负其责的。

（2）Spring 框架的一部分。它可以方便地利用 Spring 框架所提供的其他功能。

（3）灵活性强，易于与其他框架集成。

（4）配置功能灵活。因为 Spring 框架的核心是 IoC，同样在实现 MVC 上，也可以把各种类当作 Bean 来通过 XML 进行配置。

（5）面向接口编程。

（6）提供了大量的控制器接口和实现类。开发人员既可以使用 Spring 框架提供的控制器实现类，也可以自己实现控制器接口。

（7）支持多种视图技术。它支持 JSP、Velocity 和 FreeMarker 等视图技术。真正做到了与 View

层的实现无关，它不会强制开发人员使用 JSP，也可以根据项目需求使用 Velocity、XSLT 等技术。使用方式更加灵活。

（8）支持国际化，可以根据用户区域显示多国语言。

（9）Spring 框架提供了 Web 应用开发的一整套流程，不仅是 MVC，因此，它们之间可以很方便地结合在一起。

（10）提供了一个前端控制器 DispatcherServlet，使开发人员无须额外开发控制器对象。

（11）可自动绑定用户输入，并能正确地转换数据类型。

（12）内置了常见的校验器，可以校验用户输入。如果校验不能通过，那么就会重定向到输入表单。

（13）使用基于 XML 的配置文件，在编辑后不需要重新编译应用程序。

总之，一个好的框架要减轻开发人员处理复杂问题的负担，内部要有良好的扩展，并且还有一个支持它的强大用户群体，恰恰 Spring MVC 都做到了。

11.4　Spring MVC框架的核心类与常用注解

11.4.1　DispatcherServlet

DispatcherServlet 的全名是 org.springframework.web.servlet.DispatcherServlet，它在程序中充当着前端控制器的角色。在使用时只需将其配置在项目的 web.xml 文件中，其配置代码如下：

```
<servlet>
<!-- 配置前端过滤器 -->
    <servlet-name>springmvc</servlet-name>
    <servlet-class>org.springframework.web.servlet.DispatcherServlet</servlet-class>
    <!-- 初始化时加载配置文件 -->
    <init-param>
        <param-name>contextConfigLocation</param-name>
        <param-value>classpath:springmvc-config.xml</param-value>
    </init-param>
    <!-- 表示容器在启动时立即加载 Servlet -->
    <load-on-startup>1</load-on-startup>
</servlet>
<servlet-mapping>
    <servlet-name>springmvc</servlet-name>
    <url-pattern>/</url-pattern>
</servlet-mapping>
```

在上述代码中，<load-on-startup>元素和<init-param>元素都是可选的。如果<load-on-startup>元素的值为 1 时，则在应用程序启动时会立即加载该 Servlet；如果<load-on-startup>元素不存在时，则应用程序会在第一个 Servlet 请求时加载该 Servlet。如果<init-param>元素存在并且通过其子元素配置了 Spring MVC 框架配置文件的路径，则应用程序在启动时会加载配置路径下的配置文件；如果没有通过<init-param>元素配置，则应用程序会默认到 WEB-INF 目录下寻找如下方式命名的配置文件：

```
servletName-servlet.xml
```

其中，servletName 指的是部署在 web.xml 中的 DispatcherServlet 的名称，在上面 web.xml 的配置代码中即为 springmvc，而-servlet.xml 是配置文件名的固定写法，所以应用程序会在 WEB-INF 目录下寻找 springmvc-servlet.xml。

11.4.2 Controller注解类型

在 Spring 2.5 版前，只能使用实现 Controller 接口的方式开发一个控制器。在 Spring 2.5 版后，新增加了基于注解的控制器及其他一些常用注解，这些注解的使用极大减少了开发人员的工作。

org.springframework.stereotype.Controller 注解类型用于指示 Spring 类的实例是一个控制器，其注解形式为@Controller。该注解在使用时不需要再实现 Controller 接口，只需要将@Controller 注解加入到控制器类上，然后通过 Spring 的扫描机制找到标注该注解的控制器即可。@Controller 注解在控制器类中的使用示例代码如下。

```
import org.springframework.stereotype.Controller;
...
@Controller
public class FirstController {
    ...
}
```

为了保证 Spring 框架能够找到控制器类，还需要在 Spring MVC 框架的配置文件中添加相应的扫描配置信息，具体如下。

（1）在配置文件的声明中引入 spring-context。

（2）使用<context:component-scan>元素指定需要扫描的类包。一个完整的配置文件见示例 9。

【示例 9】springmvc-config.xml

```
<?xml version="1.0" encoding="UTF-8"?>
<beans xmlns="http://www.springframework.org/schema/beans"
       xmlns:xsi="http://www.w3.org/2001/XMLSchema-instance"
       xmlns:context="http://www.springframework.org/schema/context"
       xsi:schemaLocation="http://www.springframework.org/schema/beans
       http://www.springframework.org/schema/beans/spring-beans-3.2.xsd
       http://www.springframework.org/schema/context
    http://www.springframework.org/schema/context/spring-context-3.2.xsd">
    <!-- 指定需要扫描的包 -->
    <context:component-scan base-package="com.test.controller" />
</beans>
```

在示例代码中，<context:component-scan>元素的属性 base-package 指定了需要扫描的类包为 cn.dsscm.controller。在运行时，该类包及其子包下所有标注了注解的类会被 Spring 框架处理。

与实现 Controller 接口的方式相比，使用注解的方式显然更加简单。同时，Controller 接口的实现类只能处理一个单一的请求动作，而基于注解的控制器可以同时处理多个请求动作，在使用上更加的灵活。因此，在实际开发中通常都会使用基于注解的方式。

使用注解方式时，程序的运行要依赖 Spring 框架的 AOP 包，因此需要向 lib 目录中添加 spring-aop-3.2.18.RELEASE.jar，否则程序运行时就会报错。

11.4.3 RequestMapping注解类型

1. @RequestMapping 注解的使用

Spring 框架通过@Controller 注解找到相应的控制器类后，还需要知道控制器内部对每一个请求是如何处理的，这就需要使用 org.springframework.web.bind.annotation.RequestMapping 注解类型。RequestMapping 注解类型用于映射一个请求或一个方法，其注解形式为@RequestMapping，可以使用该注解标注在一个方法或一个类上。

（1）标注在方法上

当标注在一个方法上时，该方法将成为一个请求处理方法，它会在程序接收到对应的 URL 请求时被调用。使用@RequestMapping 注解标注在方法上的示例代码如下。

```
package com.test.controller;

import org.springframework.stereotype.Controller;
import org.springframework.web.bind.annotation.RequestMapping;
...
@Controller
public class FirstController {
    @RequestMapping(value = "/firstController")
    public String handleRequest(HttpServletRequest request,
            ...
    }
}
```

使用@RequestMapping 注解后，上述代码中的 handleRequest()方法就可以通过地址 http://localhost:8080/Ch11_02/firstController 进行访问。

（2）标注在类上

当标注在一个类上时，该类中的所有方法都将映射为相对于类级别的请求，表示该控制器所处理的所有请求都被映射到 value 属性值所指定的路径下。使用@RequestMapping 注解标注在类上的示例代码如下：

```
import org.springframework.stereotype.Controller;
import org.springframework.web.bind.annotation.RequestMapping;
...
@Controller
@RequestMapping(value = "/hello")
public class FirstController {
    @RequestMapping(value = "/firstController")
    public String handleRequest(HttpServletRequest request,
            ...
    }
}
```

由于在类上添加了@RequestMapping 注解，并且其 value 属性值为“/hello”，所以上述代码方法的请求路径将变为 http://localhost:8080/Ch11_02/hello/firstController。如果该类中还包含其他方法，那么在其他方法的请求路径中也需要加入“/hello”。

2. @RequestMapping注解的属性

@RequestMapping 注解除了可以指定 value 属性，还可以指定其他一些属性，这些属性如表 11-1 所示。

表 11-1　@RequestMapping 注解的属性

属 性 名	类　型	描　述
name	String	可选属性，用于为映射地址指定别名
value	String[]	可选属性，同时也是默认属性，用于映射一个请求和一种方法，可以标注在一个方法或一个类上
method	RequestMethod[]	可选属性，用于指定该方法用于处理哪种类型的请求方式，其请求方式包括 GET、POST、HEAD、OPTIONS、PUT、PATCH、DELETE 和 TRACE，如 method=RequestMethod.GET 表示只支持 GET 请求，如果需要支持多个请求方式则需要通过 G 写成数组的形式，并且多个请求方式之间用英文逗号分隔
params	String[]	可选属性，用于指定 Request 中必须包含某些参数的值，才可以通过其标注的方法处理
headers	String[]	可选属性，用于指定 Request 中必须包含某些指定的 header 的值，才可以通过其标注的方法处理

续表

属性名	类型	描述
consumes	String[]	可选属性，用于指定处理请求的提交内容类型（Conten-type），如 application/json、text/html 等
produces	String[]	可选属性，用于指定返回的内容类型必须是 request 请求头（Accept）中所包含的类型

上述表中所有属性都是可选的，但其默认属性是 value。当 value 是其唯一属性时，可以省略属性名，如下面两种标注的含义相同。

```
@RequestMapping(value="/firstController")
@RequestMapping("/firstController")
```

3. 组合注解

对@RequestMapping 注解及其属性已进行了详细讲解，在 Spring 框架的后面版本中，还引入了组合注解以帮助简化常用的 HTTP 方法映射，以更好地表达被注解方法的语义，其组合注解如下所示。

（1）@GetMapping：匹配 GET 方式的请求。

（2）@PostMapping：匹配 POST 方式的请求。

（3）@PutMapping：匹配 PUT 方式的请求。

（4）@DeleteMapping：匹配 DELETE 方式的请求。

（5）@PatchMapping：匹配 PATCH 方式的请求。

以@GetMapping 为例，该组合注解是@RequestMapping(method= RequestMethod.GET)的缩写，它可将 HTTP GET 映射到特定的处理方法上。在实际开发中，传统的@RequestMapping 注解使用方式如下：

```
@RequestMapping(value="/user/{id}",method=RequestMethod.GET)
public String selectUserById(String id){
        ...
}
```

而使用新注解@GetMapping 后，可以省略 method 属性，从而简化代码，其使用方式如下：

```
@GetMapping(value="/user/{id}")
public String selectUserById(String id){
        ...
}
```

4. 请求处理方法的参数类型

在控制器类中，每一个请求处理方法都可以有多个不同类型的参数，以及一个多种类型的返回结果。如 handleRequest()方法的参数就是对应请求的 HttpServletRequest 和 HttpServletResponse 两种参数类型。除此之外，还可以使用其他的参数类型，如在请求处理方法中需要访问 HttpSession 对象，则可以添加 HttpSession 作为参数，Spring 会将对象正确地传递给方法，其使用代码如下：

```
@RequestMapping(value="/firstController") public ModelAndView (HttpSession session){
    ...
    return mav;
}
```

在请求处理方法中出现的参数类型如下。

（1）javax.servlet.ServletRequest / javax.servlet.http.HttpServletRequest。

（2）javax.servlet.ServletResponse / javax.servlet.http. HttpServletResponse。

（3）javax.servlet.http.HttpSession。

（4）org.springframework.web.context.request.WebRequest 或
org.springframework.web.context.request.NativeWebRequest。

（5）java.util.Locale。

（6）java.util.TimeZone (Java 6+) / java.time.ZoneId (on Java 8)。

（7）java.io.InputStream /java.io.Reader。

（8）java.io.OutputStream / java.io.Writer。

（9）org.springframework.http. HttpMethod。

（10）java.security.Principal。

（11）@PathVariable、@MatrixVariable、@RequestParam、@RequestHeader、@RequestBody、@RequestParts @SessionAttribute、@RequestAttribute 注解。

（12）HttpEntity<?>。

（13）java.util.Map / org.springframework.ui.Model /org.springframework.ui.ModelMap。

（14）org.springframework.web.servlet.mvc.support.RedirectAttributes。

（15）org.springframework.validation.Errors /org.springframework.validation.BindingResult。

（16）org.springframework.web.bind.support.SessionStatus。

（17）org.springframework.web.util.UriComponentsBuilder。

需要注意的是，org.springframework.ui.Model 类型不是一个 Servlet API 类型，而是一个包含了 Map 对象的 Spring MVC 类型。如果方法中添加了 Model 参数，则每次调用该请求处理方法时，Spring MVC 类型都会创建 Model 对象，并将其作为参数传递给方法。

5. 返回类型

在 11.2.1 节入门案例中，请求处理方法返回的是一个 ModelAndView 类型的数据。除了此种类型，请求处理方法还可以返回其他类型的数据。常见的方法返回类型如下。

（1）ModelAndView；

（2）Model；

（3）Map；

（4）View；

（5）String；

（6）void；

（7）HttpEntity<?>或 ResponseEntity<?>；

（8）Callable<?>；

（9）DeferredResult<?>。

在上述所列举的返回类型中，常见的返回类型是 ModelAndView、String 和 void，其中 ModelAndView 类型中可以添加 Model 数据，并指定视图；String 类型的返回值可以跳转视图，但不能携带数据；void 类型主要在异步请求时使用，它只能返回数据，不会跳转视图。

由于 ModelAndView 类型未能实现数据与视图之间的解耦，所以在企业开发时，方法的返回类型通常都会使用 String 类型。既然 String 类型的返回值不能携带数据，那么在方法中是如何将数据带入视图页面的呢？这就用到了 Model 参数类型，通过该参数类型，即可添加需要在视图中显示的属性。

返回 String 类型方法的示例代码如下：

```
    @RequestMapping(value="/update")
    public String update(HttpServletRequest request,HttpServletResponse response, Model
model){
```

```
        //向模型对象中添加数据
        model. addAttribute （ "msg", "这是我的第一个 Spring MVC 程序");
        //返回视图页面
        return "/WEB-INF/jsp/first.jsp";
    }
```

在上述方法代码中，增加了一个 Model 类型的参数，通过该参数实例的 addAttribute()方法即可添加所需数据。

String 类型除了可以返回上述代码中的视图页面，还可以进行重定向与请求转发，具体方式如下。

（1）redirect 重定向

例如，在修改用户信息操作后，将请求重定向到用户查询方法的实现代码如下：

```
    @RequestMapping(value="/update")
    public String update(HttpServletRequest request,HttpServletResponse response, Model
model){
        ...
        //返回视图页面
        return "redirect:queryUser";
    }
```

（2）forward 请求转发

例如，用户执行修改操作时，转发到用户修改页面的实现代码如下：

```
    @RequestMapping(value="/update")
    public String update(HttpServletRequest request,HttpServletResponse response, Model
model){
        ...
        //返回视图页面
        return "forward:editUser";
    }
```

关于重定向和转发的具体使用，在后续的相关章节中会有具体的应用案例，由于篇幅有限，这里就不再过多介绍。

11.4.4 应用案例——基于注解的Spring MVC框架应用

通过学习相信对 Spring MVC 框架的核心类和注解的使用都有了一个初步的了解。为了更好地掌握这些知识，本节将以注解的方式对入门案例进行改写，具体实现步骤如下。

1. 搭建项目环境

在 MyEclipse 中，创建一个名为 Ch11_03 的 Web 项目，将 Ch11_02 项目中的所有 JAR 包及编写的所有文件复制到 Ch11_03 项目，并向 lib 目录添加 Spring AOP 所需的 JAR (spring-aop-3.2.18.RELEASE.jar)。

2. 修改配置文件

在 springmvc-config.xml 中添加注解扫描配置，并定义视图解析器，见示例 10。

【示例 10】springmvc-config.xml

```
    <?xml version="1.0" encoding="UTF-8"?>
    <beans xmlns="http://www.springframework.org/schema/beans"
        xmlns:xsi="http://www.w3.org/2001/XMLSchema-instance"
        xmlns:mvc="http://www.springframework.org/schema/mvc"
        xmlns:p="http://www.springframework.org/schema/p"
        xmlns:context="http://www.springframework.org/schema/context"
        xsi:schemaLocation="
            http://www.springframework.org/schema/beans
```

```
        http://www.springframework.org/schema/beans/spring-beans.xsd
        http://www.springframework.org/schema/context
        http://www.springframework.org/schema/context/spring-context.xsd
        http://www.springframework.org/schema/mvc
        http://www.springframework.org/schema/mvc/spring-mvc.xsd">
    <context:component-scan base-package="cn.dsscm.controller"/>
    <mvc:annotation-driven/>
    <!-- 完成视图的对应 -->
    <!-- 对转向页面的路径解析。prefix：前缀， suffix：后缀 -->
    <bean class="org.springframework.web.servlet.view.InternalResourceViewResolver" >
        <property name="prefix" value="/WEB-INF/jsp/"/>
        <property name="suffix" value=".jsp"/>
    </bean>
</beans>
```

在示例代码中，首先通过组件扫描器指定了需要扫描的包，然后定义了视图解析器，并在视图解析器中设置了视图文件的路径前缀名和文件后缀名。

3. 修改Controller类

修改 IndexController 类，并在类和方法上添加相应注解，见示例 11。

【示例 11】IndexController.java

```
import javax.servlet.http.HttpServletRequest;
import javax.servlet.http.HttpServletResponse;

import org.springframework.stereotype.Controller;
import org.springframework.ui.Model;
import org.springframework.web.bind.annotation.RequestMapping;

@Controller
@RequestMapping("/hello")
public class IndexController{
        @RequestMapping("/index")
        public String handleRequest(HttpServletRequest request,
                HttpServletResponse response, Model model) throws Exception {
            // 向模型对象中添加数据
            model.addAttribute("msg", "这是我的第一个 Spring MVC 程序");
            // 返回视图页面
            return "index";
        }
}
```

在示例代码中，通过@Controller 注解来标注控制器类，并使用@RequestMapping 注解标注在类名和方法名上来映射请求方法。在项目启动时，Spring 就会扫描到此类，以及此类中标注了@RequestMapping 注解的方法。由于标注在类上@RequestMapping 注解的 value 值为“/hello”，因此类中所有请求方法的路径都需要加上“/hello”。由于类中 handlerRequest()方法的返回类型为 String，而 String 类型的返回值又无法携带数据，所以需要通过参数 Model 对象的 addAttribute()方法来添加数据信息。因为在配置文件的视图解析器中定义了视图文件的前缀和后缀名，所以 handlerRequest()方法只需返回视图名“index”即可，在访问此方法时，系统会自动访问“/WEB-INF/jsp/”路径下名称为 first 的 jsp 文件。

4. 启动项目，测试应用

将项目发布到 Tomcat 服务器并启动，在浏览器中访问地址 http://127.0.0.1:8080/Ch11_03/hello/index，其显示效果如图 11.9 所示。

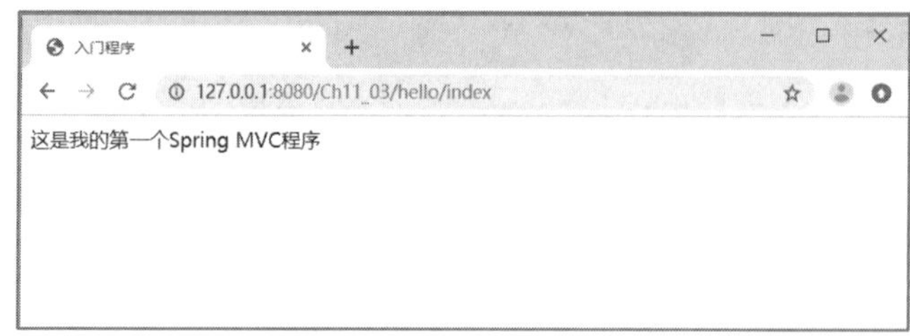

图 11.9 显示效果

可以看出，通过注解的方式，同样实现了第一个 Spring MVC 框架程序的运行。

11.4.5 ViewResolver（视图解析器）

请求处理方法执行完成后，最终返回一个 ModelAndView 对象。对于那些返回 String 等类型的处理方法，Spring MVC 框架也会在内部将其装配成一个 ModelAndView 对象，它包含了逻辑视图名和数据模型，那么此时就需要借助视图解析器（ViewResolver）了。ViewResolver 是处理视图的重要接口，通过它可以将控制器返回的逻辑视图名解析成一个真正的视图对象。当然，真正的视图对象可以是多种多样的，如常见的 JSP、FreeMarker、Velocity 等模板技术的视图，还可以是 JSON、XML、PDF 等各种数据格式的视图。本书将采用 JSP 视图进行讲解。

Spring MVC 框架默认提供了多种视图解析器，所有的视图解析器都实现了 ViewResolver 接口，如图 11.10 所示。

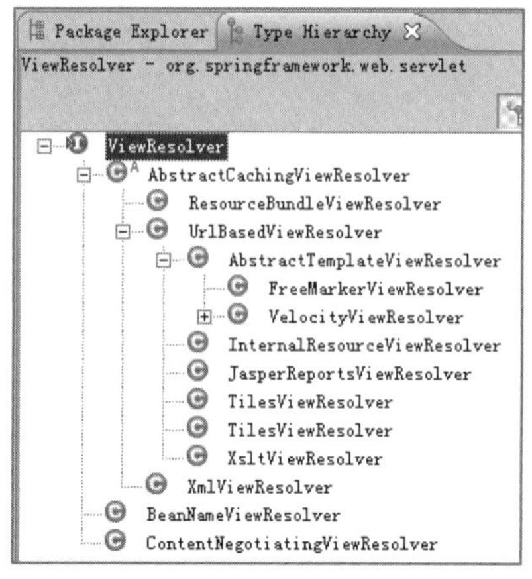

图 11.10 视图解析器

对于 JSP 这种最常见的视图技术，通常使用 InternalResourceViewResolver 作为视图解析器，下面就对其进行一个简单介绍。

IntemalResourceViewResolver 是常用的视图解析器，通常用于查找 JSP 和 JSTL 等视图。它是 URLBasedViewResolver 的子类，它会把返回的视图名称都解析为 InternalResourceViewResolver 对象，该对象会把 Controller 的处理方法返回的模型属性放在对应的请求作用域中，然后通过 RequestDispatcher 在服务器端把请求转发到目标 URL。在 springmvc-servlet.xml 中的配置代码如下：

```
<bean class="org.springframework.web.servlet.view.IntemalResourceViewResolver">
<property name="prefix" value="/WEB-INF/jsp/"/>
<property name="suffix" value=".jsp"/>
</bean>
```

若控制器的处理方法返回字符串的解析结果，如图 11.11 所示。

图 11.11　InternalResourceViewResolver 的视图解析

InternalResourceViewResolver 给返回的逻辑视图名加上定义了前缀和后缀，这样设置后，方法中所定义的 view 路径将可以简化。如入门案例中的逻辑视图名只需设置为“index”，而不需要再设置为“/WEB-INF/jsp/index.jsp”，在访问时视图解析器会自动增加前缀和后缀。

对于视图解析器，随着课程的深入还会继续学习，此处只掌握 InternalResourceViewResolver 视图解析器即可。

本章总结

- MVC 设计模式在各种成熟框架中都得到了良好的运用，它将 View、Controller、Model 3 层清晰地划分开，搭建一个松耦合、高重用性、高可适用性的完美架构。
- Spring MVC 框架是典型的 MVC 框架，是一个结构最清晰的 JSP Model 2 实现。它基于 Servlet，DispatcherServlet 是整个框架的核心。
- Spring MVC 框架的处理器映射（HandlerMapping）可配置为支持注解式处理器，只需配置 <mvc:annotation-driven/>标签即可。
- Spring MVC 框架的控制器的处理方法返回的 ModelAndView 对象中，包括数据模型和视图信息。
- Spring MVC 框架通过视图解析器来完成视图解析工作，并把控制器处理方法返回的逻辑视图名解析成一个真正的视图对象。

本章作业

一、选择题

1. 下面关于 Spring MVC 框架特点说法错误的是（　　）。
   A. 灵活性强，但不易于与其他框架集成
   B. 可自动绑定用户输入，并能正确转换数据的类型
   C. 支持国际化
   D. 使用基于 XML 的配置文件，在编辑后不需要重新编译应用程序
2. Spring MVC 框架中的后端控制器是指（　　）。
   A. HandlerAdapter　　B. DispatcherServlet
   C. ViewReslover　　D. Handler
3. 在 Java Web 应用中，MVC 设计模式的 C（控制器）通常可以由（　　）充当。
   A. Servlet　　B. Listener
   C. POJO　　D. Filter
4. 关于 Spring MVC 框架中 DispatcherServlet 的说法正确的是（　　）。
   A. DispatcherServlet 是 Spring MVC 框架的前端控制器，不需要配置即可起作用

B. DispatcherServlet 是整个 Spring MVC 框架的核心，它用来分派处理所有匹配的 HTTP 请求和响应

C. 在 web.xml 中只能配置一个 DispatcherServlet，并且 Servlet 的名称必须为 DispatcherServlet

D. 对于 DispatcherServlet 的相关配置，若配置其 servlet-mapping 映射到“/*”，即 DispatcherServlet 需要截获并处理该项目的所有 URL 请求

5. 下面关于<load-on-startup>元素说法错误的是（　　）。

A. 如果<load-on-startup>元素的值为 1，则在应用程序启动时会立即加载该 Servlet

B. 如果<load-on-startup>元素不存在，则应用程序会在第一个 Servlet 请求时加载该 Servlet

C. 如果<load-on-startup>元素的值为 1，则在应用程序启动时会延迟加载该 Servlet

D. <load-on-startup>元素是可选的

二、简答题

1. 简述 Spring MVC 框架的工作执行流程。
2. 简述 Spring MVC 框架的特点。
3. 简述 Spring MVC 框架的请求处理流程，以及整体框架的结构。

三、操作题

在第 1 章作业（某机械设备管理系统）的基础上，完成前台页面的设计实现（可不考虑关联后台实现，只做 View 层和 Comraller 层）。要求实现完成设备信息的增加操作，并在界面上显示新增的数据。

（1）搭建 Spring MVC 框架环境，编写对应的 POJO、Controller、设备添加页面（add.jsp）、添加成功并显示新增数据的页面（save.jsp）。

（2）部署并运行测试结果。

第 12 章 数据交互与绑定

本章目标

- ◎ 了解 Spring MVC 框架数据绑定的概念
- ◎ 熟悉 Spring MVC 框架数据绑定的类型
- ◎ 掌握 Spring MVC 框架数据绑定的使用
- ◎ 了解 JSON 的数据结构
- ◎ 掌握 Spring MVC 框架中 JSON 数据交互的使用
- ◎ 掌握 Spring MVC 框架中 RESTful 风格请求的使用

本章简介

通过前面章节的学习，知道后台的请求处理方法可以包含多种参数类型。在实际的项目开发中，多数情况下客户端会传递带有不同参数的请求，那么后台是如何绑定并获取这些请求参数的呢？Spring MVC 框架在数据绑定的过程中，需要对传递数据的格式和类型进行转换，它既可以转换 String 类型的数据，也能够转换 JSON 等其他类型的数据。本章将对 Spring MVC 框架中的数据绑定、Controller 和 View 之间的映射和参数传递、JSON 类型的数据交互和 RESTful 支持进行详细讲解。

技术内容

12.1 数据绑定介绍

在执行程序时，Spring MVC 框架会根据客户端请求参数的不同，将请求消息中的信息以一定的方式转换并绑定到控制器类的方法参数中。这种将请求消息数据与后台方法参数建立连接的过程就是 Spring MVC 框架的数据绑定。

在数据绑定过程中，Spring MVC 框架会通过数据绑定组件（DataBinder）将请求参数串的内容进行类型转换，然后将转换后的值赋给控制器类中方法的形参，这样后台方法就可以正确绑定并获取客户端请求携带的参数了。Spring MVC 框架数据绑定的过程如图 12.1 所示。

关于信息处理过程的步骤描述如下。

（1）Spring MVC 框架将 ServletRequest 对象传递给 DataBinder。

（2）将处理方法的入参对象传递给 DataBinder。

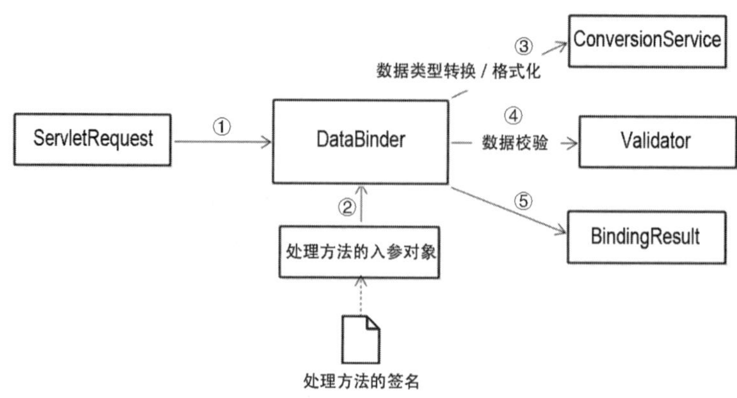

图 12.1 Spring MVC 数据绑定的过程

（3）DataBinder 调用 ConversionService 组件进行数据类型转换、格式化等工作，并将 ServletRequest 对象中的消息填充到参数对象。

（4）调用 Validator 组件对已经绑定了请求消息数据的参数对象进行数据合法性校验。

（5）校验完成后会生成数据绑定结果 BindingResult 对象，Spring MVC 框架会将 BandingResult 对象中的内容赋给处理方法的相应参数。

12.2 简单参数传递

在前面已搭建 Spring MVC 框架开发环境，完成了 Controller 与 View 的映射，并简单实现了页面导航。下面将要继续深入学习参数的传递，包括 View 层如何把参数值传递给 Controller，以及 Controller 又如何把值传递给前台 View 展现。

12.2.1 参数传递（View to Controller）

首先学习如何把参数值从 View 传递给 Controller，这就涉及请求的 URL，以及请求中携带参数等问题。最简单粗暴的做法就是将 Controller 方法中的参数直接入参。

1. 绑定默认数据类型

当前端请求的参数比较简单时，可以在后台方法的形参中直接使用 Spring MVC 提供的默认参数类型进行数据绑定。

常用的默认参数类型如下。

（1）HttpServletRequest：通过 request 对象获取请求信息。

（2）HttpServletResponse：通过 response 处理响应信息。

（3）HttpSession：通过 session 对象得到 session 中存储的对象。

（4）Model/ModelMap：Model 是一个接口，ModelMap 是一个接口实现，作用是将 model 数据填充到 request 域。

针对以上 4 种默认参数类型的数据绑定，本节将以 HttpServletRequest 类型的使用为例进行演示说明，其具体步骤如下。

（1）在 MyEclipse 中，创建一个名为 Ch12_01 的 Web 项目，然后将 Spring MVC 框架相关 JAR 包添加到项目的 lib 目录下，并发布到类路径。

（2）在 web.xml 中，配置 Spring MVC 框架的前端控制器等信息。

（3）在 src 目录下，创建 Spring MVC 框架的核心配置文件 springmvc-config.xml，并在该文件中配置组件扫描器和视图解析器，见示例 1。

【示例 1】springmvc-config.xml

```
<?xml version="1.0" encoding="UTF-8"?>
<beans xmlns="http://www.springframework.org/schema/beans"
  xmlns:mvc="http://www.springframework.org/schema/mvc"
  xmlns:xsi="http://www.w3.org/2001/XMLSchema-instance"
  xmlns:context="http://www.springframework.org/schema/context"
  xsi:schemaLocation="http://www.springframework.org/schema/beans
  http://www.springframework.org/schema/beans/spring-beans-3.2.xsd
  http://www.springframework.org/schema/mvc
  http://www.springframework.org/schema/mvc/spring-mvc-3.2.xsd
  http://www.springframework.org/schema/context
  http://www.springframework.org/schema/context/spring-context-3.2.xsd">
    <!-- 定义组件扫描器，指定需要扫描的包 -->
    <context:component-scan base-package="cn.dsscm.controller" />
    <!-- 定义视图解析器 -->
    <bean id="viewResolver" class=
    "org.springframework.web.servlet.view.InternalResourceViewResolver">
    <!-- 设置前缀 -->
    <property name="prefix" value="/WEB-INF/jsp/" />
    <!-- 设置后缀 -->
    <property name="suffix" value=".jsp" />
    </bean>
</beans>
```

（4）在 src 目录下，创建一个 cn.dsscm.controller 包，并在该包下创建一个用于用户操作的控制器类 UserController，编写后的代码见示例 2。

【示例 2】UserController.java

```
import java.util.List;

import javax.servlet.http.HttpServletRequest;
import org.springframework.stereotype.Controller;
import org.springframework.web.bind.annotation.RequestMapping;
import org.springframework.web.bind.annotation.RequestParam;

@Controller
public class UserController {
    @RequestMapping("/selectUser")
    public String selectUser(HttpServletRequest request) {
        String id = request.getParameter("id");
        System.out.println("id="+id);
        return "success";
    }
}
```

在上述代码中，使用注解方式定义了一个控制器类，同时也定义了方法的访问路径。在方法参数中使用 HttpServletRequest 类型，并通过该对象的 getParameter()方法获取指定的参数。为了方便查看结果，将获取的参数进行输出打印，最后返回一个名为 success 的视图，Spring MVC 框架可通过视图解析器在“/WEB-INF/jsp/”路径下寻找 success.jsp 文件。

后台在编写控制器类时，通常根据需要操作的业务对控制器类进行规范命名。如要编写一个对用户操作的控制器类，可以将控制器类命名为 UserController，然后在该控制器类中就可以编写任何有关用户操作的方法。

（5）在 WEB-INF 目录下，创建一个名为 jsp 的文件夹，然后在该文件夹中创建页面文件 success.jsp，该界面只作为正确执行操作后的响应页面，没有其他业务逻辑，见示例 3。

【示例 3】success.jsp

```
<%@ page language="java" contentType="text/html; charset=UTF-8" pageEncoding="UTF-8"%>
<html>
<head>
<meta http-equiv="Content-Type" content="text/html; charset=UTF-8">
<title>结果页面</title>
</head>
<body>
    ok
</body>
</html>
```

（6）将 Ch12_01 项目发布到 Tomcat 服务器并启动，在浏览器中访问地址 http://localhost:8080/Ch12_01/selectUser?id=1，其显示效果如图 12.2 所示。

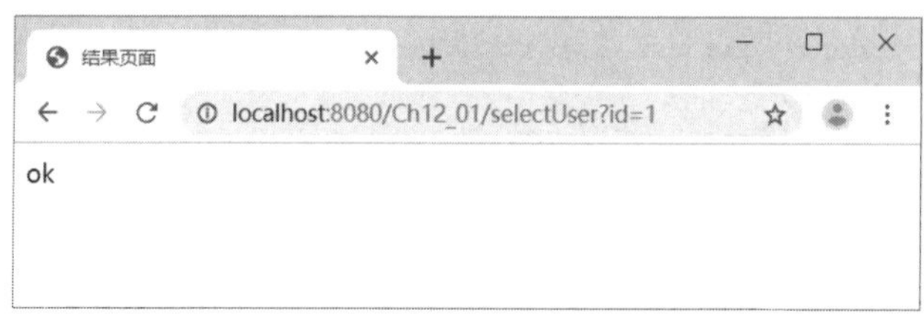

图 12.2　success.jsp 结果页面

此时的控制台打印结果如图 12.3 所示。

```
Problems  Tasks  Web Browser  Console  Servers
tomcat7Server [Remote Java Application] C:\Users\Eleven\MyEclipse\Common\binary\com.sun.java.jdk.win32.x86_64
- (29981 ms) - 2020-1-31 12:10:57[DEBUG](AbstractBeanFactory.jav
- (29982 ms) - 2020-1-31 12:10:57[DEBUG](DispatcherServlet.java:
id=1
- (30022 ms) - 2020-1-31 12:10:57[DEBUG](AbstractAutowireCapable
- (30022 ms) - 2020-1-31 12:10:57[DEBUG](DispatcherServlet.java:
- (30030 ms) - 2020-1-31 12:10:57[DEBUG](InternalResourceView.ja
- (30782 ms) - 2020-1-31 12:10:57[DEBUG](FrameworkServlet.java:
```

图 12.3　控制台的打印结果（1）

可以看出，后台方法已从请求中正确地获取了 id 的参数信息，这说明使用默认的 HttpServletRequest 参数类型已经完成了数据绑定。

2. 绑定简单数据类型

简单数据类型的绑定就是指 Java 中几种基本数据类型的绑定，如 int、String、Double 等。这里仍然以前面案例中的参数 id 为 1 的请求为例，来讲解简单数据类型的绑定。

首先修改控制器类，将控制器类 UserController 中 selectUser()方法的参数修改为使用简单数据类型的形式，修改后的代码如下：

```
@RequestMapping("/selectUser2")
public String selectUser2(Integer id) {
    System.out.println("id="+id);
    return "success";
}
```

与默认数据类型案例中的 selectUser()方法相比，此方法中只是将 HttpServletRequest 参数类型替换为 Integer 类型。

启动项目，并在浏览器中访问地址 http://localhost:8080/Ch12_01/selectUser2?id=1，发现浏览器同样可以正确跳转到 success.jsp 页面，此时再查看控制台打印结果，如图 12.4 所示。

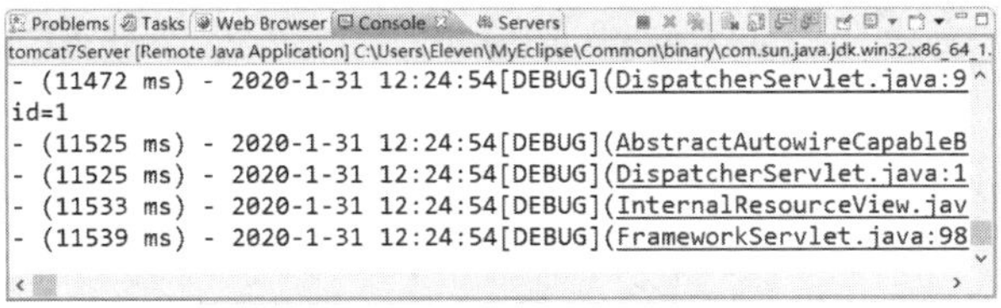

```
Problems Tasks Web Browser Console Servers
tomcat7Server [Remote Java Application] C:\Users\Eleven\MyEclipse\Common\binary\com.sun.java.jdk.win32.x86_64_1.
- (11472 ms) - 2020-1-31 12:24:54[DEBUG](DispatcherServlet.java:9
id=1
- (11525 ms) - 2020-1-31 12:24:54[DEBUG](AbstractAutowireCapableB
- (11525 ms) - 2020-1-31 12:24:54[DEBUG](DispatcherServlet.java:1
- (11533 ms) - 2020-1-31 12:24:54[DEBUG](InternalResourceView.jav
- (11539 ms) - 2020-1-31 12:24:54[DEBUG](FrameworkServlet.java:98
```

图 12.4　控制台的打印结果（2）

可以看出，使用简单的数据类型同样完成了数据绑定。

需要注意的是，有时候前端请求中参数名和后台控制器类方法中的形参名不一样，这就会导致后台无法正确绑定并接收到前端请求的参数。为此，Spring MVC 框架提供了@RequestParam 注解来进行间接数据绑定。

@RequestParam 注解用于对请求的参数进行定义，在使用时可以指定其 4 个属性，具体如表 12-1 所示。

表 12-1　@RequestParam 注解的属性及说明

属　性	说　明
value	name 属性的别名，这里指参数的名字，即入参的请求参数名字，如 value= “item_id” 表示请求参数中将传入名字为 item_id 的参数值。如果只使用 vaule 属性，则可以省略 value 属性名
name	指定请求头绑定的名称
required	用于指定参数是否为必需，默认为 true，表示请求中一定要有相应的参数
defaultValue	默认值，表示如果请求中没有同名参数时的默认值

@RequestParam 注解的使用非常简单，假设浏览器中的请求地址为 http://localhost:8080/chapter 13/selectUser?user_id=1，那么在后台 selectUser3()方法中的使用方式如下：

```
@RequestMapping("/selectUser3")
public String selectUser3(@RequestParam(value="user_id")Integer id) {
    System.out.println("id="+id);
    return "success";
}
```

上述代码会将请求中 user_id 参数的值 1 赋给方法中的 id 形参。这样通过输出语句就可以输出 id 形参中的值。

启动项目，并在浏览器中访问地址 http://localhost:8080/Ch12_01/selectUser3?user_id=1，会发现浏览器同样正确跳转到 success.jsp 页面，此时再查看控制台的打印结果，如图 12.5 所示。

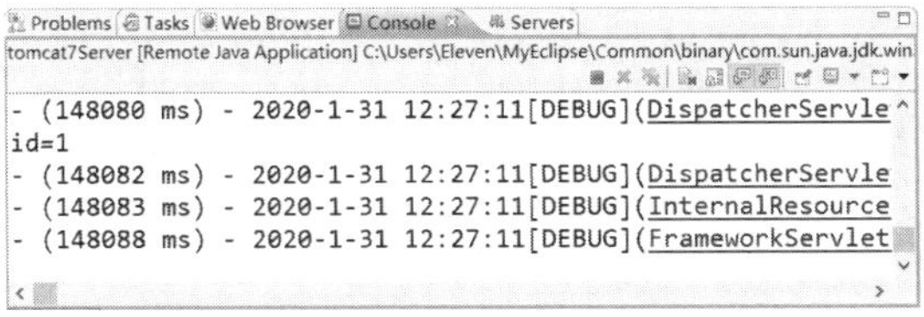

```
Problems Tasks Web Browser Console Servers
tomcat7Server [Remote Java Application] C:\Users\Eleven\MyEclipse\Common\binary\com.sun.java.jdk.win
- (148080 ms) - 2020-1-31 12:27:11[DEBUG](DispatcherServle
id=1
- (148082 ms) - 2020-1-31 12:27:11[DEBUG](DispatcherServle
- (148083 ms) - 2020-1-31 12:27:11[DEBUG](InternalResource
- (148088 ms) - 2020-1-31 12:27:11[DEBUG](FrameworkServlet
```

图 12.5　控制台的打印结果（3）

可以看出，使用简单的数据类型同样完成了数据绑定。

但是对于上述方式传参会存在一个问题，若在地址栏直接输入 URL:http://localhost:8080/Ch12_01/selectUser3，即参数 id 并不是必需的。此时页面会报 400 错误，如图 12.6 所示。

通过报错信息可以看出是由于 URL 请求中参数“user_id”不存在而导致的报错。但是实际开发中，由于业务需求对于参数的要求并不是必需的，那么要如何解决这个问题呢？这就需要了解如何使用@RequestMapping 来映射请求，以及使用@RequestParam 来绑定请求参数值。

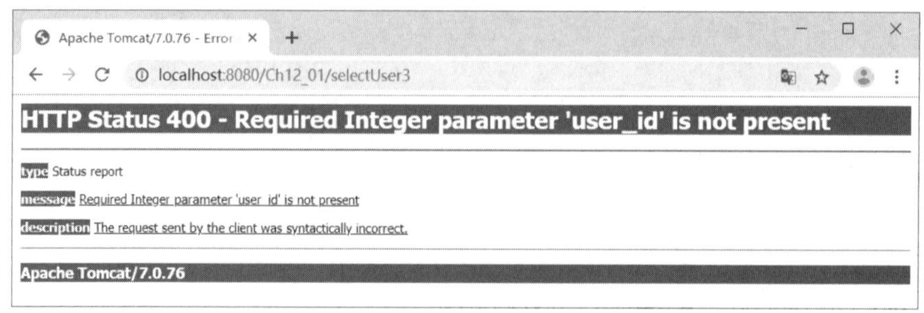

图 12.6　参数传递（view-controller）的页面报错

通过学习已经知道在一个普通 JavaBean 的定义处标注@Controller，再通过<context: component-scan/>扫描相应的包，即可使一个普通的 JavaBean 成为一个可以处理 HTTP 请求的控制器。根据业务需求可以创建多个控制器（如 UserController.java、ProviderCotroller.java 等），每个控制器内有多个处理请求的方法（如 UserController 里会有增加用户、修改用户信息、删除指定用户、根据条件获取用户列表等），每个方法负责不同的请求操作，@RequestMapping 负责将不同请求映射到对应的控制器方法上。

注意

HTTP 请求信息除了请求的 URL 地址，还包括很多其他信息，如请求方法（GET、POST）、HTTP 协议及版本、HTTP 的报文头、HTTP 的报文体。因此，@RequestMapping 除了可以使用 URL 映射请求，还可以使用请求方法、请求参数等映射请求。

使用@ RequestMapping 完成映射，具体包括 4 个方面的信息项，即请求 URL、请求参数、请求方法和请求头。

（1）通过请求 URL 进行映射

在实例 2 中的写法就是通过请求 URL 进行映射，如@RequestMapping（"/welcome "）等，这是一种简写方式。@RequestMapping 使用 value 来指定请求的 URL，下面两种写法一样：

```
@RequestMapping ("/welcome")
…（略）
@RequestMapping  (value="/welcome")
…（略）
```

此外，@ RequestMapping 不仅可以定义在方法处，还可以定义在类定义处，示例代码如下：

```
@Controller
@RequestMapping("/user")
public class UserController{
    private Logger logger = Logger.getLogger(UserController.class);
    @RequestMapping("/welcome")
    public String welcome(@RequestParam String username){
        logger.info("welcome, username:" + username);
        return "index";
    }
}
```

在上述代码中，@RequestMapping 在 UserController 的类定义处指定 URL:"/user"，相对于 Web 应用的部署路径，而在（welcome）方法处指定的 URL 则相对于类定义处指定的 URL，那么访问路径为 http://localhost:8080/Ch12_01/user/welcome?username=admin；若在类定义处未标注@RequestMapping，此时，方法处指定的 URL 则相对于 Web 应用的部署路径，如示例 2 中的代码，其访问路径为 http://localhost:8080/Ch12_01/welcome?usemame=admin。需要注意的是，在整个 Web 项目中，@RequestMapping 映射的请求信息必须保证全局唯一。

思考：整个 Web 项目中，@RequestMapping 映射的请求信息必须保证全局唯一。在实际项目开发中，经常会在不同业务的 Controller 的类定义处指定相应的@RequestMapping（把同一个 Controller 的操作请求都安排在同一个 URL 下），以便于区分请求，不易出错，并且通过访问的 URL 就可以明确看出是属于哪个业务模块的请求。如用户管理功能模块下增加用户的请求 “/user/add” 、删除用户的请求 “/user/delete” 等；供应商管理功能模块下增加供应商的请求 “/provider/add” 、删除供应商的请求 “/provider/delete” 等。

知识拓展：对于@RequestMapping 的 value，通过源码可以发现其返回值是一个 String[]，也就是说，可以写成如下格式：@RequestMapping（{"/index","/"}）。那么它的含义是请求地址 http://localhost:8080/Ch12_01/index 或者 http://localhost:8080/Ch12_01/时，都可以进入该处理方法。

（2）通过请求参数、请求方法进行映射@RequestMapping，除了可以使用请求 URL 映射请求，还可以使用请求参数、请求方法来映射请求，通过多条件可以让请求映射更加精确。改造 UserController.java 关键示例代码如下：

```
@RequestMapping(value="/welcome",method=RequestMethod.GET,params="username")
public String welcome(String username){
    System.out.println("welcome, " + username);
    return "success";
}
```

在上述代码中，@RequestMapping 的 value 表示请求的 URL，method 表示请求方法，此处设置为 GET 请求（若是 POST 请求，则无法进入 welcome 这个处理方法）；params 表示请求参数，此处参数名为 username。

在地址栏中输入 http://localhost:8080/Ch12_01/welcome?username=admin，其运行结果正确，成功进入 UserController 的 welcome 处理方法中。简单分析其过程，首先 value（请求的 URL "/welcome"）匹配，其次 method 亦为 GET 请求，最后参数（?username=admin）也与 params="username" 匹配，故可以正确进入该处理方法中。下面再分析几种错误情况。

若对地址栏中输入 URL 的参数进行相应调整（改为 http://localhost:8080/Ch12_01/welcome?usercode= admin），就会发现页面报 400 错误，控制台也报出相应的异常，并无法进入 welcome 的处理方法中，其代码如下：

```
  (AbstractHandlerExceptionResolver.java:132) Resolving exception from handler [null]:
org.springframework.web.bind.UnsatisfiedServletRequestParameterException: Parameter
conditions "username" not met for actual request parameters: usercode={admin}
```

若修改 welcome 方法入参为 String usercode，则后台同样取不到相应的参数值，关键代码如下：

```
@RequestMapping(value="/welcome",method=RequestMethod.GET,params="username")
public String welcome(String usercode){
    logger.info("welcome, " + usercode);
    return "index";
}
```

在地址栏中输入 URL 为 http://localhost:8080/Ch12_01/welcome?username=admin，页面和控制台均未报错，并且根据请求信息，成功进入 welcome 处理方法，但是在该方法中却没有得到参数值，控制台输出“welcome，null”。由此发现，若选择方法参数直接入参，方法入参名必须与请求中参数名保持一致。

在简单学习@RequestMapping 之后，示例中出现的问题还没有得到解决，若要解决此问题，还需要借助@RequestParam 注解。

在方法入参处使用@RequestParam 注解指定其对应的请求参数。@RequestParam 有以下 3 个参数。

（1）value：参数名。

（2）required：是否必需，默认为 true，表示请求中必须包含对应的参数名，若不存在将抛出异常。

（3）defaultValue：默认参数名，不推荐使用。

现在就利用它的第二个参数 required 来解决示例中存在参数非必需的问题，修改示例代码如下：

```
    @RequestMapping("/welcome2")
    public String welcome2(@RequestParam(value="username",required=false) String
username){
        System.out.println("welcome, " + username);
        return "success";
    }
```

部署并运行测试，地址栏中输入 http://localhost:8080/Ch12_01/welcome2。该请求信息不带参数，页面和控制台均未报错，控制台日志输出“welcome，null”，运行正确。

3. 绑定POJO类型

在使用简单数据类型绑定时，可以根据具体需求来定义方法中的形参类型和个数，然而在实际应用中，客户端请求可能会传递多个不同类型的参数数据，如果还使用简单数据类型进行绑定，那么就需要手动编写多个不同类型的参数，这种操作显然比较烦琐。此时可以使用 POJO 类型进行数据绑定。POJO 类型数据绑定就是将所有关联的请求参数封装在一个 POJO 中，然后在方法中直接使用该 POJO 作为形参来完成数据绑定。下面通过一个用户注册案例，来演示 POJO 类型数据的绑定，具体实现步骤如下。

（1）在 src 目录下，创建一个 cn.dsscm.pojo 包，在该包下创建一个 User 类来封装用户注册的信息参数，编辑后见示例 4。

【示例 4】User.java

```
   public class User {
       private Integer id;            //用户 id
       private String username;       //用户
       private Integer password;      //用户密码
       //省略 getter 方法和 setter 方法
   }
```

（2）在控制器 UserController 类中，编写接收用户注册信息和向注册页面跳转的方法，其代码如下：

```
    /**
     * 向用户注册页面跳转
     */
    @RequestMapping("/toRegister")
    public String toRegister( ) {
        return "register";
    }
    /**
     * 接收用户注册信息
     */
    @RequestMapping("/registerUser")
    public String registerUser(User user) {
        String username = user.getUsername();
        Integer password = user.getPassword();
        System.out.println("username="+username);
        System.out.println("password="+password);
        return "success";
    }
```

（3）在/WEB-INF/jsp 目录下，创建一个用户注册页面 register.jsp，在该界面中编写用户注册表单，表单需要以 POST 方式提交，并且在提交时会发送一条以“/registerUser”结尾的请求消息，代码见示例 5。

【示例 5】register.jsp

```
   <%@ page language="java" contentType="text/html; charset=UTF-8" pageEncoding="UTF-8"%>
```

```
<html>
<head>
<meta http-equiv="Content-Type" content="text/html; charset=UTF-8">
<title>注册</title>
</head>
<body>
    <form action="${pageContext.request.contextPath}/registerUser" method="post">
        用户名：<input type="text" name="username" /><br />
        密   码：<input type="text" name="password" /><br />
        <input type="submit" value="注册"/>
    </form>
</body>
</html>
```

在使用 POJO 类型数据绑定时，前端请求的参数名（本例中指 form 表单内各元素的 name 属性值）必须与要绑定的 POJO 类型中的属性名一样，这样才会自动将请求数据绑定到 POJO 对象中，否则后台接收的参数值为 null。

（4）将项目发布到 Tomcat 服务器并启动，在浏览器中访问地址 http://localhost:8080/Ch12_01/toRegister，就会跳转到用户注册页面 register.jsp，如图 12.7 所示。

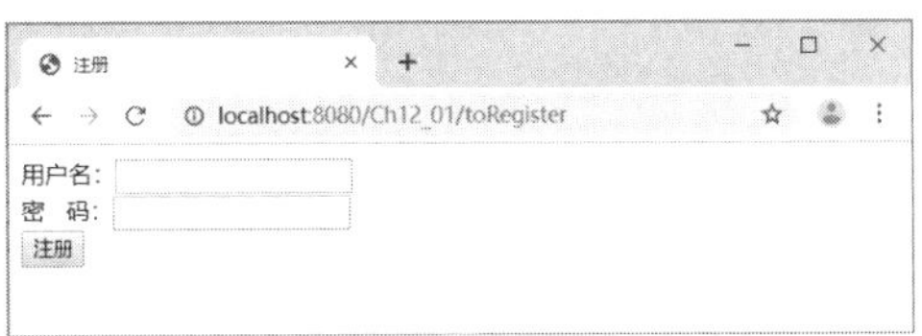

图 12.7 register.jsp 注册页面

这里假设用户注册的用户名和密码分别为“Tom”和“123456”，当单击“注册”按钮后，浏览器会跳转到结果页面，此时控制台的输出结果如图 12.8 所示。

```
Console
tomcat7Server [Remote Java Application] C:\Users\Eleven\MyEclipse\Common\binary\com.sun.java.jdk.win32.x86_64_1.6.0.013\b
- (72507 ms) - 2020-1-31 13:23:45[DEBUG](AbstractHandlerMethodMapping.
- (72507 ms) - 2020-1-31 13:23:45[DEBUG](AbstractHandlerMethodMapping.
- (72508 ms) - 2020-1-31 13:23:45[DEBUG](AbstractBeanFactory.java:243)
username=Tom
password=123456
- (72509 ms) - 2020-1-31 13:23:45[DEBUG](DispatcherServlet.java:1213)
```

图 12.8 控制台的输出结果（1）

可以看出，使用 POJO 类型同样可以获取前端请求传递过来的数据信息。

提示

解决请求参数中的中文乱码问题。在前端请求中，难免会有中文信息传递，如图 12.7 中输入用户名“张三”和密码“123456”时，虽然浏览器可以正确跳转到结果页面，但是在控制台中输出的中文信息却出现了乱码，如图 12.9 所示。

```
Console
tomcat7Server [Remote Java Application] C:\Users\Eleven\MyEclipse\Common\binary\com.sun.java.jdk.win32.x86_64_1.6.0.013\b
- (45575 ms) - 2020-1-31 13:23:18[DEBUG](AbstractHandlerMethodMapping.
- (45576 ms) - 2020-1-31 13:23:18[DEBUG](AbstractHandlerMethodMapping.
- (45576 ms) - 2020-1-31 13:23:18[DEBUG](AbstractBeanFactory.java:243)
username=??????
password=123456
- (45636 ms) - 2020-1-31 13:23:18[DEBUG](AbstractAutowireCapableBeanFa
```

图 12.9 控制台的输出结果（2）

可以看到，密码信息已正确显示，但用户名却显示为“??????”。

为了防止前端传入的中文数据出现乱码问题，可以使用 Spring 框架提供的编码过滤器来统一编码。要使用编码过滤器，只需要在 web.xml 中添加代码如下：

```
<!-- 配置编码过滤器 -->
<filter>
```

```
        <filter-name>CharacterEncodingFilter</filter-name>
        <filter-class>org.springframework.web.filter.CharacterEncodingFilter</filter-
class>
        <init-param>
            <param-name>encoding</param-name>
            <param-value>UTF-8</param-value>
        </init-param>
    </filter>
    <filter-mapping>
        <filter-name>CharacterEncodingFilter</filter-name>
        <url-pattern>/*</url-pattern>
    </filter-mapping>
```

上述代码中，通过<filter-mapping>元素的配置拦截前端页面中的所有请求，并交由名称为 CharacterEncodingFilter 的编码过滤器类进行处理。在<filter>元素中，首先配置了编码过滤器类 org.springframework.web.filter.CharacterEncoding-Filter，然后通过初始化参数设置统一的编码为 UTF-8。这样所有的请求信息内容都会以 UTF-8 的编码格式进行解析。

配置完成后，再次在页面中输入中文用户名“张三”和密码“123”，此时控制台的打印信息如图 12.10 所示。

```
Console
tomcat7Server [Remote Java Application] C:\Users\Eleven\MyEclipse\Common\binary\com.sun.java.jdk.win32.x86_64_1.6.0.013\b
- (10442 ms) - 2020-1-31 13:26:57[DEBUG](AbstractHandlerMethodMapping.
- (10449 ms) - 2020-1-31 13:26:57[DEBUG](AbstractHandlerMethodMapping.
- (10450 ms) - 2020-1-31 13:26:57[DEBUG](AbstractBeanFactory.java:243)
username=张三
password=123456
- (10523 ms) - 2020-1-31 13:26:57[DEBUG](AbstractAutowireCapableBeanFa
```

图 12.10 控制台的打印信息

可以看出，控制台中已经正确显示出了中文数据，这说明编码过滤器配置成功。

4. 绑定包装POJO类型

使用简单 POJO 类型可以完成多数的数据绑定，但有时客户端请求中传递的参数会比较复杂。如在用户查询订单时，页面传递的参数可能包括订单编号、用户名称等信息，这就包含了订单和用户两个对象的信息。如果将订单和用户的所有查询条件都封装在一个简单 POJO 中，显然会比较混乱，这时就可以考虑使用包装 POJO 类型的数据绑定。

包装 POJO 类型就是在一个 POJO 类型中包含另一个简单的 POJO 类型。如在订单对象中包含用户对象。这样在使用时，就可以通过订单查询到用户信息。

下面通过一个订单查询的案例，来演示包装 POJO 类型数据绑定的使用，具体步骤如下。

（1）在 Ch12_01 项目的 cn.dsscm.po 包中，创建一个订单类 Orders，该类用于封装订单和用户信息，见示例 6。

【示例 6】Orders.java

```
/**
 * 订单 POJO
 */
public class Orders {
    private Integer ordersId; // 订单编号
    private User user;           // 用户 POJO，所属用户

    //省略 getter 方法和 setter 方法
}
```

在上述包装 POJO 类型中，定义了订单号和用户 POJO 类型的属性及其对应的 getter 方法和 setter 方法。这样订单类中就不仅可以封装订单的基本属性参数，还可以封装 User 类型的属性参数。

（2）在 cn.dsscm.controller 包中，创建一个订单控制器类 OrdersController，并在该类中编写一个跳转到订单查询页面的方法和一个查询订单及用户信息的方法，见示例 7。

【示例 7】OrdersController.java

```
@Controller
```

```
public class OrdersController {
    /**
     * 向订单查询页面跳转
     */
    @RequestMapping("/tofindOrdersWithUser")
    public String tofindOrdersWithUser( ) {
        return "orders";
    }

    /**
     * 查询订单和用户信息
     */
    @RequestMapping("/findOrdersWithUser")
    public String findOrdersWithUser(Orders orders) {
        Integer orderId = orders.getOrdersId();
        User user = orders.getUser();
        String username = user.getUsername();
        System.out.println("orderId="+orderId);
        System.out.println("username="+username);
        return "success";
    }
}
```

在示例代码中，通过访问页面跳转方法即可跳转 orders.jsp 中；通过查询订单和用户信息方法，即可通过传递的参数条件调用 Service 的相应方法来查询数据。这里只是为了讲解包装 POJO 类型的使用，所以只需将传递过来的参数进行输出。

（3）在/WEB-INF/jsp 目录下，创建一个用户订单查询页面 orders.jsp，并在页面中编写通过订单编号和所属用户作为查询条件来查询订单信息的代码，见示例 8。

【示例 8】orders.jsp

```
<%@ page language="java" contentType="text/html; charset=UTF-8" pageEncoding="UTF-8"%>
<!DOCTYPE html PUBLIC "-//W3C//DTD HTML 4.01 Transitional//EN"
    "http://www.w3.org/TR/html4/loose.dtd">
<html>
<head>
<meta http-equiv="Content-Type" content="text/html; charset=UTF-8">
<title>订单查询</title>
</head>
<body>
    <form action="${pageContext.request.contextPath }/findOrdersWithUser" method="post">
        订单编号：<input type="text" name="ordersId" /><br />
        所属用户：<input type="text" name="user.username" /><br />
        <input type="submit" value="查询" />
    </form>
</body>
</html>
```

注意

在使用包装 POJO 类型数据绑定时，前端请求的参数名编写必须符合以下两种情况。

①如果查询条件参数是包装类的直接基本属性，则参数名直接用对应的属性名，如上面代码中的 ordersId。

②如果查询条件参数是包装类中 POJO 类型的子属性，则参数名必须为“对象.属性”，其中“对象”要和包装 POJO 类型中的对象属性名称一致，“属性”要和包装 POJO 类型中的对象子属性一致，如上述代码中的 user.usemame。

（4）将 Ch12_01 项目发布到 Tomcat 服务器并启动，在浏览器中访问地址 http://localhost:8080/chapter13/tofindOrdersWithUser，其显示效果如图 12.11 所示。

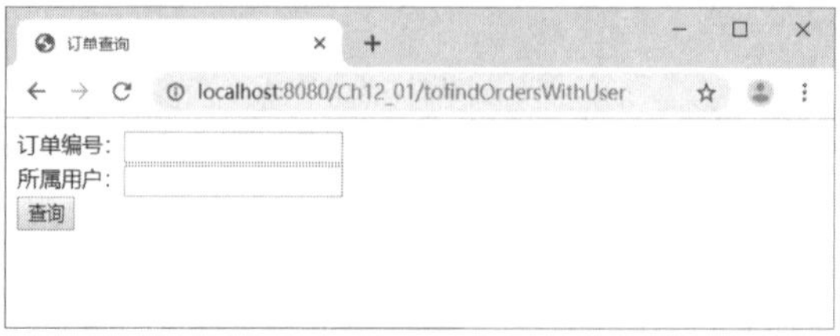

图 12.11　orders.jsp 订单查询

填写订单编号为“123456”，所属用户为“张三”，单击“查询”按钮后，浏览器会跳转到 success.jsp 页面，此时控制台中的打印信息如图 12.12 所示。

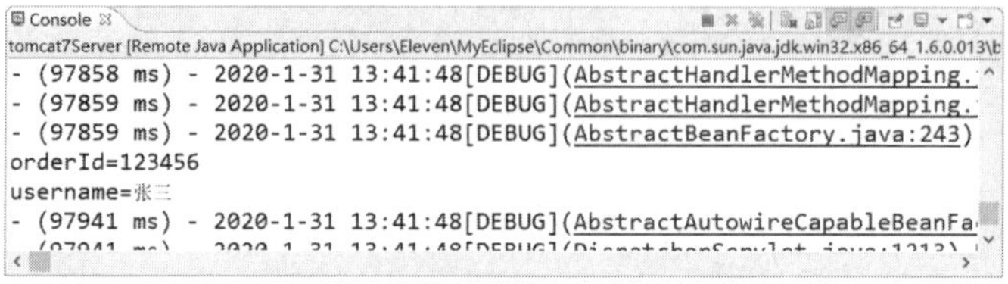

图 12.12　控制台中的打印信息

可以看出，使用包装 POJO 同样完成了数据绑定。

12.2.2　参数传递（Controller to View）

了解从 View 到 Controller 的参数传递过程后，下面继续学习 View 层如何从 Controller 中获取参数内容，这就需要进行模型数据的处理了。对于 MVC 框架来说，模型数据是最重要的内容，因为控制层（Controller）是为了产生模型数据（Model），而视图（View）最终也是为了渲染模型数据并进行输出。那么如何将模型数据传递给视图，则是 Spring MVC 框架的一项重要工作。Spring MVC 框架提供了多种方式输出模型数据。

1. ModelAndView

控制器处理方法的返回值若为 ModelAndView，则既包含视图信息又包含模型数据信息。有了该对象之后，Spring MVC 框架就可以使用视图对模型数据进行渲染。改造示例，完成前端请求的参数 username 向后台（Controller）传递的操作，在控制台输出该参数值，并在 index 页面输出 username 参数值。IndexController 的关键代码见示例 9。

【示例 9】IndexController.java

```
import org.apache.log4j.Logger;
import org.springframework.stereotype.Controller;
import org.springframework.web.bind.annotation.RequestMapping;
import org.springframework.web.bind.annotation.RequestParam;
import org.springframework.web.servlet.ModelAndView;
@Controller
public class IndexController{
    private Logger logger = Logger.getLogger(IndexController.class);

    /**
     * 参数传递：controller to view -(ModelAndView)
     * @param username
     * @return
     */
    @RequestMapping("/index1")
    public ModelAndView index(String username){
        logger.info("welcome! username: " + username);
        ModelAndView mView = new ModelAndView();
```

```
            mView.addObject("username", username);
            mView.setViewName("index");
            return mView;
        }
    }
```

通过以上代码，可以看出在 index 处理方法中，返回 ModelAndView 对象，并通过 addObject 方法添加模型数据，用 setViewName 方法设置逻辑视图名。ModelAndView 对象的常用方法如下。

（1）添加模型数据

① ModelAndView addObject (String attributeName, Object attributeValue)：该方法的第一个参数为 key 值，第二参数为 key 值对应的 value。key 值可以随意指定（保证在该 Model 的作用域内唯一即可）。在此示例中指定 key 为“username”的字符串，相对应的 value 为参数 username 的值。

② ModelAndView addAIIObjects (Map<String, ?> modelMap)：从此方法中可以看出，模型数据也是一个 Map 对象，可以添加 Map 对象到 Model。

（2）设置视图

① void setView (View view)：指定一个具体的视图对象。

② void setViewName (String viewName)：指定一个逻辑视图名。示例 11 采用了此种做法。

修改 index.jsp，在页面中展现参数 username 的值，其关键代码见示例 10。

【示例 10】index.jsp

```
<h1>hello,SpringMVC!</h1>
<h1>username(key:username) --> ${username}</h1>
```

上述代码中，通过 EL 表达式展现从 Controller 返回的 ModplAndView 对象中接收参数 username 的值。部署并运行测试，在浏览器地址栏中输入 http://localhost:8080/Ch12_01/index1?username=admin，其运行界面如图 12.13 所示。

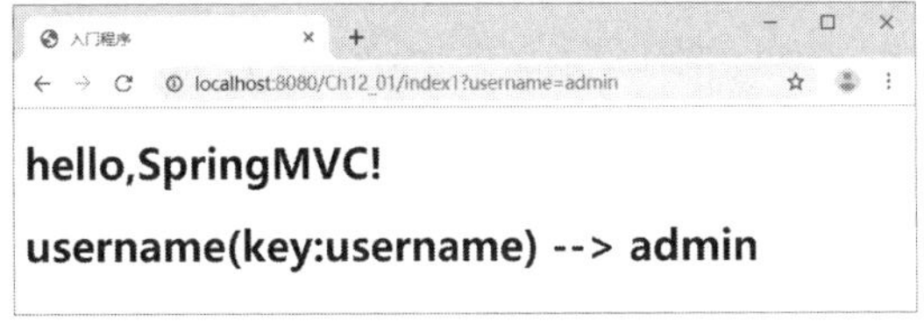

图 12.13　运行界面

页面上正确显示 username 的参数值，表明运行正确。

2. Model

除了可以使用 ModelAndView 对象返回模型数据，还可以使用 Spring MVC 框架提供的 Model 对象来完成模型数据的传递。通常 Spring MVC 框架在调用方法前会创建一个隐含的模型对象，作为模型数据的存储容器，一般称为“隐含模型”。若处理方法的入参为 Model 类型，Spring MVC 框架会将隐含模型的引用传递给这些入参。简单地说，就是在方法体内，开发人员可以通过一个 Model 类型的入参对象访问到模型中的所有数据，当然也可以往模型中添加新的属性数据。修改上一示例，实现使用 Model 对象完成参数的传递，IndexController 关键代码见示例 11。

【示例 11】IndexController.java

```
    /**
     * 参数传递：controller to view -(Model)
     * @param username
     * @param model
```

```
     * @return
     */
    @RequestMapping("/index2")
    public String index(String username,Model model){
        logger.info("hello,SpringMVC! username: " + username);
        model.addAttribute("username", username);
        return "index";
    }
```

在上述代码中，处理方法可直接使用 Model 对象入参，把需要传递的模型数据 username 放入 Model 中即可，返回字符串类型的逻辑视图名。

在 index.jsp 页面直接使用 EL 表达式${username}，即可获得参数值，说明部署运行正确，此处不再赘述。

Model 与 ModelAndView 的用法很类似，运用起来也非常灵活。Model 对象的 addAttribute 方法与 ModelAndView 对象添加模型数据的用法都是一样的，即 Model 对象也是一个 Map 类型的数据结构，并且对于 key 值的指定并不是必需的。下面简单修改代码见示例 12。

【示例 12】IndexController.java

```
@RequestMapping("/index3")
public String index3(String username,Model model){
    logger.info("hello,SpringMVC! username: " + username);
    model.addAttribute("username", username);
    model.addAttribute(username);
    return "index";
}
```

在上述代码中增加了 model.addAttribute(username);没有指定 Model 中 key 值，而是直接给 Model 传入 value （username）。这样的情况下会默认使用对象的类型作为 key，如 username 是 String 类型，则 key 为字符串“string”。在 index.jsp 页面上增加代码如下：

```
<h1>username(key:username) --> ${username}</h1>
<h1>username(key:string) --> ${string}</h1>
```

上述代码中，EL 表达式${string}输出 key 为“string”的 value 值，运行结果正确，如图 12.14 所示。

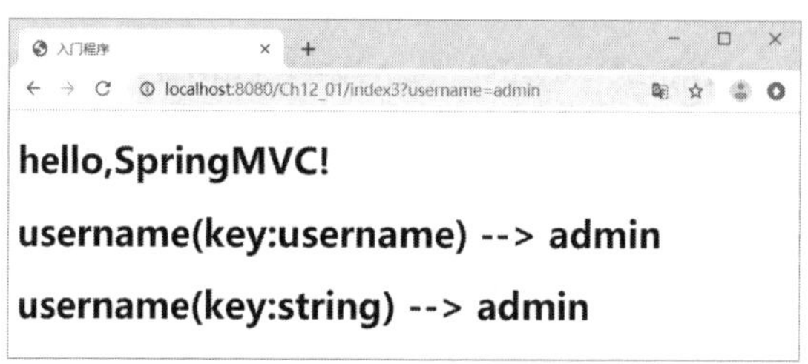

图 12.14 Model 的运行结果（1）

可以看到，Model 中放入的是普通类型的对象（如 String 等）。现在修改示例，在 Model 中放入 JavaBean，首先创建 POJO 类型，即 User.java。IndexController 的关键代码见示例 13。

【示例 13】IndexController.java

```
@RequestMapping("/index4")
public String index4(String username,Model model){
    logger.info("hello,SpringMVC! username: " + username);
    model.addAttribute("username", username);
    /**
     * 默认使用对象的类型作为 key:
     * model.addAttribute("string", username)
     * model.addAttribute("user", new User())
```

```
     */
    model.addAttribute(username);
    User user = new User();
    user.setUsername(username);
    model.addAttribute("currentUser", user);
    model.addAttribute(user);
    return "index";
}
```

在上述代码中，先实例化 user 对象，并给 user 对象的 userName 属性赋值，然后把 user 对象放入 Model，key 值为“currentUser”；最后有一句代码为 model.addAttribute(user);根据之前的讲解，会默认使用对象的类型为 key，即 key 为字符串“user”。现在修改 index.jsp，并进行相关内容输出，增加关键代码如下：

```
<h1>username(key:currentUser) --> ${currentUser.userName}</h1>
<h1>username(key:user) --> ${user.userName}</h1>
```

EL 表达式为 S${currentUser.userName}，输出 key 为“currentUser”的 value（user 对象）的 userName 属性值；EL 表达式为${user.userName}，输出 key 为“user”的 value（user 对象）的 userName 属性值，其运行结果正确，如图 12.15 所示。

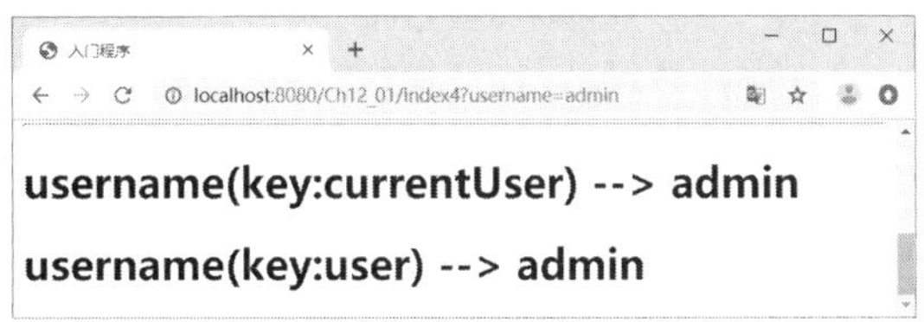

图 12.15　Model 的运行结果（2）

3. Map

通过对 Model 对象和 ModelAndView 对象的学习，不难发现，Spring MVC 框架的 Model 其实就是一个 Map 的数据结构，所以使用 Map 作为处理方法入参，也是可行的，见示例 14。

【示例 14】IndexController.java

```
/**
 * 参数传递：controller to view -(Map<String,Object>)
 * @param username
 * @param model
 * @return
 */
@RequestMapping("/index5")
public String index5(String username,Map<String, Object> model){
    logger.info("hello,SpringMVC! username: " + username);
    model.put("username", username);
    return "index";
}
```

在上述代码中，处理 Map 类型和 Model 类型的入参方法一样，向 Map 中放入 key 为“username”，页面输出为${username}，其运行结果正确，如图 12.16 所示。

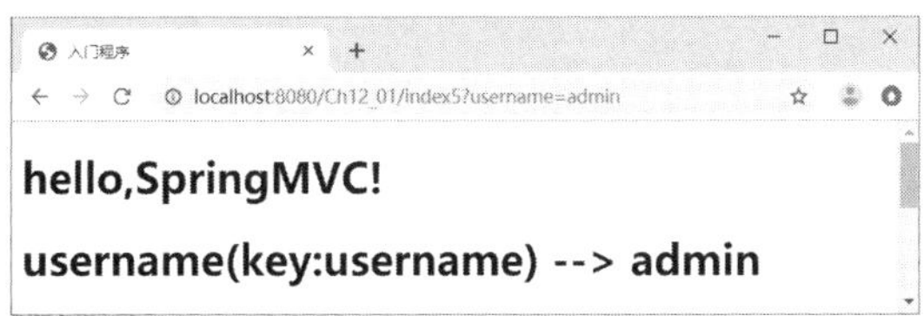

图 12.16　Map 的运行结果

注意

Spring MVC 控制器的处理方法中若有 Map 或者 Model 的入参，就会将请求内的隐含模型对象进行传递，因此在方法体内可以通过这个入参对模型中的数据进行读/写操作。当然，作为 Spring MVC 的标准用法，推荐使用 Model。

4. @ModelAttribute

若希望将入参的数据对象放入数据模型，就需要在入参前使用@ModelAttribute 注解。将在后续的相关章节进行详细讲解，此处仅做了解即可。

5. @SessionAttributes

此注解可以将模型的属性存入 HupSession，用以在多个请求之间共享该属性，此处仅做了解即可。

12.2.3 技能训练

上机练习 1　完成 View 与 Controller 之间的参数传递

需求说明

（1）搭建 Spring MVC 框架，实现 View 到 Comoller 的参数传递。

（2）在用户界面（WEB-INF/jsp/index.jsp）提供的输入 inputText 框中，输入用户编码（userCode）。

（3）在界面中输入用户编码后，单击“提交”按钮，跳转到界面（WEB-INF/jsp/success.jsp），并在该界面输出上一界面中输入并提交的用户编码。

（4）要求在控制台输出从前台获取的用户编码（userCode）的值。

提示

（1）在 IndexController.java 中增加处理方法。

① 处理“/index.html”请求的 index 方法，即跳转到 index 界面（用户编码输入界面）。

② 处理“/test.html”请求的 test 方法，即获取用户输入的 userCode 值，在控制台输出，并跳转到 success 界面（显示用户编码的界面）。注意，需要将参数（userCode）的值再传递给 success 界面。

（2）编写界面 index.jsp 和 success.jsp。

（3）部署并运行测试结果。

12.3 复杂数据绑定

在了解前面讲解的简单数据绑定后，就能够完成实际开发中多数的数据绑定问题了，但仍会遇到一些比较复杂的数据绑定问题，如数组的绑定、集合的绑定，这在实际开发中也是十分常见的。下面将具体讲解自定义数据、数组绑定和集合绑定的使用方法。

12.3.1 绑定自定义数据

有些特殊类型的参数无法在后台进行直接转换，如日期，这就需要开发人员自定义转换器（Converter）或格式化（Formatter）来进行数据绑定了。

1. Converter

Spring 框架提供了一个 Converter 用于将一种类型的对象转换为另一种类型的对象。例如，用户输入的日期形式可能是“2020-01-31”或“2020/01/31”的字符串，而要 Spring 将输入的日期与后台的 Date 进行绑定，则需要将字符串转换为日期，此时就可以自定义一个 Converter 类来进行日期转换。

自定义 Converter 类需要实现 org.springframework.core.convert.converter.Converter 接口，该接口的代码如下：

```
public interface Converter<S, T> {
  T convert(S source);
}
```

在上述接口代码中，泛型中的 S 表示源类型，T 表示目标类型，而 convert(S source)则表示接口中的方法。

在 src 目录下，创建一个 cn.dsscm.convert 包，在该包下创建日期转换类 DateConverter，并在该类中编写将 String 类型转换成 Date 类型的代码，见示例 15。

【示例 15】DateConverter.java

```
import java.text.ParseException;
import java.text.SimpleDateFormat;
import java.util.Date;
import org.springframework.core.convert.converter.Converter;
/**
 * 自定义日期转换器
 */
public class DateConverter implements Converter<String, Date> {
    // 定义日期格式
    private String datePattern = "yyyy-MM-dd HH:mm:ss";
    public Date convert(String source) {
        // 格式化日期
        SimpleDateFormat sdf = new SimpleDateFormat(datePattern);
        try {
            return sdf.parse(source);
        } catch (ParseException e) {
            throw new IllegalArgumentException("无效的日期格式，请使用这种格式:"+datePattern);
        }
    }
}
```

在上述代码中，DateConverter 类实现了 Converter 接口，该接口中第 1 个类型 String 表示需要被转换的数据类型，第 2 个类型 Date 表示需要转换成的目标类型。

为了让 Spring MVC 知道并使用这个转换器类，还需要在其配置文件中编写一个 id 为 conversionService 的 Bean，见示例 16。

【示例 16】springmvc-config.xml

```
<?xml version="1.0" encoding="UTF-8"?>
<beans xmlns="http://www.springframework.org/schema/beans"
  xmlns:mvc="http://www.springframework.org/schema/mvc"
  xmlns:xsi="http://www.w3.org/2001/XMLSchema-instance"
  xmlns:context="http://www.springframework.org/schema/context"
  xsi:schemaLocation="http://www.springframework.org/schema/beans
  http://www.springframework.org/schema/beans/spring-beans-3.2.xsd
  http://www.springframework.org/schema/mvc
  http://www.springframework.org/schema/mvc/spring-mvc-3.2.xsd
  http://www.springframework.org/schema/context
  http://www.springframework.org/schema/context/spring-context-3.2.xsd">
    <!-- 定义组件扫描器，指定需要扫描的包 -->
    <context:component-scan base-package="com.dsscm.controller" />
    <!-- 定义视图解析器 -->
    <bean id="viewResolver" class=
    "org.springframework.web.servlet.view.InternalResourceViewResolver">
    <!-- 设置前缀 -->
    <property name="prefix" value="/WEB-INF/jsp/" />
    <!-- 设置后缀 -->
    <property name="suffix" value=".jsp" />
    </bean>
    <!-- 显示装配的自定义类型转换器 -->
    <mvc:annotation-driven conversion-service="conversionService" />
    <!-- 自定义类型转换器配置 -->
```

```
    <bean id="conversionService"
        class="org.springframework.context.support.ConversionServiceFactoryBean">
        <property name="converters">
            <set>
                <bean class="cn.dsscm.convert.DateConverter" />
            </set>
        </property>
    </bean>
</beans>
```

在示例代码中，首先添加了 3 个 MVC 的 schema 信息，然后定义组件扫描器和视图解析器；接下来显示装配自定义的类型转换器，最后编写自定义类型转换器的配置，其中 Bean 的类名称必须为 org.springframework.context.support.ConversionServiceFactoryBean，并且 Bean 中还需要包含一个 converters 属性，通过该属性列出程序中自定义的所有 Converter。

为了测试转换器类的使用，可以在 cn.dsscm.controller 包中创建一个日期控制器类 DateController，并在类中编写绑定日期数据的方法，见示例 17。

【示例 17】DateController.java

```
package com.test.controller;
import java.util.Date;
import org.springframework.stereotype.Controller;
import org.springframework.web.bind.annotation.RequestMapping;
/**
 * 日期控制器类
 */
@Controller
public class DateController {
    /**
     * 使用自定义类型数据绑定日期数据
     */
    @RequestMapping("/customDate")
    public String CustomDate(Date date,Model model) {
        System.out.println("date="+date);
        model.addAttribute("date",date);
        return "date";
    }
}
```

此时，如果发布项目并启动 Tomcat 服务器，在浏览器中输入 http://localhost:8080/Ch12_01/customDate?date=2020-01-31 15:55:55（注意日期数据中的空格），控制台的打印信息如图 12.17 所示。

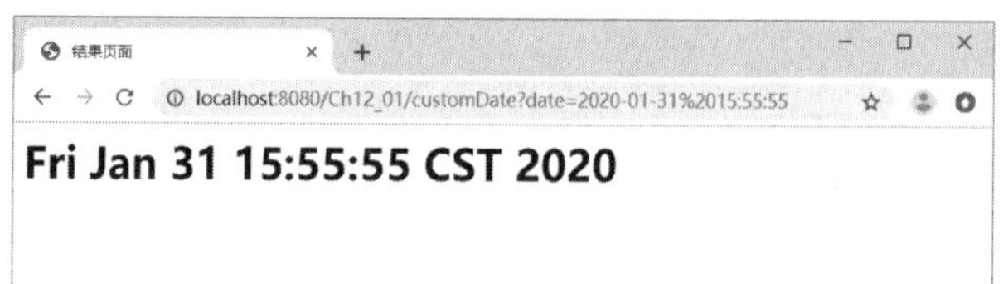

图 12.17 控制台的打印信息

可以看出，使用自定义类型转换器已从请求中正确获取了日期信息，这就是自定义数据绑定。

2. Formatter

除了使用 Converter 进行转换，还可以使用 Formatter 进行类型转换。Formatter 与 Converter 的作用相同，只是 Formatter 的源类型必须是一个 String 类型，而 Converter 可以是任意类型。

使用 Formatter 自定义转换器类需要实现 org.springframework.format.Formatter 接口，该接口的代码如下：

```
public interface Formatter<T> extends Printer<T>, Parser<T> {}
```

在上述代码中，Formatter 接口继承了 Printer 和 Parser 接口，其泛型 T 表示输入字符串要转换的目标类型。在接口 Printer 和 Parser 中，分别包含 print()和 parse()方法，所有的实现类必须覆盖这两个方法。

在 cn.dsscm.convert 包中，创建日期转换类 DateFormatter，在该类中使用 Formatter 自定义日期转换器，见示例 18。

【示例 18】DateFormatter.java

```
import java.text.ParseException;
import java.text.SimpleDateFormat;
import java.util.Date;
import java.util.Locale;
import org.springframework.format.Formatter;
/**
 * 使用 Formatter 自定义日期转换器
 */
public class DateFormatter implements Formatter<Date>{
    // 定义日期格式
    String datePattern = "yyyy-MM-dd HH:mm:ss";
    // 声明 SimpleDateFormat 对象
    private SimpleDateFormat simpleDateFormat;
    public String print(Date date, Locale locale) {
        return new SimpleDateFormat().format(date);
    }
    public Date parse(String source, Locale locale) throws ParseException
     {
        simpleDateFormat = new SimpleDateFormat(datePattern);
        return simpleDateFormat.parse(source);
    }
}
```

在示例代码中，DateFormatter 类实现了 Formatter 接口及接口中的两个方法，其中 print()方法可返回目标对象的字符串，而 parse()方法可利用指定的 Locale 将一个 String 解析成目标类型。要使用 Formatter 自定义的日期转换器，同样需要在 Spring MVC 的配置文件中进行注册，其配置代码如下：

```
<!-- 自定义类型格式化转换器配置 -->
<bean id="conversionService"
    class="org.springframework.format.support.FormattingConversionServiceFactoryBean">
    <property name="formatters">
    <set>
        <bean class="cn.dsscm.convert.DateFormatter" />
    </set>
    </property>
</bean>
```

与注册 Converter 类有所不同的是，注册自定义 Formatter 转换器类时，Bean 的类名必须是 org.springframework.format.support.FormattingConversionServiceFactoryBean，并且其属性为 formatters。

操作完成后，通过地址 http://localhost:8080/Ch12_01/customDate?date=2020-01-31 15:55:55 即可查看实现的效果。由于与图 12.17 的显示结果相同，这里不再做演示。

12.3.2 绑定数组

在实际开发时，可能会遇到前端请求需要传递到后台一个或多个相同名称参数的情况（如批量删除），此种情况采用绑定简单数据的方式显然是不合适的。此时，就可以使用绑定数组的方式来完成实际需求。下面通过一个批量删除用户的例子来讲解绑定数组的操作，其具体实现步骤如下。

（1）在 Ch12_01 项目的/WEB-INF/jsp 目录下，创建一个展示用户信息的列表页面 user.jsp，见示例 19。

【示例 19】user.jsp

```
<%@ page language="java" contentType="text/html; charset=UTF-8" pageEncoding="UTF-8"%>
<html>
<head>
<meta http-equiv="Content-Type" content="text/html; charset=UTF-8">
<title>用户列表</title>
</head>
<body>
    <form action="${pageContext.request.contextPath}/deleteUsers" method="post">
        <table width="20%" border=1>
            <tr>
                <td>选择</td>
                <td>用户名</td>
            </tr>
            <tr>
                <td><input name="ids" value="1" type="checkbox"></td>
                <td>张三</td>
            </tr>
            <tr>
                <td><input name="ids" value="2" type="checkbox"></td>
                <td>李四</td>
            </tr>
            <tr>
                <td><input name="ids" value="3" type="checkbox"></td>
                <td>王五</td>
            </tr>
        </table>
        <input type="submit" value="删除"/>
    </form>
</body>
</html>
```

在上述代码中，定义了 3 个 name 属性相同而 value 属性值不同的复选框控件，并在每一个复选框对应的行中编写一个对应用户。在单击“删除”按钮执行删除操作时，表单会提交到一个以“deleteUsers”结尾的请求中。

（2）在控制器类 UserController 中，编写接收批量删除用户的方法（同时为了方便向用户列表页面跳转，还需增加一个向 user.jsp 页面跳转的方法），其代码如下：

```
/**
 * 向用户列表页面跳转
 */
@RequestMapping("/toUser")
public String selectUsers( ) {
    return "user";
}
/**
 * 接收批量删除用户的方法
 */
@RequestMapping("/deleteUsers")
public String deleteUsers(Integer[] ids) {
    if(ids !=null){
        for (Integer id : ids) {
// 使用输出语句模拟已经删除了用户
System.out.println("删除了 id 为"+id+"的用户！");
        }
    }else{
        System.out.println("ids=null");
    }
    return "success";
}
```

在上述代码中，先定义一个向用户列表页面 user.jsp 跳转的方法，然后定义一个接收前端批量删除用户的方法。在删除方法中，使用 Integer 类型的数组进行数据绑定，并通过 for 循环执行具体数据的删除操作。

（3）发布项目到 Tomcat 服务器并启动，在浏览器中输入 http://localhost:8080/Ch12_01/toUser，其显示效果如图 12.18 所示。

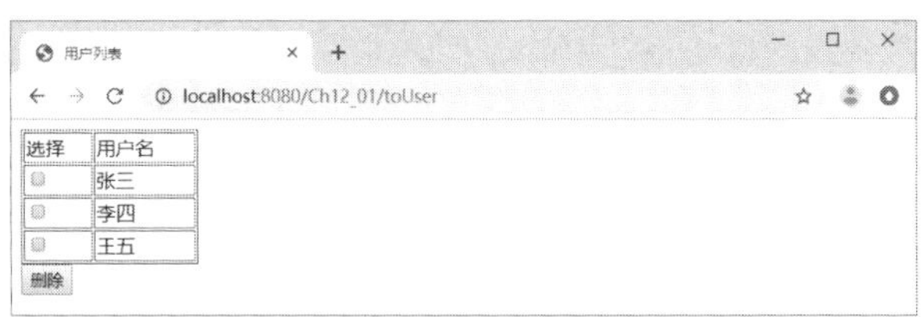

图 12.18　user.jsp 用户列表

勾选部分复选框，然后单击“删除”按钮，这样程序在正确执行后就会跳转到 success.jsp 页面。此时控制台的打印信息，如图 12.19 所示。

```
Problems  Tasks  Web Browser  Servers  Console
tomcat7Server [Remote Java Application] C:\Users\Eleven\MyEclipse\Common\binary\com.sun.java.jdk.win32.x86_64_1.6.0.013\bin\java
- (80477 ms) - 2020-1-31 15:59:55[DEBUG](AbstractHandlerMethodMapping.java
- (80477 ms) - 2020-1-31 15:59:55[DEBUG](AbstractHandlerMethodMapping.java
- (80478 ms) - 2020-1-31 15:59:55[DEBUG](AbstractBeanFactory.java:243) Ret
删除了id为1的用户!
删除了id为2的用户!
- (80518 ms) - 2020-1-31 15:59:55[DEBUG](AbstractAutowireCapableBeanFactor
```

图 12.19　控制台的打印信息

可以看出，已成功执行了批量删除操作，说明成功实现了数组类型的数据绑定。

12.3.3　绑定集合

在批量删除用户的操作中，前端请求传递的都是同名参数的用户 id，只要在后台使用同一种数组类型的参数绑定接收，就可以在方法中通过循环数组参数的方式来完成删除操作。但如果是批量修改用户操作，前端请求传递过来的数据可能就会批量包含各种类型的数据，如 Integer、String 等。这种情况使用数组绑定是无法实现的，那么应该怎么做呢？

针对这种情况，可以使用集合数据绑定，即在包装类中定义一个包含用户信息类的集合，然后在接收方法中将参数类型定义为该包装类的集合。

下面就以批量修改用户为例，来讲解集合数据绑定的使用方法，具体实现步骤如下。

（1）在 src 目录下，创建一个 cn.dsscm.vo 包，并在包中创建包装类 UserVO 来封装用户集合属性，见示例 20。

【示例 20】UserVO.java

```
/*用户包装类*/
public class UserVO {
    private List<User> users;
    public List<User> getUsers() {
        return users;
    }
    public void setUsers(List<User> users) {
        this.users = users;
    }
}
```

在上述代码中，声明了一个 List<User>类型的集合属性 users，并编写了该属性对应的 getter 方法和 setter 方法。这个集合属性就是用于绑定批量修改用户的数据信息。

（2）在控制器类 UserController 中，编写接收批量修改用户的方法，以及向用户修改页面跳转的方法，其代码如下：

```
/**
 * 向用户批量修改页面跳转
 */
@RequestMapping("/toUserEdit")
public String toUserEdit() {
    return "user_edit";
}
/**
 * 接收批量修改用户的方法
 */
@RequestMapping("/editUsers")
public String editUsers(UserVO userList) {
    // 将所有用户数据封装到集合中
    List<User> users = userList.getUsers();
    // 循环输出所有用户信息
    for (User user : users) {
        // 如果接收的用户 id 不为空，则表示对该用户进行了修改
        if(user.getId() !=null){
             System.out.println("修改了 id 为"+user.getId()+
                     "的用户名为："+user.getUsername());
        }
    }
    return "success";
}
```

上述代码的两个方法，即通过 toUserEdit()方法将跳转到 user_edit.jsp 页面；通过 editUsers()方法将执行用户批量更新操作。其中 editUsers()方法的 UserVO 类型参数用于绑定并获取页面传递过来的用户数据。

在使用集合数据绑定时，后台方法中不支持直接使用集合形参进行数据绑定，所以需要使用包装 POJO 作为形参，然后在其中包装一个集合属性

（3）在项目的/WEB-INF/jsp 目录下，创建页面文件 user_edit.jsp，并编写页面信息，见示例 21。

【示例 21】user_edit.jsp

```
<%@ page language="java" contentType="text/html; charset=UTF-8" pageEncoding="UTF-8"%>
<html>
<head>
<meta http-equiv="Content-Type" content="text/html; charset=UTF-8">
<title>修改用户</title>
</head>
<body>
    <form action="${pageContext.request.contextPath }/editUsers" method="post" id='formid'>
        <table width="30%" border=1>
            <tr>
                <td>选择</td>
                <td>用户名</td>
            </tr>
            <tr>
            <td>
                <input name="users[0].id" value="1" type="checkbox" />
        </td>
            <td>
            <input name="users[0].username" value="张三" type="text" />
            </td>
            </tr>
            <tr>
            <td>
                <input name="users[1].id" value="2" type="checkbox" />
```

```
            </td>
            <td>
            <input name="users[1].username" value="李四" type="text" />
            </td>
            </tr>
        </table>
        <input type="submit" value="修改" />
    </form>
</body>
</html>
```

在上述代码中，模拟展示了 id 为 1、用户名为张三和 id 为 2、用户名为李四的两个用户。当单击“修改”按钮后，可将表单提交到一个以“/editUsers”结尾的请求中。

（4）发布项目到 Tomcat 服务器并启动，在浏览器中输入 http://localhost:8080/Ch12_01/toUserEdit，其显示效果如图 12.20 所示。

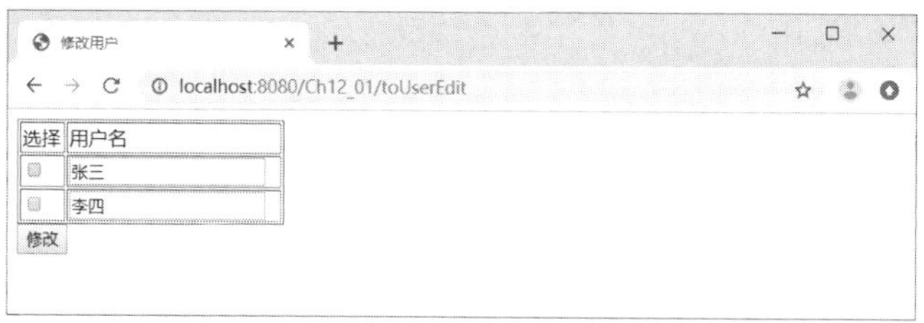

图 12.20　user_edit.jsp 用户列表

将用户名“张三”改为“张三三”、“李四”改为“李四四”，并勾选两个数据前面的复选框，然后单击“修改”按钮后，浏览器就会跳转到 success.jsp 页面。此时控制台的打印信息如图 12.21 所示。

```
Problems  Tasks  Web Browser  Servers  Console
tomcat7Server [Remote Java Application] C:\Users\Eleven\MyEclipse\Common\binary\com.sun.java.jdk.win32.x86_64_1.6.0.013\bin\java
- (173445 ms) - 2020-1-31 16:08:14[DEBUG](AbstractHandlerMethodMapping.java
- (173447 ms) - 2020-1-31 16:08:14[DEBUG](AbstractHandlerMethodMapping.java
- (173448 ms) - 2020-1-31 16:08:14[DEBUG](AbstractBeanFactory.java:243) Re
修改了id为1的用户名为：张三三
修改了id为2的用户名为：李四四
- (173537 ms) - 2020-1-31 16:08:14[DEBUG](AbstractAutowireCapableBeanFacto
```

图 12.21　控制台的打印信息

可以看出，已经成功输出了请求中批量修改的用户信息，这就是集合类型的数据绑定。

12.4　JSON数据交互

JSON 是近几年才流行的一种新的数据格式，它与 XML 非常相似，都是用于存储数据的；但 JSON 相对于 XML 来说，解析速度更快，占用空间更小。因此在实际开发中，使用 JSON 格式的数据进行前后台的数据交互是很常见的。下面将对 Spring MVC 框架中 JSON 数据的交互内容进行详细的讲解。

12.4.1　JSON概述

JSON（JavaScript Object Notation，JS 对象标记）是一种轻量级的数据交换格式。它是基于 JavaScript 的一个子集，使用 C、C++、C#、Java、JavaScript、Perl、Python 等其他语言进行约定，采用完全独立于编程语言的文本格式来存储和表示数据。这些特性使 JSON 成为理想的数据交互语言，它易于阅读和编写，同时也易于机器解析和生成。

与 XML 一样，JSON 也是基于纯文本的数据格式。初学者既可以使用 JSON 传输一个简单的

String、Number、Boolean，也可以传输一个数组或者一个复杂的 Object 对象。

JSON 有如下两种数据结构。

1. 对象结构

对象结构以“{”开始，以“}”结束，中间部分由 0 个或多个以英文“,”分隔的 name:value 对构成（注意 name 和 value 之间以英文“:”分隔），其存储对象如图 12.22 所示。

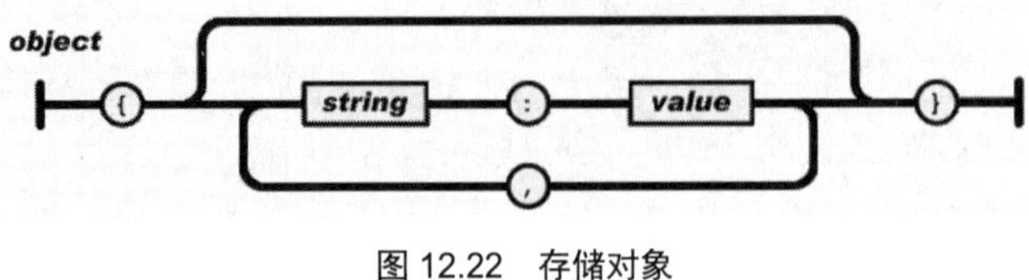

图 12.22 存储对象

对象结构的语法代码如下：

```
{
    key1:value1,
    key2:value2,
    ...
}
```

其中关键字（key）必须为 String 类型，值（value）可以是 String、Number、Object、Array 等数据类型。例如，一个 address 对象包含城市、街道、邮编等信息，使用 JSON 的表示形式如下：

```
{"city":"Beijing","street":"Xisanqi","postcode":100096}
```

2. 数组结构

数组结构以“[”开始，以“]”结束，中间部分由 0 个或多个以英文“,”分隔的值的列表组成，其存储数组如图 12.23 所示。

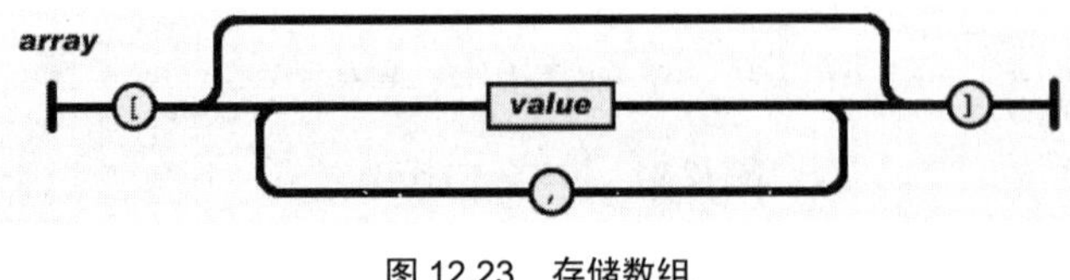

图 12.23 存储数组

数组结构的语法代码如下：

```
[
        value1,
        value2,
         ...
]
```

例如，一个数组包含 String、Number、Boolean、null 等类型数据，使用 JSON 的表示形式如下：

```
["abc",12345,false,null]
```

上述两种（对象、数组）数据结构也可以分别组合构成更为复杂的数据结构。例如，一个 person 对象包含 name、hobby 和 address 对象，其代码表现形式如下：

```
{
"name": "zhangsan"
"hobby":["篮球","羽毛球","游泳"]
"address":{
    "city":"Beijing"
    "street":"Xisanqi"
```

```
        "postcode":100096
    }
}
```

如果使用 JSON 存储单个数据（如“abc”），一定要使用数组的形式，而不能使用 Object 形式，因为 Object 必须是“名称：值”的形式。

12.4.2　JSON数据转换

为了实现浏览器与控制器类（Controller）之间的数据交互，Spring 框架提供了一个 HttpMessageConverter<T>接口来完成此项工作。该接口主要用于将请求信息中的数据转换为一个类型为 T 的对象，并将类型为 T 的对象绑定到请求方法的参数中，或者将对象转换为响应信息传递给浏览器显示。

Spring 框架为 HttpMessageConverter<T>接口提供了很多实现类，这些实现类可以对不同类型的数据进行信息转换，其中 MappingJackson2HttpMessageConverter 是 Spring MVC 框架默认处理 JSON 格式请求响应的实现类。该实现类利用 Jackson 开源包读/写 JSON 数据，将 Java 对象转换为 JSON 对象和 XML 文档，同时也可以将 JSON 对象和 XML 文档转换为 Java 对象。

目前使用比较多的 JSON 技术，各个 JSON 技术的比较如下。

（1）json-lib：最早也是应用广泛的 JSON 解析工具，它的缺点是需要依赖很多的第三方，如 commons-beanutils.jar、commons-collections-3.2.jar、commons-lang-2.6.jar、commons-logging-1.1.1.jar、ezmorph-1.0.6.jar，并且对于复杂类型的转换，json-lib 在将 JSON 转换成 Bean 时还存在缺陷，如一个类里包含另一个类的 List 或者 Map 集合时，json-lib 从 JSON 到 Bean 的转换就会出现问题，所以 json-lib 在功能和性能上都不能满足互联网化的需求。

（2）Jackson：开源的 Jackson 是 Spring MVC 框架内置的 JSON 转换工具。相比 json-lib，Jackson 所依赖的 jar 文件较少，简单易用并且性能也相对高些，并且 Jackson 社区相对比较活跃，更新速度也比较快。但是 Jackson 对于复杂类型的 JSON 转换 Bean 时会出现问题，一些集合 Map、List 的转换也存在问题；而 Jackson 对于复杂类型的 Bean 转换 JSON 时，转换的格式不是标准的 JSON 格式。

（3）Gson：目前功能最全的 JSON 解析神器。Gson 当初是应 Google 公司内部需求而自行研发而来的，自从 2008 年 5 月公开发布第一版后已被许多公司或用户应用。Gson 的应用主要为 toJson 与 fromJson 两个转换函数，无依赖且不需要额外的 jar 文件，就能够直接跑在_FDK 上。Gson 可以完成将复杂类型的 JSON 到 Bean 或 Bean 到 JSON 的转换，是 JSON 解析的神器。它在功能上无可挑剔，但性能比 FastJson 稍差。

（4）FastJson：是一个 Java 语言编写高性能的 JSON 处理器，由阿里巴巴公司开发。它的特点也是无依赖且不需要例外额外的 jar 文件，就能够直接跑在 JDK 上。但是 FastJson 在复杂类型的 Bean 转换 JSON 上会出现一些问题，可能会出现引用的类型，导致 JSON 转换出错，需要指定引用。FastJson 的优势是采用独创的算法，可将 parse 的速度提升到极致，超过所有 JSON 库。

通过对以上 4 种 JSON 技术的比较，在项目选型时可以使用 Google 公司的 Gson 和阿里巴巴公司的 FastJson 两种技术并行使用，若仅是功能要求，可以使用 google 公司的 Gson；若有性能要求可以先使用 Gson 将 Bean 转换 JSON 以确保数据的正确，再使用 FastJson 将 JSON 转换 Bean。

本书使用阿里巴巴公司的 FastJson 来进行 JSON 数据对象的处理，提供版本为 fastjson-1.2.13.jar、fastjson-1.2.13-sources.jar。

以上 fastjson 的开源包既可以通过链接"https://mvnrepository.com/artifact/com.alibaba/fastjson"下载得到，也可以在配套资源的源代码中找到 fastjson 的开源包。在使用注解式开发时，需要用到两个重要的 JSON 格式转换注解，分别为@RequestBody 和@ResponseBody，关于这两个注解的说明如表 12-2 所示。

表 12-2 JSON 数据交互注解及说明

注 解	说 明
@RequestBody	用于将请求体中的数据绑定到方法的形参中。该注解用在方法的形参上
@ResponseBody	用于直接返回 return 对象。该注解用在方法上

了解 Spring MVC 框架中 JSON 数据交互需要使用的类和注解后，接下来通过一个案例来演示如何进行 JSON 数据的交互，具体实现步骤如下。

（1）创建项目并导入相关 JAR 包。使用 MyEclipse 创建一个名为 Ch12_02 的 Web 项目，然后将 Spring MVC 框架相关 JAR 包、JSON 转换包添加到项目的 lib 目录中，并发布到类路径下。添加后的 lib 目录如图 12.24 所示。

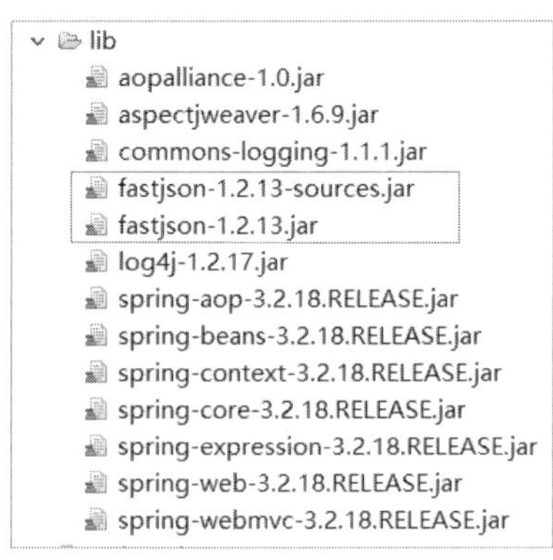

图 12.24 项目的 lib 目录

（2）在 web.xml 中，对 Spring MVC 框架的前端控制器等信息进行配置，与之前代码相同。

（3）在 src 目录下，创建 Spring MVC 框架的核心配置文件 springmvc-config.xml，见示例 22。

【示例 22】springmvc-config.xml

```
    <beans xmlns="http://www.springframework.org/schema/beans"
        xmlns:xsi="http://www.w3.org/2001/XMLSchema-instance"
xmlns:mvc="http://www.springframework.org/schema/mvc"
        xmlns:context="http://www.springframework.org/schema/context"
xmlns:tx="http://www.springframework.org/schema/tx"
        xsi:schemaLocation="http://www.springframework.org/schema/beans
      http://www.springframework.org/schema/beans/spring-beans-3.2.xsd
      http://www.springframework.org/schema/mvc
      http://www.springframework.org/schema/mvc/spring-mvc-3.2.xsd
      http://www.springframework.org/schema/context
      http://www.springframework.org/schema/context/spring-context-3.2.xsd">
        <!-- 定义组件扫描器，指定需要扫描的包 -->
        <context:component-scan base-package="cn.dsscm.controller" />
        <!-- 配置注解驱动 -->
        <mvc:annotation-driven />

        <!--配置静态资源的访问映射，此配置中的文件，将不被前端控制器拦截 -->
        <mvc:resources location="/js/" mapping="/js/**" />

        <!-- 配置视图解析器 -->
        <bean
            class="org.springframework.web.servlet.view.InternalResourceViewResolver">
```

```
        <property name="prefix" value="/WEB-INF/jsp/" />
        <property name="suffix" value=".jsp" />
    </bean>
</beans>
```

在代码中，不仅配置了组件扫描器和视图解析器，还配置了 Spring MVC 框架的注解驱动<mvc:annotation-drivern />和静态资源访问映射<mvc:resources .../>，其中<mvc:annotation-drivern/配置会自动注册 RequestMappingHandlerMapping 和 RequestMappingHandlerAdapter 两个 Bean，并提供对读/写 XML 和读/写 JSON 等功能的支持。<mvc:resources... />用于配置静态资源的访问路径。由于在 web.xml 中配置的“/”会将页面中引入的静态文件进行拦截，而拦截后页面中将找不到这些静态资源文件，这样就会引起页面报错。但增加了静态资源的访问映射配置后，程序就会自动去配置路径下找静态的内容。

<mvc:resources .../>中有两个重要属性 location 和 mapping，关于这两个属性的说明如表 12-3 所示。

表 12-3　<mvc:resources>的属性及说明

属　性	说　明
location	用于定位需要访问的本地静态资源文件路径，具体到某个文件夹
mapping	匹配静态资源全路径，其中“/**”表示文件夹及其子文件夹下的某个具体文件

（4）在 src 目录下，创建一个 cn.dsscm.pojo 包，并在包中创建一个 User 类，该类用于封装 User 类型的请求参数，见示例 23。

【示例 23】User.java

```
/**
 * 用户 POJO
 */
public class User {
    private String username;
    private String password;

}
```

在代码中，定义了 username 和 password 属性，及其对应的 getter 方法和 setter 方法，同时为了方便查询结果重写了 toString()方法。

（5）在 WebRoot 目录下，创建页面文件 index.jsp 来测试 JSON 数据交互，见示例 24。

【示例 24】index.jsp

```
<%@ page language="java" contentType="text/html; charset=UTF-8"
    pageEncoding="UTF-8"%>
<!DOCTYPE html>
<html>
<head>
<title>测试 JSON 交互</title>
<meta http-equiv="Content-Type" content="text/html; charset=UTF-8">
<script type="text/javascript"
      src="${pageContext.request.contextPath }/js/jquery-1.12.4.js">
</script>
<script type="text/javascript">
function testJson(){
    // 获取输入的用户名和密码
    var username = $("#username").val();
    var password = $("#password").val();
    $.ajax({
        url : "${pageContext.request.contextPath }/testJson?username=" +username+
                "&password=" +password,
        type : "post",
```

```
            // data 表示发送的数据
            //data :{"username":username,"password":password},
            // 定义发送请求的数据格式为 JSON 字符串
            contentType : "application/json;charset=UTF-8",
            //定义回调响应的数据格式为 JSON 字符串，该属性可以省略
            dataType : "json",
            //成功响应的结果
            success : function(data){
                if(data != null){
                  alert("您输入的用户名为："+data.username+
                                          "密码为："+data.password);
                }
            }
        });
}
</script>
</head>
<body>
<form>
用户名：<input type="text" name="username" id="username"><br />
密   码：
<input type="password" name="password" id="password"><br />
    <input type="button" value="测试 JSON 交互" onclick=" testJson()" />
</form>
</body>
</html>
```

在代码中，编写了一个测试 JSON 交互的表单，当单击“测试 JSON 交互”按钮时，可执行页面中的 testJson()函数。在函数中使用 jQuery 的 AJAX 方式将 JSON 格式的用户名和密码传递到以“/testJson”结尾的请求中。需要注意的是，在 AJAX 中包含了 3 个特别重要的属性，其说明如下。

①data：指请求时携带的数据，当使用 JSON 格式时，要注意编写规范。

②contentType：当请求数据为 JSON 格式时，值必须为 application/json。

③dataType：当响应数据为 JSON 格式时，可以定义 dataType 属性，并且值必须为 json。其中 dataType:"json"也可以省略不写，页面会自动识别响应的数据格式。

由于上述测试页面 index.jsp 中是使用 jQuery 的 AJAX 进行 JSON 数据提交和响应的，所以还需要引入 jquery.js 文件。本示例引入了 WebContent 目录下 js 文件夹中的 jquery-1.12.4.js，可在所提供的源码中找到此文件。

（6）在 src 目录下，创建一个 cn.dsscm.controller 包，在该包下创建一个用于用户操作的控制器类 UserController，见示例 25。

【示例 25】UserController.java

```
@Controller
public class UserController {
    /**
     * 接收页面请求的 JSON 数据，并返回 JSON 格式结果
     */
@RequestMapping ( " /testJson" )
@ResponseBody
public String testJson (User user) {
     //打印接收的 JSON 格式数据
     System.out.println (user);//返回 JSON 格式的响应
     return JSONArray.toJSONString(user);
}
```

在示例代码中，使用注解方式定义了一个控制器类，并编写接收和响应 JSON 格式数据的

testJson()方法。在方法中接收并打印接收的 JSON 格式的用户数据，然后返回 JSON 格式的用户对象。

方法中@RequestBody 注解用于将前端请求体中的 JSON 格式数据绑定到形参 user 上，@ResponseBody 注解用于直接返回 User 对象（当返回 POJO 对象时，会默认转换为 JSON 格式数据进行响应）。

（7）将 Ch12_02 项目发布到 Tomcat 服务器并启动，在浏览器中输入 http://localhost:8080/Ch12_02/index.jsp，如图 12.25 所示。

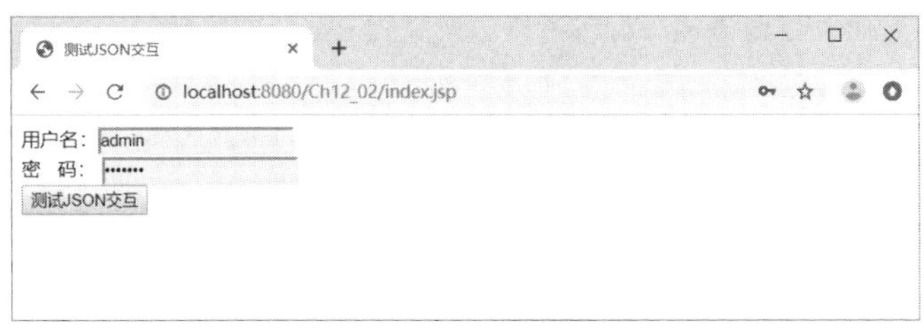

图 12.25　index.jsp 测试页面（1）

在两个输入框中分别输入用户名“admin”和密码“123456”后，单击“测试 JSON 交互”按钮，当程序正确执行时，页面中会弹出显示用户名和密码的弹出框，如图 12.26 所示。

图 12.26　index.jsp 测试页面（2）

与此同时，MyEclipse 的控制台中也会显示相应的数据，如图 12.27 所示。

```
tomcat7Server [Remote Java Application] C:\Users\Eleven\MyEclipse\Common\binary\com.sun.java.jdk.win32.x86_64_1.6.0.013\bin\javaw.exe
- (1251667 ms) - 2020-1-31 17:50:00[DEBUG](AbstractBeanFactory.java:243) Retur
User [username=admin, password=123456]
- (1251669 ms) - 2020-1-31 17:50:00[DEBUG](AbstractMessageConverterMethodProce
- (1251670 ms) - 2020-1-31 17:50:00[DEBUG](DispatcherServlet.java:1008) Null M
- (1251670 ms) - 2020-1-31 17:50:00[DEBUG](FrameworkServlet.java:981) Successf
```

图 12.27　运行结果

从图 12.26 和图 12.27 所示的结果可以看出，编写的代码已经正确实现了 JSON 数据交互。它不仅可以将 JSON 格式的请求数据转换为方法中的 Java 对象，也可以将 Java 对象转换为 JSON 格式的响应数据。

1. 使用<bean>标签方式的JSON转换器配置

在配置 JSON 转换器时，除了常用的<mvc:annotation_drivern />方式配置，还可以使用<bean>标签的方式进行显示的配置，具体配置方式如下：

```
    <!-- <bean>标签配置注解方式的处理器映射器和处理器适配器必须配对使用 -->
    <!-- 使用<bean>标签配置注解方式的处理器映射器 -->
<bean class="org.springframework.web.servlet.mvc.method.annotation.
RequestMappingHandlerMapping"/>
    <!--     使用<bean>标签配置注解方式的处理器适配器-->
    <bean
```

```
        class="org.springframework.web.servlet.mvc.method.annotation.
RequestMappingHandlerAdapter">
        <property name="messageConverters">
            <list>
                <!--在注解适配器中配置 JSON 转换器-->
                <bean
    class="org.springframework.http.converter.json.MappingJackson2HttpMessageConverter" />
            </list>
        </property>
    </bean>
```

从上述示例可以看出，使用<bean>标签配置方式配置 JSON 转换器时，需要同时配置处理器的映射器和适配器，并且 JSON 转换器是配置在适配器中的。

2. 配置静态资源访问的方式

除了使用<mvc:resources>元素可以实现对静态资源的访问，还有另外两种静态资源访问的配置方式。

（1）使用<mvc:default-servlet-handler>标签

在 springmvc-config.xml 文件中，使用<mvc:default-servlet-handler>标签，具体如下：

```
    <mvc:default-servlet-handler />
```

在 springmvc-config.xml 中配置<mvc:default-servlet-handler/>后，会在 Spring MVC 框架上下文中定义一个 org.springframework.web.servlet.resource.DefaultServletHttpRequestHandler（默认的 Servlet 请求处理器）。它像一个检查员对进入 DispatcherServlet 的 URL 进行筛查。如果发现是静态资源的请求，就将该请求转由 Web 服务器默认的 Servlet 处理，默认的 Servlet 就会对这些静态资源放行；如果不是静态资源的请求，才由 DispatcherServlet 继续处理。

注意

一般 Web 服务器默认的 Servlet 名称是“default”，因此 DefaultServletHttpRequestHandler 可以找到它。如果使用的 Web 应用服务器默认的 Servlet 名称不是“default”，则需要通过 default-servlet-name 属性显示指定，具体方式如下：

```
<mvc:default-servlet-handler default-servlet-name=MServlet 名称"/>
```

Web 服务器的 Servlet 名称是由使用的服务器确定的，常用服务器及其 Servlet 名称如下。

① Tomcat、Jetty、JBoss 和 and GlassFish 默认 Servlet 的名称为“default”。

② Google App Engine 默认 Servlet 的名称为“_ah_default”。

③ Resin 默认 Servlet 的名称为“resin—file”。

④ WebLogic 默认 Servlet 的名称为“FileServlet”。

⑤ WebSphere 默认 Servlet 的名称为“SimpleFileServlet”。

（2）激活 Tomcat 默认的 Servlet 来处理静态文件访问

激活 Tomcat 默认的 Servlet 时，需要在 web.xml 中添加以下内容：

```
<!--激活 Tomcat 的静态资源拦截，查看需要哪些静态文件，再往下追加-->
<servlet-mapping>
    <servlet-name>default</servlet-name>
    <url-pattern>*.js</url-pattern>
</servlet-mapping>
<servlet-mapping>
    <servlet-name>default</servlet-name>
    <url-pattern>*.css</url-pattern>
</servlet-mapping>
```

在上述代码中，配置<servlet-mapping>元素激活 Tomcat 默认的 Servlet 来处理静态文件，还可以根据需要继续追加<servlet-mapping>，此种配置方式和上一种方式本质上是一样的，都是使用 Web

服务器默认的 Servlet 来处理静态资源文件的访问。其中 Servelt 名称（<servlet-name>S 素的值）也是由使用的服务器来确定的，不同的服务器需要使用不同的名称。以上 3 种静态资源访问的配置方式不同，且各有优、缺点，具体如下。

① 第一种和第三种配置方式可以选择性的释放静态资源。

② 第二种配置方式配置相对简单，只需要一行代码就可以释放所有的静态资源。

③ 第二和第三种配置方式可导致项目移植性较差，需要根据具体的 Web 服务器来更改 Servlet 名称。

④ 第三种配置方式运行效率更高，因为服务器启动时已经加载了 web.xml 中的静态资源。

在实际开发中最为常用的配置还是第一种配置方式，这样就不需要考虑 Web 服务器的问题了。

12.4.3　解决JSON数据传递的常见问题

1. 中文乱码问题

在 Spring MVC 框架中，控制器的处理方法使用@ResponseBody 注解向前台页面以 JSON 格式进行数据传递时，若返回值是中文字符串，则会出现乱码。原因是消息转换器（org.springframework.http.converter.StringHttpMessageConverter）中固定了转换字符编码，即“ISO-8859-1”。

HttpMessageConverter<T>是 Spring 的一个接口，主要负责将请求信息转换为一个对象（类型为 T），通过对象输出响应信息。而 StringHttpMessageConverter 是其中的一个实现类，它的作用是将请求信息转换为字符串，由于其默认字符集为 ISO-8859-1，故在返回 JSON 字符串有中文时则会出现乱码问题。

那么要解决这个问题就必须更改字符串转换编码为“UTF-8”。解决方案有很多种，下面介绍两种方法。

（1）在控制器处理方法的@RequestMapping 注解中配置 produces。

produces 表示指定返回的内容类型。produces ={"application/json；charset=UTF-8"}表示该处理方法将产生 JSON 格式的数据，此时可根据请求报文头中的 Accept 进行匹配，若请求报文头为“Accept: application/json”时即可匹配，并且字符串的转换编码为“UTF-8”。

```
    @RequestMapping(value="/view",method=RequestMethod.GET,
produces = {"application/json;charset=UTF-8"})
    @ResponseBody
    public Object view(@RequestParam String id){
        //...方法体内容省略
    }
```

通过 AJAX 的异步请求并没有获取到相应的数据结果，页面弹出 error 的对话框，可查看具体的报错信息。对于该请求可发现服务器返回了一个 406 状态码（表示客户端浏览器不接收所请求页面的 MIME 类型），单击 Network 中的请求流，查看 HTTP 请求响应报文，发现请求报文头的 Accept:application/json 与响应报文头中 Content-Type:text/html 的类型不一致，所以才会导致 406 的错误。要解决该问题，只需要修改@ResquestMapping 的 value 属性，去掉.html 的后缀即可。因为有此后缀，Spring MVC 框架会以 HTML 格式来显示响应信息，修改代码如下：

```
@RequestMapping(value="/view",
method=RequestMethod.GET,
produces = {"application/json;charset=UTF-8"})
```

另外，还需要修改 userlist.js 中单击“查看”按钮时的异步请求 URL :path+ "/user/view"。完成上述修改之后，重启服务器并运行测试，中文乱码问题可完美解决。

这种方案比较简单实用，并且可以做到灵活处理。当然，如果想达到一次配置永久搞定，可以采用第二种解决方案。

（2）装配消息转换器 StringHttpMessageConverter，设置字符编码为 UTF-8。

修改配置文件 springmvc-servlet. xml，关键配置代码如下：

```
<mvc:annotation-driven>
    <mvc:message-converters>
        <bean  class="org.springframework.http.converter.StringHttpMessageConverter">
            <property name="supportedMediaTypes">
                <list>
                    <value>application/json;charset=UTF-8</value>
                </list>
            </property>
        </bean>
    </mvc:message-converters>
</mvc:annotation-driven>
```

在上述配置中，通过设置 StringHttpMessageConverter 中的 supportedMediaTypes 属性指定媒体类型为 application/json，字符编码为 UTF-8。

在 Spring MVC 框架中配置消息转换器之后，就可以去掉@RequestMapping 中配置的 produces = {"application/json;charset=UTF-8"}了。修改 UserController.java 的关键代码如下：

```
@RequestMapping(value="/view",method=RequestMethod.GET)
@ResponseBody
public Object view(@RequestParam String id){
    //...方法体内容省略
}
```

最后重启服务器并运行测试，中文乱码问题同样得到解决。

2. 日期格式问题

解决了中文乱码问题之后，下面看看日期格式问题。在 Spring MVC 框架中使用@ResponseBody 返回 JSON 数据时，日期格式默认显示为时间戳（如 512323200000），需要把它转换成具有可读性的“yyyy-MM-dd”日期格式（如 1986-03-28），具体的解决方案有两种。

（1）注解方式：@JSONField(format= "yyyy-MM-dd")

在查看用户明细功能的实现中，可使用 FastJson 将从后台查询获取的 user 对象转换成 JSON 字符串返回给前台，那么 FastJson 对 Date 的处理可以通过注解方式来解决格式问题，即在 user 对象的日期属性（如 birthday）上添加@JSONField(format= "yyyy-MM-dd")来进行日期格式化处理。关键示例代码如下：

```
import com.alibaba.fastjson.annotation.JSONField;

public class User {
    private Integer id; //id
    private String userName; //用户名称
    @JSONField(format="yyyy-MM-dd")
    private Date birthday;  //出生日期
    //…其他属性及 getter 方法和 setter 方法省略
}
```

修改完成后，直接部署运行，选中用户，并查看明细信息，其出生日期字段的日期格式显示正确，这种方式比较简单直接，但是它存在一定的缺点，即代码具有强侵入性、紧耦合，并且修改麻烦，所以在实际开发中，不建议采用这种硬编码的方式来处理，一般都会按照下面的这种方式来解决。

（2）配置 FastJson 的消息转换器：FastJsonHttpMessageConverter

在 Spring MVC 中需要进行 JSON 转换时，通常会使用 FastJson 提供的 FastJsonHttpMessageConverter 来完成。之前采用 StringHttpMessageConverter 解决了中文乱码问题，现在需要配置 FastJson 的消息转换器来解决 JSON 数据传递过程中的日期格式问题。

使用 FastJsonHttpMessageConverter 的序列化属性 WriteDateUseDateFormat 配置使用默认日期类型（FastJson 规定了默认的返回日期类型 DEFFAULT_DATE_FORMAT 为 yyyy-MM-dd HH:mm:ss）。当然，对于特殊类型字段，可使用@JSONField 来控制。

修改 springmvc-servlet.xml，配置 FastJsonHttpMessageConverter 消息转换器，关键示例代码如下：

```
<mvc:annotation-driven>
    <mvc:message-converters>
        <bean class="org.springframework.http.converter.StringHttpMessageConverter">
            <property name="supportedMediaTypes">
                <list>
                    <value>application/json;charset=UTF-8</value>
                </list>
            </property>
        </bean>
        <bean class="com.alibaba.fastjson.support.spring.FastJsonHttpMessageConverter">
            <property name="supportedMediaTypes">
                <list>
                    <value>text/html;charset=UTF-8</value>
                    <value>application/json</value>
                </list>
            </property>
            <property name="features">
                <list>
                <!-- Date 的日期转换器 -->
                    <value>WriteDateUseDateFormat</value>
                </list>
            </property>
        </bean>
    </mvc:message-converters>
</mvc:annotation-driven>
```

在上述配置中，通过设置 FastJsonHttpMessageConverter 中的 features 属性指定输出时的日期转换器 WriteDateUseDateFormat，就可以按照 FastJson 默认的日期格式进行转换输出。

FastJson 是一个 JSON 处理工具包，包括序列化和反序列化两部分。它提供了强大的日期处理和识别能力，在序列化时指定格式可支持多种方式实现；在反序列化时也可识别多种格式的日期。关于 FastJsonHttpMessageConverter、JSON、SerializerFeature 等，此处不做深入讲解，读者可自行查看源码进行深入研究。

接下来修改 UserController.java 的 view()方法。在该方法内，无须再将 user 对象转换成 JSON 字符串，而是直接把获取的 user 对象返回即可，最后还要注释掉 User.java 中的@JSONField 注解。

通过上述配置的方式，代码的侵入性有所降低，但是在实际开发中，对于日期的输出格式还是以年月日（yyyy-MM-dd）居多。FastJson 中默认的日期转换格式为 yyyy-MM-dd HH:mm:ss，除了通过@JSONField 注解去解决，还有什么方式可解决这个问题？通过自己实现 FastJson 的消息转换器进行自定义的转换器，手工注入默认的日期格式最终满足项目需求。对此本书不再过多讲解，有兴趣的读者可以参看 FastJson 的源码进行尝试。

对于 Spring MVC 中，使用 FastJson 来进行 JSON 数据的传递处理，通过上述日期格式问题的解决方案，简单总结为以下 3 点。

（1）若没有配置消息转换器中<value>WriteDateUseDateFormat</value>，并且也没有加入属性注解@JSONField(format="yyyy-MM-dd")，则转换输出时间戳。

（2）若只配置<value>WriteDateUseDateFormat</value>，则会转换输出 yyyy-MM-dd HH:mm:ss 格式的日期。

（3）若既配置了<value>WriteDateUseDateFormat</value>，也增加了属性注解@JSONField(format="yyyy-MM-dd")，则转换输出为属性注解格式，即注解优先。

12.4.4 技能训练

上机练习 2 实现根据 id 删除用户信息

需求说明

实现根据 id 删除用户信息，要求使用 JSON 实现。

12.5 RESTful支持

Spring MVC 框架除了支持 JSON 数据交互，还支持 RESTful 风格的编程，就是在平时上网时会发现如图 12.28 所示的一些网站。

图 12.28 REST 风格的网站

这些网站的 URL 风格跟常见的网站不太一样，URL 中的“30306570”是参数，但是 URL 中并没有通过“?”进行传参。这种风格就是 REST 风格的 URL。

12.5.1 RESTful风格

Spring MVC 框架支持 REST 风格的 URL，那么到底什么是 REST 风格呢？

RESTful 也称为 REST（Representational State Transfer），可以理解为是一种软件架构风格或设计风格，而不是一个标准。此概念较为复杂，此处了解即可。

简单来说，RESTful 风格就是把请求参数变成请求路径的一种风格。如传统的 URL 请求格式为：

```
http://.../queryItems?id=1
```

而采用 RESTful 风格后，其 URL 请求为：

```
http://.../items/1
```

从上述两个请求中可以看出，RESTful 风格中的 URL 将请求参数 id=1 变成了请求路径的一部分，并且 URL 中的 queryltems 也变成了 items（RESTful 风格中的 URL 不存在动词形式的路径，如 queryItems 表示查询订单，是一个动词，而 items 表示订单，是一个名词）。

那么所谓的 REST 风格可以理解为：使用 URL 表示资源时，每个资源都用一个独一无二的 URL 来表示，并使用 HTTP 方法表示操作，即准确描述服务器对资源的处理动作（GET、POST、PUT、DELETE），实现资源的“增删改查”操作。举例说明 REST 风格的 URL 与传统的 URL 的区别：

（1）/userview.html?id=12 VS /user/view/12；

（2）/userdelete.html?id=12 VS /user/delete/12；

（3）/usermodify.html?id=12 VS /user/modify/12。

REST 风格的 URL 中最明显的区别就是参数不再使用“?”传递。这种风格的 URL 可读性更好，且项目架构清晰，最关键的是 Spring MVC 框架可提供对这种风格的支持。但是其也有弊端，对于国内项目，由于 URL 参数有时会传递中文，那么中文乱码问题的确是一个令人头疼的问题。所以要根据实际情况进行灵活处理，很多网站采用传统 URL 风格与 REST 风格混搭的方式。

RESTful 风格在 HTTP 请求中，可使用 put、delete、post 和 get 方式分别对应添加、删除、修改和查询的操作。不过目前国内开发的网站，还是只使用 post 方式和 get 方式来进行“增删改查”的操作。

12.5.2　应用案例——用户信息查询

本案例将采用 RESTful 风格的请求实现对用户信息的查询，同时返回 JSON 格式的数据，其具体实现步骤如下。

（1）在控制器类 UserController 中，编写用户查询方法 selectUser()，其代码如下：

```
/**
 *接收 RESTful 风格的请求，其接收方式为 GET
 */
@RequestMapping(value="/user/{id}",method=RequestMethod.GET)
@ResponseBody
public User selectUser(@PathVariable("id") String id){
 //查看数据接收
    System.out.println("id="+id);
    User user=new User();
    //模拟根据 id 查询出到用户对象数据
    if(id.equals("1234")){
        user.setUsername("tom");
    }
    //返回 JSON 格式的数据
    return user;
}
```

在上述代码中，@RequestMapping(value="/user/{id}",method=RequestMethod.GET)注解用于匹配请求路径（包括参数）和方式，其中 value="/user/{id}"表示可以匹配以"/user/{id}"结尾的请求，id 为请求中的动态参数；method=RequestMethod.GET 表示只接收 GET 方式的请求。方法中的@PathVariable("id")注解则用于接收并绑定请求参数，它可以将请求 URL 中的变量映射到方法的形参中，如果请求路径为“/user/{id}”，则请求参数中的 id 和方法形参名称的 id 一样，则@PathVariable 后面的“("id")”可以省略。

（2）在 WebRoot 中 WEB-INF/jsp 目录下，编写页面文件 restful.jsp，并在页面中使用 AJAX 方式通过输入的用户编号来查询用户信息，其代码见示例 26。

【示例 26】restful.jsp

```
<%@ page language="java" contentType="text/html; charset=UTF-8"
     pageEncoding="UTF-8"%>
<!DOCTYPE html>
<html>
<head>
<title>RESTful 测试</title>
<meta http-equiv="Content-Type" content="text/html; charset=UTF-8">
<script type="text/javascript"
    src="${pageContext.request.contextPath}/js/jquery-1.12.4.js">
</script>
<script type="text/javascript">
function search(){
    // 获取输入的查询编号
    var id = $("#number").val();
    $.ajax({
        url : "${pageContext.request.contextPath }/user/"+id,
        type : "GET",
        //定义回调响应的数据格式为 JSON 字符串，该属性可以省略
        dataType : "json",
        //成功响应的结果
        success : function(data){
            if(data.username != null){
                alert("您查询的用户是："+data.username);
            }else{
                alert("没有找到 id 为:"+id+"的用户！");
            }
        }
    });
}
</script>
</head>
<body>
<form>
编号：<input type="text" name="number" id="number">
    <input type="button" value="搜索" onclick="search()" />
</form>
</body>
</html>
```

上述示例代码中，在请求路径中使用了 RESTful 风格的 URL，并且定义请求方式为 GET。

（3）将项目发布到 Tomcat 服务器并启动，在浏览器中输入 http://localhost:8080/Ch12_02/restful.jsp，如图 12.29 所示。

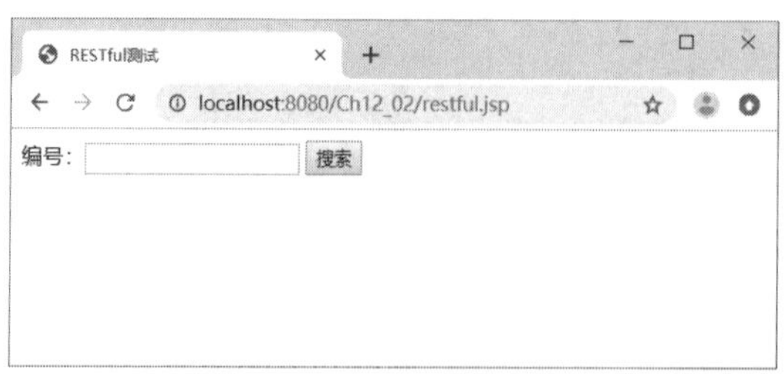

图 12.29 restful.jsp 测试页面

在输入框中输入编号“1234”后，单击“搜索”按钮，程序正确执行后，浏览器会弹出用户信息窗口，如图 12.30 所示。

图 12.30　restful.jsp 测试页面

在 MyEclipse 的控制台中，也打印出了请求的参数信息，如图 12.31 所示。

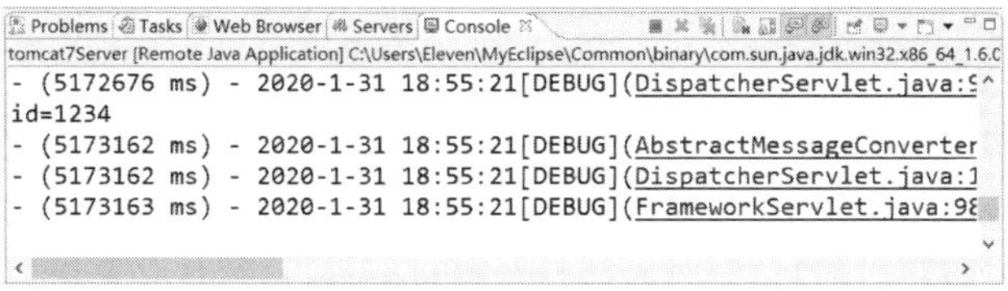

```
Problems  Tasks  Web Browser  Servers  Console
tomcat7Server [Remote Java Application] C:\Users\Eleven\MyEclipse\Common\binary\com.sun.java.jdk.win32.x86_64_1.6.0
- (5172676 ms) - 2020-1-31 18:55:21[DEBUG](DispatcherServlet.java:9
id=1234
- (5173162 ms) - 2020-1-31 18:55:21[DEBUG](AbstractMessageConverter
- (5173162 ms) - 2020-1-31 18:55:21[DEBUG](DispatcherServlet.java:1
- (5173163 ms) - 2020-1-31 18:55:21[DEBUG](FrameworkServlet.java:98
```

图 12.31　控制台中的打印结果

可以看出，已经成功使用 RESTful 风格的请求查询出了用户信息。

12.5.3　技能训练

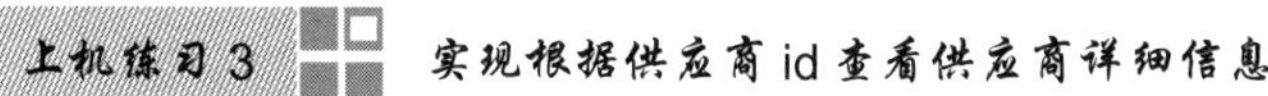

实现根据供应商 id 查看供应商详细信息

需求说明

实现根据供应商 id 查看供应商详细信息，要求 URL 使用 REST 风格实现。

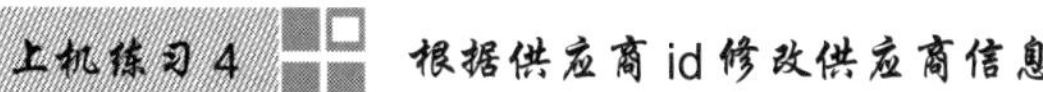

根据供应商 id 修改供应商信息

需求说明

（1）实现根据供应商 id 修改供应商信息，要求 URL 使用 REST 风格实现。

（2）信息修改。单击“保存”按钮，信息修改成功并返回供应商列表页；单击“返回”按钮，直接返回到供应商列表页面，不进行信息的修改保存。

本章总结

- Spring MVC 框架会通过数据绑定组件（DataBinder）将请求参数串的内容进行类型转换，然后将转换后的值赋给控制器类中方法的形参。
- @RequestParam 注解主要用于对请求中的参数进行定义，参数 required 表示参数是否为必需。
- 控制器处理方法的返回值若为 ModelAndView，则既包含视图信息又包含模型数据信息。
- Spring MVC 框架的 Model 其实就是一个 Map 的数据结构。
- JSON（JavaScript Object Notation，JS 对象标记）是一种轻量级的数据交换格式。它是基于 JavaScript 的一个子集，使用 C、C++、C#、Java、JavaScript、Perl、Python 等其他语言进行约定，采用完全独立于编程语言的文本格式来存储和表示数据。
- Spring 框架通过 HttpMessageConverter<T>接口来实现浏览器与控制器类（Controller）之间的数据交互。

➢ RESTful 也称为 REST（Representational State Transfer），可以将它理解为是一种软件架构风格或设计风格，而不是一个标准。REST 风格可以简单理解为：使用 URL 表示资源时，每个资源都用一个独一无二的 URL 来表示。

本章作业

一、选择题

1. 以下有关 Spring MVC 框架数据绑定中集合数据绑定的说法正确的是（　　）。

   A. 批量删除用户操作时，前端请求传递过来的参数会包含多个相同类型的数据，此时可以采用数组类型数据绑定的形式

   B. 使用集合数据绑定需要后台方法中定义一个集合类型参数介绍绑定前端请求参数

   C. 绑定数组与绑定集合页面传递的参数相同，只是后台接收方法的参数不同

   D. 在使用集合数据绑定时，后台方法中不支持直接使用集合形参进行数据绑定

2. 下面选项中，哪一个是 Spring 的编码过滤器类（　　）。

   A. org.springframework.web.filter.EncodingFilter

   B. org.springframework.web.filter.CharacterEncodingFilter

   C. org.springframework.web.filter.CharacterEncoding

   D. org.springframework.web.filter.CharacterFilter

3. 下面关于包装 POJO 类型数据绑定的说法正确的是（　　）。

   A. 如果查询条件参数是包装类的直接基本属性，则参数名直接使用对应的属性名

   B. 如果查询条件参数是包装类的直接基本属性，则参数名必须使用对应的“对象.属性名”

   C. 如果查询条件参数是包装类中 POJO 的子属性，则参数名必须为属性名

   D. 如果查询条件参数是包装类中 POJO 的子属性，则参数名必须为“对象.子属性.属性值”的形式

4. 下面属于 RESTful 风格请求的是（　　）。

   A. http://.../queryItems?id=1

   B. http://.../queryItems?id=1&name=zhangsan

   C. http://.../items/1

   D. http://.../queryitems/1

5. JSON 对象结构中，关键字 key 必须为（　　）类型。

   A. Object　　B. Array　　C. String　　D. Number

二、简答题

1. 简述简单数据类型中的@RequestParam 注解及其属性作用。
2. 简述 JSON 数据交互中两个注解的作用。
3. 简述静态资源访问的配置方式。

三、操作题

改造百货中心供应链管理系统，完成添加、查询角色列表功能。

（1）搭建 Spring MVC 环境，编写对应的 POJO、Controller、添加页面（add.jsp）、添加成功并显示新增数据的页面（save.jsp）。

（2）部署并运行测试结果。

第 13 章 文件上传和下载与拦截器机制

本章目标

◎ 熟悉 Spring MVC 框架中文件上传的实现步骤

◎ 掌握文件上传案例的编写

◎ 掌握中英文名称文件下载程序的编写

◎ 了解拦截器定义和配置方式

◎ 熟悉拦截器的执行流程

◎ 掌握拦截器的使用

本章简介

文件的上传和下载是项目开发中最常用的功能，如图片的上传和下载、邮件附件的上传和下载等。在实际项目中，拦截器的使用也是非常普遍的，如在购物网站中通过拦截器可以拦截未登录的用户，禁止其购买商品，或者验证已登录用户是否有相应的操作权限等。在 Struts 2 框架中，拦截器是其重要的组成部分，而 Spring MVC 框架中也提供了拦截器功能，通过配置即可对请求进行拦截处理。下面对 Spring MVC 框架环境中文件的上传和下载，以及针对 Spring MVC 框架中拦截器的使用进行详细讲解。

技术内容

13.1 文件上传

13.1.1 文件上传的概述

多数文件上传都是通过表单形式提交给后台服务器的，因此，要实现文件上传功能就需要提供一个文件上传的表单，而该表单必须满足以下 3 个条件。

（1）form 表单的 method 属性设置为 post。

（2）form 表单的 enctype 属性设置为 multipart/form-data。

（3）提供<input type="file" name="filename"/>的文件上传输入框。

文件上传表单的示例代码如下：

```
<form action="uploadUrl" method="post" enctype="multipart/form-data">
```

```
    <input type="file" name="filename" multiple="multiple" />
    <input type="submit" value="文件上传"/>
</form>
```

上述代码中，除了满足上传表单所必须的 3 个条件，在<input>元素中还增加了一个 multiple 属性。该属性是 HTML 5 中的新属性，如果使用了该属性，则可以同时选择多个文件进行上传，即可实现多文件上传。

当客户端 form 表单的 enctype 属性为 multipart/form-data 时，浏览器就会采用二进制流的方式来处理表单数据，服务器端就会对文件上传的请求进行解析处理。Spring MVC 框架为文件上传提供了直接的支持，这种支持是通过 MultipartResolver（多部件解析器）对象实现的。MultipartResolver 是一个接口对象，需要通过它的实现类 CommonsMultipartResolver 来完成文件上传工作。在 Spring MVC 框架中使用 MultipartResolver 对象非常简单，只需要在配置文件中定义 MultipartResolver 接口的 Bean 即可，其具体配置方式如下：

```
<bean id="multipartResolver" class=
    "org.springframework.web.multipart.commons.CommonsMultipartResolver">
    <!-设置请求编码格式，必须与 JSP 中的 pageEncoding 属性一致，默认为 ISO-8859-1 -->
    <property name="defaultEncoding" value="UTF-8" />
    <!-设置允许上传文件的最大值（2MB），单位为字节-->
    <property name="maxUploadSize" value="2097152" />
</bean>
```

在上述配置代码中，除配置了 CommonsMultipartResolver 类，还通过<property>元素配置了编码格式及允许上传文件的大小。

通过<property>元素可以对文件解析器类 CommonsMultipartResolver 的如下属性进行配置。

（1）maxUploadSize：上传文件最大长度（以字节为单位)。

（2）maxInMemorySize：缓存中的最大尺寸。

（3）defaultEncoding：默认编码格式。

（4）resolveLazily：推迟文件解析，以便在 Controller 中捕获文件大小异常。

注意

因为 MultipartResolver 接口的实现类 CommonsMulripartResolver 内部是引用 multipartResolver 字符串获取该实现类对象并完成文件解析的，所以在配置 CommonsMultipartResolver 时必须指定该 Bean 的 id 为 multipartResolver。

由于 CommonsMultipartResolver 是 Spring MVC 框架内部通过 Apache Commons FileUpload 技术实现的，所以 Spring MVC 的文件上传还需要依赖 Apache Commons FileUpload 的组件，即需要导入支持文件上传的相关 JAR 包，具体内容如下。

（1）commons-fileupload-1.3.2.jar。

（2）commons-io-2.5.jar。

以上两个 JAR 包的版本是本书编写时的最新版本，可以通过 Apache 官网 http://commons.apache.org/ 下载（进入该网址后，在 Apache Commons Proper 下方列表的 Components 列中找到 FileUplod 和 IO，单击链接后，即可在打开页面找到下载链接），也可以直接使用本书源码中的 JAR 包。

当完成页面表单和文件上传解析器的配置后，在 Controller 中编写文件上传的方法即可实现文件上传。Spring MVC 框架中文件上传的方法编写十分简单，其代码如下：

```
@Controller
public class FileUploadController {
    @RequestMapping("/fileUpload")
    public String handleFormUpload(@RequestParam("name") String name,
            @RequestParam("uploadfile") List<MultipartFile> file,...) {
if (!file.isEmpty()) {
```

```
        //具体的执行方法
        ...
return "uploadSuccess";
}
return "uploadFailure";
}
}
```

在上述代码中，包含一个 MultipartFile 接口类型的参数 file，上传到程序中的文件就是被封装在该参数中的。org.springframework.web.multipart.MultipartFile 接口中提供了获取上传文件、文件名称等方法，如表 13-1 所示。

表 13-1 MultipartFile 接口中的主要方法

方 法	说 明
byte[] getBytes()	以字节数组的形式返回文件的内容
String getContentType()	返回文件的内容类型
InputStream getInputStream()	读取文件内容，返回一个 InputStream 流
String getName()	获取多部件 form 表单的参数名称
String getOriginalFilename()	获取上传文件的初始化名
long getSize()	获取上传文件的大小，单位是字节
boolean isEmpty()	判断上传的文件是否为空
void transferTo(File file)	将上传文件保存到目标目录下

13.1.2 应用案例——文件上传

通过学习对 Spring MVC 框架中实现文件上传的步骤和配置已经有了一些了解。接下来就通过一个具体的案例来演示文件上传功能的实现，其具体步骤如下。

（1）在 MyEclipse 中创建一个名为 Ch13_01 的 Web 项目，将 Spring MVC 框架相关 JAR 包及支持文件上传下载的 JAR 包添加到项目的 lib 目录中，并发布到类路径下，lib 目录如图 13.1 所示。

图 13.1 lib 目录

（2）在 web.xml 文件中，配置 Spring MVC 框架的前端控制器等信息。

（3）在 src 目录下，创建并编写 Spring MVC 框架的核心配置文件 springmvc-config.xml，见示例 1。

【示例 1】springmvc-config.xml

```
<?xml version="1.0" encoding="UTF-8"?>
<beans xmlns="http://www.springframework.org/schema/beans"
  xmlns:mvc="http://www.springframework.org/schema/mvc"
  xmlns:xsi="http://www.w3.org/2001/XMLSchema-instance"
  xmlns:context="http://www.springframework.org/schema/context"
  xsi:schemaLocation="http://www.springframework.org/schema/beans
  http://www.springframework.org/schema/beans/spring-beans-3.2.xsd
```

```
  http://www.springframework.org/schema/mvc
  http://www.springframework.org/schema/mvc/spring-mvc-3.2.xsd
  http://www.springframework.org/schema/context
  http://www.springframework.org/schema/context/spring-context-3.2.xsd">
    <!-- 定义组件扫描器，指定需要扫描的包 -->
    <context:component-scan base-package="com.test.controller" />
    <!--配置注解驱动  -->
    <mvc:annotation-driven />
    <!-- 定义视图解析器 -->
    <bean id="viewResolver" class=
    "org.springframework.web.servlet.view.InternalResourceViewResolver">
    <!-- 设置前缀 -->
    <property name="prefix" value="/WEB-INF/jsp/" />
    <!-- 设置后缀 -->
    <property name="suffix" value=".jsp" />
    </bean>
    <!-- 配置文件上传解析器 MultipartResolver -->
    <bean id="multipartResolver"
        class="org.springframework.web.multipart.commons.CommonsMultipartResolver">
  <!-- 设置请求编码格式-->
  <property name="defaultEncoding" value="UTF-8" />
    </bean>
  </beans>
```

在示例代码中，除了配置 Spring MVC 框架环境需要的组件扫描器、注解驱动和视图解析器，还增加了支持文件上传的解析器 CommonsMultipartResolver 的配置。

（4）在 WebRoot 目录下，创建一个用于上传文件的页面 fileUpload.jsp，见示例 2。

【示例 2】fileUpload.jsp

```
<%@ page language="java" contentType="text/html; charset=UTF-8"
    pageEncoding="UTF-8"%>
<!DOCTYPE html>
<html>
<head>
<meta http-equiv="Content-Type" content="text/html; charset=UTF-8">
<title>文件上传</title>
<script>
// 判断是否填写上传人并已选择上传文件
function check(){
    var name = document.getElementById("name").value;
    var file = document.getElementById("file").value;
    if(name==""){
        alert("填写上传人");
        return false;
    }
    if(file.length==0||file==""){
        alert("请选择上传文件");
        return false;
    }
    return true;
}
</script>
</head>
<body>
<form action="${pageContext.request.contextPath }/fileUpload"
    method="post" enctype="multipart/form-data" onsubmit="return check()">
    上传人：<input id="name" type="text" name="name" /><br />
    请选择文件：<input id="file" type="file" name="uploadfile"
                                                multiple="multiple" /><br />
        <input type="submit" value="上传" />
    </form>
</body>
</html>
```

在示例代码中，编写了一个用于文件上传的 form 表单，该表单可以填写上传人并上传文件。当单击“上传”按钮时，可先执行 check()方法检查上传人文本框和文件选择框中的内容是否为空。只有填写上传人并选择需要上传的文件后，才能正常提交表单，否则表单将不会提交，并会给出相应的提示信息。提交表单后，会以 POST 方式提交到一个以“/fileUpload”结尾的请求中。

（5）在 WEB-INF 目录下，创建 jsp 文件夹，并在文件夹中创建文件 success.jsp 和 error.jsp，分别在两个文件的<body>元素内编写显示上传成功的信息（如“文件上传成功!”）和显示上传失败的信息（如“文件上传失败，请重新上传!”）。

（6）在 src 目录下，创建一个 cn.dsscm.controller 包，并在该包下创建一个用于文件上传的控制器类 FileUploadController，见示例 3。

【示例 3】FileUploadController.java

```
import java.io.File;
import java.net.URLEncoder;
import java.util.List;
import java.util.UUID;
import javax.servlet.http.HttpServletRequest;

import org.apache.commons.io.FileUtils;
import org.springframework.http.HttpHeaders;
import org.springframework.http.HttpStatus;
import org.springframework.http.MediaType;
import org.springframework.http.ResponseEntity;
import org.springframework.stereotype.Controller;
import org.springframework.web.bind.annotation.RequestMapping;
import org.springframework.web.bind.annotation.RequestParam;
import org.springframework.web.multipart.MultipartFile;
/**
 * 文件上传
 */
@Controller
public class FileUploadController {
    /**
     * 执行文件上传
     */
    @RequestMapping("/fileUpload")
    public String handleFormUpload(@RequestParam("name") String name,
            @RequestParam("uploadfile") List<MultipartFile> uploadfile,
            HttpServletRequest request) {
        // 判断所上传文件是否存在
        if (!uploadfile.isEmpty() && uploadfile.size() > 0) {
            //循环输出上传的文件
            for (MultipartFile file : uploadfile) {
                // 获取上传文件的原始名称
                String originalFilename = file.getOriginalFilename();
                // 设置上传文件的保存地址目录
                String dirPath =
                        request.getServletContext().getRealPath("/upload/");
                File filePath = new File(dirPath);
                // 如果保存文件的地址不存在，就先创建目录
                if (!filePath.exists()) {
                    filePath.mkdirs();
                }
                // 使用 UUID 重新命名上传的文件名称(上传人_uuid_原始文件名称)
                String newFilename = name+ "_"+UUID.randomUUID() +
                                                "_"+originalFilename;
                try {
                    // 使用 MultipartFile 接口的方法完成文件上传到指定位置
                    file.transferTo(new File(dirPath + newFilename));
                } catch (Exception e) {
                    e.printStackTrace();
                        return"error";
```

```
                    }
                }
                // 跳转到成功页面
                return "success";
            }else{
                return"error";
            }
        }

    }
```

在示例代码中，使用注解方式定义了一个控制器类，并在类中定义执行文件上传的方法 handleFormUpload()。在 handleFormUpload()方法参数中使用 List<MultipartFile>集合类型来接收用户上传的文件，然后判断所上传的文件是否存在。如果存在，则继续执行上传操作，在通过 MultipartFile 接口的 transferTo()方法将上传文件保存到用户指定的目录位置后，会跳转到 success.jsp 页面；如果文件不存在或者上传失败，则跳转到 error.jsp 页面。

（7）将项目发布到 Tomcat 服务器中并启动，在浏览器中输入 http://127.0.0.1:8080/Ch13_01/fileUpload.jsp，如图 13.2 所示。

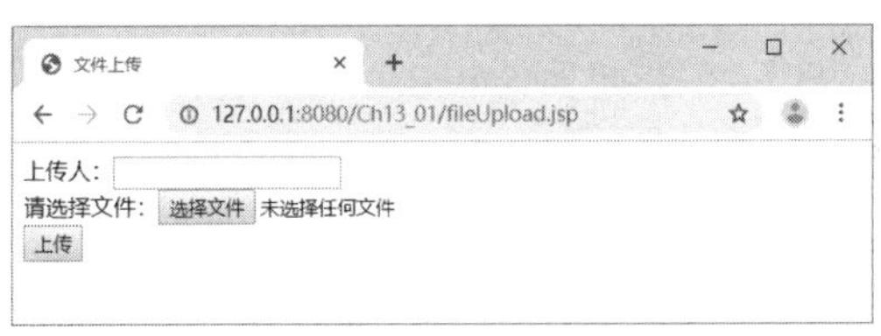

图 13.2 fileUpload.jsp 文件上传页面（1）

在文件上传页面中，填写上传人并选择所要上传的文件，单击“上传”按钮后就可向后台发送上传请求信息。这里填写上传人为“张三”，然后选择两张图片后，浏览器的显示效果如图 13.3 所示。

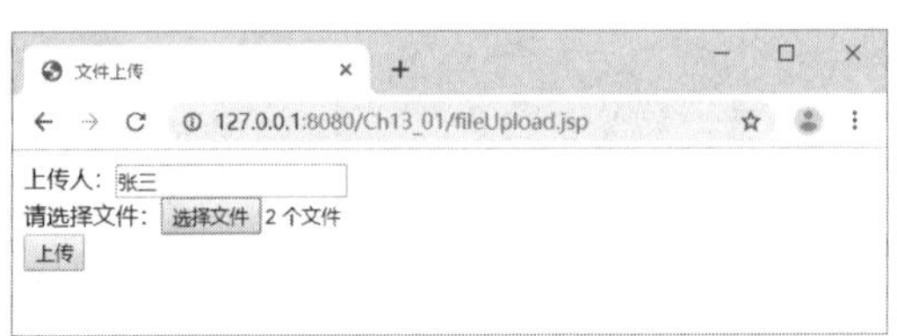

图 13.3 fileUpload.jsp 文件上传页面（2）

单击“上传”按钮，程序在正确执行后浏览器就会跳转到 success.jsp 页面，此时查看项目的发布目录，即可发现在 Ch13_01 项目中多了一个 upload 文件夹，该文件夹中的内容如图 13.4 所示。

图 13.4 upload 文件夹

可以看出，已经成功上传了两张图片，并且图片的名称为“上传人_uuid_原始文件名称”的形式。

upload 文件夹是在项目的发布路径中，而不是创建的项目所在目录。如果未更改项目发布路径，则要去 Tomcat 的工作空间的 metadata 目录中寻找项目发布目录（路径为 workspace\.metadata\.plugins\org.MyEclipse.wst.server.core\tmp1\wtpwebapps\Ch13_01\upload）；如果将项目的发布路径已更改到 Tomcat 中，则需要在 Tomcat 的 webapps 目录中寻找项目（路径为 D:\soft\apache-tomcat-7.0.76\webapps\Ch13_01\upload）。

13.1.3　技能训练

上机练习 1　实现用户注册的图片上传

需求说明

修改用户注册功能，并添加用户图片的上传功能。

13.2　文件下载

13.2.1　实现文件下载

文件下载就是将文件服务器中的文件下载到本机上。文件下载比较简单，直接在页面给出一个超链接，该链接 href 的属性等于要下载文件的文件名，就可以实现文件下载了。但是如果该文件的文件名为中文，在某些早期的浏览器上就会导致下载失败；如果使用最新的 Firefox、Opera、Chrome、Safari 都可以正常下载文件名为中文的文件了。在 Spring MVC 框架环境中，实现文件下载大致可分为如下两个步骤。

（1）在客户端页面使用一个文件下载的超链接，该链接的 href 属性要指定后台文件下载的方法及文件名（需要先在文件下载目录中添加一个名称为“1.jpg”的文件），具体代码示例如下：

```
<a href="${pageContext.request.contextPath }/download?filename=001.jpg">文件下载</a>
```

（2）在后台 Controller 类中，使用 Spring MVC 框架提供的文件下载方法进行文件下载。Spring MVC 框架提供了一个 ResponseEntity 类型的对象，使用它可以很方便地定义返回的 HttpHeaders 对象和 HttpStatus 对象，通过对这两个对象的设置，即可完成下载文件时所需的配置信息。文件下载的示例代码如下：

```
@RequestMapping("/download")
public ResponseEntity<byte[]> fileDownload(HttpServletRequest request,
                                    String filename) throws Exception{
    // 指定要下载的文件所在路径
    String path = request.getServletContext().getRealPath("/upload/");
    // 创建该文件对象
    File file = new File(path+File.separator+filename);
    // 设置响应头
    HttpHeaders headers = new HttpHeaders();
    // 通知浏览器以下载的方式打开文件
    headers.setContentDispositionFormData("attachment", filename);
    // 定义以流的形式下载返回文件数据
    headers.setContentType(MediaType.APPLICATION_OCTET_STREAM);
    // 使用 Sring MVC 框架的 ResponseEntity 对象封装返回下载数据
   return      new      ResponseEntity<byte[]>(FileUtils.readFileToByteArray(file),
headers,HttpStatus.OK);
}
```

在 fileDownload()方法中，首先根据文件路径和需要下载的文件名来创建文件对象，然后对响应头中文件下载时的打开方式及下载方式进行设置，最后返回 ResponseEntity 封装的下载结果对象。

Spring MVC 框架提供了一个 ResponseEntity 类型，使用它可以很方便地定义返回的 HttpHeaders

和 HttpStatus。ResponseEntity 对象有些类似@ResponseBody 注解，它用于直接返回结果对象。上面示例中，设置响应头信息中的 MediaType 代表的是 Internet Media Type（互联网媒体类型），也叫 MIME 类型，MediaType.APPLICATION_OCTET_STREAM 的值为 application/octet-stream，即表示以二进制流的形式下载数据；HttpStatus 类型代表的是 HTTP 协议中的状态，示例中的 HttpStatus.OK 表示 200，即服务器已成功处理了请求。

在 MyEclipse 的 WebContent 目录下，创建一个页面文件 download.jsp，将上述第（1）步的页面代码编写到 download.jsp 中，然后将第（2）步的 fileDownload()方法编写在 FileUploadController 类中。发布项目并启动 Tomcat 服务器，在浏览器中输入 http://127.0.0.1:8080/Ch13_01/download.jsp，如图 13.5 所示。

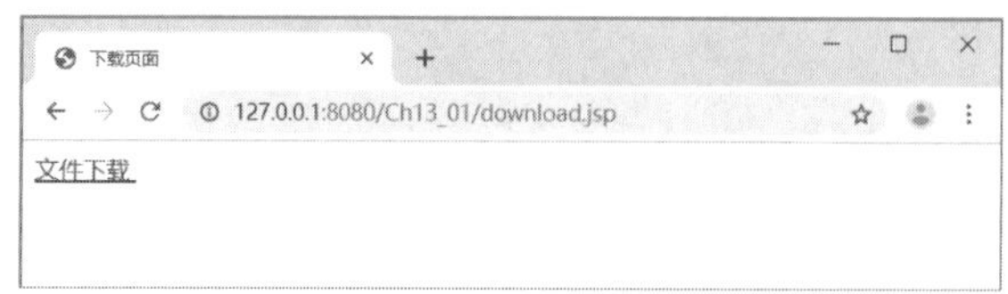

图 13.5 fileDownload.jsp 文件下载页面

选择“文件下载”链接后，会出现下载提示弹窗，如图 13.6 所示（这里以 Chrome 浏览器为例进行演示）。

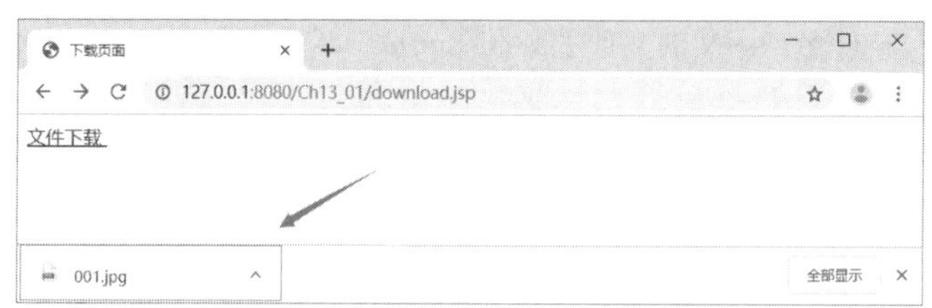

图 13.6 文件下载提示弹窗

选择“保存文件”选项，并单击“确定”按钮后，即可下载该文件。

13.2.2 中文名称的文件下载

虽然通过 Spring MVC 框架实现了文件下载功能，但此案例代码只适用于非中文名称的文件下载。当对中文名称的文件进行下载时，因为每个浏览器内部转码机制不同，就会出现不同的乱码及解析异常问题。如在文件下载目录中添加一个名称为“壁纸.jpg”的文件，当通过浏览器下载该文件时就会发生错误，如图 13.7 所示。

```
Problems  Tasks  Web Browser  Servers  Console
tomcat7Server [Remote Java Application] C:\Users\Eleven\MyEclipse\Common\binary\com.sun.java.jdk.win32.x86_64_1.6.0.013\bin\javaw.exe (2020-2-1 下午2:24:11)
- (12855 ms) - 2020-2-1 14:24:50[DEBUG](AbstractHandlerExceptionResolver.java:132) Resolving exception from handl
- (12857 ms) - 2020-2-1 14:24:50[DEBUG](FrameworkServlet.java:974) Could not complete request
java.io.FileNotFoundException: File 'D:\soft\apache-tomcat-7.0.76\webapps\Ch13_01\upload\??????.jpg' does not exi
	at org.apache.commons.io.FileUtils.openInputStream(FileUtils.java:292)
	at org.apache.commons.io.FileUtils.readFileToByteArray(FileUtils.java:1815)
	at cn.dsscm.controller.FileUploadController.fileDownload(FileUploadController.java:98)
	at sun.reflect.NativeMethodAccessorImpl.invoke0(Native Method)
	at sun.reflect.NativeMethodAccessorImpl.invoke(NativeMethodAccessorImpl.java:39)
	at sun.reflect.DelegatingMethodAccessorImpl.invoke(DelegatingMethodAccessorImpl.java:25)
```

图 13.7 中文名称的文件下载信息

可以看出，所要下载的文件名称并不是“壁纸.jpg”，而是“??????.jpg”，这就表示中文文件名称出现了乱码。那么该如何解决这种乱码问题呢？可以在前端页面发送请求时先对中文名称进行统一编码，然后在后台控制器类中对文件名称进行相应的转码，其具体实现步骤如下。

（1）在下载页面中对中文文件名编码。可以使用 Servlet API 提供 URLEncoder 类的 encoder(String s, String enc)方法将中文转为 UTF-8 编码。该方法中第一个参数表示需要转码的字符串，第二个参数表示编码格式，其具体实现方式见示列 4。

【示例 4】download.jsp

```
<%@ page language="java" contentType="text/html; charset=UTF-8"
    pageEncoding="UTF-8"%>
<%@page import="java.net.URLEncoder"%>
<!DOCTYPE html>
<html>
<head>
<meta http-equiv="Content-Type" content="text/html; charset=UTF-8">
<title>下载页面</title>
</head>
<body>
   <a href="${pageContext.request.contextPath }/download?filename=<%=
                                 URLEncoder.encode("壁纸.jpg", "UTF-8")%>">
       中文名称文件下载
   </a>
</body>
</html>
```

（2）修改控制器类 FileUploadController 的 fileDownload()方法，并增加对文件名进行编码的方法，其代码如下：

```
@RequestMapping("/download")
public ResponseEntity<byte[]> fileDownload(HttpServletRequest request,
                                      String filename) throws Exception{
    // 指定要下载的文件所在路径
    String path = request.getServletContext().getRealPath("/upload/");
    // 对文件名编码，防止中文文件出现乱码
    filename = new String(filename.getBytes("ISO-8859-1"), "UTF-8");
    // 创建该文件对象
    File file = new File(path+File.separator+filename);
    // 设置响应头
    HttpHeaders headers = new HttpHeaders();
    // 通知浏览器以下载的方式打开文件
  headers.setContentDispositionFormData("attachment",
         this.getFilename(request, filename));
    // 定义以流的形式下载返回文件数据
    headers.setContentType(MediaType.APPLICATION_OCTET_STREAM);
    // 使用 Sring MVC 的 ResponseEntity 对象封装返回下载数据
   return new ResponseEntity<byte[]>(FileUtils.readFileToByteArray(file),
                                      headers,HttpStatus.OK);
}
/**
 * 根据浏览器的不同进行编码设置，返回编码后的文件名
 */
public String getFilename(HttpServletRequest request,
              String filename) throws Exception {
    // IE 不同版本 User-Agent 中出现的关键词
    String[] IEBrowserKeyWords = {"MSIE", "Trident", "Edge"};
    // 获取请求头代理信息
    String userAgent = request.getHeader("User-Agent");
    for (String keyWord : IEBrowserKeyWords) {
         if (userAgent.contains(keyWord)) {
              //IE 内核浏览器统一为 UTF-8 编码显示
              return URLEncoder.encode(filename, "UTF-8");
         }
```

```
        }
        //火狐等其他浏览器统一为 ISO-8859-1 编码显示
        return new String(filename.getBytes("UTF-8"),"ISO-8859-1");
    }
```

在方法 getFilename()中，由于旧浏览器在文件编码上与其他浏览器的方式不同，所以在中文编码设置上旧浏览器设置为 UTF-8 编码，而火狐等其他浏览器设置为 ISO-8859-1 编码。另外，由于不同版本的旧浏览器，请求代理 User-Agent 中的关键字也略有不同，所以在判断旧浏览器时，需要特别注意 User-Agent 中的关键字。

再次进行中文名的文件下载测试，并在 IE 和火狐浏览器中分别单击“文件下载”链接后，两个浏览器的显示效果，如图 13.8 所示。

图 13.8 IE 和火狐浏览器的中文名文件下载效果

可以看出，所下载的文件已在两个浏览器中正确显示出了中文名称。

13.2.3 技能训练

上机练习 2　实现用户信息查看与图片下载

需求说明

实现用户信息查看与用户图片下载功能，具体要求如下。

（1）根据 id 查看用户信息。

（2）显示用户信息页面后为其提供图片下载的按钮和图片。

13.3 拦截器

13.3.1 拦截器的概述

Spring MVC 框架中的拦截器（Interceptor）类似于 Servlet 中的过滤器（Filter），它主要用于拦截用户请求并做相应的处理。如通过拦截器可以进行权限验证、记录请求信息的日志、判断用户是否登录等。

1. 拦截器的定义

要使用 Spring MVC 框架中的拦截器，就需要对拦截器类进行定义和配置。通常拦截器类用两种方式来定义，一种是通过实现 HandlerInterceptor 接口，或继承 HandlerInterceptor 接口的实现类（如

HandlerInterceptorAdapter）来定义；另一种是通过实现 WebRequestInterceptor 接口，或继承 WebRequestInterceptor 接口的实现类来定义。

以实现 HandlerInterceptor 接口的定义方式为例，自定义拦截器类的代码如下：

```
public class CustomInterceptor implements HandlerInterceptor{
    public boolean preHandle(HttpServletRequest request,
        HttpServletResponse response, Object handler)throws Exception {
         //对拦截的请求进行放行处理
        return false;
    }
    public void postHandle(HttpServletRequest request,
        HttpServletResponse response, Object handler,
        ModelAndView modelAndView) throws Exception {
    }
    public void afterCompletion(HttpServletRequest request,
        HttpServletResponse response, Object handler,
        Exception ex) throws Exception {
    }
}
```

从上述代码可以看出，自定义的拦截器类实现了 HandlerInterceptor 接口及接口中的 3 个方法。关于这 3 个方法的具体描述如下。

（1）preHandler()方法：该方法可在控制器方法前执行，其返回值表示是否中断后续操作。当其返回值为 true 时，表示继续向下执行；当其返回值为 false 时，可中断后续的所有操作（包括调用下一个拦截器和控制器类中的方法执行等）。

（2）postHandle()方法：该方法会在控制器方法调用之后，且解析视图之前执行。可以通过此方法对请求域中的模型和视图做出进一步的修改。

（3）afterCompletion()方法：该方法可在整个请求完成，即视图渲染结束之后执行。通过此方法可以实现一些资源清理、记录日志信息等工作。

2. 拦截器的配置

要使自定义的拦截器类生效，还需要在 Spring MVC 框架的配置文件中进行配置，配置代码如下：

```
<!-- 配置拦截器 -->
<mvc:interceptors>
<!--使用 bean 直接定义在<mvc:interceptors>下面的拦截器将拦截所有请求-->
<bean class="cn.dsscm.interceptor.CustomInterceptor"/>
<!-- 拦截器 1 -->
    <mvc:interceptor>
            <!-- 配置拦截器作用的路径 -->
        <mvc:mapping path="/**" />
        <!-- 定义在<mvc:interceptor>下面的表示匹配指定路径的请求才进行拦截的 -->
        <bean class="cn.dsscm.interceptor.Interceptor1" />
    </mvc:interceptor>
    <!-- 拦截器 2 -->
    <mvc:interceptor>
        <mvc:mapping path="/hello" />
        <bean class="cn.dsscm.interceptor.Interceptor2" />
    </mvc:interceptor>
    ...
</mvc:interceptors>
```

在上述代码中，<mvc:interceptors>元素用于配置一组拦截器，其子元素<bean>中定义的是全局拦截器，它可拦截所有的请求；而<mvc:interceptor>元素中定义的是指定路径的拦截器，它会对指定路径下的请求生效。<mvc:interceptor>元素的子元素<mvc:mapping>用于配置拦截器作用的路径，该路径在其属性 path 中定义。如上述代码中 path 的属性值“/**”则表示拦截所有路径，“/hello”表示拦截所有以“/hello”结尾的路径。如果在请求路径中包含不需要拦截的内容，还可以通过<mvc:exclude-mapping>元素进行配置。

<mvc:interceptor>中的子元素必须按照上述代码的配置顺序进行编写，即<mvc:mapping ... /> → <mvc：exclude-mapping ... /> → <bean ... />的顺序，否则文件会报错。

13.3.2 拦截器的执行流程

1. 单个拦截器的执行流程

在运行程序时，拦截器的执行是有一定顺序的，该顺序与配置文件中所定义的拦截器的顺序相关。如果在项目中只定义了一个拦截器，那么该拦截器在程序中的执行流程如图 13.9 所示。

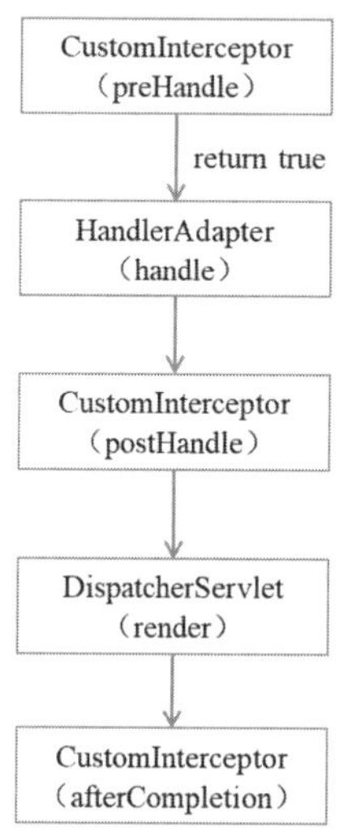

图 13.9 单个拦截器的执行流程

可以看出，程序首先会执行拦截器类中的 preHandle()方法，如果该方法的返回值为 true，则程序会继续向下执行处理器中的方法，否则将不再向下执行；在业务处理器（控制器 Controller 类）处理完请求后，会执行 postHandle()方法，然后可通过 DispatcherServlet 向客户端返回响应；在 DispatcherServlet 处理完请求后，才会执行 afterCompletion()方法。下面通过一个案例来演示其使用方法，具体步骤如下。

（1）在 MyEclipse 中，创建一个名为 Ch13_02 的 Web 项目，将 Spring MVC 框架程序运行所需 JAR 包复制到项目的 lib 目录中，并发布到类路径下。

（2）在 web.xml 中，配置 Spring MVC 的前端过滤器和初始化加载配置文件等信息。

（3）在 src 目录下，创建一个 cn.dsscm.controller 包，并在包中创建控制器类 HelloController，见示例 5。

【示例 5】HelloController.java

```
import org.springframework.stereotype.Controller;
import org.springframework.web.bind.annotation.RequestMapping;
@Controller
public class HelloController {
    /**
     * 页面跳转
     */
    @RequestMapping("/hello")
    public String Hello() {
```

```
        System.out.println("Hello!");
        return "success";
    }
}
```

（4）在 src 目录下，创建一个 cn.dsscm.interceptor 包，并在包中创建拦截器类 Custom Interceptor。该类需要实现 HandlerInterceptor 接口，并且在实现方法中编写输出语句来输出信息，见示例 6。

【示例 6】CustomInterceptor.java

```
import javax.servlet.http.HttpServletRequest;
import javax.servlet.http.HttpServletResponse;
import org.springframework.web.servlet.HandlerInterceptor;
import org.springframework.web.servlet.ModelAndView;
/**
 * 实现了 HandlerInterceptor 接口的自定义拦截器类
 */
public class CustomInterceptor implements HandlerInterceptor{
    public boolean preHandle(HttpServletRequest request,
        HttpServletResponse response, Object handler)throws Exception {
        System.out.println("CustomInterceptor...preHandle");
         //对拦截的请求进行放行处理
        return true;
    }
    public void postHandle(HttpServletRequest request,
        HttpServletResponse response, Object handler,
        ModelAndView modelAndView) throws Exception {
        System.out.println("CustomInterceptor...postHandle");
    }
    public void afterCompletion(HttpServletRequest request,
        HttpServletResponse response, Object handler,
        Exception ex) throws Exception {
        System.out.println("CustomInterceptor...afterCompletion");
    }
}
```

（5）在 src 目录下，创建并配置 Spring MVC 框架的配置文件，见示例 7。

【示例 7】springmvc-config.xml

```
<?xml version="1.0" encoding="UTF-8"?>
<beans xmlns="http://www.springframework.org/schema/beans"
  xmlns:mvc="http://www.springframework.org/schema/mvc"
  xmlns:xsi="http://www.w3.org/2001/XMLSchema-instance"
  xmlns:context="http://www.springframework.org/schema/context"
  xsi:schemaLocation="http://www.springframework.org/schema/beans
  http://www.springframework.org/schema/beans/spring-beans-3.2.xsd
  http://www.springframework.org/schema/mvc
  http://www.springframework.org/schema/mvc/spring-mvc-3.2.xsd
  http://www.springframework.org/schema/context
  http://www.springframework.org/schema/context/spring-context-3.2.xsd">
    <!-- 定义组件扫描器，指定需要扫描的包 -->
    <context:component-scan base-package="cn.dsscm.controller" />
    <!-- 定义视图解析器 -->
    <bean id="viewResolver"
        class="org.springframework.web.servlet.view.InternalResourceViewResolver">
    <!-- 设置前缀 -->
    <property name="prefix" value="/WEB-INF/jsp/" />
    <!-- 设置后缀 -->
    <property name="suffix" value=".jsp" />
    </bean>
 <!-- 配置拦截器 -->
    <mvc:interceptors>
    <!--使用 Bean 直接定义在<mvc:interceptors>下面的拦截器将拦截所有请求-->
    <bean class="com.dsscm.interceptor.CustomInterceptor"/>
    </mvc:interceptors>
 </beans>
```

由于配置拦截器使用的是<mvc:interceptors>元素，所以需要配置 MVC 的 schema 信息。本案例演示的是单个拦截器的执行顺序，所以这里只配置了一个全局的拦截器。

（6）在 WEB-INF 目录下，创建一个 jsp 文件夹，并在该文件夹中创建一个页面文件 success.jsp，然后在页面文件的<body>元素内编写任意显示信息，如“ok”。

（7）将项目发布到 Tomcat 服务器并启动，在浏览器中输入 http://localhost:8080/Ch13_02/ hello，程序正确执行后，浏览器会跳转到 success.jsp 页面，此时控制台的输出结果如图 13.10 所示。

```
Problems  Tasks  Web Browser  Servers  Console
tomcat7Server [Remote Java Application] C:\Users\Eleven\MyEclipse\Common\binary\com.sun.java.jdk.win32.x86_64_1.6.0.013\bin\javaw.exe (2020-2-1 下午3:46:03)
- (38228 ms) - 2020-2-1 15:47:15[DEBUG](DispatcherServlet.java:921) Last-Modified value for
CustomInterceptor...preHandle
- (38254 ms) - 2020-2-1 15:47:15[DEBUG](HandlerMethodInvoker.java:173) Invoking request han
Hello!
CustomInterceptor...postHandle
- (38264 ms) - 2020-2-1 15:47:15[DEBUG](AbstractAutowireCapableBeanFactory.java:1557) Invok
- (38265 ms) - 2020-2-1 15:47:15[DEBUG](DispatcherServlet.java:1213) Rendering view [org.sp
- (38277 ms) - 2020-2-1 15:47:15[DEBUG](InternalResourceView.java:236) Forwarding to resour
CustomInterceptor...afterCompletion
- (38937 ms) - 2020-2-1 15:47:16[DEBUG](FrameworkServlet.java:981) Successfully completed r
```

图 13.10 控制台的输出结果

可以看出，程序先执行拦截器类中的 preHandle()方法，然后执行控制器中的 Hello()方法，最后分别执行拦截器类中的 postHandle()方法和 afterCompletion()方法。这与上文所描述的单个拦截器的执行顺序是一致的。

2. 多个拦截器的执行流程

在大型的企业级项目中，通常不会只有一个拦截器，开发人员可能会定义很多拦截器来实现不同的功能。那么多个拦截器的执行顺序又是怎样的呢？下面通过一张图来描述多个拦截器的执行流程（假设有两个拦截器 Interceptor1 和 Interceptor2，并且在配置文件中 Interceptorl 拦截器配置在前），如图 13.11 所示。

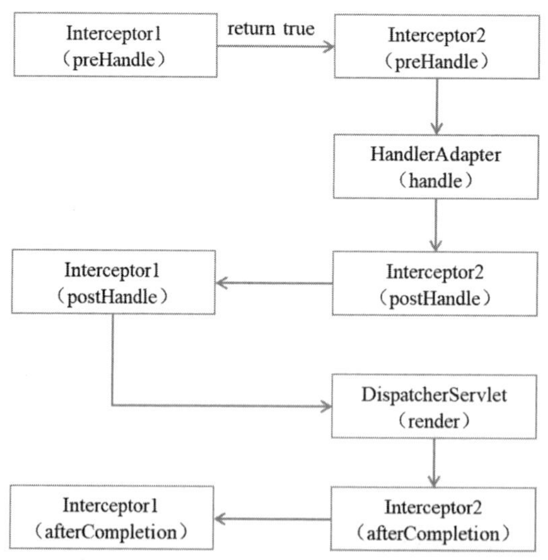

图 13.11 多个拦截器的执行流程

可以看出，当有多个拦截器同时工作时，它们的 preHandle()方法会按照配置文件中拦截器的配置顺序执行，而它们的 postHandle()方法和 afterCompletion()方法则会按照配置顺序的反序执行。为了验证上述描述，下面通过修改前面案例来演示多个拦截器的执行，具体步骤如下。

（1）在 cn.dsscm.interceptor 包中，创建两个拦截器类 Interceptor1 和 Interceptor2，这两个拦截器类均实现了 HandlerInterceptor 接口，并重写其中的方法，见示例 8 和示例 9。

【示例 8】Interceptor1.java

```
import javax.servlet.http.HttpServletRequest;
import javax.servlet.http.HttpServletResponse;
import org.springframework.web.servlet.HandlerInterceptor;
import org.springframework.web.servlet.ModelAndView;
/**
 * 以实现接口的方式定义拦截器
 */
public class Interceptor1 implements HandlerInterceptor {
    public boolean preHandle(HttpServletRequest request,
        HttpServletResponse response, Object handler) throws Exception {
        System.out.println("Intercepter1...preHandle");
        return true;
    }
    public void postHandle(HttpServletRequest request,
        HttpServletResponse response, Object handler,
        ModelAndView modelAndView) throws Exception {
        System.out.println("Intercepter1...postHandle");
    }
    public void afterCompletion(HttpServletRequest request,
        HttpServletResponse response, Object handler,
        Exception ex) throws Exception {
        System.out.println("Intercepter1...afterCompletion");
    }
}
```

【示例 9】Interceptor2.java

```
import javax.servlet.http.HttpServletRequest;
import javax.servlet.http.HttpServletResponse;
import org.springframework.web.servlet.HandlerInterceptor;
import org.springframework.web.servlet.ModelAndView;
/**
 * 以实现接口的方式定义拦截器
 */
public class Interceptor2 implements HandlerInterceptor{
    public boolean preHandle(HttpServletRequest request,
        HttpServletResponse response, Object handler) throws Exception {
        System.out.println("Interceptor2...preHandle");
        return true;
    }
    public void postHandle(HttpServletRequest request,
        HttpServletResponse response, Object handler,
        ModelAndView modelAndView) throws Exception {
        System.out.println("intercepter2...postHandle");
    }
    public void afterCompletion(HttpServletRequest request,
        HttpServletResponse response, Object handler, Exception ex)
        throws Exception {
        System.out.println("Intercepter2...afterCompletion");
    }
}
```

（2）在配置文件 springmvc-config.xml 的<mvc:interceptors>元素内配置上面所定义的两个拦截器，其配置代码如下：

```
<!-- 拦截器 1 -->
<mvc:interceptor>
    <!-- 配置拦截器作用的路径 -->
    <mvc:mapping path="/**" />
```

```
        <!-- 定义在<mvc:interceptor>，表示匹配指定路径的请求才进行拦截 -->
        <bean class="cn.dsscm.interceptor.Interceptor1" />
    </mvc:interceptor>
    <!-- 拦截器 2 -->
    <mvc:interceptor>
        <mvc:mapping path="/hello" />
        <bean class="cn.dsscm.interceptor.Interceptor2" />
    </mvc:interceptor>
```

在上述拦截器的配置代码中，第一个拦截器作用于所有路径的请求，而第二个拦截器则作用于以“/hello”结尾的请求。

为了不影响程序的输出结果，可将上节案例中所配置的 CustomInterceptor 拦截器配置注释掉。

（3）发布项目到 Tomcat 服务器并启动，在浏览器中输入 http://localhost:8080/Ch13_02/hello，控制台中输出的信息如图 13.12 所示。

```
tomcat7Server [Remote Java Application] C:\Users\Eleven\MyEclipse\Common\binary\com.sun.java.jdk.win32.x86_64_1.6.0.013\bin\javaw.exe (2020-2-1 下午4:03:28)
- (23833 ms) - 2020-2-1 16:04:25[DEBUG](DispatcherServlet.java:921) Last-Modified value for [/(
CustomInterceptor...preHandle
Intercepter1...preHandle
Interceptor2...preHandle
Intercepter2...afterCompletion
Intercepter1...afterCompletion
CustomInterceptor...afterCompletion
- (23974 ms) - 2020-2-1 16:04:25[DEBUG](FrameworkServlet.java:981) Successfully completed reque
```

图 13.12 控制台中输出的信息结果

可以看出，程序先执行前两个拦截器类中的 preHandle()方法，这两个方法的执行顺序与配置文件中定义的顺序相同，然后执行控制器类中的 Hello()方法；最后执行两个拦截器类中的 postHandle()方法和 afterCompletion()方法，且这两个方法的执行顺序与配置文件中所定义的拦截器顺序相反。

13.3.3 应用案例——实现用户登录权限验证

本节将通过拦截器来完成一个用户登录权限验证的案例。本案例中，只有登录后的用户才能访问系统中的主页面，如果没有登录系统而直接访问主页面，则拦截器会将请求拦截，并转发到登录页面，同时在登录页面中给出提示信息。如果用户名或密码错误，也会在登录页面给出相应的提示信息。当已登录的用户在系统主页中单击“退出”链接时，系统同样会回到登录页面。该案例的整个执行流程如图 13.13 所示。

了解案例的整个执行流程后，接下来讲解如何在项目中实现用户登录权限验证，具体步骤如下。

（1）在 src 目录下，创建一个 cn.dsscm.pojo 包，并在包中创建 User 类。在 User 类中，声明属性 id、username 和 password，并定义各个属性的 getter 方法和 setter 方法，见示例 10。

【示例 10】User.java

```
/*用户 POJO 类*/
public class User {
    private Integer id;         //id
    private String username;   //用户名
    private String password;   //密码
    // 省略 getter&setter 方法
}
```

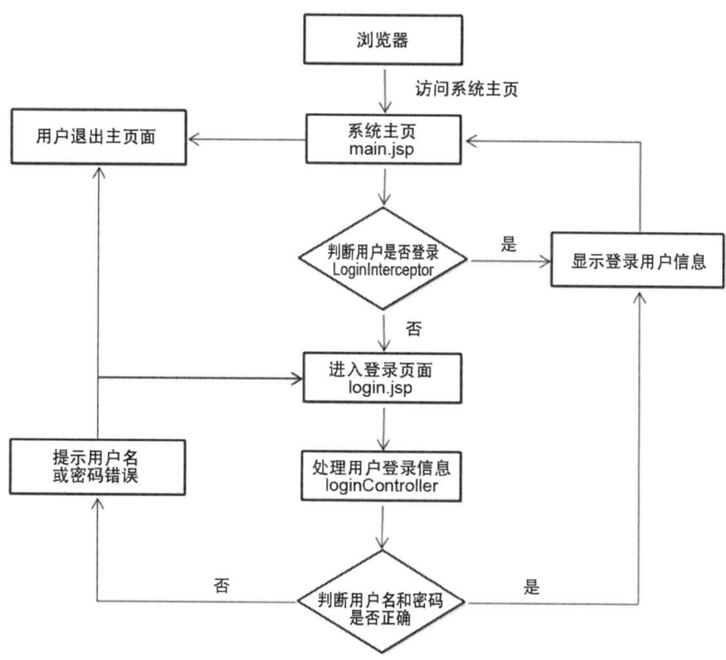

图 13.13　用户权限验证的执行流程

（2）在 cn.dsscm.controller 包中，创建控制器类 UserController，并在该类中定义向主页跳转、向登录页面跳转、执行用户登录等操作的方法，见示例 11。

【示例 11】UserController.java

```
import javax.servlet.http.HttpSession;
import org.springframework.stereotype.Controller;
import org.springframework.ui.Model;
import org.springframework.web.bind.annotation.RequestMapping;
import org.springframework.web.bind.annotation.RequestMethod;
@Controller
public class UserController {
    /**
     * 向用户登录页面跳转
     */
    @RequestMapping(value="/login",method=RequestMethod.GET)
    public String toLogin() {
        return "login";
    }
    /**
     * 用户登录
     */
    @RequestMapping(value="/login",method=RequestMethod.POST)
    public String login(User user,Model model,HttpSession session) {
        // 获取用户名和密码
        String username = user.getUsername();
        String password = user.getPassword();
        // 此处模拟从数据库中获取用户名和密码后进行判断
        if(username != null && username.equals("zhangsan")
            && password != null && password.equals("123456")){
             // 将用户对象添加到 Session
        session.setAttribute("USER_SESSION", user);
        // 重定向到主页面的跳转方法
            return "redirect:main";
        }
        model.addAttribute("msg", "用户名或密码错误，请重新登录！");
        return "login";
    }
```

```
    /**
     * 向用户主页面跳转
     */
    @RequestMapping(value="/main")
    public String toMain() {
        return "main";
    }
    /**
     *退出登录
     */
    @RequestMapping(value = "/logout")
    public String logout(HttpSession session) {
        // 清除 Session
        session.invalidate();
        // 重定向到登录页面的跳转方法
        return "redirect:login";
    }
}
```

在示例代码中，向用户登录页面跳转和用户登录方法@RequestMapping 注解的 value 属性值相同，但同 method 属性值不同，这是由于跳转到登录页面接收的是 GET 方式提交的方法，而用户登录接收的是 POST 方式提交的方法。在用户登录方法中，先通过 User 类型的参数获取了用户名和密码，然后通过 if 语句来模拟从数据库中获取到用户名和密码后的判断。如果存在此用户就将用户信息保存到 Session 中，并重定向到主页，否则跳转到登录页面。

（3）在 cn.dsscm.interceptor 包中，创建拦截器类 Loginhterceptor，见示例 12。

【示例 12】LoginInterceptor.java

```
package com.test.interceptor;
import javax.servlet.http.HttpServletRequest;
import javax.servlet.http.HttpServletResponse;
import javax.servlet.http.HttpSession;
import org.springframework.web.servlet.HandlerInterceptor;
import org.springframework.web.servlet.ModelAndView;
import com.test.po.User;
/**
 * 登录拦截器
 */
public class LoginInterceptor implements HandlerInterceptor{
    public boolean preHandle(HttpServletRequest request,
        HttpServletResponse response, Object handler) throws Exception {
        // 获取请求的 URL
        String url = request.getRequestURI();
        // URL:除了 login.jsp 是可以公开访问的，其他的 URL 都进行拦截控制
        if(url.indexOf("/login")>=0){
            return true;
        }
        // 获取 Session
        HttpSession session = request.getSession();
        User user = (User) session.getAttribute("USER_SESSION");
        // 判断 Session 中是否有用户数据，如果有则返回 true，继续向下执行
        if(user != null){
            return true;
        }
         // 不符合条件时给出提示信息，并转发到登录页面
         request.setAttribute("msg", "您还没有登录，请先登录！");
         request.getRequestDispatcher("/WEB-INF/jsp/login.jsp")
                                               .forward(request, response);
        return false;
    }
    public void postHandle(HttpServletRequest request,
            HttpServletResponse response, Object handler,
            ModelAndView modelAndView) throws Exception {
    }
```

```
    public void afterCompletion(HttpServletRequest request,
            HttpServletResponse response, Object handler, Exception ex)
            throws Exception {
    }
}
```

在示例代码的 preHandle()方法中，先获取请求的 URL，然后通过 indexOf()方法判断 URL 中是否有“/login”字符串。如果有则返回 true，即直接放行；如果没有则继续向下执行拦截处理。接下来可获取 Session 中的用户信息，如果 Session 中包含用户信息，即表示用户已登录，可直接放行，否则会转发到登录页面，不再执行后续程序。

（4）在配置文件的<mvc:interceptors>元素中，配置自定义的登录拦截器信息，其代码如下：

```
    <mvc:interceptor>
        <mvc:mapping path="/**" />
        <bean class="com.test.interceptor.LoginInterceptor" />
    </mvc:interceptor>
```

（5）在 WEB-INF 目录下的 jsp 文件夹中，创建一个系统主页面 main.jsp。在该页面中，使用 EL 表达式获取用户信息，并且通过一个超链接来实现“退出”功能，见示例 13。

【示例 13】main.jsp

```
<%@ page language="java" contentType="text/html; charset=UTF-8"
     pageEncoding="UTF-8"%>
<html>
<head>
<meta http-equiv="Content-Type" content="text/html; charset=UTF-8">
<title>系统主页</title>
</head>
<body>
当前用户：${USER_SESSION.username}
<a href="${pageContext.request.contextPath }/logout">退出</a>
</body>
</html>
```

（6）在 WEB-INF 目录的 jsp 文件夹中，创建一个登录页面 login.jsp，并在页面中编写一个用于实现登录操作的 form 表单，见示例 14。

【示例 14】login.jsp

```
<%@ page language="java" contentType="text/html; charset=UTF-8"
     pageEncoding="UTF-8"%>
<html>
<head>
<meta http-equiv="Content-Type" content="text/html; charset=UTF-8">
<title>用户登录</title>
</head>
<body>
    ${msg}
    <form action="${pageContext.request.contextPath }/login"
            method="POST">
        用户名：<input type="text" name="username"/><br />
        密   码：
<input type="password" name="password"/><br />
        <input type="submit" value="登录" />
    </form>
</body>
</html>
```

（7）将项目发布到 Tomcat 服务器并启动，在浏览器中输入 http://localhost:8080/Ch13_02/main，如图 13.14 所示。

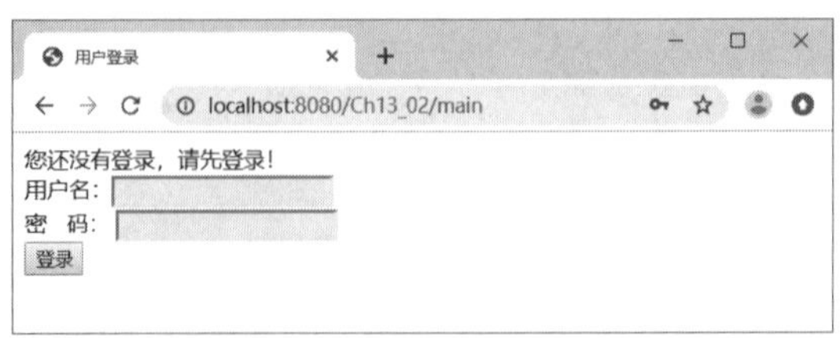

图 13.14 login.jsp 登录页面（1）

可以看出，当用户未登录而直接访问主页面时，访问请求会被登录拦截器拦截，从而跳转到登录页面，并提示用户未登录信息。如果在用户名输入框中输入“admin”，密码框中输入“123456”，单击“登录”按钮后，显示结果如图 13.15 所示。

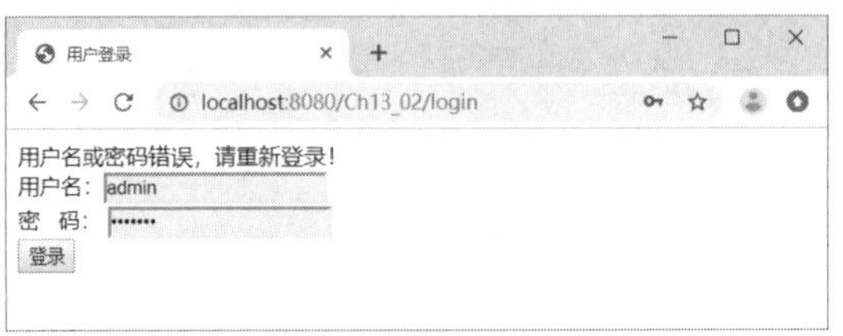

图 13.15 login.jsp 登录页面（2）

当输入正确的用户名“zhangsan”和密码“123456”，并单击“登录”按钮后，浏览器会跳转到系统主页面，如图 13.16 所示。

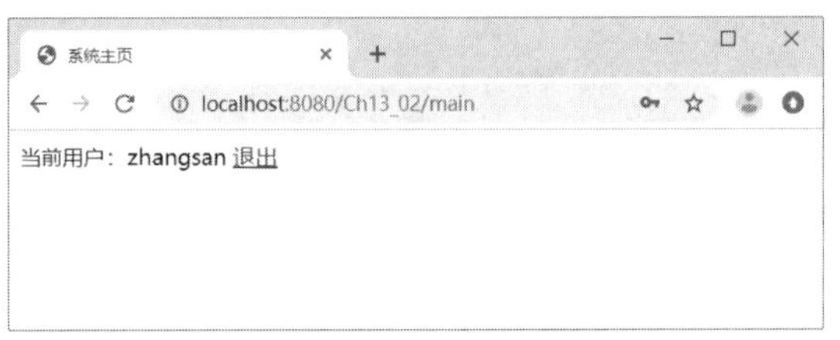

图 13.16 main.jsp 系统主页面

选择“退出”链接后，用户即可退出当前系统，系统会从主页面重定向到登录页面。

13.3.4 技能训练

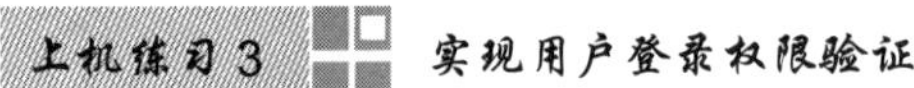

需求说明

根据示例 10~14 实现用户登录权限验证，只有登录后的用户才能访问系统中的主页面，如果没有登录系统而直接访问主页面，则拦截器会将请求拦截，并转发到登录页面，同时在登录页面中给出提示信息。

本章总结

➢ 多数文件上传都是通过表单形式提交给后台服务器的，表单必须满足以下 3 个条件：
①form 表单的 method 属性设置为 post；
②form 表单的 enctype 属性设置为 multipart/form-data；
③提供<input type="file" name="filename"/>的文件上传输入框。

- Spring MVC 框架是通过 MultipartResolver（多部件解析器）对象实现文件上传的，MultipartResolver 是一个接口对象，需要通过其实现类 CommonsMultipartResolver 完成文件上传的工作。
- Spring MVC 框架提供了一个 ResponseEntity 类型的对象，使用它可以很方便地定义返回的 HttpHeaders 对象和 HttpStatus 对象，通过对这两个对象的设置，即可完成下载文件时所需的配置信息。
- 要使用 Spring MVC 框架中的拦截器类可以通过两种方式来定义，即一种是通过实现 HandlerInterceptor 接口，或继承 HandlerInterceptor 接口的实现类（如 HandlerInterceptorAdapter）来定义；另一种是通过实现 WebRequestInterceptor 接口，或继承 WebRequestInterceptor 接口的实现类来定义。

本章作业

一、选择题

1. 下面关于 MultipartFile 接口中说法错误的是（　　）。

   A. getOriginalFilename()用于获取上传文件的初始化名

   B. getSize()用于获取上传文件的大小，单位是 KB

   C. getInputStream()用于读取文件内容，返回一个 InputStream 流

   D. transferTo(File file)用于将上传文件保存到目标目录下

2. 下面关于文件上传表单说法错误的是（　　）。

   A. form 表单的 method 属性设置为 post

   B. form 表单的 method 属性设置为 get

   C. form 表单的 enctype 属性设置为 multipart/form-data

   D. 提供<input type="file" name="filename" />的文件上传输入框

3. 下面关于文件下载方法内容描述错误的是（　　）。

   A. 响应头信息中 MediaType 代表的是 Interner Media Type（互联网媒体类型），也称 MIME 类型

   B. MediaType.APPLICATION_OCTET_STREAM 的值为 application/octet-stream，即表示以二进制流的形式下载数据

   C. HttpStatus 类型代表的是 HTTP 协议中的状态

   D. HttpStatus.OK 表示 500，即服务器已成功处理了请求

4. 以下有关 Spring MVC 配置文件中拦截器的配置说法错误的是（　　）。

   A. 使用 Spring MVC 中拦截器，要先自定义拦截器，然后在配置文件中进行配置

   B. <mvc:interceptors>元素用于配置一组拦截器，其<bean>子元素中定义的是指定路径的拦截器

   C. <mvc:interceptors>元素中可以同时配置多个<mvc:interceptor>子元素

   D. <mvc:exclude-mapping>元素用于配置不需要拦截的路径请求

5. 关于用户权限验证的执行流程，说法错误的是（　　）。

   A. 只有登录后的用户才能访问系统中的主页面

B. 如果没有登录系统而直接访问主页面，则拦截器会将请求拦截，并转发到登录页面

C. 如果用户名或密码错误，则会在登录页面给出相应的提示信息

D. 当已登录的用户在系统主页中选择“退出”链接时，系统将会回到主页面

二、简答题

1. 简述 Spring MVC 框架拦截器的定义方式。
2. 简述上传表单需要满足的 3 个条件。
3. 简述如何解决中文名称下载时的乱码问题。

三、操作题

改造百货中心供应链管理系统，使用 Spring MVC 框架实现用户图像的上传功能。

第 14 章 深入使用 Spring MVC 框架

◎ 掌握 Spring MVC 框架局部异常处理

◎ 掌握 Spring MVC 框架全局异常处理

◎ 掌握表单标签库的用法

◎ 了解 Spring 验证器的编写及使用

◎ 了解数据验证框架——JSR 303

◎ 理解数据转换和格式化

通过学习已经掌握 Spring MVC 框架的核心知识，但在实际的项目开发中，还会遇到一些其他处理的技术，本章将介绍 Spring MVC 框架异常处理、表单标签库的用法、数据格式化及数据效验等内容，下面将对这些内容进行详细讲解。

14.1 Spring MVC框架的异常处理

客户端调用 Web 程序时，如果程序运行时出现异常，没有 try-catch 进行捕获，异常将最终不会被 ExceptionResolver 进行处理，导致程序出现 500 错误。或者当客户端访问一个不存在的商品详情时，此时需要呈现给用户一个显示页，告知“您查找的商品不存在”等信息。

14.1.1 异常处理

Spring MVC 框架通过 HandlerExceptimResolver 处理程序异常，包括处理器异常、数据绑定异常及处理器执行时发生的异常。HandlerExceptionResolver 仅有一个接口方法，如图 14.1 所示。

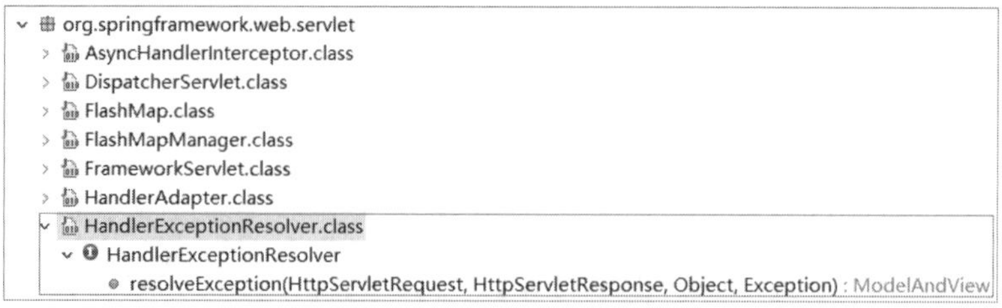

org.springframework.web.servlet
AsyncHandlerInterceptor.class
DispatcherServlet.class
FlashMap.class
FlashMapManager.class
FrameworkServlet.class
HandlerAdapter.class
HandlerExceptionResolver.class
HandlerExceptionResolver
resolveException(HttpServletRequest, HttpServletResponse, Object, Exception) : ModelAndView

图 14.1 HandlerExceptionResolver

当发生异常时，Spring MVC 框架调用 resolveException()方法，并转到 ModelAndView 对应的视图中，作为一个异常报告页面反馈给用户。对于异常处理一般分为局部异常处理和全局异常处理。

1. 局部异常处理

局部异常处理表示仅能处理指定 Controller 中的异常，可使用@ExceptionHandler 注解实现。下面通过一个具体的案例来演示异常处理功能的实现，其具体步骤如下。

（1）在 MyEclipse 中创建一个名为 Ch14_01 的 Web 项目，将 Spring MVC 相关 JAR 包添加到项目的 lib 目录中，并发布到类路径下。

（2）在 cn.dsscm.controller 包的 UserController.java 中添加 exLogin()方法和 handlerException()方法来处理用户登录请求及异常处理（该组方法主要演示如何进行异常处理），见示例 1。

【示例 1】UserController.java

```
@Controller
public class UserController{
    @RequestMapping("/exlogin.html")
    public String exLogin(@RequestParam String username,
            @RequestParam String password){
        //调用 service 方法，进行用户匹配
        if(!"admin".equals(username) || !"123456".equals(password)){//登录失败
            throw new RuntimeException("用户名或者密码不正确！");
        }
        return "index";
    }

    @ExceptionHandler(value={RuntimeException.class})
    public String handlerException(RuntimeException e,HttpServletRequest req){
        req.setAttribute("e", e);
        return "error";
    }
}
```

在上述代码中，使用 exLogin()方法处理用户登录请求，若登录失败，则抛出一个 RuntimeException，它会被处于同一处理器类中的 handlerException()方法捕获。@ExceptionHandler 可以指定多个异常，此处指定一个 RuntimeException。在异常处理方法 handlerException()中，把异常提示信息放入 HttpServletRequest 对象中，并返回逻辑视图名 error。

（3）增加异常的展现页面 WEB-INF\jsp\error.jsp。此页面只需要输出相应的异常信息即可，见示例 2。

【示例 2】error.jsp

```
<%@ page language="java" contentType="text/html; charset=UTF-8" pageEncoding="UTF-8"%>
<!DOCTYPE html >
<html>
<head>
<meta http-equiv="Content-Type" content="text/html; charset=UTF-8">
<title>错误页面</title>
</head>
```

```
    <body>
        <h1>${e.message}</h1>
    </body>
    </html>
```

（4）部署并运行测试。浏览器中输入 http://localhost:8080/Ch14_01/exlogin.html?username=admin&password=123（输入错误的用户名和密码），如图 14.2 所示。

图 14.2　局部异常的界面

页面跳转到 error 界面，并输出自定义的异常信息。使用局部异常处理，仅能处理某个 Controller 中的异常，若需要对所有异常进行统一处理，就要进行全局异常处理了。

2. 全局异常处理

全局异常处理可使用 SimpleMappingExceptionResolver 来实现。它将异常类名映射为视图名，即发生异常时使用对应的视图报告异常。改造上个示例，首先注释掉 UserComroller.java 里的局部异常处理方法 handlerException()，然后在 springmvc-serlvet.xml 中配置全局异常，见示例 3。

【示例 3】springmvc-servlet.xml

```
    <!--  全局异常处理 -->
    <bean
class="org.springframework.web.servlet.handler.SimpleMappingExceptionResolver">
        <property name="exceptionMappings">
            <props>
                <prop key="java.lang.RuntimeException">error</prop>
            </props>
        </property>
    </bean>
```

在上述配置中，指定当控制器发生 RuntimeException 异常时，可使用 error 视图进行异常信息显示。当然，也可以在<props>标签内自定义多个异常。

其中 error.jsp 页面的 message 显示，需要修改为${exception.message}来进行异常信息的展示，其运行结果与图 14.2 所示相同，此处不再赘述。

14.1.2　技能训练

上机练习 1　使用 Spring MVC 局部异常处理，页面精确提示登录失败的原因

需求说明

（1）在前面基础上，优化用户登录失败时的错误信息提示，即在登录页面更加精准地提示“用户名不存在！”或者“密码输入错误！”信息。

（2）局部异常处理使用@ExceptionHandler 实现。

提示

（1）修改 UserServiceImpl.java 的 login()方法，仅使用用户名 userCode 的匹配操作。

（2）修改 UserController.java 的 doLogin()方法，调用 userService.login()方法，对返回的 user 对象进行逻辑判断。若 user 对象为空，则抛出 RuntimeException，异常信息为“用户名不存在！”；若 user 对象不为空，则进行进一步的密码匹配。用户输入的密码与后台获取的密码不一致，则抛出 RuntimeException，异常信息为“密码输入错误！”；反之，证明登录成功，把当前用户存入 session 中，并跳转到系统首页。

（3）在 UserController.java 里增加 handlerException()方法进行局部异常处理，可使用@ExceptionHandler 注解。

（4）根据在 handlerException()方法中放入 request 作用域的信息提示，修改 login.jsp 页面中错误信息提示的 EL 表达式。

（5）部署并运行测试登录成功，以及登录失败的多种情况，观察提示信息是否能正确显示。

上机练习 2　使用 Spring MVC 全局异常处理，页面精确提示登录失败的原因

需求说明

（1）在上机练习 1 的基础上，使用 Spring MVC 框架的全局异常处理，实现相应的功能及信息提示。

（2）全局异常处理使用 SimpleMappingExceptionResolver 实现。

提示

（1）注释掉 UserController.java 的局部异常处理方法 handlerException()。

（2）在 springmvc-servlet.xml 中配置全局异常处理（SimpleMappingExceptionResolver）。

（3）修改 login.jsp 页面中错误信息提示的 EL 表达式为${exception.message}。

（4）部署并运行测试登录成功，以及登录失败的多种情况，观察提示信息是否能正确显示。

14.2　表单标签库

从 Spring 2.0 版开始提供了一组功能强大的标签，用以在 JSP 和 Spring Web MVC 框架中处理表单元素。相比其他的标签库，Spring 框架的标签库集成在 Spring Web MVC 框架中，因此这里的标签可以访问控制器处理命令对象和绑定数据，使 JSP 更容易开发、阅读和维护。

14.2.1　表单标签库

表单标签库的实现类在 spring-webmvc.jar 文件中，标签库描述文件是 spring-form.tld。要使用 Spring MVC 框架的表单标签库，必须在 JSP 页面的开头处声明 taglib 指令：

```
<%@ taglib prefix="form" uri="http://www.springframework.org/tags/form" %>
```

如表 14-1 中显示了表单标签库的所有标签。

表 14-1　表单标签库的所有标签

标　签	描　述
form	渲染表单元素
input	渲染<inputtype="text">元素
password	渲染<inputtype="password">元素
hidden	渲染<inputtype="hidden">元素
textarea	渲染 textarea 元素
checkbox	渲染一个<input type="checkbox">元素
checkboxes	渲染多个<inputtype="checkbox">元素
radiobutton	渲染一个<inputtype= "radio">元素
radiobuttons	渲染多个< inputtype ="radio">元素
select	渲染一个选择元素
option	渲染一个可选元素
options	渲染一个可选元素列表
errors	在 span 元素中渲染字段错误

1. form标签

Spring MVC 框架的 form 标签主要有两个作用。

（1）自动绑定 Model 中的一个属性值到当前 form 对应的实体对象，默认为 command 属性，这样就可以在 form 表单体内使用该对象的属性了。

（2）支持在提交表单时使用除了 GET 和 POST 的其他方法进行提交，包括 DELETE 和 PUT 等。

form 标签可使用如表 14-2 所示的属性，表中列出的只是 Spring MVC 框架的 form 标签的常用属性，并没有包含 HTML 中如 method 和 action 等属性。

表 14-2　from 标签的常用属性

属　性	描　述
modelAttribute	form 绑定的模型属性名称，默认为 command
commandName	form 绑定的模型属性名称，默认为 command
acceptCharset	定义服务器接受的字符编码
cssClass	定义要应用到被渲染的 form 元素 CSS 类
cssStyle	定义要应用到被渲染的 form 元素 CSS 样式
htmlEscape	boolean 值，表示被渲染的值是否应该进行 HTML 转义

其中 commandName 属性是最重要的，定义了模型属性的名称。它包含了一个绑定的 JavaBean 对象，该对象的属性将用于填充所生成的表单。如果 commandName 属性存在，则必须在返回包含该表单的视图请求处理方法中添加响应的模型属性。

通常会指定 commandName 属性或 modelAttribute 属性，指定绑定的 JavaBean 名称，这两个属性的功能基本一致。

2. input标签

Spring MVC 框架的 input 标签可被渲染成一个类型为 text 的普通 HTML input 标签。使用 Spring MVC 的 input 标签的唯一作用就是绑定表单数据，并通过 path 属性来指定要绑定的 Model 值。

3. password标签

Spring MVC 框架的 password 标签会被渲染成一个类型为 password 的普通 HTML input 标签。password 标签的用法跟 input 标签相似，也能绑定表单数据，只是它生成的是一个密码框，并且多了一个 showPassword 属性。

下面是一个 password 标签的例子：

```
<form:password path="password"/>
```

当代码运行时 password 标签会被渲染成下面的 HTML 元素：

```
<input id="password" name="password" type="password" value="" />
```

4. hidden标签

Spring MVC 框架的 hidden 标签可被渲染成一个类型为 hidden 的普通 HTML input 标签。其用法跟 input 标签相似，也能绑定表单数据，只是它生成的是一个隐藏域，没有可视的外观。hidden 标签可使用的属性如表 14-3 所示，这里列出的只是 Spring MVC 框架的 hidden 标签的常用属性，并没有包含 HTML 的相关属性。

表 14-3　hidden 标签的常用属性

属　性	描　述
htmlEscape	boolean 值，表示被渲染的值是否应该进行 HTML 转义
path	要绑定的属性路径

下面是一个 hidden 标签的例子：

```
<form:hidden path="id"/>
```

代码运行时 hidden 标签会被渲染成下面的 HTML 元素：

```
<input id="id" name="id" type="hidden" value=""/>
```

5. checkbox 标签

Spring MVC 框架的 checkbox 标签可被渲染成一个类型为 checkbox 的普通 HTML input 标签。checkbox 标签的属性如表 14-4 所示，这里列出的只是 Spring MVC 的 checkbox 标签的常用属性，并没有包含 HTML 的相关属性。

表 14-4 checkbox 标签的常用属性

属　性	描　述
cssClass	定义要应用到被渲染 checkbox 元素的 CSS 类
cssStyle	定义要应用到被渲染 checkbox 元素的 CSS 样式
cssErrorClass	定义要应用到被渲染 checkbox 元素的 CSS 类，如果 bound 属性包含错误，则覆盖 cssClass 属性值
htmlEscape	boolean 值，表示被渲染的值是否应该进行 HTML 转义
path	要绑定的属性路径
label	要作为 label 被渲染的复选框的值

（1）绑定 boolean 数据

当 checkbox 标签绑定的是一个 boolean 数据时，checkbox 标签的状态跟被绑定的 boolean 数据状态一样，即若为 true 时则选中复选框，若为 false 时则不选中复选框。

（2）绑定列表数据

这里的列表数据包括数组、List 和 Set。假设有一个 User 类，其一个类型为 List 的属性 hobbys。当需要显示该 User 的 hobbys 时，就可以使用 checkbox 标签来绑定 hobbys 数据进行显示。当 checkbox 标签的 value 属性在绑定的列表数据中存在时，该 checkbox 标签为选中状态。

6. checkboxes 标签

Spring MVC 框架的 checkboxes 标签可渲染多个类型为 checkbox 的普通 HTML input 标签。checkboxes 标签可使用的属性如表 14-5 所示。这里列出的只是 Spring MVC 框架的 checkboxes 标签的常用属性，并没有包含 HTML 的相关属性。

表 14-5 checkboxes 标签的常用属性

属　性	描　述
cssClass	定义要应用到被渲染 checkbox 元素的 CSS 类
cssStyle	定义要应用到被渲染 checkbox 元素的 CSS 样式
cssErrorClass	定义要应用到被渲染 checkbox 元素的 CSS 类，如果 bound 属性中包含错误，则覆盖 cssClass 属性值
htmlEscape	boolean 值，表示被渲染的值是否应该进行 HTML 转义
path	要绑定的属性路径
items	用于生成 checkbox 元素对象的 Collection、Map 或者 Array
itemLabel	item 属性定义的 Collection、Map 或者 Array 的对象属性，为每个 checkbox 元素提供 label
itemValue	item 属性定义的 Collection、Map 或者 Array 的对象属性，为每个 checkbox 元素提供值
delimiter	定义两个 input 元素之间的分隔符，默认为没有分隔符

相对于一个 checkbox 标签只能生成一个对应的复选框而言，一个 checkboxes 标签可根据其绑定的数据生成多个复选框。checkboxes 绑定的数据可以是数组、集合和 Map。在使用 checkboxes 标签时有两个属性是必须指定的，一个是 path；另一个是 items。items 表示当前要用来显示的项有哪些，path 所绑定的表单对象的属性表示当前表单对象拥有的项，即在 items 所显示的所有项中表单对象拥有的项会被设定为选中状态。

7. select标签

Spring MVC 框架的 select 标签可渲染一个 HTML 的 select 元素。被渲染元素的选项可能来自其 items 属性的一个 Collectin、Map 及 Array，或者来自一个嵌套的 option 或者 options 标签。select 标签可使用的属性如表 14-6 所示。这里列出的只是 Spring MVC 框架的 select 标签的常用属性，并没有包含 HTML 的相关属性。

表 14-6　select 标签的常用属性

属　性	描　述
cssClass	定义要应用到被渲染 select 元素的 CSS 类
cssStyle	定义要应用到被渲染 select 元素的 CSS 样式
cssErrorClass	定义要应用到被植染 select 元素的 CSS 类，如果 bound 属性中包含错误，则覆盖 cssClass 属性值
htmlEscape	boolean 值，表示被渲染的值是否应该进行 HTML 转义
path	要绑定的属性路径
items	用于生成 select 元素对象的 Collection、Map 或者 Array
itemLabel	item 属性定义的 Collection、Map 或者 Array 的对象属性，为每个 select 元素提供 label
itemValue	item 属性定义的 Collection、Map 或者 Array 的对象属性，为每个 select 元素提供值

其中，items 属性特别有用，因为它可以绑定对象的 Collection、Map、Array，为 select 元素生成选项。

8. option 标签

Spring MVC 框架的 option 标签可渲染 select 元素中使用的一个 HTML 的 option 元素。option 标签可使用的属性如表 14-7 所示。这里列出的只是 Spring MVC 框架的 option 标签的常用属性，并没有包含 HTML 的相关属性。

表 14-7　option 标签的常用属性

属　性	描　述
cssClass	定义要应用到被渲染 option 元素的 CSS 类
cssStyle	定义要应用到被渲染 option 元素的 CSS 样式
cssErrorClass	定义要应用到被渲染 option 元素的 CSS 类，如果 bound 属性中包含错误，则覆盖 cssClass 属性值
htmlEscape	boolean 值，表示被渲染的值是否应该进行 HTML 转义

14.2.2　应用案例——表单标签库的使用

下面通过一个具体的案例来演示表单标签库的使用，其具体步骤如下。

（1）在 MyEclipse 中创建一个名为 Ch14_02 的 Web 项目，将 Spring MVC 框架相关 JAR 包添加到项目的 lib 目录中，并发布到类路径下。

（2）在包 cn.dsscm.pojo 中，创建 User.java，见示例 4。

【示例 4】 User.java

```
import java.util.Date;

public class User {
    private String username;
    private String sex;
    private Integer age;
    // 省略 getter 方法和 setter 方法
}
```

这时如果 Model 中存在一个属性名称为 command 的 javaBean，且该 javaBean 拥有属性 username、sex 和 age，则在渲染时就会取 command 的对应属性值赋给对应标签的属性。

（3）在包 cn.dsscm.controller 中，创建 UserController.java，见示例 5。

【示例 5】 UserController.java

```
@Controller
public class UserController{

    @RequestMapping(value="/registerForm")
    public String registerForm(Model model) {
        User user = new User("张三","男",28);
        // model 中添加属性 command，值是 user 对象
        model.addAttribute("command",user);
        return "registerForm";
    }
}
```

注意加粗的代码表示将 user 设置到 model 中，其属性名为“command”。

（4）在 WEB-INF/jsp 文件夹中，创建 registerForm.jsp，见示例 6。

【示例 6】 registerForm.jsp

```
<%@ page language="java" contentType="text/html; charset=UTF-8"pageEncoding="UTF-8"%>
<%@ taglib prefix="form" uri="http://www.springframework.org/tags/form" %>
<!DOCTYPE html PUBLIC "-//W3C//DTD HTML 4.01 Transitional//EN" "http://www.w3.org/TR/html4/loose.dtd">
<html>
<head>
<meta http-equiv="Content-Type" content="text/html; charset=UTF-8">
<title>测试 form 标签</title>
</head>
<body>
<h3>注册页面</h3>
<form:form  method="post" action="register" >
    <table>
        <tr>
            <td>姓名:</td>
            <td><form:input path="username"/></td>
        </tr>
        <tr>
            <td>性别:</td>
            <td><form:input path="sex"/></td>
        </tr>
        <tr>
            <td>年龄:</td>
            <td><form:input path="age"/></td>
        </tr>
    </table>
</form:form>
</body>
</html>
```

由于 web.xml 文件和 springmvc-config.xml 文件与之前描述的一致，此处不再赘述。部署 Ch14_02

这个 Web 应用，在浏览器中输入 http://localhost:8080/Ch14_02/registerForm，如图 14.3 所示。

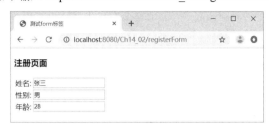

图 14.3　测试 form 标签（1）

在上面的代码中，假设 Model 中存在一个属性名称为 command 的 JavaBean，且它的 username、sex 和 age 的属性分别为“张三”、“男”和“28”，则可在浏览器页面右击查看页面源代码，可以看到 Spring MVC 的 from 标签和 input 标签渲染时生成的 html 代码如下：

```
<form id="command" action="register" method="post">
    <table>
        <tr>
            <td>姓名:</td>
            <td><input id="username" name="username" type="text" value="张三"/></td>
        </tr>
        <tr>
            <td>性别:</td>
            <td><input id="sex" name="sex" type="text" value="男"/></td>
        </tr>
        <tr>
            <td>年龄:</td>
            <td><input id="age" name="age" type="text" value="28"/></td>
        </tr>
    </table>
</form>
```

从上面生成的代码可以看出，当没有指定 form 标签的 id 属性时它会自动获取该 form 标签绑定的 Model 中对应属性名称 command 作为 id；对于 input 标签，在没有指定 id 的情况下它会自动获取 path 指定的属性值作为其 id 和 name。

Spring MVC 框架指定 form 标签默认自动绑定的是 Model 的 command 属性值，那么当 form 对象对应的属性名称不是 command 时，应该怎么办呢？对于这种情况，Spring 框架提供了一个 commandName 属性，可以通过该属性来指定将使用 Model 中的哪个属性作为 form 标签需要绑定的 command 对象。除了 commandName 属性，指定 modelAttribute 属性也可以达到相同的效果。这里假设上面代码存放在 Model 中的是 user 对象而不是默认的 command 对象，那么代码就可以定义如下：

```
@RequestMapping(value="/registerForm2")
public String registerForm2(Model model) {
    User user = new User("张三","男",28);
    // Model 中添加属性 user，值是 user 对象
    model.addAttribute("user",user);
    return "registerForm2";
}
```

注意加粗的代码，其使用 form 表单标签的 modelAttribute 属性，并设置属性值为“user”。在 WEB-INF/jsp 文件夹中，创建 registerForm2.jsp，见示例 7。

【示例 7】　registerForm2.jsp

```
<%@ page language="java" contentType="text/html; charset=UTF-8" pageEncoding="UTF-8"%>
<%@ taglib prefix="form" uri="http://www.springframework.org/tags/form" %>
<!DOCTYPE html>
```

```
<html>
<head>
<meta http-equiv="Content-Type" content="text/html; charset=UTF-8">
<title>测试 form 标签</title>
</head>
<body>
<h3>注册页面</h3>
<form:form modelAttribute="user" method="post" action="register" >
    <table>
        <tr>
            <td>姓名:</td>
            <td><form:input path="username"/></td>
        </tr>
        <tr>
            <td>性别:</td>
            <td><form:input path="sex"/></td>
        </tr>
        <tr>
            <td>年龄:</td>
            <td><form:input path="age"/></td>
        </tr>
    </table>
</form:form>
</body>
</html>
```

注意加粗的代码，它将 user 设置到 Model 中，属性名不是“command”，而是“user”。在浏览器中输入 http://localhost:8080/Ch14_02/registerForm，结果见图 14.3。

通过前面的案例已经对标签有了初步认识，接着介绍 checkbox、checkboxes、radiobutton、radiobuttons、select、option、options 等标签的使用。

修改 User.java，添加一些属性，见示例 8。

【示例 8】 User.java

```
import java.util.Date;

public class User implements Serializable{
    private String username;  //用户名
    private String sex;       //性别
    private Integer age;      //年龄
    private Integer deptId;  // 部门编号
    private boolean reader;   //是否阅读协议
    private List<String> courses;   //课程列表
    // 省略 getter 方法和 setter 方法
}
```

在 WEB-INF/jsp 文件夹中，创建 form.jsp，见示例 9。

【示例 9】 form.jsp

```
<%@ page language="java" contentType="text/html; charset=UTF-8" pageEncoding="UTF-
8"%>
<%@ taglib prefix="form" uri="http://www.springframework.org/tags/form" %>
<!DOCTYPE html>
<html>
<head>
<meta http-equiv="Content-Type" content="text/html; charset=UTF-8">
<title>测试 checkbox 标签</title>
</head>
<body>
<h3>form 测试</h3>
<form:form modelAttribute="user" method="post" action="checkboxForm" >

    <table>
        <tr>
```

```
            <td>姓名:</td>
            <td><form:input path="username"/></td>
        </tr>
        <tr>
            <td>年龄:</td>
            <td><form:input path="age"/></td>
        </tr>
        <tr>
            <td>性别:</td>
            <td>
                <form:radiobuttons path="sex" items="${sexList}"/>
            </td>
        </tr>
        <tr>
            <td>选择课程:</td>
            <td>
                <form:checkbox path="courses" value="JavaEE" label="JavaEE"/> 
                <form:checkbox path="courses" value="MyBatis" label=" MyBatis "/> 
                <form:checkbox path="courses" value="Spring" label="Spring"/> 
            </td>
        </tr>
        <tr>
            <td>部门:</td>
            <td>
                <form:select path="deptId">
                    <form:options items="${deptList}"
                    itemLabel="name" itemValue="id"/>
                </form:select>
            </td>
        </tr>
    </table>
    <form:checkbox path="reader" value="true"/>已经阅读相关协议
</form:form>
</body>
</html>
```

在 UserController.java 中添加 registerForm3()，关键示例代码如下：

```
@RequestMapping(value="/registerForm3")
public String registerForm3(Model model) {
    User user = new User("张三","男",28);
    // 设置 sex 变量的值为男，页面 radio 单选框的 value=男会被选中
   // 页面展现的可供选择的单选框内容 sexList
    List<String> sexList = new ArrayList<String>();
    sexList.add("男");
    sexList.add("女");
    model.addAttribute("sexList", sexList);
    user.setDeptId(2);
    // 页面展现的可供选择的 select 下拉框内容 deptList，其中元素的 Dept 对象
    // 模拟从数据库获取部门信息封装到对象中
    List<Dept> deptList = new ArrayList<Dept>();
    deptList.add(new Dept(1, "财务部"));
    deptList.add(new Dept(2, "开发部"));
    deptList.add(new Dept(3, "销售部"));
    model.addAttribute("deptList", deptList);
    // 设置 boolean 变量 reader 的值为 true，页面的 checkbox 复选框会被选中
    user.setReader(true);
    // 为集合变量 courses 添加“JAVAEE”和“Spring”，页面的 checkbox 复选框这两项会被选中
    List<String> list = new ArrayList<String>();
    list.add("JavaEE");
    list.add("Spring");
    user.setCourses(list);
    // 在 Model 中添加属性 command，值是 User 对象
    model.addAttribute("user",user);
    return "form";
}
```

在浏览器中输入 http://localhost:8080/Ch14_02/registerForm3，运行结果如图 14.4 所示。

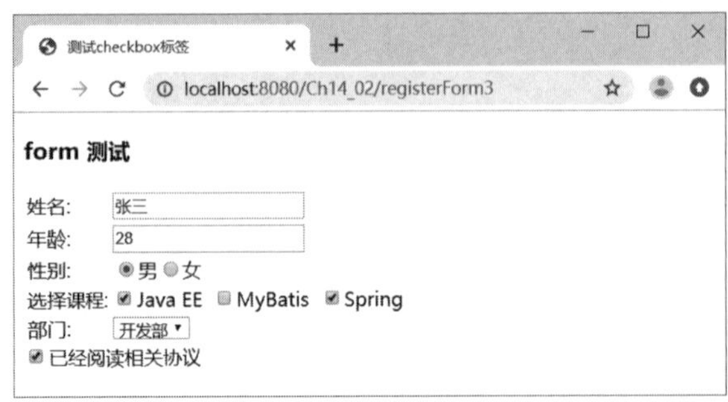

图 14.4 测试 form 标签（2）

在 registerForm3 方法中，“性别”提供给页面显示的可被选择的单选框内容 sexList 是一个 List，其用来决定页面的单选框是否处于选中状态。在 UserController 类中创建 User 对象，并给 User 对象的 courses 集合变量添加“Java EE”和“Spring”的内容。之后创建 courseList 集合变量，该集合变量的内容可作为页面显示的可供选择的复选框内容。页面显示的内容如果在 courses 中存在，则可设置为选中状态，即“Java EE”和“Spring”的内容会默认被选中。部门等模块也是如此。

14.3 数据转换和格式化

Spring MVC 框架会根据请求方法的签名不同，将请求消息中的信息以一定的方式转换并绑定到请求方法的参数中。在请求消息到达真正调用处理方法的这段时间内，Spring MVC 框架还会完成很多其他的工作，包括请求信息转换、数据转换、数据格式化及数据校验等。

14.3.1 数据绑定的流程

Spring MVC 框架通过反射机制对目标处理方法的签名进行分析，并将请求消息绑定到处理方法的参数中。数据绑定的核心部件是 DataBinder，其运行机制如图 14.5 所示。

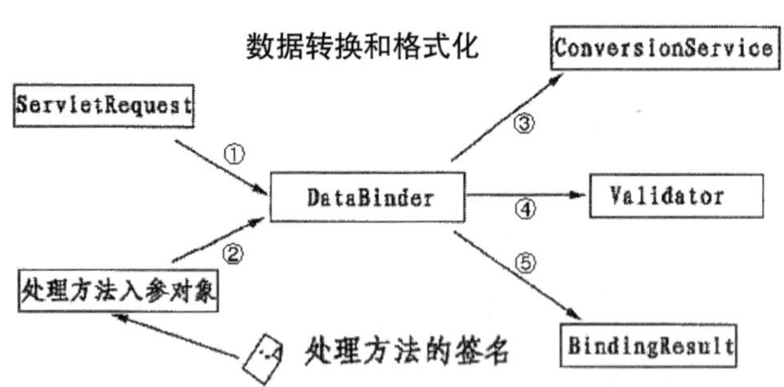

图 14.5 Spring MVC 数据的绑定机制

Spring MVC 框架将 ServletRequest 对象及处理方法的参数对象实例传递给 DataBinder，DataBinder 调用装配在 Spring Web 上下文中的 ConversionService 组件进行数据转换、数据格式化工作，并将 ServletRequest 中的消息填充到参数对象中，然后再调用 Validator 组件对已经绑定了请求消息数据的参数对象进行数据合法性校验，并最终生成数据绑定结果 BindingResult 对象。BindingResult 不仅包含已完成数据绑定的参数对象，还包含相应的校验错误对象，Spring MVC 框架抽取 BindingResult 的参数对象及校验错误对象，将它们赋给处理方法的相应参数。

14.3.2　数据转换

在 Java 语言中 java.beans 包提供了一个 ProperyEditor 接口进行数据转换。ProperyEditor 的核心功能是将一个字符串转换为一个 Java 对象，以便根据界面的输入或配置文件的配置字符串构造出一个 Java 对象。

但是 ProperyEditor 存在以下不足：

（1）只能用于字符串和 Java 对象的转换，不适用于任意两个 Java 类型直接的转换。

（2）对源对象及目标对象所在的上下文信息（如注解等）不敏感，在类型转换时不能利用这些上下文信息实施高级转换逻辑。

从 Spring 3.0 版开始，添加了一个通用的类型转换模块，该类型转换模块位于 org.springframework.core.convert 包中。Spring 框架希望用这个类型转换体系替换 Java 标准的 ProperyEditor 接口。但是由于历史原因，Spring 框架仍同时支持两者。在 Spring MVC 框架处理方法的参数绑定中可以使用它们进行数据转换。

1. ConversionService

ingframework.core.convert.ConversionService 是 Spring 类型转换体系的核心接口，在该接口中定义了以下 4 个方法。

（1）boolean canConvert(Class<?> sourceType,Class<?> targetType)：指判断是否可以将一个 Java 类转换为另一个 Java 类。

（2）boolean canConvert(TypeDescriptor sourceType,TypeDescriptor targetType)：指需要转换的类将以成员变量的方式出现，TypeDescriptor 不但描述了需要转换类的信息，还描述了类的上下文信息，如成员变量的注解成员变量是否以数组、集合或 Map 的方式呈现等。类型转换逻辑可以利用这些信息进行各种灵活的控制。

（3）<T> T convert(Object source,Class<T> targetType)：指将源类型对象转换为目标类型对象。

（4）Object convert(Object source,TypeDescriptor sourceType,TypeDescriptor targetType)：指对象从源类型对象转换为目标类型对象，通常会利用类中的上下文信息。

可以利用 org.springframework.context.support.ConversionServiceFactoryBean 在 Spring 框架的上下文中定义一个 ConversionService。Spring 框架将自动识别出上下文中的 ConversionService，并在 Spring MVC 处理方法的参数绑定中使用它进行数据转换。示例配置代码如下：

```
<bean id="conversionService"
      class="org.springframework.context.support.ConversionServiceFactoryBean" />
```

在 ConversionServiceFactoryBean 中可以内置很多的类型转换器，使用它们可以完成大多数 Java 类型的转换工作，除了包括将 Sring 对象转换为各种基础类型的对象，还包括 String、Number、Array、Collection、Map、Properties 及 Object 之间的转换器。

通过 ConversionServiceFactoryBean 的 converters 属性可以注册自定义的类型转换器，示例配置代码如下：

```
<!-- 自定义的类型转换器 -->
<bean id="conversionService"
    class="org.springframework.context.support.ConversionServiceFactoryBean">
    <property name="converters">
        <list>
            <bean class="cn.dsscm.converter.StringToDateConverter"
            p:datePattern="yyyy-MM-dd"></bean>
        </list>
```

```
    </property>
</bean>
```

2. Spring支持的转换器

Spring 在 org.springframework.core.convert.converter 包中定义了 3 种类型的转换器接口，可以实现其中任意一种转换器接口，并将它作为自定义转换器注册到 ConversionServiceFactoryBean 中。这 3 种类型转换器接口如下所示。

（1）Converter<S,T>接口是 Spring 中最简单的一个转换器接口，该接口中只有一个方法：

```
T convert(S source)
```

该方法负责将 S 类型的对象转换为 T 类型的对象。

（2）ConverterFactory<S,R>ConverterFactory<S,R>接口的作用就是将相同系列多个 Converter 封装在一起。如果希望将一种类型的对象转换为另一种类型及其子类对象，如将 String 转换为 Number 及 Number 的子类 Integer、Double 等对象，就需要一系列的 Converter，如 StringToInteger、StringToDouble 等。该接口中也只有一个方法：

```
<T extends R> Converter<S, T> getConverter(Class<T> targetType)
```

其中 S 为转换的源类型，R 为目标类型的基类，T 为 R 的子类。

（3）GenericConverterConverter<S,T>接口只负责将一个类型对象转换为另一个类型的对象，并没有考虑类型对象上下文信息，因此，它并不能完成“复杂”类型转换的工作。GenericConverter 接口会根据源类对象及目标类对象的上下文信息进行类型转换。该接口中定义了两个方法：

```
Set<GenericConverter.ConvertiblePair> getConvertibleTypes()
Object convert(Object source,TypeDescriptorsourceType,TypeDescriptor targetType)
```

其中 ConvertiblePair 封装了源类型和目标类型，而 TypeDescriptor 包含了需要转换类型对象的上下文信息，因此 GenericConverter 接口的 convert()方法可以利用这些上下文信息进行类型转换的工作。

14.3.3 应用案例——实现日期数据转换

下面就通过一个具体的案例来演示日期数据转换的使用，其具体步骤如下。

（1）在 MyEclipse 中创建一个名为 Ch14_03 的 Web 项目，将 Spring MVC 框架相关 JAR 包添加到项目的 lib 目录中，并发布到类路径下。

（2）在包 cn.dsscm.pojo 中，创建 User.java，见示例 10。

【示例 10】 User.java

```
import java.util.Date;

public class User {
    private String loginname;
    private Date birthday;
    // 省略getter 方法和 setter 方法
}
```

（3）在 WEB-INF/jsp 中，创建 registerForm.jsp，见示例 11。

【示例 11】 registerForm.jsp

```
<%@ page language="java" contentType="text/html; charset=UTF-8" pageEncoding="UTF-
8"%>
<!DOCTYPE html>
<html>
```

```
<head>
<meta http-equiv="Content-Type" content="text/html; charset=UTF-8">
<title>测试 ConversionService</title>
</head>
<body>
<h3>注册页面</h3>
<form action="register" method="post">
<table>
<tr>
    <td><label>登录名: </label></td>
<td><input type="text" id="loginname" name="loginname" ></td>
</tr>
<tr>
    <td><label>生日: </label></td>
<td><input type="text" id="birthday" name="birthday" ></td>
</tr>
<tr>
<td><input id="submit" type="submit" value="登录"></td>
</tr>
</table>
</form>
</body>
</html>
```

（4）在包 cn.dsscm.controller 中，创建 UserController.java，见示例 12。

【示例 12】　UserController.java

```
@Controller
public class UserController{
     @RequestMapping(value="/registerForm")
     public String registerForm(){
        // 跳转到注册页面
        return "registerForm";
     }

     @RequestMapping(value="/register")
     public String register( @ModelAttribute User user, Model model) {
         System.out.println(user);
         model.addAttribute("user", user);
         return "success";
     }
}
```

UserController 类的 register 只是简单地接收请求数据，并将其设置到 User 对象。此外，还需要在 web.xml 文件中配置 Spring MVC 框架的前端控制器 DispatcherServlet。因为每次配置基本相同，故此处不再赘述，读者可自行配置。部署 ConverterTest 的 Web 应用，在浏览器中输入 http://localhost:8080/Ch14_03/registerForm，并在注册页面输入登录名和生日信息，如图 14.6 所示。

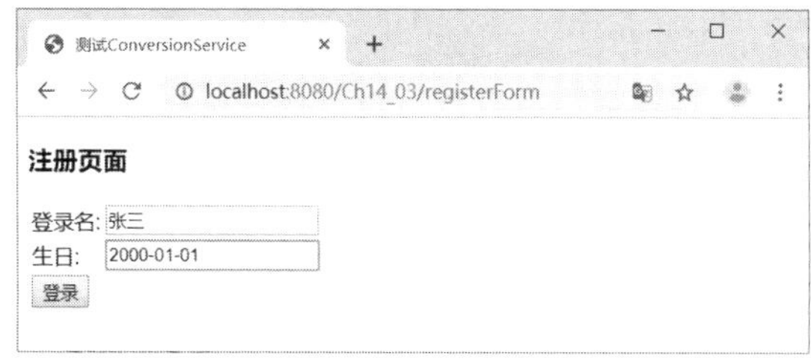

图 14.6　测试 ConversionService

由于页面传入的是字符串数据“2000-01-01”，而处理方法中的参数 User 对象的 birthday 属性类型是 Date，因此出现数据转换异常，其异常信息如下：

```
(AbstractHandlerExceptionResolver.java:132) Resolving exception from handler
```

```
[public java.lang.String cn.dsscm.controller.UserController.register(cn.dsscm.pojo.User,
org.springframework.ui.Model)]: org.springframework.validation.BindException:
org.springframework.validation.BeanPropertyBindingResult: 1 errors
   Field error in object 'user' on field 'birthday': rejected value [2000-01-01];
codes [typeMismatch.user.birthday,typeMismatch.birthday,typeMismatch.java.util.Date,
typeMismatch]; arguments [org.springframework.context.support.DefaultMessageSourceResolvable:
codes [user.birthday,birthday]; arguments []; default message [birthday]]; default
message [Failed to convert property value of type 'java.lang.String' to required type
'java.util.Date' for property 'birthday'; nested exception is org.springframework.core.
convert.ConversionFailedException: Failed to convert from type java.lang.String to
type java.util.Date for value '2000-01-01'; nested exception is
java.lang.IllegalArgumentException]
```

下面使用已经学过的方式解决日期格式问题。

1. 使用ConversionService转换数据

开发自定义的转换器，将传递的字符串转换成 Date 类型。

在包 cn.dsscm.converter 中，创建 StringToDateConverter.java，见示例 13。

【示例 13】 UserController.java

```
// 实现 Converter<S,T>接口
public class StringToDateConverter implements Converter<String, Date>{

    // 日期类型模板：如 yyyy-MM-dd
    private String datePattern;

    public void setDatePattern(String datePattern) {
        this.datePattern = datePattern;
    }

    // Converter<S,T>接口的类型转换方法
    @Override
    public Date convert(String date) {
        try {
            SimpleDateFormat dateFormat = new SimpleDateFormat(this.datePattern);
            // 将日期字符串转换成 Date 类型返回
            return dateFormat.parse(date);
        } catch (Exception e) {
            e.printStackTrace();
            System.out.println("日期转换失败!");
            return null;
        }
    }

}
```

在 springmvc-config.xml 中加入自定义字符转换器。代码如下：

```
<!-- 装配自定义的类型转换器 -->
<mvc:annotation-driven conversion-service="conversionService"/>

<!-- 自定义的类型转换器 -->
<bean id="conversionService"
    class="org.springframework.context.support.ConversionServiceFactoryBean">
    <property name="converters">
        <list>
            <bean class="cn.dsscm.converter.StringToDateConverter"
            p:datePattern="yyyy-MM-dd"></bean>
        </list>
    </property>
</bean>
```

在 springmvc-config.xml 配置文件中，使用了<mvc:annotation-driven/>标签，该标签可以简化 Spring MVC 框架的相关配置，自动注册 RequestMappingHandlerMapping 与 RequestMappingHandlerAdapter

两个 Bean，这是 Spring MVC 框架为@Controllers 分发请求所必需的。

除此之外，<mvc:annotation-driven/>标签还会注册一个默认的 ConversionService，即 Formatting-ConversionServiceFactoryBean 以满足大多数类型转换的需求。现在由于需要注册一个自定义的 StringToDateConverter 转换类，因此，需要显式定义一个 ConversionService 覆盖<mvc:annotation-driven/>中的默认实现类，而这一步需要通过设置 converters 属性来完成。

在 StringToDateConverter 的 Bean 装配中，还给属性 datePattern 赋值为“yyyy-MM-dd”，即日期格式。在装配好 ConversionService 后，就可以在任何控制器的处理方法中使用这个转换器了。

在 WEB-INF/jsp 中，创建 success.jsp，见示例 14。

【示例 14】　success.jsp

```
<body>
登录名：${requestScope.user.loginname }<br>
生日：<fmt:formatDate value="${requestScope.user.birthday}"
    pattern="yyyy 年 MM 月 dd 日"/><br>
</body>
```

在浏览器中输入 http://localhost:8080/Ch14_03/registerForm，并在该页面输入登录名和生日信息，单击“登录”按钮，转换器可自动将输入的日期字符串转换成 Date 类型，并将其设置到 User 对象的 birthday 属性当中。控制台输出如下：

```
User [loginname=张三, birthday=Sat Jan 01 00:00:00 CST 2000]
```

可以看到，User 对象的 birthday 属性已经获得 jsp 页面传入的日期值，跳转到 success.jsp 页面，显示如图 14.7 所示。

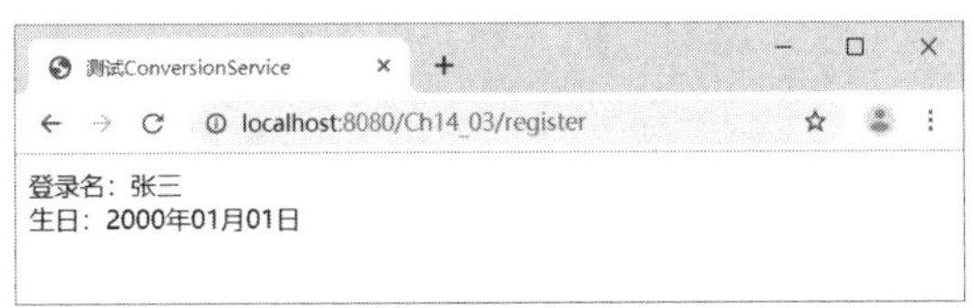

图 14.7　测试 ConversionService

2. 使用@InitBinder添加自定义编辑器转换数据

Spring MVC 框架在支持新的转换器框架的同时，也支持 JavaBeans 的 PropertyEditor。在控制器中可以使用@InitBinder 添加自定义的编辑器。

在包 cn.dsscm.converter 中，创建 DateEditor.java，见示例 15。

【示例 15】　DateEditor.java

```
// 自定义属性编辑器
public class DateEditor extends PropertyEditorSupport {

    // 将传入的字符串数据转换成 Date 类型
    @Override
    public void setAsText(String text) throws IllegalArgumentException {
        SimpleDateFormat dateFormat = new SimpleDateFormat("yyyy-MM-dd");
        try {
            Date date = dateFormat.parse(text);
            setValue(date);
        } catch (ParseException e) {
            e.printStackTrace();
        }
    }

}
```

修改 UserController.java 文件，为其添加注册自定义编辑器，关键示例代码如下。

```
// 在控制器初始化时注册属性编辑器
@InitBinder
 public void initBinder(WebDataBinder binder){
   // 注册自定义编辑器
   binder.registerCustomEditor(Date.class, new DateEditor());
 }
```

在 UserController()方法中增加一个 initBinder()方法，并使用@InitBinde 注解，该注解可在控制器初始化时注册属性编辑器，其中 WebDataBinder 对象用于处理请求消息和处理方法的绑定工作，binder.registerCustomEditor 方法将传入的 Date 类型使用 DateEditor 类进行转换。

部署 Ch14_03 这个 Web 应用，在浏览器中输入 http://localhost:8080/Ch14_03/registerForm，并在该页面输入登录名和生日信息，测试结果与前面一致。

3. 使用WebBindingInitializer注册全局自定义编辑器转换数据

如果希望在全局范围内使用自定义的编辑器，则可以通过实现 WebBindinglnitializer 接口并在该实现类中注册自定义编辑器完成。

在包 cn.dsscm.binding 中，创建 DateBindinglnitializer.java，见示例 16。

【示例 16】 DateBindingInitializer.java

```
import java.util.Date;
import org.springframework.web.bind.WebDataBinder;
import org.springframework.web.bind.support.WebBindingInitializer;
import org.springframework.web.context.request.WebRequest;
import cn.dsscm.converter.DateEditor;

// 实现 WebBindingInitializer 接口
public class DateBindingInitializer implements WebBindingInitializer {
    @Override
    public void initBinder(WebDataBinder binder, WebRequest request) {
        // 注册自定义编辑器
        binder.registerCustomEditor(Date.class, new DateEditor());
    }
}
```

DateBindingInitializer 类实现 WebBindingInitializer 接口，并在 initBinder()方法中注册自定义编辑器 DateEditor 类，该类的实现和前面的内容一致。

UserController 类中不需要再使用@InitBinder 注解的方法，而是在 springmvc-config.xml 配置文件中配置全局的自定义编辑器：

```
    <!-- 通过 RequestMappingHandlerAdapter 装配自定义编辑器 -->
<bean class=
"org.springframework.web.servlet.mvc.method.annotation.RequestMappingHandlerAdapter">
        <property name="webBindingInitializer">
            <bean class="cn.dsscm.binding.DateBindingInitializer" />
        </property>
    </bean>
```

<mvc:annotation-driven />的配置应该放在全局变量的编辑器配置之后，否则会出错误。配置完成后部署 Web 应用测试，显示结果正确。

注意

对于同一个类型的对象来说，如果既在 ConversionService 中装配了自定义的转换器，又通过 WebBindinglnitializer 接口装配了全局的自定义编辑器，同时还在控制器中通过@InitBinder 装配了自定义的编辑器，此时 Spring MVC 框架将按照以下的优先顺序查找对应的编辑器。

（1）通过@InitBinder 装配的自定义编辑器。
（2）通过 ConversionService 装配的自定义转换器。
（3）通过 WebBindingInitializer 接口装配的全局自定义编辑器。

14.3.4　数据格式化

Spring 框架使用 Converter 转换器进行源类型对象到目标类型对象的转换，Spring 框架的转换器并不承担输入及输出信息格式化的工作。如果需要转换的源类型数据是从客户端界面中传过来的，则这些数据往往拥有一定的格式，如日期、时间、数字、货币等数据。在不同的本地化环境中，同一类型的数据还会相应地呈现不同的显示格式。

如何从格式化的数据中获取真正的数据以完成数据绑定，并将处理完成的数据输出为格式化的数据是 Spring 格式化框架需要解决的问题。从 Spring 3.0 版开始引入了格式化转换框架，这个框架位于 org.springframework.format 包，其中最重要的是 Formatter<T>接口。

之前的 Converter 可以完成任意 Object 与 Object 之间的类型转换，而 Formatter 可以完成任意 Object 与 String 之间的类型转换，即格式化和解析，它和 PropertyEditor 功能类似，可以替代 PropertyEditor 来进行对象的解析和格式化，而且支持细粒度的字段级别的格式化和解析。Formatter 只能将 String 转换成另一种 Java 类型。如将 String 转换成 Date，但它不能将 Long 转换成 Date。因此 Formatter 更适用于 Web 层的数据转换。而 Converter 则可以用在任意层中。因此，在 Spring MVC 框架的应用程序当中，如果想转换表单中的用户输入，建议选择 Formatter，而不是 Converter。

Formatter 格式化转换是 Spring 框架通用的，定义在 org.springframework.format 包中，然而不仅仅在 Spring Web MVC 场景下使用。在 org.springframework.format 包中定义的接口如下。

（1）Printer<T>接口。指格式化显示接口，其将 T 类型的对象根据 Locale 信息以某种格式进行打印显示（返回字符串形式）。该接口中定义了一个 print 方法，可根据本地化信息将数据输出为不同格式的 T 类型字符串。

```
String print(T object, Locale locale)
```

（2）Parser<T>接口。指解析接口，其根据 Locale 信息解析字符串到 T 类型的对象。该接口中定义了一个 parse 方法，其参考本地化信息将一个格式化的字符串转换为 T 类型的对象。

```
T parse(String text,Locale locale) throws ParseException
```

（3）Formatter<T>接口。指格式化接口，继承自 Printer<T>接口和 Parser<T>接口，它可完成 T 类型对象的格式化和解析功能。

（4）FormatterRegistrar 接口。指注册格式化转换器。该接口中定义了一个 registerFormatters 方法，其参数就是 FormatterRegistry 对象，用于注册多个格式化转换器。

```
void registerFormatters(FormatterRegistry registry)
```

（5）AnnotationFormatterFactor<A extends Annotation>接口。指注解驱动的字段格式化工厂，用于创建带注解对象字段的 Printer 和 Parser，即用于格式化和解析带注解的对象字段。该接口中定义了以下几个方法：

① Set<Class<?>>getFieldTypes()。注解 A 的应用范围，即哪些属性类可以标注 A 注解。

② Printer<?>getPrinter(A annotation, Class<?> fieldType)。根据注解 A 获取特定属性类型 Printer。

③Parser<?>getParser(A annotation，Class<?> fieldType)。根据注解 A 获取特定属性类型的 Parser。

14.3.5 应用案例——实现日期数据格式化

下面就通过一个具体的案例来演示日期数据转换的使用，其具体步骤如下。

在 MyEclipse 中创建一个名为 Ch14_04 的 Web 项目，将 Spring MVC 框架相关 JAR 包添加到项目的 lib 目录中，并发布到类路径下，把项目 Ch14_03 中 User.java 等内容复制到项目中。

使用已学过的方式解决日期、数据等格式问题。

1. 使用Formatter格式化数据

【示例 17】 UserController.java

```
// 实现 Converter<S,T>接口
public class DateFormatter implements Formatter<Date>{
    // 日期格式化对象
    private SimpleDateFormat dateFormat;

    // 构造器，通过依赖注入的日期类型创建日期格式化对象
    public DateFormatter(String datePattern) {
        this.dateFormat = new SimpleDateFormat(datePattern);
    }
    // 显示 Formatter<T>的 T 类型对象
    @Override
    public String print(Date date, Locale locale) {
        return dateFormat.format(date);
    }
    // 解析文本字符串返回一个 Formatter<T>的 T 类型对象
    @Override
    public Date parse(String source, Locale locale) throws ParseException {
        try {
            return dateFormat.parse(source);
        } catch (Exception e) {
            throw new IllegalArgumentException();
        }
    }
}
```

DateFormatter 类实现了 org.springframework.format.Formatter 接口，使用了两个方法，parse 方法，使用指定的 Locale 将一个 String 解析成目标 T 类型；print 方法，用于返回 T 类型的字符串表示形式。DateFormatter 类中使用了 SimpleDateFormat 对象将 String 转换成 Date 类型，日期类型模板 yyyy-MM-dd之后可通过配置文件的依赖注入设置。

接下来在 springmvc-config.xml 中加入自定义格式化转换器，代码如下：

```
<!-- 装配自定义格式化 -->
<mvc:annotation-driven conversion-service="conversionService"/>
<!-- 格式化 -->
<bean id="conversionService"

class="org.springframework.format.support.FormattingConversionServiceFactoryBean">
    <property name="formatters">
        <list>
            <bean class="cn.dsscm.formatter.DateFormatter">
            <constructor-arg index="0" value="yyyy-MM-dd" />
            </bean>
        </list>
    </property>
</bean>
```

Spring 框架在格式化模块中定义了一个实现 ConversionService 接口的 FormattingConversionService 实现类，该类既具有类型转换功能，又具有格式化的功能。而 FormattingConversionService-FactoryBean 工厂类正是用于在 Spring 框架上下文中构造一个 FormattingConversionService 对象，通

过这个工厂类，既可以注册自定义的转换器，也可以注册自定义的注解驱动逻辑。

以上配置使用 FormattingConversionServiceFactoryBean 对自定义的格式转换器 DateFormatter 进行了注册，其中 FormattingConversionServiceFactoryBean 类有一个属性为 converters，可以使用它注册 Converter；还有一个属性为 formatters，可以使用它注册 Fonnatter。

提示

值得注意的是，<mvc:annotation-driven/>标签内部默认创建的 ConversionService 实例就是一个 FormattingConversion-ServiceFactoryBean，有了 FormattingConversion-ServiceFactoryBean 之后，Spring MVC 对处理方法的参数就要绑定格式化功能了。

FormatterTest 项目的其他资源和类与前所述 Ch14_03 项目一致，此处不再赘述。部署 Ch14_04 这个 Web 应用，在浏览器中输入 http://localhost:8080/Ch14_04/registerForm，其测试结果和 Ch14_03 项目一致，页面传递的日期字符串被 DateFormatter 转换成 Date 类型。

以上使用实现 Fomlatter<T>接口的方式完成转换数据，而 Spring 框架本身也提供了很多常用的 Formatter 实现。在 org.springframework.foraiat.datetime 包中就提供了一个用于时间对象格式化的 DateFormatter 实现类，其中包括 3 个用于数字对象格式化的实现类。

（1）NumberFormatter：用于数字类型对象的格式化。

（2）CurrencyFormatter：用于货币类型对象的格式化。

（3）PercentFormatter：用于百分数数字类型对象的格式化。

例如，如果要使用 org.springframework.format.datetime 包中提供的 DateFormatter 实现类完成字符串到日期对象的转换，则只需要在配置文件中进行配置就可以了：

```
<!-- 装配自定义格式化 -->
<mvc:annotation-driven conversion-service="conversionService"/>
<!-- 格式化 -->
<bean id="conversionService"
    class="org.springframework.format.support.FormattingConversionServiceFactoryBean">
    <property name="formatters">
        <list>
            <bean class="org.springframework.format.datetime.DateFormatter">
            <property name="pattern" value="yyyy-MM-dd" />
            </bean>
        </list>
    </property>
</bean>
```

2. 使用 FormatterRegistrar 注册 Formatter

注册 Formatter 的另一种方法是使用 FormatterRegistrar，见示例 18。

【示例 18】　MyFormatterRegistrar.java

```
public class MyFormatterRegistrar implements FormatterRegistrar{
    private DateFormatter dateFormatter;
    public void setDateFormatter(DateFormatter dateFormatter) {
        this.dateFormatter = dateFormatter;
    }
    @Override
    public void registerFormatters(FormatterRegistry registry) {
        registry.addFormatter(dateFormatter);

    }
}
```

实现 FormatterRegistrar 只需要一个方法，就是 registerFormatters，即在该方法中添加需要注册的 Formatter。

```
<!-- 装配自定义格式化 -->
<mvc:annotation-driven conversion-service="conversionService"/>
<!-- DateFormatter bean -->
<bean class="cn.dsscm.formatter.DateFormatter">
    <constructor-arg index="0" value="yyyy-MM-dd" />
</bean>
<!-- 格式化 -->
<bean id="conversionService"
    class="org.springframework.format.support.FormattingConversionServiceFactoryBean">
    <property name="formatterRegistrars">
        <set>
            <bean class="cn.dsscm.formatter.MyFormatterRegistrar">
            <property name="dateFormatter" ref="dateFormatter" />
            </bean>
        </set>
    </property>
</bean>
```

配置文件中不需要再注册任何 Formatter，而是注册 Registrar。项目的其他资源和类与之前所述的 FormatterTest 项目一致，此处不再赘述。部署这个 Web 应用，在浏览器中输入，测试结果和前面项目一致，页面传递的日期字符串被 DateFormatter 转成 Date 类型。

3. 使用Annotation FormatterFactory<A extends Annotation>格式化数据

以前的例子使用手工代码实现 Formatter 接口或在 xml 配置文件中对 Spring 提供的 Formatter 接口的实现类进行对象数据输入和输出的格式化工作，但是现在这种硬编码的格式化方式显然已经过时了。Spring 框架为开发人员提供了注解驱动的属性对象格式化功能，即在 Bean 属性中设置、Spring MVC 框架处理方法参数绑定数据、模型数据输出时自动通过注解应用格式化的功能。

在 org.springframework.format.annotation 的包定义了两个格式化的注解类型。

（1）DateTimeFormat

@DateTimeFormat 注解可以对 java.util.Date、java.util.Calendar 等时间类型的属性进行标注。它支持以下几个互斥的属性，具体说明如下。

①iso 类型为 DateTimeFormat.ISO，以下是常用的可选值。

◎ DateTimeFormat.ISO.DATE：表示格式为 yyyy-MM-dd。

◎ DateTimeFormat.ISO.DATE_TIME：表示格式为 yyyy-MM-dd hh:mm:ss .SSSZ。

◎ DateTimeFormat.ISO.TIME：表示格式为 hh:mm:ss .SSSZ。

◎ DateTimeFormat.ISO.NONE：表示不使用 ISO 格式的时间。

②pattern 类型为 String，使用自定义的时间格式化字符串，如“yyyy-MM-dd hh:mm:ss”。

③style 类型为 String，通过样式指定日期时间的格式，由两位字符组成，第 1 位表示日期的样式，第 2 位表示时间的格式，以下是常用的可选值。

◎ S：表示短日期/时间的样式。

◎ M：表示中日期/时间的样式。

◎ L：表示长日期/时间的样式。

◎ F：表示完整日期/时间的样式。

◎ -：表示忽略日期/时间的样式。

（2）NumberFormat

@NumberFormat 可对类似数字类型的属性进行标注，它拥有两个互斥的属性，具体说明如下。

①pattern 类型为 String，使用自定义的数字格式化串，如“##，###。##”。

②style 类型为 NumberFormat.Style，以下是常用的可选值。

◎ NumberFormat. CURRENCY：表示货币类型。

◎ NumberFormat. NUMBER：表示正常数字类型。

◎ NumberFormat. PERCENT：表示百分数类型。

在 WEB-INF/jsp 目录中，创建 testForm.jsp 文件，见示例 19。

【示例 19】　testForm.jsp

```
<body>
<h3>测试表单数据格式化</h3>
<form action="test" method="post">
<table>
<tr>
    <td><label>日期类型：</label></td>
<td><input type="text" id="birthday" name="birthday" ></td>
</tr>
<tr>
    <td><label>整数类型：</label></td>
<td><input type="text" id="total" name="total" ></td>
</tr>
<tr>
    <td><label>百分数类型：</label></td>
<td><input type="text" id="discount" name="discount" ></td>
</tr>
<tr>
    <td><label>货币类型：</label></td>
<td><input type="text" id="money" name="money" ></td>
</tr>
<tr>
<td><input id="submit" type="submit" value="提交"></td>
</tr>
</table>
</form>
</body>
```

在 cn.dsscm.pojo 中，创建 DataType.java，见示例 20。

【示例 20】　DataType.java

```
public class DataType {
    // 日期类型
    @DateTimeFormat(pattern="yyyy-MM-dd")
    private Date birthday;
    // 正常数字类型
    @NumberFormat(style=Style.NUMBER, pattern="#,###")
    private int total;
    // 百分数类型
    @NumberFormat(style=Style.PERCENT)
    private double discount;
    // 货币类型
    @NumberFormat(style=Style.CURRENCY)
    private double money;
    // 省略 getter 方法和 setter 方法
}
```

User 类的多个属性使用了@DateTimeFormat 注解和@NumberFormat 注解，用于将页面传递的 String 转换成对应的格式化数据。在 cn.dsscm.controller 中，创建 FormatterController.java，关键代码见示例 21。

【示例 21】 FormatterController.java

```
@Controller
public class FormatterController{
    @RequestMapping(value="/testForm")
     public String registerForm(){
         // 跳转到测试表单数据格式化
         return "testForm";
    }
    @RequestMapping(value="/test")
     public String test(
             @ModelAttribute DataType dataType,
             Model model) {
         System.out.println(dataType);
         model.addAttribute("dataType", dataType);
         return "showform";
     }
}
```

在 WEB-INF/jsp 目录中，创建 success.jsp 文件，见示例 22。

【示例 22】 success.jsp

```
<h3>测试表单数据格式化</h3>
<form:form modelAttribute="dataType" method="post" action="" >
<table>
    <tr>
        <td>日期类型:</td>
        <td><form:input path="birthday"/></td>
    </tr>
    <tr>
        <td>整数类型:</td>
        <td><form:input path="total"/></td>
    </tr>
    <tr>
        <td>百分数类型:</td>
        <td><form:input path="discount"/></td>
    </tr>
    <tr>
        <td>货币类型:</td>
        <td><form:input path="money"/></td>
    </tr>
</table>
</form:form>
```

如果希望在视图页面中将模型属性数据以格式化的方式进行渲染，则需要使用 Spring 的页面标签显示模型数据，所以 success.jsp 中使用了<form:form modelAttribute="user">标签，并且绑定了 User 对象。

修改配置文件 springmvc-config.xml，关键示例代码如下：

```
<!-- 装配自定义格式化 -->
<mvc:annotation-driven />
```

在配置文件中只是使用了默认的<mvc:annotation-driven/>标签，而该标签内部默认创建的 ConversionService 实例就是一个 FormattingConversionServiceFactoryBean，这样就可以支持注解驱动的格式化功能了。

部署 Ch14_04 这个 Web 应用，在浏览器中输入 http://localhost:8080/Ch14_04/testForm，并在测试 Formatter 页面输入要提交的数据，如图 14.8 所示。

图 14.8　测试 Formatter

单击“提交”按钮，完成数据格式化。将表单数据提交到 FormatterController 控制器，并在 test 方法入参后跳转到 success.jsp 页面，结果如图 14.9 所示。

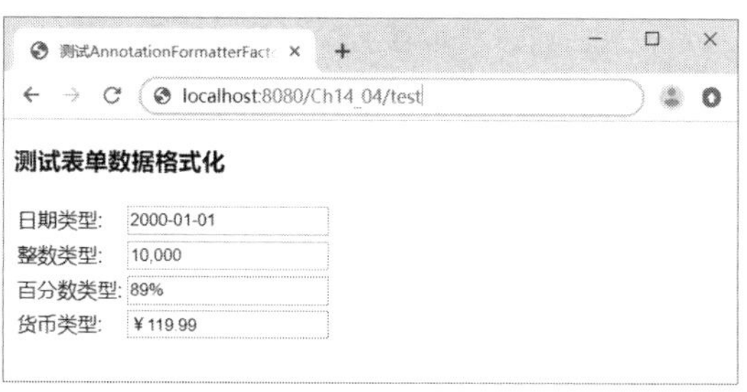

图 14.9　测试 Formatter 结果

可以看到，数据已经被格式化并输出在视图页面当中。

14.4　数据校验

数据校验也是所有 Web 应用必须处理的问题。因为 Web 应用的开放性，使网络上所有的浏览者都可以自由使用该应用，因此该应用通过输入页面收集的数据是非常复杂的，不仅会包含正常用户的误输入，还可能包含恶意用户的恶意输入。一个健壮的应用系统必须将这些非法输入阻止在应用之外，防止这些非法输入进入系统，这样才可以保证系统不受影响。

这些异常的输入，轻则会导致系统非正常中断，重则会导致系统崩溃。应用程序必须能正常处理表现层接收的各种数据，通常的做法是遇到异常输入时应用程序直接返回，并提示用户必须重新输入，也就是将那些异常输入过滤掉。这种对异常输入的过滤，就是输入校验，也称为“数据校验”。

输入校验分为客户端校验和服务器端校验，客户端校验主要是过滤正常用户的误操作，通常通过 JavaScript 代码完成；服务器端校验是整个应用阻止非法数据的最后防线，主要通过在应用中编程实现。

客户端校验的主要作用是防止正常用户的误输入，这仅能对输入进行初步过滤，而对于恶意用户的恶意行为，客户端校验将无能为力。因此，客户端校验绝不可代替服务器端校验。当然，客户端校验也绝不可少，因为 Web 应用的大部分用户都是正常用户，他们的输入可能会包含大量的误输入，客户端校验能把这些误输入阻止在客户端，从而降低了服务器的负载。

Spring MVC 框架提供了强大的数据校验功能，其中有两种方法可以进行验证输入，一种是利用 Spring 框架自带的 Validation 校验框架；另一种是利用 JSR 303（Java 验证规范）实现校验功能。

14.4.1　Spring的Validation校验框架

Spring 拥有自己独立的数据校验框架。它在进行数据绑定时，可同时调用校验框架来完成数据校验工作。

Spring 的校验框架在 org.springframework.validation 包中，其中包括重要的接口和类。

（1）Validator 是最重要的接口。该接口有两个方法具体内容如下。

① boolean supports(Class<?> clazz)：该校验器能够对 clazz 类型的对象进行校验。

② void validate(Object target,Errors errors)：对目标类 target 进行校验，并将校验错误记录在 errors 当中。

（2）ErrorsSpring 用来存放错误信息的接口。Spring MVC 框架在将请求数据绑定到入参对象后，就会调用校验框架实施校验，而校验结果保存在处理方法的入参对象之后的参数对象中。这个保存校验结果的参数对象必须是 Errors 或者 BindingResult 类型。一个 Errors 对象中包含了一系列的 FieldError 对象和 ObjectError 对象。FieldError 表示不与被校验的对象中的某个属性相关的一个错误。BindingResult 扩展了 Errors 接口，同时可以获取数据绑定结果对象的信息。

（3）ValidationUtils 是 Spring 提供的一个关于校验的工具类。它提供了多个给 Errors 对象保存错误的方法。

（4）LocalValidatorFactoryBean 位于 org.springframework.validation.beanvalidation 包中，该类既实现了 Spring 的 Validator 接口，也实现了 JSR 303 的 Validator 接口。只要在 Spring 容器中定义一个 LocalValidatorFactoryBean，即可将其注入到需要数据校验的 Bean 中。定义一个 LocalValidatorFactoryBean 的 Bean 代码如下：

```
<bean id="validator"
class="org.springframework.validation.beanvalidation.LocalValidatorFactoryBean"/>
```

<mvc:annotation-driven/>会默认装配好一个 LocalValidatorFactoryBean，所以在实际开发中并不需要手动配置 LocalValidatorFactoryBean。需要注意的是，Spring 框架本身没有提供 JSR 303 的实现，如果要使用 JSR 303 完成验证，则必须将 JSR 303 的实现（注入 Hibernate Validator）jar 文件加入到应用程序的类路径下，这样 Spring 框架才会自动加载并装配好 JSR 303 的实现。

下面就通过一个具体的案例来演示数据校验在登录功能中的使用，其具体步骤如下。

（1）在 MyEclipse 中创建一个名为 Ch14_05 的 Web 项目，将 Spring MVC 框架相关 JAR 包添加到项目的 lib 目录中，并发布到类路径下。

（2）在包 cn.dsscm.pojo 中，创建 User.java，见示例 23。

【示例 23】 User.java

```
public class User {
    private String loginname;
    private String password;
```

（3）在 WEB-INF/jsp 中，创建 loginForm.jsp，见示例 24。

【示例 24】 loginForm.jsp

```
<body>
<h3>登录页面</h3>
<!-- 绑定 user -->
<form:form modelAttribute="user" method="post" action="login" >
    <table>
        <tr>
            <td>登录名:</td>
            <td><form:input path="loginname"/></td>
            <!-- 显示 loginname 属性的错误信息 -->
            <td><form:errors path="loginname" cssStyle= "color:red"/></td>
        </tr>
        <tr>
```

```
            <td>密码:</td>
            <td><form:input path="password"/></td>
            <!-- 显示 password 属性的错误信息 -->
            <td><form:errors path="password" cssStyle= "color:red"/></td>
        </tr>
        <tr>
            <td><input type="submit" value="提交"/></td>
        </tr>
    </table>
</form:form>
</body>
```

页面使用<form:errors>标签显示属性的错误信息。

（4）在包 cn.dsscm.validator 中，创建 UserValidator.java，见示例 25。

【示例 25】　UserValidator.java

```
// 实现 Spring 的 Validator 接口
@Repository("userValidator")
public class UserValidator implements Validator {

    // 该校验器能够对 clazz 类型的对象进行校验。
    @Override
    public boolean supports(Class<?> clazz) {
        // User 指定的 Class 参数所表示的类或接口是否相同，或是否为其超类及超接口。
        return User.class.isAssignableFrom(clazz);
    }

    // 对目标类 target 进行校验，并将校验错误记录在 errors 当中
    @Override
    public void validate(Object target, Errors errors) {
        /**
        使用 ValidationUtils 中的一个静态方法 rejectIfEmpty()来对 loginname 属性进行校验，
        假若“loginname”属性是 null 或者空字符串的话，就拒绝验证通过
        */
        ValidationUtils.rejectIfEmpty(errors, "loginname", null, "登录名不能为空");
        ValidationUtils.rejectIfEmpty(errors, "password", null, "密码不能为空");
        User user = (User)target;
        if(user.getLoginname().length() > 10){
            // 使用 Errors 的 rejectValue 方法验证
            errors.rejectValue("loginname", null, "用户名不能超过 10 个字符");
        }
        if(user.getPassword() != null
                && !user.getPassword().equals("")
                && user.getPassword().length() < 6){
            errors.rejectValue("password", null, "密码不能小于 6 位");
        }
    }
}
```

UserValidato 实现了 Spring 框架的 Validator 接口，其可以对 User 对象进行数据校验，并分别使用 ValidationUtils 的 rejectlffimpty 方法和 Errors 的 rejectValue 方法对 User 进行了数据校验。@Repository("userValidator")注解将该对象注释为 Spring 容器中的一个 Bean，名字为“userValidator”。

（5）在包 cn.dsscm.controller 中，创建 UserController.java，见示例 26。

【示例 26】　UserController.java

```
@Controller
public class UserController {
    // 注入 UserValidator 对象
    @Autowired
    @Qualifier("userValidator")
    private UserValidator userValidator;
```

```
    @RequestMapping(value = "/loginForm")
    public String loginForm(Model model) {
        User user = new User();
        model.addAttribute("user", user);
        // 跳转到登录页面
        return "loginForm";
    }

    @RequestMapping(value = "/login")
    public String login(@ModelAttribute User user, Model model, Errors errors) {
        System.out.println(user);
        model.addAttribute("user", user);
        // 调用 userValidator 的验证方法
        userValidator.validate(user, errors);
        // 如果验证不通过跳转到 loginForm 视图
        if (errors.hasErrors()) {
            return "loginForm";
        }
        return "success";
    }
}
```

login 方法将对传入的参数进行校验，注意该方法的最后一个参数 errors，它是一个 Spring 校验框架的 Errors 对象。在该方法中调用了之前写的 userValidator 类进行数据校验，如果校验失败，则跳转到“loginForm”视图。部署 ValidatorTest 这个 Web 应用，在浏览器中输入 http://localhost:8080/Ch14_05/login，并不在页面上输入登录名和密码，而是直接提交，如图 14.10 所示。

图 14.10　测试 Validation 框架（1）

可以看到，校验框架校验后返回了错误信息并将其显示在页面上，输入不合法的登录名和密码，提交，结果如图 14.11 所示。

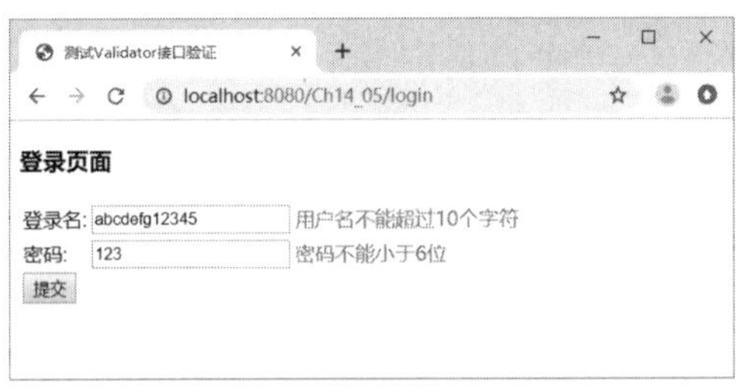

图 14.11　测试 Validation 框架（2）

由于早期 Spring 框架就被设计了 Validation 框架，所以很多应用都可以使用 Validation 框架进行数据校验。由于 Validation 框架是通过硬编码完成数据校验的，在实际开发中会显得比较麻烦，因此现代开发更加推荐使用 JSR 303 完成数据校验。

14.4.2　JSR 303 校验

JSR 303 是 Java 为 Bean 数据合法性校验所提供的一个标准规范，称为 Bean Validation。2009 年

12 月 Java EE 6 发布，Bean Validation 作为一个重要特性被包含其中，用于对 Java Bean 中的字段值进行验证。官方参考实现是 Hibernate Validator。

Bean Validation 为 JavaBean 验证定义了相应的元数据类型和 API。在应用程序中，通过在 Bean 属性上标注类似于@NotNull、@Max 等标准的注解指定校验规则，并通过标注的验证接口对 Bean 进行验证。Bean Validation 是一个运行时的数据验证框架，在验证之后其错误信息会被马上返回。

可以通过 http://jcp.org/en/jsr/detail?id=303 了解 JSR 303 的详细内容。

JSR 303 是一个规范，它的核心接口是 javax.validation.Validator，该接口根据目标对象类中所标注的校验注解进行数据校验，并得到校验结果。JSR 303 目前有两个实现，第 1 个实现是 Hibernate Validator，可以从 https://sourceforge.net/projects/hibernate/files/hibernate-validator/下载。

第 2 个实现是 Apache bval，可以从 http://bval.apache.org/downloads.html 下载。

JSR 303 中定义了一套可标注在成员变量、属性方法上的校验注解，如表 14-8 所示。

表 14-8　JSR 303 注解

注　解	功　能	范　例
@Null	验证对象是否为 null	@Null String desc;
@NotNull	验证对象是否不为 null，无法检查长度为 0 的字符串，用于验证基本数据类型	@NotNull String name;
@AssertTrue	验证 Boolean 对象是否为 true	@AssertTrue boolean isEmpty;
@AssertFalse	验证 Boolean 对象是否为 false	@AssertFalse boolean isEmpty;
@Max(value)	验证 Number 和 String 对象是否小于或等于指定的值	@Max(18) int age;
@Min(value)	验证 Number 和 String 对象是否大于或等于指定的值	@Max(60) int age;
@DecimalMax(value)	被标注的值必须不大于约束中指定的最大值。这个约束的参数是一个通过 BigDecimal 定义的最大值的字符串表示，小数存在精度	@DecimalMax(1.1) BigDecimal price;
@DecimalMin(value)	被标注的值必须不小于约束中指定的最小值。这个约束的参数是一个通过 BigDecimal 定义的最小值的字符串表示，小数存在精度	@DecimalMax(0.5) BigDecimal price;
@Digits(integer,fraction)	验证字符串是否符合指定格式的数字，其中 interger 指定整数精度，fraction 指定小数精度	@Digits(integer=5,fraction=2) BigDecimal price;
@Size(min, max)	验证对象（Array、Collection、Map、String）长度是否在给定的范围之内	@Size(min=15，max=60) int age;
@Past	验证 Date 对象和 Calendar 对象是否在当前时间之前	@Past Date birthDate;
@Future	验证 Date 对象和 Calendar 对象是否在当前时间之后	@Future Date shippingDate;
@Pattera	验证 String 对象是否符合正则表达式的规则	@Pattem(regexp="[l][3,8][3J6,9][0-9]{8}M) String phone;

Hibernate Validator 是 JSR 303 的一个参考实现，除了支持所有标准的校验注解，它还扩展了如表 14-9 所示的注解。

表 14-9 Hibernate Validator 扩展的注解

注　解	功　能	范　例
@NotBlanlc	检查约束字符串是不是 Null，被 Trim 的长度是否大于 0。只对字符串，且会去掉前后空格	@NotBlank String name;
@URL	验证是否是合法的 url	@URL String url;
@Email	验证是否是合法的邮件地址	@Email String email;
@CreditCardNumber	验证是否是合法的信用卡号码	@CreditCardNumber String creditCard;
@Length(min, max)	验证字符串的长度必须在指定的范围内	@Length(min=6, max=8) String password;
@NotEmpty	检查元素是否为 NULL 或者 EMPTY。用于 Array、Collection、Map、String	@NotEmpty String name;
@Range(min,max,message)	验证属性值必须在合适的范围内	@Range(min=18, max=60,message="学生的年龄必须在 18 岁到 60 岁之间") Int age;

下面通过一个具体案例来演示 JSR 303 的使用，其具体步骤如下。

（1）在 MyEclipse 中创建一个名为 Ch14_06 的 Web 项目，将 Spring MVC 框架相关 JAR 包添加到项目的 lib 目录中，并发布到类路径下，把项目 Ch14_05 中 User.java 等内容复制到项目中。本例使用的是 Hibernate Validator 的实现，为配合项目 Spring 版本，这里选用的是 Hibernate Validator 4.3.2 版本。下载后将对应的 jar 文件加入到项目中，如图 14.12 所示。

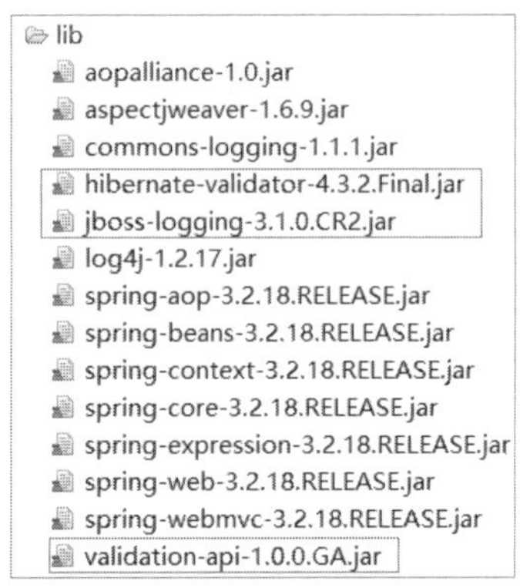

图 14.12 项目 lib 目录

（2）在 WEB-INF/jsp 中，创建 registerForm.jsp，见示例 27。

【示例 27】 registerForm.jsp

```
<%@taglib prefix= "form" uri= "http://www.springframework.org/tags/form" %>
<!DOCTYPE html >
<html>
<head>
<meta http-equiv="Content-Type" content="text/html; charset=UTF-8">
<title>测试 JSR 303</title>
</head>
<body>
<h3>注册页面</h3>
<form:form modelAttribute="user" method="post" action="login" >
    <table>
        <tr>
```

```
            <td>登录名:</td>
            <td><form:input path="loginname"/></td>
            <td><form:errors path="loginname" cssStyle= "color:red"/></td>
        </tr>
        <tr>
            <td>密码:</td>
            <td><form:input path="password"/></td>
            <td><form:errors path="password" cssStyle= "color:red"/></td>
        </tr>
        <tr>
            <td>用户名:</td>
            <td><form:input path="username"/></td>
            <td><form:errors path="username" cssStyle= "color:red"/></td>
        </tr>
        <tr>
            <td>年龄:</td>
            <td><form:input path="age"/></td>
            <td><form:errors path="age" cssStyle= "color:red"/></td>
        </tr>
        <tr>
            <td>邮箱:</td>
            <td><form:input path="email"/></td>
            <td><form:errors path="email" cssStyle= "color:red"/></td>
        </tr>
        <tr>
            <td>生日:</td>
            <td><form:input path="birthday"/></td>
            <td><form:errors path="birthday" cssStyle= "color:red"/></td>
        </tr>
        <tr>
            <td>电话:</td>
            <td><form:input path="phone"/></td>
            <td><form:errors path="phone" cssStyle= "color:red"/></td>
        </tr>
        <tr>
            <td><input type="submit" value="提交"/></td>
        </tr>
    </table>
</form:form>
</body>
</html>
```

registerForm.jsp 是一个注册页面，用于提交用户注册信息，注册信息包括用户名、密码、邮箱、电话等，然后在后台使用 JSR 303 进行验证。

（3）在包 cn.dsscm.pojo 中，创建 User.java，见示例 28。

【示例 28】　User.java

```
public class User {
    @NotBlank
    private String loginname;
    @NotBlank
    @Length(min=6,max=8)
    private String password;
    @NotBlank
    private String username;
    @Range(min=15, max=60)
    private int age;
    @Email
    private String email;
    @DateTimeFormat(pattern="yyyy-MM-dd")
    @Past
    private Date birthday;
    @Pattern(regexp="[1][3,8][3,6,9][0-9]{8}")
    private String phone;
```

```
    // 省略 getter 方法和 setter 方法
}
```

（4）在包 cn.dsscm.controller 中，创建 UserController.java，见示例 29。

【示例 29】 UserController.java

```
@RequestMapping(value="/registerForm")
 public String registerForm(Model model){
     User user = new User();
     model.addAttribute("user",user);
     // 跳转到注册页面
     return "registerForm";
 }

// 数据校验使用@Valid，后面跟着 Errors 对象保存校验信息
@RequestMapping(value="/login")
 public String login( @Valid @ModelAttribute  User user,
         Errors  errors,  Model model) {
     System.out.println(user);
     if(errors.hasErrors()){
         return "registerForm";
     }
     model.addAttribute("user", user);
     return "success";
  }
```

（5）在 WEB-INF/jsp 中，创建 success.jsp，见示例 30。

【示例 30】 success.jsp

```
<%@ taglib uri="http://java.sun.com/jsp/jstl/fmt" prefix="fmt"%>
<!DOCTYPE html>
<html>
<head>
<meta http-equiv="Content-Type" content="text/html; charset=UTF-8">
<title>测试 JSR 303</title>
</head>
<body>
<h3>测试 JSR 303</h3>
登录名：${requestScope.user.loginname }<br>
密码：${requestScope.user.password }<br>
用户名：${requestScope.user.username }<br>
年龄：${requestScope.user.age }<br>
邮箱：${requestScope.user.email }<br>
生日：<fmt:formatDate value="${requestScope.user.birthday}"
    pattern="yyyy 年 MM 月 dd 日"/><br>
电话：${requestScope.user.phone }<br>
</body>
</html>
```

由于<mvc:annotation-driven/>会默认装配一个 LocalValidatorFactoryBean，因此 springmvc-config.xml 配置文件中只是基本配置，不需要增加其他的配置。

（6）部署 Ch14_06 这个 Web 应用，在浏览器中输入 http://localhost: 8080/Ch14_06/registerForm，结果如图 14.13 所示。

在注册页面中输入错误的注册信息，直接单击“提交”按钮，然后后台验证不通过，显示如图 14.14 所示。

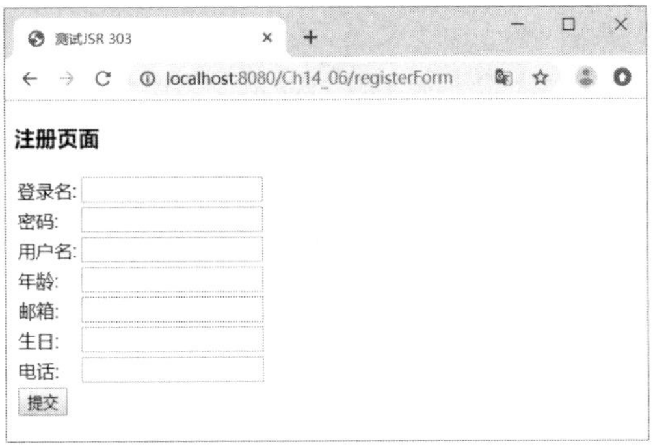

图 14.13　测试 JSR 303 规范（1）

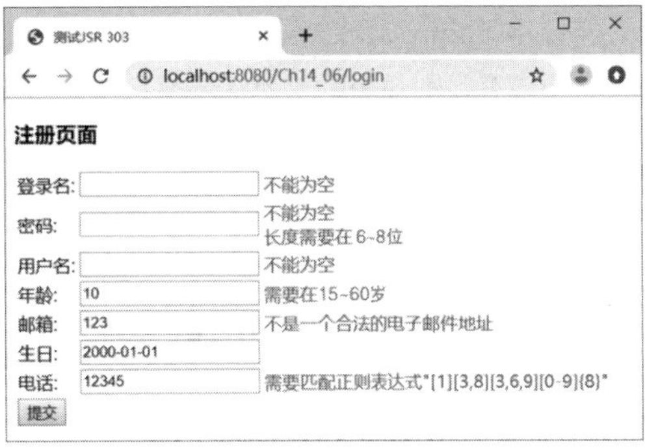

图 14.14　测试 JSR 303 规范（2）

输入符合校验规则的注册信息，通过验证后就会跳转到成功页面，如图 14.15 所示。

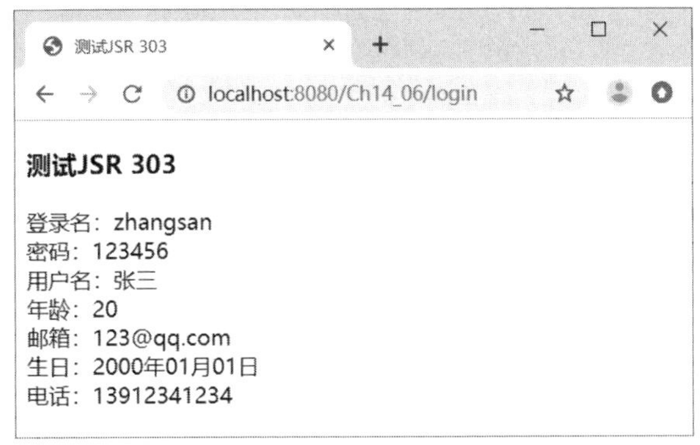

图 14.15　测试 JSR 303 规范（3）

下面是使用注解的 message 属性输出错误信息，而在实际项目中会希望错误信息更加人性化、更具可读性，同时还希望显示国际化的错误信息。接下来就为项目加入这些信息。

Spring MVC 框架支持国际化显示数据校验的错误信息。每个属性在数据绑定和数据校验发生错误时，都会生成一个对应的 FieldError 对象，FieldError 对象实现了 org.springframework.context.MessageSourceResolvable 接口，顾名思义，MessageSourceResolvable 是可用国际化资源进行解析的对象。MessageSourceResolvable 接口有如下 3 个方法。

（1）Object[] getArguments()返回一组参数对象。

（2）String[] getCodes()返回一组消息代码，每一个代码对应一个属性资源，可以使用 getArguments()返回的参数对资源属性值进行参数替换。

（3）String getDefaultMessage()默认的消息，如果没有装配相应的国际化资源，那么显示的所有错误信息都是默认的。

当一个属性校验失败后，校验框架会为该属性生成 4 个消息代码，这些代码以校验注解类名为前缀，并结合类名、属性名及属性类型名生成多个对应的消息代码。

如 User 类的 loginname 属性就标注了一个@NotBlank 注解，当该属性值不满足@NotBlank 所定义的限制规则时，就会产生以下 4 个错误代码。

（1）NotBlank.user.loginname：根据类名、属性名产生的错误代码。

（2）NotBlank.loginname：根据属性名产生的错误代码。

（3）NotBlanlc.java.lang.String：根据属性类型产生的错误代码。

（4）NotBlank：根据验证注解名产生的错误代码。

当使用 Spring MVC 框架标签显示错误信息时，可查看 Web 上下文是否装配了对应的国际化消息，如果没有，则显示默认的错误消息，否则使用国际化消息对错误代码进行显示。

知道错误对象的错误码是对应国际化消息的键名称之后，接下来就非常简单了，可定义两个国际化资源文件，在国际化资源文件中为错误代码定义相应的本地化消息内容，其中文件 message_en_US. properties、message_zh_CN.properties 内容见示例 31 和示例 32。

【示例 31】 message_en_US.properties

```
NotBlank.user.loginname= Loginname is not null
NotBlank.user.password= Password is not null
Length.user.password=Password length must be between 6 and 8
NotBlank.user.username= Username is not null
Range.user.age=Age must be between the ages of 15 to 60
Email.user.email=Must be a legitimate email address
Past.user.birthday=Birthday must be a date in the past
Pattern.user.phone=Invalid phone number
```

【示例 32】 message_zh_CN.properties

```
NotBlank.user.loginname=登录名不能为空
NotBlank.user.password=密码不能为空
Length.user.password=密码长度必须在 6～8 位
NotBlank.user.username= 用户名不能为空
Range.user.age=年龄必须在 15～60 岁
Email.user.email=必须是合法的邮箱地址
Past.user.birthday=生日必须是一个过去的日期
Pattern.user.phone=无效的电话号码
```

下面还需要在 springmvc-config.xml 配置文件中增加国际化的配置。

```
<!-- 国际化 -->
    <bean id="messageSource"
    class="org.springframework.context.support.ResourceBundleMessageSource">
    <!-- 国际化资源文件名 -->
    <property name="basenames" value="message"/>
    </bean>
```

重新部署运行项目，可以自行切换语言环境来测试国际化错误语言的显示。

本章总结

- Spring MVC 框架通过 HandlerExceptimResolver 处理程序异常，包括处理器异常、数据绑定异常及处理器执行时发生的异常。
- 对于 Spring 表单标签<fm:form>，通过该标签的 model Attribute 来指定绑定的模型属性。
- Spring MVC 框架通过反射机制对目标处理方法的签名进行分析，并将请求消息绑定到处理方法的参数中，数据绑定的核心部件是 DataBinder。
- 编写自定义转换器或者使用@InitBinder 装配自定义编辑器来解决数据转换和格式化问题。
- 在 Spring MVC 框架中，可以使用 JSR 303 实现服务器端的数据验证。

本章作业

一、选择题

1. 下列关于 Spring MVC 框架数据校验说法错误的是（　　）。

   A. <mvc:annotation-driven/>会默认装配好一个 LocalValidatorFactoryBean，并通过@Valid 注解让 Spring MVC 框架在完成数据绑定后执行数据校验的工作

   B. Spring 提供了 JSR 303 的实现

   C. JSR 303 定义了一套可标注在成员变量、属性方法中的校验注解

   D. JSR 303 的核心接口是 javax.validation.Validator

2. 使用 Spring 表单标签<fm:form>，可通过该标签的哪个属性来指定绑定的模型属性（　　）。

   A. path　　B. htmlEscape

   C. action　　D. model Attribute

3. 下列关于 Spring MVC 框架异常处理说法错误的是（　　）。

   A. 对于异常处理只能通过全局异常方式处理

   B. Spring MVC 框架通过 HandlerExceptimResolver 处理程序异常

   C. Spring MVC 框架能处理包括处理器异常、数据绑定异常及处理器执行时发生的异常

   D. 当发生异常时，Spring MVC 框架会调用 resolveException()方法，并转到 ModelAndView 对应的视图中，作为一个异常报告页面反馈给用户。

4. 下列不属于 Spring MVC 框架表单标签库中的标签是（　　）。

   A. form　　B. radio

   C. input　　D. checkbox

5. 下列关于 Spring 框架中数据格式化说法错误的是（　　）。

   A. Spring 框架使用 Converter 转换器进行源类型对象到目标类型对象的转换

   B. Spring 框架的转换器并不承担输入和输出信息格式化的工作

   C. 在不同的本地化环境中，同一类型的数据会相应地呈现不同的显示格式

   D. 从 Spring 2.0 版开始引入了格式化转换框架，这个框架位于 org.springframework.format 包

二、简答题

1. 简述 Spring MVC 框架中常用的异常处理方式。
2. 简述 Spring MVC 框架的数据校验流程。

三、操作题

改造百货中心供应链管理系统，使用 Spring MVC 框架表单标签库、Validation 校验框架、数据转换与格式化实现用户的添加功能。

第 15 章 SSM 框架整合与项目案例

本章目标

◎ 了解 SSM 框架的整合思路
◎ 熟悉 SSM 框架整合时的配置文件内容
◎ 掌握 SSM 框架整合应用程序的编写
◎ 掌握 SSM 框架开发应用程序

本章简介

通过前面章节的学习，相信已经掌握了 Spring、MyBatis 及 Spring MVC 的框架使用，在实际项目开发中，这 3 大框架通常会整合在一起使用，为百货中心供应链管理系统项目使用 Spring MVC+Spring+MyBatis 框架，即 SSM 框架。基于它的速度快、性能高、配置简单等优势，目前在互联网项目中所占比例也越来越大，掌握 SSM 框架整合，并能够在该框架上进行熟练的项目开发，是学习的最终目的。本章将对 SSM 框架的整合使用进行详细讲解。

技术内容

15.1 整合环境搭建

15.1.1 整合思路

通过前面的学习，我们知道 Spring MVC 框架是一个优秀的 Web 框架，MyBatis 框架是一个 ORM 数据持久化层框架，这两个独立的框架之间没有直接的联系。由于 Spring 框架提供了 IoC 和 AOP 等相当实用的功能，若把 Spring MVC 和 MyBatis 的对象交给 Spring 容器进行解耦合管理，不仅能大大增强系统的灵活性，便于功能扩展，还能通过 Spring 框架提供的服务简化编码，减少开发工作量，提高开发效率。SSM 框架整合其实就是分别实现 Spring 与 Spring MVC、Spring 与 MyBatis 的框架整合，而实现整合的主要工作就是把 Spring MVC、MyBatis 中的框架对象配置到 Spring 容器中，交给 Spring 框架来管理。当然对于 Spring MVC 框架来说，它本身就是 Spring 为展现层提供的 MVC 框架，所以在进行框架整合时，可以说 Spring MVC 与 Spring 的框架是无缝集成，性能优越。由于 Spring MVC 框架是 Spring 框架中的一个模块，所以 Spring MVC 与 Spring 之间不存在框架整合的问题，只要引入相应的 JAR 包就可以直接使用。因此 SSM 框架的整合就只涉及 Spring 与 MyBatis 的框架整合，以及 Spring MVC 与 MyBatis 的框架整合，如图 15.1 所示。

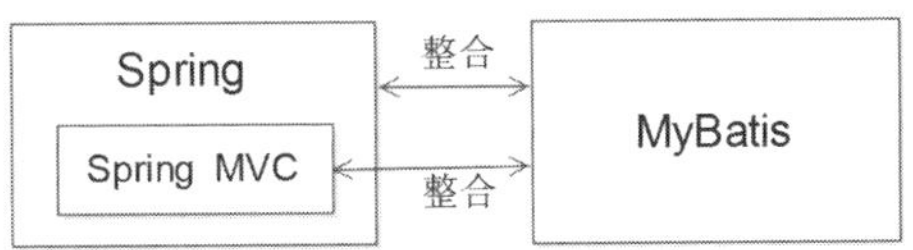

图 15.1　SSM 整合

在讲解 Spring 与 MyBatis 的框架整合时，是通过 Spring 框架实例化 Bean，然后调用实例对象中的查询方法来执行 MyBatis 框架映射文件中的 SQL 语句的，如果能够正确查询出数据库中的数据，那么就可认为 Spring 与 MyBatis 的框架整合成功。同样，在学习完 Spring MVC 框架后，如果可以通过前台页面来执行查询方法，并且查询出的数据能够在页面中正确显示，那么也可以认为 3 大框架的整合成功。

15.1.2　准备所需的JAR包

要实现 SSM 框架的整合，首先要准备这 3 个框架的 JAR 包，以及其他整合所需的 JAR 包。在讲解 Spring 与 MyBatis 的框架整合时，已经介绍了其整合所需要的 JAR 包，这里只需要再加入 Spring MVC 框架的相关 JAR 包即可，具体如下。

（1）spring-web-3.2.18.RELEASE.jar。

（2）spring-webmvc-3.2.18.RELEASE.jar。

因此，SSM 框架整合时所需的全部 JAR 包如图 15.2 所示。

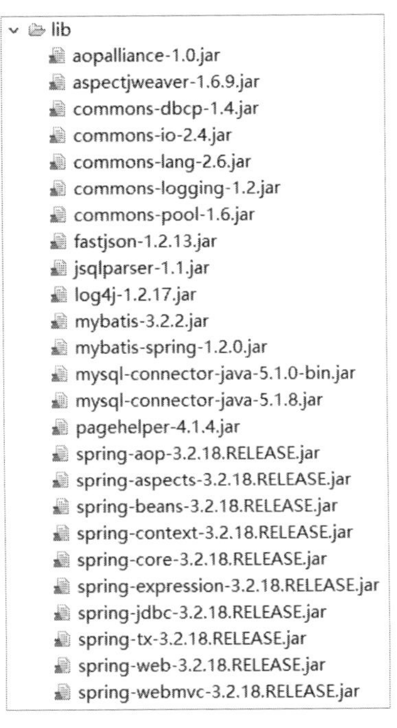

图 15.2　SSM 框架整合 JAR 包

SSM 框架整合时所需的 Spring 与 MyBatis 的框架相关 JAR 包既可以参考前面 Spring 框架与 MyBatis 框架整合介绍的 JAR 包，也可以直接使用本书源码中的 JAR 包。

15.1.3 编写配置文件

（1）在 MyEclipse 中，创建一个名为 Ch15_01 的 Web 项目，将整合所需的 JAR 包添加到项目的 lib 目录中，并发布到类路径下。

（2）在 Ch15_01 项目下，创建一个名为 resources 的源文件夹（Source Folder），在该文件夹中分别创建数据库常量配置文件 database.properties、Spring 关联 MyBatis 的配置文件 applicationContext-mybatis.xml、Spring MVC 框架配置文件 springmvc-servlet.xml，以及 MyBatis 框架的配置文件 mybatis-config.xml。这些配置文件的实现代码见示例 1 和示例 2。

【示例 1】 database.properties

```
driver=com.mysql.jdbc.Driver
url=jdbc:mysql://127.0.0.1:3306/dsscm?useUnicode=true&characterEncoding=utf-8
user=root
password=123456
minIdle=45
maxIdle=50
initialSize=5
maxActive=100
maxWait=100
removeAbandonedTimeout=180
removeAbandoned=true
```

【示例 2】 applicationContext-mybatis.xml

```
<?xml version="1.0" encoding="UTF-8"?>
<beans xmlns="http://www.springframework.org/schema/beans"
        xmlns:xsi="http://www.w3.org/2001/XMLSchema-instance"
        xmlns:aop="http://www.springframework.org/schema/aop"
        xmlns:p="http://www.springframework.org/schema/p"
        xmlns:tx="http://www.springframework.org/schema/tx"
        xmlns:context="http://www.springframework.org/schema/context"
        xsi:schemaLocation="
            http://www.springframework.org/schema/beans
            http://www.springframework.org/schema/beans/spring-beans-3.2.xsd
            http://www.springframework.org/schema/aop
            http://www.springframework.org/schema/aop/spring-aop-3.2.xsd
            http://www.springframework.org/schema/tx
            http://www.springframework.org/schema/tx/spring-tx-3.2.xsd
            http://www.springframework.org/schema/context
            http://www.springframework.org/schema/context/spring-context-3.2.xsd">

<context:component-scan base-package="cn.dsscm.service"/>
<context:component-scan base-package="cn.dsscm.dao"/>

<!-- 读取数据库配置文件 -->
<context:property-placeholder location="classpath:database.properties"/>

<!-- JNDI 获取数据源(使用 DBCP 连接池) -->
<bean id="dataSource" class="org.apache.commons.dbcp.BasicDataSource"
            destroy-method="close" scope="singleton">
        <property name="driverClassName" value="${driver}" />
            <property name="url" value="${url}" />
            <property name="username" value="${user}" />
            <property name="password" value="${password}" />
            <property name="initialSize" value="${initialSize}"/>
            <property name="maxActive" value="${maxActive}"/>
            <property name="maxIdle" value="${maxIdle}"/>
            <property name="minIdle" value="${minIdle}"/>
            <property name="maxWait" value="${maxWait}"/>
            <property name="removeAbandonedTimeout" value="${removeAbandonedTimeout}"/>
            <property name="removeAbandoned" value="${removeAbandoned}"/>
            <!-- sql 心跳 -->
            <property name= "testWhileIdle" value="true"/>
```

```
            <property name= "testOnBorrow" value="false"/>
            <property name= "testOnReturn" value="false"/>
            <property name= "validationQuery" value="select 1"/>
            <property name= "timeBetweenEvictionRunsMillis" value="60000"/>
            <property name= "numTestsPerEvictionRun" value="${maxActive}"/>
</bean>

<!-- 事务管理 -->
    <bean id="transactionManager"
    class="org.springframework.jdbc.datasource.DataSourceTransactionManager">
        <property name="dataSource" ref="dataSource"/>
    </bean>

    <!-- 配置 mybitas SqlSessionFactoryBean-->
<bean id="sqlSessionFactory" class="org.mybatis.spring.SqlSessionFactoryBean">
    <property name="dataSource" ref="dataSource"/>
    <property name="configLocation" value="classpath:mybatis-config.xml"/>
</bean>

<bean class="org.mybatis.spring.mapper.MapperScannerConfigurer">
<property name="basePackage" value="cn.dsscm.dao" />
</bean>

</beans>
```

在示例 2 中，首先定义了读取 database.properties 文件的配置和数据源配置，然后配置了事务管理器并开启了事务注解。下面配置了用于整合 MyBatis 框架的 MyBatis 工厂信息，最后定义 mapper 扫描器来扫描 DAO 层及 Service 层的配置，见示例 3。

提示

在实际开发时，为了避免 Spring 框架配置文件中的信息过于臃肿，通常会将 Spring 框架配置文件中的信息按照功能分散在多个配置文件中。如可以将事务配置放置在名称为 applicationContext-transaction.xml 的文件中，将数据源等信息放置在名称为 applicationContext-db.xml 的文件中等。这样，在 web.xml 中配置加载 Spring 文件信息时，只需通过 application Context-*.xml 的方式即可自动加载全部配置文件。

【示例 3】　mybatis-config.xml

```
<?xml version="1.0" encoding="UTF-8"?>
<!DOCTYPE configuration
PUBLIC "-//mybatis.org//DTD Config 3.0//EN"
"http://mybatis.org/dtd/mybatis-3-config.dtd">
<configuration>
<settings>
<!-- changes from the defaults -->
<setting name="lazyLoadingEnabled" value="false" />
</settings>
<typeAliases>
<!--这里给实体类取别名，可方便在 mapper 配置文件中使用-->
<package name="cn.dsscm.pojo" />
</typeAliases>
</configuration>
```

由于在 Spring 框架中已经配置了数据源信息，以及 Mapper 接口文件扫描器，所以在 MyBatis 的配置文件中只需要根据 POJO 类路径进行别名配置即可。

（3）在 config 文件夹中，创建 Spring MVC 框架的配置文件 springmvc-config.xml，见示例 4。

【示例 4】　springmvc-servlet.xml

```
<?xml version="1.0" encoding="UTF-8"?>
<beans xmlns="http://www.springframework.org/schema/beans"
    xmlns:xsi="http://www.w3.org/2001/XMLSchema-instance"
    xmlns:mvc="http://www.springframework.org/schema/mvc"
    xmlns:p="http://www.springframework.org/schema/p"
    xmlns:context="http://www.springframework.org/schema/context"
```

```
    xsi:schemaLocation="
        http://www.springframework.org/schema/beans
        http://www.springframework.org/schema/beans/spring-beans.xsd
        http://www.springframework.org/schema/context
        http://www.springframework.org/schema/context/spring-context.xsd
        http://www.springframework.org/schema/mvc
        http://www.springframework.org/schema/mvc/spring-mvc.xsd">
    <context:component-scan base-package="cn.dsscm.controller"/>

    <mvc:annotation-driven>
        <mvc:message-converters>
            <bean class="org.springframework.http.converter.StringHttpMessageConverter">
                <property name="supportedMediaTypes">
                    <list>
                        <value>application/json;charset=UTF-8</value>
                    </list>
                </property>
            </bean>
            <bean class="com.alibaba.fastjson.support.spring.FastJsonHttpMessageConverter">
                <property name="supportedMediaTypes">
                    <list>
                        <value>text/html;charset=UTF-8</value>
                        <value>application/json</value>
                    </list>
                </property>
                <property name="features">
                    <list>
                    <!--   Date 的日期转换器 -->
                    <value>WriteDateUseDateFormat</value>
                    </list>
                </property>
            </bean>
        </mvc:message-converters>
    </mvc:annotation-driven>

    <mvc:resources location="/statics/" mapping="/statics/**"></mvc:resources>
    <!-- 配置多视图解析器：允许同样的内容数据呈现不同的 view -->
    <bean class="org.springframework.web.servlet.view.ContentNegotiatingViewResolver">
        <property name="favorParameter" value="true"/>
        <property name="defaultContentType" value="text/html"/>
        <property name="mediaTypes">
            <map>
                <entry key="html" value="text/html;charset=UTF-8"/>
                <entry key="json" value="application/json;charset=UTF-8"/>
                <entry key="xml" value="application/xml;charset=UTF-8"/>
            </map>
        </property>
        <property name="viewResolvers">
            <list>
                <bean
            class="org.springframework.web.servlet.view.InternalResourceViewResolver" >
                    <property name="prefix" value="/WEB-INF/jsp/"/>
                    <property name="suffix" value=".jsp"/>
                </bean>
            </list>
        </property>
    </bean>
</beans>
```

在示例 4 中，主要配置了用于扫描@Controller 注解的包扫描器、注解驱动器和视图解析器。

（4）在 web.xml 中，配置 Spring 框架的文件监听器、编码过滤器及 Spring MVC 框架的前端控制器等信息，见示例 5。

【示例 5】 web.xml

```
<?xml version="1.0" encoding="UTF-8"?>
<web-app xmlns:xsi="http://www.w3.org/2001/XMLSchema-instance"xmlns="http://java.sun.com/
xml/ns/javaee" xmlns:web="http://java.sun.com/xml/ns/javaee/web-app_2_5.xsd"
xsi:schemaLocation="http://java.sun.com/xml/ns/javaee http://java.sun.com/xml/ns/
javaee/web-app_3_0.xsd" version="3.0">
<display-name></display-name>
<welcome-file-list>
<welcome-file>/WEB-INF/jsp/login.jsp</welcome-file>
</welcome-file-list>

<context-param>
<param-name>contextConfigLocation</param-name>
<param-value>classpath:applicationContext-*.xml</param-value>
</context-param>

<filter>
<filter-name>encodingFilter</filter-name>
<filter-class>
          org.springframework.web.filter.CharacterEncodingFilter
    </filter-class>
<init-param>
<param-name>encoding</param-name>
<param-value>UTF-8</param-value>
</init-param>
<init-param>
<param-name>forceEncoding</param-name>
<param-value>true</param-value>
</init-param>
</filter>
<filter-mapping>
<filter-name>encodingFilter</filter-name>
<url-pattern>/*</url-pattern>
</filter-mapping>

<servlet>
<servlet-name>spring</servlet-name>
<servlet-class>org.springframework.web.servlet.DispatcherServlet</servlet-class>
<init-param>
<param-name>contextConfigLocation</param-name>
<param-value>classpath:springmvc-servlet.xml</param-value>
</init-param>
<load-on-startup>1</load-on-startup>
</servlet>
<servlet-mapping>
<servlet-name>spring</servlet-name>
<url-pattern>/</url-pattern>
</servlet-mapping>

<context-param>
  <param-name>log4jConfigLocation</param-name>
  <param-value>classpath:log4j.properties</param-value>
</context-param>

<context-param>
  <param-name>webAppRootKey</param-name>
  <param-value>Ch15_01.root</param-value>
</context-param>

<listener>
  <listener-class>org.springframework.web.context.ContextLoaderListener</listener-class>
</listener>

<listener>
  <listener-class>org.springframework.web.util.Log4jConfigListener</listener-class>
</listener>
</web-app>
```

15.2 应用案例——用户登录系统

前面章节已经完成了 SSM 框架整合环境的搭建工作，即完成了这 3 个框架大部分的整合工作。下面以用户登录系统为例讲解 SSM 框架的整合开发，其具体实现步骤如下。

（1）在 src 目录下，创建一个 cn.dsscm.pojo 包，并在包中创建持久化类 User，见示例 6。

【示例 6】 User.java

```
import java.util.Date;
import org.springframework.format.annotation.DateTimeFormat;

public class User {
    private Integer id; // id
    private String userCode; // 用户编码
    private String userName; // 用户名称
    private String userPassword; // 用户密码
    @DateTimeFormat(pattern = "yyyy-MM-dd")
    private Date birthday; // 出生日期
    private Integer gender; // 性别
    private String phone; // 电话
    private String email; // email
    private String address; // 地址
    private String userDesc; // 简介
    private Integer userRole; // 用户角色
    private Integer createdBy; // 创建者
    private String imgPath; // 证件照路径
    private Date creationDate; // 创建时间
    private Integer modifyBy; // 更新者
    private Date modifyDate; // 更新时间

    private Integer age;// 年龄

    private String userRoleName; // 用户角色名称
    // 省略 getter 方法和 setter 方法
}
```

在示例代码中，编写了一个用于映射数据库表 tb_user 的用户持久化类，在类中分别定义了 id、username、jobs 和 phone 的属性，以及其对应的 getter 方法和 setter 方法。

（2）在 src 目录下，创建一个 cn.dsscm.dao 包，并在包中创建接口文件 UserMapper.java，以及对应的映射文件 UserMapper.xml，见示例 7 和示例 8。

【示例 7】 UserMapper.java

```
public interface UserMapper {
    /**
     * 通过 userCode 获取 User
     * @param userCode
     * @return
     * @throws Exception
     */
    public User getLoginUser(@Param("userCode")String userCode)throws Exception;
}
```

从上述代码可以看出，UserMapper 中只定义了一个根据 userCode 查询用户信息的方法。

【示例 8】 UserMapper.xml

```
<?xml version="1.0" encoding="UTF-8" ?>
<!DOCTYPE mapper
PUBLIC "-//mybatis.org//DTD Mapper 3.0//EN"
"http://mybatis.org/dtd/mybatis-3-mapper.dtd">
<mapper namespace="cn.dsscm.dao.UserMapper">
```

```
    <select id="getLoginUser" resultType="User">
        select * from tb_user u
        <trim prefix="where" prefixOverrides="and | or">
            <if test="userCode != null">
                and u.userCode = #{userCode}
            </if>
        </trim>
    </select>
</mapper>
```

在示例 8 中，根据示例 7 中接口文件的方法编写了对应的执行语句信息。

在讲解整合环境搭建时，已经在配置文件 applicationContext.xml 中使用包扫描的形式加入扫描包 cn.dsscm.dao 中的所有接口及映射文件，所以在这里完成 DAO 层接口及映射文件开发后，就不必再进行映射文件的扫描配置了。

（3）在 src 目录下，创建一个 cn.dsscm.service 包，然后在包中创建接口文件 UserService，并在 UserService 中定义通过 id 查询用户的方法，见示例 9。

【示例 9】　UserService.java

```
public interface UserService {

    /**
     * 用户登录
     * @param userCode
     * @param userPassword
     * @return
     */
    public User login(String userCode,String userPassword) throws Exception;
}
```

（4）在 src 目录下，创建一个 cn.dsscm.service 包，并在包中创建 UserService 接口的实现类 UserServiceImpl，见示例 10。

【示例 10】　UserServiceImpl.java

```
@Service
public class UserServiceImpl implements UserService {

    @Resource
    private UserMapper userMapper;

    @Override
    public User login(String userCode, String userPassword) throws Exception {
        User user = null;
        user = userMapper.getLoginUser(userCode);
        //匹配密码
        if(null != user){
            if(!user.getUserPassword().equals(userPassword))
                user = null;
        }
        return user;
    }
}
```

在上述示例中，使用@Service 注解来标识业务层的实现类，并使用@Transactional 注解来标识类中的所有方法都纳入 Spring 的事务管理，以及使用@Resource 注解将 UserDao 接口对象注入到本类中，然后在本类的查询方法中调用 UserDao 对象的查询用户方法。在上述代码中，@Transactional 注解主要是针对数据的增加、修改、删除的操作进行事务管理，上述示例中的查询方法并不需要使用该注解，此处的作用就是告知该注解在实际开发中应该如何使用。

（5）在 src 目录下，创建一个 cn.dsscm.controller 包，并在包中创建用于处理页面请求的控制器类 LoginController，显示登录页面方法 login()，处理登录操作方法 doLogin()，见示例 11。

【示例 11】 LoginController.java

```
@Controller
public class LoginController {
    private Logger logger = Logger.getLogger(LoginController.class);
    @Resource
    private UserService userService;

    @RequestMapping(value = "/login.html")
    public String login() {
        logger.debug("LoginController welcome 百货中心供应链管理系统================");
        return "login";
    }

    @RequestMapping(value = "/dologin.html", method = RequestMethod.POST)
    public String doLogin(@RequestParam String userCode,
            @RequestParam String userPassword, HttpServletRequest request,
            HttpSession session) throws Exception {
        logger.debug("doLogin====================================");
        // 调用 service 方法，进行用户匹配
        User user = userService.login(userCode, userPassword);
        if (null != user) {// 登录成功
            // 放入 session
            session.setAttribute(Constants.USER_SESSION, user);
            // 页面跳转（frame.jsp）
            return "redirect:/sys/main.html";
        } else {
            // 页面跳转（login.jsp）带出提示信息--转发
            request.setAttribute("error", "用户名或密码不正确");
            return "login";
        }
    }
    @RequestMapping(value = "/sys/main.html")
    public String main() {
        return "index";
    }
}
```

在上述示例中，先使用 Spring 的注解@Controller 来标识控制器类，然后通过@Resource 注解将 UserService 接口对象注入到本类中，最后编写一个根据 userCode、userPassword 查询用户详情的方法 login()，该方法可将获取的用户详情返回到视图名为 User 的 jsp 页面中。

（6）在 WEB-INF 目录下，创建一个 jsp 文件夹，并在该文件夹下创建一个用于展示用户详情的页面文件 login.jsp，如示例 12。

【示例 12】 login.jsp

```
<div id="container">
<div id="bd">
    <div id="main">
        <form action="${pageContext.request.contextPath }/dologin.html" method="post">
        <div class="login-box">
    <div id="logo"></div>
    <h1></h1>
    <div class="input username" id="username">
    <label for="userCode">用户名</label>
    <span></span>
    <input type="text" id="userCode" name="userCode" required/>
    </div>
    <div class="input psw" id="userPassword">
    <label for="password">密    码</label>
    <span></span>
    <input type="password" id="userPassword" name="userPassword" required/>
    </div>
```

```
        <div id="btn" class="loginButton">
        <input type="submit" class="button" value="登录"  />
        </div>
        </div>
    </form>
    </div>
    <div id="ft">Copyright &copy; 2020. 百货中心供应链管理系统.</div>
    </div>
    </div>
```

在上述示例中，编写了一个用于展示填写用户登录信息的表单，表单将值传给后台控制层处理。

（7）将项目发布到 Tomcat 服务器并启动，在浏览器中输入 http://127.0.0.1:8080/Ch15_01/，其显示效果如图 15.3 所示。输入正确的用户名和密码，网页就直接跳转到系统首页，如图 15.4 所示，浏览器已经成功登录，说明 SSM 框架整合成功。

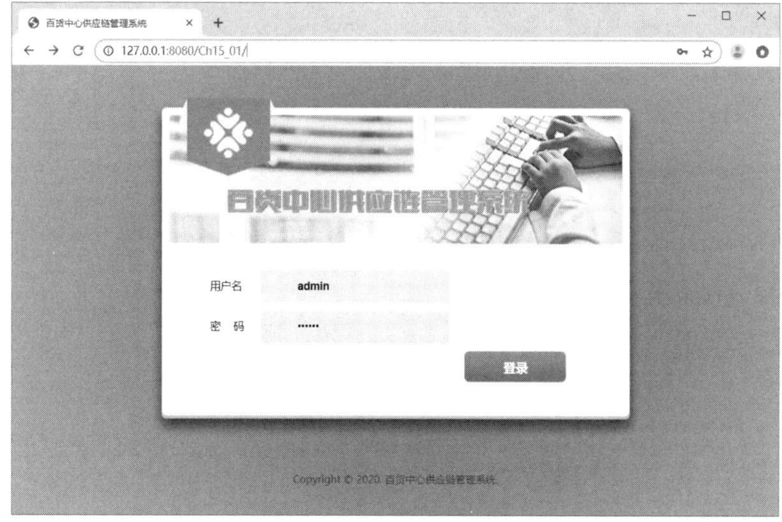

图 15.3　登录页面显示

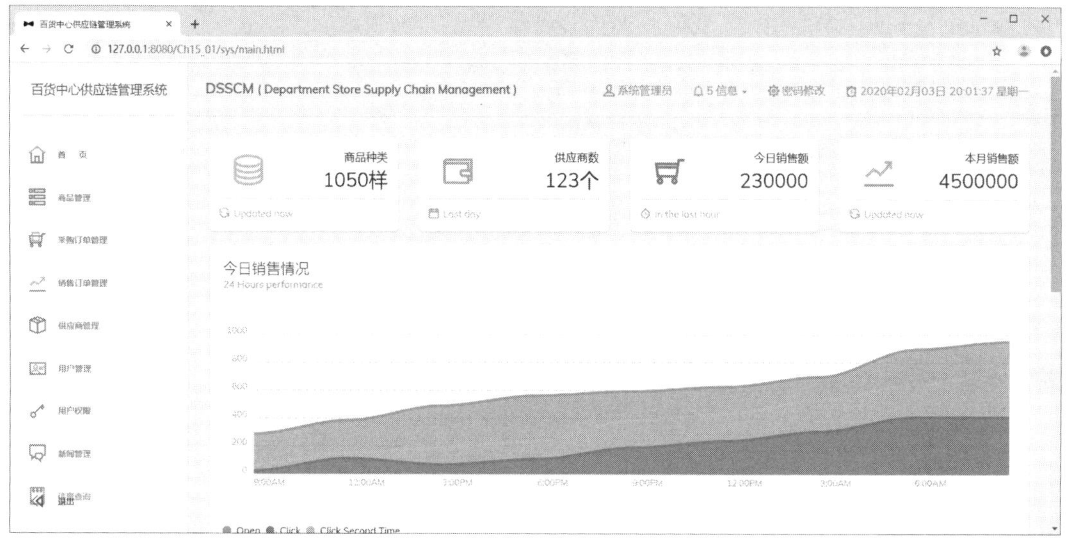

图 15.4　首页页面显示

15.3 应用案例——实现用户管理模块的“增删改查”操作

前面章节已经完成了 SSM 框架整合环境的搭建工作，现在以用户模块为例，使用 SSM 框架实现用户模块功能。

15.3.1 查询用户信息列表

下面通过查询用户信息列表来说明其具体实现，其步骤如下。

（1）在 src 目录下的 cn.dsscm.dao 包中，修改接口文件 UserMapper.java 及对应的映射文件 UserMapper.xml，为其添加查询功能，见示例 13 和示例 14。

【示例 13】 UserMapper.java

```
    /**
     * 通过条件查询-userList
     * @param userName
     * @param userRole
     * @return
     * @throws Exception
     */
    public List<User> getUserList(@Param("userName")String userName,@Param("userRole")
Integer userRole )throws Exception;
```

从上述代码可以看出，UserMapper 中添加根据条件查询用户信息的方法。

【示例 14】 UserMapper.xml

```
    <resultMap type="User" id="userList">
        <result property="id" column="id" />
        <result property="userCode" column="userCode" />
        <result property="userName" column="userName" />
        <result property="phone" column="phone" />
        <result property="birthday" column="birthday" />
        <result property="gender" column="gender" />
        <result property="userRole" column="userRole" />
        <result property="userRoleName" column="roleName" />
    </resultMap>

    <select id="getUserList" resultMap="userList">
        select u.*,r.roleName from tb_user u,tb_role r
         where u.userRole = r.id
        <if test="userRole != null and userRole>0">
            and u.userRole = #{userRole}
        </if>
        <if test="userName != null and userName != ''">
            and u.userName like CONCAT ('%',#{userName},'%')
        </if>
        order by creationDate DESC
    </select>
```

（2）创建一个 cn.dsscm.service 包，然后在包中创建接口文件 UserService，并在 UserService 中定义根据条件查询用户的方法，见示例 15。

【示例 15】 UserService.java

```
    /**
     * 根据条件查询用户列表
     * @param queryUserName
     * @param queryUserRole
     * @return
     */
    public PageInfo<User> getUserList(String queryUserName,Integer queryUserRole,
        Integer currentPageNo, Integer pageSize) throws Exception;
```

从上述代码可以看出，修改实现类 UserServiceImpl，见示例 16。

【示例 16】 UserServiceImpl.java

```
@Override
public PageInfo<User> getUserList(String queryUserName, Integer queryUserRole,
        Integer currentPageNo, Integer pageSize) throws Exception {
    //开启分页
    PageHelper.startPage(currentPageNo,pageSize);
    List<User> list = userMapper.getUserList(queryUserName, queryUserRole);
    PageInfo<User> pi = new PageInfo<User>(list);
    return pi;
}
```

（3）在 src 目录下，创建一个 cn.dsscm.controller 包，并在包中创建用于处理页面请求的控制器类 UserController，添加条件查询操作方法 doLogin()，见示例 17。

【示例 17】 UserController.java

```
@RequestMapping(value = "/list.html")
public String getUserList(
        Model model,
        @RequestParam(value = "queryname", required = false) String queryUserName,
        @RequestParam(value = "queryUserRole", required = false) Integer queryUserRole,
        @RequestParam(value = "pageIndex", required = false) Integer pageIndex) {
    PageInfo<User> upi = null;
    List<Role> roleList = null;
    // 设置页面容量
    int pageSize = Constants.pageSize;
    // 页码为空，默认第 1 页
    if (null == pageIndex) {
        pageIndex = 1;
    }
    if (queryUserName == null) {
        queryUserName = "";
    }
    try {
        upi = userService.getUserList(queryUserName, queryUserRole,
                pageIndex, pageSize);
        roleList = roleService.getRoleList();
    } catch (Exception e) {
        e.printStackTrace();
    }
    model.addAttribute("pi", upi);
    model.addAttribute("roleList", roleList);
    model.addAttribute("queryUserName", queryUserName);
    model.addAttribute("queryUserRole", queryUserRole);
    return "userlist";
}
```

（4）在 WEB-INF/jsp 目录下，该文件夹创建一个用于展示用户信息列表的页面文件 userlist.jsp，见示例 18。

【示例 18】 userlist.jsp

```
<form method="post" action="${pageContext.request.contextPath }/sys/user/list.html">
    <label>用户名</label>
    <input type="text" name="queryname" value="${queryUserName }">
    <label>用户权限</label>
    <select name="queryUserRole">
        <option value="0">- - - 请选择 - - -</option>
        <c:forEach var="role" items="${roleList}">
        <option <c:if test="${role.id == queryUserRole }">
            selected="selected"</c:if> value="${role.id}">
            ${role.roleName}</option>
        </c:forEach>
    </select>
```

```
        <button type="submit">搜索</button>
        <a href="${pageContext.request.contextPath}/sys/user/add.html">添加用户</a>
    </form>
    <table>
        <thead>
            <th>用户编码</th><th>用户名称</th><th>性别</th><th>年龄</th>
            <th>电话</th><th>用户角色</th><th>操作</th>
        </thead>
        <tbody>
            <c:forEach var="user" items="${pi.list}" varStatus="status">
                <tr>
                    <td><span>${user.userCode }</span></td>
                    <td><span>${user.userName }</span></td>
                    <td><span><c:if test="${user.gender==2}">男</c:if>
                        <c:if test="${user.gender==1}">女</c:if></span></td>
                    <td><span><c:if test="${null != user.age}">
                            ${user.age}</c:if></span></td>
                    <td><span>${user.phone}</span></td>
                    <td><span>${user.userRoleName}</span></td>
                    <td><span><a class="viewUser btn btn-info btn-xs"
                            href="javascript:;" userid=${user.id}
                            username=${user.userName} >查看</a>
                        </span>   <span><a
                            class="modifyUser btn btn-warning btn-xs"
                            href="javascript:;" userid=${user.id}
                            username=${user.userName }>编辑</a>
                        </span>   <span><a
                            class="deleteUser btn btn-success btn-xs"
                            href="javascript:;" userid=${user.id}
                            username=${user.userName}>删除</a>
                    </span></td>
                </tr>
            </c:forEach>
        </tbody>
    </table>
```

（5）将项目发布到 Tomcat 服务器并启动，在浏览器中输入 http://127.0.0.1:8080/Ch15_01/，登录成功后选择“用户管理”超链接，其显示全部用户列表效果如图 15.5 所示。

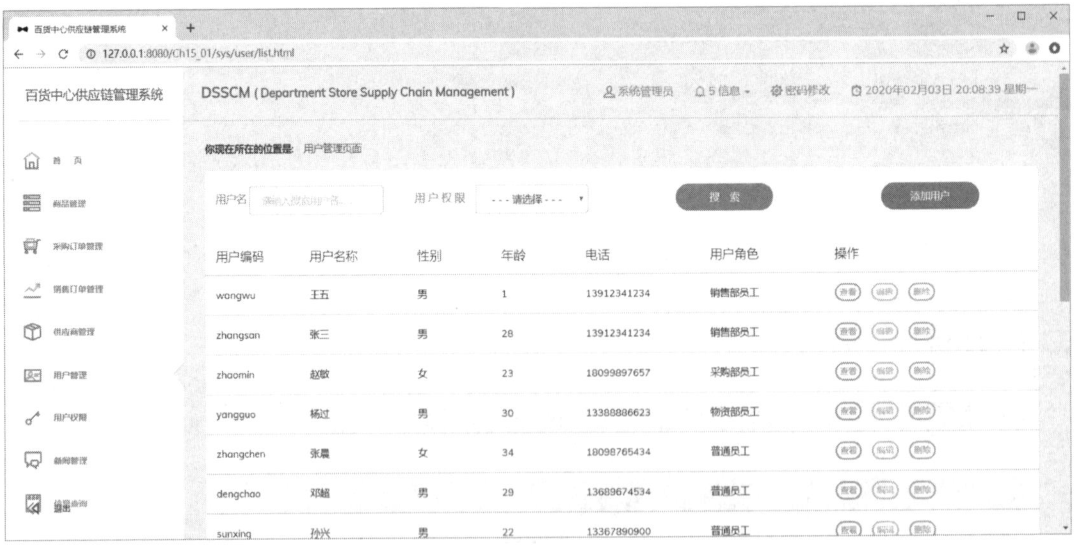

图 15.5 查询全部用户信息

在搜索框输入用户名和查询用户权限，单击“搜索”按钮查询结果如图 15.6 所示。

图 15.6　根据用户名、用户权限查询用户信息

可以看出，浏览器已经成功显示出对应的内容，这也说明查询用户信息列表的功能设置成功。

15.3.2　添加用户

下面通过添加用户信息来说明其具体实现，具体步骤如下。

（1）在 src 目录下的 cn.dsscm.dao 包中，修改接口文件 UserMapper.java 及对应的映射文件 UserMapper.xml，为其添加修改用户信息的功能，见示例 19。

【示例 19】　UserMapper.java

```
/**
 * 增加用户信息
 * @param user
 * @return
 * @throws Exception
 */
public int add(User user)throws Exception;
```

从上述代码可以看出，UserMapper 中添加了根据条件查询用户信息的方法，见示例 20。

【示例 20】　UserMapper.xml

```
<insert id="add" parameterType="User">
    insert into tb_user
    (userCode,userName,userPassword,gender,birthday,phone,email,
    address,userDesc,userRole,createdBy,creationDate,imgPath)
    values
    (#{userCode},#{userName},#{userPassword},#{gender},#{birthday},#{phone},#{email},
    #{address},#{userDesc},#{userRole},#{createdBy},#{creationDate},#{imgPath})
</insert>
```

（2）创建一个 cn.dsscm.service 包，然后在包中创建接口文件 UserService，并在 UserService 中定义根据条件增加用户的方法，见示例 21。

【示例 21】　UserService.java

```
/**
 * 增加用户信息
 * @param user
```

```
 * @return
 */
public boolean add(User user) throws Exception;
```

从上述代码可以看出，修改实现类 UserServiceImpl，见示例 22。

【示例 22】 UserServiceImpl.java

```
@Override
public boolean add(User user) throws Exception {
    // TODO Auto-generated method stub
    boolean flag = false;
    if(userMapper.add(user) > 0)
        flag = true;
    return flag;
}
```

（3）在 src 目录下，创建一个 cn.dsscm.controller 包，并在包中创建用于处理页面请求的控制器类 UserController，显示添加用户页面方法 addUser()、处理添加用户方法 addUserSave()，见示例 23。

【示例 23】 UserController.java

```
@RequestMapping(value = "/add.html", method = RequestMethod.GET)
public String addUser(Model model) {
    List<Role> roleList = null;
    try {
        roleList = roleService.getRoleList();
    } catch (Exception e) {
        e.printStackTrace();
    }
    model.addAttribute("roleList", roleList);
    return "useradd";
}

@RequestMapping(value = "/addsave.html", method = RequestMethod.POST)
public String addUserSave(User user,
        HttpSession session,
        HttpServletRequest request) {
    System.out.println("--------------进入添加用户方法---------");
    user.setCreatedBy(((User) session
                .getAttribute(Constants.USER_SESSION)).getId());
        user.setCreationDate(new Date());

        System.out.println(user);
        try {
            if (userService.add(user)) {
                return "redirect:/sys/user/list.html";
            }
        } catch (Exception e) {
            e.printStackTrace();
        }

    return "useradd";
}
```

（4）在 WEB-INF/jsp 目录下，在该文件夹下创建一个用于展示用户信息列表的页面文件 useradd.jsp，见示例 24。

【示例 24】 useradd.jsp

```
<form id="userForm" name="userForm" method="post"
    action="${pageContext.request.contextPath }/sys/user/addsave.html">
    <label>用户名</label>
    <input type="text" name="userName"><font color="red"></font>
```

```
    <label>用户编码</label>
    <input type="text" name="userCode"><font color="red"></font>
    <label>性别</label>
    <select name="gender" id="gender">
        <option value="">- - - 请选择 - - -</option>
        <option value="2">男</option>
        <option value="1">女</option>
    </select>
    <label>邮箱地址</label>
    <input type="email" name="email" id="email">
    <label>手机号码</label>
    <input name="phone" id="phone"><font color="red"></font>
    <label>用户密码</label>
    <input name="userPassword" id="userPassword"><font color="red"></font>
    <label>确认密码</label>
    <input name="ruserPassword" id="ruserPassword"><font color="red"></font>
    <label>地址</label>
    <input name="address" id="address">
    <label>出生日期</label>
    <input type="date" id="birthday" name="birthday"><font color="red"></font>
    <label>用户角色</label>
    <select name="userRole" id="userRole">
        <option value="">请选择</option>
        <c:forEach items="${roleList}" var="role">
            <option value="${role.id}">${role.roleName}</option>
        </c:forEach>
    </select><font color="red"></font>
    <button id="submit">新增用户</button>
    <button id="back">返回</button>
</form>
```

（5）将项目发布到 Tomcat 服务器并启动，在浏览器中输入 http://127.0.0.1:8080/Ch15_01/，登录成功后选择“用户管理”超链接，然后选择“添加用户”链接，如图 15.7 所示。

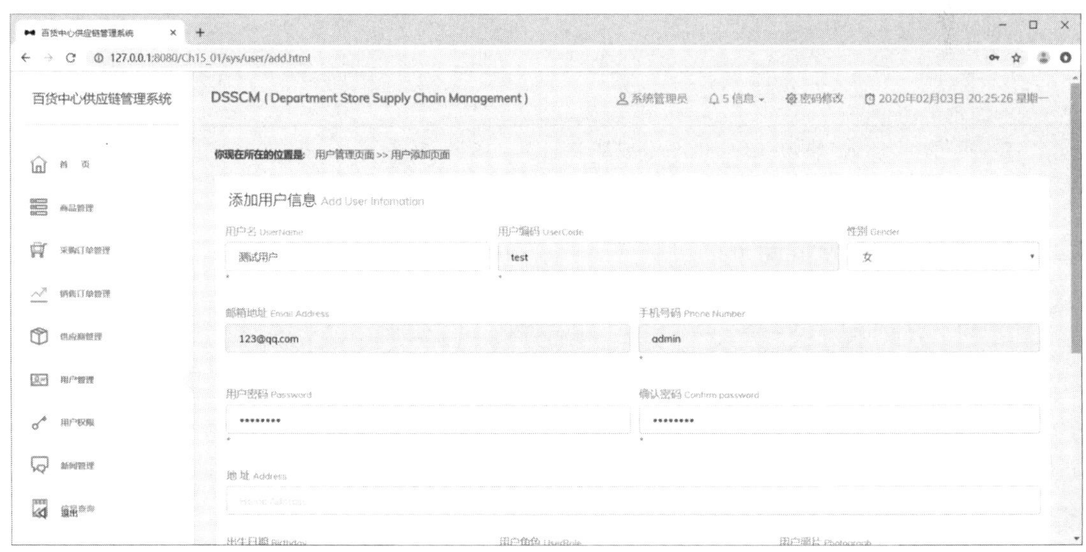

图 15.7　显示添加用户信息页面

在对应信息框输入相关信息，单击“新增用户”按钮查询结果，添加成功后将跳转到用户列表页面，如图 15.8 所示。

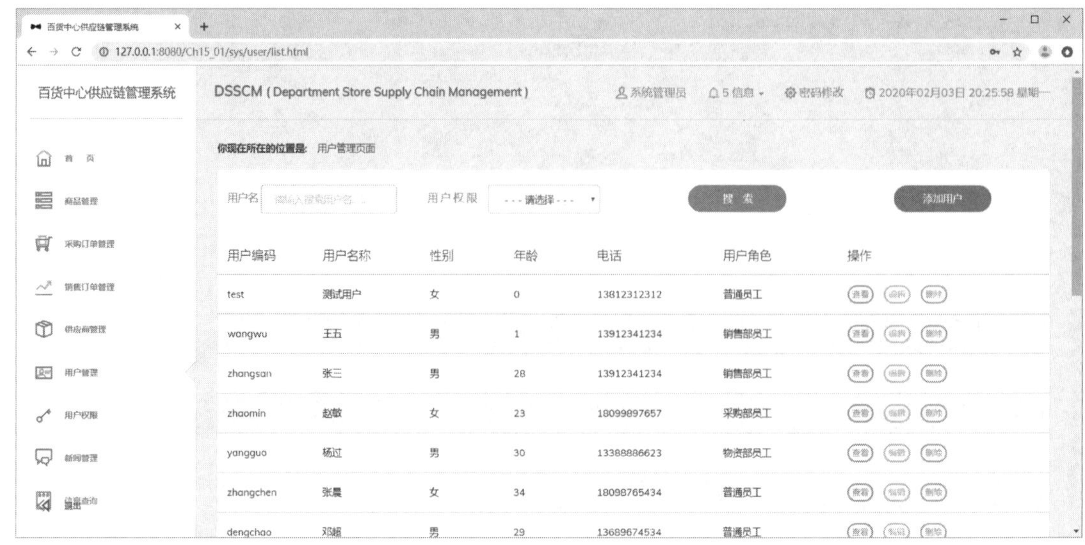

图 15.8 显示添加成功后用户列表页面

可以看出，浏览器已经成功显示出对应的内容，说明添加用户信息的功能设置成功了。

15.3.3 查看用户信息

下面通过根据 id 查看用户信息来说明其具体实现，其具体步骤如下。

（1）在 src 目录下的 cn.dsscm.dao 包中，修改接口文件 UserMapper.java 及对应的映射文件 UserMapper.xml，为其添加查询功能，见示例 25 和示例 26。

【示例 25】 UserMapper.java

```
/**
 * 通过 userid 获取 user
 * @param id
 * @return
 * @throws Exception
 */
public User getUserById(@Param("id")Integer id)throws Exception;
```

从上述代码可以看出，UserMapper 中添加根据条件查询用户信息的方法。

【示例 26】 UserMapper.xml

```
<select id="getUserById" resultType="user">
    select u.*,r.roleName as
    userRoleName from tb_user u,tb_role r
    where u.id=#{id} and u.userRole = r.id
</select>
```

（2）创建一个 cn.dsscm.service 包，然后在包中创建接口文件 UserService，并在 UserService 中定义根据条件查询用户的方法，见示例 27。

【示例 27】 UserService.java

```
/**
 * 根据 id 查找 user
 * @param id
 * @return
 */
public User getUserById(Integer id) throws Exception;
```

从上述代码可以看出，修改实现类 UserServiceImpl，见示例 28。

【示例 28】　UserServiceImpl.java

```
@Override
public User getUserById(Integer id) throws Exception {
    return userMapper.getUserById(id);
}
```

（3）在 src 目录下，创建一个 cn.dsscm.controller 包，并在包中创建用于处理页面请求的控制器类 UserController，添加根据 id 查询用户信息处理方法 view()，见示例 29。

【示例 29】　UserController.java

```
@RequestMapping(value = "/view/{id}", method = RequestMethod.GET)
public String view(@PathVariable String id, Model model,
        HttpServletRequest request) {
    logger.debug("view id===================== " + id);
    User user = new User();
    try {
        user = userService.getUserById(Integer.parseInt(id));
        if (user.getImgPath() != null && !"".equals(user.getImgPath())) {
            String[] paths = user.getImgPath().split("\\" + File.separator);
            logger.debug("view picPath paths[paths.length-1]============ "
                    + paths[paths.length - 1]);
            user.setImgPath(request.getContextPath()
                    + "/statics/uploadfiles/" + paths[paths.length - 1]);
        }
    } catch (NumberFormatException e) {
        e.printStackTrace();
    } catch (Exception e) {
        e.printStackTrace();
    }
    model.addAttribute(user);
    return "userview";
}
```

（4）在 WebRoot/statics 目录下，在修改用户信息列表的 js 文件 userlist.js，为“查看”按钮绑定 click 事件，见示例 30。

【示例 30】　userlist.js

```
$(".viewUser").on("click",function(){
    //将被绑定的元素（a）转换成 jquery 对象，可以使用 jquery 方法
    var obj = $(this);
    window.location.href=path+"/sys/user/view/"+ obj.attr("userid");
});
```

在 WEB-INF/jsp 目录下，在该文件夹下创建一个用于展示用户信息列表的页面文件 userview.jsp，见示例 31。

【示例 31】　userview.jsp

```
<div class="card">
    <div class="header">
        <h4 class="title">用户信息</h4>
    </div>
    <div class="content">
        <strong>用户编号：</strong><span>${user.userCode }</span>
        <strong>用户名称：</strong><span>${user.userName }</span>
        <strong>用户性别：</strong><span>
            <c:if test="${user.gender == 2 }">男</c:if>
            <c:if test="${user.gender == 1 }">女</c:if></span>
        <strong>出生日期：</strong><span>
            <fmt:formatDate value="${user.birthday }" pattern="yyyy-MM-dd" /></span>
        <strong>用户电话：</strong><span>${user.phone }</span>
        <strong>用户邮箱：</strong><span>${user.email}</span>
        <strong>用户地址：</strong><span>${user.address }</span>
```

```
        <strong>用户角色：</strong><span>${user.userRoleName}</span>
        <strong>用户简介：</strong><span>${user.userDesc}</span>
        <input type="button" id="back" name="back" value="返回">
    </div>
</div>
```

（5）将项目发布到 Tomcat 服务器并启动，在浏览器中输入 http://127.0.0.1:8080/Ch15_01/，登录成功后选择“用户管理”超链接，在显示全部用户列表中单击任一条记录的“查看”按钮，效果如图 15.9 所示。

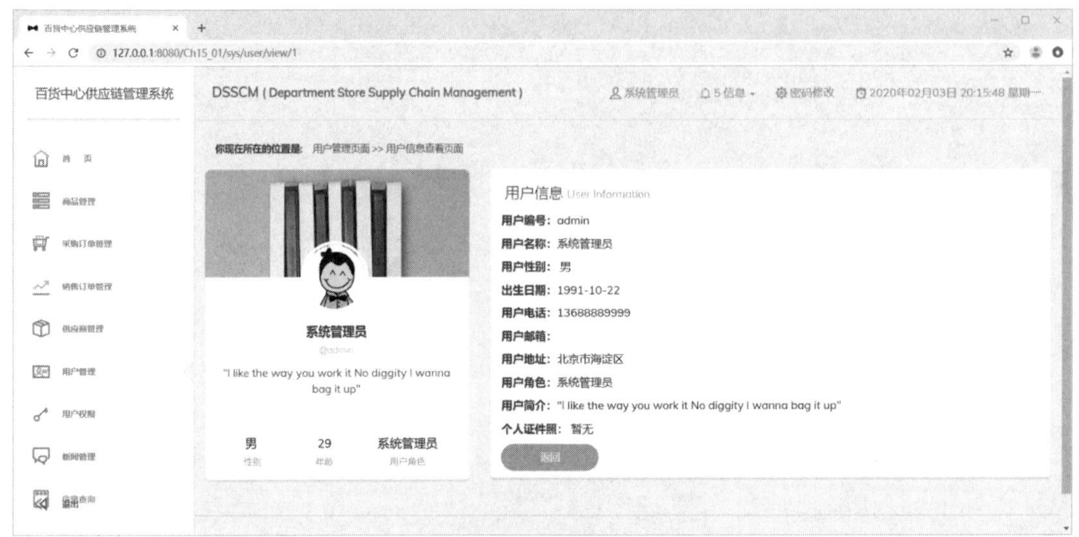

图 15.9 根据 id 查看用户信息页面

可以看出，浏览器已经成功显示出对应的内容，说明根据 id 查询用户信息的功能设置成功了。

15.3.4 修改用户

下面通过修改用户信息来说明其具体实现，其具体步骤如下。

（1）在 src 目录下的 cn.dsscm.dao 包中，修改接口文件 UserMapper.java 及对应的映射文件 UserMapper.xml，为其添加修改用户信息的功能，见示例 32 和示例 33。

【示例 32】 UserMapper.java

```
/**
 * 修改用户信息
 * @param user
 * @return
 * @throws Exception
 */
public int modify(User user)throws Exception;
```

从上述代码可以看出，UserMapper 中添加根据条件查询用户信息的方法。

【示例 33】 UserMapper.xml

```
<update id="modify" parameterType="User">
    update tb_user
    <trim prefix="set" suffixOverrides="," suffix="where id = #{id}">
        <if test="userCode != null">userCode=#{userCode},</if>
        <if test="userName != null">userName=#{userName},</if>
        <if test="userPassword != null">userPassword=#{userPassword},</if>
        <if test="gender != null">gender=#{gender},</if>
        <if test="birthday != null">birthday=#{birthday},</if>
```

```
            <if test="phone != null">phone=#{phone},</if>
            <if test="email != null">email=#{email},</if>
            <if test="address != null">address=#{address},</if>
            <if test="userDesc != null">userDesc=#{userDesc},</if>
            <if test="userRole != null">userRole=#{userRole},</if>
            <if test="modifyBy != null">modifyBy=#{modifyBy},</if>
            <if test="modifyDate != null">modifyDate=#{modifyDate},</if>
            <if test="imgPath != null">imgPath=#{imgPath},</if>
        </trim>
    </update>
```

（2）创建一个 cn.dsscm.service 包，然后在包中创建接口文件 UserService，并在 UserService 中定义根据条件查询用户的方法，见示例 34。

【示例 34】　UserService.java

```
    /**
     * 修改用户信息
     * @param user
     * @return
     */
    public boolean modify(User user) throws Exception;
```

从上述代码可以看出，修改实现类 UserServiceImpl，见示例 35。

【示例 35】　UserServiceImpl.java

```
    @Override
    public boolean modify(User user) throws Exception {
        boolean flag = false;
        if(userMapper.modify(user) > 0)
            flag = true;
        return flag;
    }
```

（3）在 src 目录下，创建一个 cn.dsscm.controller 包，并在包中创建用于处理页面请求的控制器类 UserController，添加条件查询操作方法 doLogin()，见示例 36。

【示例 36】　UserController.java

```
    @RequestMapping(value = "/modify/{id}", method = RequestMethod.GET)
    public String getUserById(@PathVariable String id, Model model,
            HttpServletRequest request) {
        User user = new User();
        try {
            user = userService.getUserById(Integer.parseInt(id));
        } catch (Exception e) {
            e.printStackTrace();
        }
        model.addAttribute(user);
        return "usermodify";
    }

    @RequestMapping(value = "/modifysave.html", method = RequestMethod.POST)
    public String modifyUserSave(User user,HttpSession session,HttpServletRequest
request ) {
        System.out.println(user);
        logger.debug("modifyUserSave id===================== " + user.getId());
            user.setModifyBy(((User) session
                    .getAttribute(Constants.USER_SESSION)).getId());
            user.setModifyDate(new Date());
            try {
                if (userService.modify(user)) {
                    return "redirect:/sys/user/list.html";
                }
            } catch (Exception e) {
                e.printStackTrace();
            }
```

```
    return "usermodify";
}
```

（4）在 WebRoot/statics 目录下，修改用户信息列表的 js 文件 userlist.js，并为“修改”按钮绑定 click 事件，见示例 37。

【示例 37】 userlist.js

```
$(".modifyUser").on("click",function(){
    var obj = $(this);
    window.location.href=path+"/sys/user/modify/"+ obj.attr("userid");
});
```

在 WEB-INF/jsp 目录下，并在该文件夹下创建一个用于展示用户信息列表的页面文件 usermodify.jsp，见示例 38。

【示例 38】 usermodify.jsp

```
<form id="userForm" name="userForm" method="post"
    action="${pageContext.request.contextPath }/sys/user/addsave.html">
    <input type="hidden" name="id" value="${user.id }"/>
    <label>用户名</label>
    <input type="text" name="userName"><font color="red"></font>
    <label>用户编码</label>
    <input type="text" name="userCode"><font color="red"></font>
    <label>性别</label>
    <select name="gender" id="gender">
        <option value="">- - - 请选择 - - -</option>
        <option value="2">男</option>
        <option value="1">女</option>
    </select>
    <label>邮箱地址</label>
    <input type="email" name="email" id="email">
    <label>手机号码</label>
    <input name="phone" id="phone"><font color="red"></font>
    <label>用户密码</label>
    <input name="userPassword" id="userPassword"><font color="red"></font>
    <label>确认密码</label>
    <input name="ruserPassword" id="ruserPassword"><font color="red"></font>
    <label>地址</label>
    <input name="address" id="address">
    <label>出生日期</label>
    <input type="date" id="birthday" name="birthday"><font color="red"></font>
    <label>用户角色</label>
    <select name="userRole" id="userRole">
        <option value="">请选择</option>
        <c:forEach items="${roleList}" var="role">
            <option value="${role.id}">${role.roleName}</option>
        </c:forEach>
    </select><font color="red"></font>
    <button id="submit">修 改 用 户</button>
    <button id="back">返回</button>
</form>
```

（5）将项目发布到 Tomcat 服务器并启动，在浏览器中输入 http://127.0.0.1:8080/Ch15_01/，登录成功后选择“用户管理”超链接，在显示全部用户列表中单击任一条记录的“修改”按钮，效果如图 15.10 所示。

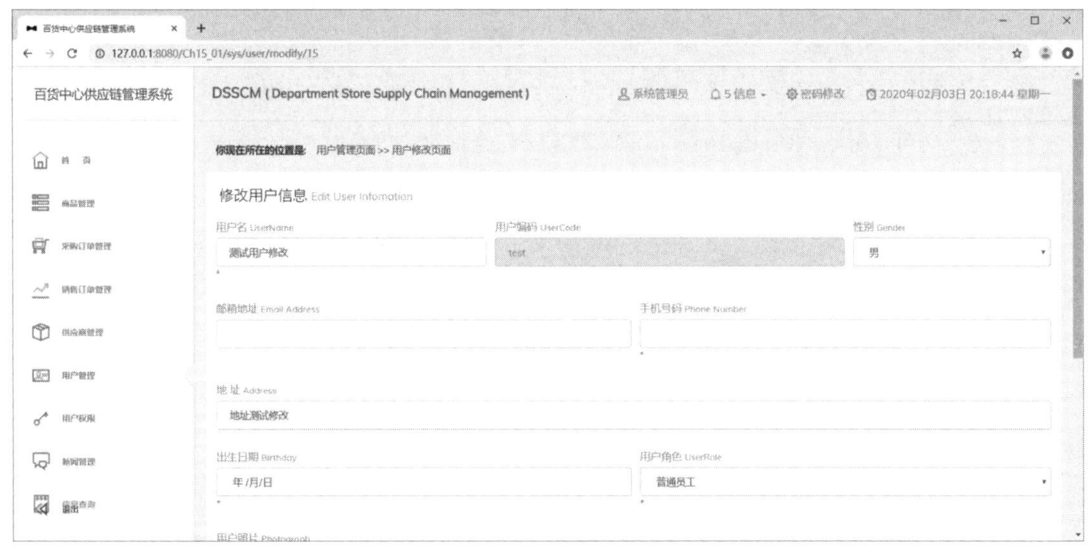

图 15.10　根据 id 显示修改用户信息的页面

在对应信息框输入相关信息，单击“修改用户”按钮查询结果，添加成功后跳转到用户列表页面，如图 15.11 所示。

用户编码	用户名称	性别	年龄	电话	用户角色	操作
test	测试用户修改	女	0	13812312312	普通员工	查看 编辑 删除
wangwu	王五	男	1	13912341234	销售部员工	查看 编辑 删除
zhangsan	张三	男	28	13912341234	销售部员工	查看 编辑 删除
zhaomin	赵敏	女	23	18099897657	采购部员工	查看 编辑 删除
yangguo	杨过	男	30	13388886623	物资部员工	查看 编辑 删除
zhangchen	张晨	女	34	18098765434	普通员工	查看 编辑 删除
dengchao	邓超	男	29	13689674534	普通员工	查看 编辑 删除

图 15.11　编辑部分信息后修改成功显示用户列表页面

可以看出，浏览器已经成功显示出对应的内容，说明修改用户信息列表的功能设置成功。

15.3.5　删除用户

下面通过删除用户信息来说明其具体实现，其具体步骤如下。

（1）在 src 目录下的 cn.dsscm.dao 包中，修改接口文件 UserMapper.java 及对应的映射文件 UserMapper.xml，为其添加查询功能，见示例 39 和示例 40。

【示例 39】　UserMapper.java

```
/**
 * 通过userid 删除 user
 * @param delId
```

```
 * @return
 * @throws Exception
 */
public int deleteUserById(@Param("id")Integer delId)throws Exception;
```

从上述代码可以看出，UserMapper 中添加根据条件查询用户信息的方法。

【示例 40】 UserMapper.xml

```
<delete id="deleteUserById" parameterType="Integer">
    delete from tb_user
    where id=#{id}
</delete>
```

（2）创建一个 cn.dsscm.service 包，然后在包中创建接口文件 UserService，并在 UserService 中定义根据条件查询用户的方法，见示例 41。

【示例 41】 UserService.java

```
/**
 * 根据 id 删除 user
 * @param delId
 * @return
 */
public boolean deleteUserById(Integer delId) throws Exception;
```

从上述代码可以看出，修改实现类 UserServiceImpl，见示例 42。

【示例 42】 UserServiceImpl.java

```
@Override
public boolean deleteUserById(Integer delId) throws Exception {
    return userMapper.deleteUserById(delId) ==1;
}
```

（3）在 src 目录下，创建一个 cn.dsscm.controller 包，并在包中创建用于处理页面请求的控制器类 UserController，添加条件查询操作方法 doLogin()，见示例 43。

【示例 43】 UserController.java

```
@RequestMapping(value = "/deluser.json", method = RequestMethod.GET)
@ResponseBody
public Object deluser(@RequestParam String id) {
    HashMap<String, String> resultMap = new HashMap<String, String>();
    if (StringUtils.isNullOrEmpty(id)) {
        resultMap.put("delResult", "notexist");
    } else {
        try {
            if (userService.deleteUserById(Integer.parseInt(id)))
                resultMap.put("delResult", "true");
            else
                resultMap.put("delResult", "false");
        } catch (NumberFormatException e) {
            e.printStackTrace();
        } catch (Exception e) {
            e.printStackTrace();
        }
    }
    return JSONArray.toJSONString(resultMap);
}
```

（4）在 WebRoot/statics 目录下，修改用户信息列表的 js 文件 userlist.js，并为“删除”按钮绑定 click 事件，见示例 44。

【示例 44】 userlist.js

```
    $(".deleteUser").on("click",function(){
        userObj = $(this);
```

```
            var del = confirm("你确定要删除用户【"+userObj.attr("username")+"】吗？");
            if (del)  {
                deleteUser(userObj);
            } else {
                alert("你取消删除！");
            }
        });

    //用户管理页面上单击删除按钮弹出删除框(userlist.jsp)
    function deleteUser(obj){
        $.ajax({
            type:"GET",
            url:path+"/sys/user/deluser.json",
            data:{id:obj.attr("userid")},
            dataType:"json",
            success:function(data){
                if(data.delResult == "true"){//删除成功：移除删除行
                    obj.parents("tr").remove();
                }else if(data.delResult == "false"){//删除失败
                    alert("对不起，删除用户【"+obj.attr("username")+"】失败");
                }else if(data.delResult == "notexist"){
                    alert("对不起，用户【"+obj.attr("username")+"】不存在");
                }
            },
            error:function(data){
                alert("对不起，删除失败");
            }
        });
    }
```

（5）将项目发布到 Tomcat 服务器并启动，在浏览器中输入 http://127.0.0.1:8080/Ch15_01/，登录成功后选择“用户管理”超链接，在显示全部用户列表中单击任一条记录的“删除”按钮，其显示如图 15.12 所示。

图 15.12　根据 id 删除用户信息页面

可以看出，浏览器已经成功显示出对应的内容，这也就说明删除用户信息列表的功能设置成功。

15.4 技能训练

上机练习 1 搭建 SSM 框架，实现商品管理功能

需求说明

（1）根据条件查询商品列表（查询条件：商品名称、供应商名称）。

（2）增加商品信息。

（3）修改商品信息。

（4）删除指定商品。

（5）查看指定商品明细。

上机练习 2 实现供应商管理模块的功能

需求说明

搭建 SSM 框架，实现供应商管理模块的功能。

（1）根据条件查询供应商列表（供应商编码、供应商名称）。

（2）增加供应商信息。

（3）修改供应商信息。

（4）删除指定供应商。

（5）查看指定供应商明细。

本章作业

一、选择题

1. 下列关于 SSM 框架的整合说法错误的是（　　）。
   A. Spring MVC 与 Spring 之间不存在框架整合的问题
   B. SSM 框架的整合就涉及 Spring 与 MyBatis 的框架整合
   C. SSM 框架的整合就涉及 Spring MVC 与 MyBatis 的框架整合
   D. SSM 框架的整合就涉及 Spring MVC 与 Spring 之间的框架整合
2. 下面选项中，不属于整合 SSM 框架所编写的配置文件的是（　　）。
   A. db.properties
   B. applicationContext.xml
   C. mybatis-config.xml
   D. struts.xml
3. 下列选项中，不需要配置在 web.xml 中的是（　　）。
   A. Spring 的监听器
   B. 编码过滤器
   C. 视图解析器
   D. 前端控制器
4. 下列选项中，需要配置在 web.xml 中的是（　　）。（选择多项）
   A. Spring 的监听器
   B. 编码过滤器

C. 视图解析器

D. 前端控制器

5. 下列关于 SSM 框架的整合说法正确的是（　　）。（选择多项）

A. Spring MVC 与 Spring 之间不存在框架整合的问题

B. SSM 框架的整合就涉及 Spring 与 MyBatis 的框架整合

C. SSM 框架的整合就涉及 Spring MVC 与 MyBatis 的框架整合

D. SSM 框架的整合就涉及 Spring MVC 与 Spring 之间的框架整合

二、简答题

1. 简述 SSM 框架整合思路。

2. 简述 SSM 框架整合时，Spring 框架配置文件中的配置信息（无须写代码，只需简单描述所要配置的内容即可）。

三、操作题

搭建 SSM 框架，实现采购订单（tb_bill）管理模块的功能。

（1）根据条件查询采购订单列表（供应商编码、供应商名称）。

（2）增加采购订单信息。

（3）修改采购订单信息。

（4）删除指定采购订单。

（5）查看指定采购订单明细。

附录 A

贯穿案例：百货中心供应链管理系统

A.1 项目介绍

近年来，随着计算机技术的发展，以及信息化时代企业对效率的需求，计算机技术与通信技术已经被越来越多地应用到各行各业中。百货中心作为物流产业链中重要的一环，为了应对新兴消费方式的冲击，从供货到销售的各个环节也迫切地需要实现信息化、自动化。

百货中心供应链管理系统是一个 B/S 架构的信息管理平台，供应链管理主要涉及 4 个领域：供应、生产计划、物流、需求。职能领域主要包括产品工程、产品技术保证、采购、生产控制、库存控制、仓储管理、分销管理。

本系统是一个独立的系统，用来解决企业采购信息的管理问题。采用 SSM 框架构建了一个有效且实用的企业采购信息管理平台，目的是为高效地完成对企业采购信息的管理。该系统的主要业务需求是，记录并维护某百货中心的供应商信息及该百货中心与供应商之间的交易订单信息。它包括系统管理员、经理、普通员工等角色。

经过对系统的深入分析，采购系统需实现以下功能模块，各个模块实现的功能如下。

1. 用户登录

对用户输入的用户名和密码进行匹配，只有合法的用户才可以登录成功，进入主界面进行操作。这是系统安全性的第一层保护层。不同角色的用户登录（如普通用户和超级管理员）的操作页面是不一样的。

2. 供应商管理

灵活管理供货商，可及时添加及修改供货商信息，为采购计划的制订提供保障。

3. 商品管理

对商品进行管理，管理商品种类及库存，可及时了解库存的信息，有助于做出正确的采购选择。

4. 订单管理

系统设计了多种订单（采购订单和销售订单），不同权限的操作员只能对其拥有权限操作的订单进行操作。

5. 信息查询

根据关键字快速检索信息。

6. 新闻管理

发布各类新闻信息。

A.2 需求分析

A.2.1 系统功能分析

经过对百货中心供销流程的了解和对供应链管理相关资料的分析，决定将系统用户分成 5 类不同的用例，系统应根据用例的不同职能实现不同的功能，经过分析，系统应具备人事管理、合作公司管理、采购订单管理、库存管理、销售管理、经营统计这 6 大功能模块。

1. 经理

经理用例：经理是百货中心的最高负责人之一，负责百货中心大部分的业务管理及监督工作，必要时也可以完成所有其他用例的操作，地位相当于系统管理员，具有最高权限。

2. 人事部员工

人事部员工用例：人事部员工主要操作系统的人事管理模块，同时也可以进入经营统计模块进行查看。

3. 采购部员工

采购部员工用例：采购部员工主要负责操作系统的合作公司管理模块和采购订单管理模块，同时也可以进入经营统计模块进行查看。

4. 物资部员工

物资部员工用例：销售部员工主要负责操作系统的库存管理模块，同时也可以进入经营统计模块进行查看。

5. 销售部员工

销售部员工用例：销售部员工主要负责操作系统的销售管理模块，同时也可以进入经营统计模块进行查看。

A.2.2 功能模块需求分析

考虑到用户可能对计算机操作不是十分熟悉，本系统应具备操作简便、界面友好的特点，再结合系统分析的结论，还应增加一个登录模块以实现不同用户登录系统后可以进行不同的操作，具体分析如下。

（1）系统界面简洁大方，使用简便，并有友好的操作提示信息。

（2）系统具有一定的安全性，避免恶意操作对系统及数据造成损害。

（3）贴近实际用户的工作情况，对一些关键数据提供打印、保存功能。

（4）系统应具备登录、人事管理、合作公司管理、采购订单管理、库存管理、销售管理、经营统计这 7 大功能。

A.3 系统设计

A.3.1 系统结构设计

按照需求分析阶段的结果，本系统的结构主要由两部分构成，首先是登录模块，之后会由登录模块返回的结果给用户展示可以进行的操作，包括用户管理、供应商管理、商品管理等操作。系统结构大致如图 A-1 所示。

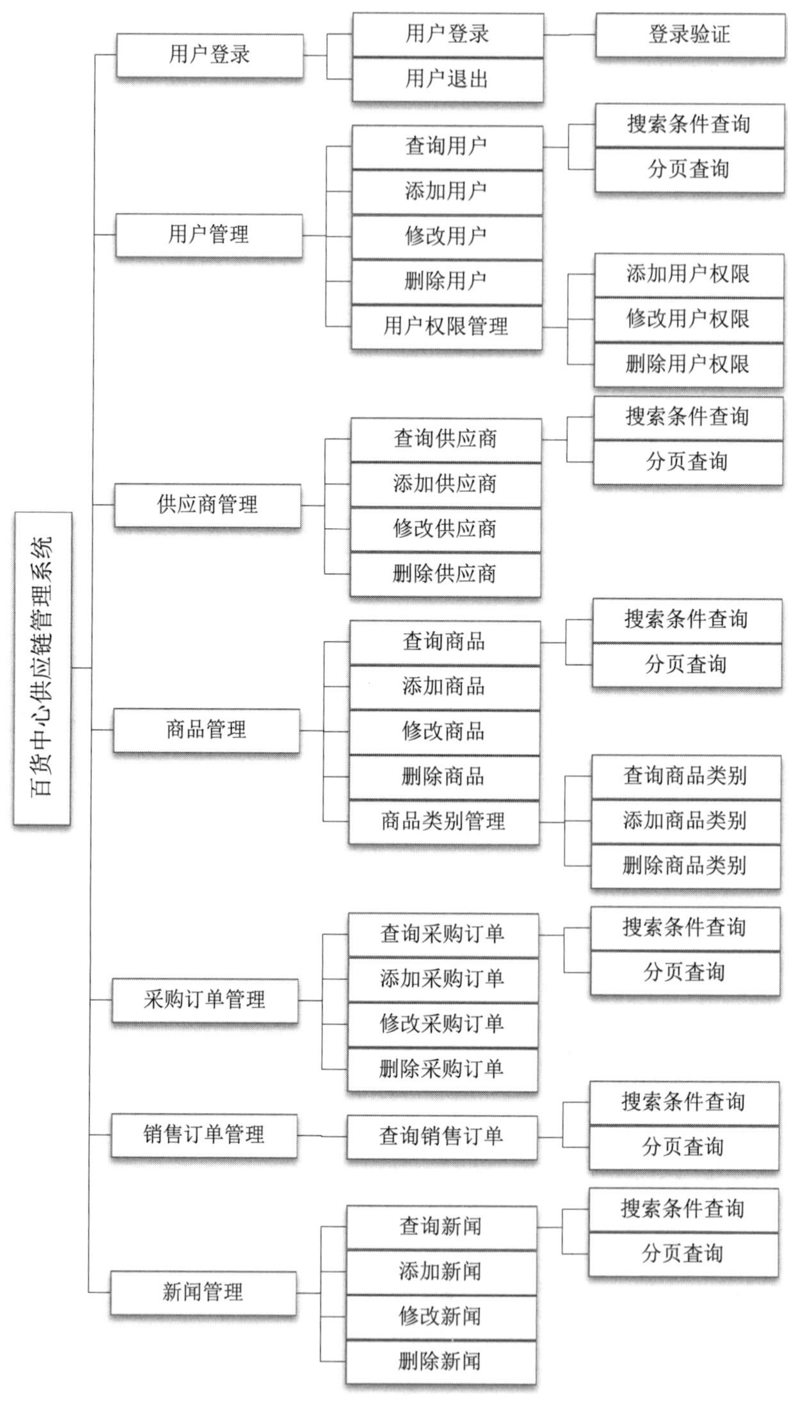

图 A-1　系统结构

A.3.2　系统子模块功能介绍

（1）用户登录模块：用户通过输入用户名和密码登录系统，如果输入错误则返回登录界面，成功登录后用户的信息会存储在浏览器中，系统会根据这些信息判断该用户的操作权限。

（2）用户管理模块：管理员用户可以在此模块中查看公司员工的权限类型，也可以根据需要添加、修改、删除员工信息和用户权限管理模块。其中，员工权限管理模块包括管理员用户可以在此模块中查看公司员工权限类型，也可以根据需要添加、修改、删除员工信息。

（3）供应商管理模块：已经登录的符合权限的用户可以在此模块中查看合作公司信息，并且可以根据需要添加、修改、删除合作公司信息。

（4）采购订单管理模块：已经登录的符合权限的用户可以在此模块中查看采购订单信息，并且可以根据需要添加、修改、删除采购订单信息。

（5）商品管理模块：已经登录的符合权限的用户可以在此模块中查看商品库存信息，并且可以根据需要添加、修改、商品库存信息。

（6）销售订单管理模块：已经登录的符合权限的用户可以在此模块中查看商品销售信息，并且可以根据需要添加商品销售信息。

（7）新闻管理模块：发布各类新闻信息、促销信息。

A.3.3　数据库设计

1. 数据库概念设计（E-R模型）

本系统实体与其属性的关系用 E-R 模型表示，如图 A-2 所示。

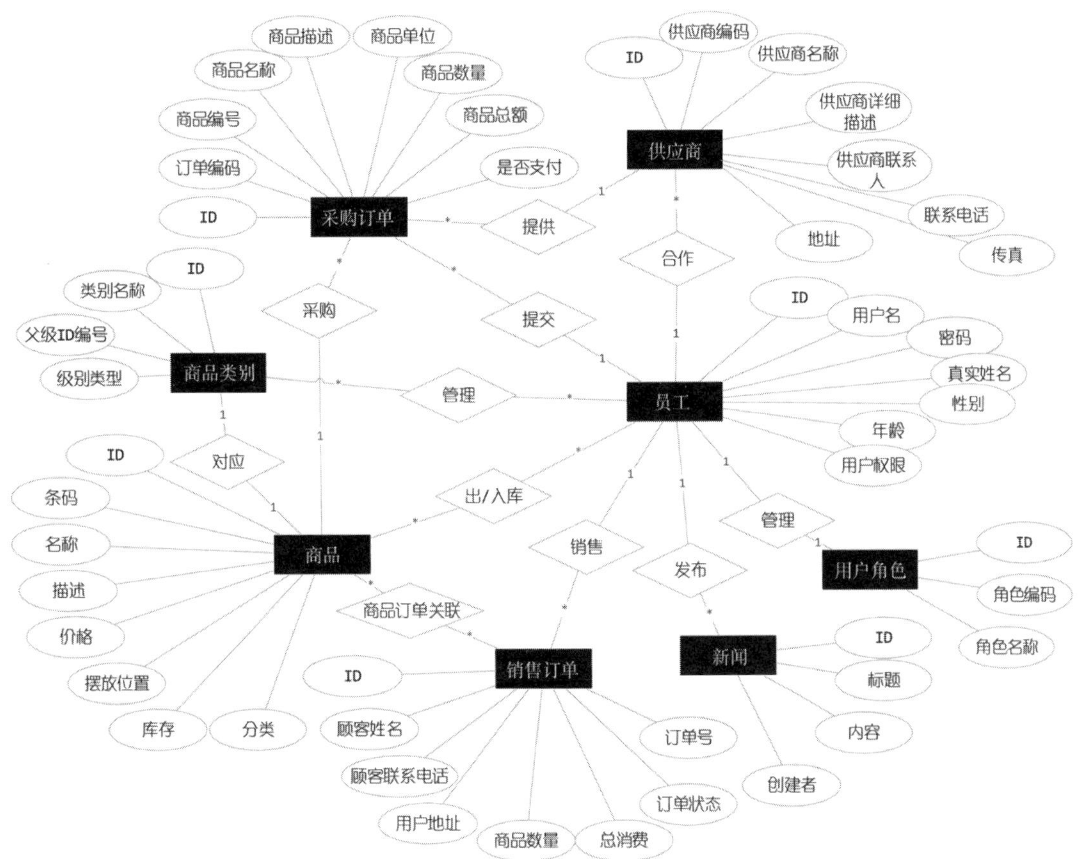

图 A-2　百货中心供应链管理系统 E-R 模型

2. 数据库表结构设计

根据上述模型将其转化成关系模型后，在数据库（数据库名：dsscm）中创建 9 张表，如表 A-1~表 A-9 所示。

（1）用户表（表名：tb_user）

用来存储公司员工信息的表，主要用于系统的登录判断，包含主键 ID、用户名称、用户密码、性别、出生日期、用户照片、创建者、创建时间、更新者、更新时间等字段。

表 A-1　用户表（tb_user）结构

字 段 名	字段说明	数据类型	说　明
id	主键 ID	bigint(20)	主键，不允许为空
userCode	用户编码	varchar(15)	
userName	用户名称	varchar(15)	
userPassword	用户密码	varchar(15)	
gender	性别（1.女，2.男）	int(10)	
birthday	出生日期	date	
email	邮箱	varchar(50)	
phone	手机	varchar(15)	
address	地址	varchar (30)	
userRole	用户角色	bigint(20)	取自角色表-角色 id
userDesc	简介	text	
imgPath	用户照片	varchar(100)	
createdBy	创建者	bigint(20)	
creationDate	创建时间	datetime	
modifyBy	更新者	bigint(20)	
modifyDate	更新时间	datetime	

创建表的 SQL 语句如下：

```
CREATE TABLE 'tb_user' (
   'id' bigint(20) NOT NULL AUTO_INCREMENT COMMENT '主键 ID',
   'userCode' varchar(15) NOT NULL COMMENT '用户编码',
   'userName' varchar(15) NOT NULL COMMENT '用户名称',
   'userPassword' varchar(15) NOT NULL COMMENT '用户密码',
   'gender' int(10) DEFAULT NULL COMMENT '性别（1.女，2.男）',
   'birthday' date DEFAULT NULL COMMENT '出生日期',
   'email' varchar(50) DEFAULT NULL COMMENT '邮箱',
   'phone' varchar(15)COMMENT '手机',
   'address' varchar(30)COMMENT '地址',
   'userDesc' text COMMENT '简介',
   'userRole' int(10) DEFAULT NULL COMMENT '用户角色（取自角色表-角色 id）',
   'imgPath' varchar(100) DEFAULT NULL COMMENT '用户照片',
   'createdBy' bigint(20) DEFAULT NULL COMMENT '创建者',
   'creationDate' datetime DEFAULT CURRENT_TIMESTAMP COMMENT '创建时间',
   'modifyBy' bigint(20) DEFAULT NULL COMMENT '更新者',
   'modifyDate' datetime DEFAULT NULL COMMENT '更新时间',
   PRIMARY KEY ('id'),
   UNIQUE KEY 'userCode' ('userCode')
 );
```

（2）用户权限表（表名：tb_role）

用来存储公司员工的表，主要用于系统的登录判断，包含主键 ID、角色编码、角色名称、创建者、创建时间、更新者和更新时间等字段。

表 A-2 角色表（tb_role）结构

字 段 名	字段说明	数据类型	说 明
id	主键 ID	bigint(20)	主键，不允许为空
roleCode	角色编码	varchar(15)	
roleName	角色名称	varchar(15)	
createdBy	创建者	bigint(20)	
creationDate	创建时间	datetime	
modifyBy	更新者	bigint(20)	
modifyDate	更新时间	datetime	

创建表的 SQL 语句如下：

```
CREATE TABLE 'tb_role' (
   'id' bigint(20) NOT NULL AUTO_INCREMENT COMMENT '主键 ID',
   'roleCode' varchar(50) NOT NULL COMMENT '角色编码',
   'roleName' varchar(50) NOT NULL COMMENT '角色名称',
   'createdBy' bigint(20) DEFAULT NULL COMMENT '创建者',
   'creationDate' datetime DEFAULT CURRENT_TIMESTAMP COMMENT '创建时间',
   'modifyBy' bigint(20) DEFAULT NULL COMMENT '更新者',
   'modifyDate' datetime DEFAULT NULL COMMENT '更新时间',
   PRIMARY KEY ('id'),
   UNIQUE KEY 'roleCode' ('roleCode')
 );
```

（3）供应商表（表名：tb_provider）

用来存储百货中心的合作供应商的表，主要用于管理与百货中心合作的公司及公司的商品，包含主键 ID、供应商编码、供应商名称、供应商联系人、联系电话、创建者、创建时间、更新者、更新时间等字段。

表 A-3 供应商表（tb_provider）结构

字 段 名	字段说明	数据类型	说 明
id	主键 ID	bigint(20)	主键，不允许为空
proCode	供应商编码	varchar(20)	
proName	供应商名称	varchar(20)	
proDesc	供应商详细描述	varchar(50)	
proContact	供应商联系人	varchar(20)	
proPhone	联系电话	varchar(20)	
proAddress	地址	varchar(50)	
proFax	传真	varchar(20)	
createdBy	创建者	bigint(20)	
creationDate	创建时间	datetime	
modifyBy	更新者	bigint(20)	
modifyDate	更新时间	datetime	
companyLicPicPath	企业营业执照的存储路径	varchar(200)	
orgCodePicPath	组织机构代码证的存储路径	varchar(200)	

创建表的 SQL 语句如下：

```
CREATE TABLE 'tb_provider' (
   'id' bigint(20) NOT NULL AUTO_INCREMENT COMMENT '主键 ID',
   'proCode' varchar(20) NOT NULL COMMENT '供应商编码',
   'proName' varchar(20) NOT NULL COMMENT '供应商名称',
   'proDesc' varchar(50) NOT NULL COMMENT '供应商详细描述',
```

```
    'proContact' varchar(20) NOT NULL COMMENT '供应商联系人',
    'proPhone' varchar(20) NOT NULL COMMENT '联系电话',
    'proAddress' varchar(50) NOT NULL COMMENT '地址',
    'proFax' varchar(20) DEFAULT NULL COMMENT '传真',
    'createdBy' bigint(20) DEFAULT NULL COMMENT '创建者',
    'creationDate' datetime DEFAULT CURRENT_TIMESTAMP COMMENT '创建时间',
    'modifyDate' datetime DEFAULT NULL COMMENT '更新时间',
    'modifyBy' bigint(20) DEFAULT NULL COMMENT '更新者',
    'companyLicPicPath' varchar(200) DEFAULT NULL COMMENT '企业营业执照的存储路径',
    'orgCodePicPath' varchar(200) DEFAULT NULL COMMENT '组织机构代码证的存储路径',
    PRIMARY KEY ('id'),
    UNIQUE KEY 'proCode' ('proCode')
  );
```

（4）商品类别表（表名：tb_product_category）

用来存储百货中心的商品类别表，主要用于管理商品类别，包含主键 ID、名称、父级目录 ID 和级别等字段。

表 A-4　商品类别表（tb_product_category）结构

字 段 名	字段说明	数据类型	说　明
id	主键 ID	bigint(20)	主键，不允许为空
name	名称	varchar(20)	
parentId	父级目录 ID	int(10)	
type	级别	int(11)	1.一级　2.二级　3.三级

创建表的 SQL 语句如下：

```
CREATE TABLE 'tb_product_category' (
    'id' int(10) NOT NULL AUTO_INCREMENT COMMENT '主键 ID',
    'name' varchar(20) NOT NULL COMMENT '名称',
    'parentId' int(10) NOT NULL COMMENT '父级目录 ID',
    'type' int(11) DEFAULT NULL COMMENT '级别(1.一级，2.二级，3.三级)',
    PRIMARY KEY ('id')
  )
```

（5）商品表（表名：tb_product）

用来存储商品的表，主要显示百货中心仓库中的货物及其相关信息，包含主键 ID、条码、名称、描述、价格、摆放位置、库存、分类 1、分类 2、分类 3、文件名称、是否删除、创建者、创建时间、更新者、更新时间等字段。

表 A-5　商品表（tb_product）结构

字 段 名	字段说明	数据类型	说　明
id	主键 ID	bigint(20)	主键，不允许为空
isbn	条码	char(13)	
name	名称	varchar(20)	
description	描述	text	
price	价格	decimal(10,2)	
placement	摆放位置	varchar(30)	
stock	库存	decimal(10,2)	
categoryLevel1Id	分类 1	int(10)	
categoryLevel2Id	分类 2	int(10)	
categoryLevel3Id	分类 3	int(10)	
fileName	文件名称	varchar(200)	

续表

字　段　名	字段说明	数据类型	说　　明
isDelete	是否删除	int(1)	（1：删除，0：未删除）
createdBy	创建者	bigint(20)	
creationDate	创建时间	datetime	
modifyBy	更新者	bigint(20)	
modifyDate	更新时间	datetime	

创建表的 SQL 语句如下：

```
CREATE TABLE 'tb_product' (
   'id' bigint(20) NOT NULL AUTO_INCREMENT COMMENT '主键 ID',
   'isbn' char(13) DEFAULT NULL COMMENT '条码',
   'name' varchar(20) NOT NULL COMMENT '名称',
   'description' text COMMENT '描述',
   'price' decimal(10,2) NOT NULL COMMENT '价格',
   'placement' varchar(30) DEFAULT NULL COMMENT '摆放位置',
   'stock' decimal(10,2) NOT NULL COMMENT '库存',
   'categoryLevel1Id' int(10) DEFAULT NULL COMMENT '分类 1',
   'categoryLevel2Id' int(10) DEFAULT NULL COMMENT '分类 2',
   'categoryLevel3Id' int(10) DEFAULT NULL COMMENT '分类 3',
   'fileName' varchar(200) DEFAULT NULL COMMENT '文件名称',
   'isDelete' int(1) DEFAULT '0' COMMENT '是否删除(1: 删除, 0: 未删除)',
   'createdBy' bigint(20) DEFAULT NULL COMMENT '创建者（userid）',
   'creationDate' timestamp NOT NULL COMMENT '创建时间',
   'modifyBy' bigint(20) DEFAULT NULL COMMENT '更新者（userid）',
   'modifyDate' datetime DEFAULT NULL COMMENT '更新时间',
   PRIMARY KEY ('id')
)
```

（6）采购订单表（表名：tb_bill）

用来存储采购订单的表，主要记录采购的商品在入库前的状态，包含主键 ID、订单编码、商品编号、商品名称、商品描述、商品单位、商品数量、商品总额、是否支付、供应商 ID、创建者、创建时间、更新者、更新时间等字段。

表 A-6　采购订单表（tb_bill）结构

字　段　名	字段说明	数据类型	说　　明
id	主键 ID	bigint(20)	主键，不允许为空
billCode	订单编码	varchar(20)	
productId	商品编号	bigint(20)	
productName	商品名称	varchar(20)	
productDesc	商品描述	varchar(50)	
productUnit	商品单位	varchar(10)	
productCount	商品数量	dccimal(20,2)	
totalPrice	商品总额	decimal(20,2)	
isPayment	是否支付（1.未支付，2.已支付）	int(10)	
providerId	供应商 ID	bigint(20)	
createdBy	创建者	bigint(20)	
creationDate	创建时间	datetime	
modifyBy	更新者	bigint(20)	
modifyDate	更新时间	datetime	

创建表的 SQL 语句如下：

```
CREATE TABLE 'tb_bill' (
```

```
    'id' bigint(20) NOT NULL AUTO_INCREMENT COMMENT '主键 ID',
    'billCode' varchar(20) CHARACTER NOT NULL COMMENT '订单编码',
    'productId' bigint(20) DEFAULT NULL COMMENT '商品编号',
    'productName' varchar(20) NOT NULL COMMENT '商品名称',
    'productDesc' varchar(50) NOT NULL COMMENT '商品描述',
    'productUnit' varchar(10) NOT NULL COMMENT '商品单位',
    'productCount' decimal(20,2) DEFAULT NULL COMMENT '商品数量',
    'totalPrice' decimal(20,2) DEFAULT NULL COMMENT '商品总额',
    'isPayment' int(10) DEFAULT NULL COMMENT '是否支付（1.未支付，2.已支付）',
    'providerId' int(20) DEFAULT NULL COMMENT '供应商 ID',
    'createdBy' bigint(20) DEFAULT NULL COMMENT '创建者',
    'creationDate' datetime DEFAULT CURRENT_TIMESTAMP COMMENT '创建时间',
    'modifyBy' bigint(20) DEFAULT NULL COMMENT '更新者',
    'modifyDate' datetime DEFAULT NULL COMMENT '更新时间',
    PRIMARY KEY ('id'),
    UNIQUE KEY 'billCode' ('billCode')
  )
```

（7）销售订单表（表名：tb_order）

用来存储销售信息的表，主要存储百货中心商品的销售情况，包含主键 ID、顾客姓名、顾客联系电话、商品数量、总消费、创建者、创建时间、更新者、更新时间等字段。

表 A-7 销售订单表（tb_order）结构

字 段 名	字段说明	数据类型	说 明
id	主键 ID	bigint(20)	主键，不允许为空
userName	顾客姓名	varchar(50)	
customerPhone	顾客联系电话	varchar(20)	
userAddress	顾客地址	varchar(255)	
proCount	商品数量	int(11)	
cost	总消费	dccimal(20,2)	
serialNumber	订单号	varchar(255)	
status	订单状态	int(11)	“待审核”，“审核通过”，“配货”，“卖家已发货”，“已收货”
payType	付款方式	int(11)	在线支付，货到付款
createdBy	创建者	bigint(20)	
creationDate	创建时间	datetime	
modifyBy	更新者	bigint(20)	
modifyDate	更新时间	datetime	

创建表的 SQL 语句如下：

```
CREATE TABLE 'tb_order' (
    'id' bigint(20) NOT NULL AUTO_INCREMENT COMMENT '主键 ID',
    'userName' varchar(50) DEFAULT NULL COMMENT '顾客姓名',
    'customerPhone' varchar(20) DEFAULT NULL COMMENT '顾客联系电话',
    'userAddress' varchar(255) DEFAULT NULL COMMENT '顾客地址',
    'proCount' int(11) DEFAULT NULL COMMENT '商品数量',
    'cost' decimal(20,2) DEFAULT NULL COMMENT '总消费',
    'serialNumber' varchar(255) NOT NULL COMMENT '订单号',
    'status' int(11) DEFAULT NULL COMMENT '订单状态【"待审核","审核通过","配货","卖家已发
货","已收货"】',
    'payType' int(11) DEFAULT NULL COMMENT '付款方式【在线支付，货到付款】',
    'createdBy' bigint(20) DEFAULT NULL COMMENT '创建者',
    'creationDate' datetime DEFAULT CURRENT_TIMESTAMP COMMENT '创建时间',
    'modifyBy' bigint(20) DEFAULT NULL COMMENT '更新者',
    'modifyDate' datetime DEFAULT NULL COMMENT '更新时间',
```

```
    PRIMARY KEY ('id'),
    UNIQUE KEY 'serialNumber' ('serialNumber')
  )
```

（8）销售订单关联表（表名：tb_order_detail）

用来存储销售信息的关联产品信息表，主要存储百货中心商品的每笔销售订单的具体商品情况，包含主键 ID、订单主键、商品主键、数量、消费等字段。

表 A-8 销售订单关联表（tb_order_detail）结构

字 段 名	字段说明	数据类型	说 明
id	主键 ID	bigint(20)	主键，不允许为空
orderId	订单主键	bigint(20)	
productId	商品主键	bigint(20)	
quantity	数量	decimal(10,2)	
cost	消费	decimal(10,2)	

创建表的 SQL 语句如下：

```
CREATE TABLE 'tb_order_detail' (
    'id' bigint(20) NOT NULL AUTO_INCREMENT COMMENT '主键 ID',
    'orderId' bigint(20) NOT NULL COMMENT '订单主键',
    'productId' bigint(20) NOT NULL COMMENT '商品主键',
    'quantity' decimal(10,2) NOT NULL COMMENT '数量',
    'cost' decimal(10,2) NOT NULL COMMENT '消费',
    PRIMARY KEY ('id')
  )
```

（9）新闻表（表名：tb_news）

用来存储新闻信息的表，主要存储百货中心的通知、促销信息情况，包含主键 ID、标题、内容、创建者、创建时间、更新者与更新时间等字段。

表 A-9 新闻表（tb_news）结构

字 段 名	字段说明	数据类型	说 明
id	主键 ID	bigint(20)	主键，不允许为空
title	标题	varchar(40)	
content	内容	text	
createdBy	创建者	bigint(20)	
creationDate	创建时间	datetime	
modifyBy	更新者	bigint(20)	
modifyDate	更新时间	datetime	

创建表的 SQL 语句如下：

```
CREATE TABLE 'tb_news' (
    'id' bigint(20) NOT NULL AUTO_INCREMENT COMMENT '主键 ID',
    'title' varchar(40) NOT NULL COMMENT '标题',
    'content' text NOT NULL COMMENT '内容',
    'createdBy' bigint(20) DEFAULT NULL COMMENT '创建者',
    'creationDate' datetime NOT NULL DEFAULT CURRENT_TIMESTAMP COMMENT '创建时间',
    'modifyBy' bigint(20) DEFAULT NULL COMMENT '更新者',
    'modifyDate' datetime DEFAULT NULL COMMENT '更新时间',
    PRIMARY KEY ('id')
  )
```

注意

数据表的字段命名按照 Java 的驼峰命名规则，这样在进行实体映射时，既方便技术开发人员的工作，也方便数据表字段与 POJO 的属性进行自动映射。